高等学校土木工程专业规划教材

Civil Engineering Construction
土木工程施工

王丽荣　主　编

董艳秋　李成河　盛可鉴　**副主编**

王　钧　主　审

人民交通出版社
China Communications Press

内 容 提 要

本书为高等学校土木工程专业规划教材,是依据高等学校土木工程学科专业指导委员会编制的《高等学校土木工程本科指导性专业规范》所提出的核心知识,按照最低标准要求编写的。同时按照"大土木"的理念,较为系统地阐述了建筑工程、道路与桥梁工程、地下工程等专业方向涉及的施工技术和组织管理等内容。

本书可作为土木工程、工程管理、道路桥梁与渡河工程等专业的本科、专科教材或参考书,也可作为其他相关专业或从事土木工程施工技术和管理工作人员的参考用书。

图书在版编目(CIP)数据

土木工程施工 / 王丽荣主编. — 北京 : 人民交通
出版社,2013.12
ISBN 978-7-114-11053-5

Ⅰ.①土… Ⅱ.①王… Ⅲ.①土木工程—工程施工—
高等学校—教材 Ⅳ.①TU7

中国版本图书馆 CIP 数据核字(2013)第 287631 号

高等学校土木工程专业规划教材

书　　　名:土木工程施工
著　作　者:王丽荣
责任编辑:岑　瑜　黎小东
出版发行:人民交通出版社
地　　　址:(100011)北京市朝阳区安定门外外馆斜街 3 号
网　　　址:http://www.ccpress.com.cn
销售电话:(010)59757973
总 经 销:人民交通出版社发行部
经　　销:各地新华书店
印　　刷:北京虎彩文化传播有限公司
开　　本:787×1092　1/16
印　　张:30.25
字　　数:605 千
版　　次:2014 年 1 月　第 1 版
印　　次:2022 年 1 月　第 3 次印刷
书　　号:ISBN 978-7-114-11053-5
定　　价:58.00 元

(有印刷、装订质量问题的图书由本社负责调换)

前　言

按照教育部 2012 年颁布的《普通高等学校本科专业目录和专业介绍》，土木工程本科专业属于工学门类的土木类，代号为 081001，与建筑环境与能源应用工程、给排水科学与工程、建筑电气与智能化并列。土木工程涉及相当广泛的技术领域，建筑工程、交通土建工程、井巷工程、水利水运设施工程、城镇建筑环境设施工程、防护工程等，都属于广义的土木工程范围。

土木工程施工课程是土木工程专业的主要专业知识平台课之一，是主要研究土木工程的主要工种、工程施工技术和施工组织计划规律的技术课程。土木工程施工实践性强，涉及的知识面广，技术发展迅速，必须结合工程实践，综合运用相关学科的理论基础知识，才能正确掌握、学好这门课程，才能科学合理地解决生产过程中遇到的实际问题。

本书为高等学校土木工程专业规划教材，是依据高等学校土木工程学科专业指导委员会编制的《高等学校土木工程本科指导性专业规范》所提出的核心知识按照最低标准要求编写的。同时按照"大土木"的理念，较为系统地阐述了建筑工程、道路与桥梁工程、地下工程等专业方向涉及的施工技术和组织管理等内容，充分体现人才培养的多样性和宽口径要求。在编写过程中注重基本理论、基本知识及基本技能的阐述，有较强的理论性和系统性。

本书可作为土木工程、工程管理、道路桥梁与渡河工程等专业的本科、专科教材或参考书，也可作为其他相关专业或从事土木工程施工技术和管理工作人员的参考用书。

本书的编写人员具有多年的工程实践经历和工程施工的教学经验，教材第 1、2 章由黑龙江工程学院李成河副教授编写，第 3、4 章由黑龙江工程学院董艳秋副教授编写，第 5 章由黑龙江工程学院林淋讲师编写，第 6 章由黑龙江工程学院王丽荣教授编写，第 7、8 章由黑龙江工程学院盛可鉴教授编写，第 9、10 章由黑龙江科技大学高雅茹副教授编写，第 11、13 章由黑龙江工程学院陈茜讲师编写，第 12、14、15 章由黑龙江工程学院柳鹏讲师编写。全书由黑龙江工程学院王丽荣教授统稿，东北林业大学王钧教授主审。

限于编者水平，书中可能存有不足之处和有待探讨的问题，恳请读者提出宝贵意见。

编　者
2013 年 11 月

目　　录

第1章　土方工程 ………………………………………………………………… 1

1.1　土的工程分类及性质 ……………………………………………………… 1

1.2　场地平整 …………………………………………………………………… 4

1.3　基坑(槽)工程 ……………………………………………………………… 18

1.4　爆破工程 …………………………………………………………………… 40

本章小结 …………………………………………………………………………… 43

复习思考题 ………………………………………………………………………… 43

第2章　基础工程 ………………………………………………………………… 44

2.1　桩基础工程 ………………………………………………………………… 44

2.2　预制桩施工 ………………………………………………………………… 45

2.3　混凝土灌注桩施工 ………………………………………………………… 51

2.4　地下连续墙施工 …………………………………………………………… 60

2.5　沉井基础施工 ……………………………………………………………… 64

2.6　浅基础施工 ………………………………………………………………… 71

本章小结 …………………………………………………………………………… 75

复习思考题 ………………………………………………………………………… 75

第3章　砌体工程 ………………………………………………………………… 77

3.1　砌体材料 …………………………………………………………………… 77

3.2　砌体施工工艺 ……………………………………………………………… 80

3.3　构造柱的设置 ……………………………………………………………… 89

3.4　砌体工程的冬期施工 ……………………………………………………… 90

3.5　脚手架与垂直运输设施 …………………………………………………… 93

本章小结 …………………………………………………………………………… 100

复习思考题 ………………………………………………………………………… 101

第4章　混凝土工程 ……………………………………………………………… 102

4.1　模板工程 …………………………………………………………………… 102

4.2　钢筋工程 …………………………………………………………………… 115

4.3　混凝土工程 ………………………………………………………………… 128

4.4　预应力混凝土工程 ………………………………………………………… 146

本章小结 …………………………………………………………………………… 166

复习思考题 ………………………………………………………………………… 166

第5章　结构安装工程 …………………………………………………………… 168

5.1　安装工程中的起重机械 …………………………………………………… 168

  5.2 结构安装工程中的索具设备 ……………………………………………… 176

  5.3 单层工业厂房结构吊装 …………………………………………………… 179

  5.4 多层结构工程安装 ………………………………………………………… 196

  5.5 钢结构安装中构件的加工制作及组装 …………………………………… 198

  5.6 钢结构的安装 ……………………………………………………………… 202

  本章小结 ………………………………………………………………………… 214

  复习思考题 ……………………………………………………………………… 215

第6章 桥梁工程 …………………………………………………………………… 216

  6.1 桥梁结构施工常用机具与设备 …………………………………………… 216

  6.2 混凝土桥梁墩台施工 ……………………………………………………… 217

  6.3 混凝土桥梁上部结构施工方法 …………………………………………… 227

  6.4 钢桥上部结构施工 ………………………………………………………… 249

  本章小结 ………………………………………………………………………… 251

  复习思考题 ……………………………………………………………………… 252

第7章 公路隧道施工 …………………………………………………………… 253

  7.1 隧道施工简介 ……………………………………………………………… 253

  7.2 隧道基本施工方法 ………………………………………………………… 255

  7.3 不良地质条件下的隧道施工及处理方法 ………………………………… 277

  本章小结 ………………………………………………………………………… 281

  复习思考题 ……………………………………………………………………… 282

第8章 路面工程 ………………………………………………………………… 283

  8.1 路面基层、底基层施工技术 ……………………………………………… 283

  8.2 水泥混凝土路面面层施工技术 …………………………………………… 300

  8.3 沥青混凝土路面施工技术 ………………………………………………… 317

  本章小结 ………………………………………………………………………… 333

  复习思考题 ……………………………………………………………………… 334

第9章 防水工程 ………………………………………………………………… 335

  9.1 屋面防水工程 ……………………………………………………………… 335

  9.2 地下防水工程 ……………………………………………………………… 347

  9.3 厨卫防水工程 ……………………………………………………………… 354

  本章小结 ………………………………………………………………………… 354

  复习思考题 ……………………………………………………………………… 355

第10章 装饰工程 ……………………………………………………………… 356

  10.1 抹灰工程 …………………………………………………………………… 356

  10.2 饰面工程 …………………………………………………………………… 362

  10.3 楼地面装饰工程 …………………………………………………………… 364

  10.4 幕墙、吊顶及隔墙工程 …………………………………………………… 367

  10.5 涂料、油漆工程 …………………………………………………………… 372

10.6　裱糊工程 ··· 373

本章小结 ··· 374

复习思考题 ··· 375

第11章　工程施工组织概论 ··· 376

11.1　建筑产品与建筑产品生产的特点 ··························· 376

11.2　基本建设与基本建设程序 ····································· 377

11.3　工程的施工准备 ·· 382

11.4　施工组织设计 ··· 384

本章小结 ··· 387

复习思考题 ··· 387

第12章　工程流水施工原理 ··· 388

12.1　流水施工的基本概念 ··· 388

12.2　流水施工参数 ··· 391

12.3　流水施工的基本组织方式 ····································· 394

12.4　有节奏流水施工 ·· 395

12.5　无节奏流水施工 ·· 396

本章小结 ··· 399

复习思考题 ··· 399

第13章　网络计划技术 ·· 400

13.1　网络计划技术 ··· 400

13.2　双代号网络计划 ·· 403

13.3　双代号网络计划的时间参数计算 ···························· 413

13.4　双代号时标网络计划 ··· 421

13.5　单代号网络计划 ·· 423

13.6　网络计划的优化 ·· 426

本章小结 ··· 430

复习思考题 ··· 431

第14章　单位工程施工组织设计 ····································· 433

14.1　施工组织设计的内容和编制程序 ···························· 433

14.2　施工方案设计 ··· 435

14.3　施工方法和施工机械选择 ····································· 436

14.4　单位工程施工进度计划的编制 ································ 439

14.5　单位工程施工平面图的设计 ·································· 442

14.6　单位工程施工组织设计实例 ·································· 444

本章小结 ··· 452

复习思考题 ··· 452

第15章　施工组织总设计 ·· 453

15.1　施工组织总设计编制依据及程序 ···························· 453

15.2　施工部署和施工方案 ··· 454

15.3　施工总进度计划 ··· 455

15.4　施工总资源计划 ··· 457

15.5　全厂性暂设工程 ··· 458

15.6　施工总平面图 ··· 462

15.7　施工组织总设计实例 ··· 465

本章小结 ··· 473

复习思考题 ··· 473

参考文献 ··· 474

第1章 土 方 工 程

学习要求

· 了解土的工程分类及现场鉴别方法；
· 掌握场地平整的方法及场地平整土方量的计算与土方调配方案；
· 掌握基坑(槽)开挖方法及土方量计算；
· 掌握土方开挖过程中边坡稳定及施工排降水等辅助工程施工；
· 熟悉土方的填筑与压实、回填土的质量要求及检验标准；
· 掌握土方工程中的机械化施工；
· 掌握土方爆破原理、材料及安全措施。

本章重点

场地平整、土方量的计算与调配、基坑(槽)开挖方法及土方量计算；土方工程的辅助工程；土方工程的机械化施工；土方爆破施工。

本章难点

土方的调配和轻型井点的设计。

土木工程中常见的土方工程有：场地平整、基坑(槽)与管沟开挖、人防工程开挖、地坪填筑、路基填筑及基坑回填等。

土方工程施工的特点是：面广量大、劳动繁重、大多为露天作业、施工条件复杂、施工易受地区气候条件影响；且土本身是一种天然物质，种类繁多，施工时受工程地质和水文地质条件的影响也很大。因此，为了减轻劳动强度、提高劳动生产效率、加快工程进度、降低工程成本，在组织施工时，应根据工程自身条件，制订合理施工方案，尽可能采用新技术和机械化施工。

1.1 土的工程分类及性质

1.1.1 土的工程分类与鉴别方法

土是岩石经风化、搬运和沉积之后，所形成的粗细颗粒堆积在一起的散粒体。粗至粒径大于200mm的块石、细至粒径小于0.005mm的黏土颗粒，统称为土。土方工程施工和工程预算定额中，按开挖的难易程度，岩土的工程分为八类，一～四类为土类，五～八类为岩石类。土的工程分类与现场鉴别方法见表1-1。

1.1.2 土的工程性质

1. 土的天然密度和干密度

土在天然状态下单位体积的质量，叫土的天然密度(简称密度)。一般黏土的密度为

$1\,800 \sim 2\,000\,\mathrm{kg/m^3}$，砂土为 $1\,600 \sim 2\,000\,\mathrm{kg/m^3}$。土的密度按下式计算：

$$\rho = \frac{m}{V} \tag{1-1}$$

干密度是土的固体颗粒质量与总体积的比值，按下式计算：

$$\rho_\mathrm{d} = \frac{m_\mathrm{s}}{V} \tag{1-2}$$

式中：ρ、ρ_d——土的天然密度和干密度（$\mathrm{kg/m^3}$）；

$\quad\quad m$——土的总质量（kg）；

$\quad\quad m_\mathrm{s}$——土中固体颗粒的质量（kg）；

$\quad\quad V$——土的总体积（$\mathrm{m^3}$）。

土的工程分类与现场鉴别方法　　　　　　　　　　　　　表 1-1

土的工程分类	土 的 名 称	可松性系数		现场鉴别方法
		K_s	K'_s	
一类土（松软土）	砂，亚砂土，冲积砂土层，种植土，泥炭（淤泥）	1.08 ~ 1.17	1.01 ~ 1.03	能用锹、锄头挖掘
二类土（普通土）	亚黏土，潮湿的黄土，夹有碎石、卵石的砂，种植土，填筑土及亚砂土	1.14 ~ 1.28	1.02 ~ 1.05	用锹、锄头挖掘，少许用镐翻松
三类土（坚土）	软及中等密实黏土，重亚黏土，粗砾石，干黄土及含碎石、卵石的黄土、亚黏土，压实的填筑土	1.24 ~ 1.30	1.04 ~ 1.07	要用镐，少许用锹、锄头挖掘，部分用撬棍
四类土（砂砾坚土）	重黏土及含碎石、卵石的黏土，粗卵石，密实的黄土，天然级配砂石，软泥灰岩及蛋白石	1.26 ~ 1.32	1.06 ~ 1.09	绝大部分用镐、撬棍，然后用锹挖掘，少部分用楔子及大锤
五类土（软石）	硬石炭纪黏土，中等密实的页岩、泥灰岩、白垩土，胶结不紧的砾岩，软的石炭岩	1.30 ~ 1.45	1.10 ~ 1.20	用镐或撬棍、大锤挖掘，部分使用爆破方法
六类土（次坚石）	泥岩，砂岩，砾岩，坚实的页岩、泥灰岩，密实的石灰岩，风化花岗岩，片麻岩	1.30 ~ 1.45	1.10 ~ 1.20	用爆破方法开挖，部分用风镐
七类土（坚石）	大理岩，辉绿岩，玢岩，粗、中粒花岗岩，坚实的白云岩、砂岩、砾岩、片麻岩、石灰岩，风化痕迹的安山岩、玄武岩	1.30 ~ 1.45	1.10 ~ 1.20	用爆破方法开挖
八类土（特坚石）	安山岩，玄武岩，花岗片麻岩，坚实的细粒花岗岩、闪长岩、石英岩、辉长岩、辉绿岩、玢岩	1.45 ~ 1.50	1.20 ~ 1.30	用爆破方法开挖

注：K_s 为最初可松性系数；K'_s 为最终可松性系数。

土的干密度越大，则土越密实，它可作为填土压实质量的控制指标。一般黏性土的最大干密度 ρ_dmax 为 $1\,580 \sim 2\,000\,\mathrm{kg/m^3}$，砂土为 $1\,800 \sim 2\,080\,\mathrm{kg/m^3}$。

2. 土的可松性

土的可松性是指天然土经过开挖后，其体积因松散而增大，以后虽经回填压实，仍不能恢复原来形状的特性。土的可松程度用可松性系数表示，土的可松性系数可分为最初可松性系数和最终可松性系数。

最初可松性系数:土经开挖后的松散体积与原自然状态下的体积之比。它是决定挖土机械和运输机械的重要参数。

$$K_s = \frac{V_2}{V_1} \tag{1-3}$$

式中:K_s——最初可松性系数;

V_1——天然状态下土的体积(m^3);

V_2——开挖后松散土的体积(m^3)。

最终可松性系数:土经回填压实后的体积与自然状态下的体积之比,它是决定取土体积的重要参数。

$$K'_s = \frac{V_3}{V_1} \tag{1-4}$$

式中:K'_s——最终可松性系数;

V_3——经回填压实后土的体积(m^3);

V_1——同式(1-3)。

土的可松性系数是挖填土方时,计算土方机械生产率、回填土方量、运输机具数量、场地平整规划竖向设计、土方调配的重要参数。

3. 土的渗透性

土的渗透性是指水在单位时间内穿透土层的能力,一般以渗透系数 K(单位为 m/d)作为衡量土的透水能力的指标。

法国学者达西根据砂土渗透试验发现水在土中的渗流速度 v 与水力坡度 i 成正比,即

$$v = Ki \tag{1-5}$$

式中:v——水在土中的渗透速度(m/d);

i——水力坡度;

K——渗透系数(m/d)。

渗透系数 K 就是水在 $i=1$ 的土中的渗透速度。它反映土透水性的强弱,它影响施工降水与排水的速度。土的渗透系数可以通过室内渗透试验或现场抽水试验测定。一般土的渗透系数见表1-2。

土 的 渗 透 系 数　　　　表 1-2

土 的 种 类	渗透系数 K(m/d)	土 的 种 类	渗透系数 K(m/d)
黏土、亚黏土	<0.1	含黏土的中砂及纯细砂	20~25
亚砂土	0.1~0.5	含黏土的细砂及纯中砂	35~50
含黏土的粉砂	0.5~1.0	纯粗砂	50~75
纯粉砂	1.5~5.0	粗砂加鹅卵石	50~100
含黏土的细砂	10~15	卵石	100~200

4. 土的含水率

土的含水率(w)是土中水的质量与固体颗粒质量之比,以百分数表示。

$$w = \frac{m_w}{m_s} \times 100\% \tag{1-6}$$

式中：m_w——土中水的质量；

m_s——土中固体颗粒经温度为 105℃ 烘干后的质量。

一般土的干湿程度用含水率表示。含水率在 5% 以下的称为干土；在 5% ~ 30% 之间的称为潮湿土；大于 30% 的称为湿土。含水率对挖土的难易、施工时的放坡、回填土的夯实等均有影响。在一定含水率的条件下，用同样的夯实机具，可使回填土达到最大的密实度，此含水率称为最佳含水率。各类土的最佳含水率如下：砂土为 8% ~ 12%；粉土为 9% ~ 12%；粉质黏土为 12% ~ 15%。

5. 土的休止角

土的休止角是指在某一状态下的土体可以稳定存在的坡度，即保持边坡稳定时的边坡与地面的夹角。土壁在满足休止角时基本能保持稳定，否则应采取护坡措施。土石方大坝等水工建筑物，常采用休止角作为坡度角。

1.2 场地平整

场地平整就是将天然地面改造成工程上所要求的设计平面，由于场地平整时全场地兼有挖和填，而挖和填的体形常常不规则，所以在场地平整前要确定场地设计标高、土方开挖和回填的工程量以及土方的调配方案。一般采用方格网方法分块计算解决。

1.2.1 场地设计标高确定

确定场地设计标高时，应考虑以下因素：

(1) 满足生产工艺和运输的要求。

(2) 尽量利用地形，减少挖填方数量。

(3) 争取在场地内挖填平衡，降低运输费。

(4) 有一定泄水坡度，满足排水要求。

如设计文件对场地设计标高无明确规定和特殊要求，可参照下述步骤和方法确定。

1. 初步计算场地设计标高 H_0

初步计算场地设计标高的原则是场地内挖填平衡，即场地内挖方总量等于填方总量。

如图 1-1 所示，将场地划分成边长为 $a = 10 \sim 40m$ 的若干方格，并将每个方格角点的原地形标高标在图上。在地形平坦时，可根据地形图上相邻两条等高线的标高，用插入法求得；当地形起伏较大时（用插入法有较大误差）或无地形图时，则可在现场用木桩打好方格网，然后用测量的方法求得。

按照挖填平衡的原则，场地设计标高 H_0 可按下式计算：

$$H_0 n a^2 = \sum \left(a^2 \frac{H_{11} + H_{12} + H_{21} + H_{22}}{4} \right) \tag{1-7}$$

即

$$H_0 = \frac{\sum (H_{11} + H_{12} + H_{21} + H_{22})}{4n} \tag{1-8}$$

式中：n——方格数。

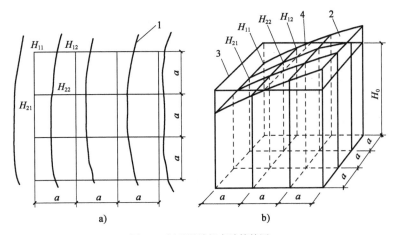

图 1-1　场地设计标高计算简图

a)地形图上划分方格;b)设计标高示意图

1-等高线;2-自然地坪;3-设计标高平面;4-自然地面与设计标高平面的交线(零线)

由图 1-1 可见,H_{11} 是一个方格的角点标高(m),H_{12}、H_{21} 是相邻两个方格公共角点标高(m),H_{22} 则是相邻四个方格公共角点标高(m),它们分别在上式中要加一次、二次、三次、四次。因此,上式可以改写成下列形式:

$$H_0 = \frac{\sum H_1 + 2\sum H_2 + 3\sum H_3 + 4\sum H_4}{4n} \tag{1-9}$$

式中:H_1——1 个方格仅有的角点标高(m);

$\quad\quad H_2$——2 个方格共有的角点标高(m);

$\quad\quad H_3$——3 个方格共有的角点标高(m);

$\quad\quad H_4$——4 个方格共有的角点标高(m)。

2.场地设计标高的调整

初步计算场地设计标高 H_0 为理论值,实际上,还需考虑以下因素对初步计算场地设计标高 H_0 进行调整。

1)土的可松性影响

由于土具有可松性,会造成填土的多余,因此,应该考虑由于土的可松性而引起的设计标高的增加值 Δh。

把 V_W、V_T 分别叫按理论设计计算的挖、填方的体积,把 F_W、F_T 分别叫按理论设计计算的挖、填方区的面积,把 V'_W、V'_T 分别叫调整以后挖、填方的体积,K'_S 是最终可松性系数。

如图 1-2 所示,设 Δh 为由于土的可松性引起的设计标高的增加值,则设计标高调整后总挖方体积 V'_W 应为:

$$V'_W = V_W - F_W \Delta h \tag{1-10}$$

图 1-2　设计标高调整示意图

a)理论设计标高;b)调整设计标高

总填方体积为:

$$V'_T = V'_W K'_S = (V_W - F_W \cdot \Delta h)K'_S \tag{1-11}$$

填方区的标高应与挖方区的相同,要提高 Δh,则有

$$\Delta h = \frac{V'_T - V_T}{F_T} = \frac{(V_W - F_W \cdot \Delta h)K'_S - V_T}{F_T} \tag{1-12}$$

移项整理简化得

$$\Delta h = \frac{V_W K_S' - V_T}{F_T + F_W K_S'} \tag{1-13}$$

故考虑土的可松性后场地设计标高应调整为:

$$H_0' = H_0 + \Delta h \tag{1-14}$$

2)借土或弃土的影响

由于场地内大型基坑挖出的土方、修筑路堤填高的土方,将部分挖方就近弃于场外(弃土)或将部分填方就近取土于场外等,均会引起挖填方量的变化。必要时,亦需重新调整设计标高。调整后的设计标高 H_0'' 按下面的近似公式计算:

$$H_0'' = H_0' \pm \frac{Q}{na^2} \tag{1-15}$$

式中:Q——假定按初步场地设计标高 H_0 平整后多余或不足的土方量(m³);

   n——场地方格数;

   a——方格边长(m)。

3)泄水坡度的影响

按调整后的同一设计标高进行场地平整时,整个场地表面均处于同一水平面,但实际上由于排水的要求,场地表面需要有一定的泄水坡度(不小于2‰)。因此,还需要根据场地泄水坡度的要求,计算场地内各方格角点实际施工时的设计标高。

(1)单向泄水时的设计标高计算。将已调整的设计标高 H_0'' 作为场地中心线(与排水方向垂直的中心线)的标高,如图1-3所示。场地内任意一点的设计标高为:

$$H_n = H_0'' \pm l \cdot i \tag{1-16}$$

式中:H_n——场地内任一点的设计标高(m);

   l——该点至 $H_0'' - H_0''$ 中心线的距离(m);

   i——场地单向泄水坡度。

(2)双向泄水时的设计标高计算。将已调整的设计标高 H_0'' 作为场地纵横方向的中心线,如图1-4所示。场地内任意一点的设计标高为:

$$H_n = H_0'' \pm l_x \cdot i_x \pm l_y \cdot i_y \tag{1-17}$$

式中:l_x、l_y——该点沿 $x-x$、$y-y$ 方向至场地中心线的距离(m);

   i_x、i_y——该点沿 $x-x$、$y-y$ 方向的泄水坡度。

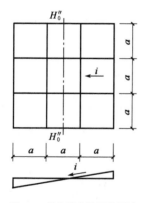

图1-3　单向泄水坡度的场地

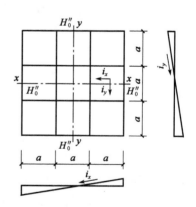

图1-4　双向泄水坡度的场地

1.2.2 场地平整土方量计算

场地土方量的计算方法,通常有方格网法和断面法两种。方格网法适用于地形较为平坦或者面积宽大的场地或者计算精度要求较高的场地。断面法则适用于地形较复杂或挖填深度较大、截面不规则的工程。

1. 方格网法

用方格划分整个场地。方格边长通常多采用20m。根据方格网各方格角点的自然地面标高和实际采用的设计标高,算出相应的角点填挖高度(施工高度),然后计算每一方格的土方量,求得整个场地的填、挖土方总量。其步骤如下:

1)计算各方格角点的施工高度

$$h_n = H_n - H \qquad (1-18)$$

式中:h_n——角点施工高度,即填挖高度(m),以"$+$"为填,"$-$"为挖;

H_n——角点的设计标高(m),若无调整,即为场地的设计标高;

H——角点的自然地面标高(m)。

2)计算零点位置

在一个方格网内同时有填方或挖方时,应先算出方格网边的零点位置,并标注于方格网上,连接零点就得零线,它是填方区与挖方区的分界线,如图1-5所示。

零点的位置按下式计算:

$$x_1 = \frac{h_1}{h_1 + h_2} \cdot a \qquad x_2 = \frac{h_2}{h_1 + h_2} \cdot a \qquad (1-19)$$

式中:x_1、x_2——角点至零点的距离(m);

h_1、h_2——相邻两角点的施工高度(m),均用绝对值;

a——方格网的边长(m)。

在实际工作中,为计算方便,常采用图解法直接求出零点,如图1-6所示。用尺在各角上标出相应比例,同时连线,与方格相交点即为零点位置,此法可避免复杂计算或查表出错。

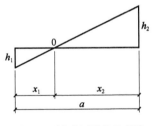

图1-5 零点位置计算示意图

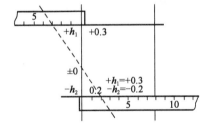

图1-6 零点位置图解法

3)计算场地挖填土方量

零线确定后,即可进行土方量的计算。常用方格网点计算公式见表1-3。

2. 断面法

沿场地取若干个互相平行的断面(可利用地形图或实地测量定出),将所取的每个断面(包括边坡断面)划分为若干个三角形和梯形,如图1-7所示,则面积:

$$f_1 = \frac{h_1}{2} d_1; f_2 = \frac{h_1 + h_2}{2} d_2; \cdots$$

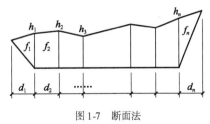

图1-7 断面法

项　目	图　示	计算公式
一点填方或挖方(三角形)		$V = \dfrac{1}{2}bc\dfrac{\sum h}{3} = \dfrac{bch_3}{6}$ 当 $b = c = a$ 时，$V = \dfrac{a^2 h_3}{6}$
二点填方或挖方(梯形)		$V_- = \dfrac{b+c}{2}a\dfrac{\sum h}{4} = \dfrac{a}{8}(b+c)(h_1+h_3)$ $V_+ = \dfrac{d+e}{2}a\dfrac{\sum h}{4} = \dfrac{a}{8}(d+e)(h_2+h_4)$
三点填方或挖方(五角形)		$V = \left(a^2 - \dfrac{bc}{2}\right)\dfrac{\sum h}{5} = \left(a^2 - \dfrac{bc}{2}\right)\dfrac{h_1+h_2+h_4}{5}$
四点填方或挖方(正方形)		$V = \dfrac{a^2}{4}\sum h = \dfrac{a^2}{4}(h_1+h_2+h_3+h_4)$

注：1. a 为方格网的边长(m)；b、c 为零点到一角的边长(m)；h_1、h_2、h_3、h_4 为方格网四角的施工高度(m)，用绝对值代入；$\sum h$ 为填方或挖方施工高度的总和(m)，用绝对值代入；V 为挖方或填方体积(m^3)。

2. 本表公式是按各计算图形底面积乘以平均施工高度而得出的。

而某一断面面积为：

$$F = f_1 + f_2 + \cdots + f_n$$

若 $d_1 = d_2 = \cdots = d_n = d$，则

$$F_i = d(h_1 + h_2 + \cdots + h_n)$$

断面面积求出后，即可计算土方体积。设各断面面积分别为 F_1、F_2、$\cdots$、F_n，相邻两断面间的距离依次为 l_1、l_2、$\cdots$、l_{n-1}，则所求的土方体积为：

$$V = \frac{F_1 + F_2}{2}l_1 + \frac{F_2 + F_3}{2}l_2 + \cdots + \frac{F_{n-1} + F_n}{2}l_{n-1}$$

断面法求面积的一种简便方法是累高法，如图 1-8 所示。此法不需要用公式计算，只要将取的断面绘于普通方格坐标纸上（d 取值相等），用透明直尺从 h_1 开始，依次量出各点标高（h_1、h_2、$\cdots$），累计得各点标高之和，然后将此值与 d 相乘，即为所求断面面积。

3. 边坡土方量计算

不论是填方还是挖方，边坡土方量的计算是不可忽视的。如图 1-9 所示，这是一个场地平整的边坡土方量平面示意图。从图中可以看出，边坡土方量的计算可分为两种近似的几何图形：一种为三角棱柱体，如图 1-9 中④所示；另一种为三角棱锥体，如图 1-9 中①、②、③和⑤所示。

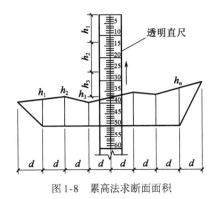

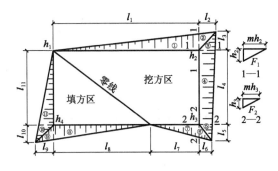

图 1-8 累高法求断面面积 　　　　　　图 1-9 　场地边坡平面图

（1）三角棱柱体边坡体积计算公式，如图 1-9 中④的体积为：

$$V_4 = \frac{F_1 + F_2}{2} l_4 \qquad (1-20)$$

式中：l_4——边坡④的长度（m）；

F_1、F_2——边坡④两端的断面面积（m²），$F_1 = \dfrac{h_2(mh_2)}{2} = \dfrac{mh_2^2}{2}$，$F_2 = \dfrac{h_3(mh_3)}{2} = \dfrac{mh_3^2}{2}$；

h_2——角点的挖土高度（m）；

m——边坡的坡度系数。

在两端横断面面积相差很大的情况下，则：

$$V_4 = \frac{l_4}{6}(F_1 + 4F_0 + F_2)$$

式中：F_1、F_2、F_0——边坡④两端及中部的横断面面积（m²）。

（2）三角棱锥体边坡体积计算公式，如图 1-9 中①体积为：

$$V_1 = \frac{F_1 l_1}{3} \qquad (1-21)$$

式中：l_1——边坡①的长度（m）；

F_1——边坡①的断面面积（m²）。

4. 计算土方总量

将挖方区（或填方区）的所有方格土方量汇总后即得场地平整挖（填）方的工程量。

【例 1-1】　某建筑场地地形图和方格网（$a = 20$m），如图 1-10 所示。土质为粉质黏土，场地设计泄水坡度：$i_x = 3‰$，$i_y = 2‰$。建筑设计、生产工艺和最高洪水位等方面均无特殊要求。试确定场地设计标高（不考虑土的可松性等影响），并计算填、挖土方量。

【解】　1）计算各方格角点的地面标高

各方格角点的地面标高，可根据地形图上所标等高线，假定两等高线之间的地面坡度按直线变化，用插入法求得。如求角点 4 的地面标高（H_4），由图 1-11 有：

$$h_x : 0.5 = x : l$$

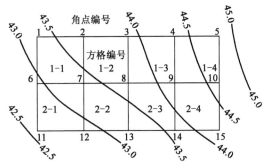

图 1-10　某建筑场地地形图和方格网布置

则
$$h_x = \frac{0.5}{l}x$$

$$h_4 = 44.00 + h_x$$

为了避免烦琐的计算，通常采用图解法，如图 1-12 所示。用一张透明纸，上面画 6 根等距离的平行线。把该透明纸放到标有方格网的地形图上，将 6 根平行线的最外边两根分别对准 A 点和 B 点，这时 6 根等距离的平行线将 A、B 两点之间的 0.5m 高差分成 5 等分，于是便可直接读得角点 4 的地面标高为 44.34m。其余各角点标高均可用图解法求出。本例各方格角点标高见图 1-13。

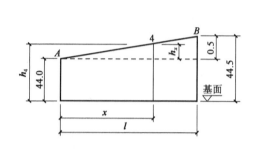

图 1-11 插入法计算简图(尺寸单位:m)

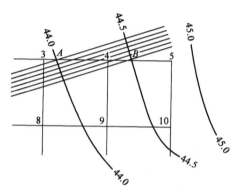

图 1-12 插入法的图解法

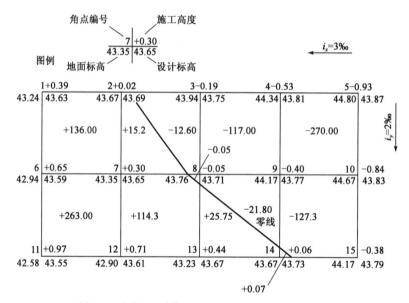

图 1-13 方格网法计算土方工程量示意图(体积单位:m³)

2)计算场地设计标高 H_0

$$\sum H_1 = 43.24 + 44.80 + 44.17 + 42.58 = 174.79(\text{m})$$

$$2\sum H_2 = 2 \times (43.67 + 43.94 + 44.34 + 44.67 + 43.67 +$$
$$43.23 + 42.90 + 42.94) = 698.72(\text{m})$$

$$3\sum H_3 = 0$$

$$4\sum H_4 = 4 \times (43.35 + 43.76 + 44.17) = 525.12(\text{m})$$

由式(1-9)可得:

$$H_0 = \frac{\sum H_1 + 2\sum H_2 + 3\sum H_3 + 4\sum H_4}{4n}$$

$$= \frac{174.79 + 698.72 + 525.12}{4 \times 8}$$

$$= 43.71(\text{m})$$

3)计算方格角点的设计标高

以场地中心角点 8 为 H_0,由已知泄水坡度 i_x 和 i_y,各方格角点设计标高按式(1-17)计算:

$$H_1 = H_0 - 40 \times 3‰ + 20 \times 2‰ = 43.71 - 0.12 + 0.04 = 43.63(\text{m})$$

$$H_2 = H_0 - 20 \times 3‰ + 20 \times 2‰ = 43.71 - 0.06 + 0.04 = 43.69(\text{m})$$

$$H_6 = H_0 - 40 \times 3‰ = 43.71 - 0.12 = 43.59(\text{m})$$

其余各角点设计标高算法同上,其值见图 1-13 中设计标高值。

4)计算角点的施工高度

用式(1-18)计算,各角点的施工高度为:

$$h_1 = 43.63 - 43.24 = +0.39(\text{m})$$

$$h_3 = 43.75 - 43.94 = -0.19(\text{m})$$

其余各角点施工高度见图 1-13 中施工高度值。

5)确定零线

首先求零点,有关方格边线上零点的位置由式(1-19)确定。2 与 3 角点连线零点距角点 2 的距离为:

$$x_{2-3} = \frac{0.02 \times 20}{0.02 + 0.19} = 1.9(\text{m})$$

则

$$x_{3-2} = 20 - 1.9 = 18.1(\text{m})$$

同理求得

$$x_{7-8} = 17.1\text{m} \qquad x_{8-7} = 2.9\text{m}$$

$$x_{13-8} = 18.0\text{m} \qquad x_{8-13} = 2.0\text{m}$$

$$x_{14-9} = 2.6\text{m} \qquad x_{9-14} = 17.4\text{m}$$

$$x_{14-15} = 2.7\text{m} \qquad x_{15-14} = 17.3\text{m}$$

相邻零点的连线即为零线,如图 1-13 所示。

6)计算土方量

根据方格网挖填图形,按表 1-3 所列公式计算土方工程量。

方格 1-1,1-3,1-4,2-1 四角点全为挖(填)方,按正方形计算,其土方量为:

$$V_{1-1} = \frac{a^2}{4}(h_1 + h_2 + h_3 + h_4)$$

$$= 100 \times (0.39 + 0.02 + 0.30 + 0.65) = +136(\text{m}^3)$$

同样计算得

$$V_{2-1} = +263\text{m}^3$$

$$V_{1-3} = -117\text{m}^3$$

$$V_{1-4} = -270\text{m}^3$$

方格 1-2,2-3 各有两个角点为挖方,另两角点为填方,按梯形公式计算,其土方量为:

$$V_{1-2}^{填} = \frac{a}{8}(b+c)(h_1 + h_3) = \frac{20}{8}(1.9 + 17.1)(0.02 + 0.3) = +15.2(\text{m}^3)$$

$$V_{1-2}^{挖} = -\frac{a}{8}(d+e)(h_2 + h_4) = -\frac{20}{8}(18.1 + 2.9)(0.19 + 0.05) = -12.6(\text{m}^3)$$

同理

$$V_{2-3}^{填} = +25.75\text{m}^3 \qquad V_{2-3}^{挖} = -21.8\text{m}^3$$

方格网 2-2,2-4 为一个角点填方(或挖方)和三个角点挖方(或填方),分别按三角形和五角形公式计算,其土方量为:

$$V_{2-2}^{填} = \left(a^2 - \frac{bc}{2}\right)\frac{h_1 + h_2 + h_3}{5}$$

$$= (20^2 - 2.9 \times 2)\frac{0.3 + 0.71 + 0.44}{5} = +114.3(\text{m}^3)$$

$$V_{2-2}^{挖} = -\frac{bch_4}{6} = -\frac{2.9 \times 2 \times 0.05}{6} = -0.05(\text{m}^3)$$

同理

$$V_{2-4}^{填} = +0.07\text{m}^3 \qquad V_{2-4}^{挖} = -127.3\text{m}^3$$

将计算出的土方量填入图 1-13 中相应的方格。场地各方格土方量总计:挖方 548.75m³;填方 554.32m³。

1.2.3 土方平衡调配

1. 土方的平衡调配原则

土方平衡调配的目的是在使土方运输量或土方运输成本最低的条件下,确定填、挖方区土方的调配方向和数量,以达到缩短工期和提高经济效益的目的。

土方的平衡调配原则如下:

(1)挖、填方基本平衡,减少重复倒运。

(2)挖、填方量与运距的乘积之和尽可能最小,即总土方运输量或运输费用最小。

(3)好土应用在回填密实度要求较高的地区。

(4)取土或弃土应尽量不占或少占农田。

(5)分区调配应与全场调配相协调,避免只顾局部平衡、任意挖填而破坏全局平衡。

(6)调配应与地下构筑物的施工相结合,地下设施的填土应预留。

(7)选择恰当的调配方向、运输路线,土方运输无对流和乱流现象并便于机具调配、机械化施工。

2. 土方调配图的编制

1)划分调配区

在平面图上先画出挖填区的分界线,在挖、填方区适当画出若干调配区。划分时应注意下述几点:划分应与建筑物的平面位置相协调,并考虑开工顺序、分期施工顺序;调配区大小应满足土方施工主导机械的行驶操作尺寸要求;调配区范围应和土方量计算用的方格网相协调。一般由若干个方格网组成一个调配区;当土方运距较大或场地范围内土方调配不能达到平衡时,可考虑就近借土或弃土,此时一个借土区或一个弃土区可作为一个独立的调配区。

2) 计算各调配区的土方量

按前述方法计算调配区的土方量。

3) 计算各挖、填方调配区间的平均运距

各挖、填方调配区间的平均运距即挖、填方区各自重心间的距离,如图 1-14 所示,取场地或方格网中的纵横两边为坐标轴,以一个角点为坐标原点,按下式求出挖、填方各自重心的坐标 x_0 和 y_0:

$$x_0 = \frac{\sum x_i V_i}{\sum V_i} \qquad (1\text{-}22)$$

$$y_0 = \frac{\sum y_i V_i}{\sum V_i} \qquad (1\text{-}23)$$

式中:x_i、y_i——i 块方格重心坐标(m);

V_i——i 块方格的土方量(m³)。

挖、填方调配区间的平均运距 L_0 为:

$$L_0 = \sqrt{(x_{0T} - x_{0W})^2 + (y_{0T} - y_{0W})^2} \qquad (1\text{-}24)$$

式中:x_{0T}、y_{0T}——填方区重心坐标(m);

x_{0W}、y_{0W}——挖方区重心坐标(m)。

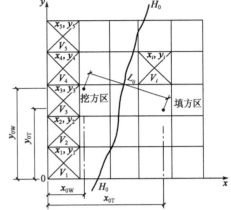

图 1-14　土方调配区间的平均运距

一般情况下,也可用作图法近似地求出调配区的形心位置代替重心坐标,用比例尺量出每对调配区的平均运距。

4) 确定土方的最优调配方案

最优调配方案的确定,是以线性规划为理论基础,用"表上作业法"来求解,现举例说明。

【例 1-2】　已知某施工场地有 4 个挖方区和 3 个填方区,其相应的挖填土方量和各对调配区的运距如表 1-4 所示。确定最优调配方案。

挖方区、填方区的挖填土方量和调配区间的运距　　　　　　表 1-4

填方区 挖方区	T_1	T_2	T_3	挖方量(m³)
W_1	50	70	100	500
W_2	70	40	90	500
W_3	60	110	70	500
W_4	80	100	40	400
填方量(m³)	800	600	500	1 900 1 900

【解】　用"表上作业法"进行调配的步骤为:

1) 用"最小元素法"编制初始调配方案

"最小元素法"即给最小运距方格以尽可能多的土方。先在运距表的小方格中找一个最小值。找出来之后先确定此最小的运距所对应的土方量,并且使其土方量尽可能地大,依表可知 $L_{22}=L_{43}=40\text{m}$ 最小,于是在这两个最小运距中任取一个,现取 $L_{22}=40\text{m}$,此方格所对应的挖方量为 500m^3,填方量为 600m^3。依据最大限度的调配原则,应把 W_2 的挖方量全部运到 T_2,而 W_2 的土方已全部运往 T_2 了,就不能满足 T_1 和 T_3 的需要了,即由 W_2 调配到 T_1 和 T_3 的土方量为 0(在调配表中记为×)。依此类推,得出如表 1-5 的土方初始调配方案。

土方初始调配方案 表 1-5

挖方区＼填方区	T_1		T_2		T_3		挖方量(m^3)
W_1		50		70		100	500
	(500)		×		×		
W_2		70		40		90	500
	×		(500)		×		
W_3		60		110		70	500
	(300)		(100)		(100)		
W_4		80		100		40	400
	×		×		(400)		
填方量(m^3)	800		600		500		1 900 / 1 900

确定初始调配方案时,让运距最小的格内取尽可能大的土方值,也就是说优先考虑"就近调配",所以求得的运输量是比较小的(总运输量 97 000 $\text{m}^3\cdot\text{m}$)。但不能保证其运输量最小,所以还要判别,看是否为最优方案。

2)最优方案的判别

最优方案的判别用"位势法"求检验数 λ_{ij} 来判别(λ_{ij} 是运距表第 i 行第 j 列的一个数字),只要所有检验数 $\lambda_{ij}\geqslant 0$,则该方案即为最优方案,否则不是最优方案,还需要进行调整。以下用"位势法"判别。

首先将初始方案中有调配数方格的运距 L_{ij} 列出,然后按以下式子求出两组位势数 u_i($i=1$、2、3、$\cdots$、m)和 v_j($j=1$、2、3、$\cdots$、n),即:

$$L_{ij}=u_i+v_j \tag{1-25}$$

式中:L_{ij}——平均运距(或单位土方造价,或施工费用);

u_i、v_j——位势数。

用上式求出位势数以后,便可以由下式计算空格内的检验数:

$$\lambda_{ij}=L_{ij}-u_i-v_j \tag{1-26}$$

本例有以下不定解方程组:

$$L_{11}=u_1+v_1 \qquad L_{31}=u_3+v_1$$

$$L_{32}=u_3+v_2 \qquad L_{22}=u_2+v_2$$

$$L_{33}=u_3+v_3 \qquad L_{43}=u_4+v_3$$

令 $u_1=0$,求出位势数 u_i 和 v_j 如表 1-6 所示。

有调配数方格的运距及位势数　　　　　　　　　　　　　表 1-6

挖方区 ＼ 填方区	位势数	T_1 $v_1=50$	T_2 $v_2=100$	T_3 $v_3=60$
W_1	$u_1=0$	50		
W_2	$u_2=-60$		40	
W_3	$u_3=10$	60	110	70
W_4	$u_4=-20$			40

由 $\lambda_{ij}=L_{ij}-u_i-v_j$，依此求出各空格的检验数，填入表 1-7。

$$\lambda_{12}=L_{12}-u_1-v_2=70-0-100=-30（<0）$$

$$\lambda_{13}=L_{13}-u_1-v_3=100-0-60=40（>0）$$

$$\lambda_{21}=L_{21}-u_2-v_1=70-（-60）-50=80（>0）$$

$$\lambda_{23}=L_{23}-u_2-v_3=90-（-60）-60=90（>0）$$

$$\lambda_{41}=L_{41}-u_4-v_1=80-（-20）-50=50（>0）$$

$$\lambda_{42}=L_{42}-u_4-v_2=100-（-20）-100=20（>0）$$

空 格 的 检 验 数　　　　　　　　　　　　　表 1-7

挖方区 ＼ 填方区	位势数	T_1 $v_1=50$	T_2 $v_2=100$	T_3 $v_3=60$
W_1	$u_1=0$	500	－	＋
W_2	$u_2=-60$	＋	500	＋
W_3	$u_3=10$	300	100	100
W_4	$u_4=-20$	＋	＋	400

从表 1-7 中可以看出，出现了负数，说明初始方案不是最优方案，要进一步进行调整。

3）方案的调整

用"闭回路法"在所有负检验数中选一个（一般可选最小的一个，本例中为 λ_{12}），从负值最大的方格出发，沿水平或竖直方向前进，遇到适当的有数字的方格作 90°转弯，直至回到出发点，形成一条闭回路，见表 1-8。

闭 回 路　　　　　　　　　　　　　表 1-8

挖方区 ＼ 填方区	位势数	T_1 $v_1=50$	T_2 $v_2=100$	T_3 $v_3=60$
W_1	$u_1=0$	500	－	＋
W_2	$u_2=-60$	＋	500	＋
W_3	$u_3=10$	300	100	100
W_4	$u_4=-20$	＋	＋	400

在各奇数次转角点的数字中，挑出一个最小的（本表即为 500、100 中选出 100），各奇数次转角点方格均减此数，各偶数次转角点均加此数。这样调整后，便可得新调配方案，见表 1-9。

对新调配方案，仍用"位势法"进行检验，看其是否是最优方案。若检验数中仍有负数出现，那就仍按上述步骤继续调整，直到找出最优方案为止。

表 1-9 中所有的检验数均为正号,故该方案即为最优方案。其土方的总运输量为 $Z =$ $400 \times 50 + 100 \times 70 + 500 \times 40 + 400 \times 60 + 100 \times 70 + 400 \times 40 = 94\,000\text{m}^3 \cdot \text{m}$。这与初始方案的总运输量($97\,000\text{m}^3 \cdot \text{m}$)相比,总运输量减少了 $3\,000\text{m}^3 \cdot \text{m}$。

新 调 配 方 案 　　　　　　　表 1-9

填方区 挖方区	T_1		T_2		T_3		挖方量(m^3)
W_1		50		70		100	500
	(400)		100		×		
W_2		70		40		90	500
	×		(500)		×		
W_3		60		110		70	500
	(400)		×		(100)		
W_4		80		100		40	400
	×		×		(400)		
填方量(m^3)	800		600		500		1 900 1 900

4)绘出土方调配图

最后将调配方案绘成土方调配图(图 1-15),在土方调配图中应注明挖填调配区、调配方向、土方数量以及每对挖、填之间的平均运距。

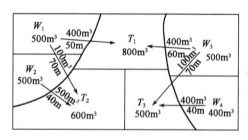

图 1-15　土方调配图

1.2.4　场地平整施工

场地平整是综合施工过程,它由土方开挖、运输、填筑、压实等施工过程组成。大面积的场地平整,适宜采用大型土方机械,如推土机、铲运机或单斗挖掘机等施工。

1. 推土机施工

推土机是场地平整中主要施工机械之一,它是在履带式拖拉机上安装推土板等工作装置而成的机械。

推土机操纵灵活,运转方便,所需工作面小,易于转移,行驶速度快,能爬 30°左右的缓坡,因此应用范围较广。推土机适于推挖一~三类土。

推土机的生产效率主要决定于推土刀推移土的体积及切土、推土、回程等工作循环时间。为了提高推土机的生产效率,缩短推土时间和减少土的失散,常用以下几种施工方法。

1)下坡推土

推土机顺地面坡度沿下坡方向切土和推土,借助机械本身的重力作业,以增加推土能力和缩短推土时间如图 1-16 所示。一般可提高生产效率 30% ~40%,推土坡度应小于 15°。

2)并列推土

平整场地的面积较大时,可用 2~3 台推土机并列作业,如图 1-17 所示。铲刀相距 15~30cm。一般两机并列推土可增大推土量 15% ~30%,但运距不宜超过 50~70m,不宜小于 20m。

3）槽形推土

推土机重复多次在一条作业线上切土和推土，如图1-18所示，使地面逐渐形成一条浅槽，以减少土从铲刀两侧流散，可以增加推土量10%～30%。

图1-16　下坡推土　　　　　图1-17　并列推土（尺寸单位：cm）

4）多铲集运

在硬质土中，切土深度不大，可以采用多次铲土，分批集中，一次推送的方法，缩短运土时间，如图1-19所示。

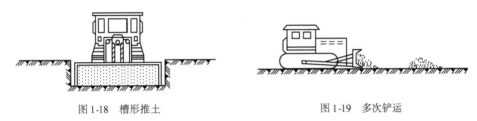

图1-18　槽形推土　　　　　图1-19　多次铲运

2. 铲运机施工

铲运机是指能独立完成铲土、运土、填筑、整平的土方机械。按行走方式分为自行式和拖式铲运机。铲运机对行驶的道路要求较低，操纵灵活，行驶速度快，生产率高，费用低，适宜在松土、普通土中工作，在场地地形起伏不大（坡度在20°以内）的大面积场地施工。对于硬土需用松土机预松后才能开挖。

1）铲运机的路线

应根据填方、挖方区的分布情况并结合当地的具体条件进行合理的安排。一般有以下两种形式：

（1）环形路线。当施工地段较短，地形起伏不大时，多采用环形路线，如图1-20a）、b）所示。环形路线每一循环只完成一次铲土和卸土，挖土和填土交替；挖填之间距离较短时，可采用大循环路线如图1-20c）所示，一个循环能完成多次铲土和卸土，减少铲运机的转弯次数提高工作效率。采用环形路线，每隔一定时间按顺、逆时针方向交换行驶，防止机件单侧磨损。

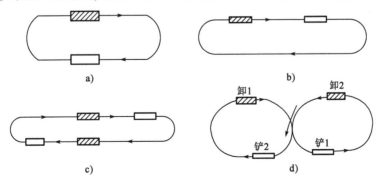

图1-20　铲运机运行路线

a）、b）环形路线；c）大环形路线；d）"8"字形路线

（2）"8"字形路线。施工地段较长或地形起伏较大时,多采用"8"字形路线,如图1-20d)所示。铲运机在上下坡时斜向行驶,每一循环完成两次作业(两次铲土和卸土),比环形路线减少空驶距离和转弯,节省时间,提高工作效率。

2)提高铲运机生产效率的措施

为了提高铲运机的生产率,除了合理确定开行路线外,还应根据施工条件选择施工方法。常用的施工方法有:

（1）下坡铲土。铲运机铲运时尽量采用有利地形进行下坡铲土。这样可以借助铲运机的重力来加大铲土能力,缩短装土时间,提高生产率。一般地面坡度以5°～7°为宜。平坦地形可将取土地段的一端先铲低,然后保持一定坡度向后延伸,人为创造下坡铲土条件。

（2）跨铲法。在较坚硬的土内铲土时,可采用预留土埂间隔铲土的方法。这样,铲运机在挖土槽时可减少向外撒土量,铲土埂时增加了两个自由面,阻力减小,达到"铲土快,铲斗满"的效果。土埂高度应不大于300mm,宽度以不大于铲土机两履带间净距为宜。

（3）助铲法。在坚硬的土层中铲土时,可另配一台推土机在铲运机的后拖杆上进行顶推,协助铲土,以缩短铲土的时间。此法的关键是安排好铲运机和推土机的配合,一般一台推土机可配合3～4台铲运机助铲。推土机在助铲的空隙时间可作松土或场地平整等工作,为铲运机创造良好的工作条件。

1.3 基坑(槽)工程

场地平整后,应进行建(构)筑物的定位放线、基坑(槽)排降水、基坑(槽)开挖、土方边坡及土壁支护,基础工程完工后,再进行回填与压实。

1.3.1 定位放线

1. 龙门板的设置

房屋角桩位置定好后,应把角桩之间的轴线位置引测至基坑(槽)以外的龙门板上。

龙门板的设置工序为:在建(构)筑物四角及墙(柱)两端边线以外1～1.5m处钉龙门桩→在龙门桩上测设±0.000标高线→钉龙门板→用经纬仪将墙、柱轴线投测到龙门板顶面并钉小钉标明→在轴线延长线上打入控制桩→检查轴线钉的间距(相对误差不超过1/2 000)→将墙、柱、基坑宽度标在龙门板上→拉线撒出基坑(槽)开挖线。

2. 基坑(槽)的放线

依据龙门板标定的基础底面尺寸、埋置深度、土质和地下水位情况及施工要求,确定挖土边线,进行基坑(槽)的放线。

当基坑(槽)不放坡不加支撑时,基础底面尺寸就是放线尺寸;当不放坡加支撑和留工作面时,基底每边留出工作面的宽度,一般为300～600mm,每边加100mm为支撑所需的尺寸。放边坡时,应考虑工作面宽度及放坡上口放线宽度,在地面上撒出灰线,并标出基础挖土的界限。

1.3.2 土方边坡稳定

基坑(槽)边坡的稳定,主要是靠土体的内摩阻力和黏结力来保持平衡的,一旦土体失去平衡,边坡就会塌方。边坡塌方可能引起人身事故,同时会妨碍基坑(槽)开挖或基础施工,有时还会危及附近的建筑物。

1. 边坡塌方的原因

根据工程实践调查分析,造成边坡塌方的主要原因有以下几点:

(1)基坑(槽)边坡太陡,使土体本身的稳定性不够,在土质较差、开挖深度较大的基坑(槽)中,易遇到这种情况。

(2)雨水、地下水或施工用水渗入边坡,使土体的重量增大及抗剪能力降低,这是造成边坡塌方的最主要原因。

(3)基坑(槽)上边缘附近大量堆土或停放机具,使土体中产生的剪应力超过土体的抗剪强度。

2. 边坡塌方的防治

1)边坡放坡

当基坑(槽)所处场地较大且周边环境较简单,基坑(槽)开挖可采用放坡形式,这样比较经济,而且施工也比较简单。

土方放坡开挖的边坡可做成直线形、折线形和台阶形,如图 1-21 所示。

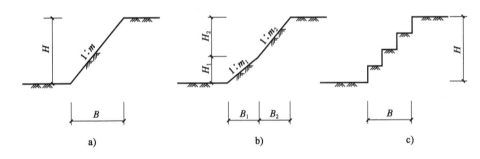

图 1-21　土方边坡放坡形式
a)直线形;b)折线形;c)台阶形

土方边坡坡度 $i = \dfrac{H}{B} = \dfrac{1}{B/H} = \dfrac{1}{m}$,坡度系数 $m = \dfrac{B}{H}$。

土方边坡大小应根据土质条件、挖填方高度、地下水位、排水情况、施工方法、留置时间、坡顶荷载、相邻建筑的情况等因素综合考虑确定。放坡的规定如下:

(1)土质均匀且地下水位低于基坑(槽)或管沟底面标高,其挖土深度不超过表 1-10 中的容许深度时,挖方边坡可做直壁面不加支撑。

基坑(槽)和管沟不加支撑时的容许深度　　　　　　　　表 1-10

项　次	土 的 种 类	容许深度(m)
1	密实、中密的砂子和碎石类土(填充物为砂)	1.00
2	硬塑、可塑的粉质黏土及粉土	1.25
3	硬塑、可塑的黏土和碎石类土(填充物为黏性土)	1.50
4	坚硬的黏土	2.00

（2）土质均匀且地下水位低于基坑（槽）或管沟底面标高，挖方深度在 5m 以内时，不支撑的边坡最陡坡度应符合表 1-11 规定。

深度在 5m 内的基坑（槽）、管沟边坡的最陡坡度（不加支撑）　　表 1-11

土 的 类 别	边 坡 坡 度		
	坡顶无荷载	坡顶有静载	坡顶有动载
中密的砂土	1:1.00	1:1.25	1:1.50
中密的碎石类土（填充物为砂）	1:0.75	1:1.00	1:1.25
硬塑的粉土	1:0.67	1:0.75	1:1.00
中密的碎石类土（填充物为黏土）	1:0.50	1:0.67	1:0.75
硬塑的粉质黏土、黏土	1:0.33	1:0.50	1:0.67
老黄土	1:0.10	1:0.25	1:0.33
软土（经井点降水后）	1:1.00	—	—

注：1. 静载指堆土或材料等，动载指机械挖土或汽车运输作业等。静载或动载应距挖方边缘 0.8m 以外，堆土或材料高度不宜超过 1.5m。

　　2. 当有成熟经验时，可不受本表限制。

（3）使用时间较长的临时性挖方边坡坡度应符合表 1-12 规定。

使用时间较长的临时性挖方边坡坡度值　　表 1-12

土 的 类 别		容 许 边 坡 值	
		坡高在 5m 以内	坡高在 5~10m
砂土（不含细砂、粉砂）		(1:1.15)~(1:1.00)	(1:1.00)~(1:1.5)
黏性土及粉土	坚硬	(1:0.75)~(1:1.00)	(1:1.00)~(1:1.25)
	硬塑	(1:1.00)~(1:1.25)	(1:1.25)~(1:1.5)
碎石土	密实	(1:0.35)~(1:0.50)	(1:0.50)~(1:0.75)
	中密	(1:0.50)~(1:0.75)	(1:0.75)~(1:1.00)
	稍密	(1:0.75)~(1:1.00)	(1:1.00)~(1:1.25)

注：1. 使用时间较长的临时性挖方是指使用时间超过一年的临时工程、临时道路等的挖方。

　　2. 应考虑地区性水文气象等条件，结合具体情况使用。

　　3. 表中碎石土的充填物为坚硬或硬塑状态的黏性土、粉土；对于砂土或充填物为砂土的碎石土，其边坡坡度容许值均按自然休止角确定。

　　4. 混合土可参照表中相近的土执行。

2）设置支撑

对于基坑（槽）开挖，若土质与场地周围条件允许，放坡开挖比较经济；若受条件限制不能按规定放坡或放坡开挖所增加的土方量太大，则可采用直立边坡加支护的施工方法。

（1）基槽支护。基槽支护方法见表 1-13。

类　　型	简　　图	说　　明
间断式水平支撑		两侧适于挡土板水平放置,用工具式或木横撑借木楔顶紧,挖一层土,支顶一层; 　　能保持立壁的干土或天然湿度的黏土类土,地下水很少、深度在 2m 以内
断续式水平支撑		挡土板水平放置,中间留出间隔,并在两侧同时对称立竖方木,再用工具式或木横撑上、下顶紧; 　　适于能保持直立壁的干土或天然湿度的黏土类土,地下水很少、深度在 3m 以内
连续式水平支撑		挡土板水平连续放置,不留间隙,然后两侧同时对称立竖方木,上、下各顶一根撑木,端头加木楔顶紧; 　　适于较松散的干土或天然湿度的黏土类土,地下水很少、深度为 3~5m
连续或间断式垂直支撑		挡土板垂直放置,可连续或留适当间隙,然后每侧上、下各水平顶一根方木,再用横撑顶紧; 　　适于土质较松散或湿度很高的土,地下水较少、深度不限
混合式支撑		沟槽上部连续式水平支撑,下部设连续式垂直支撑; 　　适于沟槽深度较大,下部有含水土层的情况

（2）基坑支护。基坑的支护方法见表1-14。

基坑的支护方法

表1-14

类　型	简　图	说　明
深层搅拌水泥土墙		深层搅拌水泥土墙是用深层搅拌机就地将土和输入的水泥强制搅拌，形成连续搭接的水泥土柱状加固挡墙； 墙体宽度 b 和插入深度 h_d，应计算确定。在软土地区当基坑开挖深度≤5m时，可按经验取 $b=(0.6\sim0.8)h$，$h_d=(0.8\sim1.2)h$。基坑深度一般不应超过7m，此种情况下较经济； 水泥土加固体的强度取决于水泥掺入比（水泥质量与加固土体质量的比值），常用的水泥掺入比为12%～14%。常用的水泥品种是强度等级为32.5的普通硅酸盐水泥； 围护墙未达到设计强度前不得开挖基坑。水泥土围护墙的优点：由于坑内无支撑，便于机械化快速挖土；具有挡土、止水的双重功能；一般比较经济。其缺点是不宜用于深基坑、一般不宜大于6m；位移相对较大，尤其当基坑长度大时
高压旋喷桩		高压旋喷桩是利用高压经过旋转的喷嘴将水泥浆喷入土层与土体混合形成水泥土加固体，相互搭接形成桩排，用来挡土和止水。 喷射注浆时，只需在土层中钻一个直径为50～300mm的小孔，便可在土中喷成直径0.4～2m的加固水泥土桩。因而能在狭窄施工区域施工或贴近已有基础施工。但该工艺水泥用量大，造价高。施工时要控制好上提速度、喷射压力和水泥浆喷射量
型钢横挡板围护墙	 Ⅰ—Ⅰ断面图 1、4-型钢桩；2、5-挡土板；3-楔子	型钢横挡板围护墙亦称桩板式支护结构。这种围护墙由工字钢（或H型钢）桩和横挡板（亦称衬板）组成，再加上围檩、支撑等形成支护体系； 工字钢或H型钢桩沿挡土位置预先打入，间距1.0～1.5m，然后边挖土，边将3～6cm厚的挡土板塞进钢桩之间挡土，并在横向挡板与型钢桩之间打上楔子，使横板与土体紧密接触，横挡板直接承受土压力和水压力，由横挡板传给工字钢桩，再通过围檩传至支撑或拉锚； 型钢横挡板围护墙多用于土质较好、地下水位较低的地区
钢板桩	 a)内撑方式；b)锚拉方式 1-钢板桩；2-围檩；3-角撑；4-立柱与支撑；5-支撑；6-锚拉杆	①槽钢钢板桩：是一种简易的钢板桩围护墙，由槽钢正反扣搭接或并排组成。槽钢长6～8m，型号由计算确定。打入地下后顶部接近地面处设一道拉锚或支撑。由于其截面抗弯能力弱，一般用于深度不超过4m的基坑。由于搭接处不严密，一般不能完全止水； ②热轧锁口钢板桩（左图）：热轧锁口钢板桩的形式有U形、L形、一字形、H形和组合型。建筑工程中常用前两种，基坑深度较大时才用后两种，但我国较少用； 钢板桩的优点是材料质量可靠，在软土地区打设方便，施工速度快而且简便；有一定的挡水能力，可多次重复使用；一般费用较低。其缺点是一般的钢板桩刚度不够大，用于较深的基坑时支撑（或拉锚）工作量大，否则变形较大；在透水性较好的土层中不能完全挡水；拔除时易带土，如处理不当会引起土层移动，可能危害周围的环境； 常用的U形钢板桩，多用于周围环境要求不甚高的深5～8m的基坑，视支撑（拉锚）加设情况而定

类　型	简　图	说　明
钻孔混凝土灌注桩	a)单排钻孔灌注桩支护 b)双排钻孔灌注桩支护 1-围檩;2-支撑;3-立柱;4-工程桩; 5-钻孔灌注桩;6-水泥土搅拌桩挡水帷幕;7-坑底水泥土搅拌桩加固; 8-联系横梁	钻孔灌注桩为间隔排列,缝隙不小于100mm,因此它不具备挡水功能,需另做挡水帷幕,目前我国应用较多的是厚1.2m的水泥土搅拌桩。适用于地下水位较低地区则不需做挡水帷幕; 　　钻孔灌注桩施工无噪声、无振动、无挤土,刚度大,抗弯能力强,变形较小,几乎在全国都有应用。多用于深7～15m的基坑工程,在土质较好地区已有8～9m悬臂桩,在软土地区多加设内支撑(或拉锚)且悬臂式结构不宜大于5m。桩径和配筋由计算确定,常用直径有600、700、800、900、1 000(mm); 　　有的工程为不用支撑简化施工,采用相隔一定距离的双排钻孔灌注桩与桩顶横梁组成空间结构围护墙,使悬臂桩围护墙可用于-14.5m的基坑
地下连续墙		地下连续墙是于基坑开挖之前,用特殊挖槽设备、在泥浆护壁之下开挖深槽,然后下钢筋笼浇筑混凝土形成的地下混凝土墙; 　　地下连续墙用作围护墙的优点是:施工时对周围环境影响小,能紧邻建筑物等进行施工,刚度大,整体性好,变形小,能用于深基坑;处理好接头能较好地抗渗止水;如用逆作法施工,可实现两墙合一,能降低成本; 　　目前常用的厚度为600、800、1 000(mm),多用于-12m以下的深基坑。在软土中悬臂式结构不宜大于5m
SMW工法围护墙	1-插在水泥土桩中的H型钢;2-水泥土桩	在水泥土搅拌桩内插入H型钢,使之成为同时具有受力和抗渗两种功能的支护结构围护墙。坑深大时亦可加设支撑。国外已用于坑深-20m的基坑,我国已开始应用,用于8～10m基坑; 　　加筋水泥土桩法施工机械应为三根搅拌轴的深层搅拌机,全断面搅拌,H型钢靠自重可顺利下插至设计标高; 　　加筋水泥土桩法围护墙的水泥掺入比达20%,因此水泥土的强度较高,与H型钢的黏结好,能共同作用
土钉墙	1-土钉;2-喷射细石混凝土面层;3-垫板	土钉墙是一种边坡稳定式的支护,其作用与被动起挡土作用的上述围护墙不同,它是起主动嵌固作用,增加边坡的稳定性,使基坑开挖后坡面保持稳定; 　　土钉墙用于非软土场地;基坑深度不宜大于12m;当地下水位高于基坑底面时,应采取降水或截水措施。目前在软土场地亦有应用; 　　施工时,每挖深1.5m左右,挂细钢筋网,喷射C20细石混凝土面层,厚50～100mm,然后钻孔插入钢筋(长10～15m,纵、横间距1.5m×1.5m),加垫板并灌浆,依次进行直至坑底。基坑坡面有较陡的坡度

1.3.3 基坑排降水

若地下水位较高,当开挖基坑或沟槽至地下水位以下时,由于土的含水层被切断,地下水将不断渗入坑内。为了保证工程质量和施工安全,做好施工排水工作,保持开挖土体的干燥是十分重要的。

基坑降水的方法有集水井降水法和井点降水法。集水井降水法一般宜用于降水深度较小且地层中无流沙时;如降水深度较大,或地层中有流沙,或地处软土地区,应尽量采用井点降水法。不论采用哪种方法,降水工作都要持续到基础施工完毕并回填土后才停止。

1. 集水井降水法

这种降水方法是在基坑或沟槽开挖时,在坑底设置集水井,并沿坑底的周围或中央开挖有一定坡度的排水沟,使水在重力作用下由排水沟流入集水井区,然后用水泵抽出坑外,如图1-22所示。

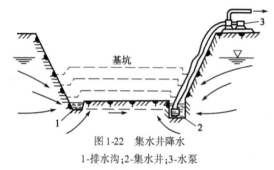

图1-22 集水井降水
1-排水沟;2-集水井;3-水泵

四周的排水沟及集水井应设置在基础范围以外、地下水流的上游。根据地下水量、基坑平面形状及水泵能力,集水井每隔20~40m设置一个。

集水井的直径或宽度一般为0.6~0.8m。井壁可用竹、木或砌筑等简易加固。排水沟底宽一般不小于300mm,沟底纵向坡度宜控制在1‰~2‰,排水沟比基坑底低0.3~0.4m,集水井底比排水沟底低0.6m以上。随着基坑开挖加深,沟底和井底应保持这一高度差。

当基坑挖至设计标高后,井底应低于坑底1~2m,并铺设0.3m厚的碎石滤水层,以免在抽水时将泥砂抽出,防止井底的土被搅动,做好较坚固的井壁。基坑水泵的排水量应为基坑涌水量的1.5~2.0倍。

该方法简单、经济,对周围影响小,应用较广。当挖土为细砂或粉砂时会出现流沙、塌方及管涌等事故,甚至引起附近建筑物下沉,此时常采用井点降水的施工方法。

2. 井点降水法

井点降水法是在基坑开挖前,预先在基坑四周埋设一定数量的滤水井(管),通过抽水设备抽出地下水,使地下水位降低到坑底以下,从根本上解决地下水涌入坑内的问题。井点降水还可防止边坡由于受地下水流的冲刷而引起的塌方;消除坑底的土层因地下水位差引起的压力,防止坑底土的上冒;因为水压消失,支护结构减少水平荷载;由于没有地下水的渗流,也可消除流沙现象;降低地下水位后,由于土体固结,使土层密实,增加地基土的承载能力。

井点类型有:轻型井点、喷射井点、电渗井点、管井井点和深井井点。各种井点的适用范围参照表1-15,其中轻型井点应用最为广泛。

<table>
<tr><td colspan="4" align="center">各类井点的适用范围</td></tr>
</table>

表1-15

井点类别	适用条件	土层渗透系数(m/d)	降低水位深度(m)
轻型井点	一级轻型井点	0.5~50	3~6
	多级轻型井点	0.5~50	6~12

适用条件	土层渗透系数(m/d)	降低水位深度(m)
井点类别		
喷射井点	0.1~2	8~20
电渗井点	<0.1	视选用的井点而定
管井井点	20~200	3~5
深井井点	5~250	>15

1)轻型井点

(1)轻型井点设备

轻型井点设备由管路系统和抽水设备组成,如图1-23所示。

管路系统包括:井点管、滤管、弯连管与总管。

滤管为进水设备,如图1-24所示,通常采用长1.0~1.5m、直径φ38mm或φ51mm的无缝钢管,管壁有直径为12~19mm的滤孔,滤孔呈星状排列,滤孔面积为滤管表面积的20%~25%。管外包以两层孔径不同的滤网。为使流水畅通,在骨架与滤网之间用塑料管或梯形钢丝隔开,塑料管沿骨架绕成螺旋形。滤网外面再绕一层8号粗铁丝保护网,滤管下端为一锥形铸铁塞头,滤管上端与井点管连接。

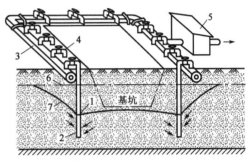

图1-23 轻型井点降低地下水位示意图
1-井点管;2-滤管;3-总管;4-弯连管;5-水泵房;6-原地下水位线;7-降低后地下水位线

井点管为直径φ38mm或φ51mm、长5~7m的钢管。井点管上端用弯连管与总管相连。弯连管宜装有阀门,以便检修井点。近年来,有的弯连管采用透明塑料管,可随时观察井点管的工作情况;有的采用橡胶管,可避免两端不均匀沉降而发生泄漏。

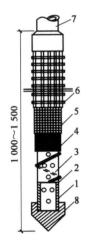

图1-24 滤管构造(尺寸单位:mm)
1-钢管;2-管壁上的小孔;3-缠绕的塑料管;4-细滤网;5-粗滤网;6-粗铁丝保护网;7-井点管;8-铸铁塞头

集水总管为直径φ100~127mm的无缝钢管,每段长4m,其间用橡胶套管连接,并用钢箍拉紧,以防漏水。总管上还装有与井点管连接的短接头,间距0.8m或1.2m。

抽水设备常用的是真空泵设备和射流泵设备。

真空泵抽水设备的主机由真空泵、离心水泵和分水排水器(又称集水箱)等组成,如图1-25所示。抽水时先开动真空泵16,使土中的水分和空气受真空吸引力经管路系统向上流入分水排水器6中。然后开动离心泵17,在分水排水器内水和空气向两个方向流去,水经离心泵由出水管15排出,空气则集中在分水排水器上部由真空泵排出。如水多来不及排出时,分水排水器内浮筒21上浮,由阀门9将通向真空泵的通路关住,保护真空泵使水不进入缸体。副分水排水器12的作用是滤清从空气中带来的少量水分,使其落入该器下层放出,使水不被吸入真空泵内。压力箱14用以调节出水量和阻止空气窜入分水排水器。过滤箱4是防止由水带来的细砂磨损机械。真空调节阀8用以调节真空度,使其适应水泵的需要。

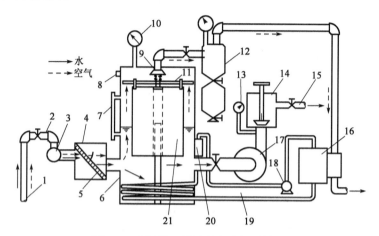

图1-25 真空泵轻型井点抽水设备工作简图

1-井点管;2-弯连管;3-总管;4-过滤箱;5-过滤网;6-分水排水器;7-水位计;8-真空调节阀;9-阀门;10-真空表;11-挡水布;12-副分水排水器;13-压力计;14-压力箱;15-出水管;16-真空泵;17-离心泵;18-冷却泵;19-冷却水管;20-冷却水箱;21-浮筒

射流泵抽水设备的主机由射流器、离心泵、循环水箱等组成,如图1-26所示。工作原理是:利用离心泵将循环水箱中的水变成压力水送入射流器内,由喷嘴喷出,由于喷嘴处断面收缩而使水流速度骤增,压力骤降,使射流器空腔内产生部分真空,把井点管内的气、水吸上来进入水箱。水箱内的水经滤清后一部分经由离心泵参与循环,多余部分由水箱上部的泄水口自动溢出,排放于指定地点。

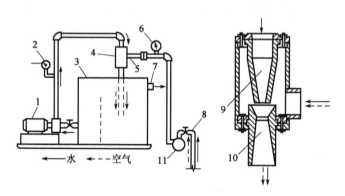

图1-26 射流泵轻型井点抽水设备工作简图

1-离心泵;2-压力计;3-循环水箱;4-射流器;5-进水管;6-真空表;7-泄水口;8-井点管;9-喷嘴;10-喉管;11-总管

一套真空泵抽水设备的负荷长度(即集水总管长度),采用W5型真空泵时,不大于100m,采用W6型真空泵时,不大于120m。一套射流泵抽水设备的负荷长度30~50m,采用两台离心泵和两个射流器联合工作,负荷长度约100m,基本抵得上W5型真空泵机组。相比而言射流泵抽水设备结构简单、成本低、耗电少、使用维修方便,便于推广。

(2)轻型井点布置

轻型井点的布置应根据基坑平面形状及尺寸、基坑的深度、土质、地下水位的高低及流向、降水深度要求等因素确定。

平面布置:当基坑或沟槽宽度小于6m,降水深度不超过5m时,可采用单排线状井点,并布置在地下水上游一侧,两端延伸长度不小于基坑宽度,如图1-27所示。如宽度大于6m或不良土质,采用双排线状井点,如图1-28所示。如面积较大的基坑,采用环状井点,如图1-29所示。

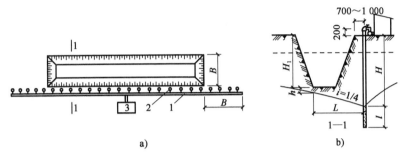

图1-27 单排线状井点布置(尺寸单位:mm)
a)平面布置;b)高程布置
1-总管;2-井点管;3-抽水设备

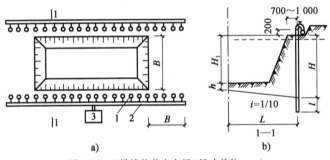

图1-28 双排线状井点布置(尺寸单位:mm)
a)平面布置;b)高程布置
1-井点管;2-总管;3-抽水设备

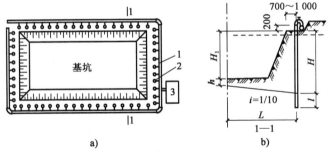

图1-29 环状井点布置(尺寸单位:mm)
a)平面布置;b)高程布置
1-总管;2-井点管;3-抽水设备

采用多套抽水设备时,井点系统应分段,各段长度应大致相等。分段地点宜选择在基坑转弯处,以减少总管弯头数量,提高水泵抽吸能力。水泵宜设置在各段总管中部,使泵两边水流平衡。分段处应设阀门或将总管断开,以免管内水流紊乱,影响抽水效果。

高程布置:轻型井点降水深度,一般不大于6m(考虑设备水头损失)。

井点管埋设深度 H(不包括滤管长)按下式计算：

$$H \geqslant H_1 + h + iL \tag{1-27}$$

式中：H_1——井点管埋设面至基坑底的距离(m)；

h——基坑中心处基坑底面(单排井点时,为远离井点一侧坑底边缘)至降低后地下水位的距离,一般取 $0.5 \sim 1.0$m；

i——水力坡度,单排井点为 $1/4 \sim 1/5$,双排和环状井点为 $1/10$；

L——井点管至基坑中心的水平距离(m)(当井点管为单排布置时,L 为井点管至基坑另一侧的水平距离)。

此外,确定井点埋深时,还要考虑到井点管一般要露出地面 0.2m 左右。如果计算出的 H 值大于井点管长度,则应降低井点管的埋置面(但以不低于地下水位为准),以适应降水深度的要求。在任何情况下,滤管必须埋在透水层内。

当一级井点系统达不到降水深度要求,可视其具体情况采用其他方法降水。如上层土的土质较好时,先用集水井排水法挖去一层土,再布置井点系统；也可采用二级井点,即先挖去第一级井点所疏干的土,然后再在其底部装设第二级井点,如图 1-30 所示。

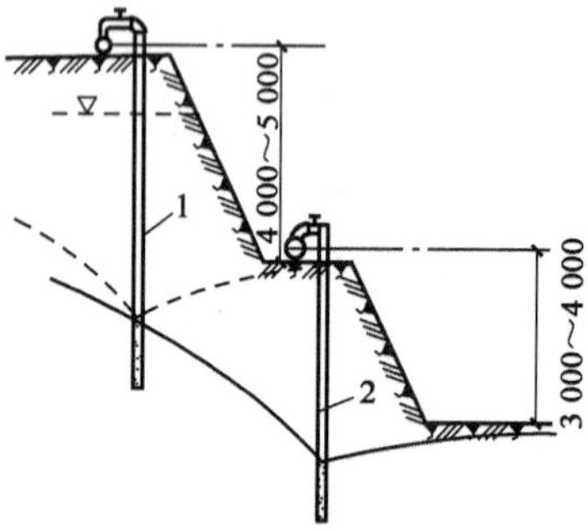

(3)轻型井点计算

轻型井点的计算包括涌水量计算、井点管数量与井距确定。

①涌水量计算。井点系统涌水量是按水井理论进行计算的。根据井底是否达到不透水层,水井可分为完整井与非完整井。井底达到含水层下面的不透水层顶面的井称为完整井,否则称为非完整井。根据地下水是否有压力,水井分为无压井与承压井,如图 1-31 所示。

图 1-30 二级轻型井点示意图(尺寸单位:mm)
1-第一级井点管;2-第二级井点管

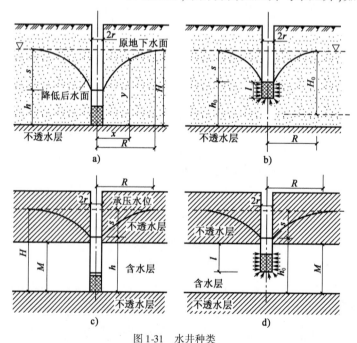

图 1-31 水井种类
a)无压完整井；b)无压非完整井；c)承压完整井；d)承压非完整井

水井的类型不同,其涌水量计算方法也不同,如图 1-32 所示。

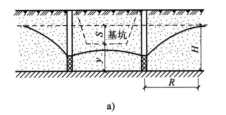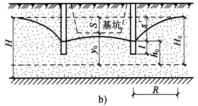

图 1-32 环形井点涌水量计算简图

a) 无压完整井;b) 无压非完整井

对于无压完整井的环状井点系统,涌水量计算公式为:

$$Q = 1.366K\frac{(2H - S)S}{\lg R - \lg x_0} \tag{1-28}$$

式中:Q——井点系统的涌水量($\mathrm{m^3/d}$);

K——土的渗透系数($\mathrm{m/d}$);

H——含水层厚度(m);

S——水位降落高度(m);

R——抽水影响半径(m),近似按 $R = 1.95S\sqrt{HK}$ 计算;

x_0——环状井点系统的假想半径(m),近似按 $x_0 = \sqrt{\dfrac{F}{\pi}}$ 计算,其中 F 为环状井点系统包围的面积($\mathrm{m^2}$)。

矩形基坑的长宽比大于 5 或基坑宽度大于抽水影响半径两倍时,需将基坑分割成符合计算公式的适用条件的单元,然后各单元涌水量相加得到总涌水量。

在实际工程中往往遇到无压非完整井的井点系统,这时地下水不仅从井的侧面流入,还从井底渗入,涌水量比完整井大。为了简化计算,对群井仍可采用公式(1-28),仅将式中 H 换成有效抽水影响深度 H_0。H_0 可查表 1-16,当算得的 H_0 大于实际含水层的厚度时,取 $H_0 = H$。

有效抽水影响深度 H_0 值   表 1-16

$s'/(s' + l)$	0.2	0.3	0.5	0.8
H_0	$1.3(s' + l)$	$1.5(s' + l)$	$1.7(s' + l)$	$1.84(s' + l)$

注:l 为滤管长度(m);s' 的中间值采用插入法求得。

②井点管数量与井距确定。确定井点管数量首先应确定单根井点管的抽水能力,单根井管的最大出水量按下式计算:

$$q = 65\pi dl\sqrt[3]{K} \tag{1-29}$$

式中:q——单根井管的出水量($\mathrm{m^3/d}$);

d——滤管直径(m);

l——滤管长度(m)。

井点管最少数量 n(根),按下式计算:

$$n = 1.1\frac{Q}{q} \tag{1-30}$$

井点管平均间距为:

$$D = \frac{L}{n} \tag{1-31}$$

式中:L——总管长度(m)。

井点管间距经计算确定后,布置时还需注意:井点管间距不能过小,应大于$15d$(若井点管太密,彼此干扰,影响出水效果);在基坑周围四角和靠近地下水流方向一边的井点管应适当加密;当采用多级井点排水时,下一级井点管间距应较上一级的小;实际采用的井距,还应与集水总管上短接头的间距相适应(可按0.8m、1.2m、1.6m、2.0m四种间距选用)。

(4)抽水设备选择

真空泵主要有W5、W6型,按总管长度选用。当总管长度不大于100m时可选用W5型,总管长度不大于120m时可选用W6型。

水泵按涌水量的大小选用,要求水泵的抽水能力应大于井点系统的涌水量(增大10%~20%)。通常一套抽水设备配两台离心泵,既可轮换备用,又可在地下水量较大时同时使用。

(5)轻型井点施工与使用

轻型井点的施工顺序为:放样定位→铺设总管→冲孔→沉设井点管→灌填砂滤料→上部填黏土封闭→用弯管将井点管与总管连接→安装抽水设备→试抽。

井点管埋设一般用水冲法,分为冲孔和埋管两个过程,如图1-33所示。冲孔时,先用起重设备将冲管吊起并插在井点的位置上,然后开动高压水泵,将土冲松,冲管则边冲边沉。冲孔直径一般为300mm,以保证井管四周有一定厚度的砂滤层;冲孔深度宜比滤管底深0.5m左右,以防冲管拔出时,部分土颗粒沉于底部而触及滤管底部。井孔冲成后,立即拔出冲管,插入井点管,并在井点管与孔壁之间迅速填灌砂滤层,以防孔壁塌土。砂滤层的填灌质量是保证轻型井点顺利抽水的关键。宜选用干净粗砂,充填高度至少达到滤管顶以上1~1.5m,也可填到原地下水位线,以保证水流畅通。

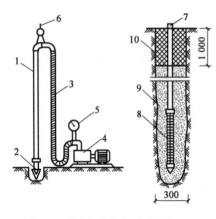

图1-33 冲水管冲孔法(尺寸单位:mm)
1-冲管;2-冲嘴;3-胶皮管;4-高压水泵;5-压力表;6-起重吊钩;7-井点管;8-滤管;9-填砂;10-黏土封口

井点管沉设完毕,即可接通总管与抽水设备进行试抽,检查有无漏水、漏气,出水是否正常,有无淤塞等现象,如有异常情况,应检查合格后方可使用,井点管孔口到地面下0.5~1m的深度范围内应用黏土填塞,以防漏气。

轻型井点使用时,一般应连续抽水(特别是开始阶段)。时抽时停滤网容易堵塞,出水浑浊,并引起附近建筑物由于土颗粒流失而沉降、开裂,同时由于中途停抽,使地下水回升,也可能引起边坡塌方等事故。抽水过程中,应调节离心泵的出水量,使抽吸排水保持均匀,达到细水长流。正常的出水规律是"先大后小,先混后清"。真空度是判断井点系统工作情况是否良好的尺度,必须经常检查。造成真空度不足的原因很多,但多是井点系统有漏气现象,应及时采取措施。

在抽水过程中,还应检查有无堵塞的"死井"(工作正常的井管,用手触摸时,应有冬暖夏凉的感觉,或从弯连管上的透明阀门)观察,如"死井"太多,严重影响降水效果时,应逐个用高压水冲洗或拔出重埋。

(6)轻型井点系统降水设计实例

【例1-3】某基坑底长、宽、深分别为12m、8m、4.5m。基坑平面图如图1-34所示,剖面图如图1-35所示。土层构造:自然地面(标高±0.000)下1m为粉质黏土,其下8m厚为细砂层,再下为不透水层。地下水位标高为 $-1.5\mathrm{m}$。边坡坡度 $1:m=1:0.5$。实测 $K=5\mathrm{m/d}$。采用轻型井点降低地下水,试进行轻型井点设计。

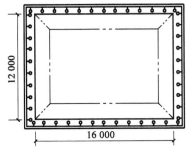

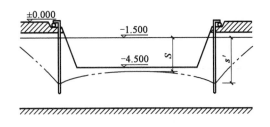

图 1-34　轻型井点平面布置(尺寸单位:mm)　　　　图 1-35　轻型井点标高布置

【解】　①井点系统布置。为了使总管接近地下水位和不影响地面交通,将总管埋设在地面下 0.5m 处,即先挖深 0.5m 沟槽,将总管铺设在槽底。总管选用直径 100mm 的钢管。基坑上口尺寸为 $12\mathrm{m}\times16\mathrm{m}$。

总管长度为:

$$L = (12+2+16+2)\times2 = 64(\mathrm{m})$$

基坑中心要求降水深度为:

$$S = 4.5-1.5+0.5 = 3.5(\mathrm{m})$$

采用一级轻型井点。井点管的埋设深度(不含滤管)为:

$$H \geqslant H_1 + h + iL = 4.5-0.5+0.5+0.1\times14/2 = 5.2(\mathrm{m})$$

选用直径 50mm、长 6m 的井点管及直径 50mm、长 1m 的滤管,埋入土层 5.8m 处(井点管露出地面 0.2m),大于要求埋设深度,所以高程布置符合要求。

②基坑涌水量计算。井点管和滤管全长 7m,滤管下端距不透水层为 1.7m,基坑长宽比小于 5,为无压非完整轻型井点。其涌水量计算式为:

$$Q = 1.366K\frac{(2H_0-S)S}{\lg R - \lg x_0}$$

有效抽水影响深度 H_0 计算,由表 1-16 有:

$$\frac{s'}{s'+l} = \frac{4.8}{4.8+1} = 0.82$$

由表 1-16 查得:

$$H_0 = 1.85(s'+l) = 1.85\times(4.8+1) = 10.73(\mathrm{m})$$

由于实际含水层厚度 $H = 9-1.5 = 7.5\mathrm{m}$,而 $H_0 > H$,故取 $H_0 = H = 7.5\mathrm{m}$。

抽水影响半径 R:

$$R = 1.95S\sqrt{HK} = 1.95\times3.5\sqrt{7.5\times5} = 41.79(\mathrm{m})$$

环状井点系统的假想半径 x_0:

$$x_0 = \sqrt{\frac{F}{\pi}} = \sqrt{\frac{14\times18}{3.14}} = 8.95(\mathrm{m})$$

涌水量 Q 为:

$$Q = 1.366K\frac{(2H_0-S)S}{\lg R - \lg x_0} = 1.366\times5\times\frac{(2\times7.5-3.5)\times3.5}{\lg41.79-\lg8.95} = 410(\mathrm{m^3/d})$$

③井点管数量与间距计算。单根井管出水量 q:

$$q = 65\pi dl\sqrt[3]{K} = 65\times3.14\times0.05\times1\times\sqrt[3]{5} = 17.34(\mathrm{m^3/d})$$

井点管数量 n：

$$n = 1.1 \frac{Q}{q} = 1.1 \times \frac{410}{17.34} = 26 (根)$$

井点管平均间距 D 为：

$$D = \frac{L}{n} = \frac{64}{26} = 2.46 (m)$$

取井距为 2.4m，井点管实际总根数为 27 根。

④抽水设备的选择。总管长度 64m，选用 W5 型真空抽水设备。

水泵抽水流量：

$$Q_1 = 1.1Q = 1.1 \times 410 = 451 = 18.8 (m^3/h)$$

水泵吸水扬程：

$$H_s \geqslant 6.0 + 1.0 = 7.0 (m)$$

根据水泵的流量与扬程，选择 2B19 型离心泵，其流量为 $11 \sim 25 m^3/h$，吸水扬程为 $6 \sim 8 m$，满足要求。

2）喷射井点

当基坑开挖较深，降水深度要求大于 6m 时，采用一般轻型井点不能满足要求，必须使用多级井点才能收到预期效果，但这样需要增加设备机具数量和基坑开挖面积，土方量加大、工期拖长，亦不经济。此时，采用喷射井点降水比较合适，其降水深度可达 $8 \sim 20 m$。喷射井点可分为喷气井点和喷水井点两种。两种井点工作流体虽然不同，其工作原理是相同的。喷水井点设备由喷射井管、高压水泵及进水、排水管路组成。喷射井管由内、外管所组成，在内管下端装有升水装置（喷射扬水器）与滤管相连。高压水（$0.7 \sim 0.8 MPa$）经外管与内管之间的环形空间，并经扬水器侧孔流向喷嘴，由于喷嘴处截面突然缩小，压力经喷嘴以很高的流速喷入混合室，使该室压力下降，造成一定真空度。此时，地下水被吸入混合室与高压水汇合，流经扩散管，由于截面扩大，水流速度相应减小，使水的压力逐渐升高，沿内管上升经排水总管排出。喷射井点设备及平面布置如图 1-36 所示。

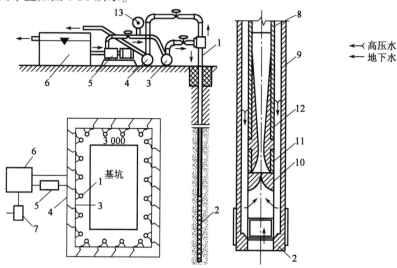

图 1-36 喷射井点设备及平面布置（尺寸单位：mm）

1-喷射井管；2-滤管；3-进水总管；4-排水总管；5-高压水泵；6-集水池；7-水泵；8-内管；9-外管；10-喷嘴；11-混合室；12-扩散管；13-压力表

3）电渗井点

在深基础工程施工中,有时会遇到渗透系数小于0.1m/d的土层,这类土含水率大,压缩性高,稳定性差。由于土粒间微小孔隙将水保持在孔隙内,单靠用真空吸力的一般降水方法效果不佳,此时,必须采用电渗井点降水。电渗井点排水原理如图1-37所示,以井点管作阴极、以打入的钢筋或钢管作阳极(位于井点管内侧),当通以直流电后,土颗粒即由阴极向阳极移动,水则由阳极向阴极移动而被集中排出。土颗粒的移动称为电脉现象,水的移动称为电渗现象,故名电渗井点。

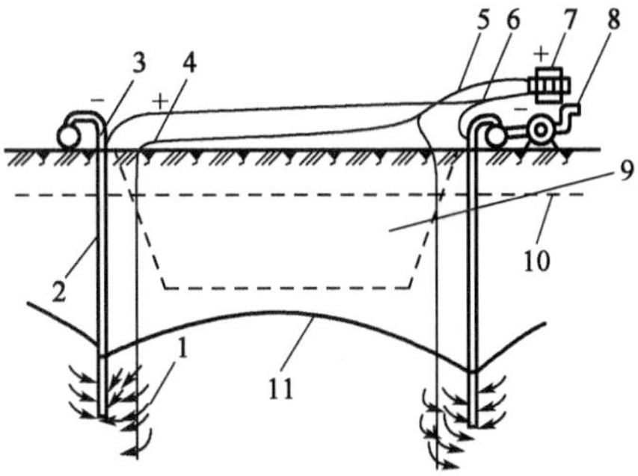

4）管井井点

管井井点是沿基坑周围每隔一定距离(20～50m)设置一个管井,每个管井单独用一台水泵不断抽水来降低地下水位。在土的渗透系数为20～200m/d,地下水量大的土层中,宜采用管井井点。

管井井点由管井、吸水管及水泵组成,如图1-38所示。

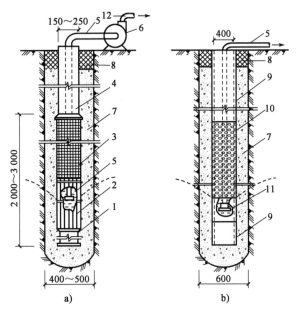

图1-37　电渗井点布置示意图
1-阴极;2-阳极;3-用扁钢、螺栓或电线将阴极连通;4-用钢筋或电线将阳极连通;5-阳极与发电机连接电线;6-阴极与发电机连接电线;7-直流发电机(或直流电焊机);8-水泵;9-基坑;10-原有水位线;11-降水后的水位线

图1-38　管井井点(尺寸单位:mm)
a)钢管管井;b)混凝土管管井

1-沉砂管;2-钢筋焊接架;3-滤网;4-管身;5-吸水管;6-离心泵;7-小砾石过滤层;8-黏土封口;9-混凝土实壁管;10-混凝土过滤管;11-潜水泵;12-出水管

管井的间距一般为10～15m,埋深最大可达10m,水位降低3～5m。管井井点采用离心式水泵或潜水泵抽水。

此外,如要求的降水深度较大,管井井点内采用一般的离心泵和潜水泵已不能满足要求时,可改用深井泵,即采用深井井点降水法来解决。此法是依靠水泵的扬程把深处的地下水抽到地面上来。它适用于土的渗透系数为5～250m/d,降水深度大于15m的情况。

3. 井点降水对邻近建筑物的影响和预防措施

井点降水时由于地下水流失造成地下水位下降,地基自重应力增加,土质被压缩,土颗粒随水流流失,将引起周围地面沉降,由于土质的不均匀性和形成的水位降低漏斗曲线,地面沉降为不均匀沉降,导致周围的建筑物基础下沉、房屋开裂。因此井点降水时,必须采取相应措施,防止产生建筑物基础下沉和房屋开裂的危害。

(1)回灌井点法

回灌井点是在降水井点与需要保护的原建筑物间设置的一排井点。在降水的同时,回灌井点向土层内灌入适量的水,使原建筑物下保持原有的地下水位,防止或减小由于井点降水导致原建筑物的沉降或沉降程度。

回灌井点是防止井点降水损害周围建筑物的一种经济、简便、有效的方法。为确保基坑施工的安全和回灌的效果,回灌井点与降水井点之间应保持一定的距离,一般不宜小于6m,降水与回灌应同步进行。

回灌井点两侧应设置水位观测井,监测水位变化,调节控制降水井点和回灌井点的运行以及回灌水量。

(2)设置止水帷幕法

降水井点区域与原建筑之间设置一道止水帷幕,使基坑外地下水的渗流路线延长,从而使原建筑物的地下水位基本保持不变,止水帷幕设置可结合挡土支护结构或单独设置,常用的止水帷幕有深层搅拌法、压密注浆法、冻结法等。

(3)减缓降水速度法

减缓井点的降水速度,防止土颗粒随水流流出,可采取加长井点,调小离心泵阀,根据土的检验改换滤网,加大砂滤层厚度等措施,防止抽水过程中带出土颗粒。

1.3.4 基坑(槽)开挖

基坑(槽)土方开挖采用机械挖土时,要预留300mm厚的土层由人工铲除,以防止基底超挖。

基坑(槽)挖好后,应紧接着进行下一工序,尽量减少暴露时间。否则,基坑(槽)底部应保留100～200mm厚的土暂时不挖,待下一工序开始前再挖至设计标高。

单斗挖掘机是基坑(槽)开挖中常用的一种施工机械,按其工作装置的不同,分为正铲、反铲、拉铲和抓铲等。

1. 正铲挖掘机

正铲挖掘机的挖土特点:前进向上强制切土,如图1-39所示。其挖掘力大,适用于开挖停机面以上含水率较小的一～四类土,挖土高度一般不小于1.5m。

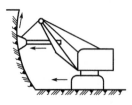

图1-39 正铲挖掘机

正铲挖掘机开挖方式有两种:

1)正向挖土、侧向卸土

如图1-40a)、b)所示,挖掘机沿前进方向挖土,运输工具停在侧面,由挖掘机装土。二者可不在同一工作面(运输工具可停在挖掘机平面上或高于停机平面)。这种开挖方式,卸土时挖掘机旋转角度小于90°,提高了挖土效率,因而在施工中常采用此法。

2)正向挖土、后方卸土

如图1-40c)所示,挖掘机向前进方向挖土,运输工具停在挖掘机的后面装土。二者在同一工作面(即挖掘机的工作空间)上。这种开挖方式挖土高度较大,但由于卸土时必须旋转较大角度,且运输车辆要倒车开入,影响挖掘机生产效率,故只宜用于基坑(槽)宽度较小,而开挖深度较大的情况。

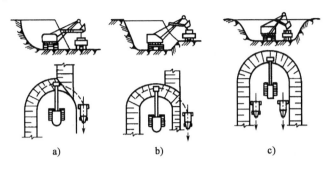

图 1-40 正铲挖掘机开挖方式

a)、b)正向开挖,侧向卸土;c)正向开挖,后方卸土

2. 反铲挖掘机

反铲挖掘机的挖土特点:后退向下强制切土,如图 1-41 所示。其挖掘能力比正铲小,适于开挖停机面以下一~三类土。一般反铲挖掘机最大挖土深度 4~6m,经济合理的挖土深度为 3~5m。反铲挖掘机可以与自卸汽车配合,装土运走,也可弃土于坑槽附近。

图 1-41 反铲挖掘机开挖方式

反铲挖掘机开挖方式有以下两种。

1)沟端开挖

反铲挖掘机停于沟端,后退挖土,向沟一侧弃土或装汽车运走,如图 1-42a)所示。此法挖土方便,开挖的深度可以达到最大挖土深度。

2)沟侧开挖

反铲挖掘机沿沟槽一侧直线行走,沿沟边开挖,可将土弃于距沟边较远的地方,如图1-42 b)所示。此法挖土宽度和深度较小,边坡不易控制,机身停在沟边工作,边坡稳定性差,因此在无法采用沟端开挖时采用。

3. 拉铲挖掘机

拉铲挖掘机挖土特点是:后退向下自重切土,如图 1-43 所示。其铲斗用钢丝绳悬挂在机动臂上,可利用惯性力将其甩出,挖得较远,挖土深度和半径较大,但不如反铲动作灵活准确。它适于开挖停机面以下一~三类土。适宜基坑(槽)、沟渠、修筑路基、堤坝及水下挖土。拉铲挖掘机作业方法与反铲挖掘机类似。

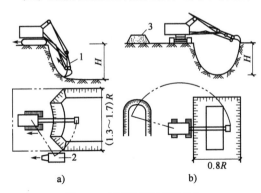

图 1-42 反铲挖掘机开挖方式

a)沟端开挖;b)沟侧开挖

1-反铲挖掘机;2-自卸汽车;3-弃土堆

4. 抓铲挖掘机

抓铲挖掘机的挖土特点是:直上直下自重切土,如图 1-44 所示。其抓斗用钢丝绳悬吊在机动臂上,挖土时自由落下,挖掘力较小。它适于开挖停机面以下较松软的一~二类土。对施工面狭窄而深的基坑、深槽、深井采用抓

铲可取得理想效果,也可用于场地平整中的土堆与土丘的挖掘,还可用于挖取水中淤泥,装卸碎石、矿渣等松散材料。

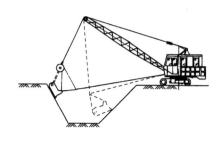

图 1-43 拉铲挖掘机开挖方式

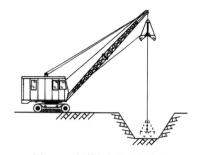

图 1-44 抓铲挖掘机开挖方式

1.3.5 基坑、基槽土方量计算

1.基坑土方量计算

基坑土方量可按立体几何中的拟柱体(由两个平行的平面做底的一种多面体)体积公式计算(图 1-45),即:

$$V = \frac{H}{6}(A_1 + 4A_0 + A_2) \tag{1-32}$$

式中:H——基坑深度(m);

A_1、A_2——基坑上、下两底面的面积(m^2);

A_0——基坑中截面面积(m^2)。

2.基槽土方量计算

基槽的土方量可以沿长度方向分段后,再用同样的方法计算,如图 1-46 所示,即:

$$V_1 = \frac{L_1}{6}(A_1 + 4A_0 + A_2) \tag{1-33}$$

式中:V_1——第一段的土方量(m^3);

L_1——第一段的长度(m)。

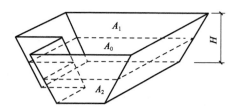

图 1-45 基坑土方量计算

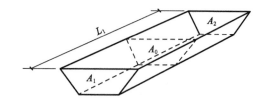

图 1-46 基槽土方量计算

将各段土方量相加,即得总土方量:

$$V = V_1 + V_2 + \cdots + V_n \tag{1-34}$$

式中:V_1、V_2、$\cdots$、V_n——各分段的土方量。

1.3.6 土方填筑

1.土料选择

填方土料应符合设计要求,如设计无要求时,应符合下列规定:

（1）碎石类土、砂土和爆破石渣（粒径不大于每层铺厚的2/3）可用于表层下的填料。

（2）含水率符合压实要求的黏性土，可用作各层填料。

（3）碎块草皮和有机质含量大于8%（质量分数）的土，仅用于无压实要求的填方。

（4）淤泥和淤泥质土一般不能用作填料，但在软土或沼泽地区，经过处理使含水率符合压实要求后，可用于填方中的次要部位。

（5）有水溶性硫酸盐大于5%（质量分数）的土，不能用作回填土，在地下水作用下，硫酸盐会逐渐溶解流失，形成孔洞，影响土的密实性。

（6）冻土、膨胀性土等不应作为填方土料。

2. 填筑要求与方法

1）填筑要求

填土应分层进行，尽量采用同类土回填，换土回填时，必须将透水性较小的土层置于透水性较大的土层之上，不得将各类土料任意混杂使用。填方土层应接近于水平的分层压实。

2）填筑方法

填土可采用人工填土和机械填土。

人工填土一般用手推车运土，人工用锹、耙、锄等工具进行填筑，从最低部分开始由一端向另一端自下而上分层铺填。机械填土可用推土机、铲运机或自卸汽车进行。用自卸汽车填土，需用推土机推开推平，采用机械填土时，可利用行驶的机械进行部分压实工作。机械填土，不得居高临下，不分层次，一次倾倒填筑。

3. 填土压实方法

填土压实方法有碾压法、夯实法和振动压实法。

平整场地等大面积填土工程采用碾压法，较小面积的填土工程采用夯实法和振动压实法。

1）碾压法

碾压法是利用机械滚轮的压力压实填土，使之达到所需的密实度。碾压机械有平碾、羊足碾等。平碾又称光碾压路机，是一种以内燃机为动力的自行压路机，适于压实砂类土和黏性土。羊足碾一般无动力，靠拖拉机牵引，羊足碾虽然与土接触面积小，但对单位面积的压力比较大，土体压实效果好。羊足碾适于对黏性土的压实。

碾压机开行速度不宜过快，否则影响压实效果。一般不应超过下列规定：

（1）平碾：2km/h。

（2）羊足碾：3km/h。

2）夯实法

夯实法是利用夯锤自由下落的冲击力来夯实土体。夯实法分人工夯实和机械夯实两种。人工夯实所用的工具有木夯等；常用的夯实机械有夯锤、内燃夯土机和蛙式打夯机。夯实机械具有体积小、重量轻、对土质适应性强等特点，在工程量小或作业面受到限制的条件下尤为适用。

3）振动压实法

振动压实法是将振动压实机放在土层表面，借助振动机构使压实机振动土颗粒，土的颗粒发生相对位移而达到紧密状态。用这种方法振动压实非黏性土效果较好。

振动碾是一种振动和碾压同时作用的高效能压实机械，比一般平碾提高工效1~2倍。适用于对爆破石渣、碎石类土、杂填或轻亚黏土的压实。

4. 影响填土压实效果的主要因素

影响填土压实效果的因素有:压实功、含水率、每层铺土厚度。

1)压实功的影响

填土压实后的密度与压实机械在其上所施加的功有一定的关系。

土的密度与所耗的功的关系如图 1-47 所示。当土的含水率一定,在开始压实时,土的密度急剧增加,待到接近土的最大密度时,压实功虽然增加许多,而土的密度则变化甚小。实际施工中,在压实机械和铺土厚度一定的条件下,压实一定的遍数即可,过多的增加压实遍数对提高土的密度作用不大。

2)含水率的影响

在同一压实功条件下,填土的含水率对压实质量有直接影响。较为干燥的土颗粒之间的摩阻力较大,因而不易压实。当含水率超过一定限度时,土颗粒之间孔隙由水填充而呈饱和状态,也不能压实。当土的含水率适当时,水起了润滑作用,土颗粒之间的摩阻力减少,压实效果好。每种土都有其最佳含水率,土在这种含水率的条件下,使用同样的压实功进行压实,所得到的密度最大,如图 1-48 所示。各种土的最佳含水率和最大干密度可参考表 1-17。工地简单检验黏性土含水率的方法一般是以手握成团落地开花为适宜。

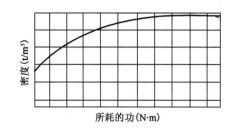

图 1-47　土的密度与压实功的关系示意图

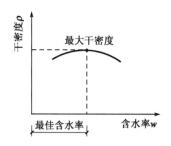

图 1-48　土的干密度与含水率的关系

土的最佳含水率和最大干密度参考表　　　　　　　　　表 1-17

项次	土的种类	变动范围		项次	土的种类	变动范围	
		最佳含水率(%)(质量比)	最大干密度(g/cm³)			最佳含水率(%)(质量比)	最大干密度(g/cm³)
1	砂土	8~12	1.80~1.88	3	粉质黏土	12~15	1.85~1.95
2	黏土	19~23	1.58~1.70	4	粉土	16~22	1.61~1.80

注:1. 表中土的最大干密度应根据现场实际达到的数字为准。
　　2. 一般性的回填可不做此项测定。

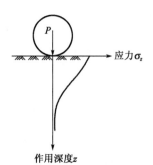

图 1-49　压实作用沿深度的变化

3)每层铺土厚度的影响

土在压实功的作用下,其应力随深度增加而逐渐减小,如图 1-49 所示,其影响深度与压实机械、土的性质和含水率等有关。铺土厚度应小于压实机械的作用深度,但其中还有最优土层厚度问题。铺土过厚,下部土体所受压实作用力小于土体本身的黏结力和摩擦力,土颗粒不能相互移动,无论压实多少遍,填方也不能被压实;铺土过薄,则下层土体压实次数过多,而受剪切破坏。最优的铺土厚度应能使填方压实而机械的功耗费最小,可按照表 1-18 选用。表 1-18 规定,压实遍数范围内,轻型压实机械取大值,重型压实机械取小值。

压 实 机 具	分层厚度(mm)	每层压实遍数	压 实 机 具	分层厚度(mm)	每层压实遍数
平碾	250~300	6~8	柴油打夯机	200~250	3~4
振动压实机	250~350	3~4	人工打夯机	<200	3~4

上述三方面因素之间是互相影响的。为了保证压实质量,提高压实机械的生产率,重要工程应根据土质和所选用的压实机械在施工现场进行压实试验,以确定达到规定密实度所需的压实遍数、铺土厚度及最优含水率。

5. 压实质量检验

填土压实后要达到一定密实度要求。其质量指标通常以压实系数 λ_c 表示。压实系数是土的施工控制干密度和土的最大干密度的比值。压实系数一般根据工程结构性质、使用要求以及土的性质确定。如设计未作规定,可参考表 1-19 中的数据。

结 构 类 型	填 土 部 位	压实系数 λ_c
砌体承重结构和框架结构	在地基主要持力层范围内	>0.96
	在地基主要持力层范围以下	0.93~0.96
简支结构和排架结构	在地基主要持力层范围内	0.94~0.97
	在地基主要持力层范围以下	0.91~0.93
一般工程	基础四周或两侧一般回填土	0.9
	室内地坪、管道地沟回填土	0.9
	一般堆放物件场地回填土	0.85

黏性土或排水不良的砂土的最大干密度宜采用击实试验确定。当无试验资料时,可按公式(1-35)计算:

$$\rho_{dmax} = \eta \frac{\rho_w d_s}{1 + 0.01 w_{op} d_s} \tag{1-35}$$

式中: ρ_{dmax}——压实填土的最大干密度;

　　　η——经验系数,黏土、粉质黏土、粉土分别取 0.95、0.96、0.97;

　　　ρ_w——水的密度;

　　　d_s——土粒相对密度;

　　　w_{op}——最优含水率(%),可按当地经验或按 $W_P + 2$(W_P 为土的塑限)。

施工前,应求出现场各种填料的最大干密度,然后乘以设计的压实系数,求得施工控制干密度,作为检查施工质量的依据。

填土压实后土的实际干密度,可采用环刀法取样。取样部位应在每层压实后的下半部。试样取出后,先称量出土的湿密度并测定其含水率,然后计算土的实际干密度 ρ_0:

$$\rho_0 = \frac{\rho}{1 + 0.01w} \tag{1-36}$$

式中: ρ——土的湿密度(g/cm³);

　　　w——土的含水率(%)。

如用上式算得的土的实际干密度 $\rho_0 \geqslant \rho_d$(ρ_d 为施工控制干密度),则压实合格;若 $\rho_0 < \rho_d$,则压实不够,应采取相应措施,提高压实质量。

1.4　爆破工程

爆破工程在土木工程中应用较广,如石方开挖、施工现场树根和障碍物的清理、冻土开挖、场地平整以及清除旧建筑物或构筑物等,都需要采用爆破。

1.4.1　爆破原理

炸药引爆后,由于原来体积很小的炸药,经过化学变化,在极短的时间内,由固体状态转变为气体状态,体积增加数百倍甚至数千倍,同时产生很高的温度和巨大的冲击力,使周围的介质受到程度不同的破坏,这就叫作爆破。

1.爆破作用圈

爆破时距离爆破中心近的,受到的破坏就大;远的,受到的破坏就小。通常将爆破影响的范围分为以下几个爆破作用圈,如图 1-50 所示。

压缩圈(或称破碎圈):这个圈距离爆破中心最近,在巨大的爆破作用的影响下,可塑性的泥土会被压缩而形成孔穴,坚硬的岩石会被粉碎。

抛掷圈:这个圈的破坏较压缩圈小。但介质也会受到破坏,分裂成各种形状的碎块,爆破作用力使这些碎块获得运动速度,产生抛掷现象。

破坏圈(松动圈):这个圈内的介质,被破碎成为独立碎块,不产生抛掷现象或只是形成裂缝、互相间仍然连成整体。

振动圈:在这个圈内,爆破作用力已减弱到不能使介质结构产生破坏,只是发生振动。

2.爆破漏斗

当埋设在地下的药包爆炸后,地面就会出现一个爆破坑,一部分炸碎了的介质被抛至坑外,一部分仍坠落在坑内,形成爆破漏斗,如图 1-51 所示。

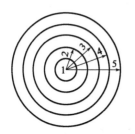

图 1-50　爆破作用圈示意图

1-药包;2-压缩圈;3-抛掷圈;4-破坏圈;5-振动圈

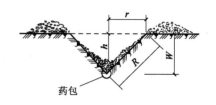

图 1-51　爆破漏斗

爆破漏斗有以下几个参数:

(1)最小抵抗线 W,即从药包中心到临空面的最短距离。

(2)爆破漏斗半径 r,即漏斗上口的圆周半径。

(3)最大可见深度 h,即从坠落在坑内的介质表面到临空面最大距离。

(4)爆破作用半径 R,即从药包中心到爆破漏斗上口边沿的距离。

爆破漏斗的大小一般以爆破作用指数 n 来表示,即

$$n = \frac{r}{W} \tag{1-37}$$

当 $n=1$ 时,称为标准抛掷爆破漏斗;$n<1$ 时,称为减弱抛掷爆破漏斗;$n>1$ 时,称为加强

抛掷爆破漏斗。

1.4.2　爆破材料

1．炸药

工程中常用的炸药有以下几种。

1）硝铵炸药

硝铵炸药是硝酸铵、TNT 和少量木粉的混合物。工程中常用的 2 号岩石硝铵炸药,其配合比例为 85∶11∶4,其受潮和结块后,爆破性能会降低。

2）TNT(三硝基甲苯)

TNT 呈结晶粉末状,淡黄色,压制后呈黄色,熔铸块呈褐色,不吸湿,爆炸威力大。但本身含氧不足,爆炸时产生有毒的一氧化碳气体,不宜用于地下作业及通风不良的环境下。当掺有砂石粉类固体杂质时,对撞击和摩擦有较高的敏感度。

3）胶质炸药

胶质炸药是硝化甘油和硝酸铵(有时用硝酸钾或硝酸钠)的混合物,另加入一些木屑和稳定剂制成。它的爆炸威力大,不吸湿,有较高密度和可塑性,适用于水下和坚硬岩石爆破。

4）铵油炸药

铵油炸药是硝酸铵和柴油(或加木粉)的混合物,通常两者的比例为 94.5∶5.5,当加木粉时,其比例为 92∶4∶4(称为 1 号铵油炸药)。铵油炸药取材方便,成本低廉,使用安全,但具有吸湿结块性,不能久存,最好现拌现用。

5）黑火药

用硝酸钾、硫黄和木炭按一定比例(最佳为 75∶10∶15)混合而成。好的黑火药为深灰色的颗粒,不沾手,对火星和撞击极敏感,吸湿性强,威力低,适用于开采石料。

2．起爆材料

1）雷管

雷管是常用的起爆材料。按照引爆方式分为电雷管和火雷管两种。雷管由雷管壳、正副起爆炸药、加强帽三部分组成。

2）导火索(引火线)

导火索是点燃火雷管的配置材料。外形为圆形索线,索芯内有黑火药,中间有纱导线,芯外紧缠着一层纱包线或防潮剂。

3）导爆索(传爆线)

用于一般爆破作业中直接起爆药卷,并可用于几个药室同时准确起爆(不用雷管)。其索芯用高级烈性炸药制成,外形与导火索相似,表面涂成红色或红黄色相间等色。

3．爆破方法

1）炮眼法

炮眼法也叫浅眼法,是在被爆破的岩石内钻凿直径为 25～75mm、深度为 1～5m 的炮眼进行装药爆破,这是用得最普遍的一种爆破方法。

2）深眼法

深眼法的炮眼直径一般为 75～120mm,深度为 5～15m。这种爆破方法的钻孔需要大型凿岩机或穿孔机等设备。它的最大优点是效率高,一次爆落的石方量大。但其缺点是爆落的岩石不太均匀,往往有 10% ~25% 的大石块要进行二次爆破。

3)药壶法

药壶法爆破又称葫芦炮,就是在炮眼底部放入少量的炸药,经过几次爆破扩大成为圆球的形状,最后装入炸药进行爆破。此法与炮眼法相比,具有爆破效果好、工效高、进度快、炸药消耗少等优点。但扩大药壶的操作较为复杂,爆落的岩石不均匀。由于在坚硬岩石中扩大药壶较为困难,故此法主要用于硬土和软石的爆破,爆破层的高度 H 不大于 10 ~12m。

4)洞室法

洞室法就是把炸药装进开挖好的洞室内进行爆破的方法。这是一种大型的爆破方法。装药的洞室,一般设计成立方体,高度不宜超过2m,以利开挖和装药,当药包量很大时,也可设计成长方体。

5)定向爆破法

定向爆破的基本原理,就是炸药在岩石或土内部爆炸时,岩石和土是沿着最小抵抗线,即沿着从药包中心到临空面最短距离的方向而抛掷出去的。据此,可利用爆破的作用,将大量的岩石和土,按照指定的方向,搬移到一定的地点,并堆积成一定形状的填方。

6)微差爆破法

微差爆破是一种应用毫秒延期雷管,以毫秒级时差顺序起爆各个(组)药包的爆破技术。微差爆破把普通齐发爆破的总能量,分割为多个较小的能量,采取合理的装药结构,最佳的微差间隔时间和起爆顺序,为每个药包创造多面临空条件,将齐发大量药包产生的地震波变成一长串小幅值的地震波,同时各药包产生的地震波相互干涉,从而降低地震效应,把爆破震动控制在给定的水平之下。

微差爆破法适用于拆除建筑物、开挖岩石地基、挖掘沟渠以及对爆破后断面形状、规格、减震、飞石有严格要求的爆破工程。

7)静态爆破

静态爆破(又称静态破碎)是将一种含有铝、镁、钙、铁、氧、硅、磷、钛等元素的无机盐粉末状破碎剂,用适量水调成流动状浆体,直接装入炮孔中,经水化后,产生 30 ~50MPa 的膨胀压力,将混凝土(抗拉强度为 1.5 ~3.0MPa)或岩石(抗拉强度为 4 ~10MPa)胀裂、破碎。

静态爆破常用于某些不宜使用炸药爆破的特殊场合,对钢筋混凝土和砖石构筑物、结构物的破碎拆除,以及各种岩石的破碎或切割,效果良好。

1.4.3 爆破安全措施

(1)装药必须用木棒将炸药轻轻压入炮眼,严禁使用金属棒。

(2)炮眼深度超过4m时,须用两个雷管起爆;如深度超过10m,则不得用火花起爆。

(3)在雷雨天气,禁止装药、安装电雷管。工作人员应立即离开装药地点。

(4)爆破警戒范围:裸露药包、深眼法、洞室法不小于400m;炮眼法、药壶法不小于200m。警戒范围立好标志,并有专人警戒。

(5)如遇瞎炮:

①可用木制或竹制工具将堵塞物轻轻掏出,另装入雷管或起爆药卷重新起爆,绝对禁止拉动导火线或雷管脚线,以及振动炸药内的雷管;

②如系硝铵炸药,可在清除部分堵塞物后,向炮眼内灌水,使炸药溶解;

③距炮眼近旁600mm处打一平行于原炮眼的炮眼,装药爆破。

(6)爆破器材的安全运送与储存:雷管和炸药必须分开运送,运输汽车相距不小于50m,中途停车地点须离开民房、桥梁、铁路200m以上。搬运人员须彼此相距10m以上,严禁把雷管放在口袋内。爆破器材仓库须远离生产和生活区800m以上,要有专人保卫。库内必须干燥、通风,备有消防设备,温度保持在18~30℃之间。仓库周围清除一切树木和干草。炸药与雷管须分开存放。

本章小结

1. 土的工程分类依据是开挖的难易程度,把土分为八类。开挖方法及使用工具各异。影响土方施工的主要工程性质包括土的密度、可松性、渗透性、含水率、休止角。

2. 施工前,首先进行"三通一平"。"三通"是指水通、电通、路通,"一平"就是场地平整。场地平整工作,主要有确定场地的设计标高,计算施工高度、填挖方工程量,确定挖填调配区土方调配,选择土方施工机械,拟定施工方案。

3. 场地平整后,应进行建筑物的定位放线、基坑(槽)排降水、基坑(槽)开挖、土方边坡及土壁支护,基础施工完毕,再进行回填压实。

4. 爆破在土木工程施工中主要用于石方开挖、施工现场树根和障碍物的清理、冻土开挖等。

复习思考题

1. 土按开挖的难易程度分几类? 施工现场如何鉴别土的类别?

2. 试述土的可松性。土的可松性对土方施工有何影响?

3. 何为最佳含水率? 最佳含水率对填土施工有何影响?

4. 试述场地平整土方量计算的步骤和方法。

5. 确定场地设计标高应考虑哪些因素? 如何确定?

6. 试述土方调配图的编制步骤。

7. 土方边坡坡度是什么?

8. 深基坑有哪些支护形式?

9. 基坑排水方法有哪些? 如何选择排水方法?

10. 简述轻型井点系统的组成、设备布置、设计内容。

11. 简述轻型井点的安装方法与施工要求。

12. 影响填土压实的因素有哪些?

13. 土方开挖机械有哪些? 各适用于什么情况?

14. 简述爆破原理及爆破安全措施。

15. 某基坑长80m、宽60m、深8m,四边放坡边坡坡度为1:0.5,试计算挖土土方工程量,如地下室的外围尺寸为78m×58m,土的最初可松性系数 $K_s = 1.30$,土的最终可松性系数 $K_s' = 1.03$,试求地下室部分的回填土方量。

16. 某基坑面积为20m×30m,基坑深4m,地下水位在地面下1m,不透水层在地面下10m,为无压水,渗透系数 $K = 15$m/d,基坑边坡为1:0.5。现采用轻型井点降低地下水位,试进行井点系统的布置和设计。

第2章　基　础　工　程

学习要求

- 了解桩基础的组成和分类；
- 掌握预制桩和灌注桩的施工方法；
- 熟悉地下连续墙的施工方法和施工要点及沉井基础的制作和下沉方法；
- 掌握独立基础和筏板基础的施工方法和施工要点；
- 熟悉箱形基础施工方法和施工要点。

本章重点

　　桩基础施工；独立基础施工；筏形基础施工。

本章难点

　　地下连续墙施工。

2.1　桩基础工程

　　近年来，在土木工程建设中，各种大型建筑物、构筑物日益增多，规模越来越大，对基础工程的要求越来越高。为了有效地把结构的上部荷载传递到深处承载力较大的土层上，或将软弱土层挤密以提高地基土的承载力及密实度，桩基础被广泛应用于土木工程中。

　　桩基础是由若干个沉入土中的单桩在其顶部用承台连接起来的一种深基础，如图2-1所示。桩基础具有承载力高、稳定性好、沉降及差异变形小、沉降稳定快、抗震性能强及能适应各种复杂地质条件等特点。

　　桩基础按桩身所用材料不同分为：木桩、混凝土桩、钢桩、钢管混凝土桩等。

　　按照承载性质的不同，桩可分为端承桩、摩擦桩、摩擦端承桩、端承摩擦桩四类。端承桩桩端嵌入坚硬土层，在极限承载力状态下，上部结构荷载通过桩传至桩端土层；摩擦桩是利用桩侧的土与桩的摩擦力来支承上部荷载，在软土层较厚的地层中多为摩擦桩。摩擦端承桩在极限承载力状态下，桩顶荷载主要由桩端阻力承受；端承摩擦桩在极限承载力状态下，桩顶荷载主要由桩侧阻力承受。

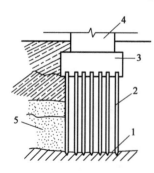

图2-1　桩基础示意图
1-持力层；2-桩；3-桩基承台；4-上部建筑物；5-软弱层

　　按施工方法桩可分为预制桩和灌注桩两大类。预制桩是在工厂或施工现场制成的各种形式的桩，然后用锤击、静压、振动或水冲沉入等方法沉桩入土。灌注桩则是就地成孔，而后在孔中放置钢筋笼、灌注混凝土成桩。灌注桩根据成孔的方法，又可分为钻孔、挖孔、冲孔及沉管成孔等形式。工程中一般根据土层情况、周边环境状况及上部荷载等确定桩型与施工方法。

2.2 预制桩施工

预制桩包括钢筋混凝土方桩、管桩、钢管桩、锥形桩。其中以钢筋混凝土方桩和钢管桩应用较多。本节以钢筋混凝土方桩为例介绍预制桩施工工艺。其他桩施工方法类似。

2.2.1 预制桩的制作、起吊、运输和堆放

1. 预制桩的制作

预制混凝土实心方桩是常用的桩型之一。其断面形式多为方形,断面尺寸一般为(200 × 200)mm ~ (600 × 600)mm。较短的桩(长度 10m 以下)多在预制厂制作,较长的桩宜在施工现场就地预制。确定单节桩制作长度应考虑桩架的有效高度、制作场地大小、运输和装卸能力等,同时考虑接桩节点的竖向位置应避开硬夹层。

施工现场预制实心方桩多采用叠层浇筑,重叠生产的层数应根据施工条件和地基承载力确定,一般不宜超过 4 层。预制场地应平整坚实,制桩底模应素土夯实或垫石渣炉灰等,上抹水泥砂浆一遍,上下层桩之间、邻桩之间及桩与底模板之间应做好隔离层,以防接触面黏结及拆模时损坏棱角。上层桩及邻桩的混凝土浇筑,应在下层及邻桩混凝土达到设计强度等级的30% 以上之后进行。预制时应根据打桩顺序、行走路线来确定桩尖方向。钢筋骨架的主筋连接宜采用对焊或电弧焊。粗集料应使用碎石或卵石,粒径宜为 5 ~ 40mm。混凝土强度等级不宜小于 C30,采用机械搅拌、机械振捣,并由桩顶向桩尖连续浇筑捣实,一次完成,制作完后应洒水养护不少于 7d。

2. 预制桩的起吊、运输

混凝土预制桩达到设计强度的 70% 后方可起吊,达到设计强度 100% 后方可进行运输和打桩。如提前吊运,必须验算合格。桩在起吊和搬运时,吊点应符合设计规定。设计未作规定时,应符合起吊弯矩最小的原则,按如图 2-2 所示位置捆绑。

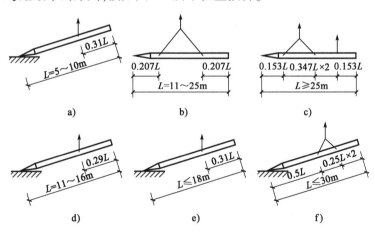

图 2-2 桩的吊点位置

a)、d)一点位置;b)两点起吊;c)三点起吊;e)、f)管桩一点及两点起吊

3. 预制桩的堆放

预制桩的堆放场地必须平整坚实。实心方桩各层垫木应位于同一垂直线上,垫木间距按

吊点位置设定,堆放层数不宜超过4层。

2.2.2 沉桩方法

1.锤击沉桩

锤击沉桩也称打入桩,是利用桩锤下落产生的冲击能量将桩沉入土中。锤击沉桩是预制钢筋混凝土桩最常用的沉桩方法,该法施工速度快、机械化程度高、适用范围广、现场文明程度高,但施工时有噪声、污染和振动,对于城市中心和夜间施工有所限制。

1)打桩机具选择

打桩机具主要有打桩机及辅助设备。打桩机主要包括桩锤、桩架和动力装置三部分。辅助设备主要包括桩帽、送桩器等。

(1)桩锤。桩锤是对桩施加冲击力,将桩打入土层中的主要机具。打桩桩锤按动力源和动作方式分为落锤、单动汽锤、双动汽锤和柴油锤。

落锤是靠电动卷扬机或人力将锤拉升到一定高度,然后自由落下,利用落锤自重夯击桩顶,将桩沉入土中。落锤重5～15kN,提升高度可随意调整,落锤每分钟打桩6～20次。该种锤构造简单、使用方便、冲击力大,但打桩速度慢、效率低。适用于普通黏土和含砾石较多的土中打桩。

单动汽锤是利用蒸汽或压缩空气的压力将桩锤的汽缸上举,然后自由下落冲击桩顶沉桩。单动汽锤重15～150kN,冲击力较大,落距较小、打桩速度快,每分钟锤击60～80次,适用于各种桩在各类土中施工,如图2-3所示。

双动汽锤是利用蒸汽或压缩空气的压力将桩锤上举和下冲。双动汽锤打桩时,将锤固定在桩顶上,蒸汽或压缩空气由汽锤外壳的调节汽阀进入活塞下部,推动活塞升起,当活塞升到最上部位置时,蒸汽或压缩空气在压差作用下自动改变方向进入上部,将桩沉入土中。双动汽锤向下的气体压力超过活塞重量的3倍,增加了夯击能量。双动汽锤重6～60kN,冲击频率高,达到100～200次/min,故打桩速度快、效率高。双动汽锤采用压缩空气不仅在水下可以打桩,而且可以打斜桩和拔桩,适用范围广,双动汽锤如图2-4所示。

柴油锤一般分为导杆式和筒式柴油锤两种。其工作原理是利用燃油爆炸产生的力推动活塞上下往复运动进行沉桩。首先利用机械能将活塞提升到一定高度,然后自由下落,使燃烧室内压力增大、产生高温而使燃油燃烧爆炸,其作用力将活塞上抛,反作用力将桩沉入土中。这样,活塞不断下落、上抛循环进行,可将桩打入土中。柴油锤冲击部分重量为1.2、6.0、12、18、25、40、60(kN)等数种。每分钟锤击40～70次。但施工时有噪声、污染和振动,在城市中心和夜间施工受到一定限制;另外,在软土和过硬土层施工时,由于贯入度过大或过小,使桩锤反跳高度过小或过大。在软土中打桩时,反跳高度过小使燃烧室压力小,燃油不能爆炸(称熄火)造成工作循环中断,使打桩效率降低。反之,硬土中打桩,桩锤反弹高度大,使桩顶、桩身易被打坏,或使桩锤顶部被活塞冲撞损伤。柴油类桩锤如图2-5所示。

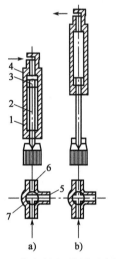

图2-3　单动汽锤工作原理示意图
a)汽缸升起;b)汽缸下落
1-汽缸;2-活塞杆;3-活塞;4-活塞提升室;5-进汽口;6-排汽口;7-换向阀门

桩锤的类型,应根据施工现场情况、机具设备条件及工作方式和工作效率进行选择。然后根据工程的地质条件,桩的类型和结构,密集程度及施工条件,参照规范选择桩锤重。

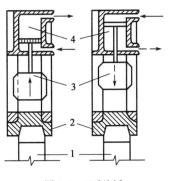

图 2-4 双动汽锤
1-桩;2-垫座;3-冲击部分;4-蒸汽缸

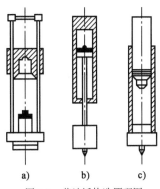

图 2-5 柴油锤构造原理图
a)导杆式;b)活塞式;c)管式

(2)桩架。桩架的作用为吊桩就位、悬吊桩锤,打桩时引导桩身方向。桩架要求稳定性好、锤击准确、可调整垂直度、机动性与灵活性好、工作效率高。桩架的种类和高度,应根据桩锤的种类、桩的长度和施工条件确定。桩架高度应为桩长 + 桩帽高度 + 桩锤高度 + 滑轮组高度 + 起锤工作伸缩的余位调节度(1~2m)。若桩架高度不满足,则可考虑分节制作、现场接桩,若采用落锤还应考虑落距高度。常用的桩架形式有三种:滚筒式桩架(图 2-6)、多功能桩架(图 2-7)、履带式桩架(图 2-8)。

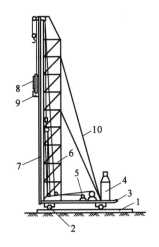

图 2-6 滚筒式桩架
1-枕木;2-滚筒;3-底座;4-锅炉;5-卷扬机;6-桩架;7-龙门;8-蒸汽锤;9-桩帽;10-缆绳

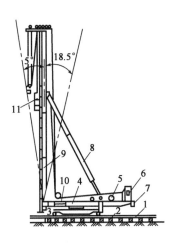

图 2-7 多功能桩架
1-枕木;2-钢轨;3-底盘;4-回转平台;5-卷扬机;6-司机室;7-平衡重;8-撑杆;9-挺杆;10-水平调整装置;11-桩锤与桩帽

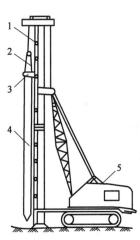

图 2-8 履带式桩架
1-导架;2-桩锤;3-桩帽;4-桩;5-起重机

(3)垫材。为提高打桩效率和沉桩精度,保护桩锤安全使用和桩顶免遭破损,应在桩顶加设桩帽,如图 2-9 所示。位于桩帽上部与桩锤相隔的垫材称为锤垫,常用橡木、桦木等硬木按纵纹受压使用;也可采用钢索盘绕而成,对重型桩锤可采用压力箱式或压力弹簧式新型结构锤垫。桩帽下部与桩顶相隔的垫材称为桩垫。桩垫常用松木横纹拼合板、草垫、麻布片、纸垫等材料。垫材的厚度应选择合理。

(4)送桩器。打桩一般在基础开挖前进行,通常将桩顶打至地表以下的设计标高,此时须借助送桩器(图2-10)送桩。送桩器一般用钢管制成,两侧应设置拔出吊环,其长度和尺寸视需要而定。要求有较高的强度和刚度,打入时阻力不能太大,能较容易地拔出,能将桩锤的冲击力有效地传递到桩上。

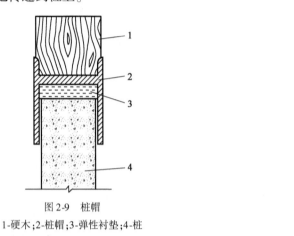 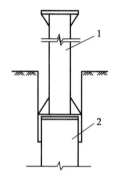

图 2-9　桩帽

1-硬木;2-桩帽;3-弹性衬垫;4-桩

图 2-10　送桩器

1-送桩器;2-混凝土方桩

2)打桩前准备工作

混凝土预制桩打桩前应进行的准备工作主要如下:

(1)试桩。主要是检验打桩设备和工艺是否符合要求,了解桩的贯入深度,持力层强度及桩的承载力,以确定打桩方案和打桩技术。试桩时,应做好试桩记录,画出各土层深度,打入各土层的锤击次数,最后精确测量贯入度,试桩数量不少于2根。

(2)确定打桩顺序。打桩时,由于桩对土体的挤密作用,先打入的桩被后打入的桩水平挤推而造成偏移或被垂直挤拔造成浮桩,而后打入的桩难以达到设计标高或入土深度,会造成土体隆起和挤压,截桩过大。所以,群桩施打时,为了保证质量和进度,防止周围建筑物破坏,打桩前应根据桩的密集程度、桩的规格、长短和桩架移动方便程度来正确选择打桩顺序。

当桩较密集时(桩中心距小于或等于4倍边长或直径),应采用由中间向两侧对称施打,如图2-11a)所示;或由中间向四周施打,如图2-11b)所示。这样,打桩时土体由中间向两侧或向四周挤压,易于保证施工质量。当桩数较多时,也可采用分区段施打。

当桩较稀疏时(桩中心距大于4倍边长或直径),可采用由一侧向单一方向进行施打的方法逐排施打,如图2-11c)所示。

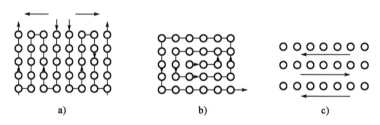

图 2-11　打桩顺序

a)由中间向两侧打设;b)自中部向四周打设;c)逐排打设

(3)抄平放线、定桩位、设标尺。打桩现场附近设置水准点,数量不少于两个,用以抄平场地和检查桩的入土深度。然后根据建筑物轴线控制桩,定出桩基轴线位置及每个桩的桩位。

其轴线位置允许偏差为20mm。当桩较稀时可用小木桩定位,当桩较密时可采用龙门板(标志板)定位,以防打桩时土体挤压使桩错位。为控制桩的入土深度,应在桩架或桩侧面设置标尺,以观测、控制桩的入土深度。

3)打桩施工

打桩过程包括:桩架移动、吊装和定桩、打桩、接桩等。

桩机就位后应平稳垂直,导杆中心线与打桩方向一致,并检查桩位是否正确,然后将桩锤和桩帽吊起,使锤底高度高于桩顶,以便进行吊桩。

吊桩用桩架的钢丝绳和卷扬机将桩提升就位,吊点数量和位置与桩运输起吊相同。桩提离地面时,用拖绳稳住桩下部,防止撞击桩架。桩提升到垂直状态后,送入桩架导杆内,桩尖垂直对准桩位中心,扶正桩身,将桩缓缓下放插入土中。桩的垂直度偏差不得超过0.5%。

桩就位后,在桩顶放上弹性衬垫,扣上桩帽。待桩稳定后,即可脱去吊钩,再将桩锤缓慢落在桩帽上,此时在锤重作用下,桩沉入土中一定深度达到稳定位置,再次校正桩位和垂直度,此谓定桩。然后才能打桩,初打应采用小落距轻击桩顶数锤,落距以0.5~0.8m为宜,锤至桩入土一定深度后,桩尖不易发生偏移时,观察桩身与桩锤、桩架是否在同一垂线上,然后再全落距施打。打桩宜采用重锤低击方法,重锤低击对桩顶的冲量小、动量大、桩顶不易损坏、大部分能量用于克服桩身摩擦力与桩尖阻力,另外,桩身反弹小,反弹张力波产生的拉力不致使桩身被拉坏,桩锤的落距小、打桩速度快、效率高。当采用落锤或单动汽锤,落距不宜大于1m,采用柴油锤应使锤跳动正常、落距不超过1.5m。

打桩时,应随时注意观察桩锤回弹情况,若桩锤经常性回弹较大,桩的入土速度慢,说明桩锤太轻,应更换桩锤;若桩锤发生突发的较大回弹,说明桩尖遇到障碍,应停止锤击,找出原因后进行处理。如果继续施打,贯入度突增,说明桩尖或桩身遭受破坏。打桩时,还要随时注意观察贯入度的变化,贯入度过小,可能遇到土中障碍;贯入度突然增大,可能遇到软土层、土洞或桩尖、桩身破坏。当贯入度剧变、桩身发生突然倾斜、移位或严重回弹,桩顶、桩身出现严重裂缝或破坏,应暂停打桩并及时进行研究处理。

打桩应遵循如下停打原则:桩端(指桩的全断面)位于一般土层时,以控制桩端设计标高为主,贯入度可作参考;桩端达到坚硬、硬塑的黏土、中密以上的粉土、碎石类土、砂土、风化岩时,以贯入度控制为主,桩端标高可作参考;贯入度已达到而桩端标高未达到时,应继续锤击3阵,按每阵(10击)的贯入度不大于设计规定的数值加以确认。必要时施工控制贯入度应通过试验与有关单位会商确定。

混凝土预制长桩,受运输条件和打桩架高度限制,一般分成数节制作,分节打入,在现场接桩。由于多节桩段使垂直承载能力和水平承载能力受到影响,桩的贯入阻力也有所增大。规范规定混凝土预制桩接头不宜超过两个,预应力管桩接头数量不宜超过四个。

常用接头方式有焊接、法兰接、硫黄胶泥锚接等几种,如图2-12所示。

前两种可用于各类土层,硫黄胶泥锚接适用于软土层,硫黄胶泥锚接是将熔化的硫黄胶泥注满锚孔并溢出桩面,然后将上段桩对准落下,胶泥冷却后,即可继续施打,比前两种接头形式接桩简便快捷。

4)打桩过程中常遇到的问题

由于桩要穿过构造复杂的土层,所以会遇到各种问题。在打桩过程中应随时注意观察,凡发生贯入度突变、桩身突然倾斜、位移或有严重的回弹、桩顶或桩身出现严重的裂缝或破碎等应暂停施工,及时与有关单位研究处理。

施工中常遇到的问题如下:

(1)桩顶、桩身被打坏。与桩头钢筋设置不合理、桩顶与桩轴线不垂直、混凝土强度不足、桩尖通过过硬土层、锤的落距过大、桩锤过轻等有关。

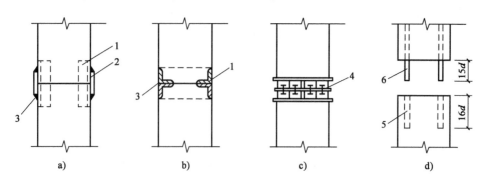

图 2-12　桩的接头形式

a)、b)焊接接合;c)管桩螺栓接合;d)硫黄胶泥锚筋接合

1-角钢与主筋焊接;2-钢板;3-焊缝;4-预埋法兰;5-浆锚孔;6-预埋锚筋

d-锚栓直径

(2)桩位偏斜。当桩顶不平、桩尖偏心、接桩不正、土中有障碍物时都容易发生桩位偏斜,因此施工时应严格检查桩的质量并按施工规范的要求采取适当措施,保证施工质量。

(3)难以送桩。施工时,桩锤严重回弹,贯入度突然变小,则可能与土层中夹有较厚砂层或其他硬土层以及钢渣,孤石等障碍物有关。当桩顶或桩身已被打坏,锤的冲击能不能有效传给桩时,也会发生桩打不下的现象。有时因特殊原因,停歇一段时间后再打,则由于土的固结作用,桩也往往不能顺利地被打入土中。所以打桩施工中,必须在各方面做好准备,保证施打的连续进行。

(4)邻桩上升。桩贯入土中,使土体受到急剧挤压和扰动,其靠近地面的部分将在地表隆起和水平移动,当桩较密,打桩顺序又欠合理时,土体被压缩到极限,就会发生一桩打下,周围土体带动邻桩上升的现象。所以打桩施工中,必须合理确定打桩顺序。

2. 静压法沉桩

静压法沉桩用静力压桩机将预制钢筋混凝土桩分节压入地基土层中成桩,如图 2-13 所示。

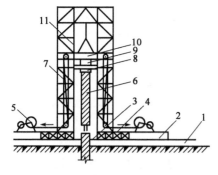

图 2-13　静力压桩机施工图

1-垫板;2-底盘;3-操作平台;4-加重物仓;5-卷扬机;6-上段桩;7-加压钢丝绳;8-桩帽;9-油压表;10-活动压梁;11-桩架

静压预制桩常用截面尺寸为 30cm × 30cm、35cm × 35cm 和 40cm × 40cm,节长为 9m,可根据设计桩长按不同的节长进行搭配,用硫黄胶泥接桩,压入最大深度可达 35m。该法为液压操作,自动化程度高,行走方便,运转灵活,桩位定点精确,可提高桩基施工质量,施工无噪声、无振动,沉桩采用全液压夹持桩身向下施加压力,可避免打碎桩头,混凝土强度等级可降低 1 ~ 2 级,配筋比锤击法可省钢筋 40% 左右,施工速度快,压桩速度每分钟可达 2m,比锤击法缩短工期 1/3。应用于软土、填土及一般黏性土层中,特别适合于房屋稠密及危房附近和环境保护要求严格的地区沉桩,但不宜

用于地下有较多孤石、障碍物或有硬隔离层的情况。

3. 振动沉桩

振动沉桩是利用固定在桩顶部的振动器所产生的激振力，通过桩身使土颗粒受迫振动，改变排列组织、产生收缩和位移，使桩表面与土层间摩擦力减少，桩在自重和振动力共同作用下沉入土中。

振动沉桩设备简单，不需要其他辅助设备，重量轻、体积小、搬运方便、费用低、工效高，振动沉桩法主要适用于砂石、黄土、软土和亚黏土地基，在饱和砂土中的效果更为显著，但在砂砾层中采用时，需配以水冲法。沉桩工作应连续进行，以防间歇过久难以沉下。

4. 水冲沉桩

水冲沉桩是利用高压水流冲刷桩尖下面的土，以减少桩表面与土之间的摩擦力和桩下沉时的阻力，使桩身在自重或锤击作用下，很快沉入土中。射水停止后，冲松的土沉落，又可将桩身压紧，如图 2-14 所示。

水冲沉桩设备除桩架、桩锤外，还需要高压水泵和射水管。施工中应使射水管的末端经常处于桩尖以下 0.3 ~ 0.4m 处。当桩沉落至最后 1 ~ 2m 时，不宜再用水冲，应使用锤击将桩打至设计标高，以免冲松桩尖的土，影响桩的承载力。

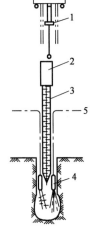

图 2-14　水冲沉桩
1-桩架;2-桩锤;3-桩;4-射水管;
5-高压水

水冲法适用于砂土、砾石或其他较坚硬土层，特别对于打设较重的混凝土桩更为有效。但在附近有旧房屋或结构物时，由于水流的冲刷将会引起周边沉陷，故在采取有效措施前，不得采用此法。

2.2.3　桩头处理

当桩顶露出地面并影响后续桩施工时，应立即进行截桩头，而桩顶在地面以下不影响后续桩施工时，可结合凿桩头进行。预制混凝土桩可用人工或风动工具（如风镐等）来截除，如图 2-15 所示。不得把桩身混凝土打裂，并保留桩身主筋深入承台内的锚固长度。

图 2-15　桩头处理

2.3　混凝土灌注桩施工

灌注桩是直接在桩位上就地成孔，然后在孔内放入钢筋笼，再灌注混凝土成桩。与钢筋混凝土预制桩相比由于避免了锤击应力，桩的混凝土强度及配筋只要满足使用要求就可以，因而具有节约材料、成本低廉、施工不受地层变化的限制、无需接桩及截桩等优点。但也存在着技术间隔时间长，不能立即承受荷载，操作要求严，在软土地基中易缩颈、断裂，在冬季施工较困难等缺点。按成孔方法不同，可分为钻孔灌注桩、套管成孔灌注桩、人工挖孔桩、爆扩成孔灌注桩等。

2.3.1 钻孔灌注桩

1. 干作业成孔灌注桩

1）施工设备

干作业成孔灌注桩成孔机械为螺旋钻孔机。螺旋钻机按钻杆上的叶片多少，分为长螺旋钻孔机（图 2-16）和短螺旋钻孔机（图 2-17）。长螺旋钻孔机整个钻杆上都装置螺旋叶片，短螺旋钻孔机只是邻近钻头 2~3m 内装置带螺旋叶片的钻杆。

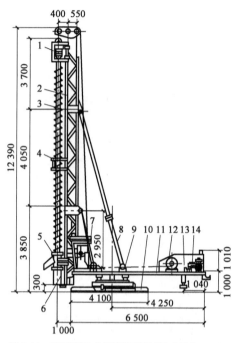

图 2-16　液压步履式长螺旋钻孔机（尺寸单位：mm）
1-减速箱总成；2-臂架；3-钻杆；4-中间导向套；5-出土装置；6-前支腿；7-操纵室；8-斜撑；9-中盘；10-下盘；11-上盘；12-卷扬机；13-后支腿；14-液压系统

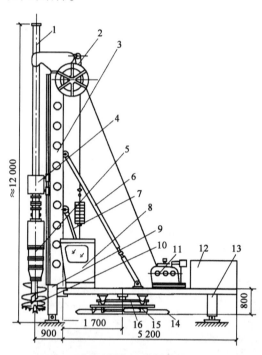

图 2-17　KQB1000 型液压步履式短螺旋钻孔机（尺寸单位：mm）
1-钻杆；2-电缆卷筒；3-臂架；4-导向架；5-主机；6-斜撑；7-起架油缸；8-操纵室；9-前支腿；10-钻头；11-卷扬机；12-液压系统；13-后支腿；14-履靴；15-中盘；16-上盘

长螺旋钻成孔施工方法是用长螺旋钻孔机的螺旋钻头，在桩位处就地切削土层，被切土块钻屑随钻头旋转，沿着带有长螺旋叶片的钻杆上升，输送到出土器后自动排出孔外，然后装卸到小型机动翻斗车（或手推车）中运走，其成孔工艺可实现全部机械化。

短螺旋钻成孔施工方法是用短螺旋钻孔机的螺旋钻头，在桩位处就地切削土层，被切土块钻屑随钻头旋转，沿着带有数量不多的螺旋叶片的钻杆上升，积聚在短螺旋叶片上，形成"土柱"，此后靠提钻、反转、甩土，将钻屑散落在孔周。一般每钻进 0.5~1.0m 就要提钻甩土一次。

国产长螺旋钻孔机，桩孔直径为 300~800mm，成孔深度在 30m 以下。国产短螺旋钻孔机，桩孔最大直径可达 1 800mm，最大成孔深度可达 70m。

2）施工方法

钻进时要求钻杆垂直，如发现钻杆摇晃、移动、偏斜或难以钻进时，可能遇到坚硬夹杂物，应立即停车检查，妥善处理。否则，会导致桩孔严重偏斜，甚至钻具被扭断或损坏。钻孔偏移时,应提起钻头上下反复扫钻几次,以便削去硬土。如纠正无效,可在孔中局部回填黏土至偏孔处以上0.5m,再重新钻进。

当钻孔到预定钻深后,必须在原深处进行空转清土,然后停止转动,提起钻杆清土。应注意在空转清土时不得加深钻进,提钻时不得回转钻杆。

成孔后浇筑混凝土前吊放钢筋笼。吊放时要缓慢并保持竖直,防止放偏和刮土下落,吊放到预定深度时将钢筋笼上端妥善固定。

钢筋笼定位后,应及时浇筑混凝土以免塌孔。若土层较好,没有雨水冲刷,从成孔到混凝土浇筑的时间间隔,也不得超过24h。混凝土强度等级不宜低于C15,集料粒径:卵石不宜大于50mm,碎石不宜大于40mm,且不宜大于钢筋间最小净距的1/3。混凝土坍落度宜为70~100mm,浇筑时应分层进行,每层高50~60cm,用接长软轴的插入式振捣器配合钢钎捣实。

干作业螺旋钻成孔时无泥浆污染,造价低,混凝土灌注质量较好。其缺点是桩端或多或少留有虚土,因此承载力较打入式预制桩低。同时适用范围限制也较大,干作业螺旋钻成孔适用于地下水位以上的填土层、黏性土层、粉土层、砂土层和粒径不大的砾砂层。

除了上述施工方法以外,还有下列若干新的施工方法,与之相应的成孔桩径和桩深也都有提高。

(1)日本的CTP工法。这种方法是用普通螺旋钻杆的钻机成孔,待钻至设计深度后停钻,打开钻头底活门,然后边提钻杆边通过中空的钻杆芯管向孔内泵送混凝土直至孔口,然后向孔内混凝土压入或打入钢筋笼而成桩。

(2)钻孔压浆成孔法。该方法是我国的一项专利。其工艺原理是:先用螺旋钻机钻孔至预定深度,通过钻杆芯管利用钻头处的喷嘴向孔内自下而上高压喷注制备好的以水泥浆为主的浆液,使液面升至地下水位或无塌孔危险的位置处,提出全部钻杆后,向孔内沉放钢筋笼和集料至孔口,最后再由孔底向上高压补浆,直至浆液达到孔口为止。成桩的桩径300~1 000mm,深度可达50m。

该方法连续一次成孔,多次由下而上高压注浆成孔,具有无振动、无噪声、无护壁泥浆排污的优点,又能在流沙、卵石、地下水位高易塌孔等复杂地质条件下顺利成孔,而且由于高压注浆时水泥浆的渗透扩散,解决了断桩、缩颈、桩间虚土等问题,还有局部膨胀扩径现象,单桩承载力比普通灌注桩约提高1倍以上。

2.湿作业成孔灌注桩

湿作业成孔灌注桩是指采用泥浆保护孔壁排出土后成孔,而后吊放钢筋笼,水下浇筑混凝土成桩。泥浆在成孔过程中所起的作用是:护壁、携渣、冷却和润滑,其中以护壁作用最为主要。

湿作业成孔灌注桩施工工艺流程如图2-18所示。

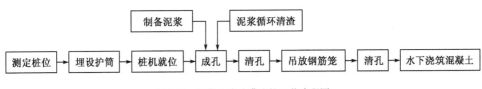

图2-18 湿作业成孔灌注桩工艺流程图

1)埋设护筒

护筒是埋置在孔口的钢质圆筒(4~8mm厚钢板制成),如图2-19所示。其作用是:固定桩孔位置,防止地面水流入,保护孔口,增高桩孔内水压力,防止塌孔;钻孔时引导钻头方向。

护筒内径应比钻头直径大 100～150mm，上部宜开设 1～2 个溢浆孔。护筒顶面应高于地面 0.4～0.6m，并应保持孔内泥浆面高出地下水位 1～2m，一般情况下护筒的埋深为 1.5～2.0m 左右，护筒挖坑埋设后，应在护筒周围回填黏土，并夯实。对于不稳定地层，护筒要增加长度，入土深度要大于不稳定层，护筒可用长护筒或分节焊接沉放，长护筒的沉放除挖坑埋设外，还可以考虑用钻头冲压或振动锤和柴油锤等方式。

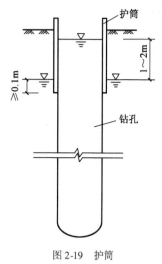

图 2-19　护筒

2）护壁泥浆

在湿作业成孔灌注桩施工中为了防止孔壁坍塌、携带钻渣，需要在孔内加入护壁泥浆，同时泥浆还对钻头有冷却和润滑作用。

护壁泥浆一般由水、黏土及化学处理剂组成。泥浆用水为淡水，黏土有普通黏土和膨润土（是一种以蒙脱石为主要矿物成分的特殊黏土），加入化学处理剂，是为了改善泥浆的性能，以满足不同工艺的要求，膨润土泥浆的密度较小，浇筑混凝土时的置换效果较好，有利于成桩质量，同时也便于泥浆循环使用，随着施工技术的进步，膨润土泥浆的应用越来越普遍，鉴于各施工单位的现有装备水平，普通黏土泥浆仍然具有一定的实用价值，不会被完全淘汰。为了降低成本和防止公害，应当采取措施尽量回收泥浆，经净化处理后重复使用。

3）成孔方法

根据钻孔机械的不同，成孔方法主要有：回转钻成孔、潜水钻成孔、冲击钻成孔。

（1）回转钻成孔：回转钻成孔是用一般地质钻机，在泥浆护壁条件下，慢速钻进排渣成孔，是国内最为常用和应用范围较广的方法之一。其特点是：可利用地质部门常规地质钻机，机具设备简单，操作方便，费用较低。但成孔速度慢、效率低，泥浆排放量大，污染环境。适用于地下水位较高的软、硬土层，如淤泥、黏性土、砂土、软质岩层。

回转钻成孔按其排渣方式分为正循环回转钻成孔和反循环回转钻成孔两种。

正循环回转钻成孔是通过钻机回转装置带动钻杆和钻头回转切削破碎岩土，由泥浆泵通过钻杆中心向桩孔底部输进泥浆，泥浆携带泥砂石屑沿孔壁上升，从溢浆孔溢出流入泥浆池，经沉淀后返回循环池重新使用。通过循环泥浆，一方面将钻头钻进过程切削下的钻渣带出孔外；另一方面保护孔壁，防止塌孔，如图 2-20 所示。正循环回转钻成孔适用于填土、淤泥、黏土、粉土、砂土等地层。

反循环回转钻成孔是由钻机回转装置带动钻杆和钻头回转切削破碎岩土，利用泵吸、气举、喷射等方法从钻杆内腔抽吸循环护壁泥浆，挟带钻渣排出孔外，再由孔口不断地向桩孔内补充泥浆，如图 2-21 所示。泵吸反循环、喷射反循环应用浅孔时效率高，孔深大于 50m 以后效率降低。气举反循环当孔深超过 50m 以后即能保持较高而稳定的钻进效率。因此，应根据孔深情况选择合适的反循环施工工艺。

（2）潜水钻成孔：潜水钻成孔是利用潜水电钻机构中的密封的电动机、变速机构，直接带动钻头在泥浆中旋转削土，同时用泥浆泵压送高压泥浆（或用水泵压送清水），从钻头底端射出，与切碎的土颗粒混合，以正循环方式不断由孔底向孔口溢出，将泥渣排出，或用砂石泵或空气吸泥机用反循环方式排除泥渣，如此连续钻进，直至形成需要深度的桩孔，如图 2-22 所示。其特点是：钻机设备定型，体积较小，重量轻，移动灵活，维修方便；可钻深孔，成孔精度和效率高，质量好；操作简便，劳动强度低；但设备较复杂，费用较高。适用于地下水位较高的软硬土层,如淤泥、淤泥质土、黏土、粉质黏土、砂土、砂夹卵石及风化页岩层中使用,不得用于漂石。潜水钻钻孔直径为600~1500mm,深度可达50m。

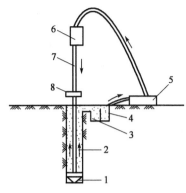

图2-20 正循环回转钻机成孔工艺原理图
1-钻头;2-泥浆循环方向;3-沉淀池;4-泥浆池;
5-泥浆泵;6-水龙头;7-钻杆;8-钻机回转装置

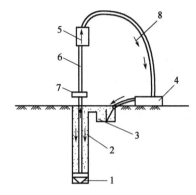

图2-21 反循环回转钻机成孔工艺原理图
1-钻头;2-泥浆流向;3-沉淀池;4-砂石泵;5-水龙头;6-钻杆;7-钻杆回转装置;8-混合液流向

(3)冲击成孔:冲击成孔是用冲击式钻机或卷扬机悬吊冲击钻头(又称冲锤)上下往复冲击,将硬质土或岩层破碎成孔,部分碎渣和泥浆挤入孔壁中,大部分成为泥渣,用泥浆循环法或掏渣筒排渣成孔,如图2-23所示。其特点是:设备构造简单,适用范围广,操作方便,不受施工场地限制;但存在掏泥渣较费工费时,不能连接作业,成孔速度较慢,泥渣污染环境,孔底泥渣难以掏尽,桩承载力不够稳定等问题。适用于黄土、黏性土或粉质黏土和人工杂填土层,特别适于有孤石的砂砾层、漂石层、坚硬土层、岩层中使用,但对淤泥及淤泥质土,要慎重。冲击钻钻孔直径为600~1500mm。

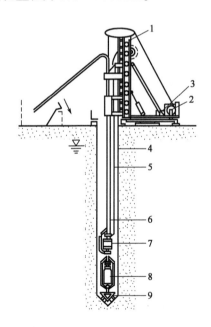

图2-22 KQ系列潜水钻机
1-桩架;2-卷扬机;3-配电箱;4-护筒;5-防水电缆;
6-钻杆;7-潜水砂泵;8-潜水动力头装置;9-钻头

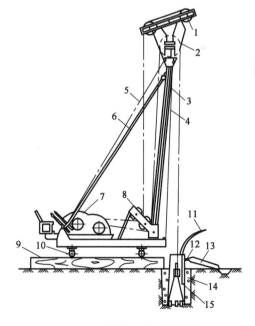

图2-23 简易冲击钻孔机示意图
1-副滑轮;2-主滑轮;3-主杆;4-前拉索;5-后拉索;6-斜撑;7-双滚筒卷扬机;8-导向轮;9-垫木;10-钢管;11-供浆管;12-溢流口;13-泥浆溜槽;14-护筒回填土;15-钻头

4) 清孔

清孔是成桩施工的一个重要环节,其目的是使桩孔的质量指标符合桩孔质量要求或桩孔设计要求。清孔时必须及时补充足够的泥浆(或清水),始终保持桩孔中浆面稳定。

随成孔方法的不同而有所不同,主要有正循环法,气举反循环清孔法,捞渣法,泵吸反循环法。根据《建筑桩基技术规范》(JGJ 94—2008)要求,清孔后泥浆相对密度应控制在 1.15 ~ 1.25;黏度不大于28Pa·s;含砂率不大于8%。

正循环清孔法用泥浆循环的方法清孔,其原理主要是用符合要求的稀泥浆或清水去替换孔内循环液,排除孔底沉渣和孔壁泥垢。

气举反循环清孔法利用空压机产生的压缩空气,通过送风管经气液混合弯管,送至清孔出水管内与孔内泥浆混合,使出水管内的泥浆形成气液混合体,其重度小于孔内(出水管外)泥浆的重度,产生出水管内外泥浆重度差。在该重度差的作用下,管内的气液混合体沿出水管上升流动,形成孔内泥浆经出水管底口进入出水管,并顺利流出桩孔,将钻渣排出。同时不断向孔内补给含砂(泥)量少的泥浆(或清水),形成孔内冲洗液的流动,从而达到清孔的目的,如图2-24所示。此方法具有清除孔底沉渣彻底、清孔效果好的优点。另外,它还可以在孔内下入钢筋笼或下入导管后,进行二次清孔作业,保证灌注混凝土前孔底干净。

捞渣法清孔应视孔内钻渣量和孔壁稳定情况而定;对易坍塌地层,捞渣量以不造成孔壁失稳为度;捞渣使用的抽筒直径一般为桩孔直径的50% ~ 70%;捞渣时应及时向孔内补充泥浆或清水,保证孔内水头高度。

泵吸反循环清孔法主要采用砂石泵,通过导管将孔底泥浆、沉渣吸出,如图2-25所示,一般应用较少。

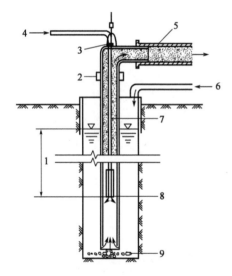

图 2-24 空压机清孔原理示意图
1-风管入水深度,一般取2/3孔深;2-弯管与导管接头;3-弯管;4-压缩空气;5-排渣管;6-补液;7-进气管;8-气水混合器(钻孔钢管);9-孔底沉渣

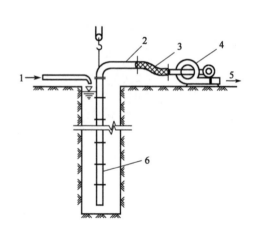

图 2-25 泵吸反循环清孔工艺图
1-补液;2-弯管;3-软管;4-离心吸泥泵;5-排渣;6-灌注混凝土导管

5) 吊放钢筋笼

钻孔达设计深度后,即可吊放钢筋笼,钢筋骨架预先在施工现场制作,用起重机械悬吊、在护筒上口分段焊接或绑扎后下放到孔内。吊放入孔时,不得碰撞孔壁,并应设置保护

层垫块。

6）水下灌注混凝土

泥浆护壁成孔灌注桩的混凝土灌注是在泥浆中进行，故为水下灌注混凝土，常用导管法，如图2-26所示。

导管壁厚不宜小于3mm，直径250～300mm，每节长3m，但第一节导管长度应不小于4m；节间用法兰连接，要求接头严密，不漏浆、不进水。导管顶部设有漏斗。整个导管安置在起重设备上，可以升降和拔管后水平移动。

采用导管法浇筑混凝土时，先将安装好的导管吊入桩孔内，导管顶部高于泥浆面3～4m，导管底部距桩孔底部0.3～0.5m。导管内设隔水塞（栓），用细钢丝悬吊在导管下口，隔水塞可采用预制混凝土块（四周加橡皮封圈）、橡胶球胆或软木球。前者一次性使用，后者可回收，重复使用。浇筑时，先在导管内灌入混凝土，其数量应保证混凝土第一次浇筑时，导管底端能埋入混凝土中0.8～1.3m。然后剪断悬吊隔水塞的钢丝，在混凝土自重压力作用下，隔水塞下落，混凝土冲出导管下口。由于混凝土相对密度较泥浆相对密度大，应边浇筑、边拔管、边拆除上部导管。拔管过程中，应始终保证导管下口埋入混凝土深度不小于1m。埋入深度大，混凝土顶面平整，但流

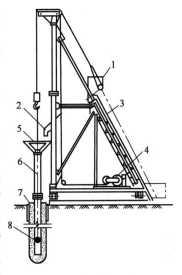

图2-26　水下灌注混凝土
1-上料斗；2-储料斗；3-滑道；4-卷扬机；
5-漏斗；6-导管；7-护筒；8-隔水栓

出阻力大，浇筑困难，因此，最大埋入深度应小于9m。但埋入深度过小，混凝土流出势头过强，易将上部浮沫层卷进混凝土中，形成软弱夹层。当混凝土浇筑面上升到泥浆液面附近时，导管出口处混凝土覆盖层厚度应为1m左右。最后，混凝土浇筑面应超过设计标高以上300～500mm，当混凝土达到一定强度时，将这300～500mm的浮浆软弱层凿除。

水下混凝土的施工配合比应比设计强度等级提高一级，且不得低于C15，集料粒径不宜大于30mm，且不宜大于钢筋最小净距的1/3。混凝土要有良好的流动性，坍落度宜为160～220mm。混凝土浇筑应在钢筋笼下放到桩孔内后4h之内进行。以防止在钢筋表面形成过厚的泥皮，影响钢筋与混凝土之间的黏结强度。

湿作业成孔灌注桩施工中容易发生的质量问题：

（1）塌孔。在成孔过程中或成孔后，由于土质松散、泥浆护壁不好、护筒水位不高等原因可能造成塌孔，其迹象是在排出的泥浆中不断出现气泡，有时护筒内的水位会突然下降。如发生塌孔，应探明塌孔位置，将砂和黏土混合物回填到塌孔位置1～2m，如塌孔严重，应全部回填，等回填物沉积密实重新钻孔。

（2）缩孔。指孔径小于设计孔径现象。原因是塑性土膨胀造成的，可反复扫孔，以扩大孔径。

（3）梅花孔。孔断面形状不规则成梅花形。应选用适当的黏度和密度的泥浆，及时清孔。

（4）斜孔。桩孔成孔后发现垂直偏差，是由于护筒倾斜和位移、钻杆不在垂直、钻头导向部分太短、导向偏差、土质软硬不一或遇到孤石等原因造成的。斜孔会影响桩基质量，会造成施工上的困难。处理时，可在偏斜处吊住钻头，上下反复扫孔，直至孔位校直；或在偏斜处回填砂黏土，待沉积密实后再钻。

2.3.2 套管成孔灌注桩

套管成孔灌注桩又称沉管灌注桩,是目前采用较广泛的一种灌注桩。这种灌注桩的施工工艺是采用锤击打桩法或振动打桩法将带有预制钢筋混凝土桩尖(图2-27)或活瓣式桩尖(图2-28)的钢管(直径360~480mm)沉入土中,然后在钢管内放入钢筋骨架,边浇筑混凝土,边锤击或边振动边拔出钢管而形成灌注桩。前者称为锤击沉管灌注桩,后者称为振动沉管灌注桩。

图 2-27　沉管灌注桩桩靴

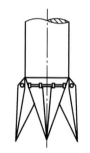

图 2-28　活瓣桩尖示意图

锤击沉管时采用落锤或蒸汽锤将钢管打入土中,如图2-29所示。振动沉管时是将钢管上端与振动沉桩机刚性连接,利用振动力将钢管打入土中,如图2-30所示。

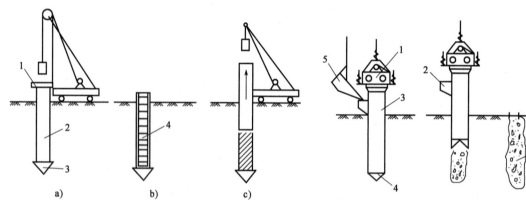

图 2-29　锤击套管成孔灌注桩

a)打入钢管;b)放入钢筋笼;c)随灌混凝土随拔管

1-桩帽;2-钢管;3-桩靴;4-钢筋笼

图 2-30　振动套管成孔灌注桩

1-振动锤;2-加料口;3-套管;4-活瓣桩尖;5-上料斗;6-混凝土桩

拔管方法根据承载力的不同,可分别采用单打法,复打法和反插法。

1. 单打法

即一次拔管。拔管时每提升0.5~1m,振动或轻击5~10s,再拔管0.5~1m,如此反复进行,直到全部拔出为止。拔管速度不宜过快,一般的土层以1.0m/min为宜,在软弱土层及软硬土层交界处以0.3~0.8m/min为宜。拔管过程中,应用吊铊测定混凝土下落和扩散情况,注意使桩管内混凝土高度保持略高于地面。灌入桩管内的混凝土,从拌制到最后拔管结束不得超过混凝土的初凝时间。

单打法施工,施工速度快,混凝土用量也较少,适用于含水率较小的土层。为了提高桩的质量或使桩颈增大,提高桩的承载能力,可采用复打法。

2. 复打法

在同一桩孔内进行两次单打,或根据要求进行局部复打。

施工时应在单打施工完毕、拔出桩管后，及时清除黏附在管壁和散落在地面上的泥土，在原桩位上第二次安放桩尖，再次进行单打。复打法施工时应注意，复打施工必须在第一次灌注的混凝土初凝以前全部完成，桩管在第二次打入时应与第一次的轴线相重合，且第一次灌注的混凝土应达到自然地面，不得少灌。对于怀疑或发现有断桩、缩颈等缺陷的桩，作为补救措施也可采用复打法。

3. 反插法

反插法施工是在拔管时，桩管每向上次拔管出 0.5～1.0m，便向下反插 0.3～0.5m，如此反复进行，并始终保持振动或轻击钢套管，直至钢套管拔出地面。施工中要控制拔管速度应不大于 0.5m/min。在桩尖处约 1.5m 范围内宜多次反插，以扩大桩的端部断面。反插法能使桩的截面增大，从而提高桩的承载力，宜在饱和的土层中使用。

套管成孔灌注桩施工中常会出现一些质量问题，要及时分析原因采取措施处理：

(1) 灌注桩混凝土有隔层。是由于钢管的管径较小，混凝土集料粒径过大，和易性差，拔管速度过快造成。预防措施，是严格控制混凝土的坍落度≥50～70mm，集料粒径≤30mm，拔管速度≤20m/min，拔管时应密振慢拔。

(2) 缩颈。是指桩身某处桩径缩减，小于设计断面。产生的原因是在含水率很高的软土层中拔管时，土受挤压产生很高的空隙水压，拔管后挤向新灌的混凝土，造成缩颈。因此施工时应严格控制拔管速度，并使桩管内保持不少于 2m 高的混凝土，以保证有足够的扩散压力，使混凝土出管压力扩散正常。

(3) 断桩。主要是桩中心距过近，打邻近桩时受挤压；或因混凝土终凝不久就受振动和外力作用所造成。故施工时，最好控制桩的中心距不小于 4 倍桩的直径。如不能满足时，则应采用跳打法或相隔一定技术间歇时间后在打邻近的桩。

(4) 吊脚桩。是指桩底部混凝土隔空或混进泥砂而形成松软层。其形成的原因是预制桩尖质量差，沉管时被破坏，泥砂，水挤入桩管。施工时应针对不同的情况，分别进行处理，如根据地下水量的大小，采用水下灌注混凝土，或灌第一槽混凝土时，酌减用水量等。

2.3.3 人工挖孔桩

人工挖孔灌注桩是指在桩位采用人工挖掘方法成孔，然后吊放钢筋笼，灌注混凝土而成为桩。

为确保人工挖孔桩施工过程的安全，必须考虑防止土体坍滑的支护措施。支护的方法很多，可采用现浇混凝土护壁、喷射混凝土护壁、波纹钢模板工具式护壁等。

人工挖孔灌注桩的桩身直径除了能满足设计承载力的要求外，还应考虑施工操作的要求，故桩径不宜小于 800mm，一般为 800～2 000mm，国内已施工的最大直径为 3 500mm。桩端可采用扩底或不扩底两种方法。根据桩端土的情况，扩底直径一般为桩身直径的 1.3～2.5 倍，最大扩底直径可达 4 500mm。当采用现浇混凝土护壁时，人工挖孔桩的构造如图 2-31 所示。护壁厚度一般为 $\frac{D}{10}+5$（cm）（其中 D 为桩径），护壁内等距放置 8 根直径 6～8mm、长 1m 的直钢筋，插入下层护壁内，使上下护壁有钢筋拉结，以避免某段护壁出现

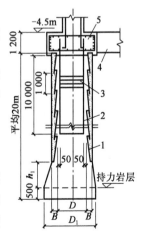

图 2-31　人工挖孔桩构造图
（尺寸单位：mm）

1-护壁；2-主筋；3-箍筋；4-地梁；5-桩帽

流沙、淤泥而造成护壁因自重而沉裂的现象。

2.3.4 爆扩成孔灌注桩

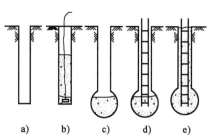

图2-32 冲(钻)孔爆扩桩成型工艺
a)冲(钻)孔;b)放入药包并用砂固定,第一次灌入混凝土;c)引爆成球状孔穴,混凝土自由坍落在扩大头内;d)放入钢筋骨架;e)第二次灌满混凝土,振捣成桩

爆扩成孔灌注桩又称爆扩桩,它是用钻机成孔或爆扩法成孔,再在孔底爆扩成球形扩大头后,放入钢筋骨架,浇筑混凝土成桩。成型工艺如图2-32、图2-33所示。

特点是:桩性能好,能有效提桩承载力(35% ~ 65%);成桩工艺简单,与一般独立基础相比,可减少土石方量50% ~ 90%,节省劳力50% ~ 60%,加快施工速度(工期缩短40% ~ 50%),降低工程造价30%左右。适于在一般黏土、粉质黏土中使用,在中密或密实的砂土、碎石土和风化岩表面以及夹有矿渣、砖瓦碎片和垃圾的杂填土中也可使用。但不宜在淤泥、淤泥质土中应用。

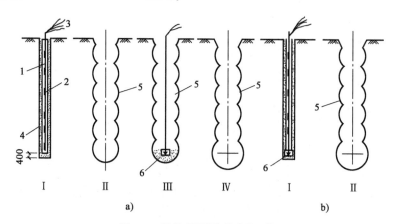

图2-33 爆扩成孔灌注桩成孔工艺
a)爆扩两次成型;b)扩孔扩头一次成型
1-条形药包;2-电雷管;3-导爆线(每个雷管一根);4-砂子填实;5-孔壁;6-爆头药包

2.4 地下连续墙施工

2.4.1 地下连续墙施工简介

地下连续墙是在泥浆护壁条件下开挖一定长度的槽段,挖至设计深度并清除沉渣后,插入接头管,再将钢筋笼用起重机吊入充满泥浆的沟槽内,最后用导管在水下浇筑混凝土,待混凝土初凝后拔出接头管,一个单元长度的钢筋混凝土墙即施工完毕,如图2-34所示,若干段这样的钢筋混凝土墙段,即构成了一个连续的地下钢筋混凝土墙。

地下连续墙可作为防渗墙、挡土墙、地下结构的边墙和建筑物的基础。

地下连续墙具有刚度大、整体性好、施工时无振动、噪声低等优点。可用于任何土质,还可用于逆作法施工,也可利用上层锚杆与地下连续墙组成地下挡土结构,形成锚杆地下连续墙,为深基础施工创造更有利的条件。

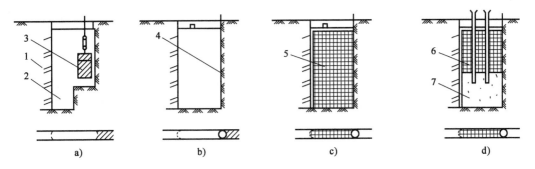

图 2-34　地下连续墙施工过程示意图

a)成槽;b)插入接头管;c)放入钢筋笼;d)浇筑混凝土

1-已完成的单元槽段;2-泥浆;3-成槽机;4-接头管;5-钢筋笼;6-导管;7-浇筑的混凝土

2.4.2　地下连续墙的施工工艺

地下连续墙的施工工艺如图 2-35 所示。

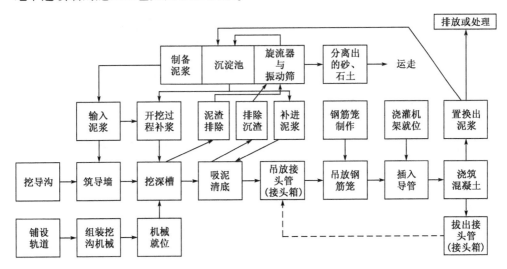

图 2-35　现浇钢筋混凝土壁板式地下连续墙的施工工艺过程

1. 修筑导墙

地下连续墙在成槽之前首先要按设计位置修筑导墙。导墙的作用是挖槽导向、防止槽段上口塌方、存蓄泥浆和作为测量的基准。深度一般 1 ~ 2m,顶面高出施工地面,防止地面水流入槽段。内墙面应垂直,导墙顶面应水平,导墙内侧墙面间距为地下连续墙设计厚度加施工余量(40 ~ 60mm)。导墙多为现浇钢筋混凝土结构,如图 2-36 所示,墙背侧用黏性土回填并夯实,防止漏浆。导墙拆模后,应立即在墙间加设支撑,且在达到规定强度之前禁止重型机械在旁边行驶。

2. 挖槽

目前我国常用的挖槽设备为导杆抓斗(图 2-37)和

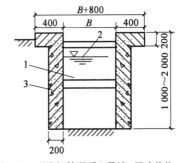

图 2-36　现浇钢筋混凝土导墙(尺寸单位:mm)

1-支撑;2-泥浆液位;3-钢筋混凝土导墙

多头钻成槽机(图 2-38)。

挖槽按单元槽段进行。单元槽段,是指地下连续墙在延长方向的一次混凝土浇筑单位。划分单元槽段时,应综合考虑现场水文地质条件、附近现有建筑物的情况、挖槽时槽壁的稳定性、挖槽机械类型、钢筋笼的重量、混凝土供应能力以及地下连续墙构造要求等因素,主要是应以不影响槽壁的稳定为原则。当地质条件较差或邻近有高大建筑物或者有较大的地面荷载时,应限制单元槽段的长度。在一般情况下,单元槽段长度为 4~6m。

挖槽是在泥浆中进行,泥浆的作用、制备及施工要点与前述泥浆护壁成孔灌注桩基本相同。

图 2-37　导杆液压抓斗

图 2-38　SF 型多头钻成槽机

3. 清底

挖槽结束后,悬浮在泥浆中的土颗粒将逐渐沉淀到槽底,此外,在挖槽过程中未被排出而残留在槽内的土渣,以及吊放钢筋笼时从槽壁上刮落的泥皮等都堆积在槽底。在挖槽结束后清除槽底沉淀物的工作称为清底。

清底方法常用的有:砂石吸力泵排泥法、压缩空气升液排泥法、潜水泥浆泵排泥法、抓斗直接排泥法。前三种应用较多,其工作原理图如图 2-39 所示。清底后槽内泥浆的相对密度应在 1.15g/cm³ 以下。

清底一般安排在吊放钢筋笼之前进行,对于以泥浆反循环法进行挖槽施工,可在挖槽后紧着进行清底工作。如果清底后到混凝土浇筑前的间隔时间较长,亦可在浇筑混凝土前利用混凝土导管再进行一次清底。

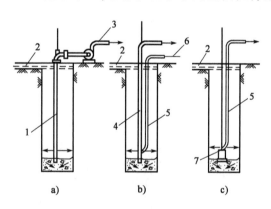

图 2-39　清底方法
a)砂石吸力泵排泥;b)压缩空气升液排泥;c)潜水泥浆泵排泥
1-导管;2-补给泥浆;3-吸力泵;4-空气升液排泥管(导管);5-软管;6-压缩空气;7-潜水泥浆泵

4. 钢筋笼吊放

钢筋笼的起吊应用横吊梁或吊架。吊点布置和起吊方式要防止起吊时引起钢筋笼变形。为防止钢筋笼吊起后在空中摆动，应在钢筋笼下端系上拽引绳用人力操纵。插入钢筋笼时，最重要的是使钢筋笼对准单元槽段的中心，垂直而又准确的插入槽内。钢筋笼进入槽内时，吊点中心必须对准槽段中心，然后徐徐下降，此时必须注意不要因起重臂摆动或其他影响而使钢筋笼产生横向摆动，造成槽壁坍塌。

钢筋笼插入槽内后，检查其顶端高度是否符合设计要求，然后将其用横担搁置在导墙上。如果钢筋笼是分段制作，吊放时需接长，下段钢筋笼要垂直悬挂在导墙上，然后将上段钢筋笼垂直吊起，保证上下两段钢筋笼成直线连接。

5. 接头施工

地下连续墙混凝土浇筑时，连接两相邻单元槽段之间地下连续墙的施工接头，最常用是接头管方式。接头钢管在钢筋笼吊放前吊放入槽段内。管外径等于槽宽，起到侧模作用，接着吊钢筋笼并浇筑混凝土。为使接头管能顺利拔出，在槽段混凝土初凝前，用千斤顶或卷扬机转动及提动接头管，以防接头管与混凝土黏结。在混凝土浇筑后 2～4h 先每次拔 0.1m 左右。拔到 0.5～1.0m 时，如没发现异常现象，要每隔 30min 拔出 0.5～1.0m，直至将接头管全部拔出，然后进行下一单元槽段的施工。地下连续墙利用圆形接头管连接的施工顺序，如图 2-40 所示。

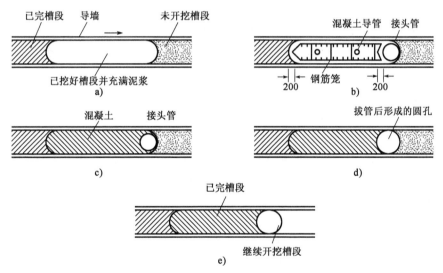

图 2-40　圆形接头管连接施工顺序(尺寸单位:mm)

a)挖出单元槽段;b)先吊放接头管,再吊放钢筋笼;c)浇筑槽段混凝土;d)拔出接头管;e)形成半圆接头,继续开挖下一槽段

6. 混凝土浇筑

吊放钢筋笼后应立即浇筑混凝土，以防槽段塌方。

混凝土浇筑是在泥浆中进行。用导管法进行水下浇筑。根据单元槽段的长度可设几根导管同时浇筑混凝土，导管的间距一般为 3～4m，在混凝土浇筑过程中，导管下口总是埋在混凝土内 1.5m 以上。如一个槽段内用几根导管同时浇筑，应使各导管处的混凝土面大致处在同一水平面上。宜尽量加快混凝土浇筑，一般槽内混凝土面上升速度不宜小于 2m/h。混凝土需要超浇 300～500mm，以便将设计标高以上的浮浆层凿去。

2.5 沉井基础施工

2.5.1 沉井基础

在修建负荷较大的建筑结构物时,其基础应该坐落在坚固、有足够承载力的土层上,当这类土层距地表较深、采用天然基础和桩基础受水文地质条件限制时,需用一种上、下开口就位后封闭的结构物来承受上部结构的力,这种结构物被称为沉井。沉井是基础组成部分之一,其形状大小根据工程地质状况由设计而定,通常用混凝土或钢筋混凝土制成。它一般由井壁、刃脚、隔墙、井孔、预埋冲刷管、封底混凝土、顶盖板组成。

沉井基础又称开口沉箱基础,由开口的井筒构成的地下承重结构物。一般为深基础,适用于持力层较深或河床冲刷严重等水文地质条件,具有很高的承载力和抗震性能。这种基础系由井筒、封底混凝土和预盖等组成,其平面形状可以是圆形、矩形或圆端形,立面多为垂直边,井孔为单孔或多孔,井壁为钢筋、木筋或竹筋混凝土,甚至由刚壳中填充混凝土等建成。若为陆地基础,它在地表建造,由取土井排土以减少刃脚土的阻力,一般借自重下沉;若为水中基础,可用筑岛法,或浮运法建造。在下沉过程中,如侧摩阻力过大,可采用高压射水法、泥浆套法或井壁后压气法等加速下沉。

沉井基础是一种古老而且常见的深基础类型,它的刚性大,稳定性好,与桩基相比,在荷载作用下变位甚微,具有较好的抗震性能,尤其适用于对基础承载力要求较高,对基础变位敏感的桥梁。如大跨度悬索桥、拱桥、连续梁桥等。

沉井是用混凝土或钢筋混凝土制成的井筒(下有刃脚,以利于下沉和封底)结构物。施工时,先按基础的外形尺寸,在基础的设计位置上的制造井筒,然后在井内挖土,使井筒在自重(有时需配重)作用下,克服土的摩阻力缓慢下沉,当第一节井筒顶下沉接近地面时,再接第二节井筒,继续挖土,如此循环往复,直至下沉到设计标高,最后浇筑封底混凝土,用混凝土或砂砾石充填井孔,在井筒顶部浇筑钢筋混凝土顶板,即成为深埋的实体基础。沉井基础即是结构基础,又是施工时的挡土、防水围堰结构物,其埋置深度大、整体性强、稳定性好、刚度大,能承受较大的上部荷载,且施工设备和施工技术简单,节约场地,所需净空高度小。沉井一般采用钢筋混凝土制成,少量用混凝土或钢制成,沉井可在墩位筑岛制造,井内取土靠自重下沉,也可采用辅助下沉措施,如泥浆润滑套、空气幕等,以减少下沉时井壁摩擦阻力和井壁厚度等。目前国内最大的沉井尺寸为 20.2m × 24.9m,深度达 53.5m,国外最大平面尺寸为 64m × 75m,深度可达 70m 以上。刃脚在井壁最下端,形如刀刃,在沉井下沉时起切入土中的作用。井筒是沉井的外壁,在下沉过程中起挡土的作用,同时还需要有足够的重量克服筒壁与土之间的摩阻力和刃脚底部的土阻力,使沉井能在自重作用下逐步下沉。在施工沉井时要注意均衡挖土、平稳下沉,如有倾斜则及时纠偏。

沉井划分一般有三种方法,其划分种类如下:

(1)按制造情况 可分为就地浇筑混凝土或钢筋混凝土下沉沉井;浮式沉井,该种沉井多是钢壳井壁;另外有空腔钢丝网水泥薄壁沉井、钢筋混凝土薄壁沉井。

(2)按竖向剖面形状 可分为柱形、锥形、阶梯形。

(3)按横截面形状 可分为圆形、矩形、圆端形、椭圆形、棱形。

2.5.2 沉井施工

1. 沉井制作

沉井的制作应根据沉井施工方法而确定,在沉井施工前,应对沉井入土地层及其基地岩石地质资料详细掌握,并依次制定沉井下沉方案;对洪汛、凌汛、河床冲刷、通航及漂浮物等作好调查研究,并制订必要的安全、技术措施,以确保沉井下沉。避免沉井周围土体破坏范围过大,但内侧阶梯会影响取土机具的工作,一般较少采用。

沉井的制作可分为就地制作沉井和浮式沉井两种方案。

1)就地制作沉井

沉井位于浅水或可能被水淹没的岸滩时,宜采用筑岛沉井,在无被水淹没可能的岸滩上,可就地整平夯实制作沉井;在地下水位较低的岸滩,土质较好时可开挖基坑制作沉井。就地制作的沉井分为干旱滩岸沉井浇筑法和水中筑岛沉井浇筑法两种。

干旱滩岸沉井浇筑就是墩台基础位于干旱地面制作沉井,施工时沉井就地下沉。若土质松软时,应在场地平整并夯实后,在其上铺垫 300~500mm 的砂垫层,铺以垫木,垫木之间用砂填平,且不允许在垫木下垫塞木块、石块来调整顶面标高,以防压重(也称配重)后产生不均匀沉降。

模板及支撑应具有较好的刚性。内隔墙与井壁连接处的垫木应互相搭接连成整体,底模支撑应支于垫木上。

筑岛沉井适用于水深 3~4m、流速较小的情况。围堰筑岛时,其岛面、平台面和坑底标高,应比施工时最高水位高出 500~700mm,当有流冰时还应适当加高。底层沉井的制作包括场地平整夯实、铺设垫木、立沉井模板及支撑、钢筋焊扎、浇筑混凝土等。

在支垫上立模制作沉井时,应符合下列要求:

(1)支垫布置应满足设计要求及抽垫方便。

(2)支垫顶面应与钢刃脚底面紧贴,使沉井重力均匀分布于各支垫上。

(3)模板及支撑应具有足够的强度和较好的刚性。内隔墙与井壁连接处支垫应连成整体,底模应支承于支垫上,以防不均匀沉陷,外模与混凝土面贴接一侧应平直并光滑。

刃脚部分采用土模制作时,应符合下列要求:

(1)刃脚部分的外模应能承受井壁混凝土的重力在刃脚斜面上产生的水平分力,土模顶面的承载力应满足设计要求,土模顶面一般宜填筑至沉井隔墙底面。

(2)土模表面及刃脚底面的地面上,均应铺筑一层 20~30mm 的水泥砂浆,砂浆层表面应涂隔离剂。

(3)应有良好的防水、排水设施。

由于沉井是分节制作,分节沉入土中,沉井分节制作的高度应既能保证其稳定,又能有重力下沉。因此,底节沉井的最小高度应能抵抗拆除垫木或挖去土模(当刃脚为土模时)时的竖向挠曲强度,当挖土条件许可时应尽量高,一般情况下每节高度不宜小于 3m,并应处理好接缝。在沉井接高时,注意各节沉井的竖向中轴线与第一节沉井重合,且外壁应竖直平整。

2)浮式沉井制作

浮式沉井是把沉井底节制造成空体结构,或采取其他方法使之漂浮于水中,用船只托运到设计位置,逐步用混凝土或水灌注,增大自重,在水中徐徐下沉,直达河底。这种方法适用于水深流急、筑岛困难的沉井基础。

（1）钢丝网水泥薄壁沉井：钢丝网水泥薄壁由骨架、钢丝网、钢筋网和水泥砂浆等组成，并由 30mm 钢丝水泥薄壁隔成空腹壳体，入水后能浮于水中，浮运就位后向空腹壳体内灌水，使之下沉落于河床上，再逐格对称地灌注水下混凝土，从而使薄壁空腹沉井变成普通的重力式沉井。钢丝网水泥薄壁沉井由于钢丝网均匀分布在砂浆中，增加了砂浆的内聚力和握裹力，从而提高了砂浆的抗拉强度和韧性，使钢丝网水泥薄壁具有很大的弹性和抗裂性，能抵抗一定程度的冲击。它具有结构薄而轻，有足够的强度和刚度，节省材料，操作简单，多点平行施工作业，且施工时无需模板，可节省模板和支撑等特点。当河流宽度超过 200m 时，可采用半通航措施，用钢绳牵引沉井入水，因而浮运就位方法简单，设备简便。

钢丝网水泥薄壁沉井的制作程序：

①预制场地的选择。为了保证浮运沉井安全地进行水上浮运，预制场地的选择应结合水下方案综合考虑。

②刃角踏面大角钢成型。成型的方法可在弯曲机上进行，也可用人工弯曲成型，但应注意掌握角钢的翘曲变形，并随时整平。

③沉井骨架的架设。沉井骨架是由刃脚踏面角钢、竖面骨架角钢与内外箍筋焊接而成。首先是焊好刃脚踏面，其次是架设竖面骨架，待其就位后，用支撑、缆绳予以临时固定，正位后即可加箍筋焊成整体沉井骨架，为了增强角钢刚度，在横隔板及横撑骨架间设置刃脚加撑骨架。

④铺网。铺网工作是沉井制作的关键之处，要求铺网平整，否则会产生波浪形甚至高低不平，而造成抹灰砂浆的保护层厚薄不均，使沉井受力不利。铺网时内外井壁和刃脚部分同时进行。铺刃脚钢丝网时，由刃脚斜面向刃脚立面铺设，铺井壁钢丝网时，由上至下铺设，先铺内层钢丝网，其次铺纵筋，接着铺横筋，最后铺外层钢丝网。

⑤抹水泥砂浆。当铺网工作结束后，即可进行抹灰工作。抹灰所用水泥宜采用强度等级不小于 42.5 的普通硅酸盐水泥，砂宜采用粗砂或中砂，水泥与砂的配比为 1:1.5，水灰比为 0.4。抹灰时由下至上进行，先将砂浆从沉井腔内用力向外挤压，直到透过外层钢丝网为止，待砂浆初凝后再抹腔外，并将沉井外壁外缘面抹光。

（2）钢筋混凝土薄壁沉井：钢筋混凝土薄壁沉井的内外井壁及隔墙均采用钢筋混凝土薄壁轻型结构，具有良好的强度和刚度，刃脚也具有足够抵抗侧土压力的强度。

（3）装配式钢筋混凝土薄壁沉井：装配式钢筋混凝土薄壁沉井是近年来采用的一种深水墩基础形式，其沉井分层依次叠装，然后浇筑水下混凝土形成井壁，最后抽水、清基、填心而成。基本构件由纵贯上下的梯形导杆（4 根）、每层 1m 的井壳（圆头 2 块、直线段 2 块）和与井壳等高的支撑梁壳（4 块）装配而成。

①梯形导杆：断面呈工字形，外形呈梯形，设于圆头井壳与直线井壳衔接处，长度随层次而异，单元质量约 1.8t。其作用是在拼装和沉放底层井壳时起支撑和承重作用，在安装其余层次时起导向和连接作用，将通过导杆分层安装的各层井壳在浇筑混凝土前连成整体。

②井壳：井壳分圆头和直线两种，直线段又分为底节和中节。井壳构件高 1m，宽 1.1m，内外壁厚 100mm，中间空腔 900mm，内外壁间设有横隔。井壳不仅是浇筑混凝土的模板，而且本身是井壁的组成部分。

③支撑梁壳：支撑梁壳与井壁等高，宽 620mm，设有横隔，在浇筑混凝土时作为模板，而浇完混凝土后便形成支撑梁，借以加强抽水时井壁承受水压的能力。

3)泥浆润滑套沉井

泥浆润滑套沉井是在沉井外壁与土层间设置泥浆隔离层,以减少土体与井壁的摩擦力,从而减轻沉井自重,加大下沉速度,提高下沉效率。泥浆润滑套沉井刃脚踏面宽度宜小于100mm,以利于减少下沉的摩擦力。沉井外壁应做成单台阶形,为防止泥浆通过沉井侧壁而渗透到沉井内,对直径小于8m的圆形沉井,台阶位置在距刃脚底面2~3m处;对面积较大的沉井,台阶位置在底节与第二节接缝处。台阶的宽度应为泥浆套宽度,一般为100~200mm。

2. 沉井下沉方法

沉井下沉是通过井内除土,清除刃脚正面阻力和沉井内壁阻力后,依靠沉井自重而下沉。井内除土的方式有排水开挖和不排水开挖。在稳定的土层中,渗水量不大时,可以排水开挖使沉井下沉,即排除井内水后再进行开挖,使沉井下沉。在有涌水翻沙不宜采用排水下沉的地层,应用不排水法开挖。不排水开挖采用抓土、吸泥等方法使沉井下沉,必要时辅以压重、高压射水、降低井内水位而减小浮力增加沉井的自重、泥浆润滑套等方法。

1)拆除垫木

抽垫工作是沉井的开始工作,也是整个沉井下沉工作中极为重要的工序之一。拆除垫木,必须在沉井混凝土达到设计强度等级后方可进行。

(1)抽垫应分区、依次、对称、同步地进行。

(2)抽垫前应将井孔内的所有杂物清除干净,准备工作全部就绪后,方可进行抽垫。

(3)抽垫时,先挖垫木下的填砂,再抽垫木,垫木宜从外侧抽出。垫木抽出后,应回填土,开始几组可不做回填,当抽出几组垫木出现空当后,即应回填。回填材料可用砂、砂夹碎石,回填时应分层洒水夯实,每层厚度为200~300mm,但回填料不允许从沉井内或筑岛材料中获取,以防沉井歪斜。回填高度应使最后分配的定位垫木重量不致压断垫木以及垫木下土体承压应力不超过岛面极限承压应力为准,必要时可加高回填高度,甚至在隔墙下进行回填,以满足要求。

(4)抽垫时的定位垫木的位置,应按设计确定。若设计无规定时,对于圆形沉井应安排在周边上相隔90°的四个支点上;对于矩形沉井应对称布置在长边,每边两个,当沉井长短边之比为$2 > L/B \geq 1.5$(L为长边长,B为短边长)时,长边两承垫间的距离为$0.7L$,当比值$L/B \geq 2$时,距离为$0.6L$。

(5)当抽垫抽至垫木的2/3时,沉井下沉较为均匀,下沉量小,回填时间较为充分,便于较好地抽垫和回填。当继续抽垫时,下沉量逐步加大,回填也较困难,甚至出现下沉太快以至于回填时间不足,造成垫木压坏或间断。因此,抽垫开始阶段宜缓慢进行,以便有足够时间充分回填夯实,力求尽量改变最后阶段下沉快、沉降量大、断垫现象。

2)排水开挖下沉

在稳定的土层中,渗水量不大(每平方米沉井面积渗水量小于$1m^3/h$)时,可采用排水开挖下沉。从地脉内或岛面开始挖土下沉,应将抽垫时在刃脚内侧的回填土分层挖去,其开挖顺序原则上与抽垫顺序相同,定位承垫处的土最后挖除。当一层全部挖完后,再挖第二层,如此循环往复。开挖的方法为:当土质松软时,分层挖除回填土,沉井逐渐下沉,当沉井刃脚下沉至沉井中部与土面大致平齐时,即可在中部先向下开挖400~500mm,并向四周均匀开挖,距刃脚约1m处时,再分层挖除刃脚内侧的土台。当土质较坚实时,可从中部向下挖400~500mm,并向四周均匀扩挖,使沉井平稳下沉。当土质坚硬时,可参见抽垫顺序分段掏空刃脚,每段掏空后随即回填砂砾,待最后几段掏空并回填后,再分层分次序逐步挖去回填土,使沉井下沉,直到下沉至岩层。

开挖刃脚下土体时,可采用跳槽法,即沿刃脚周长等分若干段,每段长约1m,先隔一段挖一段,然后挖去剩余的各段,最后挖定位承垫处的岩石。开挖时,下沉速度应根据沉井大小、入土深度、地层情况而定。一般而言,平均下沉速度为 $0.5 \sim 10m/d$。

3)不排水开挖下沉

不排水开挖时的下沉基本要求:

(1)沉井内除土深度应根据土质而定,最深不应低于刃脚2m;土质特别松软时不应直接在刃脚下除土。

(2)应尽量加大刃脚对土的压力。当沉井通过粉砂、细砂等松软地层时,不宜以降低沉井内水位而减少浮力的方法,促使沉井下沉,而是应保持沉井内水位高于沉井外水位 $1 \sim 2m$,以防止流沙现象的发生,引起沉井歪斜,增加吸泥工作量。

(3)除纠正沉井倾斜外,沉井内的土应由各沉井均匀清除,其土面高差不应超过500mm。

(4)当沉井入土较深,井壁阻力较大时,应根据具体情况而采取有效的下沉方法,如采取抓土、吸泥、射水交替联合作业,必要时还需辅以降低沉井内水位,以增加沉井质量,或在沉井底放炮震动,或用在沉井顶压重的方法,使沉井至设计高程。

不排水开挖下沉常采用抓土下沉。单孔沉井时,抓斗挖掘井底中央部分的土,形成锅底状。在砂或砾石类土体中,一般当锅底比刃脚低 $1 \sim 1.5m$ 时,沉井即可靠自重下沉,并将刃脚下的土挤向中央锅底;在黏性土中,由于四周土不易向锅底坍落,应辅以高压水松土。多孔沉井时,最好在每个井孔上配置一套抓土设备,可同时均匀除土,减少抓斗倒孔时间,使沉井均匀下沉。为了使抓斗能在沉井孔内靠边的位置抓土,在沉井顶面井孔周围预埋挂钩。偏抓时,先将抓斗落至孔底,将钢丝绳挂在井孔周边的挂钩上进行抓土,可以达到偏抓的目的。

4)辅助下沉措施

(1)高压射水:当局部地点难以由潜水员定点定向射水掌握操作时,在一个沉井内只可同时开动一套射水设备,并不得进行除土或其他起吊作业。射水水压应根据地层情况、沉井入土深度等因素确定,可取 $1 \sim 2.5MPa$。

(2)抽水助沉:不排水下沉的沉井,对于易引起翻砂、涌水地层,不宜采用抽水助沉方法。

(3)压重助沉:沉井圬工尚未接高浇筑完毕时,可利用接高浇筑圬工压重助沉,也可在井壁顶部用钢铁块件或其他重物压重助沉。除为纠正沉井偏斜外,压重应均匀对称旋转。采用压重助沉时,应结合具体情况及实际效果选用。

(4)炮震助沉:一般不宜采用炮震助沉方法。在特殊情况下必须采用时,应严格控制用药量。在井孔中央底面放置炸药起爆助沉时,可采用 $0.1 \sim 0.2kg$ 炸药,具体使用应视沉井大小、井壁厚度及炸药性能而定。同一沉井每次只能起爆一次,并应根据具体情况适当控制炮震次数。

(5)利用空气幕下沉:在井壁内预埋管路,并沿井壁外侧水平方向每隔一定高度设一排气龛,在下沉过程中,沿管路输送的压缩空气从气龛内喷出,再沿井壁上升,从而减小摩擦力。

3. 沉井接高

接高上节沉井模板时,支撑不得直接支撑于地面。接高时应均匀加重,防止沉井突然下沉和倾斜。接高后的各节沉井中轴线应为一直线。混凝土施工接缝应按设计要求布置接缝钢筋,清除浮浆并凿毛。同时注意以下几点:

（1）沉井接高前应尽量纠正倾斜，接高各节的竖向中轴线应与前一节的中轴线相重合。

（2）水上沉井接高时，井顶露出水面不应小于 1.5m；地面上沉井接高时，井顶露出地面不应小于 0.5m。

（3）接高前不得将刃脚掏空，避免沉井倾斜，接高加重应均匀、对称地进行。

（4）沉井下沉时，如需在沉井顶部设置防水或防土围堰，围堰底部与井顶应连接牢固，防止沉井下沉时围堰与井顶脱离。

4. 沉井纠偏

沉井施工时常出现倾斜，纠偏时注意以下几点：

（1）纠偏前，应分析原因，然后采取相应措施，如有障碍物应首先排除。

（2）纠正倾斜时，一般可采取除土、压重、顶部施加水平力或刃脚下支垫等方法进行。对空气幕沉井可采取偏侧局部压气纠偏。

（3）纠正位移时，可先除土，使沉井底面中心向墩位设计中心倾斜，然后在对侧除土，使沉井恢复竖直，如此反复进行，使沉井逐步移近设计中心。

（4）纠正扭转，可在一对角线两角除土，在另外两角填土，借助于刃脚下不相等的土压力所形成的扭矩，使沉井在下沉过程中逐步纠正其扭转角度。

5. 沉井清基和封底

（1）沉井清基注意事项：清基是指沉井下沉到位后，清除基底的松散土层及杂质，以保证封底混凝土直接支承在持力土层上。

①沉井下沉至设计标高后，基底面地质应符合设计要求，如有不符须作处理时，应征得设计单位同意，必要时取样鉴定。

②清理后的基底面距隔墙底面的高度及刃脚斜面露出的高度，必须满足设计要求的最小高度。

③基底浮泥或岩面残存物均应清除，使封底混凝土与基底间不产生有害夹层。

④隔墙底部及封底混凝土高度范围内井壁上的泥污应予清除。

（2）沉井清基方法：沉井清基方法主要有下列两种方法。

①排水清基：排水清基时，施工人员可进入井底施工，比较简单，主要问题是防止沉井在清基时倾斜和处理从刃脚下涌入井内的流沙等。

②不排水清基：不排水清基可采用高压射水将刃脚及隔墙下的土破坏，然后用吸泥机除碴。高压射水一般使用直径 75~86mm 的钢管，下端配有单孔锥型射水嘴，出水孔直径为 13~20mm。沉井沉至设计标高后，应检验基底的地质情况是否与设计相符，排水下沉时可直接检验、处理；不排水下沉时应进行水下检验、处理，必要时取样鉴定。

（3）封底：基底检验合格后，应及时封底。对于排水下沉的沉井，在清基时，如渗水量上升速度小于或等于 6mm/min，可按普通混凝土浇筑方法进行封底；若渗水量大于上述规定时，宜采用水下混凝土进行封底。

沉井封底，当井内可以排水时，按一般混凝土施工；不能排水时采用导管法灌注水下混凝土。

用刚性导管法进行水下混凝土封底时，应满足如下要求：

①混凝土材料可参照钻孔灌注桩水下混凝土有关规定，混凝土的坍落度宜为 150~200mm。

②灌注封底水下混凝土时，需要的导管间隔及根数，应根据导管作用半径及封底面积

确定。

③用多根导管灌注时的顺序,应进行设计,防止发生混凝土夹层。若同时浇筑,当基底不平时,应逐步使混凝土保持大致相同的标高。

④每根导管开始灌注时所用的混凝土坍落度宜采用下限,首批混凝土需要量应通过计算确定。

⑤在灌注过程中,导管应随混凝土面升高而徐徐提升,导管埋深应与导管内混凝土下落深度相适应,一般不宜小于表2-1的规定。用多根导管灌注时,导管埋深不宜小于表2-2的规定。

表2-1

不同灌注深度导管的最小埋深

灌注深度(m)	≤10	10~15	15~20	>20
导管的最小埋深(m)	0.6~0.8	1.1	1.3	1.5

表2-2

导管不同间距的最小埋深

导管间距(m)	≤5	6	7	8
导管最小埋深(m)	0.6~0.9	0.9~1.2	1.2~1.4	1.3~1.6

⑥在灌注过程中,应注意混凝土的堆高和扩展情况,正确地调整坍落度和导管埋深,使每盘混凝土灌注后形成适宜的堆高和不陡于1:5的流动坡度,抽拔导管应严格使导管不进水。混凝土面的最终灌注高度,应比设计值高出不小于150mm,待灌注混凝土强度达到设计要求后,再抽水凿除表面松弱层。

沉井封底,若为水下压浆混凝土时,应按设计要求施工。

沉井基础的质量应符合下列规定:

①混凝土的强度应符合设计要求。

②沉井刃脚底面标高应符合设计要求。

③底面、顶面中心与设计中心的偏差应符合设计要求,当设计无要求时,其允许偏差纵横方向为沉井高度的1/50(包括因倾斜而产生的位移)。对于浮式沉井,允许偏差值增加250mm。

④沉井的最大倾斜度为1/50。

⑤矩形、圆端形沉井的平面扭转角偏差,就地制作的沉井不得大于1°,浮式沉井不得大于2°。

沉井制作允许偏差见表2-3规定。

表2-3

沉井制作允许偏差

项　　目		允　许　偏　差
沉井平面尺寸	长度、宽度	±0.5%。当长、宽大于24m时为±120mm
	曲线部分的半径	±0.5%。当半径大于12m时为±60mm
	两对角线的差异	对角线长度的±1%。最大±180mm
沉井井壁厚度	混凝土、片石混凝土	+40mm,-30mm
	钢筋混凝土	±15mm

注:1.对于钢沉井及结构构造、拼装等方面有特殊要求的沉井,其平面尺寸允许偏差值应按照设计要求确定。

2.井壁的表面要平滑而不外凸,且不得向外倾斜。

2.6 浅基础施工

一般多层建筑物当地基土较好时多采用天然地基上浅基础,它造价低、工期短、施工简便,不需要复杂的施工设备,是实际工程中最常用的基础形式。常用的浅基础有:扩展基础、柱下条形基础筏板基础、箱形基础等。

2.6.1 无筋扩展基础(刚性基础)

刚性基础是指用砖、石、混凝土、毛石混凝土、灰土等材料建造的基础,这种基础的特点是抗压性能好,而整体性、抗拉、抗弯、抗剪性能差。这种基础适用于地基坚实、均匀,上部荷载较小,六层和六层以下的一般民用建筑和轻型厂房。本节主要介绍混凝土刚性基础。

刚性基础的截面形式有阶梯形、锥形等,如图2-41所示。

素混凝土刚性基础施工要点:

(1)如地基土质良好,且无地下水,基槽(坑)第一阶可利用原槽(坑)浇筑,但应保证尺寸正确,砂浆不流失。上部台阶应支模浇筑,模板要支撑牢固,缝隙孔洞应赌严,木模应浇水湿润。

(2)基础混凝土浇筑高度在2m以内,混凝土可直接卸入基槽(坑)内,应注意是混凝土能充满边角;浇筑高度在2m以上时,应通过漏斗、串筒或溜槽下灰。

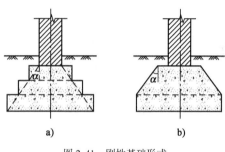

图2-41 刚性基础形式
a)阶梯形;b)锥形

(3)浇筑台阶式基础应按台阶分层一次浇筑完成,每层先浇边角,后浇中间。施工时应注意防止上下台阶交接处混凝土出现蜂窝和脱空(即吊脚、烂脖子)现象。措施是待第一台阶捣实后,继续浇筑第二台阶前,先沿第二台阶模板底圈做成内外坡度,待第二台阶混凝土浇筑完成后,再将第一台阶混凝土铲平、拍实、拍平,或第一台阶混凝土浇完稍停 0.5 ~ 1.0h,待下部沉实,再浇上一台阶。

(4)锥形基础如斜坡较陡,斜面部分应支模浇筑,或随浇随安装模板,并应注意防止模板上浮。斜坡较平时,可不支模,但应注意斜坡部位及边角部位混凝土的振捣密实,振捣完后,再用人工将斜坡表面修正、拍平、拍实。

(5)混凝土浇筑完毕后,外露部分应适当覆盖,洒水养护;拆模后,及时分层回填土方并夯实。

2.6.2 钢筋混凝土扩展基础(柔性基础)

扩展基础是指柱下钢筋混凝土独立基础(图2-42)和墙下钢筋混凝土条形基础(图2-43)。

这种基础由于钢筋混凝土的抗弯性能好,可充分放大基础底面尺寸,达到减小地基应力效果,同时可有效地减小埋深,节省材料和土方开挖量,加快工程进度。这种基础适用于六层和六层以下的一般民用建筑和整体式结构厂房承重的柱基和墙基。柱下独立基础,当柱荷载的偏心距不大时,常用方形,偏心距大时,则用矩形。

扩展基础施工要点：

（1）垫层混凝土在基坑验槽后应立即浇筑，以免地基土被扰动。

（2）垫层达到一定强度后，在其上画线、支模、铺放钢筋网片。上下部垂直钢筋应绑扎牢，并注意将钢筋弯钩朝上，连接柱的插筋，下端要用90°弯钩与基础钢筋绑扎牢固，按轴线位置校核后用方木架成井字形，将插筋固定在基础外模板上，底部钢筋网片应用与混凝土保护层同厚度的水泥砂浆垫塞，以保证位置正确。

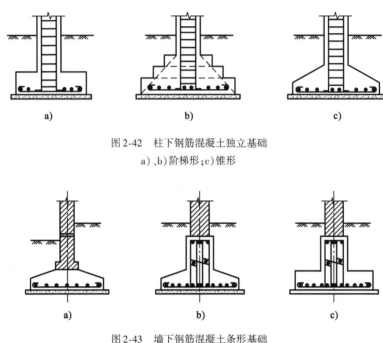

图 2-42　柱下钢筋混凝土独立基础
a)、b)阶梯形；c)锥形

图 2-43　墙下钢筋混凝土条形基础
a)板式；b)、c)梁板结合式

（3）在浇筑混凝土前，模板和钢筋上的垃圾、泥土和钢筋上的油污等杂物，应清除干净，模板应浇水加以润湿。

（4）浇筑现浇柱下基础时，应特别注意柱子插筋位置的正确，防止造成位移和倾斜。在浇筑开始时，先满铺一层50～100mm厚的混凝土，并捣实，使柱子插筋下段和钢筋网片的位置基本固定，然后再对称浇筑。

（5）基础混凝土宜分层连续浇筑完成。对于阶梯形基础，每浇筑完一台阶应稍停0.5～1.0h，待其初步获得沉实后，再浇筑上层，以防止下层台阶混凝土溢出，在上层台阶根部出现"烂脖子"问题。每一台阶浇完，表面应随即原浆抹平。

（6）对于锥形基础，应注意保持锥体斜面坡度的正确，斜面部分的模板应随混凝土浇捣分段支设并顶压紧，以防模板上浮变形，边角处的混凝土必须注意捣实。严禁斜面部分不支模，用铁锹拍实。基础上部柱子后施工时，可在上部水平面留设施工缝。

（7）条形基础应根据高度分段分层连续浇筑，一般不留施工缝，各段各层间应相互衔接，每段长2～3m左右，做到逐段逐层呈阶梯形推进。浇筑时，应先使混凝土充满模板内边角，然后浇筑中间部分，以保证混凝土密实。

（8）基础上有插筋时，要加以固定，保证插筋位置的正确，防止浇捣混凝土时发生移位。

（9）混凝土浇筑完毕，外露表面应覆盖浇水养护。

2.6.3 筏板基础

筏板基础由整块式钢筋混凝土平板或梁板等组成,它在外形和构造上像倒置的钢筋混凝土平面无梁楼盖或肋形楼盖,分为平板式和梁板式两类,如图 2-44 所示。前者一般在荷载很大、柱网较均匀且间距较小的情况下采用;后者用于荷载较大的情况。由于筏形基础扩大了基底面积,增强了基础的整体性,抗弯刚度大,故可调整和避免结构物局部发生显著的不均匀沉降,适用于地基土质软弱又不均匀(或有人工垫层的软弱地基)、有地下室或当柱子(或承重墙)传来的荷载很大的情况,建造六层或六层以下横墙较密集的民用建筑。

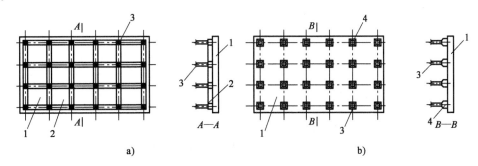

图 2-44 筏板基础
a)梁板式;b)平板式
1-底板;2-梁;3-柱;4-支墩

筏板基础施工要点:

(1)地基开挖,如有地下水,应采用人工降低地下水位至基坑底 50cm 以下部位,保持在无水的情况下进行土方开挖和基础结构施工。

(2)基坑土方开挖应注意保持基坑底原状土的结构,如采用机械开挖,基坑底面以上 200～400mm 厚的土层,应采用人工清除,避免超挖或破坏地基土。如局部有软弱土层或超挖,应进行换填,采用与地基土压缩性相近的材料进行分层回填,并夯实。

(3)筏板基础施工,可根据结构情况和施工具体条件与要求采用以下两种方法施工:

①先在垫层上绑扎底板梁的钢筋和上部柱插筋,浇筑底板混凝土,待达到25%以上强度后,再在底板上支梁侧模板,浇筑梁部分混凝土。

②采取底板和梁钢筋、模板一次同时支好,梁侧模板用混凝土支墩或钢支脚支承并固定牢固,混凝土一次连续浇筑完成。

前法可降低施工强度,支梁模方便,但处理施工缝较复杂;后法一次完成施工,质量易于保证,可缩短工期。但两种方法都应注意保证梁位置和柱插筋位置正确,混凝土应一次连续浇筑完成。

(4)基础浇筑完毕,表面应覆盖和洒水养护,不少于7d,必要时应采取保温养护措施,并防止浸泡地基。

2.6.4 箱形基础

箱形基础是由钢筋混凝土底板、顶板、外墙和一定数量的内隔墙构成一封闭空间的整体箱体,如图 2-45 所示,基础中空部分可在内隔墙开门洞作地下室。它具有整体性好,刚度大,调整不均匀沉降能力及抗震能力强,可消除因地基变形使建筑物开裂的可能性,减少基底压力,降低总沉降量等特点。适于作软弱地基上的面积较大、平面形状简单,荷载较大或上部结构分布不均的高层建筑物的基础,对建筑物沉降有严格要求的设备基础或特种构筑物基础,特别在城市高层建筑物基础中得到较广泛的采用。

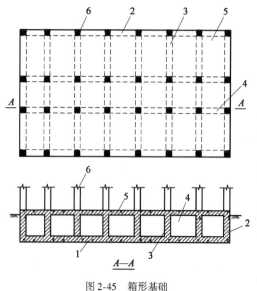

图 2-45　箱形基础

1-底板;2-外墙;3-内横隔墙;4-内纵隔墙;5-顶板;6-柱

箱形基础施工要点如下:

(1)基坑开挖,如地下水位较高,应采取措施降低地下水位至基坑底以下 500mm 处,当地下水位较高,土质为粉土、粉砂或细砂时,不得采用明沟排水,宜采用轻型井点或深井井点方法降水措施,并应设置水位降低观测孔,井点设置应有专门设计。

(2)基础开挖应验算边坡稳定性,当地基为软弱土或基坑邻近有建(构)筑物时,应有临时支护措施,如设钢筋混凝土钻孔灌注桩,桩顶浇混凝土连续梁连成整体,支护离箱形基础应不少于1.2m,上部应避免堆载、卸土。

(3)开挖基坑应注意保持基坑底土的原状结构。当采用机械开挖基坑时,在基坑底面设计标高以上 200~400mm 厚的土层,应用人工挖除并清理,如不能立即进行下道工序施工,应预留 100~150mm 厚土层,在下道工序进行前挖除,以防止地基土被扰动。

(4)箱形基坑开挖深度大,挖土卸载后,土中压力减小,土的弹性效应有时会使基坑底面土体回弹变形,基坑开挖到设计基底标高经验收后,应随即浇筑垫层和箱形基础底板,防止地基土被扰动。冬季施工时应采取有效措施,防止基坑底土的冻胀。

(5)箱形基础底板,内外墙和顶板的支模、钢筋绑扎和混凝土浇筑,可采取分块进行。施工缝处进行防水处理。

(6)钢筋绑扎应注意形状和位置准确,接头部位用闪光对焊和套管压接,严格控制接头位置及数量,混凝土浇筑前须经验收。外部模板宜采用大块模板组装,内壁用定型模板,墙间距采用直径 12mm 穿墙对接螺栓控制墙体截面尺寸,埋设件位置应准确固定。箱形基础顶板应适当预留施工洞口,以便内墙模板拆除取出。

(7)混凝土浇筑要合理选择浇筑方案,根据每次浇筑量,确定搅拌、运输、振捣能力,配备机械人员,确保混凝土浇筑均匀、连续,避免出现过多的施工缝和薄弱层面。

底板混凝土浇筑,一般应在底板钢筋和墙壁钢筋全部绑扎完毕、柱子插筋就位后进行,可沿长度方向分 2~3 个区,由一端向另一端分层推进,分层均匀下料。当底面积大或板成正方形,宜分段分组浇筑,当底板厚度小于 500mm,可不分层,采用斜面赶浆法浇筑,表面及时整平,当底板厚度等于或大于 500mm,宜水平分层或斜面分层浇筑,每层厚 250~300mm,分层用插入式或平板式振捣器捣固密实,同时应注意各区、组搭接处的振捣,防止漏振,每层应在水泥初凝时间内浇筑完成,以保证混凝土的整体性和强度,提高抗裂性。

(8)墙体浇筑应在墙全部钢筋绑扎完,包括顶板插筋、预埋铁件、各种穿墙管道敷设完毕、模板尺寸正确、支撑牢固安全、经检查无误后进行。一般先浇外墙,后浇内墙,或内外墙同时浇筑。

(9)对特厚、超长箱形基础底板,在混凝土浇筑前,应对大体积混凝土箱形基础进行必要的裂缝控制施工验算,估算混凝土浇筑后,基础内部可能出现的最大水化热绝热温升值、降温差和混凝土温度收缩应力,以便在施工中采取有效的技术措施,来预防出现过度收缩裂缝,保证基础混凝土工程质量。

(10)混凝土浇筑完后,要加紧覆盖,浇水养护。

(11)箱形基础施工完毕后,应防止长期暴露,要抓紧基坑的回填。

本章小结

1.桩基础由承台和桩组成。按照承载性质的不同,桩可分为端承桩、摩擦桩、摩擦端承桩、端承摩擦桩四类。按施工方法桩可分为预制桩和灌注桩两大类。

2.预制桩施工包括钢筋混凝土方桩、管桩、钢管桩、锥形桩。其中以钢筋混凝土方桩和钢管桩应用较多。本节以钢筋混凝土方桩为例介绍预制桩的制作、起吊、运输、堆放、沉桩方法、桩头处理等施工工艺。

3.混凝土灌注桩施工,包括钻孔灌注桩施工、套管成孔灌注桩施工、人工挖孔灌注桩施工、爆扩成孔灌注桩施工。其中着重介绍了钻孔灌注桩和套管成孔灌注桩的施工工艺过程。

4.地下连续墙施工方法是利用专门的挖槽设备,沿深基础或地下构筑物周边开挖一条沟槽并用泥浆护壁,每个单元槽段完成后,放入钢筋笼,导管水下浇筑混凝土,依次完成每个槽段的施工。地下连续墙结构刚度大,能承受较大土压力,防渗性能好,即可作为地下结构的外墙,又起挡土作用。近年来重型厂房、高层建筑及各种大型地下设施的深基础施工中被广泛采用。

5.沉井基础又称开口沉箱基础,由开口的井筒构成的地下承重结构物。沉井基础是一种古老而且常见的深基础类型,它的刚性大,稳定性好,与桩基相比,在荷载作用下变位甚微,具有较好的抗震性能,尤其适用于对基础承载力要求较高,对基础变位敏感的桥梁。如大跨度悬索桥、拱桥、连续梁桥等。

6.常用的浅基础有:扩展基础、柱下条形基础、筏板基础、箱形基础等。一般多层建筑物当地基土较好时多采用天然地基上浅基础。

复习思考题

1.桩基由哪两部分组成?桩按承载性质分为哪几类?

2.预制钢筋混凝土桩的制作、起吊、运输及堆放要求是什么?

3.打桩前准备工作有哪些?

4.打桩顺序有哪几种?如何合理确定打桩顺序?

5.静力压桩有何特点?适用范围如何?

6.灌注桩按成孔方法分为哪几种?

7.护筒的作用与埋设要求是什么?

8.回转钻孔灌注桩泥浆正、反循环的主要差别是什么?分别适用于什么条件?

9.泥浆护壁成孔灌注桩施工时泥浆的作用是什么?如何制备?

10. 泥浆护壁成孔灌注桩施工时排渣的方法有哪几种?

11. 简述套管成孔灌注桩的施工工艺。

12. 试述爆扩桩的施工方法及特点。

13. 试述地下连续墙施工过程。

14. 试述沉井施工工艺流程。

15. 常用浅基础有哪些类型? 施工要点有哪些?

第3章 砌体工程

　　砌体工程是指用砖、石、各种砌块等块体与砂浆经砌筑而形成的结构工程。这种结构具有就地取材、保温、隔热、隔声、耐久和耐火等良好性能，节约钢材和水泥，不需要大型的机械，施工组织简单等优点。但是，由于块体用手工组砌而成，劳动强度大、生产效率低，难以适应建筑工业化需要等缺点，特别是黏土砖需要占用农田，因而，改革墙体，利用工业废料制品代替黏土砖已经成为发展方向。

　　现今阶段，砌体工程仍然是建筑行业中最重要、最常见的施工内容之一，由砖、石材、砌块等砌筑的砌体工程广泛应用于砖混结构和其他结构中，如以墙体承重为主的住宅楼墙体，以及钢筋混凝土框架结构的填充墙等。

3.1　砌体材料

　　砌体主要由块材和砂浆组成，其中砂浆作为胶结材料将块材结合成整体，以满足正常使用要求及承重结构的各种荷载。因此，块材和砂浆的质量是影响砌体质量的主要因素。

3.1.1　块材

块材主要有砖、石材、砌块等。

1. 砖

常用的砖有烧结普通砖、烧结多孔砖、烧结空心砖、蒸压灰砂空心砖、蒸压粉煤灰砖等。

1）烧结普通砖

烧结普通砖是以黏土、页岩、煤矸石或粉煤灰为主要原料，经压制焙烧而成的实心或孔洞率不大于 15% 的砖。按原料不同,可分为烧结黏土砖、烧结页岩砖、烧结煤矸石砖和烧结粉煤灰砖。

烧结普通砖外形尺寸长 240mm × 宽 115mm × 高 53mm。根据规范抗压强度分为 MU30、MU25、MU20、MU15、MU10 五个强度等级。

2)烧结多孔砖

烧结多孔砖使用的原材料与生产工艺与烧结普通砖基本相同,其孔洞率不小于 25%,多用于承重部位的砖。KP1-240mm × 115mm × 90mm,PK2-240mm × 180mm × 115mm,KM1-190mm × 190mm × 90mm 是常用型号,同时还配有相应的配砖。K 表示"空心",P 表示"普通",M 表示"模数"。

根据规范抗压强度分为 MU30、MU25、MU20、MU15、MU10 五个强度等级。

3)烧结空心砖

烧结空心砖的烧制、外形、尺寸要求与烧结多孔砖一致,其孔洞率不小于 35%,多用于砌筑围护结构或结构非承重部位的砖。

根据规范抗压强度分为 MU5、MU3、MU2 三个强度等级。

4)蒸压灰砂空心砖

蒸压灰砂空心砖是以石英砂和石灰为主要原料,坯料制备,压制成型,经蒸压养护而制成的孔洞率大于 15% 的空心砖。

其外形规格与烧结普通砖一致,根据规范抗压强度分为 MU25、MU20、MU15、MU10、MU7.5 五个强度等级。

5)蒸压粉煤灰砖

蒸压粉煤灰砖是以粉煤灰为主要原料,掺配适量的石灰、石膏或其他碱性激发剂,再加入一定数量的炉渣作为集料,经坯料制备,压制成型,高压蒸汽养护而成的实心砖,简称粉煤灰砖。

其外形规格与烧结普通砖一致,根据规范抗压强度、抗折强度分为 MU20、MU15、NU10、MU7.5 四个强度等级。

2. 石材

砌筑用的石材可分为毛石和料石两类。毛石分为乱毛石和平毛石。乱毛石是指形状不规则的石块;平毛石是指形状不规则,但有两个平面大致平行的石块。毛石应呈块状,其中部厚度不宜小于 150mm。

料石按其加工面的平整度分为细料石、粗料石、毛料石三种,料石的宽度和厚度不宜小于 200mm,长度不宜大于厚度的 4 倍。

根据规范抗压强度分为 MU100、MU80、MU60、MU50、MU40、MU30、MU20、MU15、MU10 九个强度等级。

3. 砌块

砌块的种类较多,按形状分为实心砌块和空心砌块。按尺寸大小可分为小型、中型、大型三种,我国通常把砌块高度为 180 ~ 350mm 的称为小型砌块,高度为 360 ~ 900mm 的称为中型砌块,高度大于 900mm 称为大型砌块。

常用的有普通混凝土小型空心砌块、轻集料混凝土小型空心砌块、蒸压加气混凝土砌块、粉煤灰砌块。

1)普通混凝土小型空心砌块

普通混凝土小型空心砌块以水泥、砂、碎石或卵石加水预制而成,其规格尺寸为390mm×190mm×190mm,有两个方孔,空心率不小于25%。

根据规范抗压强度分为MU20、MU15、MU10、MU7.5、MU5、MU3.5六个强度等级。

2)轻集料混凝土小型空心砌块

轻集料混凝土小型空心砌块以水泥、砂、轻集料加水预制而成。其主要规格尺寸为390mm×190mm×190mm。按其孔的排数分为单排孔、双排孔、三排孔三类。

根据规范抗压强度分为MU10、MU7.5、MU5、MU3.5、MU2.5、MU1.5六个强度等级。

3)蒸压加气混凝土砌块

蒸压加气混凝土砌块以水泥、矿渣、砂、石灰等为主要原料,加入发气剂,经搅拌成型、蒸压养护而成的实心砌块。其主要规格尺寸为600mm×250mm×250mm。

根据规范抗压强度分为A10、A7.5、A5、A3.5、A2.5、A2、A1七个强度等级。

4)粉煤灰砌块

粉煤灰砌块以粉煤灰、石灰、石膏和轻集料,加水搅拌,振动成型,蒸汽养护而成的密实砌块。其主要规格尺寸为880mm×380mm×240mm,880mm×430mm×240mm。砌块面应加灌浆槽,坐浆面宜设抗剪槽,可在工地进行锯切。

根据规范抗压强度分为MU10、MU13两个强度等级。

3.1.2 砌筑砂浆

砌筑砂浆是由胶结料、细集料和水拌制而成,为改善其性能,常在其中加掺入料和外加剂。

砌筑砂浆按材料组成不同分为水泥砂浆(水泥、砂、水)、混合砂浆(水泥、砂、石灰膏、水)、石灰砂浆(石灰膏、砂、水)、石灰黏土砂浆(石灰膏、黏土、砂、水)、黏土砂浆(黏土、水)。根据规范其强度等级为M15、M10、M7、M5、M2.5。其中M表示砂浆(Mortar),其后数据表示砂浆的强度(单位为MPa)。混凝土小型空心砌块砌筑的砂浆强度等级用Mb标记(b表示block),以区别其他砌筑砂浆,根据规范其强度等级有Mb30、Mb25、Mb20、Mb15、Mb10、Mb7.5、Mb5,其数据同样表示砂浆的强度大小(单位为MPa)。

1.原材料要求

水泥的强度等级应根据设计要求进行选择。水泥砂浆采用的水泥,其强度等级不宜大于32.5级;混合砂浆采用的水泥,其强度不宜大于42.5级。

水泥进场使用前,应对其强度、安定性进行复验。检验批次以同一生产厂家、同一编号为一批次。当在使用中对水泥质量有怀疑或水泥出厂超过三个月(快硬硅酸盐水泥超过一个月)时,应复查试验,并按其结果使用。不同品种的水泥,不得混合使用。

砂宜用中砂,并应过筛,其中毛石砌体宜用粗砂。砂的含泥量:对于水泥砂浆和强度等级不小于M5的混合砂浆不应超过5%;强度等级小于M5的混合砂浆,不应超过10%。

生石灰熟化成石灰膏时,应用孔径不大于3mm×3mm的网过滤,生石灰熟化时间不得少于7d;磨细生石灰粉的熟化时间不得小于2d。沉淀池中储存的石灰膏,应采取防止干燥、冻结和污染的措施,严禁使用脱水硬化的石膏粉。

凡在砂浆中掺入有机塑化剂、早强剂、缓凝剂、防冻剂等,应经试验和试配符合要求,方可使用。有机塑化剂应有砌体强度的检验报告。

除上述掺和料外,目前还采用有机微沫剂(如松香热聚物)来改善砂浆的和易性。微沫剂的掺量应通过试验确定,一般为水泥用量的(0.5~1.0)/10 000(微沫剂按100%纯度计)。水泥石灰砂浆中掺入微沫剂时,石灰用量最多减少一半。水泥黏土砂浆中不得掺入微沫剂。

2.制备与使用

砌筑砂浆应通过试配确定配合比。各组分材料应采用重量计量。施工中如用水泥砂浆代替同强度等级的水泥混合砂浆砌筑砌体时,因水泥砂浆的和易性差,砌体强度会有所下降(一般考虑下降15%),因此,应提高水泥砂浆的配制强度(一般提高一级)。水泥砂浆中掺入微沫剂(简称微沫砂浆)时,砌体抗压强度较水泥混合砂浆砌体降低约10%,故用微沫砂浆代替水泥混合砂浆使用时,微沫砂浆的配置强度也应提高一级。

砌筑砂浆应采用砂浆搅拌机进行拌制。拌和时间自投料完算起,拌和时间应符合下列规定:水泥砂浆和混合砂浆不得小于2min;掺用外加剂的砂浆不得小于3min;掺入微沫剂时,宜用不低于70℃的水稀释至5%~10%,稀释后的微沫剂溶液存放时间不宜超过7d,溶液投入搅拌机的拌和时间自投料完算起应为3~5min。

为便于操作,砌筑砂浆应有较好的和易性,即良好的流动性(稠度)和保水性。和易性好的砂浆能保证砌体灰缝饱满、均匀、密实,并能提高砌体强度。砌筑砂浆的稠度见表3-1。

砌体砂浆的稠度 表3-1

砌 体 种 类	砂浆稠度(mm)	砌 体 种 类	砂浆稠度(mm)
烧结普通砖砌体	70~90	普通混凝土小型空心砌块砌体	50~70
轻集料混凝土小型空心砌块砌体	60~90	加气混凝土小型空心砌块砌体	50~70
烧结多孔砖、空心砖砌体	60~80	石砌体	30~50

砌筑砂浆应具有良好的保水性,水泥砂浆分层度不应大于30mm,水泥混合砂浆分层度不应大于20mm。如砂浆出现泌水现象,应在砌筑前再次拌和。砂浆的稠度(沉入度)应符合规范的规定。

3.2 砌体施工工艺

3.2.1 砖砌体施工

1.砖砌体的施工程序

砖砌砖施工程序通常包括抄平、放线、摆砖样、立皮数杆、盘角、挂线、砌砖、勾缝、清理等工序。

1)抄平

砌墙前应该在基础防潮层或楼面上定出标高,如垫层顶标高误差不大于30mm,可用M7.5水泥砂浆找平,如垫层顶标高误差大于30mm,宜采用C10细石混凝土找平。抄平后应使各段砖墙底部标高符合设计要求。

2)放线

依据龙门板或轴线定位桩,在基础垫层上表面放出基础中心线,并以经纬仪进行校正轴线转角,然后根据设计图纸放出基础宽度线。底层放线应当在基础砌筑至±0.000标高以下60mm(一皮砖厚)时,再次用水准仪检测砖基础的标高,可通过局部增加防潮层厚度来调整墙体标高;然后用经纬仪将龙门板、轴线定位桩上的轴线用墨线弹放到防潮层上面(若基础圈梁顶标高在－0.060m处,在基础圈梁施工时应严格控制基础圈梁的梁顶标高,并用墨线弹放)。经认真符合轴线尺寸无误后,根据轴线位置再确定弹出上部墙体的边墨线,并根据设计图纸确定出相应的门窗洞口位置,如图3-1所示。

二层以上的轴线,可用经纬仪或线锤由外墙基础处将标准的轴线上引,同时,还应该根据图纸上的轴线尺寸用钢尺校核。

3)摆砖样

摆砖样是指在墙身基面上,按墙身长度和砌筑方式先在墙基顶面放线位置试摆砖样(生摆,不铺设砂浆)。摆砖样的目的是在规范允许的范围内,通过调整砖的竖向灰缝厚度,尽量使门窗垛符合砖的模数,以尽量减少砍砖数量(对设计尺寸与实际砖模数偏差较小的,可以通过调整砖竖缝)并保证砖及砖缝排列整齐、均匀。如有混凝土构造柱时,要注意先退后进摆砖样。摆砖样对于清水墙砌筑尤为重要。

4)立皮数杆

皮数杆是一种用于控制每皮砖砌筑时的竖向尺寸以及各构件标高的方木标志杆,如图3-2所示。皮数杆上应根据现场所用砖的标准厚度画出标志每皮砖和灰缝的厚度;另外还可以表示出门窗洞口、过梁、楼板、梁底、预埋件等构件的标高,以控制本层构件的标高。

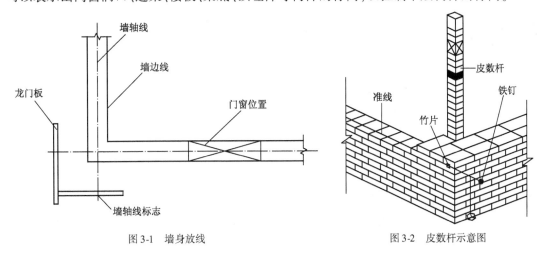

图3-1　墙身放线　　　　　　　　　　图3-2　皮数杆示意图

皮数杆的长度应有一层楼高(不小于2m),一般立于墙的转角处、内外墙的交接处、楼梯间及洞口处,如果墙体过长,可每隔10～15m再立一根,立皮数杆时,应使皮数杆上±0.000的线与房屋的标高起点线相吻合,需用水准仪测定控制、校正标高,并应由两个方向斜撑或锚钉加以固定,以保证其牢靠和垂直,每次开始砌砖前应检查皮数杆的垂直度和牢靠程度。

5)盘角

砌墙前应先盘角,盘角又可称立头角、砌头角等,即对照皮数杆的砖层和标高,先砌筑墙角。每次盘角砌筑的砖墙高度不超过五皮砖,并应及时进行吊靠,如发现偏差及时修正。盘角将准线挂在墙侧,作为墙身中部砌筑的依据,在盘角时应特别注意砖的竖向灰缝应错开,严禁砌成通缝墙体,盘角应随砌随盘。

6)挂线

挂线是盘角后结合皮数杆连接墙体两端的连线,施工中一般采用麻绳线或棉线等。挂线的目的是在墙体两端的同一皮砖顶面应处于同一标高。挂线后,可以保证墙体中间的同一皮砖顶面标高相同,因此可以控制每皮砖的标高和每道水平灰缝的厚度,使得铺灰厚度一致,做到砖体排列均匀,砂浆灰缝厚薄一致,提高砖砌体的砌筑质量。对于一砖墙一般采用单边挂线砌筑;对于一砖半以上墙体,则采用双面挂线砌筑。通常墙体将挂线的一面叫做正手面,墙体不挂线的一面叫背手面,一般正手面墙体的砌筑效果会好于背手面的砌筑效果。

墙体挂线时,应依据皮数杆每砌筑一皮向上提一次。

在控制某一道墙体灰缝和标高的同时,应注意建筑物同层其他各墙体同一皮砖也应控制在同一标高上。如果同一层墙体,同一层砖的标高不能在同一高度处交圈的现象称为"螺丝"墙。在施工时应减少出现"螺丝"墙的概率。为预防出现"螺丝"墙,在砌筑前应首先测定所砌筑部位基面标高误差,通过调整灰缝厚度来调整墙体标高。操作挂线时,两端应相互呼应,并经常检查与皮数杆是否对应。

7)砌筑

砌筑的方法很多,可采用"铺浆法"或"三一"砌筑法等,依当地的习惯而定。

砌筑时依据盘角、挂线进行墙身的砌筑,应做到"三皮一吊","五皮一靠"。在砌筑时随时用线锤和托线板进行检查。240mm 厚承重墙的最上一皮砖。梁及梁垫的下面,砖砌体的阶台水平面上以及砖砌体的挑檐和腰线的下面,应用丁砌层砌筑。

对于设置钢筋混凝土构造柱的砌体,构造柱与墙体的连接处应砌成马牙槎,从每层柱脚开始,先退后进,每一马牙槎沿墙体高度不宜超过300mm。沿墙高每500 设置 2φ6 拉结钢筋,每边伸入墙内的长度不小于1m,末端应有90°的弯钩,同时拉结钢筋必须符合设计要求。预埋伸出的拉结钢筋,不得在施工中任意弯折,如有歪斜、弯曲,在浇筑混凝土前,应校正到正确位置并绑扎牢靠。

填充墙、隔墙应分别采取措施与周边构件可靠连接。同时将预埋在柱中的拉结钢筋砌入墙内,拉结钢筋的规格、数量、间距、长度必须符合设计要求。填充墙砌至接近梁、板底时,应留一定空隙,待填充墙砌筑完成并应至少7d 后,再采用侧砖或立砖斜砌挤紧,其倾斜度宜为60°左右。

8)清理

当该层砌体砌筑完毕后,应进行墙面、柱面及落地灰的清理。清水墙砌筑应随砌随勾缝,一般深度以 6 ~8mm 为宜,缝深浅应一致,清扫干净。勾缝的方法一般包括原浆勾缝和加浆勾缝两种,其中原浆勾缝是利用原砌筑墙体用砂浆随砌随勾;加浆勾缝是墙体砌筑完成,用1:1水泥砂浆勾缝,也有采用加色砂浆勾缝的。砌筑混水墙应随砌随将溢出的灰浆刮除,不得擦涂。

2. 砖砌体质量要求

砖砌体质量的基本要求是:横平竖直、厚薄均匀,砂浆饱满,上下错缝、内外搭接,组砌得当,接槎牢固,保证墙体有足够的强度与稳定性。

1)横平竖直、厚薄均匀

砖砌体的灰缝应横平竖直,厚薄均匀。这既可保证砌体表面美观,也能保证砌体均匀受力。水平灰缝和竖向灰缝厚度宜为10mm,但不应小于8mm,也不应大于12mm。过厚的水平灰缝容易使砖块浮滑,且降低砌体抗压强度,过薄的水平灰缝会影响砌体之间的黏结力。竖向灰缝应垂直对齐,如不对齐又称为游丁走缝,影响砌体外观质量。

2)砂浆饱满

砌体水平灰缝的砂浆饱满度不得小于80%,砌体的受力主要通过砌体之间的水平灰缝传递到下层面,水平灰缝不饱满影响砌体的抗压强度。竖向灰缝不得出现透明缝、瞎缝和假缝,竖向灰缝的饱满程度,影响砌体抗透风、抗渗、保温和砌体的抗剪强度。

3)上下错缝、内外搭接

上下错缝是指砖砌体上下两皮砖的竖缝应当错开,以避免上下通缝。当上下两皮砖搭接长度小于25mm时,即为通缝。在垂直荷载作用下,砌体会由于"通缝"而丧失整体性,影响砌体强度。内外搭接是指同皮的里外砌块通过相邻上下皮的砖块牢固搭接组砌。目的就是加强内外砖块的搭接,使整个墙体形成统一受力的整体。因此,用于搭接砌筑的砖应采用整砖。

4)接槎牢固

接槎是指先砌筑的砌体与后砌筑的砌体之间的结合面。接槎方式的合理与否对砌体的整体性影响很大,特别在地震区,接槎的质量直接影响到房屋的抗震能力,故应予以足够的重视。

砌筑基础时,内外墙的砖基础应同时开始砌筑。如因特殊情况不能同时砌筑时,应留置斜槎,斜槎的长度不应小于斜槎的高度。这种留设方法操作方便,接槎时砂浆饱满,易保证工程质量。

砖墙的转角处和交接处应同时开始砌筑,严禁无可靠措施的内外墙分砌施工。对于不能同时砌筑而必须留置的间断处应砌成斜槎,斜槎的长度不应小于斜槎高度的2/3,如图3-3a)所示;如临时间断处留斜槎有困难时,除转角处也可留直槎,但必须做成阳槎,并加设拉结筋;拉结筋的数量为120mm墙厚放置一根 $\phi6$ 的钢筋,间距沿墙高不得超过500mm埋入深度从墙的留槎处算起,每边不应小于500mm,末端应有90°弯钩,如图3-3b)所示。

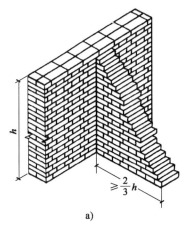
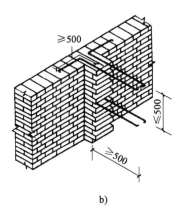

图3-3 接槎(尺寸单位:mm)

a)斜槎;b)直槎

3.砖砌体砌筑的有关规定

(1)砖的品种、强度等级必须符合设计要求,并应规格一致。用于清水墙、柱表面的砖,应边角整齐,色泽均匀。

(2)常温下砌砖,对于普通砖、空心砖含水率宜为10%~15%,粉煤灰砖含水率宜为5%~8%。一般应提前1~2d将砖浇水润湿,避免砖吸收砂浆中过多的水分,使砂浆流动性降低,造成砌筑困难,并影响黏结力和强度,同时可除去砖表面上的粉末。

(3)砂浆应随拌随用,水泥砂浆和水泥混合砂浆必须分别在拌和后3h和4h内使用完毕;如施工期间最高气温超过30℃,必须分别在拌和后2h和3h内使用完毕。

(4)在墙上留置临时施工洞口,其侧边距离交接处墙面不应小于500mm,洞口净宽度不应超过1 000mm。临时洞口应做好补砌。

（5）不得在下列墙体或部位设置脚手眼：半砖厚墙；过梁成60°角的三角形范围及过梁净跨1/2的高度范围内；宽度小于1 000mm的窗间墙；墙体门窗洞口两侧200mm和转角处450mm范围内；梁或梁垫下及其左右500mm范围内。施工脚手眼补砌时，灰缝应填满砂浆，不得用干砖填塞。

（6）设计要求的洞口、管道、沟槽应于砌筑时留出或预埋，未经设计同意，不得打凿墙体和在墙体上开凿水平沟槽。宽度超过300mm的洞口上部，应设置过梁。

（7）砖墙每日砌筑高度不得超过1.8m，砖墙分段砌筑时，分段位置宜设在变形缝、构造柱或门窗洞口处，相邻工作段的砌筑高度不得超过一个楼层高度，也不宜大于4m。尚未施工楼板或屋面的墙或柱，当可能遇到大风时，其允许自由高度不得超过表3-2的规定。如超过表3-2中的限值时，必须采取临时支撑等有效措施。

墙和柱的允许自由高度　　　　　　　　　　　　　　　表3-2

允许自由高度（m）风载条件 墙（柱）厚（mm）	砌体密度>1 600（kg/m³）			砌体密度1 300~1 600（kg/m³）		
	风载（kN/m²）			风载（kN/m²）		
	0.3（约7级风）	0.4（约8级风）	0.5（约9级风）	0.3（约7级风）	0.4（约8级风）	0.5（约9级风）
190	—	—	—	1.4	1.1	0.7
240	2.8	2.1	1.4	2.2	1.7	1.1
370	5.2	3.9	2.6	4.2	3.2	2.1
490	8.6	6.5	4.3	7.0	5.2	3.5
620	14.0	10.5	7.0	11.4	8.6	5.7

注：1. 本表适用于施工处相对标高（H）在1m范围内的情况。如10m>H≥15m时，15m>H≥20m时，表中的允许自由高度应分别乘以0.9、0.8的系数；如H>20m时，应通过抗倾覆验算确定其允许自由高度。

2. 当所砌筑的墙有横墙或与其他结构与其连接，而且间距小于表中列限值的2倍时，砌筑高度可不受本表的限值。

3.2.2　石砌体施工

石砌体是良好的天然建筑材料，用石砌体砌筑的房屋具有古朴庄重的气势。石材较砖砌块具有强度高、耐腐蚀等优点，易就地取材，因此在砌体结构中也广泛采用；但由于石砌体的材料形状不太规则，材料质量、强度等不容易控制，使用时相对受到一定的限制，故石砌块多使用在墙体基础、挡土墙、桥梁墩台等建筑物或构筑物中，在砌筑时应注意清除石块表面的泥土等杂质，以利于保证石块与砂浆的黏结强度。

砌筑用石块，应首先选择那些质地坚硬、没有裂纹、无风化的石块；石砌块的强度等级应不低于MU20。砂浆应采用水泥砂浆或水泥混合砂浆，砂浆强度等级选择是：石基础应不低于M5，墙体应不低于M2.5，根据石块的尺寸，合理搭配使用。

建筑中常用的石材包括毛石和料石。

1. 毛石

毛石是指爆破后直接得到，或稍做平整加工得到的形状不规则的块石。块石按照其平整度可分为乱毛石（形状不规则）和平毛石（有两个及以上面大致平整）。砌筑用毛石的外形尺寸一般在200~400mm，其中部厚度要求不小于200mm，质量为20~30kg，主要用于砌筑毛石基础和毛石挡土墙等。

毛石基础一般采用 M5 水泥砂浆铺灰法砌筑。砌筑基础前,必须首先放出石砌体的中心线及边线并复核准确,同时复核各砌筑部分原有标高,如存在高低不平,应采用细石混凝土填平。一般砌筑毛石基础应双边拉准线砌筑,基础大放脚第一层及转角处应首先坐浆,然后选择大而平的石块,大面朝下平放安砌,砌好后要以双脚左右晃摇不动为好,使地基受力均匀,基础稳固,否则应采用石块加浆填塞密实或更换石块。毛石基础可作为墙下条形基础和柱下独立基础,毛石基础按其断面形状可以分为矩形、梯形和阶梯形等。基础顶面宽度应比墙体底面宽度大 200mm,基础底面宽度根据设计计算确定。如采用梯形基础,应注意基础的斜边坡度应不少于 60°。阶梯基础每个阶梯厚度不应少于 300mm,挑出宽度应不大于 200mm,使整个石基础满足刚性大放脚的砌筑要求。毛石基础扩大部分一般应做成阶梯形,每阶内至少砌筑两皮毛石。上级阶梯的石块至少应压砌下级阶梯石块的 1/2。相邻阶梯的毛石应相互错缝搭砌。如图 3-4 所示为某砌体结构的毛石基础。

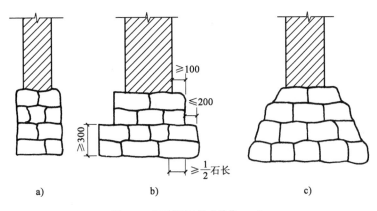

图 3-4　毛石基础(尺寸单位:mm)
a)矩形;b)阶梯形;c)梯形

毛石砌块应分皮卧砌,上下错缝,内外搭砌,不能采用外面侧立石块中间填心的砌筑方法。毛石砌体应采用铺灰法砌筑,灰缝厚度一般为 20～30mm。要求石块间不得出现空洞、瞎缝,同时石块间不得有相互接触现象,如出现较大的缝隙,应先填塞砂浆,然后嵌入相应规格的小石头,用手锤敲紧,再用砂浆填满剩余的空间,使各石块搭砌紧密,石块间基本吻合。一般每皮毛石砌块厚度为 300mm,上下皮毛石间搭接不少于 80mm,而且不得有通缝。每个楼层(包括基础)砌体的最上一皮,应选择较大毛石砌筑。

砌筑毛石砌体前,应根据不同的砌筑部位选择大小适当的石块,应注意选一个面作为墙面,原则是"有面取面,无面取凸",对凸面可将不需要的部分用手锤找平然后再上墙砌筑。

毛石砌体的转角和交接处应同时砌筑,否则应留踏步槎,但踏步槎的高度不应超过一步架。为了增强毛石墙体的整体稳定性,应根据规定设置拉接石(顶头石)。顶头石是长条形石块,如基础宽度或墙体厚度不大于 400mm,拉接石的长度一般与墙或基础的厚度相同。如果基础宽度大于 400mm,可以有两块拉接石内外搭接,搭接长度不小于 150mm,且其中任一块长度不小于基础宽度或墙体厚度的 2/3。上下层拉接石应均匀分布,相互错开,在立面上分布呈梅花状。毛石墙体一般每 0.7m² 墙面至少应设置一块,且同皮内拉接石的中距不应大于 2m。

在毛石砌筑施工过程中,毛石间的灰缝一般应进行勾缝处理。灰缝勾缝时一般应先剔缝,即首先将墙面表层的灰缝间浮灰渣、碎石片、垃圾等杂物彻底清除干净,一般需将灰缝向墙内刮深 20～30mm,以便进行勾缝处理,墙面用水喷洒湿润,不整齐的地方加以修整。勾缝可采用 1:1 水泥砂浆统一勾缝,也可以用青灰或石灰浆加入麻刀、纸筋等砂浆进行勾缝,应注意勾缝的线条均匀一致,深浅相同;勾缝可采用平缝或凸缝,但应尽量保持砌筑缝隙的自然性。

如毛石砌体与砖墙相接时应同时砌筑,两种材料间的空隙应用砂浆和小石头填满。如利用毛石砌筑挡土墙时,挡土墙的地基土及墙后填土的密实度都应满足规范要求,防止出现挡土墙四周土体滑动。特别注意在挡土墙上留设泄水孔,泄水孔的设置一般按每米高度上间隔 2m 设置一个。并在泄水孔与土体间设置碎石作为疏水层,便于挡土墙后土体内的水可以轻松地排出挡土墙外。另外在砌筑毛石挡土墙时,要求每砌筑 3～4 层为一个分层高度,应找平一次。

考虑到砌筑时砂浆的强度很低、毛石几何形状的不规则和整个墙体的稳定性,毛石砌体每日砌筑的高度不应超过 1.2m。

2. 料石

毛石经过加工,使外形有一定规则的石材称为料石;料石根据加工的精细程度可分为毛料石、粗料石、半细料石和细料石等类型;按砌筑后外露面加工形式可分为蘑菇石、雨点石(钻花石)、剁斧石、磨光面石和冰纹石面等。

砌筑料石基础或墙面时应采用双面拉线砌筑,砌筑方法同砖砌体,同样是先盘角,后向墙中间砌筑。料石墙基础和料石墙体的第一皮及每层楼的最上面的一皮料石,都应采用丁砌方式。砌筑前应根据料石及灰缝的厚度预先计算出需要砌筑的层数,使其符合砌体竖向尺寸,料石砌体的灰缝厚度,应按料石的种类确定,粗料石砌体不宜大于 20mm,细料石砌体不宜大于5mm。图 3-5 为料石墙的砌筑形式。

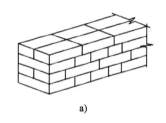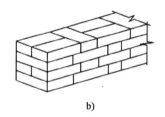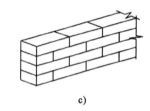

a)   b)   c)

图 3-5 料石墙砌筑形式
a)丁顺叠砌;b)丁顺组砌;c)全顺叠砌

在料石砌体施工时,应将料石放置平稳,铺设砂浆厚度应略高于规定灰缝厚度,细料石、半细料石宜高出 3～5mm,粗料石、毛料石宜高出 6～8mm。料石墙体砌筑时也应注意上下错缝搭接,墙体厚度大于或等于两块料石宽度时,如同皮料石全部顺砌,则应砌一皮丁砌层,如同皮内采用丁顺组合丁砌石应交错设置,其中距应不大于 2m。砌体应采用铺浆法砌筑,垂直灰缝应填满砂浆并插捣至溢出。砌体转角处或交接处,应用石块相互搭接砌筑。

在料石和毛石或砖组合砌筑时,各种砌块应同时砌筑,并每隔 2～3 皮料石用丁砌层与毛石砌体或砖砌体拉接组砌,丁砌料石的长度宜与组合墙体厚度相同。

料石砌体亦应上下错缝搭砌,砌体厚度大于或等于两块料石宽度时,如同皮内全部采用顺砌,每砌两皮后,应砌一皮丁砌层,如同皮内采用丁顺组砌,丁砌石应交错设置,丁砌石中距不应大于 2m。

同毛石墙体原理,料石墙每天的砌筑高度不宜超过 1.2m。如果是砌筑料石清水墙,在墙面上不得留设脚手架眼。

3.2.3 中小型砌块砌体施工

砖砌体施工的优点是操作简单,施工方便,但生产普通实心黏土砖需要大量的农田土;另外,砖墙砌筑时工艺麻烦,施工速度慢。为了缓解这些矛盾,我们可以利用砌块代替普通黏土砖砌筑墙体。

1. 砌块的排列

由于中、小型砌块体积、质量较大,施工现场不如砖砌块可以随意搬运,砌块较重时多采用专用的设备进行吊装砌筑,要求必须准确安装就位,因此在吊装前必须事先确定好砌块的安装位置,这就需要在施工前应首先绘制砌块排列图纸。如图3-6所示为某砌体结构的砌块排列图。

砌块排列图应按每片纵、横墙体分别绘制。砌块排列图纸要求在立面图中绘制出纵、横墙,标出楼板、主梁、楼梯、孔洞等的位置。应做到:

(1)应尽量采用主规格砌块,减少镶砖。

(2)砌块应错缝搭接,小型砌块上下搭接长度不得小于90mm;中型砌块上下搭接长度不得小于块高的1/3,且不应小于150mm;如搭接长度不足时,应在水平灰缝内设置$2\phi^b4$的钢筋网片,但竖向通缝仍不得超过2皮砌块。

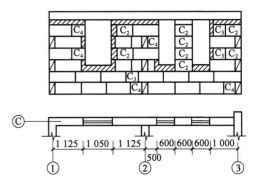

图3-6 砌体结构的砌块排列图(尺寸单位:mm)

(3)外墙转角处及纵横墙体交接处,应交错搭砌,局部必须镶砖时,应尽量使镶砖的数量最少,且镶砖位置应分散布置。

(4)水平灰缝一般为10~20mm,有配筋的水平灰缝为20~25mm,竖向灰缝宽度为15~20mm;当竖向灰缝的宽度大于40mm,应用与砌块同强度的细石混凝土填实;当竖向灰缝大于130mm时,应用普通黏土砖镶砌。

(5)当楼层高度不是砌块与灰缝厚度之和的整数倍时,应采用普通黏土砖镶砌。

2. 砌块安装的方法

由于砌块体积、质量较大,砌块的安装方式在施工前应首先确定。砌块的安装通常采用的方式有两种:

(1)用轻型塔吊完成砌块和预制构件的垂直和水平运输,用台灵架将运至工作面的砌块安装就位。此方法施工速度较快,适用于工程量大的建筑,砌块吊装如图3-7所示。

(2)用带起重臂的井架进行砌块和预制构件的垂直运输,用砌块车进行水平运输,用台灵架安装砌块。此方案适用于工程量小的建筑。

3. 砌块砌筑施工

砌块砌筑时应从转角处或定位砌块处开始,按照施工段依次进行,应遵循先远后近、先下后上、先外后内,在相邻施工段间留阶梯形斜槎。

砌块砌筑的主要工序包括铺灰、砌块安装就位、校正、灌浆、镶砖等。

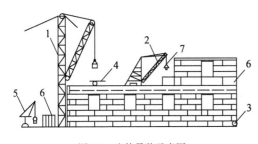

图3-7 砌块吊装示意图

1-井架;2-台灵架;3-杠杆车;4-砌块车;5-少先吊;6-砌块;7-砌块夹

1）铺灰

由于砌块的体积、质量较大，铺设砂浆时，一般可以采用 50～70mm 的稠度良好的水泥砂浆，并保证铺灰厚度。对铺设的砂浆应注意平整饱满，铺灰可先铺 3～5m 长的水平灰缝隙，如果天气炎热或天气寒冷，应适当缩短铺灰长度。铺灰的厚度如前所述。

2）砌块安装就位

砌块安装时应首先根据已经设计好的砌块排列图，选择适当的砌块安装就位，安装时宜采用摩擦式夹具。注意将砌块安装就位时，应尽量做到一次就位成功，这样不但可以减少校正的时间和工作量，而且有利于砂浆灰缝的饱满度，提高砌块砌筑的质量。

砌块砌筑时应横平竖直、表面清洁。设计规定的洞口、沟槽、管道预留洞、预埋件等，一般应在砌筑时预留或预埋。

小型砌块用于砌筑框架填充墙时，应与框架结构中预埋的拉接钢筋连接牢固。对于砌块砌筑到框架梁底时采取的砌筑方案同砖砌块，采用斜砌顶砖的方法（塞实）。

3）校正

在安装就位后首先应根据挂的基准线检查砌块的水平度，用托线板检查其垂直度。在校正时间注意砂浆灰缝的厚度应满足施工规范要求。

4）灌浆

砌筑砌块时应注意灰缝的饱满性。要求砌块的水平灰缝砂浆的饱满度不得低于 90%，竖向灰缝的砂浆饱满度不得低于 80%。在砌块就位、校正完毕，应注意竖向灰缝的灌缝。两侧用夹板夹紧砌块，灌入砂浆，严禁用水冲浆灌缝，砌筑中不得出现瞎缝、透明缝。当竖向灰缝的宽度大于 40mm 时，应用与砌块同强度的细石混凝土填实。

当砂浆或混凝土收水后，即可对水平缝和竖缝进行原浆勾缝，勾缝的深度一般为 3～5mm。当勾缝完成后，不得再撬动该砌块，以防止破坏砂浆或混凝土的黏结力。

5）镶砖

当竖向灰缝较大时，应采用镶砌普通黏土砖的方法来调整砌块的缝隙。镶砌的黏土砖标号一般不低于 MU10，黏土砖的砌筑方法不得采用竖向砌筑或斜向砌筑。镶砖砌体的竖向灰缝和水平灰缝应控制在 15～30mm 以内。

镶砖的最后一皮砖和安放在梁、楼板等构件下的砖层，均需用顶砖镶砌。顶砖必须用无裂缝的完整砖。

每个楼层砌筑完成后应复核标高，如有误差必须进行找平校正。如需要移动已经砌好的砌块时，应清除原有的砂浆，重新铺设砂浆砌筑。

4. 砌块砌体砌筑的有关规定

常用砌块在砌筑时应符合下列规定。

（1）混凝土砌块的生产龄期不应小于 28d。

（2）砌块砌筑时一般可不需浇水，如果天气炎热、干燥，可提前喷水湿润。

（3）空心砌块必须反砌，每皮砌块应使其底面朝上砌筑，砌筑时应对孔错缝搭砌。

（4）空心砌块墙面不得预留或打凿水平沟槽，对设计规定的洞口、管道、沟槽和预埋件，应在砌筑墙体时预留或预埋。

（5）需要在墙体上留脚手眼时，可用辅助规格的单孔砌块侧砌，利用其孔洞作为脚手眼，墙体完工后用强度等级不低于 C15 的混凝土灌实。

（6）墙体中作为施工通道的临时洞口，其侧边距交接处的墙面不小于 600mm，并在顶部设过梁。填砌临时洞口的砌筑砂浆强度等级宜提高一级。

（7）在墙体的下列部位,应采用C15混凝土灌实砌块的孔洞（先灌孔洞后砌在墙体上）:

①底层室内地面以下或防潮层以下的砌体;

②无圈梁的楼板支撑面下的一皮砖砌块;

③没有设置混凝土垫块的次梁支撑处,灌实宽度不应小于600mm,高度不应小于一皮砌块;

④挑梁的悬挑长度不小于1.2m时,其支撑部位的内外墙体交接处,纵横应各灌实3个孔洞,灌实高度不小于3皮砌块。

（8）空心砌块墙体的以下部位不得留置脚手架眼:

①过梁上部与过梁轴线成60°角的三角形范围内的墙体;

②宽度小于800mm的窗间墙;

③梁或梁垫下及其左右各500mm的范围内;

④门窗洞口两侧200mm和墙体交接处400mm的范围内;

⑤设计不允许留设脚手架眼的部位;

⑥空心砌块墙每天砌筑的高度不宜超过1.5m（或一步脚手架高）。

3.3 构造柱的设置

设置钢筋混凝土构造柱是提高多层砖混结构房屋抗震能力的一种措施。当多层砖房超过《建筑抗震设计规范》（GB 50011—2010）规定的高度限值,如设置钢筋混凝土构造柱,则在遭受基本设防烈度的地震影响下,不致严重损坏,并且不经修理或经一般修理仍可继续使用。

设置钢筋混凝土构造柱的墙体,宜用普通黏土砖与水泥混合砂浆砌筑。砖的强度等级不低于MU7.5,砂浆强度等级不低于M2.5。

构造柱截面不应小于240mm×180mm（实际应用最小截面为240mm×240mm）。钢筋一般采用Ⅰ级钢筋,竖向受力钢筋一般采用4根,直径为12mm。箍筋采用直径4~6mm,其间距不宜大于250mm。

砖墙与构造柱应沿墙高每隔500mm设置2根直径为6mm的水平拉结钢筋,拉结钢筋两边伸入墙内不应少于1m。拉结钢筋穿过构造柱部位与受力钢筋绑牢。当墙上门窗洞边到构造柱边的长度小于1m时,拉结钢筋伸到洞口边为止。在外墙转角处,如纵横墙均为一砖半墙,则水平拉结钢筋用3根。

砖墙与构造柱相连接处,砖墙应砌成马牙槎,每个马牙槎沿高度方向的尺寸不宜超过300mm（或5皮砖高）,每个马牙槎退进应大于60mm。每个楼层面开始,马牙槎应先退槎后进槎,如图3-8所示。

构造柱必须与圈梁连接,在柱与圈梁相交的节点处应适当加密构造柱的箍筋,加密范围从圈梁上、下边算起均不应小于层高的1/6或450mm,箍筋间距不宜大于100mm,如图3-9所示。

构造柱一般不设基础或扩大底面积,构造柱设置深度从室外地坪算起不应小于300mm。当墙下有基础圈梁时,构造柱根部可与基础圈梁连接,无基础圈梁时,可在构造柱根部增设混凝土底脚,其厚度不应小于120mm,并将构造柱的竖向钢筋锚固在混凝土底脚内。

构造柱的施工顺序:绑扎钢筋、砌筑墙、支模板、浇筑混凝土。

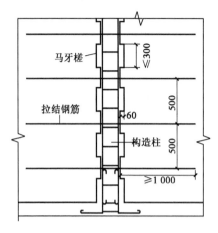

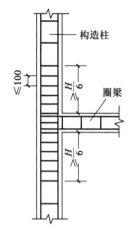

图 3-8　砖墙的马牙槎布置(尺寸单位:mm)　　　　图 3-9　构造柱箍筋加密(尺寸单位:mm)

H-层高

3.4　砌体工程的冬期施工

3.4.1　冬期施工特点

砌筑工程冬期施工时,砌筑砂浆会在负温下冻结,停止水化,失去胶结作用。解冻后,砂浆的强度虽仍可继续增长,但其最终的强度将显著降低,而且由于在上层砌体的重压下,引起砌体的不均匀沉降。实践证明,砂浆的用水量越多,遭受冻结越早,冻结时间越长,灰缝厚度越厚,其冻结的危害程度越大;反之,越小。而当砂浆具有 20% 以上设计强度后再遭冻结,解冻后砂浆的强度降低很少。因此,砌体在冬期施工时,必须采取有效的措施,尽可能避免砌筑砂浆的早期强度冻结。

3.4.2　冬期施工方法

砌筑工程冬期施工常用的方法有外加剂法、冻结法和暖棚法等。

砌筑工程的冬期施工应以外加剂法为主。对保温、绝缘、装饰等方面有特殊要求的工程,可采用冻结法或其他施工方法。

1. 外加剂法

1)外加剂法的定义

冬期砌筑采用外加剂法时,可使用氯盐或亚硝酸钠等盐类外加剂拌制砂浆。掺入盐类外加剂拌制的水泥砂浆、水泥混合砂浆等称为掺盐砂浆。采用这种砂浆砌筑的方法称为外加剂法。

2)外加剂法的原理及适用范围

外加剂法就是在砌筑砂浆内掺入一定数量的抗冻剂,来降低水的冰点,以保证砂浆中有液态水存在,使水泥水化反应能在一定负温下进行,砂浆强度在负温下能够继续缓慢增长。同时,由于降低了砂浆中水的冰点,砌体的表面不会立即结冰而形成冰膜,故砂浆和砌块能较好地黏结。掺盐砂浆中的抗冻剂,目前主要是以氯化钠和氯化钙为主。其他还有亚硝酸钠、碳酸钾和硝酸钙等。

外加剂法具有施工方便,费用低,在砌体工程冬期施工中普遍使用掺盐砂浆法施工。但是,由于氯盐砂浆吸湿性大,使结构保温性能和绝缘性能下降,并有析盐现象等。

对下列有特殊要求的工程不允许采用掺盐砂浆法施工:

(1)对装饰工程有特殊要求的建筑物。

(2)使用湿度大于80%的建筑物。

(3)配筋、钢埋件无可靠的防腐处理措施的砌体。

(4)接近高压电线的建筑物(如变电所、发电站等)。

(5)经常处于地下水位变化范围内,以及在地下未设防水层的结构。

对于不能使用掺有氯盐砂浆的砌体,可选择亚硝酸钠、碳酸钾等盐类作为砌体冬期施工的抗冻剂。

3)外加剂法施工

(1)材料的要求:砌体在砌筑前,应清除冰霜,拌制砂浆所用的砂中,不得含有冰块和直径大于10mm的冻结块,石灰膏等应防止受冻,如遭冻结,应经融化后,方可使用,水泥应选用普通硅酸盐水泥,拌制砂浆时,水的温度不得超过80℃,砂的温度不得超过40℃。

掺盐砂浆配制时,应按不同负温界限控制掺盐量。当砂浆中氯盐掺量过少,砂浆内会出现大量冻结晶体,水化反应极其缓慢,会降低早期强度。如果氯盐掺量大于10%,砂浆的后期强度会显著降低,同时导致砌体析盐量过大,增大吸湿性,降低保温性能。当气温过低时,可同时掺入氯化钠和氯化钙来提高砂浆的抗冻性。不同气温时掺盐砂浆规定的掺盐量见表3-3。

氯盐外加剂掺量(占用水质量)   表3-3

氯盐及砌体材料		日最低气温(℃)			
		≥ - 10	- 11 ~ - 15	- 16 ~ - 20	- 21 ~ - 25
氯化钠 (%)	砖、砌体	3	5	7	—
	砌石	4	7	10	—
复盐 (%)	氯化钠 砖、砌石	—	—	5	7
	氯化钙	—	—	2	3

砌筑时掺盐砂浆温度使用不应低于5℃。当设计无要求,且最低气温等于或低于 - 15℃时,砌筑承重砌体砂浆强度等级应按常温施工提高一级,同时应以热水搅拌砂浆,当水温超60℃时,应先将水和砂拌和,然后再投放水泥。在氯盐砂浆中掺加微沫剂时,应先加氯盐溶液后加微沫剂溶液,搅拌的时间应比常温季节增加一倍,拌和后砂浆就注意保温。

(2)施工准备工作:由于氯盐对钢筋有腐蚀作用,掺氯盐法用于设有构造配筋的砌体时,钢筋可以涂樟丹2~3道或者涂沥青1~2道,以防钢筋锈蚀。普通砖和空心砖在正温度条件下砌筑时,应采用随浇水随砌筑的办法,负温度条件下,只要有可能应该尽量浇热水,当气温过低,浇水确有困难,则必须适当增大砂浆的稠度。抗震设计烈度为9度的建筑物,普通砖和空心砖无法浇水润湿时,无特殊措施,不得砌筑。

(3)砌筑施工工艺:外加剂法砌筑砖砌体时,应采用"三一"砌砖法进行操作。使砂浆与砖的接触面能充分结合,提高砌体的抗压、抗剪强度。不得大面积铺灰,以减少砂浆温度的散失。砌筑时要求灰浆饱满,灰缝厚薄均匀,水平缝和垂直缝的厚度和宽度应控制在8~10mm。当必须留置临时间断处时应砌成斜槎,砌体表面不应铺设砂浆层,宜采用保温材料加以覆盖,继续施工前,应先用扫帚扫净砖表面,然后再施工。

氯盐砂浆砌体施工时,每日砌筑高度不宜超过1.2m,墙体留置的洞口,距交接墙处不应小于500mm。

2.冻结法

1)冻结法的定义

冻结法是指采用不掺化学外加剂的普通水泥砂浆或水泥混合砂浆进行砌筑的一种冬期施工方法。

2)冻结法的原理及适应范围

冻结法的砂浆内不掺任何抗冻化学剂,允许砂浆在铺砌完后就受冻。受冻的砂浆可以获得较大的冻结强度,而且冻结的强度随气温降低而增高。但当气温升高而砌体解冻时,砂浆强度仍然能达到冻结前的强度。当气温转入正温后,水泥水化作用又重新进行,砂浆强度可继续增长。

冻结法允许砂浆在砌筑后遭受冻结,且在解冻后其强度仍可继续增长。所以对有保温、绝缘、装饰等特殊要求的工程和受力配筋砌体以及不受地震区条件限制的其他工程,均可采用冻结法施工。

冻结法施工的砂浆,经冻结、融化和硬化三个阶段后,砂浆强度,砂浆与砖石砌体间的黏结力都有不同程度的降低。砌体在融化阶段,由于砂浆强度接近于零,将会增加砌体的变形和沉降。所以对下列结构不宜选用:空斗墙、毛石墙、承受侧压力的砌体,解冻期间可能受到振动或动荷载的砌体,在解冻期间不允许发生沉降的砌体。

3)冻结法施工

(1)砂浆的要求:冻结法施工砂浆的使用温度不应低于10℃,当设计无要求时,且日最低气温高于-25℃时,对砌筑承重砌体的砂浆强度等级应按常温施工时提高一级,当日最低气温等于或低于-25℃时,则应提高二级,砂浆强度等级不得低于M2.5,重要结构不得低于M5。

(2)砌筑施工工艺:砌体组砌形式一般应采用一顺一丁或梅花丁,并应按照"三一"砌砖法砌筑,对于房屋转角处和内外墙交接处的灰缝应特别仔细砌合。水平灰缝厚度不宜大于10mm,门窗框上部应预留不小于5mm的缝隙。墙砌体一般应在一个工作段的范围内,砌筑至一个施工层的高度,不得间断。每天砌筑高度和临时间断处的高度差均不得大于1.2m。临时间断处砌体应留斜槎,并每隔500mm埋设2φ6的拉结钢筋,深入两边不小于1m,接槎时应仔细地清除冰雪和已经冻结的砂浆。

4)砌体的解冻

砌体解冻时,由于砂浆的强度接近于零,所以增加了砌体解冻期间的变形和沉降,其下沉量比常温施工增加10%~20%。解冻期间,由于砂浆遭冻后强度降低,砂浆与砌体之间的黏结力减弱,所以砌体在解冻期间的稳定性较差。用冻结法砌筑的砌体,在开冻前需进行检查,开冻过程中应组织观测。如发现裂缝、不均匀下沉等情况,应分析原因并立即采取加固措施。

为保证砖砌体在解冻期间能够均匀沉降不出现裂缝,应遵守下列要求:

(1)解冻前应清除房屋中剩余的建筑材料等临时荷载。

(2)在解冻期内宜暂停施工。砌体上不得有人员任意走动,附近不得有振动的施工作业。

(3)在解冻前应在未安装楼板或屋面板的墙体处,较高大的山墙处,跨度较大的梁及悬挑结构部位及独立的柱应安设临时支撑。

(4)在解冻期经常注意检查和观测工作。在开冻前需进行检查,开冻过程中应组织观测。如发现裂缝、不均匀下沉等情况,应分析原因并立即采取加固措施。在解冻期进行观测时,应特别注意多层房屋的柱和窗间墙、梁端支撑处、墙交接处和过梁模板支承处。此外,还必须观测砌体沉降的大小、方向和均匀性及砌体灰缝内砂浆的硬化情况。观测一般需要 15d 左右。

3.暖棚法

暖棚法是利用简易结构和廉价的保温材料,将需要砌筑的工作面临时封闭起来,使砌体在正温条件下砌筑和养护。

采用暖棚法施工,块材在砌筑时的温度不应低于 +5℃,距离所砌的结构底面 0.5m 处的棚内温度也不应低于 +5℃。

由于搭暖棚需要大量的材料、人工,加温时要消耗能源,所以暖棚法成本高、效率低,一般不宜多用,主要适用于地下室墙、挡土墙、局部性事故修复工程的砌筑工程。

3.5 脚手架与垂直运输设施

在建筑施工中,脚手架和垂直运输设施占有特别重要的地位。选择与使用的合适与否,不但直接影响施工作业的顺利和安全进行,而且也关系到工作质量、施工进度和企业经济效益的提高。它是建筑施工技术措施中重要的环节之一。

3.5.1 脚手架

脚手架是施工过程中堆放材料和工人进行操作的临时性设施,考虑到砌墙工作效率及施工组织等因素,每次搭设脚手架的高度定为 1.2m 左右,称为"一步架高度",又叫墙体的可砌高度。

1.脚手架的分类

(1)按常用材料分:木脚手架、竹脚手架和金属脚手架。

(2)按搭设位置分:外脚手架和里脚手架。外脚手架在建筑物的外侧,沿建筑物的周边搭设的脚手架,既可用于外墙砌筑,又可用于外装修施工。里脚手架用于楼层上砌砖、内粉刷等搭设在建筑物内部的脚手架。

(3)按结构形式分:多立杆式脚手架、门形脚手架、悬吊式脚手架和挑式脚手架。

2.脚手架搭设的基本要求

(1)宽度应满足工人操作、材料堆放及运输的要求。脚手架的宽度一般为 1.2~1.8m。

(2)有足够的强度、刚度及稳定性。脚手架所用材料的规格,质量应经过严格检查,符合有关规定;脚手架的构造应符合规定,搭设要牢固,有可靠的安全防护措施并在使用过程中经常检查。

(3)搭拆简单,搬运方便,能多次周转使用。

3.脚手架的搭设

1)外脚手架

(1)扣件式钢管脚手架:钢管脚手架采用焊接钢管,外径为 48mm,壁厚 3.5mm,长为6 500mm,管的长度可截成 2 000~2 200mm。钢管表面应平直光滑,不应有裂缝、分层、压痕、划道和硬弯,端面应平整,严禁打孔、并进行防锈处理,扣件有三种,如图 3-10 所示。直角扣件用于两根垂直交叉钢管的连接,旋转扣件用于两根成任意角度交叉钢管的连接,对接扣件用于钢管对接用。

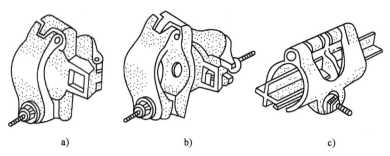

图 3-10　扣件形式

a)直角扣件;b)旋转扣件;c)对接扣件

扣件式钢管脚手架由立杆、大横杆、小横杆、十字撑、抛撑或连墙杆、底座等组成,如图 3-11 所示。设置形式分为单排脚手架和双排脚手架,单排脚手架的横向水平杆一端支承在墙体上,另一端支承在立杆上,仅适用于荷载较小,高度较低(<25m),墙体有一定强度的多层房屋。双排脚手架的横向水平杆两端支承在内外二排立杆上,多、高层房屋均可采用,但当房屋高度超过 50m 时,需要专门设计。

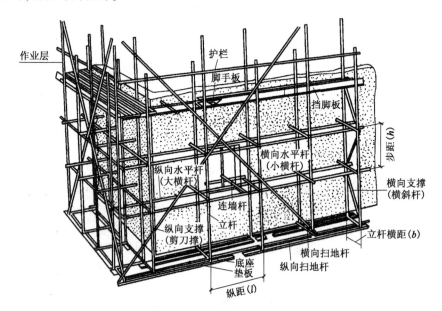

图 3-11　扣件式钢管脚手架组成

扣件式钢管脚手架的搭设在一般 20m 高的砖混房屋施工时,其要求尺寸大致见表 3-4。

扣件式钢管外脚手架搭设要求　　　　　　　　　表 3-4

序号	材料名称及规格	一 般 要 求
1	立杆:长 4.0~6.5m	纵向间距不大于 2m,横向间距:单排:立杆离墙 1.2~1.4m;双排:1.5m,里排立杆离墙 0.4~0.5m。相邻立杆接头要错开,对接用一字扣连接;亦可用长 400mm,外径等于立杆内径,中间焊法兰的钢管套筒连接。立杆垂直的偏差不得大于架高的 1/200
2	大横杆:长 4.0~6.5m	间距 1.2~1.4m。接头要错开,用一字扣连接;大横杆与立杆用十字扣连接,每一面架内的纵向水平高低,不应相差一皮普通砖厚
3	小横杆:长 2.1~2.3m	间距不大于 1.5m;单排架,一头搁入墙内 240mm,一头搁于大横杆上,至少伸出 100mm。双排架端头离墙 50~100mm。小横杆与大横杆用十字扣连接。三步以上小横杆加长,并与墙拉接

序号	材料名称及规格	一 般 要 求
4	十字撑:长4.0~6.5m	设置在脚手架的转角,端头及沿纵向每隔30m处,每档十字撑占两个跨间,最小一对落地,从底到顶连续布置,钢管与地面成45°~60°夹角,回转扣连接
5	抛撑(长4.0~6.5m)或连墙杆	当架子高度为三步架以上,无法设抛撑时,每隔三步四个跨间设置一道连墙杆。做法:用双股8号铁丝绕过立杆与大横杆的连接点、墙上预埋钢筋环或利用圈梁拉接,并用连墙杆顶住墙面,亦可用小横杆加长,在墙里面卡短钢管连接
6	连墙件	可按二步三跨或三步三跨设置,一般设置在框架梁或楼板附近等具有较好抗水平力作用的位置

扣件式钢管脚手架的脚手板,大多用木脚手板、竹笆板等,虽有冲压式钢脚手板,由于太滑使用不广。这类脚手架目前被广泛使用。其特点是:

①承载力大。当其几何尺寸及构造符合规范的有关要求时,一般情况下,脚手架的单管立柱可承载竖向力15~30kN。

②装拆方便,搭设灵活。

③与竹、木脚手架相比使用周期长。

④相对经济。虽一次投资相对高,但其周转使用次数多,每次所摊成本低。

(2)桥式外脚手架:桥架又称桁架式工作平台。一般由两个单片桁架用水平横杆和剪刀撑(或小桁架)连接组装,并在其上铺设脚手板而成。常用桁架的长度有3.6m、5m、6m或8m等几种。宽度一般为1.0~1.4m,最宽者大于2m,以便行驶双轮手推车,运输材料。这种脚手架可以减少立柱数量,桁架可以自由升降以减少翻动脚手板的时间,具有结构体系简单、加工方便、桥架工具定型化、能多次周转使用、装拆方便、劳动强度低、工效高、施工操作安全等优点,适于6层和6层以下工业和民用建筑的砌砖及外装修工程使用。

(3)门形外脚手架:门形脚手架又称多功能门形脚手架,是现代建筑施工的一种安全设备。门形外脚手架是用普通钢管材料制成工具式标准件,在施工现场组合而成。其基本单元是由一对门形架、二副剪刀撑、一副平架(踏脚板)和四个连接器组合而成,如图3-12所示。若干基本单元通过连接器在竖向叠加,扣上臂扣,组成一个多层框架。在水平方向,用加固杆和平架(或踏脚板)使相邻单元连成整体,加上斜梯、栏杆柱和横杆组成上下步相通的外脚手架。

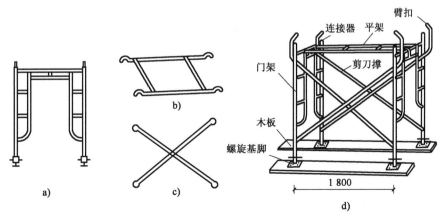

图3-12 门式脚手架的组成(尺寸单位:mm)

a)门架;b)水平梁架;c)剪刀撑;d)门式脚手架的基本组合单元

作为高层建筑施工的脚手架及各种支撑物件,它具有使用安全,周转次数高,组合形式变化多样(还可作里脚手架和模板支撑),构造简单、轻便、部件种类不多,操作方便,便于运输、堆放、装卸,批量生产,市场有成品供应,造价低廉等优点。

(4)吊挂式外脚手架:吊挂式外脚手架主要适用于外墙装饰工程。包括型钢单(或双)梁悬吊脚手架、斜撑式悬吊脚手架、桁架式悬吊脚手架、墙柱身悬挂脚手架等。主要用作外装修工程。

2)里脚手架

里脚手架包括折叠式里脚手架、支柱式里脚手架、门架式里脚手架。使用里脚手架砌筑时,必须在建筑物四周搭设安全网以防工人坠下或材料坠下伤人。脚手架搭好之后,要进行验收后才可正式使用,验收由安全监督员,施工员,架子工班长验收。

(1)折叠式里脚手架:角钢折叠式里脚手架如图 3-13 所示,其搭设间距不超过 2.0m,可搭设两步架,第一步为 1.0m,第二步为 1.65m。另外还有钢管折叠式里脚手架、钢筋折叠式里脚手架。

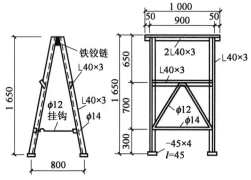

图 3-13　角钢折叠式里脚手架(尺寸单位:mm)

(2)支柱式里脚手架:支柱式里脚手架由若干个支柱和横杆组成,上铺脚手板。支柱间距不超过 2.0m。图 3-14a)为一种套管式支柱,由立管、插管组成,插管插入管中,以销孔间距调节脚手架的高度,是一种可收缩式的里脚手架。其搭设高度为 1.57~2.17m。

承插式支柱图 3-14b)在支柱立管上焊承插管,横杆的销头插入承插管内,横杆上面铺脚手板。

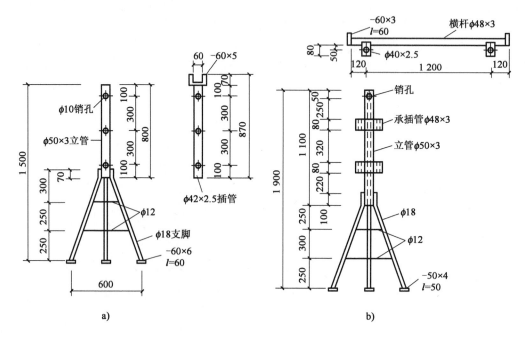

图 3-14　支柱式里脚手架(尺寸单位:mm)

a)套管式支柱;b)承插式支柱

（3）门架式里脚手架：门架式里脚手架由 A 型支架与门架组成，如图 3-12 所示。

使用里脚手架砌筑时，必须在建筑物外围搭设安全网，且安全网应随楼层施工进度上移，以防工人坠下或材料与机具坠落伤人。

3.5.2 垂直运输设施

垂直运输设施是在建筑施工中的担负垂直运输（送）材料设备和人员上下的机械和设施。砌体工程中各种材料（砖、砌块、砂浆）、工具（脚手架、脚手板、灰槽等）均需要送到各层楼的施工面上去，垂直运输工作量很大，因此，合理选择垂直运输机械，是砌体工程中首先要解决的问题之一。

目前，常用的垂直运输机械主要有塔式起重机、井架、龙门架等。

1. 塔式起重机

塔式起重机属吊装和垂直运输两用设备，有轨道式塔式起重机，内爬式塔式起重机、附着式塔式起重机三种形式。塔式起重机具有高的塔身，起重臂安装在塔身顶部，形成 T 形工作空间，并有较高的有效高度和较大的工作半径，起重臂可以回转 360°。塔式起重机的工作方式是在不同的起重半径下回转作业，形成作业覆盖区。塔式起重机被广泛应用在多层及高层结构吊装和垂直运输作业中。

1）轨道式塔式起重机

常用的型号有：QT_1-6 型、QT_1-2 型、QT-25A 型等。

QT_1-6 型是一种轨道式上旋塔式起重机，其起重力矩为 400kN·m，起升荷载 20～60kN，工作幅度为 8.5～20m，最大起重高度为 40m（图 3-15）。

QT-2 型是一种轨道式轻型下旋塔式起重机，其起重力矩为 160kN·m，起升荷载 10～20kN，工作幅度为 8～16m，最大起重高度为 17.2～28.3m。

QT-25A 型是一种轨道式轻型下旋塔式起重机，其起重力矩为 250kN·m，起升荷载 12.5～25.0kN，工作幅度为 2.8～20m，水平臂时起升高度为 23.0m，30°臂时起升高度为 32.0m。

2）内爬式塔式起重机

内爬式塔式起重机安装在建筑物内部（如电梯井等），它的塔身长度不变，底座通过伸缩支腿支撑在建筑物上，借助套架托梁、爬升系统或上、下爬升框架自身爬升的一种起重机械。一般每个 1～2 层爬升一次。这种塔式起重机体积小，自重轻，安装简单，既不需要铺设轨道，又不占用施工场地，特别适用于施工现场狭窄的高层建筑施工。内爬式起重机由塔身、套架、起重臂和平衡臂组成。

内爬式塔式起重机是利用自身机构进行提升，其自升过程可分为以下三个阶段（图 3-16）。

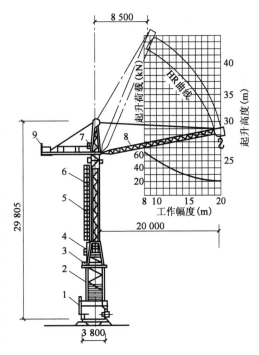

图 3-15　QT_1-6 型轨道式起重机（尺寸单位：mm）

1-门架；2-第一节架；3-卷扬机室；4-操纵室；5、6-连接节架；7-塔帽；8-起重臂；9-平衡臂

（1）准备阶段：收起塔架上的横梁支腿，准备提升。

（2）提升套架：用吊钩起吊套架横梁至上一个楼层并与建筑物的主梁固牢。

（3）提升起重机：提升塔吊至需要的位置，翻出底座支腿与该层的主梁固牢，升塔完毕。

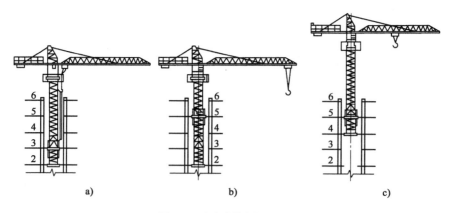

图 3-16　内爬式塔式起重机

a）准备阶段；b）提升套架；c）提升起重机

3）附着式塔式起重机

所谓的附着式塔式起重机，是将起重机固定在建筑物旁的混凝土基础上，并每隔 16～36m 设置一道锚固装置与建筑物结构连接，以保证塔身的稳定。采用这种形式可减少塔身的计算长度，增大起重高度。

QT_4-10 型塔式起重机（图 3-17）是一种上旋式、小车变幅的自升式塔式起重机。其自升接高主要由顶升套架、引进轨道及小车、液压顶升机组等部分完成。图 3-18 所示是自升式塔式起重机的顶升过程。随着建筑物的增高，它可以利用液压顶升系统而逐步自行接高塔身，每提升一次，可提高 2.5m。常用的起重臂长 30m，最大起重力矩为 160kN·m，提升荷载为 50～1 000kN，工作幅度为 3～30m，最大起重高度为 160m。

2. 井架

井架是一种常用的物料垂直运输设备，井架有定型产品或用不同材料搭设。井架通常由井身、起重臂和内（外）吊盘组成。普通型井架如图 3-19 所示。井架的安装，一般是先将井架安装固定位置，然后设置缆风绳或附墙拉结。起重臂起重能力一般为 5～10kN；在其外伸工作范围内也可做小距离的水平运输。吊盘起重力为 10～15kN，吊盘内可放置运料的手推车或其他散装材料。搭设高度可达 40m 左右，在采取可靠措施后可搭设得更高，如采用两层缆风，一层在井架顶部，另一层设于把杆支座处。其工作方式是水平运输工具将物料运至作业地点装入吊盘或吊斗内，再由吊盘或吊斗的升降来完成垂直运输作业。

井架具有稳定性好、运输量大、可搭设较大高度的特点，故是一种常用的砌筑工程垂直运输设备。

3. 龙门架

龙门架也是一种常用的物料垂直运输设备，一般为定型产品。它是由两根三角形截面或矩形截面的立柱及带有天轮的横梁组成，形成门式架。在龙门架上设置滑轮、导轨、吊盘、缆风绳等。立柱是由格构柱用螺栓拼装而成，格构柱一般由角钢或钢管焊接而成，也可直接用厚壁钢管组成。龙门架的安装方式和工作方法与井架基本相同，但龙门架的构造简单，拆装方便，节省材料,适用于中小型工程。其起重高度为 15~30m,起重力为 6~52kN,一般可满足多层房屋砌筑工程施工的要求。常用的龙门架如图 3-20 所示。

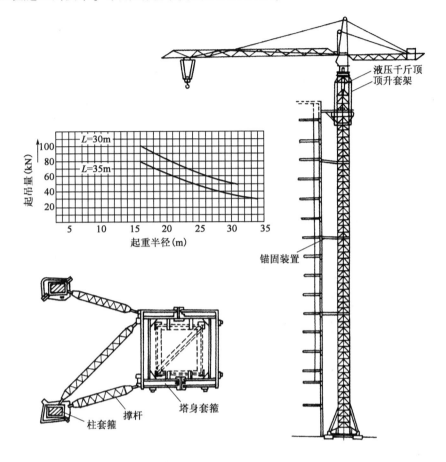

图 3-17 QT$_4$-10 型塔式起重机

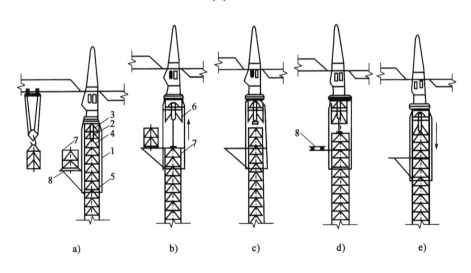

图 3-18 自升式塔式起重机的顶升过程

a)准备阶段;b)顶升阶段;c)推入塔身标准节;d)安装塔身标准节;e)塔顶与塔身连成整体

1-顶升套架;2-液压千斤顶;3-承座;4-顶升横梁;5-定位销;6-过渡节;7-标准节;8-摆渡小车

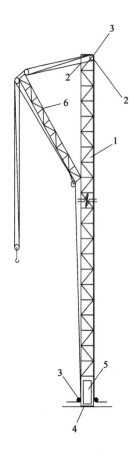

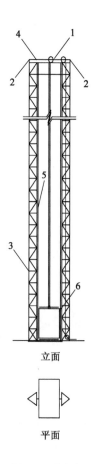

立面

平面

图 3-19 井架

1-井架;2-缆风绳;3-滑轮;4-垫梁;5-吊盘;6-辅助吊臂

图 3-20 龙门架

1-滑轮;2-缆风绳;3-立柱;4-横梁;5-导轮;6-吊盘

本 章 小 结

1.砌体主要由块材和砂浆组成。其中砂浆作为胶结材料将块材结合成整体,以满足正常使用要求及承重结构的各种荷载。块材主要有砖、石材、砌块等。砌筑砂浆分为水泥砂浆、混合砂浆、石灰砂浆等。

2.砖砌体施工的优点是操作简单,施工方便。但由于普通黏土砖的限制使用,砖砌体使用受到限制。石砌体的材料形状不太规则,材料质量、强度等不容易控制,使用时相对受到一定的限制,故石砌块多使用在墙体基础、挡土墙、桥梁墩台等建筑物或构筑物中。中小型砌块砌体可以代替普通黏土砖砌筑墙体,并且广泛地应用于砌筑填充墙中。

3.砌体在冬期施工时,必须采取有效的措施,尽可能避免砌筑砂浆的早期强度冻结。冬期施工常用的方法有外加剂法、冻结法和暖棚法等。

4.脚手架和垂直运输设施占有特别重要的地位,是建筑施工技术措施中重要的环节之一。脚手架按搭设位置分外脚手架和里脚手架。常用的垂直运输机械主要有塔式起重机、井架、龙门架等。

复习思考题

1. 砌体结构中,砂浆的作用是什么? 砂浆有哪些种类? 其原材料有什么要求?

2. 烧结普通砖砌筑前为什么要浇水,而混凝土砌块在砌筑前,却不应浇水的原因是什么?

3. 砖的砌筑工序有哪些? 施工中为什么要在砌筑前摆砖样?

4. 什么叫皮数杆? 皮数杆的作用是什么? 如何设置皮数杆?

5. 砖砌体的砌筑工程质量要求有哪些?

6. 为什么砌块施工前要画砌块排列图? 绘制排列图时应注意哪些问题?

7. 砌块砌筑施工工序有哪些? 如何进行灰缝灌缝? 镶砖时应注意哪些问题?

8. 砌体冬期施工有哪些方法? 其要点是什么?

9. 简述脚手架的作用、要求、类型。

10. 砌筑工程常用的垂直运输设施有哪些? 使用时应注意什么?

第4章 混凝土工程

混凝土工程包括模板工程、钢筋工程和混凝土工程，是土木工程施工中的主导工种工程，无论在人力、物力消耗和对工期的影响方面都占非常重要的地位。混凝土结构是以混凝土为主要材料建造的工程结构，在土木工程结构中被广泛应用。混凝土结构包括素混凝土结构、钢筋混凝土结构、预应力混凝土结构等。

本章着重介绍现浇钢筋混凝土结构和预应力混凝土结构工程。

4.1 模板工程

模板是混凝土按设计形状成型的模具。混凝土结构的模板系统由模板及支撑系统两部分组成。模板直接接触混凝土，使混凝土浇筑成设计规定的形状和尺寸。支撑系统是保证模板形状、尺寸及其空间位置的准确性的构造措施。

4.1.1 模板系统的基本要求

（1）能保证结构和构件各部分的形状、尺寸及其空间位置的准确性。

（2）模板与支撑均应具有足够的强度、刚度及整体的稳定性。

（3）模板系统构造要简单，装拆尽量方便，能多次周转使用。

（4）模板拼缝不应漏浆。

（5）选用材料应经济、合理、成本低。

4.1.2 模板类型

1.木模板

木模板、胶合板模板一般为散装散拆式模板,也有的加工成基本元件(拼板),在现场进行拼装,拆除后亦可周转使用。

拼板(图4-1)由一些板条用拼条钉拼而成(胶合板模板则用整块胶合板),板条厚度一般为25~50mm,板条宽度不宜超过200mm,以保证干缩时缝隙均匀,浇水后易于密缝。但梁底板的板条宽度不限制,以减少漏浆。拼板的拼条(小肋)的间距取决于新浇混凝土的侧压力和板条的厚度,多为400~500mm。

1)基础模板

独立基础支模方法和构造如图4-2所示。如土质较好,阶梯形基础模板的最下一级可不用模板而进行原槽浇筑。

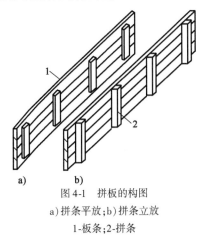 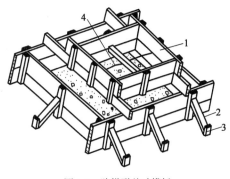

图4-1　拼板的构图

a)拼条平放;b)拼条立放

1-板条;2-拼条

图4-2　阶梯形基础模板

1-拼板;2-斜撑;3-木桩;4-铁丝

条形基础在一般建筑工程中采用较多,主要模板部件是侧模和支撑系统。立楞的截面和间距与侧模板的厚度有关,立楞是用来钉牢侧模和加强其刚度的。条形基础模板构造如图4-3所示。

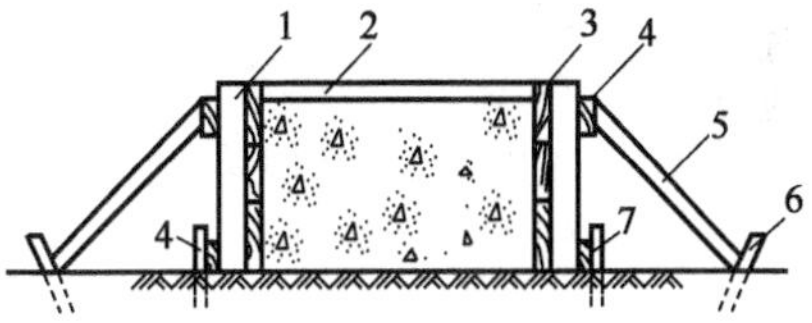

2)柱模板

由两块相对的内拼板和两块相对的外拼板及柱箍组成(图4-4)。

图4-3　条形基础模板

1-立楞;2-支撑;3-侧模;4-横杠;5-斜撑;6-木桩;
7-钢筋头

柱侧模主要承受柱混凝土的侧压力,并经过柱侧模传给柱箍,由柱箍承受侧压力,同时柱箍也起到固定柱侧模的作用。柱箍的间距取决于混凝土侧压力的大小和侧模板的厚度。柱模上部开有与梁模板连接的梁口。底部开设有清扫口,以便清除杂物。柱底一般有一钉在底部混凝土上的木框,用以固定柱模的水平位置。独立柱支模时,四周应设斜撑。如果是框架柱,则应在柱间拉设水平和斜向拉杆,将柱连为稳定整体。

3)梁模板

由底模板和侧模板等组成(图4-5)。

梁底模板承受垂直荷载,一般较厚,下面有支架(琵琶撑)支撑。支架的立柱最好做成可以伸缩的,以便调整高度,底部应支承在坚实的地面,楼面或垫以木板。

在多层框架结构施工中,应使上层支架的立柱对准下层支架的立柱。支架间应用水平和斜向拉杆拉牢,以增强整体稳定性,当层间高度大于5m时,宜选桁架作模板的支架,以减少支架的数量。梁侧模板主要承受混凝土的侧压力,底部用钉在支架顶部的夹条夹住,顶部可由支承楼板的横楞顶住。高大的梁,可在侧板中上位置用铁丝或螺栓相互撑拉,梁跨度等于或大于4m,底模应起拱,如设计无需要时,起拱高度宜为全跨长度的1‰~3‰。

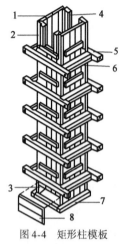

图 4-4 矩形柱模板

1-内拼板;2-外拼板;3-清扫口;4-梁口;5-柱箍;6-拉紧螺栓;7-底框;8-盖板

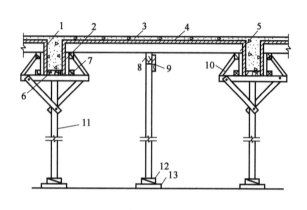

图 4-5 梁、板模板

1-梁侧模;2-立挡;3-底模;4-横楞;5-托木;6-梁底模;7-横条;8-横杠;9-连接板;10-斜撑;11-立柱;12-木楔子;13-垫块

4)楼板模板

由底模和横楞组成(图4-5)。横楞下方由托木支撑,经立挡将荷载传至梁下支柱。跨度大的楼板,横楞中间可以再加支撑作为支架系统。

2. 组合钢模板

组合钢模板是一种工具式模板,用它可以拼出多种尺寸和几何形状,可适应多种类型建筑物的梁、柱、板、墙、基础和设备基础等施工的需要,也可用其拼成大模板、台模等。施工时可以在现场直接组装,也可预拼成各种大块的模板用起重机吊运安装。钢模板具有轻便灵活、装拆方便、存放、修理和运输便利以及周转率高等优点。但也存在安装速度慢,模板拼缝多,易漏浆,拼成大块模板时重量大、较笨重等缺点。

组合钢模板由钢模板和配件(支承件、连接件)两部分组成。

1)钢模板

钢模板包括平面模板、阴角模板、阳角模板和连接角模等几种(图4-6)。

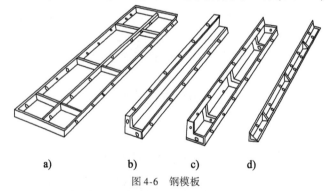

　　　　a)　　　　　　b)　　　　　　c)　　　　　　d)

图 4-6 钢模板

a)平面模板;b)阳角模板;c)阴角模板;d)连接角模

平面模板与角模的边框上留有连接孔,孔距150mm,以便连接。阴、阳角模用以成型混凝土结构的阴阳角,连接角模用作两块平模拼成90°角的连接件。钢模板采用模数制设计,宽度模数以50mm进级,长度模数以150mm进级。其规格尺寸见表4-1。

钢 模 板 的 规 格 表4-1

规　　　格	平 面 模 板	阴 角 模 板	阳 角 模 板	连 接 角 模
宽度(mm)	300,250,200, 150,100	150×150 150×100	100×100 50×50	50×50
长度(mm)	1 500,1 200,900,750,600,450			
肋高(mm)	55			

2)配件

配件包括连接件和支承件两部分。

(1)连接件(图4-7)

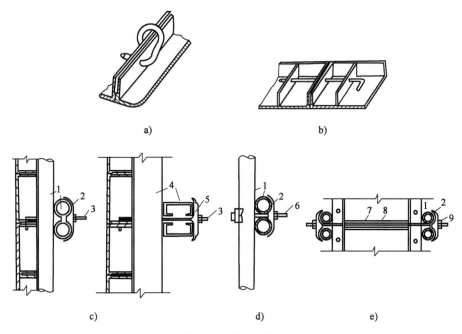

图4-7　钢模板连接件
a)U形卡;b)L形插销;c)钩头螺栓;d)紧固螺栓;e)对拉螺栓
1-圆形钢管;2-3形扣件;3-钩头螺栓;4-内卷边槽钢;5-蝶形扣件;6-紧固螺栓;7-对拉螺栓;8-塑料套管;9-螺母

①U形卡:将钢模板从横向连接成整体。相邻U形卡安装距离一般不大于300mm。

②L形插销:插入钢模板端部横肋的插销孔内,增强钢模板纵向拼装刚度和保证接头处板面平整。

③钩头螺栓:用于钢模板与内、外钢楞的连接固定。

④紧固螺栓:用于紧固内、外钢楞。

⑤对拉螺栓:用于连接固定两组侧向钢模板。

⑥扣件:用于钢楞与钢模板或钢楞之间的扣紧。按钢楞不同形状,可采用蝶形或3形扣件。

（2）支撑件（图4-8）

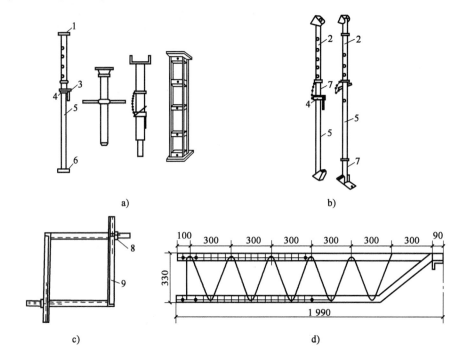

图4-8　钢模板支承件（尺寸单位:mm）
a)立柱;b)斜撑;c)柱箍;d)平面组合桁架
1-顶板;2-插管;3-插销;4-转盘;5-套管;6-底座;7-螺杆;8-定位器;9-夹板(角钢)

①钢楞:用于支撑钢模板和加强其整体刚度。钢楞可用圆钢管、矩形钢管、内卷边槽钢等做成。

②立柱:用以承受竖向荷载,有管式和四立柱式两种。

③斜撑:用以承受单侧模板的侧向荷载和调整竖向支模时的垂直度。

④柱箍:用以承受新浇混凝土侧压力等水平荷载。

⑤平面组合式桁架:用以水平模板的支承件。其跨度可灵活调节。

3)组合钢模板构造方法

(1)柱模板:柱的侧模板一般选用定型标准板块,按照柱的截面和柱高设计尺寸组合成柱模板。标准板块之间用连接件固定。柱的模板外侧要按规定设置柱箍,用以固定柱模并抵抗新浇混凝土的侧压力。柱模板构造示意图如图4-9所示。

(2)墙模板:墙模板一般由组合式钢模拼成整片墙模,模板的背面用钢楞(或称钢龙骨)或钢管加强其强度和刚度。两片墙模板之间用穿墙对拉螺栓和套管加以连接和固定,保证墙厚尺寸准确。在墙模板背楞后面,按需要配置水平或斜向支撑系统用以保证墙模板的空间稳定性。墙模板构造示意如图4-10所示。

(3)梁板模板:现浇钢筋混凝土梁板模板由梁板底模和侧模及梁板下面的空间支撑系统两大部分组成。梁板的底模和侧模基本构造与木模相类似,不同的是它们由定型组合式钢模组成,用连接配件固定为梁板几何形体。梁、板的底模承受钢筋混凝土的重力及作用在其上的施工荷载,并由底模传递给下面的支撑系统。采用扣件式钢管架的梁板模板如图4-11所示。

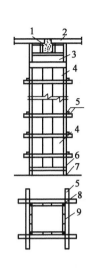

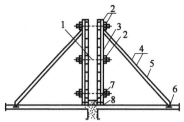

图 4-10　组合钢模板墙模

1-对拉螺栓;2-钢楞;3-钢模板;4-扣件;5-钢管斜撑;6-预埋铁件;7-导墙;8-找平层

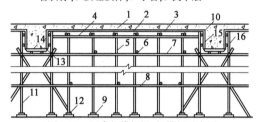

图 4-9　组合钢模板矩形柱模

1-现浇梁;2-预制空心楼板;3-柱形异形柱模;4-柱身钢模;5-柱箍;6-柱底小方盘;7-找平层;8-连接角模;9-钢模

图 4-11　组合钢模板梁、板模板示意图

1-混凝土楼板;2-楼板底板;3-短管龙骨(楞);4-托管大龙骨(楞);5-立杆;6-联系横杆;7-通长上横杆;8-通长下横杆;9-底座;10-阴角模板;11-长夹杆;12-剪刀撑;13-阳角模板;14-梁底模板;15-梁侧模板;16-梁围檩钢管

3. 胶合板模板

胶合板模板有木胶合板模板和竹胶合板,还有钢框或铝框胶合板。木胶合板具有重量轻,面积大,加工容易,周转次数多,模板强度高,刚度好,表面平整度高;在板面涂覆热压一层酚醛树脂或其他耐磨防水材料后,可以提高使用寿命和表面平整度。由于我国木材资源贫乏,而竹材资源丰富,木胶合板正在被竹胶合板代替。竹胶模板是继木模板,钢模板之后的第三代建筑模板。竹胶模板以其优越的力学性能,可观的经济效益,正逐渐取代木、钢模板在模板产品中的主导地位。

竹胶模板系用毛竹篾编织成席覆面,竹片编织作芯,经过蒸煮干燥处理后,采用酚醛树脂在高温高压下多层黏合而成。

竹胶模板强度高,韧性好,板的静曲强度相当于木材强度的 8～10 倍,为木胶合板强度的 4～5 倍,可减少模板的支撑数量。竹胶模板板面平整光滑,表面对混凝土的吸附力仅为钢模板的 1/8,因而容易脱模,同时使得混凝土表面光滑平整,可取消抹灰作业,缩短作业工期。竹胶模板耐水性好,在常温水中浸泡 72h 不开胶,在混凝土养护过程中,遇水不变形,周转次数高,便于维护保养。竹胶模板保温性能好于钢模板,有利于冬季施工。

由于竹胶板模板具有上述诸多优点,已被列入建筑业重点推广的 10 项新技术中。目前竹胶模板通过加肋等加固措施广泛应用于楼板模板、墙体模板、柱模板等大面积模板。

4. 其他模板

1)大模板

大模板是一种大尺寸的工具式定型模板,一般一块墙面用一、二块模板。其重量大,装拆均需要起重机配合进行,可提高机械化程度,减少用工量和缩短工期。大模板是我国剪力墙和筒体体系的高层建筑、桥墩等施工用得较多的一种模板,已形成工业化模板体系。

大模板由面板、加劲肋、竖楞、支撑桁架、稳定机构及附件组成。

面板要求平整、刚度好。平整度按中级抹灰质量要求确定。面板我国目前多用钢板和多层胶合板制成。用钢板做面板的优点是刚度大和强度高,表面平滑,所浇筑的混凝土墙面外观好,不需再抹灰,可以直接粉面,模板可重复使用 200 次以上。缺点是耗钢量大、自重大、易生锈、不保温、损坏后不易修复。钢面板厚度根据加劲肋的布置确定,一般为 4 ~ 6mm。胶合板面板常用 7 层或 9 层胶合板,板面用树脂处理后可重复使用 50 次,重量轻,制作安装更换容易、规格灵活,对于非标准尺寸的大模板工程更为适用。大模板构造如图4-12 所示。

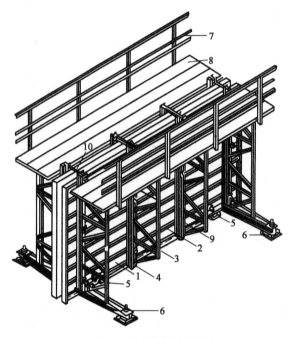

图 4-12 大模板构造示意图

1-面板;2-水平加劲肋;3-支撑桁架;4-竖楞;5-调整水平度的螺旋千斤顶;6-调整垂直度的螺旋千斤顶;7-栏杆;8-脚手板;9-穿墙螺栓;10-固定卡具

加劲肋的作用是固定面板,阻止其变形并把混凝土传来的侧压力传递到竖楞上。加劲肋可用 6 号或 8 号槽钢,间距一般为 300 ~ 500mm。

竖楞是与加劲肋相连接的竖直部件。它的作用是加强模板刚度,保证模板的几何形状,并作为穿墙螺栓的固定支点,承受由模板传来的水平力和垂直力。竖楞多采用 6 号或 8 号槽钢制成,间距一般为 1 ~ 1.2m。

支撑机构主要承受风荷载和偶然的水平力,防止模板倾覆。用螺栓或竖楞连接在一起,以加强模板的刚度。每块大模板采用 2 ~ 4 榀桁架作为支撑机构,兼做搭设操作平台的支座,承受施工活荷载,也可用大型型钢代替桁架结构。

大模板的附件有操作平台、穿墙螺栓和其他附属连接件。

大模板亦可用组合钢模板拼成,用后拆卸仍可用于其他构件。

2)滑升模板

滑升模板是一种工具式模板,施工时在建筑物或构筑物底部,沿其墙、柱、梁等构件的周边,一次装设一米多高的模板,随着在模板内不断浇筑混凝土和不断向上绑扎钢筋的同时,利用一套提升设备,将模板装置不断向上提升,使混凝土连续成型,直到需要浇筑的高度为止。滑升模板最适于现场浇筑高耸的圆形、矩形、筒壁结构。如筒仓、竖井等。近年来,滑升模板施工技术有了进一步的发展,不但适用浇筑高耸的变截面结构,如烟囱、双曲线冷却塔,而且还应用于剪力墙、筒体结构等高层建筑的施工。

滑升模板可以节约大量的模板和脚手架,节省劳动力,施工速度快,工程费用低,结构整体性好;但模板一次投资多,耗钢量大,对建筑的立面和造型有一定的限制。

滑升模板由模板系统、操作平台系统和液压系统三部分组成。滑升模板组成如图4-13所示。

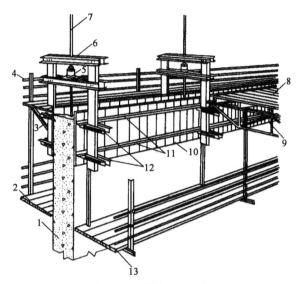

图4-13　滑升模板组成示意图

1-混凝土墙体;2-外吊脚手架;3-外挑三脚架;4-栏杆;5-液压千斤顶;6-提升架;7-支撑杆;8-操作平台;9-平台桁架;10-模板;11-围圈;12-围圈支托;13-内吊脚手架

模板系统包括模板、围圈和提升架等。模板用于成型混凝土,承受新浇混凝土的侧压力,多用钢模或钢木组合模板。模板的高度取决于滑升速度和混凝土达到出模强度(0.2~0.4MPa)所需的时间,一般高1.0~1.2m。围圈用于支承和固定模板,一般情况下,模板上、下各布置一道,它承受模板传来的水平侧压力(混凝土的侧压力和浇筑混凝土时的水平冲击力)和由摩阻力、模板与围圈自重(如操作平台支承在围圈上,还包括平台自重和施工荷载)等产生的竖向力。提升架的作用是固定围圈,把模板系统和操作平台系统连成整体,承受整个模板系统和操作平台系统的全部荷载并将其传递给液压千斤顶。提升架分单横梁式与双横梁式两种,多用型钢制作。

操作平台系统包括操作平台、内外吊脚手架和外挑脚手架,是施工操作的场所。

液压系统包括支承杆、液压千斤顶和操纵装置等,是使滑升模板向上滑升的动力装置。支承杆多用钢管,既是液压千斤顶向上爬升的轨道,又是滑升模板的承重支柱,它承受施工过程中的全部荷载。

3)爬升模板

爬升模板是在混凝土浇筑完毕后,利用提升装置将模板自行提升到上一个楼层,再浇筑上一楼层墙体混凝土的垂直移动式模板。爬升模板简称爬模,国外也称跳模。

爬升模板由爬升模板、爬架和爬升设备三部分组成。爬升模板组成如图4-14所示。

外爬架是一格构式钢架,用来提升外爬模,由下部附墙架和上部支承架两部分组成,高度超过三个层高。附墙架用螺栓固定在下层墙壁上;支承架高度大于两层模板,坐落在附墙架上,与之成为整体。支承架上端有挑横梁,用以悬吊提升外爬升模板用的手拉葫芦。如果用液

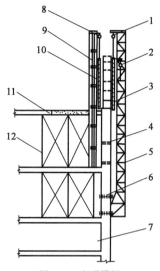

图 4-14　爬升模板

1-提升外爬升模板的手拉葫芦;2-提升外爬架的手拉葫芦;3-外爬升模板;4-预留孔;5-外爬架(包括支撑架和附墙架);6-螺栓;7-外墙;8-提升内爬升模板的手拉葫芦;9-内爬架;10-内爬升模板;11-楼板模板;12-楼板模板支撑

压千斤顶作为爬升设备则支承架上端的挑横梁悬吊爬杆,支承架中部还装有外爬架爬升用的液压千斤顶,使之沿悬吊在外爬升模板顶端挑横梁上的爬杆向上爬升。内爬架为一断面较小的格构式钢架,高度超过两个层高,用来提升内爬升模板,顶部也悬吊有爬升设备。

外爬升模板的高度为层高加 50～100mm,利用长出部分与下层墙搭接,宽度根据需要确定,多与开间宽度相适应,对于山墙等可更宽。模板顶端装有提升外爬架用的手拉葫芦。如爬升设备为液压千斤顶,则模板顶端的挑横梁上悬吊外爬架液压千斤顶爬升用的爬杆,在模板背面装有模板爬升用液压千斤顶,使之沿悬吊在外爬架顶端的爬杆向上爬升。外爬升模板的背面底部还悬挂有外脚手架。内爬升模板的高度等于层高,由内爬架提升。

爬升设备可采用手拉葫芦、液压千斤顶和电动千斤顶。手拉葫芦简单易行,由人力操纵。

由于模板能自爬,不需起重运输机械吊运,减少了高层建筑施工中起重运输机械的吊运工作量,能避免大模板受大风影响而停止工作。由于自爬的模板上悬挂有脚手架,所以还省去了结构施工阶段的外脚手架,因为能减少起重机械的数量、加快施工速度而经济效益较好。适用于剪力墙体系和筒体体系的钢筋混凝土结构高层建筑施工,我国已推广应用。

4)台模

台模是一种大型工具模板,主要用于浇筑平板式或带边梁的楼板,一般是一个房间一块台模,有时甚至更大。按台模的支撑形式分为支腿式(图 4-15)和无支腿式两类。前者又有伸缩式支腿和折叠式支腿之分;后者是悬架于墙上或柱顶,故也称悬架式。支腿式台模由面板(胶合板或钢板)、支撑框架、檩条等组成。支撑框架的支腿底部一般带有轮子,以便移动,有的台模没有轮子,用专用运模车移动。台模尺寸应与房间单位相适应,一般是一个房间一个台模。施工时,先施工内墙墙体,然后吊入台模,浇筑楼板混凝土。脱模时,只要将支撑框架下降,将台模推出墙面,放在临时挑台上,用起重机吊至下一单元使用。楼板施工后再安装预制外墙板。

目前国内常用台模有用多层板作面板,铝合金型钢加工制成的桁架式台模;用组合钢模板、扣件式钢管脚手架、滚轮组装成的移动式台模。

利用台模浇筑楼板可省去模板的装拆时间,能节约模板材料和降低劳动消耗,但一次性投资较大,且需大型起重机械配合施工。

5)隧道模

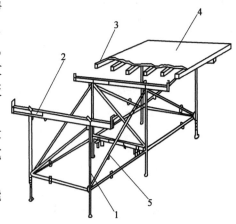

图 4-15　台模

1-支腿;2-可伸缩的横梁;3-檩条;4-面板;5-斜撑

隧道模是在台模的基础上加装两侧墙模板,可同时浇筑墙体和楼板的大型工具式模板(图 4-16),能逐开间或逐段整体浇筑,结构整体性好,施工速度快,但是模板起吊需要较大的起重机。

隧道模有整体式和拼装式两种。拼装式由两个宽度不同的半隧道模拼成,中间再增加一块不同尺寸的插板,即可满足不同开间所需要的宽度。拆模时可先拆一半隧道模,过一段时间再拆另一半,已达到加速模板周转的目的。但无论先拆哪一半,混凝土都必须达到规范所规定的不同跨度所需达到的强度。

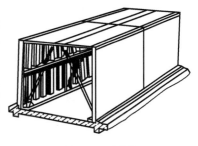

图4-16　隧道模

6)早拆模板体系

早拆模板体系是在楼板混凝土浇筑后3~4d、强度达到设计强度50%时,即可拆除楼板模板与托梁,但仍保留一定间距的支柱,继续支撑着楼板混凝土,使楼板混凝土处于小于2m的短跨受力状态,待楼板混凝土强度增长到足以承担全跨自重和施工荷载时,再拆除支柱。

一般混凝土楼板的跨度均在2m以上、8m以下,要混凝土浇筑后8~10d,达到设计强度75%才可拆模。用早拆模板体系可提早5~6d拆除模板,加快了模板的周转和减少了模板的备用数量,模板一次配置量可减少1/3~1/2,可产生较明显的经济效益。

(1)早拆模板体系构造组成

早拆模板体系由模板块、托梁、带升降头的钢支柱及支撑组成(图4-17)。模板块多采用钢覆面胶合板模板。托梁有轻型钢桁架和薄壁空腹钢梁两种(图4-18)。托梁顶部有70mm宽凸缘(与楼板混凝土直接接触),两侧翼缘用于支承模板块端部,托梁的两端则支于支柱上端升降头的梁托板上。支柱下端设有底脚螺栓,用以调整支柱高度。

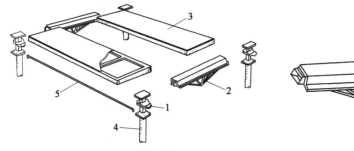

图4-17　早拆模板体系

1-升降头;2-托梁;3-模板块;4-可调支柱;5-跨度定位杆

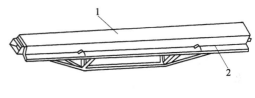

图4-18　托梁

1-凸缘;2-翼缘

(2)早拆模板施工工艺

钢框木(竹)组合早拆模板用于楼(顶)板工程的支拆工艺如下。

①支模工艺

a.根据楼层标高初步调整好立柱的高度,并安装好早拆柱头板。将早拆柱头板托板升起,并用楔片楔紧;

b.根据模板设计平面布置图,立第一根立柱;

c.将第一榀模板主梁挂在第一根立柱上[图4-19a];

d.将第二根立柱及早拆柱头板与第一根模板主梁挂好,按模板设计平面布置图将立柱就位[图4-19b)],并依次再挂上第一根模板主梁,然后用水平撑和连接件做临时固定;

e.依次按照模板设计布置图完成第一个格构的立柱和模板梁的支设工作,当第一个格构完全架好后,随即安装模板块[图4-19c)];

f.依次架立其余的模板梁和立柱;

g. 调整立柱垂直,然后用水平尺调整全部模板的水平度;

h. 安装斜撑,将连接件逐个锁紧。

②拆模工艺

a. 用锤子将早拆柱头板铁楔打下,落下托板,模板主梁随之落下(图4-20);

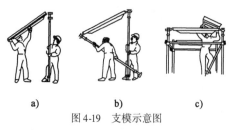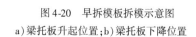

图4-19　支模示意图

图4-20　早拆模板拆模示意图

a)立第一根立柱,挂第一根主梁;b)立第二根立柱;

a)梁托板升起位置;b)梁托板下降位置

c)完成第一格构,随即铺模板块

b. 逐块卸下模板块;

c. 卸下模板主梁;

d. 拆除水平撑及斜撑;

e. 将卸下的模板块、模板主梁、悬挑梁、水平撑、斜撑等整理码放好备用;

f. 待楼板混凝土强度达到设计要求后,再拆除全部支撑立柱。

4.1.3　模板设计

模板及其支承系统应具有足够的承载能力、刚度和稳定性,能可靠地承受浇筑混凝土的重量、侧压力以及施工荷载。常用的定型模板,在其适用范围内一般不需要进行设计或验算,但是对重要结构的模板、特殊形式的模板、超出适用范围的模板,应该进行设计或验算,以确保质量和施工安全,防止浪费。现就有关模板设计荷载和计算规定作简单介绍。

1. 荷载计算

1)模板及支架自重标准值

基础、柱、梁以及其他独立构件模板及支架自重标准值可根据模板设计图纸确定。肋形楼板及无梁楼板模板自重标准值可参考表4-2中的数据。

模板及支架自重标准值(kN/m^3)　　　　　　　表4-2

项　次	模板构件名称	木模板	组合钢模板	钢框胶合板模板
1	平板的模板及小楞	0.30	0.50	0.40
2	楼板模板(包括梁的模板)	0.50	0.75	0.60
3	楼板模板及支架(层高4m以下)	0.75	1.10	0.95

2)新浇筑混凝土自重标准值

对普通混凝土,可采用$24kN/m^3$,对其他混凝土,可根据实际重度确定。

3)钢筋自重标准值

原则上根据施工图纸确定。一般梁板结构每立方米钢筋混凝土的钢筋自重标准值:楼板$1.1kN/m^3$;梁$1.5kN/m^3$。

4)施工人员及施工设备荷载标准值

(1)计算模板及直接支承小楞结构构件时,均布活荷载为$2.5kN/m^2$,以集中荷载2.5kN

进行验算,取两者中较大的弯矩值。

（2）计算直接支承小楞结构构件时,其均布荷载为 $1.5kN/m^2$。

（3）计算支架支柱及其他支承结构构件时,均布活荷载为 $1.0kN/m^2$。

说明:对大型浇筑设备如上料平台,混凝土输送泵等按实际情况计算;在模板上混凝土堆积高度超过 100mm 以上者按实际高度计算;如模板单块宽度小于 150mm 时,集中荷载可分布在相邻两块板上。

5）振捣混凝土时产生的荷载标准值

水平面模板 $2.0kN/m^2$,垂直面模板为 $4.0kN/m^2$（作用范围在新浇混凝土侧面压力有效压头高度之内）。

6）新浇筑混凝土对模板的侧压力标准值

采用内部振捣器时,新浇筑的混凝土作用于模板的最大侧压力,可按下列二式计算,并取二式中的较小值。

$$F = 0.22\gamma_c t_0 \beta_1 \beta_2 V^{1/2} \qquad (4\text{-}1)$$
$$F = \gamma_c H \qquad (4\text{-}2)$$

式中:F——新浇混凝土对模板的最大侧压力（kN/m^2）;

γ_c——混凝土的重度（kN/m^3）;

t_0——新浇混凝土的初凝时间（h）,可按实测确定。当缺乏试验资料时,可采用 $t_0 = 200/(T+15)$ 计算（T 为混凝土的温度,℃）;

V——混凝土的浇筑速度（m/h）;

H——混凝土侧压力计算位置处至新浇筑混凝土顶面的总高度（m）;

β_1——外加剂影响修正系数,不掺外加剂时取 1.0,掺具有缓凝作用的外加剂时取 1.2;

β_2——混凝土坍落度影响修正系数,当坍落度小于 30mm 时,取 0.85;50～90mm 时,取 1.0;110～150mm 时,取 1.15。

混凝土侧压力的计算分布图形如图 4-21 所示,有效压头高度的计算如下:

$$h = F/\gamma_c \qquad (4\text{-}3)$$

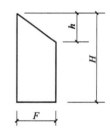

图 4-21　混凝土侧压力分布图

7）倾倒混凝土时对垂直面模板产生的水平荷载标准值

倾倒混凝土对模板产生的荷载与混凝土向模板内倾卸方法和所采用的工具有关。倾倒混凝土时对垂直面模板产生的水平荷载标准值按表 4-3 采用。

倾倒混凝土时产生的水平荷载标准值（kN/m^2）　　　　　　　表 4-3

项　　次	向模板内供料方法	水　平　荷　载
1	溜槽、串筒或导管	2.0
2	容量小于 $0.2m^3$ 的运输器具	2.0
3	容量为 $0.2～0.8m^3$ 的运输器具	4.0
4	容量大于 $0.8m^3$ 的运输器具	6.0

注:作用范围在有效压头高度以内。

2. 计算模板及其支架时的荷载分项系数

计算模板及其支架时的荷载设计值,应采用荷载标准值乘以相应荷载分项系数求得。荷载分项系数按表 4-4 采用。

项　　次	荷 载 种 类	γ_i
1	模板及支架自重	1.2
2	新浇混凝土自重	1.2
3	钢筋自重	1.2
4	施工人员及施工设备荷载	1.4
5	振捣混凝土时产生的荷载	1.4
6	新浇混凝土对模板侧面的压力	1.2
7	倾倒混凝土时产生的荷载	1.4

3. 荷载组合

计算模板及其支架时,将前述 7 项荷载按表 4-5 进行组合。

项　　次	项　　目	荷 载 组 合	
		计算承载能力	验算刚度
1	平板和薄壳模板及其支架	(1)+(2)+(3)+(4)	(1)+(2)+(3)
2	梁和拱模板的底板及其支架	(1)+(2)+(3)+(5)	(1)+(2)+(3)
3	梁、拱、柱(边长≤300mm) 墙(厚度≤100mm)的侧面模板	(5)+(6)	(6)
4	厚大结构、柱(边长>300mm) 墙(厚度>100mm)的侧面模板	(6)+(7)	(6)

4. 模板结构的挠度要求

模板结构除必须保证足够的承载能力外,还应保证有足够的刚度。因此,应验算模板及其支架的挠度,其最大变形值不得超过下列允许值:

(1)结构表面外露的(不做装修)模板,为模板构件计算跨度的 1/400;

(2)结构表面隐蔽(做装修)的模板,为模板构件跨度的 1/250;

(3)支架的压缩变形值或弹性挠度,为相应结构计算跨度的 1/1 000。

当梁板跨度≥4m 时,模板应按设计要求起拱;如无设计要求,起拱高度宜为全长跨度的 1/1 000~3/1 000,钢模板取小值(1/1 000~2/1 000)。

5. 模板工程的稳定性

考虑模板工程的稳定性:首先,要从构造上保证是稳定结构,立柱必须有相互垂直的两个方向的撑拉杆件,长细比应该符合要求;桁架的平面刚度不应过小,并应设置水平和垂直支撑,必要时要设剪刀撑。其次,要考虑水平作用,水平力主要是风荷载。风荷载应按《建筑结构荷载规范》(GB 50009—2012)中的有关规定计算。

4.1.4 模板拆除

1. 拆除模板时混凝土的强度

模板及其支架拆除时混凝土强度应符合设计规定,如设计无规定时,应满足下列要求:

(1)侧模拆除时的混凝土强度应能保证其表面及棱角不受损伤。

(2)底模及其支架拆除时混凝土强度应符合表 4-6 的规定。

整体式结构拆模时所需的混凝土强度 表 4-6

项　次	结　构　类　型	结构跨度(m)	按设计混凝土强度的标准值百分率计(%)
1	板	≤2	50
		>2,≤8	75
		>8	100
2	梁、拱、壳	≤8	75
		>8	100
3	悬臂梁构件	—	100

2. 模板拆除注意事项

(1)拆模时不要用力过猛,拆下来的模板要及时运走、整理、堆放以便再用。

(2)模板及其支架拆除的顺序及安全措施应按施工技术方案执行。拆模程序一般应是后支的先拆,先拆除非承重部分,后拆除承重部分。一般是谁安谁拆。重大复杂模板的拆除,事先应制订拆模方案。

(3)拆除框架结构模板的顺序,首先是柱模板,然后是楼板底板,梁侧模板,最后梁底模板。拆除跨度较大的梁下支柱时,应先从跨中开始,分别拆向两端。

(4)楼层板支柱的拆除,应按下列要求进行:上层楼板正在浇筑混凝土时,下一层楼板的模板支柱不得拆除,再下一层楼板模板的支柱,仅可拆除一部分;跨度4m及4m以上的梁下均应保留支柱,其间距不大于3m。

(5)拆模时,应尽量避免混凝土表面或模板受到损坏,注意整块板落下伤人。

4.2　钢筋工程

4.2.1　钢筋的种类

在混凝土结构中所用的钢筋品种很多,主要分为两大类:一类是有物理屈服点的钢筋,如热轧钢筋;另一类是无物理屈服点的钢筋,如中强预应力钢丝、钢绞线及预应力螺纹钢筋。前者主要用于钢筋混凝土结构,后者主要用于预应力混凝土结构。

钢筋按生产工艺可分为:热轧钢筋、冷轧钢筋、冷拉钢筋、冷拔钢筋、热处理钢筋、钢丝、钢绞线等。

钢筋按直径大小分为钢丝($\phi 3 \sim \phi 5$mm)、细钢筋($\phi 6 \sim \phi 12$mm)、粗钢筋($\phi 12$mm 以上)。钢丝和细钢筋,一般是成圆盘供应,粗钢筋一般 6~12m 成根供应。

钢筋按轧制外形可分为:光圆钢筋、变形钢筋。变形钢筋又分为:螺旋形、月牙形、人字形。

混凝土结构中常用的钢筋有:纵向受力普通钢筋宜采用 HRB400、HRB500、HRBF400、HRBF500 钢筋,也可采用 HRB335、HRBF335、HPB300、RRB400 钢筋;箍筋宜采用 HRB400、HRBF400、HPB300、HRB500、HRBF500 钢筋,也可采用 HRB335、HRBF335 钢筋;其中 RRB400 (余热处理钢筋)钢筋不宜用作重要部位的受力钢筋,不应用于直接承受疲劳荷载的构件。根据国家的技术政策,增加 500MPa 级钢筋;推广 400MPa、500MPa 级高强钢筋作为受力的主导钢筋;限制并准备淘汰 335MPa 级钢筋;立即淘汰低强的 235MPa 级钢筋,代之以 300MPa 级光圆钢筋。在规范的过渡期及对既有结构设计施工时,235MPa 级钢筋施工仍按原规范。普通钢筋的强度标准值和牌号见表 4-7。

普通钢筋的强度标准值 表 4-7

牌　　号	符　　号	公称直径 d（mm）	屈服强度标准值 f_{yk}（N/mm²）	极限强度标准值 f_{stk}（N/mm²）
HPB300	φ	6 ~ 22	300	420
HRB335 HRBF335	Φ Φ F	6 ~ 50	335	455
HRB400 HRBF400 RRB400	Φ Φ F Φ R	6 ~ 50	400	540
HRB500 HRBF500	Φ Φ F	6 ~ 50	500	630

4.2.2　钢筋的检验

钢筋出厂时应附有出厂质量证明书或试验报告单,钢筋表面或每捆(盘)钢筋均应有标志。进场时应按炉罐(批)号及直径(d)分批检验。检验内容包括查对标志、外观检查及力学性能试验,合格后方可使用。

钢筋在加工过程中,如发现脆断、焊接性能不良和力学性能显著不正常时,尚应根据现行国家标准对该批钢筋进行化学成分检验或其他专项检验。如仍不能判明原因,还应进行金相、应力集中等专项试验。

钢筋力学性能试验的抽样方法如下:

(1)热轧钢筋。以同规格、同炉罐(批)号的不超过 6t 钢筋为一批,每批选两根试样钢筋,一根做拉伸试验,一根做冷弯试验,热轧带肋钢筋还应做反复弯曲试验。

(2)冷拉钢筋。以不超过 20t 的同级别、同直径的冷拉钢筋为一批,从每批冷拉钢筋中抽取两根钢筋,每根取两个试样分别进行拉伸和冷弯试验。

(3)冷拔钢丝。冷拔钢丝分甲级钢丝和乙级钢丝两种。甲级钢丝逐盘检验,从每盘钢丝上任意端截去不少于 500mm 后再取两个试样,分别做拉伸和 180°反复弯曲试验。乙级钢丝可分批抽样检验,以同一直径的钢丝 5t 为一批,从中任取 3 盘,每盘各截取两个试样,分别做拉伸和反复弯曲试验。

(4)热处理钢筋。热处理钢筋以同规格、同热处理方法和同炉罐(批)号的不超过 60t 钢筋为一批,从每批中抽取 10% 盘的钢筋(不少于 25 盘)各截取一个试样做拉伸试验。

(5)碳素钢丝。以同钢号、同规格、同交货条件的钢丝为一批,每批抽取 10% 盘(不少于 15 盘)的钢丝,从每盘钢丝的两端各截取一个试样,分别做拉伸试验和反复弯曲试验。屈服强度检验按 2% 盘抽取,但不得少于 3 盘。

(6)刻痕钢丝。同碳素钢丝。

(7)钢绞线。以同钢号、同规格的不超过 10t 的钢绞线为一批,从每批中选取 15% 盘的钢绞线(不少于 10 盘),各截取一个试样做拉伸试验。

以上各类钢筋的力学性能试验中,如有某一项试验结果不符合标准,则从同一批中再取双倍数量的试样,重做试验。如仍不合格,则该批钢筋为不合格品品。

4.2.3 钢筋的加工

钢筋的加工工艺包括调直、切断、除锈、弯曲等。

1. 钢筋调直与除锈

钢筋表面的锈皮应清除;盘条筋及弯曲的钢筋须经调直后才能使用。单根钢筋需经过一系列的加工,才能成型为所需要的形式和尺寸。

除锈与调直往往是一道工序完成。

粗钢筋多用冷拉方法调直,钢筋经冷拉变形,浮皮及铁锈则自行脱落,采用冷拉法调直,Ⅰ级钢筋的冷拉率不得大于4%;热轧带肋钢筋不得大于1%。

细钢筋的调直,一般使用调直机,调直过程同时除锈。调直机可调范围为直径4~14mm。

此外钢筋也可以通过其他的方法进行除锈,如机械除锈机、手工除锈(用钢丝刷、砂轮)、酸洗除锈、喷砂除锈等。

2. 钢筋的切断

钢筋的切断可用钢筋切断机(直径40mm以下的钢筋)及手动液压切断机(直径16mm以下的钢筋)。当钢筋直径大于40mm时,应用氧乙炔焰或砂轮机切割。

在大中型建筑工程施工中,提倡采用钢筋切断机,它不仅生产效率高,操作方便,而且确保钢筋端面垂直钢筋轴线,不出现马蹄形或翘曲现象,便于钢筋进行焊接或机械连接。钢筋的下料长度力求准确,其允许偏差为±10mm。

3. 钢筋弯曲成型

钢筋按下料长度切断后,应按弯曲设备特点及钢筋直径、弯曲角度进行划线,以便弯曲成设计的尺寸和形状。钢筋弯曲宜采用钢筋弯曲机或钢筋弯箍机;当钢筋直径小于25mm时,少量的钢筋弯曲,也可以采用人工扳钩弯曲。

受力钢筋的弯钩和弯折应符合下列规定。

(1)光圆钢筋末端应作180°弯钩,其弯弧内直径不应小于钢筋直径的2.5倍,弯钩的弯后平直部分长度不应小于钢筋直径的3倍;

(2)当设计要求钢筋末端作135°弯钩时,HRB335级、HRB400级钢筋的弯弧内直径不应小于钢筋直径的4倍,弯钩的弯后平直部分长度应符合设计要求;

(3)钢筋作不大于90°的弯折时,弯折处的弯弧内直径不应小于钢筋直径的5倍;

(4)箍筋的末端应作弯钩(焊接封闭式箍筋除外),弯钩形式应符合设计要求;当设计无具体要求时,应符合下列规定:

①箍筋弯钩的弯折角度。对一般结构,不应小于90°;对有抗震等要求的,应为135°;

②箍筋弯钩的弯弧内直径。除应满足上述规定外,尚应不小于受力钢筋直径。

4.2.4 钢筋的连接

钢筋连接有三种常用的方法:绑扎连接、焊接连接和机械连接。混凝土结构中受力钢筋的连接接头宜设置在受力较小处。在同一根受力钢筋上宜少设接头。在结构的重要构件和关键传力部位,纵向受力钢筋不宜设置连接接头。

1. 绑扎连接

钢筋的接长、钢筋骨架或钢筋网的成型应优先采用焊接或机械连接,如不能采用焊接或机械连接或骨架过大过重不便于运输安装时,可采用绑扎连接的方法。钢筋绑扎一般采用20～22号镀锌铁丝,绑扎时应注意钢筋位置是否准确,绑扎是否牢固、绑扎位置及搭接长度是否符合规范要求。

为确保结构的安全,钢筋绑扎接头应符合如下规定:

(1)搭接长度的末端距钢筋弯折处,不得小于钢筋直径的10倍,接头不宜位于构件的最大弯矩处。

(2)在受拉区内的Ⅰ级钢筋绑扎接头的末端,应做弯钩;热轧带肋钢筋可不做弯钩。

(3)钢筋直径不大于12mm的受压Ⅰ级钢筋的末端,以及轴心受压构件中任意直径的受力钢筋的末端,可不做弯钩,但搭接长度不应小于钢筋直径的35倍。

(4)钢筋搭接处,应在接头的两端中部用铁丝绑扎牢固。

(5)各受力钢筋之间绑扎接头位置应相互错开。从任一绑扎接头中心至搭接长度的$1.3l_1$(l_1为搭接长度)区段范围内,有绑扎接头的受力钢筋截面面积占受力钢筋总截面面积的百分率应符合:在受压区不得超过50%;在受拉区不得超过25%。

(6)绑扎接头中钢筋的横向净距不应小于钢筋直径且不小于25mm。

(7)钢筋的保护层厚度要符合施工验收规范的规定,施工中应在钢筋下或外侧设置混凝土垫块或水泥砂浆垫块来保证。

(8)在任何情况下,纵向受拉钢筋的搭接长度不应小于300mm和$1.2l_a$;受压钢筋的搭接长度不应小于200mm和$0.85l_a$;当两根钢筋直径不同时,搭接长度按较细钢筋的直径计算。

(9)有抗震要求的受力钢筋搭接长度,对一、二级抗震设防的应增加50%。

(10)轻集料混凝土的钢筋绑扎接头搭接长度应比普通混凝土的钢筋搭接长度增加50%,对冷拔低碳钢丝增加50mm。

(11)22号铁丝只能绑扎直径12mm以下的钢筋。

(12)当混凝土在凝固过程中受力钢筋易受扰动时,如滑模施工,其搭接长度宜适当增加。

2.钢筋焊接连接

试验表明,当受拉的搭接钢筋直径较大时,混凝土保护层相对变薄及钢筋的间距相对减少,因传力间断而引起的应力集中,使保护层混凝土的劈裂及抗滑移黏结强度的降低更为明显。因此对搭接钢筋的最大直径予以限制,要求当$d>22$mm的受力钢筋不宜采用绑扎搭接接头形式。对受压为主的柱中钢筋,要求当$d>25$mm的受力钢筋均宜采用焊接接头。钢筋的焊接连接,是节约钢材,提高钢筋混凝土结构和构件质量,加快工程进度的一个重要措施。常用的焊接方法是对焊、电弧焊、电渣压力焊、点焊和埋弧压力焊等。

1)对焊

对焊的原理如图4-22所示,是利用对焊机使两段钢筋接触,通过低电压的强电流,使钢筋加热到一定温度后,进行加压顶锻,使两根钢筋焊接在一起。钢筋对焊常采用闪光焊。

闪光对焊广泛用于钢筋接长及预应力钢筋与螺丝端杆的焊接。热轧钢筋的焊接宜优先用闪光对焊。闪光对焊适用于直径6～40mm的HRB335级、HRB400级

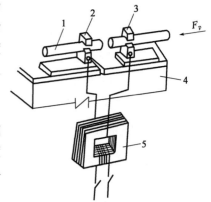

图4-22　钢筋闪光对焊原理

1-钢筋;2-固定电极;3-可动电极;4-机座;5-焊接变压器

钢筋。

钢筋闪光对焊焊接工艺应根据具体情况选择:钢筋直径较小,可采用连续闪光焊;钢筋直径较大,端面比较平整,宜采用预热闪光焊;端面不够平整,宜采用闪光—预热—闪光焊。

(1)连续闪光焊。这种焊接工艺过程是将钢筋夹紧在电极钳口上后,闭合电源,使两钢筋端面轻微接触。由于钢筋端部不平,开始只有一点或数点接触,接触面小而电流密度和接触电阻很大,接触点很快熔化并产生金属蒸气飞溅,形成闪光现象。闪光一开始,即徐徐移动钢筋,形成连续闪光过程,同时接头也被加热。待接头烧平、闪去杂质和氧化膜、白热熔化时,随即施加轴向压力迅速进行顶锻,使两根钢筋焊牢。连续闪光焊适用于钢筋直径在25mm以下的钢筋。

(2)预热闪光焊。施焊时先闭合电源然后使两钢筋端面交替地接触和分开。这时钢筋端面间隙中即发出断续的闪光,形成预热过程。当钢筋达到预热温度后进入闪光阶段,随后顶锻而成。预热闪光焊适用于直径较大的钢筋。

(3)闪光—预热—闪光焊。在预热闪光焊前加一次闪光过程。目的是使不平整的钢筋端面烧化平整,使预热均匀,然后按预热闪光焊操作。闪光—预热—闪光焊适用于焊接直径25mm以上的钢筋。

HRB400级钢筋是可焊性较差的高强钢筋,宜用强电流进行焊接。焊后再进行通电热处理。通电热处理的目的,是对焊接接头进行一次退火或高温回火处理,以消除热影响区产生的脆性组织,改善接头的塑性。通电热处理的方法是:待接头冷却到300℃(暗黑色)以下,电极钳口调至最大间距,接头居中,重新夹紧采用较低变压器级数,进行脉冲式通电加热,频率以0.5~1s/次为宜。热处理温度通过试验确定,一般在750~850℃范围内选择,随后在空气中自然冷却。

闪光对焊接头的质量检查:应按规定进行外观检查、拉伸试验和冷弯试验。

外观检查:接头表面不得有横向裂纹;与电极接触处的钢筋表面不得有明显的烧伤;接头处的弯折不得大于4°;钢筋轴线偏移不得大于0.1倍钢筋直径,且不大于2mm。

拉伸试验:抗拉强度不得低于该级钢筋的规定抗拉强度;试样应呈塑性断裂并断于焊缝之外。

冷弯性能:弯至90°,接头外侧不得出现宽度大于0.15mm的横向裂纹。

2)电弧焊

电弧焊利用弧焊机使焊条和焊件之间产生高温电弧,熔化焊条和高温电弧范围内的焊件金属,熔化的金属凝固后形成焊接接头。电弧焊广泛用于钢筋的接长、钢筋骨架的焊接、装配式结构钢筋接头焊接及钢筋与钢板、钢板与钢板的焊接等。

钢筋电弧焊可分搭接焊、帮条焊、坡口焊和熔槽帮条焊四种接头形式。

(1)搭接焊接头。只适用于焊接直径10~40mm的HRB335级钢筋。焊接时,宜采用双面焊,如图4-23a)所示。不能进行双面焊时,也可采用单面焊,如图4-23b)所示。搭接长度 l 见表4-8。

钢筋帮条(搭接)长度 表4-8

钢 筋 类 型	焊 缝 形 式	帮条(搭接)长度 l
HRB335	单面焊	≥10d
HRB400	双面焊	≥5d

注:d 为钢筋直径。

（2）帮条焊接头。适用于焊接直径 10 ~ 40mm 的各级热轧钢筋。宜采用双面焊如图4-24a)所示；不能进行双面焊时，也可采用单面焊，如图 4-24b)所示。帮条宜采用与主筋同级别、同直径的钢筋制作，帮条长度 l 见表4-8。如帮条级别与主筋相同时，帮条的直径可比主筋直径小一个规格，如帮条直径与主筋相同时，帮条钢筋的级别可比主筋低一个级别。

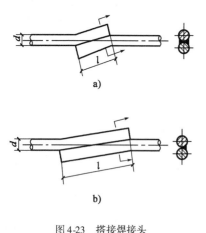

图 4-23　搭接焊接头
a)双面焊；b)单面焊
d-钢筋直径；l-搭接长度

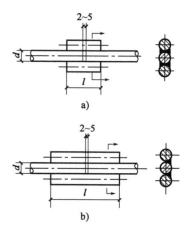

图 4-24　帮条焊接头(尺寸单位:mm)
a)双面焊；b)单面焊
d-钢筋直径；l-帮条长度

（3）坡口焊接头。有平焊和立焊两种。这种接头比上两种接头节约钢材，适用于在现场焊接装配整体式构件接头中直径 18 ~ 40mm 的各级热轧钢筋。钢筋坡口平焊时，V 形坡口角度为 55° ~ 65°，如图 4-25a)所示，坡口立焊时，坡口角度为 40° ~ 55°。其中下钢筋为 0° ~ 10°，上钢筋为 35° ~ 45°，如图 4-25b)所示。钢垫板长为 40 ~ 60mm，厚度为 4 ~ 6mm。平焊时，钢垫板宽度为钢筋直径加 10mm；立焊时，其宽度等于钢筋直径。钢筋根部间隙，平焊时为 4 ~ 6mm；立焊时为 3 ~ 5mm。最大间隙均不宜超过 10mm。

（4）熔槽帮条焊。钢筋熔槽帮条焊适用于直径 20mm 及以上钢筋的现场安装焊接。焊接时，应加角钢作垫模，接头形式如图 4-26 所示。角钢的边长为 40 ~ 60mm，长度为 80 ~ 100mm。

钢筋电弧焊焊接质量检查:应按规定进行外观检查、拉伸试验。

外观检查:焊缝表面平整，不得有较大的凹陷、焊瘤；接头处不得有裂纹；咬边深度、气孔、夹渣等数量与大小，以及接头尺寸偏差，不得超过规定值。

强度检验:每一楼层中以 300 个同类型接头(同钢筋级别、同接头形式、同焊接位置)作为一批，每批切取三个接头进行拉伸试验。要求:3 个热轧钢筋接头试件的抗拉强度均不得小于该级别钢筋的抗拉强度标准值；RRB400 级钢筋接头试件，不得小于 570MPa；3 个接头均应断于焊缝之外，并至少有 2 个试件呈延性断裂。

当检验结果有 1 个试件的抗拉强度低于规定指标，或有一个试件断于焊缝，或有 2 个试件发生脆性断裂时，应取双倍数量的试件进行复验。复验结果如仍有 1 个试件的抗拉强度低于规定指标，或有一个试件断于焊缝，或有 3 个试件脆性断裂时，则该批接头即为不合格品。

3）电渣压力焊

电渣压力焊利用电流通过渣池所产生的热量来熔化母材，待到一定程度后施加压力，完成钢筋连接。这种钢筋接头的焊接方法与电弧焊相比，焊接效率高 5 ~ 6 倍，且接头成本较低，质量易保证，它适用于直径为 14 ~ 40mm 的 HRB335 级竖向或斜向钢筋的连接。

电渣压力焊可用手动电渣压力焊机或自动电渣压力焊机。手动电渣压力焊机由电源、控制箱、焊接夹具、焊药盒等组成,如图4-27所示。自动电渣压力焊机还包括控制系统及操作箱。

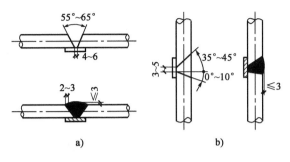

图4-25 搭接焊接头(尺寸单位:mm)
a)平焊;b)立焊

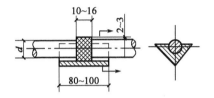

图4-26 钢筋熔槽帮条焊(尺寸单位:mm)

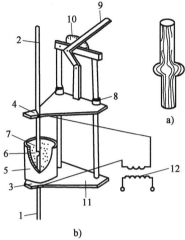

图4-27 钢筋电渣压力焊示意图
a)已焊好的钢筋接头;b)焊接夹具外形
1、2-钢筋;3-固定电极;4-活动电极;5-焊剂盒;6-导电剂;7-焊剂;8-滑动架;9-操纵杆;10-标尺;11-固定架;12-变压器

钢筋电渣压力焊的施工工艺主要包括:端部除锈、固定钢筋、通电引弧、快速顶压、焊后清理等工序。

钢筋调直后,对两根钢筋端部120mm范围内,进行认真地除锈和清除杂质工作,以便于很好地焊接。焊接时,将夹具夹牢在下部钢筋上,并将上部钢筋扶直夹牢于活动电极中,上下钢筋间放一小块导电剂(或钢丝小球),装上药盒,装满焊药,接通电路,用手柄使电弧引燃(引弧)。然后稳弧一定时间使之形成渣池并使钢筋熔化(稳弧),随着钢筋的熔化,用手柄使上部钢筋缓缓下送。稳弧时间的长短视电流、电压和钢筋直径而定。当稳弧达到规定时间后,在断电的同时用手柄进行加压顶锻以排除夹渣气泡,形成接头。待冷却一定时间后即拆除药盒,回收焊药,拆除夹具和清除焊渣。引弧、稳弧、顶锻三个过程连续进行。

电渣压力焊的质量检查,包括外观检查和拉伸试验。

外观检查:要求四周焊包凸出钢筋表面的高度,应不得小于4mm;钢筋与电极接触处,应无烧伤缺陷;接头处的弯折角不得大于4°;接头处的轴线偏移不得大于钢筋直径的0.1倍,且不得大于2mm。

拉伸试验:电渣压力焊接头进行力学性能试验时,在一般构筑物中,应以300个同级别钢筋接头作为一批;在现浇钢筋混凝土多层结构中,应以每一楼层或施工区段中300个同级别钢筋接头作为一批;不足300个接头的仍应作为一批。从每批接头中随机切取3个试件做拉伸试验,其试验结果,3个试件的抗拉强度均不得小于该级别钢筋规定的抗拉强度。当试验结果有一个试件的抗拉强度低于规定值,应再取6个试件进行复验。复验结果,当仍有1个试件的抗拉强度小于规定值,应确认该批接头为不合格品。

4)钢筋气压焊

钢筋气压焊是利用氧气和乙炔气,按一定比例混合燃烧的火焰对接头处加热,将被焊钢筋端部加热到塑性状态或熔化状态,并施一定压力使两根钢筋焊合。

气压焊接设备,主要包括氧、乙炔供气装置、加热器、加压器及焊接夹具等组成,如图4-28所示。

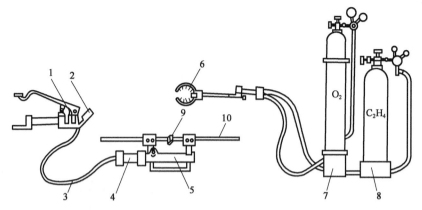

图4-28　气压焊接设备

1-脚踏液压泵;2-压力计;3-液压胶管;4-活动液压泵;5-夹具;6-焊枪;7-氧气瓶;8-乙炔瓶;9-接头;10-钢筋

这种焊接工艺具有设备简单、操作方便、质量优良、成本较低等优点。气压焊可用于钢筋在垂直位置、水平位置或倾斜位置的对接焊接。适用钢筋的范围直径 14 ~ 40mm 的 HRB335级和 HRB400 级钢筋。当两钢筋直径不同时,其两直径之差不得大于 7mm。

气压焊接头,应按规定的方法检查外观质量和进行力学试验。

外观质量:偏心量 e 不得大于钢筋直径的 0.15 倍,且不得大于 4mm;两钢筋轴线弯折角不得大于 4°;镦粗直径 d_c 不得小于钢筋直径的 1.4 倍;镦粗长度 L_c 不得小于钢筋直径的 1.2倍,且凸起部分平缓圆滑;压焊面偏移 d_b 不得大于钢筋直径的 0.2 倍。

拉伸试验:同电渣压力焊。

弯曲试验:对梁、板的水平钢筋连接中,每批中应另切取 3 个接头做弯曲试验,进行弯曲试验时,应将试件受压面的凸起部分消除,并应与钢筋外表面齐平,弯心直径应符合规范规定。弯曲试验可在万能试验机、手动或电动液压弯曲试验器上进行;压焊面应处在弯曲中心点,弯至90°,3 个试件均不得在压焊面发生破断。当试验结果有 1 个试件不符合要求时,应再切取 6个试件进行复验。复验结果,当仍有 1 个试件不符合要求,应确认该批接头为不合格品。

5)电阻点焊

电阻点焊将两钢筋安放成交叉叠接形式,压紧于两电极之间,利用电阻热熔化母材金属,加压形成焊点的一种压焊方法。电阻点焊主要用于焊接钢筋网片、钢筋骨架等(适用于 HRB335级钢筋和直径 3 ~ 5mm 的冷拔低碳钢丝),它生产效率高,节约材料,应用广泛。

常用的点焊机有单头和多头点焊机。单头点焊机用于较粗钢筋的焊接,多头点焊机多用于钢筋网片的点焊。电阻点焊机构造,如图4-29 所示。

电阻点焊的焊点质量检查包括外观和强度检验。

外观要求:焊点无脱焊、漏焊、气孔、裂纹和明显烧伤现象,焊点压入深度应符合规定,焊点应饱满。

强度检验:抗剪能力试验,其抗剪强度应不低于其中细钢筋

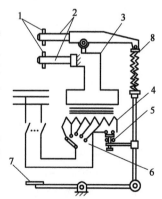

图4-29　电阻点焊机工作示意图

1-电极;2-电极臂;3-变压器二次线圈;4-变压器初级线圈;5-断路器;6-调压开关;7-踏板;8-压紧机构

的抗剪强度。拉伸试验时,不能在焊点处断裂。弯角试验时,不应有裂纹。

3. 机械连接

钢筋机械连接是通过连接件的机械咬合作用或钢筋端面的承压作用,将一根钢筋中的力传递至另一根钢筋的连接方法。它具有施工简便、工艺性能好,接头质量可靠、不受钢筋焊接性制约、可全天候施工、节约钢材、节省能源等优点,是近年来大直径钢筋现场连接的主要方法。钢筋机械连接方法很多,我国推广的主要有套筒挤压连接、锥螺纹套筒连接、直螺纹套筒连接。

1)套筒挤压连接

套筒挤压连接是将两根变形钢筋插入钢套筒内,用挤压连接设备沿径向或轴向挤压钢套筒,使之产生塑性变形,依靠变形后的钢套筒与被连接钢筋纵、横肋产生的机械咬合作用实现钢筋的连接。

挤压连接分径向挤压连接和轴向挤压连接,见图4-30。

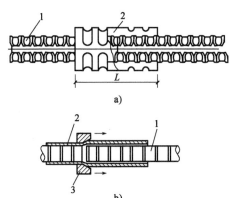

图4-30 钢筋套筒挤压连接
a)径向挤压;b)轴向挤压
1-钢筋;2-套筒;3-压模

(1)径向挤压连接:径向挤压连接是采用挤压机和压模,沿套筒直径方向,从套筒中间依次向两端挤压套筒,把插在套筒里的两根钢筋紧固成一体形成机械接头。它适用于地震区和非地震区的钢筋混凝土结构的热轧带肋钢筋连接施工。此工艺操作简单、容易掌握、连接质量好、安全可靠、无明火作业、无着火隐患、不污染环境、可全天候施工。

主要设备为径向挤压机、压模、超高压泵、手扳葫芦、划线尺等。

(2)轴向挤压连接:轴向挤压连接是采用挤压机和压模,沿钢筋轴线挤压金属套筒,把插入金属套筒里的两根待连接热轧钢筋紧固一体形成机械接头。它适用于按一、二级抗震设防地震区和非地震区的钢筋混凝土结构工程的钢筋连接施工。连接钢筋规格为带肋钢筋的 $\phi20 \sim \phi32$mm 竖向、斜向和水平钢筋。钢筋连接质量优于钢筋母材的力学性能。此工艺具有操作简单、容易掌握、对中度高、连接质量好、连接速度快、安全可靠、无明火作业、无着火隐患、不污染环境的特点。

主要设备为超高压泵、半挤压机、挤压机、压模、手扳葫芦、划线尺、量规等。

2)锥螺纹套筒连接

锥螺纹套筒连接是将所连接钢筋的两端套成锥形丝扣,然后将带锥形内丝的套筒用扭矩扳手按一定力矩值把两根钢筋连接起来,通过钢筋与套筒内丝扣的机械咬合达到连接的目的(图4-31)。

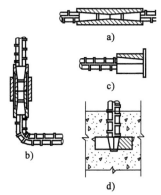

图4-31 钢筋锥螺纹套筒连接
a)直钢筋连接;b)直、弯钢筋连接;
c)在钢板上连接钢筋;d)混凝土构件中插接钢筋

锥螺纹套筒连接自锁性能好。能承受拉、压轴向力和水平力,在施工现场可连接带肋钢筋 $\phi16 \sim \phi40$mm 的同径或异径的竖向、水平或任何倾角的钢筋,适于按一、二级抗震等级设防的一般工业与民用建筑的现浇混凝土结构的梁、柱、板、墙、基础的钢筋连接。

钢筋锥螺纹套筒连接的主要机械设备为钢筋套丝机、量规、扭力扳手、砂轮等。

3）钢筋直螺纹套筒连接

直螺纹套筒连接是先将待连接钢筋端部镦粗，然后再加工成直螺纹，最后用带有直螺纹的套筒将两根钢筋连接起来，如图4-32所示。

由于镦粗段在钢筋被切削后截面仍大于钢筋原截面，即螺纹没有削弱钢筋截面，从而确保接头强度大于母材强度。与锥螺纹套筒连接相比，直螺纹套筒连接不存在扭紧力矩对接头的影响，其接头强度更高，安装更方便。

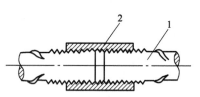

图4-32　钢筋直螺纹套筒连接
1-待接钢筋；2-套筒

钢筋直螺纹套筒连接施工过程为：钢筋镦头、螺纹加工、丝头检验、套筒检验、钢筋就位、拧下钢筋保护帽和套筒保护帽、接头拧紧、作标记、施工质量检验。

4.2.5　钢筋的配料与代换

1. 钢筋配料

钢筋加工前应根据施工图和会审记录按不同构件进行配料计算，算出各号钢筋的下料长度、总根数及钢筋总重量，然后编制钢筋配料单（表4-11），作为钢筋备料、加工的依据。

施工图中注明的钢筋尺寸是钢筋的外轮廓尺寸（即从钢筋的外皮到外皮量得的尺寸），称为钢筋的外包尺寸，在钢筋制备安装后，也是按外包尺寸验收。

钢筋在制备前是按直线下料，如果下料长度按外包尺寸总和进行计算，则加工后钢筋的尺寸必然大于设计要求的外包尺寸，这是因为钢筋在弯曲时，外皮伸长，内皮缩短而中心轴线长度不变。因此，只有按中心线长度来下料制备，才能使钢筋外包尺寸符合设计要求。

钢筋外包尺寸和中心线长度之间的差值，称作量度差值（俗称弯曲伸长值）。在计算钢筋下料长度时必须加以扣除。

因此钢筋下料长度应为各段外包尺寸之和减去各弯曲处的量度差值，再加上端部弯钩的增加值。即：钢筋下料长度＝轴线长度＝外包尺寸－量度差值＋端部弯钩的增加值。

1）量度差值计算

（1）90°弯曲的量度差值。如图4-33所示，计算公式推导：

中心线长

$$\widehat{ABC} = \frac{\pi}{2}\left(\frac{D}{2} + \frac{d_0}{2}\right) = \frac{\pi}{4}(D + d_0)$$

外包尺寸

$$A'C' + C'B' = OA' + OB' = \left(\frac{D}{2} + d_0\right) + \left(\frac{D}{2} + d_0\right) = D + 2d_0$$

量度差值

$$(A'C' + C'B') - \widehat{ABC} = D + 2d_0 - \frac{\pi}{4}(D + d_0) \tag{4-4}$$

根据《混凝土结构工程施工质量验收规范》（GB 50204—2002）（2011年版）中规定，弯起钢筋中间部位弯折处的弯心直径 D 不应小于 $5d_0$。当 $D = 5d_0$ 时，可得90°弯曲的量度差值为 $2.29d_0$。

（2）45°量度差值。如图4-34所示，计算公式推导：

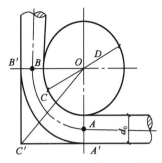

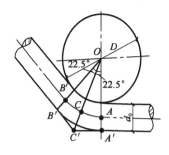

图 4-33 钢筋 90°弯曲量度差值图 　　　　　图 4-34 钢筋 45°弯曲量度差值图

D-弯曲钢筋时弯曲机的弯心直径;　　　　　　　　　D、d_0-符号同图 4-33

d_0-钢筋直径

中心线长

$$\overparen{ACB} = \frac{\pi}{4}\left(\frac{D}{2} + \frac{d_0}{2}\right) = \frac{\pi}{8}(D + d_0)$$

外包尺寸

$$A'C' + C'B' = 2\tan 22.5°\left(\frac{D}{2} + d_0\right)$$

量度差值

$$(A'C' + C'B') - \overparen{ABC} = 2\tan 22.5°\left(\frac{D}{2} + d_0\right) - \frac{\pi}{8}(D + d_0) \tag{4-5}$$

当 $D = 5d_0$ 时,可得钢筋 45°弯曲的量度差值为 $0.55d_0$。

(3)同理,可得各种弯曲角度的弯曲量度差值。

在实际工作中,为了方便计算,钢筋弯曲量度差值可按表 4-9 取值进行计算。

钢筋弯曲量度差值　　　　　　　　　　　　　　　　　　表 4-9

钢筋弯曲角度	30°	45°	60°	90°	135°
钢筋弯曲量度差值	$0.35d_0$	$0.5d_0$	$0.85d_0$	$2d_0$	$2.5d_0$

2)端部弯钩增长值计算

根据规范规定,HPB300 级钢筋两端做 180°弯钩,如图 4-35 所示,其弯曲直径 D 应不小于 $2.5d_0$,平直部分不小于 $3d_0$。

弯钩全长

$$A'F' = \frac{\pi}{2}(D + d_0) + 3d_0 = \frac{\pi}{2}(2.5d_0 + d_0) + 3d_0 = 8.5d_0$$

弯钩时外包尺寸量至 E' 点

$$A'E' = \frac{D}{2} + d_0 = \frac{2.5d_0}{2} + d_0 = 2.25d_0$$

每个弯钩应增加长度为 $E'F' = A'F' - A'E' = 8.5d_0 - 2.25d_0 = 6.25d_0$(包括量度差值在内)。

3)箍筋调整值计算

常用的箍筋形式有三种,如图 4-36 所示。图 4-36a)、b)是一般形式箍筋,图 4-36c)是有抗震要求和受扭构件的箍筋。

由于箍筋弯钩形式较多,下料长度计算比其他类型钢筋较为复杂。在实际工程中,为了简化计算,一般先按外包或内包尺寸计算出箍筋周长,然后加上箍筋调整值(此调整值包括四个90°弯曲及两个弯钩在内)。即:箍筋下料长度＝箍筋周长＋箍筋调整值。箍筋调整值可直接在表4-10中查用。

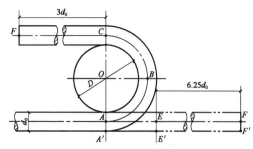

图4-35　钢筋180°弯钩计算简图

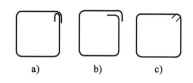

图4-36　常用的箍筋形式
a)90°/180°箍筋;b)90°/90°箍筋;c)135°/135°箍筋

箍　筋　调　整　值　　　　　　表4-10

箍筋量度方法	箍 筋 直 径(mm)			
	4～5	6	8	10～12
量外包尺寸	40	50	60	70
量内包尺寸	80	100	120	150～170

箍筋个数:按构件长度除以箍筋间距再加1计算。箍筋加密区按要求增加相应数目。

【例4-1】　某公寓第一层楼共5根L-1梁,梁配筋如图4-37所示,梁混凝土保护层厚度取25mm,试编制该梁的钢筋配料单。

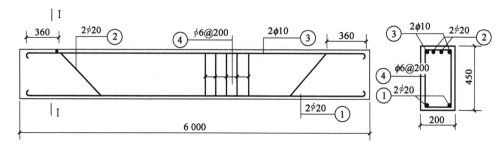

图4-37　L-1梁配筋图(尺寸单位:mm)

【解】　(1)绘制各钢筋简图,见表4-11。

(2)计算各钢筋下料长度。

①号钢材下料长度:6 000mm－2×25mm＋2×6.25×20mm＝6 200mm

②号钢筋下料长度:6 000mm－2×25mm＋2×0.41×(450mm－2×25mm－2×6mm)＋2×6.25×20mm－4×0.5×20mm＝6 478mm

③号钢筋下料长度:6 000mm－2×25mm＋2×6.25×10mm＝6 075mm

④号箍筋下料长度:箍筋下料长度可用外包或内包尺寸两种计算方法。现将内包和外包两种计算方法比较如下。

a.按外包尺寸计算

$$2\times(450mm－2\times25mm)＋2\times(200mm－2\times25mm)＋$$
$$50mm(查表4-10的调整值)＝1\ 150mm$$

b. 按内包尺寸计算

$$2 \times [450\text{mm} - 2 \times (25 + 6)\text{mm}] + 2 \times [200\text{mm} - 2 \times (25 + 6)\text{mm}] + $$
$$100\text{mm}(查表 4\text{-}10 \text{ 的调整值}) = 1\,152\text{mm}$$

两种计算方法基本接近。

箍筋个数 6 000mm/200mm + 1 = 31 个

(3)编制钢筋配料单(表4-11)。

钢 筋 配 料 单   表4-11

构件名称	钢筋编号	简 图	直径（mm）	钢筋级别	下料长度（mm）	单位根数	合计根数	质量（kg）
L-1 梁	①	5 950	20	φ	6200	2	10	153.1
	②	360 549 4 454	20	φ	6478	2	10	160.0
	③	5 950	10	φ	6075	2	10	37.5
	④	150 400	6	φ	1150	31	155	39.6

2. 钢筋代换

钢筋的使用应尽量按设计要求的钢筋级别、种类和直径采用。施工中如确实缺乏设计图纸中所要求的钢筋种类、级别或规格时,可以进行代换。但是,代换时,必须充分了解设计意图和代换钢材的性能,严格遵守规范的各项规定;必须满足构造要求(如钢筋直径、根数、间距、锚固长度等);对抗裂性要求高的构件,不宜采用光面钢筋代换螺纹钢筋;凡属重要的结构和预应力钢筋,在代换时应征得设计单位同意;钢筋代换后,其用量不宜大于原设计用量的5%,并不低于2%。

(1)当结构构件是按强度控制或不同种类的钢筋代换,可按强度相等的原则代换,称"等强代换"。

如设计图中所用的钢筋强度为 f_{y_1},钢筋总面积为 A_{y_1},代换后钢筋强度为 f_{y_2},钢筋总面积为 A_{y_2},则应使

$$f_{y_2} \cdot A_{y_2} \geqslant f_{y_1} \cdot A_{y_1} \tag{4-6}$$

即

$$A_{y_2} \geqslant \frac{f_{y_1} \cdot A_{y_1}}{f_{y_2}}$$

将钢筋总面积变换成钢筋直径后,式(4-6)改为:

$$n_2 d_2^2 f_{y_2} \geqslant n_1 d_1^2 f_{y_1} \tag{4-7}$$

即

$$n_2 \geqslant \frac{n_1 d_1^2 f_{y_1}}{d_2^2 f_{y_2}}$$

式中: d_1、d_2——代换前及代换后钢筋的直径;

n_1、n_2——代换前及代换后钢筋的根数。

(2)当构件按最小配筋率控制时或相同种类和级别的钢筋代换,应按等面积原则进行代换。

$$A_{y2} > A_{y1} \tag{4-8}$$

（3）当结构构件按裂缝宽度或抗裂性要求控制时,钢筋的代换需进行裂缝及抗裂性验算。

4.3 混凝土工程

混凝土工程包括混凝土的配料、拌制、运输、浇筑捣实和养护等施工过程。各个施工过程既相互联系又相互影响,在混凝土施工过程中任一施工过程处理不当都会影响混凝土的最终质量。因此,如何在施工过程中控制每一施工环节,是混凝土工程需要研究的课题。随着科学技术的发展,近年来混凝土外加剂的应用改进了混凝土的性能和施工工艺。此外,新的施工机械和施工工艺的应用,也大大改变了混凝土工程的施工面貌。

4.3.1 混凝土的制备

混凝土的制备是指混凝土的配料和拌制。规范规定:素混凝土结构的混凝土强度等级不应低于 C15;钢筋混凝土结构的混凝土强度等级不应低于 C20;采用强度级别 400MPa 及以上的钢筋时,混凝土强度等级不应低于 C25。承受重复荷载的钢筋混凝土构件,混凝土强度等级不应低于 C30。

1. 混凝土的配料

混凝土的配料,首先应严格控制水泥、粗细集料、拌和水和外加剂的质量,并按设计规定的混凝土的强度等级和施工配合比,控制投料的数量。

1）配制强度（$f_{cu,o}$）

混凝土配制强度应按下式计算:

$$f_{cu,o} = f_{cu,k} + 1.645\sigma \tag{4-9}$$

式中:$f_{cu,o}$——混凝土配制强度（N/mm²）;

$f_{cu,k}$——混凝土立方体抗压强度标准值（N/mm²）;

σ——混凝土强度标准差（N/mm²）。

当施工单位具有近期的同一品种混凝土强度资料时,其混凝土强度标准差按下式确定:

$$\sigma = \sqrt{\frac{\sum_{n-1}^{n} f_{cu,i}^2 - n f_{cu,m}^2}{n-1}} \tag{4-10}$$

式中:$f_{cu,i}$——统计周期内同一品种混凝土第 i 组试件的强度值（N/mm²）;

$f_{cu,m}$——统计周期内同一品种混凝土 n 组强度的平均值（N/mm²）;

n——统计周期内同一品种混凝土试件的总组数,$n \geq 25$。

应用上式计算时应注意:

（1）"同一品种混凝土"指混凝土强度等级相同且生产工艺和配合比基本相同的混凝土;

（2）对预拌混凝土工厂和预制混凝土构件厂,统计周期可取为一个月;对现场拌制混凝土的施工单位,统计周期可根据实际情况确定,但不宜超过三个月;

（3）当混凝土强度等级为 C20 或 C25 时,如计算得到的 $\sigma < 2.5$N/mm²,取 $\sigma = 2.5$N/mm²;当混凝土强度等级高于 C25 时,如计算得到的 $\sigma < 3.0$N/mm²,取 $\sigma = 3.0$N/mm²。

当施工单位不具有近期的同一品种混凝土强度资料时,其混凝土强度标准差可按表 4-12 选用。

混凝土强度等级	低于 C20	C25 ~ C35	高于 C35
σ	4.0	5.0	6.0

注：在采用本表时，施工单位可根据实际情况，可对 σ 值作适当调整。

2）施工配合比

混凝土的配合比是在试验室根据混凝土的配制强度经过试配和调整而确定的，称为试验室配合比。试验室配合比所用砂、石都是不含水分的。而施工现场砂、石都有一定的含水率，且含水率大小随气温等条件不断变化。为保证混凝土的质量，施工中应按砂、石实际含水率对试验室配合比进行修正。根据现场砂、石含水率调整后的配合比称为施工配合比。

设试验室配合比为水泥:砂:石:水 $= 1 : s : g : w$，则换算后的施工配合比为水泥:砂:石:水 $= 1 : s(1 + \omega_s) : g(1 + \omega_g) : [w - s \cdot \omega_s - g \cdot \omega_g]$，其中现场砂含水率为 ω_s，石含水率为 ω_g。

求出每立方米混凝土材料用量后，还必须根据工地使用搅拌机出料容量确定每拌一次需用的各种原材料用量。

2. 混凝土的拌制

混凝土的拌制就是水泥、水、粗细集料和外加剂等原材料混合在一起进行均匀拌和的过程。拌和后的混凝土要求均质，且达到设计要求的和易性和强度。

1）混凝土搅拌机选择

目前普遍使用的搅拌机根据其搅拌机理可分为自落式搅拌机和强制式搅拌机两大类。

（1）自落式搅拌机：自落式搅拌机的搅拌筒内壁焊有弧形叶片，当搅拌筒绕水平轴旋转时，叶片不断将物料提升到一定高度，利用重力的作用，自由落下。由于各物料颗粒下落的时间、速度、落点和滚动距离不同，从而使物料颗粒达到混合的目的。自落式搅拌机宜于搅拌塑性混凝土和低流动性混凝土。在使用中对筒体和叶片磨损较小，易于清理；但动力消耗大、效率低，搅拌时间一般为每盘 90 ~ 120s。目前正日益被强制式搅拌机所替代。

JZ 锥形反转出料搅拌机是自落式搅拌机中（图 4-38）应用较广的一种。其拌筒为双锥形，内壁焊有叶片。其工作特点是正转搅拌、反转出料，结构较简单，重量轻，出料干净，维修保养方便。

（2）强制式搅拌机：强制式搅拌机利用拌筒内运动着的叶片强迫物料朝着各个方向运动，由于各物料颗粒的运动方向、速度各不相同，相互之间产生剪切滑移而相互穿插、扩散，从而在很短的时间内，使物料拌和均匀。这种搅拌机的搅拌作用强烈、搅拌均匀、生产率高、操作简便、安全等特点，适用于干硬性混凝土和轻集料混凝土的拌制。图 4-39 为涡桨式强制搅拌机。

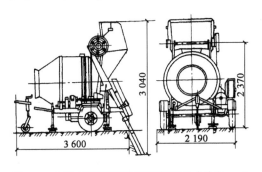

图 4-38　自落式锥形反转出料搅拌机（尺寸单位：mm）

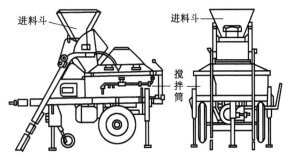

图 4-39　涡桨式强制搅拌机

我国规定混凝土搅拌机以其出料容量(m^3)×1 000 标定规格,现行混凝土搅拌机的系列为:50、150、250、350、500、750、1 000、1 500 和 3 000。

选择搅拌机时,要根据工程量大小、混凝土的坍落度、集料粒径等条件而定。要满足技术上的要求,亦要考虑经济效果和节约能源。

2)搅拌制度

为了获得质量优良的混凝土拌和物,除正确选择搅拌机外,还必须正确确定搅拌制度,即搅拌时间、投料顺序等。

(1)搅拌时间:搅拌时间是指从全部原材料装入拌筒时起,到开始卸料时为止的时间。搅拌时间是影响混凝土质量及搅拌机生产率的重要因素。时间过短,拌和不均匀,会降低混凝土的强度及和易性;时间过长,不仅会影响搅拌机的生产率,多耗费电能,增加机械磨损,而且会使混凝土产生分层离析现象。不同情况下混凝土搅拌的最短时间可参考表4-13。

混凝土搅拌的最短时间(s)　　　　表 4-13

混凝土坍落度(mm)	搅拌机机型	搅拌机出料容量(L)		
		< 250	250 ~ 500	> 500
≤30	自落式	90	120	150
	强制式	60	90	120
>30	自落式	90	90	120
	强制式	60	60	90

注:掺有外加剂时,搅拌时间应适当延长。

(2)投料顺序:在确定混凝土各种原材料的投料顺序时,应考虑到如何才能保证混凝土搅拌质量,减少叶片、衬板的磨损,减少混凝土拌和物黏罐现象,减少水泥飞扬,降低能耗和提高劳动生产效率等。目前常采用的投料方法有以下三种。

①一次投料法:即在上料斗中先装石子,再依次加水泥、砂,然后一次投入搅拌机。在搅拌筒内可先加水或在料斗提升进料的同时加水,这种上料顺序使水泥夹在石子和砂中间,上料时不致飞扬,又不致黏住斗底,且水泥和砂先进入搅拌筒形成水泥砂浆,可缩短包裹石子的时间。一次投料法应用较为普遍。

②二次投料法:它又分为预拌水泥砂浆法和预拌水泥净浆法。预拌水泥砂浆法是先将水泥、砂和水加入搅拌筒内进行充分搅拌,成为均匀的水泥砂浆,再投石子搅拌成均匀的混凝土。预拌水泥净浆法是将水泥和水充分搅拌成均匀的水泥净浆后,再加入砂和石子搅拌成混凝土。二次投料法搅拌的混凝土与一次投料法相比较,混凝土强度提高约15%,在强度相同的情况下,可节约水泥约为15% ~ 20%。

③水泥裹砂法:又称为SEC法。采用这种方法拌制的混凝土称为SEC混凝土,也称作造壳混凝土。其搅拌程序是先加一定量的水,将砂表面的含水率调节到某一规定的数值后,再将石子加入与湿砂拌匀,然后将全部水泥投入,与润湿后的砂、石拌和,使水泥在砂、石表面形成一层低水灰比的水泥浆壳(此过程称为"造壳"),最后将剩余的水和外加剂加入,搅拌成混凝土。采用SEC法制备的混凝土与一次投料法比较,强度可提高20% ~ 30%,混凝土不易产生离析现象,泌水少,工作性能好。

3)混凝土搅拌站

混凝土拌和物在搅拌站集中拌制,可以做到自动上料、自动称量、自动出料和集中操作控制、机械化、自动化程度大大提高,劳动强度大大降低,使混凝土质量得到改善,可以取得较好的技术经济效果。施工现场可根据工程任务的大小、现场的具体条件、机具设备的情况,因地制宜的选用,如采用移动式混凝土搅拌站等。

为了适应我国基本建设事业飞速发展的需要,一些大城市已开始建立混凝土集中搅拌站,目前的供应半径约 15～20km。搅拌站的机械化及自动化水平一般较高,用混凝土运输汽车直接供应搅拌好的混凝土,然后直接浇筑入模。这种供应"商品混凝土"的生产方式,在改进混凝土的供应,提高混凝土的质量以及节约水泥、集料等方面,有很多优点。

4.3.2 混凝土运输

混凝土的运输是指将混凝土从搅拌站送到浇筑点的过程。

1. 混凝土运输过程中的一般要求

(1)混凝土在运输过程中,不应产生分层、离析现象,也不得漏浆和失水,运至浇筑地点的混凝土的坍落度应符合规定。

如发生分层、离析现象,应在浇筑前进行二次搅拌,以确保混凝土的匀质性。为避免混凝土坍落度减少,运输混凝土的工具(容器)应不吸水、不漏浆,且在使用前应先用水湿润。天气炎热时,容器应遮盖,以防阳光直射而水分蒸发。

(2)运输时间应保证混凝土在初凝前浇入模板内并捣实完毕。为此混凝土的运输应以最少的转运次数、最短的运输时间,从搅拌地点输送到浇筑地点。混凝土从搅拌机卸出至浇筑完毕的延续时间,不宜超过表 4-14 的规定。

混凝土从搅拌机中卸出至浇筑完毕的延续时间(min)　　　　　　　　　表 4-14

混凝土强度等级	气　温　(℃)	
	不高于 25	高于 25
C30 及 C30 以下	120	90
高于 C30	90	60

注:1. 掺用外加剂或采用快硬水泥拌制混凝土时,应按试验确定。
　　2. 轻集料混凝土的运输、浇筑延续时间应适当缩短。

2. 混凝土运输设备

常用的运输设备有:手推车、机动翻斗车、混凝土搅拌运输车、井架、塔式起重机、混凝土泵等。

1)手推车及机动翻斗车

运输双轮手推车容积约 0.07～0.1m³,载重约 200kg;主要用于工地内的水平运输。当用于楼面水平运输时,由于楼面上已绑好钢筋、支好模板,因此需铺设手推车行走用的跳板。为了避免压坏钢筋,跳板可用马凳垫起。机动翻斗车容量约 0.45m³,载重约 1t,用于地面运距较远或工程量较大时的混凝土运输。

2)混凝土搅拌运输车运输

目前各地正在推广使用混凝土集中预拌,以商品混凝土形式供应各工地的方式。由于商品混凝土运距较远,因此一般多用混凝土搅拌运输车。混凝土搅拌运输车是将运输混凝土的搅拌筒安装在汽车底盘上,把在预拌混凝土搅拌站生产的混凝土成品装入拌筒内,然后运至施工现场。在整个运输过程中,混凝土搅拌筒始终在作慢速转动,从而使混凝土在长途运输后,仍不会出现离析现象,以保证混凝土的质量。混凝土搅拌运输车的外形如图 4-40 所示。

3）井架

用井架垂直运输混凝土时，应配以双轮手推车作水平运输。混凝土在地面用双轮手推车运至井架的升降平台上，然后井架将双轮手推车提升到楼层上，将手推车沿铺在楼面上的跳板推到浇筑地点。井架具有构造简单、成本低、装拆方便、提升与下降速度快等优点，因此运输效率较高，常用于多层建筑施工。

图 4-40 混凝土搅拌运输车

4）塔式起重机

塔式起重机既能完成混凝土的垂直运输，又能完成一定的水平运输。在其工作幅度范围内能直接将混凝土从装料点吊升到浇筑地点送入模板内，中间不需要转运，因此是一种较有效的混凝土运输方式。

用塔式起重机运输混凝土时，应配备混凝土料斗配合使用。在装料时料斗放置地面，搅拌机（或机动翻斗车）将混凝土卸于料斗内，再由塔式起重机吊送至混凝土浇筑地点。料斗容量大小，应据所用塔式起重机的起吊能力、工作幅度、混凝土运输车的运输能力及浇筑速度等因素确定。常用的料斗容量为 0.4、0.8、1.2（m³）。

5）混凝土泵运输

采用混凝土泵输送混凝土，称为泵送混凝土。混凝土泵是一种有效的混凝土运输工具，它以泵为动力，沿管道输送混凝土，可以同时完成水平和垂直运输，将混凝土直接运送至浇筑地点。我国一些大、中城市及重点工程已逐渐推广使用并取得了较好的技术经济效果。多层和高层框架建筑、基础、水下工程和隧道等都可以采用混凝土泵输送混凝土。

泵送混凝土设备由混凝土泵、输送管和布料装置组成。

（1）混凝土泵：混凝土泵的种类很多，有活塞泵、气压泵和挤压泵等类型，目前应用最为广泛的是活塞泵。按泵体能否移动，混凝土泵还可分为固定式和移动式。固定式混凝土泵使用时需用其他车辆将其拖至现场，它具有输送能力大，输送高度高等特点。一般最大水平输送距离为 250～600m，最大垂直输送高度为 150m。固定式混凝土泵适用于高层建筑的混凝土工程施工。移动式混凝土泵车（图 4-41）是将混凝土泵安装在汽车底盘上，根据需要可随时开至施工地点进行作业。

（2）输送管：混凝土输送管道一般用钢管制成，常用的管径主要有 100mm、125mm、150mm 等几种；标准管长 3m，另有 2m 和 1m 长的配套管；并配有 90°、45°、30°、15°等不同角度的弯管，以便管道转折处使用。当两种不同管径的输送管连接时，用锥形管过渡，其长度一般为 1m。在管道的出口处大都接有软管（用橡胶管或塑料管等），以便在不移动钢管的情况下，扩大布料范围。

（3）布料装置：由于混凝土泵是连续供料，输送量大。因此，在浇筑地点应设置布料装置，将混凝土直接浇入模板内或铺摊均匀。

一般的布料装置常用的有以下三种：

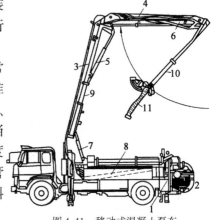

图 4-41 移动式混凝土泵车

1-混凝土泵；2-混凝土输送车；3-布料杆支撑装置；4-布料杆臂架；5、6、7-油缸；8、9、10-混凝土输送管；11-软管

①混凝土泵车布料杆。混凝土泵车布料杆,是在混凝土泵车上附装的既可伸缩也可屈折的混凝土布料装置。混凝土输送管道就设在布料杆内,末端是一段软管,用于混凝土浇筑时的布料工作,如图4-41所示。

②独立式混凝土布料器。独立式混凝土布料器(图4-42)是与混凝土泵配套工作的独立布料设备。在操作半径内,能比较灵活自如的浇筑混凝土。其工作半径一般为10m左右,最大的可达40m。由于其自身较为轻便,能在施工楼层上灵活移动,所以,实际的浇筑范围较广,适用于高层建筑的楼层混凝土布料。

③混凝土浇灌斗。混凝土浇灌斗常见的有混凝土浇灌布料斗。混凝土浇灌布料斗为混凝土水平与垂直运输的一种转运工具。混凝土装进浇灌斗内,由起重机吊送至浇筑地点直接布料。浇灌斗是用钢板拼焊成畚箕式,其容量一般为1m³,两边焊有耳环,便于挂钩吊旗。上部开口,下部采用制动闸门,以便打开和关闭。

图4-42　独立式混凝土布料器

(4)泵送混凝土要求:采用泵送混凝土要求混凝土的供应必须保证混凝土泵能连续工作;输送管线宜直,转弯宜缓,接头应严密;泵送前后应先用适量的与混凝土内成分相同的水泥浆或水泥砂浆润滑输送管内壁;预计泵送间歇时间超过45min或当混凝土出现离析现象时,应立即用压力水或其他方法冲洗管内残留的混凝土;在泵送结束后应及时把残留在混凝土缸体内或输送管道内的混凝土清洗干净。

4.3.3　混凝土浇筑

混凝土的浇筑工作包括布料摊平、捣实、抹平修正等工作。混凝土的浇筑要保证混凝土的均匀性、密实性、结构的整体性、尺寸准确、钢筋与预埋件的位置正确,拆模后混凝土表面要平整、光洁。

浇筑前应检查模板、支架、钢筋和预埋件的正确位置,并进行验收。由于混凝土工程属于隐蔽工程;因而对混凝土量大的工程、重要工程或重点部位的浇筑,以及其他施工中的重大问题,均应随时填写施工记录。

1.浇筑的基本要求

1)防止混凝土离析

混凝土离析会影响混凝土均质性,因此除在运输中应防止剧烈颠簸外,混凝土在浇筑时自由下落高度不宜超过2m,否则应用串筒、斜槽等下料,如图4-43所示。

2)新旧混凝土结合良好

在浇筑竖向结构混凝土前,应先在浇筑处底部填入50~100mm厚与混凝土内砂浆成分相同的水泥浆或水泥砂浆,然后再浇筑混凝土。这样即使新旧混凝土结合良好,又可避免蜂窝麻面现象。

3)在降雨、雪时不宜露天浇筑混凝土

当需浇筑时应采取有效措施,确保混凝土质量。

4)混凝土应分层浇筑

为了使混凝土能振捣密实,应分层浇筑分层捣实。每层厚见表4-15。

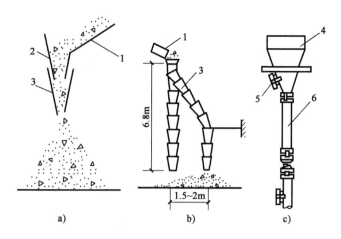

图 4-43　防止混凝土离析的措施

a)溜槽运输;b)串筒;c)振动串筒

1-溜槽;2-挡板;3-串筒;4-漏斗;5-振动器;6-节管

混凝土浇筑层厚度　　　　　　　　　　　　　表 4-15

项　次	捣实混凝土方法		浇筑层厚度(mm)
1	插入式振动		振动器作用部分长度的 1.25 倍
2	表面振动		200
3	人工捣实	在基础或无筋混凝土和配筋稀疏的结构中	250
		梁、墙、板、柱结构中	200
		在配筋密集的结构中	150
4	轻集料混凝土	插入式振动	300
		表面振动(振动时需加荷载)	200

5)混凝土连续浇筑

混凝土浇筑工作应尽可能连续,当必须有间歇时,其间歇时间宜缩短,并在下层混凝土初凝前将上层混凝土浇筑振捣完毕。混凝土的运输、浇筑及间歇的全部延续时间不得超过表 4-16 的规定,当超过时,应按留置施工缝处理。

混凝土运输、浇筑及间歇的允许时间(min)　　　　　　　表 4-16

混凝土强度等级	气　温	
	不高于 25℃	高于 25℃
不高于 C30	210	180
高于 C30	180	150

6)正确留设施工缝

混凝土结构大多要求整体浇筑,如因技术或组织上的原因不能连续浇筑时,且停顿时间有可能超过混凝土的初凝时间,则应事先确定在适当位置留置施工缝。施工缝就是指先浇混凝土已凝结硬化、再继续浇筑混凝土的新旧混凝土间的结合面,它是结构的薄弱部位,因而宜留在结构受剪力较小且便于施工的部位。柱应留水平缝,梁、板、墙应留垂直缝。

施工缝的留置位置应符合下列规定:

(1)柱,宜留置在基础的顶面、梁或吊车梁牛腿的下面、吊车梁的上面、无梁楼盖柱帽的下面(图 4-44);

（2）与板连成整体的大截面梁，留置在板底面以下 20～30mm 处，当板下有梁托时，留置在梁托下部；

（3）单向板，留置在平行于板的短边的任何位置；

（4）有主次梁的楼板宜顺着次梁方向浇筑，施工缝应留置在次梁跨度的中间 1/3 范围内（图 4-45）；

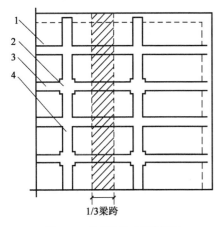

图 4-44　柱子的施工缝位置图
1-楼板；2-柱；3-次梁；4-主梁

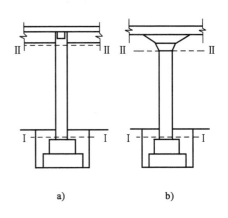

图 4-45　有主次梁楼盖的施工缝位置
a）梁板式结构；b）无梁楼盖结构

（5）墙，宜留置在门洞口过梁跨中 1/3 范围内，也可留在纵横墙的交接处；

（6）双向受力楼板、大体积混凝土结构、拱、薄壳、蓄水池、斗仓、多层刚架及其他结构复杂的工程，施工缝的位置应按设计要求留置。

在施工缝处继续浇筑混凝土时，须待已浇筑的混凝土抗压强度达到 $1.2N/mm^2$ 后才能进行，而且需对施工缝做一些处理，以增强新旧混凝土的连接，尽量降低施工缝对结构整体性带来的不利影响。处理过程是：先在已硬化的混凝土表面上，清除水泥薄膜和松动石子及软弱混凝土层，并加以充分湿润、冲洗干净，且不得留有积水；然后在浇筑混凝土前先在施工缝处铺一层水泥浆或与混凝土内成分相同的水泥砂浆；浇筑混凝土时，需仔细振捣密实，使新旧混凝土结合紧密。

2.混凝土结构浇筑方法

1）框架结构混凝土的浇筑方法

框架结构的主要构件有基础、柱、梁、楼板等。其中柱、梁、板等构件是沿垂直方向重复出现的，施工时，一般按结构层来划分施工层。当结构平面尺寸较大时，还应划分施工段，以便组织各工序流水施工。

框架柱基础形式多为台阶式基础。台阶式基础施工时一般按台阶分层浇筑，中间不允许留施工缝；倾倒混凝土时宜先边角后中间，确保混凝土充满模板各个角落，防止一侧倾倒混凝土挤压钢筋造成柱插筋的位移；各台阶之间最好留有一定时间间歇，以给下面台阶混凝土一段初步沉实的时间，以避免上下台阶之间出现裂缝，同时也便于上一台阶混凝土的浇筑。

在框架结构每层每段施工时，混凝土的浇筑顺序是先浇柱，后浇梁、板。柱的浇筑宜在梁板模板安装后进行，以便利用梁板模板稳定柱模并作为浇筑混凝土的操作平台用；一排柱子浇筑时，应从两端向中间推进，以免柱模板在横向推力作用下向另一方倾斜；柱高在 3m 以下时，可直接从柱顶浇入混凝土。若柱高超过3m，断面尺寸小于400mm×400mm，并有交叉箍筋时，应在柱侧模每段不超过2m的高度开口（不小于30cm高），装上斜溜槽分段浇筑，也可采用串筒直接从柱顶进行浇筑。

如柱、梁和板混凝土是一次连续浇筑，则应在柱混凝土浇筑完毕后停歇1~1.5h，待其初步沉实，排除泌水后，再浇筑梁、板混凝土。

梁、板混凝土一般同时浇筑，浇筑方法应先将梁分层浇捣成阶梯形，当达到板底位置时即与板的混凝土一同浇捣；而且倾倒混凝土的方向与浇筑方向相反。当梁高超过1m时，可先单独浇筑梁混凝土，水平施工缝设置在板下20~30mm处。

2）剪力墙浇筑

框架—剪力墙结构中的剪力墙也分层浇筑，其根部浇筑方法与柱子相同。对有窗口的剪力墙应在窗口两侧对称下料，以防压斜窗口模板。对墙口下部的混凝土应加强振捣，以防出现孔洞。墙体浇筑后间歇1~1.5h后待混凝土沉实，方可浇筑上部梁板结构。

梁和板宜同时浇筑，当梁高度大于1m时方可将梁单独浇筑。

当采用预制楼板、硬架支模时，应加强梁部混凝土的振捣和下料，严防出现孔洞，要确保模板体系的稳定性。当有叠合构件时，对现浇的叠合部位应随时用铁插尺检查混凝土厚度。

当梁、柱混凝土强度等级不同时，应先用与柱同强度等级的混凝土浇筑柱子与梁相交的节点处，用钢丝网将节点与梁端隔开，在混凝土凝结前，及时浇筑梁的混凝土，不要在梁的根部留施工缝。

3）大体积混凝土的浇筑方法

大体积混凝土指的是最小断面尺寸大于1.0m以上的混凝土结构。

大体积混凝土结构的施工特点：整体性要求较高，往往不允许留设施工缝，一般都要求连续浇筑；结构的体量较大，浇筑后的混凝土产生的水化热量大，并聚积在内部不易散发，从而形成内外较大的温差，引起较大的温差应力，容易在混凝土表面形成裂缝甚至形成贯穿裂缝，影响结构的承载能力和安全。

因此，大体积混凝土的施工时，为保证结构的整体性应合理确定混凝土浇筑方案；为保证施工质量应采取有效的技术措施降低混凝土内外温差。

（1）大体积混凝土结构浇筑方案：大体积混凝土浇筑方案需根据结构大小、混凝土供应等实际情况决定，一般有全面分层、分段分层和斜面分层三种方案（图4-46）。

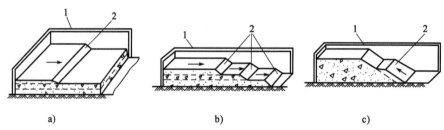

图4-46　大体积混凝土浇筑方案

a）全面分层；b）分段分层；c）斜面分层

1-模板；2-新浇筑的混凝土

全面分层［图4-46a）］：全面分层就是在整个结构内全面分层浇筑混凝土，要求每一层的混凝土浇筑必须在下层混凝土初凝前完成。此浇筑方案适用于平面尺寸不太大的结构，施工时宜从短边开始，顺着长边方向推进，有时也可从中间开始向两端进行或从两端向中间推进。

分段分层[图4-46b)]：分段分层是将结构从平面上分成几个施工段，厚度上分成几个施工层，先浇筑第一段各层混凝土，然后浇筑第二段各层混凝土，如此逐段逐层连续浇筑，直至结束。为保证结构的整体性，要求次段混凝土应在前段混凝土初凝前浇筑并与之捣实成整体。此方案适用于厚度不大而面积或长度较大的结构。

斜面分层[图4-46c)]：当结构的长度大大超过厚度而混凝土流动性又较大时，若采用分段分层方案，混凝土往往不能形成稳定的分层台阶，这时可采用斜面分层浇筑方案。施工时将混凝土一次浇筑到顶，让混凝土自然地流淌，形成坡度为1:3的斜面。此方案适宜于泵送混凝土施工。

(2)大体积混凝土降低内外温差控制温度裂缝的措施：

①选用水化热较低的水泥(如矿渣水泥、火山灰水泥、粉煤灰水泥等)来配制混凝土。

②掺加缓凝剂或缓凝型减水剂。

③选用级配良好的集料，严格控制砂石含泥量；减少水泥用量，降低水灰比；注意振捣，以保证混凝土的密实性，减少混凝土的收缩和提高混凝土的抗拉强度。

④降低混凝土的入模温度。在气温较高时，砂石堆场、运输设备上搭设遮阳装置，或采用低温水或冰水拌制混凝土。

⑤加强混凝土的保湿、保温养护，严格控制大体积混凝土内外温差。当设计无具体要求时，温差不宜超过25℃。采用保温材料或蓄水养护，减少混凝土表面的热扩散及延缓混凝土内部水化热的降温速率，以避免或减少温度裂缝。

⑥加大浇筑面积、散热面、分层分段浇筑。

4)水下混凝土浇筑

水下混凝土用于泥浆护壁成孔灌注桩、地下连续墙以及水工结构工程等结构施工。其浇筑一般采用导管法，即以直径200～300mm，壁厚3～6mm，分段(每段长3m)接长封闭的钢管浇筑水下混凝土(图4-47)。

(1)水下混凝土浇筑的工艺流程：

①用提升机具将导管垂直插入水中，至导管底端距水底面300～500mm，导管顶部露于地表以上。

②自导管顶部将隔水栓(混凝土、木、橡胶等制成)以铁丝吊入导管内的水位以上。

③自导管顶部不断地灌注混凝土拌和物，逐渐放松悬吊隔水栓的铁丝，隔水栓在其上部混凝土拌和物重力作用下沿导管内向下移动，同时导管中的水自导管底部排出。

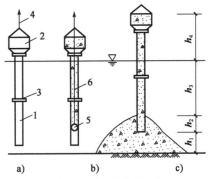

图4-47　水下浇筑混凝土

a)组装导管；b)导管内悬吊隔水栓并浇筑混凝土；c)浇筑混凝土，提管

1-钢导管；2-漏斗；3-接头；4-吊索；5-隔水栓；6-铁丝

④当预计隔水栓以上导管中，以及导管顶部料斗中的混凝土拌和物数量，能足够达到导管埋入混凝土的最小深度的数量时，剪断悬吊隔水栓的铁丝，于是隔水栓连同其上部的混凝土拌和物沿导管内下落，同时导管中的水自导管迅速排出；隔水栓上部的混凝土拌和物冲出导管底部堆积，将导管底端埋入。

⑤继续不断地自导管顶部灌注混凝土拌和物，导管底端的混凝土拌和物被挤压出导管。随着继续灌注，缓慢地提升导管，但要始终保持导管底部在混凝土拌和物中埋入深度不小

于1~1.5m。

⑥混凝土浇筑至底部结构的设计标高以上50~100mm即完毕。上部结构施工时,先凿除表面软弱层。

（2）水下混凝土浇筑的施工工艺要点:

①隔水栓直径较导管内径小15~20mm,以保证隔水栓既要有良好、可靠的隔水性能,又能够顺利地自导管排出。

②浇筑过程中只允许垂直提升导管,不能左右晃动导管;提升导管必须保证导管底端在混凝土拌和物中的埋入深度。

③每根导管的作用半径不大于3m,当结构面积过大时可以多根导管同时浇筑,从最深处开始,相邻导管的标高差不应超过导管间距的1/20~1/15,并且浇筑的混凝土拌和物表面均匀上升。

④水下混凝土必须连续浇筑施工,浇筑持续时间宜按初盘混凝土的初凝时间控制。

3. 混凝土的振捣

混凝土拌和物浇入模板后,呈疏松状态,其中含有占混凝土体积5%~20%的空隙和气泡。而混凝土的强度、抗冻性、抗渗性以及耐久性等,都与混凝土的密实性有关。因此,混凝土拌和物必须经过振捣,才能使浇筑的混凝土达到设计要求。目前振捣混凝土有人工和机械振捣两种方式。

人工振捣是用人工冲击(夯或插)来使混凝土密实、成型。人工只能将坍落度较大的塑性混凝土捣实,但密实度不如机械振捣,故只有在特殊情况下才用人工捣实,目前工地大部分采用机械振捣。

用于振捣混凝土拌和物的机械,按其工作方式可分为:内部振动器;表面振动器、外部振动器和振动台四种(图4-48)。

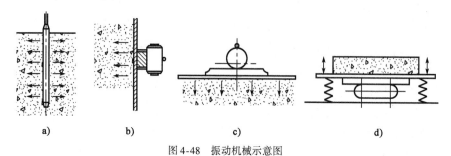

图4-48 振动机械示意图

a)内部振动器;b)表面振动器;c)外部振动器;d)振动台

1）内部振动器

内部振动器又称插入式振动器(图4-49),其工作部分是一棒状空心圆柱体,内部装有偏心振子,在电动机带动下高速转动而产生高频微幅的振动。内部振动器多用于振实梁、柱、墙、厚板和大体积混凝土结构等。

操作要点:

（1）"快插慢拔"。"快插"是为了防止先将混凝土表面振实,与下面混凝土产生分层离析现象,"慢

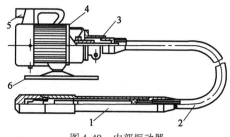

图4-49 内部振动器

1-振动棒;2-软轴;3-防逆装置;4-电动机;5-电器开关;6-支座

拔"是为了使混凝土填满振动棒抽出时形成的空洞。

（2）振动器插点要均匀排列，可采取"行列式"和"交错式"两种（图4-50），防止漏振。捣实普通混凝土每次移动位置的距离（即两插点间距）不宜大于振动器作用半径的1.5倍（振动器的作用半径一般为300~400mm），最边沿的插点距离模板不应大于有效作用半径的0.5倍；振实轻集料混凝土的移动间距，不宜大于其作用半径。

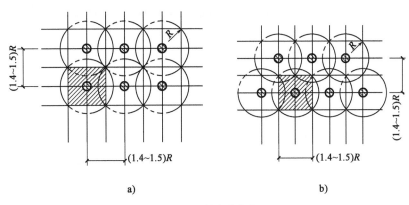

图4-50 插点的分布
a）行列式；b）交错式

（3）每一插点的振捣延续时间，应使混凝土表面呈现浮浆和不再沉落。一般每点振捣时间为20~30s，使用高频振动器时，亦应大于10s。

（4）混凝土分层浇筑时，每层混凝土厚度应不超过振动棒长的1.25倍；在振捣上一层时应插入下层混凝土的深度不应小于50mm，以消除两层间的接缝，同时要在下层混凝土初凝前进行。在振捣过程中，宜将振动棒上下略为抽动，使上下振捣均匀。

（5）振捣器应避免碰撞钢筋、模板、预埋件等。

2）表面振动器

表面振动器又称平板振动器，它由带两个偏心块的电动机和平板（木板或钢板）组成。其作用深度较小，适用于振捣表面积大且平整、厚度小的结构或预制构件，如振捣楼板、地面、板形构件。

操作要点：

（1）振动器在每一位置上应连续振动一定时间，一般为25~40s，以混凝土表面均匀出现浮浆为准。

（2）振捣时的移动距离应保证振动器的平板能覆盖已振实部分的边缘，前后位置相互搭接30~50mm，以防漏振。

（3）在无筋及单筋结构中，每次振捣厚度不大于200mm；在双筋结构中不大于120mm。

（4）大面积混凝土地面，可采用两台振动器，以同一方向安装在两条木杠上，通过木杠的振动使混凝土振实。

（5）振动倾斜混凝土表面时，应由低处逐渐向高处移动。

3）附着式振动器

附着式振动器又称外部振动器，它通过螺栓或夹钳等固定在模板外侧的横档或竖档上，偏心块旋转所产生的振动力通过模板传给混凝土，使之振实。适用于钢筋较密、厚度较小、不宜使用插入式振动器的结构构件。

操作要点：

（1）附着式振动器的振动作用深度约为 250mm，如构件尺寸较厚，需在构件两侧安设振动器同时振动。

（2）混凝土浇筑高度要高于振动器安装部位。当钢筋较密、构件断面较深较窄时，亦可采用边浇筑边振动的方法。

（3）振动器要与模板紧密连接，设置间距应通过试验确定，一般情况下，可每隔 1～1.5m 设置一个。

4）振动台

振动台是混凝土制品厂中固定的生产设备，用于混凝土预制构件的振捣。

操作要点：

（1）当混凝土厚度小于 200mm 时，混凝土可一次装满振捣；如厚度大于 200mm 时，应分层浇筑，每层厚度不大于 200mm 应随浇随振。

（2）当采用振动台振实干硬性和轻集料混凝土时，宜采用加压振动的方法，压力为 1～3kN/m²。

4.3.4 混凝土的养护

混凝土浇筑捣实后，逐渐凝固硬化，这个过程主要由水泥的水化作用来实现，而水化作用必须在适当的温度和湿度条件下才能完成。因此，为了保证混凝土有适宜的硬化条件，使其强度不断增长，必须对混凝土进行养护。

混凝土养护方法分人工养护和自然养护。

1. 人工养护

人工养护就是用人工来控制混凝土的养护温度和湿度，使混凝土强度增长，如蒸汽养护、热水养护、太阳能养护等。人工养护主要用来养护预制构件，而施工现场现浇构件大多用自然养护。

2. 自然养护

自然养护就是指在平均气温高于 5℃ 的自然条件下于一定时间内使混凝土保持湿润状态。

自然养护分洒水养护和喷涂薄膜养生液养护两种。

1）洒水养护

即用草帘等将混凝土覆盖，经常洒水使其保持湿润。

养护要点：

（1）应在浇筑完毕后的 12h 以内对混凝土加以覆盖并保湿养护（当日平均气温低于 5℃ 时，不得浇水）。

（2）混凝土浇水养护的时间：对采用硅酸盐水泥、普通硅酸盐水泥或矿渣硅酸盐水泥拌制的混凝土，不得少于 7d；对掺用缓凝型外加剂或有抗渗要求的混凝土，不得少于 14d；当采用其他品种水泥时，混凝土的养护时间应根据所采用水泥的技术性能确定。

（3）浇水次数应能保持混凝土处于湿润状态；混凝土养护用水应与拌制用水相同。

2）喷涂薄膜养生液养护

即用过氯乙烯树脂塑料溶液喷涂在混凝土表面上，溶液挥发后在混凝土表面形成一层塑料薄膜，将混凝土与空气隔绝，阻止其中水分的蒸发，以保证水化作用的正常进行。适用于不易洒水养护的高耸构筑物和大面积混凝土结构。

采用塑料薄膜养生液养护的混凝土,其敞露的全部表面应覆盖严密,并应保持塑料布内有凝结水。

4.3.5 混凝土冬期施工方法

根据当地多年气象资料统计,当室外日平均气温连续5d稳定低于5℃,应采取冬期施工措施。试验证明,混凝土遭受冻结带来的危害与遭冻的时间早晚等有关。遭冻时间越早,则后期混凝土强度损失越多。当混凝土达到一定强度后,再遭受冻结,由于混凝土已具有的强度足以抵抗冰胀应力,其最终强度将不会受到损失。因此为避免混凝土遭受冻结带来危害,使混凝土在受冻前达到一定的强度,这一强度称为混凝土受冻临界强度。我国现行规范规定混凝土受冻前应达到临界强度:硅酸盐水泥或普通硅酸盐水泥配制的混凝土不得低于其设计强度标准值的30%;矿渣硅酸盐水泥配制的混凝土不得低于其设计强度标准值的40%,C10及以下的混凝土不得低于5.0N/mm²。已经达到临界强度值的冬期施工混凝土最终强度不受损失。为了保证混凝土冬季施工的质量,应从以下几个方面加以控制。

1. 混凝土材料要求

冬期施工的混凝土,应优先选用硅酸盐水泥或普通硅酸盐水泥。水泥强度等级不应低于42.5等级,最小水泥用量不宜少于300kg/m³,水灰比不应大于0.6。防冻剂宜使用无氯盐类,严禁使用高铝水泥。

混凝土所用集料必须清洁,不得含有冰、雪等冻结物及易冻裂的矿物质,在掺用含有钾、钠离子防冻剂的混凝土中,不得掺有活性集料。

2. 混凝土的拌制

为了加速混凝土强度的增长,尽早达到受冻临界强度,需要混凝土早期具备较高的温度。温度升高需要热量,一部分热量来源于水泥的水化热,另一部分则只有通过加热的方法获得。最简易也是最经济的方法是加热拌和水。水不但易于加热,而且水的比热比砂石大,其热容量也大,约为集料的五倍。但是加热温度不得超过表4-17所规定的数值,以防止水泥出现假凝,影响混凝土强度的增长。

拌和水及集料的最高温度(℃)　　　　　　　　表4-17

项　　　目	拌　和　水	集　　料
强度等级小于52.5的普通硅酸盐水泥、矿渣硅酸盐水泥	80	60
强度等级大于或等于52.5的普通硅酸盐水泥、硅酸盐水泥	60	40

当外界温度很低,只加热水而不能获得足够的热量时,才考虑加热集料。加热集料的方法,可以在集料堆或容器中通入蒸汽或热空气,较长期使用的可安装暖气管路,也有用加热的铁板或火坑来加热集料的,这种方法只适用于分散、用量小的地方。水泥应该储存在暖棚中,任何情况下都不得直接加热水泥,原因是加热不易均匀,加热的水泥遇水会导致水泥假凝。

拌制掺外加剂的混凝土时,如外加剂为粉剂,可直接撒在水泥上面和水泥同时投入,如外加剂为液体,使用时应先配制成规定浓度溶液,然后根据使用要求,用规定浓度溶液在配制成施工溶液。每班使用的外加剂应一次配成。混凝土拌制时间应取常温拌制时间的1.5倍。

混凝土拌和物的出机温度不宜低于10℃,入模温度不得低于5℃。

3. 混凝土的运输与浇筑

混凝土搅拌完毕从搅拌机卸出后,尚需要经过运输才能入模浇筑,在这一过程中要防止混凝土的热量散失冻结。减少热量散失的措施:正确选择放置搅拌机的地点,尽量缩短运距,选择最佳的运输路线;正确选择运输容器的形式、大小和保温材料;尽量减少装卸次数并合理组织装入、运输和卸出混凝土的工作。

冬期不得在强冻胀性地基土上浇筑混凝土,当在弱冻胀性地基土上浇筑混凝土时,地基土应进行保温,以免遭冻。对加热养护的现浇混凝土结构,混凝土的浇筑程序和施工缝的位置,应能防止在加热养护时产生较大的温度应力。当分层浇筑厚大的整体结构时,已浇筑层的混凝土温度,在被上一层混凝土覆盖前,不得低于按热工计算的温度,且不得低于2℃。冬期施工混凝土振捣应用机械振捣,振捣时间应比常温时有所增加。

4. 混凝土冬期施工常用方法

混凝土冬期施工方法主要有三大类:第一类为正温养护方法,如蓄热法、暖棚法、蒸汽加热法和电热法等,这类冬期施工方法,实质是人为地创造一个正温环境,以保证新浇筑的混凝土强度能够正常地不间断地增长,甚至可以加速增长;第二类为负温混凝土法,这类冬期施工方法,实质是在拌制混凝土时,加入适量的外加剂,可以适当降低水的冰点,使混凝土中的水在负温下保持液相,从而保证了水化作用的正常进行,使得混凝土强度得以在负温环境中持续地增长。这种方法一般不再对混凝土加热;第三类为综合法,这类冬期施工方法,实质是将前两类方法进行综合利用。

1) 正温养护法

(1) 蓄热法。蓄热法是混凝土浇筑后,利用原材料加热及水泥水化热的热量,通过适当保温延缓混凝土冷却,使混凝土冷却到0℃以前达到预期要求强度的施工方法。

蓄热法施工方法简单,费用较低,较易保证质量。当室外最低温度不低于−15℃时,地面以下的工程或表面系数不大于$15m^{-1}$(结构冷却的表面积与其全部体积的比值)的结构,应优先采用蓄热法养护。

蓄热法为了确保原材料的加热温度,正确选择保温材料,使混凝土在冷却到0℃以下时,其强度达到或超过受冻临界强度,施工时必须进行热工计算。

(2) 暖棚法。暖棚法是在被养护构件或建筑的四周搭设围护物,形成棚罩,内部安设散热器、热风机或火炉等作为热源,加热空气,从而使混凝土在正温环境下养护至临界强度或预定设计强度。用暖棚法养护混凝土时,要求暖棚内的温度不得低于5℃,并应保持混凝土表面湿润。

暖棚法施工操作与常温无异,劳动条件好,工作效率较高,同时混凝土质量有可靠保证,不易发生冻害。但是由于需要较多的搭盖材料和保温加热设施,施工费用较高。适用于严寒天气施工的地下室、人防工程或建筑面积不大而混凝土工程又很集中的工程。

(3) 蒸汽加热法。蒸汽加热养护分为湿热养护和干热养护两类。湿热养护是让蒸汽与混凝土直接接触,利用蒸汽的湿热作用来养护混凝土,如棚罩法、蒸汽套法以及内部通汽法。而干热养护则是将蒸汽作为热载体,通过某种形式的散热器将热量传导给混凝土使其升温,如毛管法和热模法。

①棚罩法:在现场结构物的周围制作能拆卸的蒸汽室,如在地槽上部盖简单的盖子或在预制构件周围用保温材料(木材、砖、篷布等)做成密闭的蒸汽室,通入蒸汽加热混凝土。本法设施灵活、施工简便、费用较小,但耗汽量大,温度不易控制。适用于加热地槽中的混凝土结构及

地面上的小型预制构件。

②蒸汽套法:在构件模板外再用一层紧密不透气的材料(如木板)做成蒸汽套,汽套与模板间的空隙约 150mm,通入蒸汽加热混凝土。此法温度能适当控制,但设备复杂、费用大,可用于现浇柱、梁及肋形楼板等整体结构加热。

③内部通汽法:在混凝土构件内部预留直径为 φ13～φ50mm 的孔道,再将蒸汽送入孔内加热混凝土。当混凝土达到要求的强度后,排除冷凝水,随即用砂浆灌入孔道内加以封闭。内部通汽法节省蒸汽、费用较低,但入汽端易过热产生裂缝。适用于梁柱、桁架等结构件。

④毛管法:在模板内侧做成沟槽,间距 200～250mm,在沟槽上盖以 0.5～2mm 厚的铁皮,使之成为通蒸汽的毛管,通入蒸汽进行加热。毛管法用汽少,但仅适用于以木模浇筑的结构,对于柱、墙等垂直构件加热效果好,而对于平放的构件,其加热不易均匀。

⑤蒸汽热模法:利用钢模板加工成蒸汽散热器,通过蒸汽加热钢模板,再由模板传热给混凝土。

(4)电热法。电热法是利用电能作为热源来加热养护混凝土的方法。这种方法设备简单、操作方便、热损失少、能适应各种施工条件。但耗电量较大,冬期施工附加费用较高。按电能转换为热能的方式不同电热法可分为:电极加热法、电热器加热法和电磁感应加热法。

2)负温混凝土法

负温混凝土法是将拌和水预先加热,必要时砂子也加热,使经过搅拌后的混凝土出机时具有一定的零上温度,在拌和物中加入外加剂,混凝土浇筑后不再加热,仅作保护性覆盖以防止风雪侵袭。混凝土终凝前,其本身温度即已降至 0℃ 并迅速与环境气温平衡。混凝土就在负温中硬化。外加剂可以采用以下几种:

防冻剂的作用是降低混凝土液相的冰点,使混凝土早期不受冻,并使水泥的水化能继续进行;早强剂是指能提高混凝土早期强度,并对后期强度无显著影响的外加剂。常用的防冻剂有:氯化钠($NaCl$)、亚硝酸钠($NaNO_2$)、乙酸钠(CH_3COONa)等。

早强剂以无机盐类为主,如氯盐($CaCl_2$,$NaCl$)、硫酸盐(Na_2SO_4,$CaSO_4$,K_2SO_4)、碳酸盐(K_2CO_3)、硅酸盐等。其中的氯盐使用历史悠久,氯盐的掺入效果随掺量而异,掺量过高,不但会降低混凝土的后期强度,而且将增大混凝土的收缩量。由于氯盐对钢筋有锈蚀作用,故规范对氯盐的使用及掺量有严格规定:在钢筋混凝土结构中,氯盐掺量按无水状态计算不得超过水泥重量的 1%;经常处于高湿环境中的结构、预应力及使用冷拉钢筋或冷拔低碳钢丝的结构、具有薄细构件的结构或有外露钢筋预埋件而无防护的部位等,均不得掺入氯盐。

混凝土中掺入减水剂,在混凝土和易性不变的情况下,可大量减少施工用水,因而混凝土孔隙中的游离水减少,混凝土冻结时承受的破坏力也明显减少。同时由于施工用水的减少,可提高混凝土中防冻剂和早强剂的溶液浓度,从而提高混凝土的抗冻能力。常用的减水剂如木质素磺酸钙减水剂,用量为水泥用量的 0.2%～0.3%,可减水 10%～15%,提高强度 10%～20%,此类减水剂价格较低,但减水效果不如高效减水剂,高效减水剂如 NNO 减水剂,用量为水泥用量的 0.5%～0.8%,减水 10%～25%,提高强度 20%～25%,增加坍落度 2～3 倍,用于冬季施工,作用显著,但其价格较高。

在混凝土中掺入加气剂,能在混凝土中产生大量微小的封闭气泡。混凝土受冻时,部分水被冰的膨胀压力挤入气泡中,从而缓解了冰的膨胀压力和破坏性,而防止混凝土遭到破坏。常用加气剂为松香热聚物,其用量为水泥用量的 0.005%～0.015%,使用时需将加气剂配成溶剂使用,其配合比为加气剂:氢氧化钠:热水 =5:1:150,热水温度控制在 70～80℃ 范围内。松香热聚物加气剂是用松香、石碳酸、硫酸、氢氧化钠等按一定比例配制而成。

3）综合法

综合法是在混凝土拌和物中掺有少量的外加剂,原材料预先加热,拌制和运输过程都要适当保温,拌和物浇筑后温度一般须达到 10℃以上。通过蓄热保温或短期人工加热,使混凝土经过 1～15d 后才冷却至 0℃。此时已经终凝,然后逐渐与环境气温相平衡,由于外加剂的作用,混凝土在负温中继续硬化。

综合法与负温混凝土工艺相比,外加剂产量可以减少,混凝土强度增长也较快。与蓄热养护和加热养护工艺相比,可以节约能耗,具有较好的技术经济效果。

适量的外加剂与蓄热保温相结合,而不进行人工加热的方法称为综合蓄热法。目前工程实践中,该方法应用较多。

4.3.6 混凝土常见的外观质量缺陷及修补

根据国家标准《混凝土结构工程施工质量验收规范》(GB 50204—2002)规定,混凝土现浇结构外观质量缺陷划分为下列九种情况。

1. 露筋

露筋是指钢筋混凝土结构内部的主筋、架立筋、分布筋、箍筋等没有被混凝土包裹而外露的缺陷。

修补措施:拆模后发现较浅的露筋缺陷,须尽快进行修补。先用钢丝刷洗刷基层,充分湿润后用(1:2)～(1:2.5)水泥砂浆抹平,并注意结构表面的平整度。如果是严重蜂窝、孔洞等原因形成的露筋,按其修补措施进行。

2. 蜂窝(含麻面)

混凝土拆模之后,表面局部漏浆、粗糙、存在许多小凹坑的现象,称之为麻面;若麻面现象严重,混凝土局部疏松、砂浆少、大小石子分层堆积,石子之间出现状如蜂窝的窟窿,称之为蜂窝缺陷。

修补措施:面积较小且数量不多的麻面与蜂窝的混凝土表面,可用(1:2)～(1:2.5)水泥砂浆抹平,在抹砂浆之前,必须用钢丝刷或加压水洗刷基层。较大面积或较严重的麻面蜂窝,应按其全部深度凿去薄弱的混凝土层和个别突出的集料颗料,然后用钢丝刷或加压水洗刷表面,再用比原混凝土强度等级提高一级的细石混凝土填塞,并仔细捣实。

3. 孔洞

孔洞是指结构构件表面和内部有空腔,局部没有混凝土或者是蜂窝缺陷过于严重。一般工程上常见的孔洞,是指超过钢筋保护层厚度,但不超过构件截面尺寸 1/3 的缺陷。

修补措施:将孔洞周围的松散混凝土和软弱浆膜凿除,用钢丝刷和压力水冲刷,湿润后用高一个强度等级的细石混凝土仔细浇灌、捣实。

4. 夹渣

混凝土内部夹有杂物且深度超过保护层厚度,称之为夹渣。

修补措施:如果夹渣是面积较大而深度较浅,可将夹渣部位表面全部凿除,刷洗干净后,在表面抹(1:2)～(1:2.5)水泥砂浆。如果夹渣部位较深,超过构件截面尺寸的 1/3 时,应先做必要的支撑,分担各种荷载,将该部位夹渣全部凿除,安装好模板,用钢丝刷刷洗或压力水冲刷,湿润后用高一个强度等级的细石混凝土仔细浇灌、捣实。

5. 疏松

疏松是指混凝土结构内部不密实。

修补措施:因胶凝材料和冻害原因而引起的大面积混凝土疏松,强度较大幅度降低,必须完全撤除,重新建造。与蜂窝、孔洞等缺陷同时存在的疏松现象,按其修补措施。局部混凝土疏松,可采用水泥净浆或环氧树脂及其他混凝土补强固化剂进行压力注浆,实行补强加固。

6. 裂缝

混凝土出现表面裂缝或贯通性裂缝,影响结构性能和使用功能。可以说,实际中所有混凝土结构不同程度地存在各种裂缝,混凝土原生的微细裂纹有时是允许存在的,对结构和使用影响不大。我们所要做的是防治产生宽度大于 0.5mm 的表面裂缝和大于 0.3mm 贯通性裂缝(一般环境下的工业与民用建筑)。

修补措施如下:

细小裂缝:宽度小于 0.5mm 的细小裂缝,可用注射器将环氧树脂溶液黏结剂或早凝溶液黏结剂注入裂缝内。注射前须用喷灯或电吹风将裂缝内吹干,注射时,从裂缝的下端开始,针头应插入缝内深处,缓慢注入。使缝内空气向上逸出,黏结剂在缝内向上填充。

浅裂缝:深度小于 10mm 的浅裂缝,顺裂缝走向用小凿刀将裂缝外部扩凿成 V 形,宽约5～6mm,深度等于原裂缝,然后用毛刷将"V"槽内颗粒及粉尘清除,用喷灯或电吹风吹干,然后用漆工刮刀或抹灰工小抹刀将环氧树脂胶树脂胶泥压填在"V"槽上,反复搓动,使紧密黏结,缝面按需要做成与构件面齐平或稍微突出成弧形。

对于较细较深的裂缝,可以将上述两种方法结合使用,先凿槽后注射,最后封槽。

较宽较深裂缝:先沿裂缝以 10～30cm 的间距设置注浆管,然后将裂缝的其他部位用胶黏带子以密封,以防漏浆,接着将搅拌好的净浆以 2N/mm² 压力用电动泵注入,从第一个注浆管开始,至第二个注浆管流出浆时停止,接着即从第二个注浆管注浆,依次完成,直至最后。

7. 连接部位缺陷

构件的连接处混凝土缺陷。常见的有"烂跟"、"烂脖子"、"缩颈"等。

修补措施,根据构件连接部位质量缺陷的种类和严重情况,按上述露筋、蜂窝、孔洞、夹渣、疏松和裂缝的有关措施进行修补加固。

8. 外形缺陷

外形缺陷是指混凝土外表有缺棱断角、棱角不直、翘曲不平等现象。

修补措施:

清水混凝土的修补,必须采用与原混凝土完全相同的原材料,按原配合比适当增减各种成分(可掺加部分白水泥),制成三种以上的现场砂浆配合比,然后分别制作试验样品,2d 后对比颜色,采用外观颜色一致的一个配比。

外形缺失和凹陷的部分,先用稀草酸溶液清除表面脱模剂的油脂,然后用清水冲洗干净,让其表面湿透。再用上述配比砂浆抹灰补平。外形翘曲和凸出的部分,先凿除多余部分,清洗湿透后用砂浆抹灰补平。

9. 外表缺陷

清水混凝土的外表缺陷有表面麻面、掉皮、起砂、沾污等。

修补措施:出现麻面、掉皮和起砂现象,在修饰前先用稀草酸溶液清除表面脱模剂的油脂,然后用清水冲洗干净,让其表面湿透。再将前述颜色一致的砂浆拌和均匀,按漆工刮腻子的方法,将砂浆用刮刀大力压向清水混凝土外表缺陷内,即压即刮平,然后用干净的干布擦去表面污渍,养护24h后,用细砂纸打磨至表面颜色一致。出现沾污则必须由人工用细砂纸仔细打磨,将污渍去除,使构件外表颜色一致。

4.4 预应力混凝土工程

4.4.1 概述

1.预应力混凝土的基本概念

混凝土作为一种建筑材料在工程建设中被广泛采用,它具有良好的物理力学性能,尤其是与钢筋有效组合后形成的钢筋混凝土,具有承载力强、整体性好、刚度大、抗腐蚀、耐火和适应性广等特点。但是混凝土的极限应变值很小(只有 $0.0001 \sim 0.00015$),要使混凝土不开裂,受拉钢筋的应力只能达到 $150 \sim 200N/mm^2$,而钢筋的屈服强度很高(仅 I 级钢就为 $235N/mm^2$),钢筋的抗拉强度未能充分发挥。

预应力混凝土是解决这一难题的有效方法。预应力混凝土是指在结构或构件的受拉区,通过张拉预应力钢筋的方法,使受拉区混凝土产生预压应力,当构件在荷载的作用下,在受拉区产生拉应力时,首先要用来抵消受拉区混凝土的预压应力,从而使受拉区混凝土出现裂缝时最小荷载增大,并在使用荷载不变的条件下,缩小裂缝展开的宽度,提高结构或构件的抗裂度和刚度的混凝土。

与普通混凝土相比,预应力混凝土除了提高了构件的抗裂度和刚度外,还具有减轻自重、增加构件的耐久性、降低造价等优点。特别是在大开间、大跨度和重荷载的结构中,采用预应力混凝土可以显著地减少材料的用量,扩大结构的使用功能,并可取得更大的综合经济效益和社会效益。

2.预应力混凝土分类

预应力混凝土按施工方法的不同可分为先张法和后张法两大类;先张法在浇筑混凝土之前张拉钢筋;后张法在硬化后的混凝土构件上张拉钢筋。

此外,按钢筋张拉方式不同,预应力混凝土又可分为机械张拉、电热张拉与自应力张拉法等。

随着预应力混凝土技术的发展,一些体外预应力和缓黏结预应力的新技术在我国工业与民用建筑中也得到了广泛的应用,随着科学技术的进步,在现代工程结构中,预应力混凝土必将具有广阔的发展前景。

3.预应力混凝土结构对混凝土的要求

预应力混凝土结构构件所用的混凝土,需满足下列要求:

1)强度高

与钢筋混凝土不同,预应力混凝土必须采用强度高的混凝土,因为强度高的混凝土对采用先张法的构件可提高钢筋与混凝土之间的黏结力,对采用后张法的构件,可提高锚固端的局部承压承载力。

2)收缩,徐变小

可以减少因收缩,徐变引起的预应力损失。

3)快硬,早强

可尽早施加预应力,加快台座,锚具,夹具的周转率,以利加快施工速度。

因此,《混凝土结构设计规范》(GB 50010—2010)规定,预应力混凝土构件的混凝土强度等级不宜低于C40,且不应低于C30。预应力筋宜采用预应力钢丝、钢绞线和预应力螺纹钢筋。

4.4.2 先张法施工

1.先张法及适用范围

先张法是在浇筑混凝土之前,先张拉预应力钢筋,并将预应力筋临时固定在台座或钢模上,待混凝土达到一定强度(一般不低于混凝土设计强度标准值的75%),混凝土与预应力筋具有一定的黏结力时,放松预应力筋,使混凝土在预应力筋的反弹力作用下,使构件受拉区的混凝土承受预压应力。预应力筋的张拉力,主要是由预应力筋与混凝土之间的黏结力传递给混凝土。图4-51为预应力混凝土构件先张法(台座)生产示意图。

先张法多用于预制构件厂生产定型的预应力中小构件,先张法生产可采用台座法和机组流水法。

台座法是构件在台座上生产,即预应筋的张拉、固定、混凝土浇筑、养护和预应力筋的放松等工序均在台座上进行。采用机组流水法是利用钢模板作为固定预应力筋的承力架,构件连同模板通过固定的机组,按流水方式完成其生产过程。本书主要介绍台座法生产预应力混凝土构件的施工方法。

2.先张法施工设备

1)台座

台座是先张法施工张拉和临时固定预应力筋的支撑结构,它承受预应力筋的全部张拉力,因此要求台座具有足够的强度、刚度和稳定性。台座按构造形式分为:墩式台座和槽式台座。

(1)墩式台座

墩式台座由台墩、台面与横梁等组成(图4-52)。

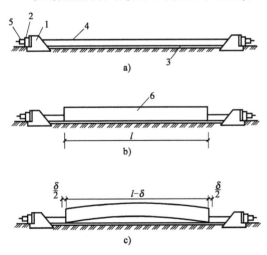

图4-51 先张法台座示意图

a)预应力筋张拉;b)混凝土浇筑与养护;c)放松预应力筋

1-台座承力结构;2-横梁;3-台面;4-预应力筋;5-锚具夹具;

6-混凝土构件

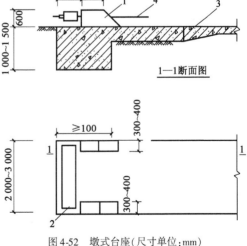

图4-52 墩式台座(尺寸单位:mm)

1-台墩;2-横梁;3-台面;4-预应力筋

台墩一般由现浇钢筋混凝土制成,它是主要受力结构,要有足够的强度和刚度,特别要有足够的稳定性。稳定性验算包括抗倾覆验算与抗滑移验算。

台面是构件成形的胎模,由素土夯实后铺碎砖垫层,再浇筑 50～80mm 厚的 C20 级混凝土面层组成。台面应平整、光滑,并沿纵向设 0.3% 的排水坡度。台面伸缩缝可根据当地温差和经验设置,一般约为 10m 设置一条,也可采用预应力混凝土滑动台面,不留施工缝。

横梁是用来临时固定预应力筋的支座,常采用型钢或钢筋混凝土制成,横梁也是主要受力结构。横梁的挠度应小于 2mm,并不得产生翘曲。

墩式台座的长度为 100～150m,故又称长线台座。墩式台座一次可生产多根预应力混凝土构件。

（2）槽式台座

槽式台座由钢筋混凝土压杆、上下横梁及砖墙等组成（图 4-53）。

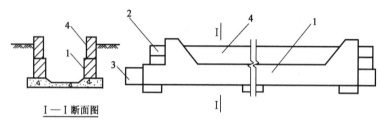

图 4-53　槽式台座

1-传力柱;2-砖墙;3-下横梁;4-上横梁

钢筋混凝土压杆是槽式台座的主要受力结构,常采用装配式结构,每段长 5～6m,可拼接和拆移;台座一般低于地面,以便构件的装运和蒸汽养护;砖墙用来挡土和防水,也是蒸汽养护的保温侧墙。

槽式台座的长度一般为 45～76m,适用于张拉吨位较大的大型构件,如吊车梁、屋架、薄腹梁等。槽式台座有上下两个横梁,能进行双向预应力混凝土构件的张拉。

2）夹具

夹具是先张法施工临时固定预应力筋的工具。夹具必须工作可靠、构造简单、装卸方便。按其用途不同,可分为锚固夹具和张拉夹具。

（1）锚固夹具

①锥形夹具。锥形夹具是用于预应力钢丝的锚具,由锥形孔套筒和刻齿锥形板（或销）组成。它又分为圆锥齿板式夹具和圆锥三槽式夹具（图 4-54）。

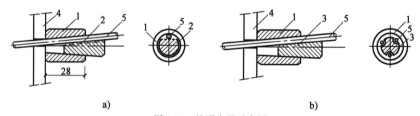

a)　　　　　　　　　　　　　　　　　　b)

图 4-54　锥形夹具示意图

a)圆锥齿板式;b)圆锥三槽式

1-套筒;2-齿板;3-锥销;4-定位板;5-预应力筋

圆锥齿板式夹具的套筒和齿板均用 Q345 钢制作。它是靠细齿锥形板和套筒间的挤压摩擦阻力固定钢丝。圆锥三槽式夹具的套筒和锥销均采用 Q345 钢制作。它是利用圆锥销与套筒之间的挤压摩擦阻力固定钢丝。

②镦头夹具。镦头夹具是利用预应力钢筋末端镦粗加以固定的,镦头卡在锚固垫板上。这种镦头夹具用于预应力筋的固定端,如图4-55所示。

③圆套筒三片式夹具。圆套筒三片式夹具由圆锥孔形套筒和三个夹片组成(图4-56)。套筒和夹片均由 Q345 钢制作。它是利用挤压摩擦阻力自锁固定的。

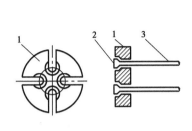

图 4-55　固定端镦头夹具

1-锚固板;2-镦粗头;3-预应力筋

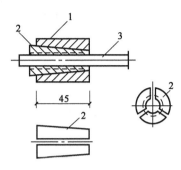

图 4-56　圆套筒三片式夹具(尺寸单位:cm)

1-套筒;2-夹片;3-预应力钢筋

(2)张拉夹具

张拉夹具是将预应力筋与张拉机械连接起来进行预应力张拉的工具,常用的张拉夹具有偏心式夹具和楔形夹具等,如图4-57所示。

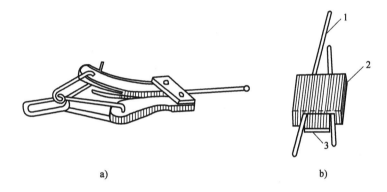

a)　　　　　　　　　　　　　b)

图 4-57　张拉夹具

a)偏心式夹具;b)楔形夹具

1-钢丝;2-锚板;3-楔块

3)张拉设备

张拉设备要求工作可靠,控制应力准确,能以稳定的速率加大拉力。常用的张拉设备有油压千斤顶(图4-58)、卷扬机、电动螺杆张拉机(图4-59)等。

3.先张法施工工艺

先张法施工工艺流程如图4-60所示。

1)预应力筋的张拉

先张法预应力筋的张拉有单根张拉和多根成组张拉。单根张拉所用设备构造简单,易于保证应力均匀,但生产效率低,锚固困难;成组张拉能提高工效,减轻劳动强度,但设备构造复杂,需要较大张拉力。因此,应根据实际情况选取适宜的张拉方法,一般构件厂常选用成组张拉法,施工现场常采用单根张拉法。

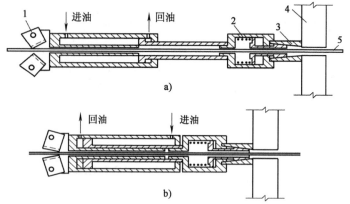

图 4-58　YC－20 穿心式千斤顶张拉过程示意图

a)张拉;b)复位

1-偏心块夹具;2-弹性顶压头;3-夹具;4-台座横梁;5-预应力筋

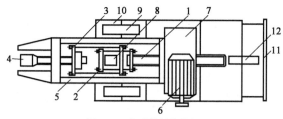

图 4-59　电动螺杆张拉机

1-螺杆;2、3-拉力架;4-夹具;5-承力架;6-电动机;7-变速箱;8-压力计盒;9-车轮;10-底盘;11-把手;12-后轮

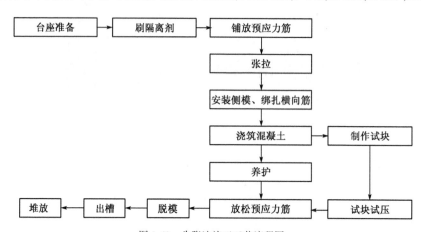

图 4-60　先张法施工工艺流程图

　　预应力筋的张拉工作是预应力混凝土施工中的关键工序,为确保施工质量,在张拉中应严格控制张拉应力、张拉程序、张拉力的计算和预应力筋伸长值与应力的测定。

　　(1)预应力筋的张拉控制应力

　　预应力筋的张拉控制应力应符合下列规定,且不宜小于 $0.4f_{ptk}$:

　　①钢丝、钢绞线 $\sigma_{con} \leqslant 0.75f_{ptk}$;

　　②预应力螺纹钢筋 $\sigma_{con} \leqslant 0.85f_{pyk}$。

　　注意:当符合下列情况之一时,上述张拉控制应力限值可相应提高 $0.05f_{ptk}$ 或 $0.05f_{pyk}$:

　　①要求提高构件在施工阶段的抗裂性能而在使用阶段受压区内设置的预应力筋;

②要求部分抵消由于应力松弛、摩擦、钢筋分批张拉以及预应力筋与张拉台座之间的温差等因素产生的预应力损失。

（2）张拉程序

预应力筋的张拉程序可按下列程序之一进行：

$0 \longrightarrow 103\% \sigma_{con}$；

或 $0 \longrightarrow 105\% \sigma_{con} \xrightarrow{\text{持荷 2min}} \sigma_{con}$。

第一种张拉程序中，超张拉3%是为了弥补预应力筋的松弛引起的预应力损失，这种张拉程序施工简便，一般较多采用。

第二种张拉程序中，超张拉5%并持荷2min，其目的是为了减少预应力筋的松弛损失。钢筋松弛的数值与控制应力、延续时间有关，控制应力越高，松弛也就越大，同时还随着时间的延续不再增加，但在第一分钟内完成损失总值的50%左右，24h内则完成80%。上述程序中，超张拉5% σ_{con} 持荷2min，可以减少50%以上的松弛损失。

（3）预应力筋张拉力的计算

预应力筋张力 P 按下式计算：

$$P = (1 + m) \sigma_{con} A_p (kN) \tag{4-11}$$

式中：m——超张拉百分率（%）；

σ_{con}——张拉控制应力；

A_p——预应力筋截面面积。

（4）预应力筋伸长值校核

预应力筋张拉后，一般应校核预应力筋的伸长值。如实际伸长与计算伸长值的偏差超过 $-5\% \sim +10\%$ 时，应暂停张拉，查明原因并采取措施予以调整后，方可继续张拉。预应力筋的伸长值 ΔL 按下式计算：

$$\Delta L = \frac{F_p L}{A_p E_s} \tag{4-12}$$

式中：F_p——预应力筋张拉力；

L——预应力筋长度；

A_p——预应力筋截面面积；

E_s——预应力筋的弹性模量。

预应力筋的实际伸长值，宜在初应力约为 $10\% \sigma_{con}$ 时开始测量，但必须加上初应力以下的推算伸长值。

（5）张拉注意事项

当多根成组张拉时，应调整各预应力筋初应力一致，以保证张拉后各预应力筋的应力一致；张拉过程中预应力钢材断裂或滑脱的数量，对先张法严禁超过结构同一截面预应力钢材总根数的5%，且严禁相邻两根断裂或滑脱，如在浇筑混凝土前发生时必须予以更换；预应力筋的位置不允许有过大的偏差，其限制条件是偏差不大于5mm，且不得大于构件截面最短边长的4%。

2）混凝土的浇筑和养护

预应力筋张拉完毕后，即应浇筑混凝土。混凝土的浇筑应一次完成，不允许留设施工缝。必须严格控制混凝土的用水量和水泥用量。采用良好级配的集料，保证振捣密实，特别是端部，应保证预应力筋与混凝土之间的黏结强度。

若采用蒸汽养护,应采取正确的养护制度。开始阶段,应控制温差在20°C内;待混凝土强度达到10MPa后,再正常升温加热养护混凝土至规定的强度。用机组流水法钢模制作预应力构件,不产生温差预应力损失,可采用一般加热养护制度。

采用平卧叠浇法制作预应力混凝土构件时,下层构件混凝土强度需达到5MPa后,方可浇筑上层构件,并应有隔离措施。

3)预应力筋的放张

预应力筋放张就是将预应力筋从夹具中松脱开,将张拉力通过预应力筋传递给混凝土,从而获得预压应力。放张的过程就是传递预应力的过程。这是先张法构件能否获得良好质量的一个重要生产过程,应根据放张要求,确定合理的放张顺序、放张方法及相应的技术措施。

(1)放张要求

放张预应力筋时,混凝土强度必须符合设计要求,当设计无要求时,不得低于设计的混凝土强度标准值的75%。预应力混凝土构件在预应力筋放张前,要对混凝土试块进行试压,以确定混凝土的实际强度。

预应力混凝土构件的预应力筋为钢丝时,放张前,应根据预应力钢丝的应力传递长度,计算出预应力钢丝在混凝土内的回缩值,以检查预应力钢丝与混凝土黏结效果。若实测的回缩值小于计算的回缩值,则预应力钢丝与混凝土的黏结效果满足要求,可进行预应力钢丝的放张。预应力钢丝理论回缩值,可按式(4-13)进行计算:

$$a = \frac{1}{2}\frac{\sigma_{y1}}{E_s}l_a \tag{4-13}$$

式中:a——预应力钢丝的理论回缩值(cm);

σ_{y1}——完成第一批预应力损失后,预应力钢丝建立起的有效预应力(N/mm²);

E_s——预应力钢丝的弹性模量(N/mm²);

l_a——预应力筋传递长度(mm),参见表4-18。

预应力钢筋传递长度 表4-18

钢 筋 种 类	放张时混凝土强度			
	C20	C30	C40	>C50
刻痕钢丝 d <5mm	150d	100d	65d	50d
钢绞线 d =7.5~15mm	—	85d	70d	70d
冷拔低碳钢丝 d =3~5mm	110d	90d	80d	80d

例如:某预应力混凝土构件,混凝土设计强度标准值C40,放张时混凝土强度为C30,预应力筋采用直径5mm的冷拔低碳钢丝,弹性模量 $E_s = 1.8 \times 10^5$ N/mm²,抗拉强度标准值 $f_{ptk} = 650$ N/mm²,设计张拉控制应力 $\sigma_{con} = 0.7f_{ptk}$,设计考虑第一批预应力损失 $0.1\sigma_{con}$,则放松钢丝时有效预应力 $\sigma_{y1} = 0.9 \times 0.7 \times 650$,预应力筋的传递长度根据表4-18得 $l_a = 90d$,

故 $\qquad a = \frac{1}{2}\frac{\sigma_{y1}}{E_s}l_a = \frac{1}{2} \times \frac{0.9 \times (0.7 \times 650)}{1.8 \times 10^5} \times 90 \times 5 = 0.51$ (mm)

若实测钢丝回缩值 a 小于0.51时,即可放张预应力钢丝;否则,应继续养护。

(2)放张顺序

预应力筋的放张顺序,应满足设计要求,如设计无要求时应满足下列规定:

①对轴心受预压构件(如压杆、桩等)所有预应力筋应同时放张。

②对偏心受预压构件(如梁等)先同时放张预压力较小区域的预应力筋,再同时放张预压力较大区域的预应力筋。

③如不能按上述规定放张时,应分阶段、对称、相互交错地放张,以防止在放张过程中构件发生翘曲、裂纹及预应力筋断裂等现象。

(3)放张方法

对配筋不多的预应力钢丝放张可采用剪切、割断和熔断的方法,由中间向两侧逐根放张,以减少回弹量,利于脱模。对配筋较多的预应力钢丝,放张应同时进行,不得采用逐根放张法,以防最后钢丝因增力过大而断裂或构件混凝土端部开裂。

当构件的预应力筋为钢筋时,放张应缓慢进行。对配筋不多的钢筋,可采用逐根加热熔断;对配筋较多的预应力钢筋,所有钢筋应同时放张。

预应力筋同时放张方法有:千斤顶、砂箱、楔块等装置,如图4-61所示。

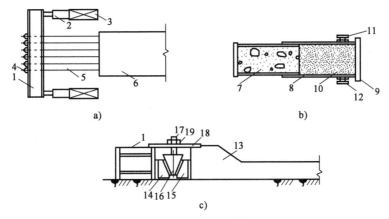

图4-61 预应力筋放张装置

a)千斤顶放张装置;b)砂箱放张装置;c)楔块放张装置

1-横梁;2-千斤顶;3-承力架;4-夹具;5-钢丝;6-构件;7-活塞;8-套箱;9-套箱底板;10-砂;11-进砂口;12-出砂口;13-台座;14、15-固定楔块;16-滑动楔块;17-螺杆;18-承力板;19-螺母

4.4.3 后张法施工

1.后张法及适用范围

后张法是先制作构件,预留孔道,待构件混凝土强度达到设计规定的数值后,在孔道内穿入预应力筋进行张拉,并用锚具在构件端部将预应力筋锚固,最后进行孔道灌浆。预应力筋的张拉力主要是靠构件端部的锚具传递给混凝土,使混凝土产生预应力(图4-62)。后张法灵活性较大,适用于现场预制或工厂预制块体,现场拼装的大中型预应力构件、特种结构和构筑物等,如大跨度大柱网的房屋结构、大跨度的桥梁、大型特种结构,等等。但后张法施工工序较多,且锚具不能重复使用,耗钢量较大。

后张法预应力施工,可分为有黏结预应力施工和无黏结预应力施工,近年来缓黏结预应力技术也得到广泛发展。

2.预应力筋、锚具及张拉机械

1)常用预应力类型

目前常用的预应力筋有单根粗钢筋、钢筋束(钢绞线束)和钢丝束三种类型。

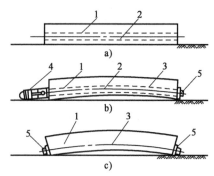

图 4-62 后张法施工示意

a)制作构件,预留孔道;b)穿入预应力钢筋进

行张拉并锚固;c)孔道灌浆

1-混凝土构件;2-预留孔道;3-预应力筋;4-千斤

顶;5-锚具

2)锚具

锚具是后张法结构或构件中为保持预应力筋拉力并将其传递到混凝土上用的永久性锚固装置。不同于先张法,张拉夹具于张拉完毕可以回收重复使用。

三种预应力筋分别适用不同体系的锚具。

(1)单根预应力筋锚具

①螺丝端杆锚具:由螺杆、螺母和垫板组成,如图4-63a)所示,是单根预应力粗钢筋张拉端常用的锚具。螺丝端杆锚具与预应力筋对焊,用张拉设备张拉螺丝端杆,然后用螺母锚固。

②帮条锚具:由衬板和三根帮条焊接而成,如图4-63b)所示,是单根预应力粗钢筋非张拉端用锚具。帮条采用与预应力钢筋同级别的钢筋,衬板采用 Q235 钢。

帮条安装时,三根帮条应互成120°,其与衬板相接触的截面应在一个垂直平面上,以免受力时产生扭曲。

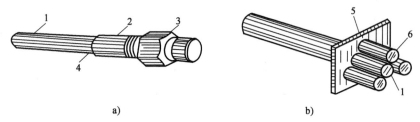

图 4-63 单根筋锚具

a)螺丝端杆锚具;b)帮条锚具

1-预应力钢筋;2-螺杆;3-螺母;4-对焊接头;5-衬板;6-帮条

(2)钢筋束(钢绞线束)锚具

①KT-Z 型锚具:又称可锻铸铁锥形锚具,由锚环与锚塞组成(图 4-64),适用于锚固 3 ~ 6 根直径 12mm 的冷拉螺纹钢筋与钢绞线束。

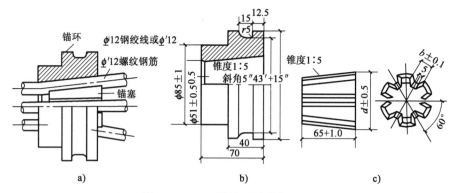

图 4-64 KT-Z 型锚具(尺寸单位:mm)

a)装配图;b)锚环;c)锚塞

②JM 型锚具:由锚环与夹片组成(图 4-65)。JM 型锚具的夹片属于分体组合型,组合起来的夹片形成一个整体截锥形楔块,可以锚固多根预应力钢筋或钢绞线,因此锚环是单

孔的。锚环和夹片均采用 45 号钢,经机械加工而成,成本较高。夹片呈扇形,靠两侧的半圆槽锚住预应力筋,为增加夹片与预应力筋之间的摩擦力,在半圆槽内刻有截面为梯形的齿痕,夹片背面的坡度与锚环内圈的坡度一致。JM 型锚具主要用于锚固 3 ~ 6 根直径为 12mm 的Ⅳ级冷拉钢筋束与 4 ~ 6 根直径为 12 ~ 15mm 的钢绞线束。JM 型锚具通过实践证明有良好的锚固性能,预应力筋的滑移比较小,同时具有施工方便的优点。目前有些地区采用精密铸造及模锻的方法生产 JM 型铸钢锚具,解决了加工困难和成本高的问题,为 JM 型锚具推广开辟了新的途径。

③群锚体系:XM、QM 均为群锚体系,即在一块锚板上可锚固多根钢绞线。在每个锥形孔内装一副夹片,夹持一根钢绞线。这种锚具的优点是每束钢绞线的根数不受限制;任何一根钢绞线锚固失效,都不会引起整束锚固失效(图 4-66)。

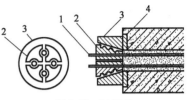

图 4-65　JM 锚具

1-预应力筋;2-夹片;3-锚环;4-垫板

(3)钢丝束锚具

①钢质锥形锚具:由锚塞和锚环组成,如图 4-67 所示。钢质锥形锚具一般适用于锚固预应力钢丝束,可锚固 12 ~ 24 根钢丝。锚塞和锚环的锥度应严格保持一致,保证对钢丝的挤压力均匀,不致影响摩擦阻力。

图 4-66　QM 型锚具

②镦头锚具:由锚杯、锚板和螺母组成,如图 4-68 所示。镦头锚具适用于锚固 12 ~ 24 根预应力钢丝。

③锥形螺杆锚具:由锥形螺杆、套筒、螺母和垫板组成,如图 4-69 所示。该锚具适用于 14 ~ 28 预应力钢丝束的锚固。

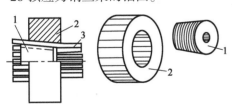

图 4-67　钢质锥形锚具

1-锚塞;2-锚环;3-钢丝束

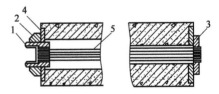

图 4-68　镦头锚具

1-锚杯;2-螺母;3-锚板;4-垫板;5-镦头预应力钢丝

3)张拉设备

后张拉法主要张拉设备有千斤顶和高压油泵。

(1)拉杆式千斤顶(YL 型)

拉杆式千斤顶主要用于张拉带有螺丝端杆锚具的粗钢筋,锥形螺杆锚具的钢丝束及镦头

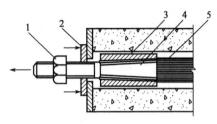

图 4-69 锥形螺杆锚具

1-螺母;2-垫板;3-套筒;4-锥形螺杆;5-预应力
钢丝束

锚具的钢丝束。

拉杆式千斤顶构造如图 4-70 所示,由主缸 1、主缸活塞 2、副缸 4、副缸活塞 5,连接器 7、顶杆 8 和拉杆 9 等组成。张拉预应力筋时,首先使连接器 7 与预应力筋 11 的螺丝端杆 14 连接,并使顶杆 8 支承在构件端部的预埋钢板 13 上。当高压油泵将油液从主缸油嘴 3 进入主缸时,推动主缸活塞向左移动,带动拉杆 9 和连接在拉杆末端的螺丝端杆,预应力筋即被拉伸,当达到张拉力后,拧紧预应力筋端部的螺母 10,使预应力筋锚固在构件端部。锚固完毕后,改用副缸油嘴 6 进油也回到油泵中。

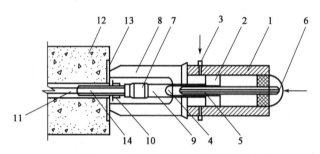

图 4-70 拉杆式千斤顶构造示意图

1-主缸;2-主缸活塞;3-主缸油嘴;4-副缸;5-副缸活塞;6-副缸油嘴;7-连接器;8-顶杆;9-拉杆;10-螺母;11-预应力筋;12-混凝土构件;13-预埋钢板;14-螺丝端杆

(2)锥锚式千斤顶(YZ 型)

锥锚式千斤顶主要用于张拉 KT-Z 型锚具锚固的钢筋束或钢绞线束和使用锥形锚具的预应力钢丝束。其张拉油缸用以张拉预应力筋,顶压油缸用顶压锥塞,因此又称双作用千斤顶,如图 4-71 所示。张拉预应力筋时,主缸进油,主缸被压移,使固定在其上的钢筋被张拉。钢筋张拉后,改由副缸进油,随即由副活塞将锚塞顶入锚圈中。主、副缸的回油则是借助设置在主缸和副缸中弹簧作用来进行的。

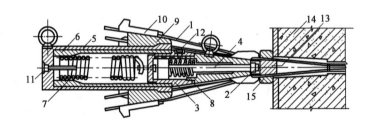

图 4-71 锥锚式千斤顶构造简图

1-预应力筋;2-顶压头;3-副缸;4-副缸活塞;5-主缸;6-主缸活塞;7-主缸拉力弹簧;8-副缸压力弹簧;9-锥形卡环;10-楔块;11-主缸油嘴;12-副缸油嘴;13-锚塞;14-构件;15-锚环

(3)穿心式千斤顶(YC 型)

穿心式千斤顶适用性很强,它适用于张拉采用 JM12 型、QM 型、XM 型的预应力钢丝束、钢筋束和钢绞线束,穿心式千斤顶的特点是千斤顶中心有穿通的孔道,根据张拉力和构造不同,有 YC60、YC20D、YCD120、YCD200 和无顶压机构的 YCQ 型千斤顶压。

3. 预应力筋的制作

1) 单根预应力筋制作

单根预应力筋一般用预应力螺纹钢筋,其制作包括配料、对焊、冷拉等工序。

为保证质量,宜采用控制应力的方法进行冷拉;钢筋配料时应根据钢筋的品种测定冷拉率,如果在一批钢筋中冷拉率变化较大时,应尽可能把冷拉率相近的钢筋对焊在一起进行冷拉,以保证钢筋冷拉力的均匀性。

钢筋对焊接长在钢筋冷前进行。钢筋的下料长度由计算确定(图4-72)。

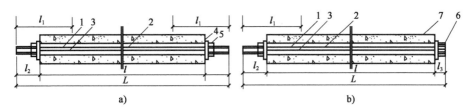

图4-72 预应力钢筋下料计算图

a)两端用螺丝端杆锚具;b)一端用螺丝端杆锚具

1-螺丝端杆;2-预应力钢筋;3-对接焊头;4-垫板;5-螺母;6-帮条锚具;7-混凝土构件

当构件两端均采用螺丝端杆锚具时,预应力筋下料长度为:

$$L = \frac{l + 2l_2 - 2l_1}{1 + \gamma - \sigma} + n\Delta \tag{4-14}$$

当一端采用螺丝端杆锚具,另一端采用帮条锚具时,预应力筋下料长度为:

$$L = \frac{l + l_2 + l_3 - l_1}{1 + \gamma - \sigma} + n\Delta \tag{4-15}$$

式中:l——构件的孔道长度;

l_1——螺丝端杆长度,一般为320mm;

l_2——螺丝端杆伸出构件外的长度,一般为120~150mm 或按下列公式计算:

张拉端:$l_2 = 2H + h + 5$ mm;

锚固端:$l_2 = H + h + 10$ mm;

l_3——帮条锚具所需钢筋长度;

γ——预应力筋的冷拉率(由试验确定);

σ——预应力筋的冷拉回弹率一般为0.4%~0.6%;

n——对焊接头数量;

Δ——每个对焊接头的压缩量,取钢筋直径;

H——螺母高度;

h——垫板厚度。

2) 钢筋束(钢绞线束)制作

钢筋束由直径为10m 的钢筋编束而成,钢绞线束由直径为12mm 或15mm 的钢绞线束编束而成。每束3~6根,一般不需对焊接长。

预应力筋的制作一般包括开盘冷拉、下料和编束等工序。下料是在钢筋冷拉后进行。钢绞线下料前应在切割口两侧各50mm 处用铁丝绑扎,切割后对切割口应立即焊牢,以免松散。

为了保证构件孔道穿入筋和张拉时不发生扭结,应对预应力筋进行编束。编束时一般把预应力筋理顺后,用18~22号铁丝,每隔1 左右绑扎一道,形成束状。

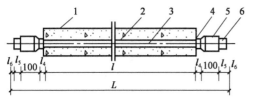

图 4-73　钢筋束下料长度计算简图(尺寸单位:mm)

1-混凝土构件;2-孔道;3-钢筋束;4-夹片式工作锚;5-穿心式
千斤顶;6-夹片式工具锚

当采用夹片式锚具,以穿心式千斤顶在构件上张拉(图 4-73)时,钢筋束或钢绞线束的下料长度 L 为:

预应力钢筋束或钢绞线束的下料长度 L 可按下式计算:

两端张拉时

$$L = l + 2(l_4 + l_5 + l_6 + 100) \quad (4\text{-}16)$$

一端张拉时

$$L = l + 2(l_4 + 100) + l_5 + l_6 \quad (4\text{-}17)$$

式中:l_4——夹片式工作锚厚度;

　　l_5——穿心式千斤顶长度;

　　l_6——夹片式工具锚厚度。

3)钢丝束制作

钢丝束制作随锚具的不同而异,一般需经调直、下料、编束和安装锚具等工序。

用锥形螺杆锚具的钢丝束在制作时,为了保证每根钢丝下料长度相等,使在张拉预应力时每根钢丝的受力均匀一致,因此,要求钢丝在应力状态下切断下料称为"应力下料"。下料时的控制应力采用 $300N/mm^2$。

为保证钢丝束穿盘和张拉时不发生扭结,穿束前应逐根理顺,捆扎成束,不得紊乱。钢丝编束依所用锚具形式不同,编束方法也有差异。

采用镦头锚具时,钢丝的一端可直接穿入锚环,另一端在距端部约 200mm 处编束,以便穿锚板时钢丝不紊乱,钢丝束的中间部分可根据长度适当编扎几道。

采用钢质锥形锚具、锥形螺杆锚具时,编束前必须对同一束的钢丝直径进行测量,使同束钢丝直径相对误差控制在 0.1mm 以内,以保证成束钢丝与锚具的可靠连接。编束工作是首先把钢丝理顺平放,然后每隔 1m 左右用 22 号铁丝将钢丝编成帘子状,如图 4-74 所示。最后,每隔 1m 放一个按端杆直径大小制成的钢丝弹簧圈作为衬圈,并将编好的钢丝帘绕衬圈围成圆束而成。

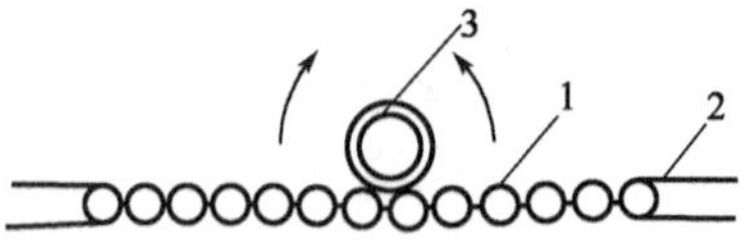

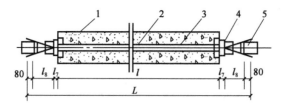

图 4-74　钢丝束的编束

1-钢丝;2-铅丝;3-衬圈

预应力钢丝束下料长度,依锚具不同,分别按下式计算。

(1)采用钢质锥形锚具,以锥锚式千斤顶张拉(图 4-75)时,钢丝的下料长度 L 为:

图 4-75　采用钢质锥形锚具时钢丝下料(尺寸单位:mm)

1-混凝土构件;2-孔道;3-钢丝束;4-钢质锥形锚具;5-锥锚式千斤顶

两端张拉

$$L = l + 2(l_7 + l_8 + 80) \quad (4\text{-}18)$$

一端张拉

$$L = l + 2(l_7 + 80) + l_8 \quad (4\text{-}19)$$

式中：l_7——锚环厚度；

$\qquad$ l_8——YZ 式千斤顶的长度，如 YZ-850 型千斤顶长度为 470mm。

（2）采用镦头锚具，以拉杆式千斤顶在构件上张拉（图4-76）时，钢丝束的下料长度 L 为：

两端张拉 $\qquad L = l + 2h_1 + 2b - (H_1 - H) - \Delta l - c$ $\qquad$ (4-20)

一端张拉 $\qquad L = l + 2h_1 + 2b - 0.5(H_1 - H) - \Delta l - c$ $\qquad$ (4-21)

式中：l——孔道长度；

$\qquad$ b——钢丝墩头留量（取钢丝直径的两倍）；

$\qquad$ H_1——锚杯高度；

$\qquad$ H——螺母高度；

$\qquad$ Δl——钢丝束张拉伸长值；

$\qquad$ c——张拉时构件混凝土弹性的压缩值。

4. 后张法施工工艺

后张法施工工艺与预应力施工有关的主要是孔道留设、预应力筋张拉和孔道灌浆三部分，图4-77为后张法施工工艺流程图。

1）孔道留设

后张法构件中孔道留设一般采用钢管抽芯法、胶管抽芯法、预埋管法。预应力筋的孔道形状有直线、曲线和折线三种。钢管抽芯法只用于直线孔道，胶管抽芯法和预埋管法适用于直线、曲线和折线孔道。

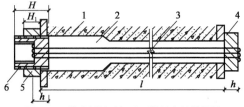

图4-76 墩头锚具时钢丝下料长度计算简图
1-混凝土构件；2-孔道；3-钢丝束；4-锚板；5-螺母；6-锚杯

孔道的留设是后张法构件制作的关键工序之一。所留孔道的尺寸与位置应正确，孔道要平顺，端部的预埋钢板应垂直于孔中心线。孔道直径一般应比预应力筋的接头外径或需穿入孔道锚具外径大 10~15mm，以利于穿入预应力筋。

（1）钢管抽芯法

将钢管预埋设在模板内孔道位置，在混凝土浇筑和养护过程中，每隔一定时间要慢慢转动钢管一次，以防止混凝土与钢管黏结。在混凝土初凝后、终凝前抽出钢管，即在构件中形成孔道。为保证预埋孔道质量，施工中应注意以下几点：

①钢管要平直，表面光滑，安放位置准确。钢管不直，在转动及拔管时易将混凝土管壁挤裂。钢管预埋前应除锈、刷油，以便抽管。钢管的位置固定一般用钢筋井字架，井字架间距一般 1~2m 左右。在灌注混凝土时，应防止振动器直接接触钢管，以免产生位移。

②钢管每根长度最好不超过 15m，以便于工作旋转和抽管。钢筋两端应各伸出构件 500mm 左右。较长构件可用两根钢管、接头处可用0.5mm 厚铁皮做成的套管连接，如图4-78所示。套管内表面要与钢管外表面紧密结合，以防漏浆堵塞孔道。

③恰当地控制抽管时间。抽管时间与水泥品种、气温和养护条件有关。抽管宜在混凝土终凝前、初凝后进行，以用手指按压混凝土表面不显指纹时为宜。常温下抽管时间约在混凝土浇筑后 3~6h。抽管时间过早，会造成坍孔事故；太晚，混凝土与钢管黏结牢固，抽管困难，甚至抽不出来。

④抽管顺序和方法。抽管顺序宜先上后下进行。抽管时速要均匀。边抽边转，并与孔道保持在一直线上。抽管后，应及时检查孔道，并做好孔道清理工作，以免增加以后穿钢筋的困难。

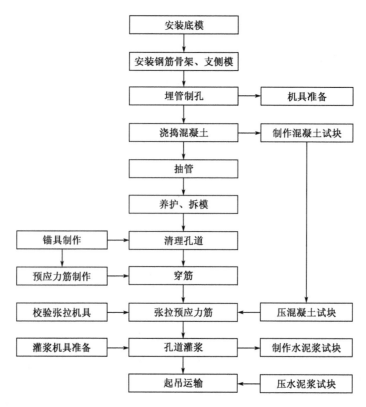

图 4-77　后张法施工工艺流程图

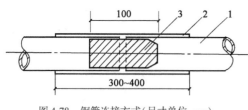

图 4-78　钢管连接方式(尺寸单位:mm)

1-钢管;2-铁皮套筒;3-硬木塞

⑤灌浆孔和排气孔的留设。由于孔道灌浆需要,每个构件与孔道垂直的方向应留设若干个灌浆孔和排气孔,孔距一般不大于 12m,孔径为 20mm,可用木塞或白铁皮管成孔。

(2)胶管抽芯法

留设孔道用的胶管一般有五层或七层夹布管和供预应力混凝土专用的钢丝网橡皮管两种。前者必须在管内充气或充水后才能使用。后者质硬,且有一定弹性,预留孔道时与钢管一样使用。

胶管采用钢筋井字架固定,间距不宜大于 0.5m,并与钢筋骨架绑扎牢。然后充水(或充气)加压到 0.5 ~ 0.8N/mm²,此胶管直径可增大 3mm。待混凝土初凝后,放出压缩空气或压力水,胶管直径缩小而与混凝土脱离,随即抽出胶管形成孔道。

为了保证留设孔道质量,使用应注意以下几个问题:

①胶管必须有良好的密封装置,勿漏水、漏气。密封的方法是将胶管一端外表削去 1 ~ 3 层脱皮及帆布,然后将外表面带有粗丝扣的钢管(钢管一端用铁板密封焊牢)插入胶管端头孔内,再用 20 号铅丝与胶管外表面密缠牢固,铅丝头用锡焊牢。胶管另一端接上阀门,其方法与密封端基本相同。

②胶管接头处理,如图 4-79 所示为胶管接头方法。

图中 1mm 厚钢管用无缝钢管加工而成。其内径等于或略小于胶管外径,以便于打入硬木塞后起到密封作用。铁皮套管与胶管外径相等或稍大(在 0.5mm 左右),以防止在振捣混凝土时胶管受振外移。

③抽管时间和顺序。抽管时间比钢管略迟。一般可参照气温和浇筑后的小时数的乘积达200℃·h左右。抽管顺序一般为先上而下,先曲后直。

（3）预埋管法

预埋管法是利用与孔道直径相同的金属波纹管埋在构件中,无需抽出,一般采用黑铁皮管、薄钢管或镀锌双波纹金属软管制作。预埋管法因省去抽管工序,且孔道留设在位置,形状也易保证,故目前应

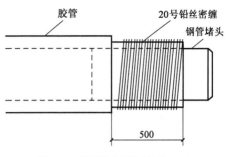

图4-79　胶管接头(尺寸单位:mm)

用较为普遍。金属波纹管重量轻、刚度好、弯折方便且与混凝土黏结好。金属波纹管每根长4~6m,也可根据需要,现场制作,其长度不限。波纹管在1kN径向力作用下不变形,使用前应做灌水试验,检查有无渗漏现象。

波纹管的固定,采用钢筋井字架,间距不宜大于0.8m,曲线孔道时应加密,并用铁丝绑扎牢。波纹管的连接,可采用大一号同型波纹管,接头管长度应大于200mm,用密封胶带或塑料热塑管封口。

2）预应力筋张拉

用后张法张拉预应力筋时,混凝土强度应符合设计要求,如设计无规定时,不应低于设计强度等级值的75%。

（1）张拉控制应力

张拉控制应力越高,建立的预应力值就越大,构件抗裂性越好。但是张拉控制应力过高,构件使用过程经常处于高应力状态,构件出现裂缝的荷载与破坏荷载很接近,往往构件破坏前没有明显预兆,而且当控制应力过高,构件混凝土预压应力过大而导致混凝土的徐变应力损失增加。因此控制应力应符合设计规定。

为了减少预应力筋的松弛损失,预应力筋的张拉程序可为:

$$0 \xrightarrow{} 1.05\sigma_{con} \xrightarrow{\text{持荷 2min}} \sigma_{con} \quad 或 \quad 0 \xrightarrow{} 1.03\sigma_{con}$$

（2）张拉顺序

张拉顺序应使构件不扭转与侧弯,不产生过大偏心力,预应力筋一般应对称张拉。对配有多根预应力筋构件,不可能同时张拉时,应分批、分阶段对称张拉,张拉顺序应符合设计要求。

分批张拉时,由于后批张拉的作用力,使混凝土再次产生弹性压缩导致先批预应力筋应力下降。此应力损失可按下式计算后加到先批预应力筋的张拉应力中去。分批张拉的损失也可以采取对先批预应力筋逐根复位补足的办法处理。

$$\Delta\sigma = E_s(\sigma_{con} - \sigma_1)A_p/E_cA_n \tag{4-22}$$

式中:$\Delta\sigma$——先批张拉钢筋增加的应力;

E_s——预应力筋弹性模量;

σ_{con}——控制应力;

σ_1——后批张拉预应力筋的第一批预应力损失(包括锚具变形后和摩擦损失);

E_c——混凝土弹性模量;

A_p——后批张拉的预应力筋面积;

A_n——构件混凝土净截面积(包括构造钢筋折算面积)。

（3）叠层构件的张拉

对叠浇生产的预应力混凝土构件，上层构件产生的水平摩阻力会阻止下层构件预应力筋张拉时混凝土弹性压缩的自由变形，当上层构件吊起后，由于摩阻力影响消失，将增加混凝土弹性压缩变形，因而引起预应力损失。该损失值与构件形式、隔离层和张拉方式有关。为了减少和弥补该项预应力损失，可自上而下逐层加大张拉力，但底层张拉力不宜比顶层张拉力大5%（钢丝、钢绞线、预应力螺纹钢筋）。

为了使逐层加大的张拉力符合实际情况，最好在正式张拉前对某叠层第一、二层构件的张拉压缩量进行实测，然后按下式计算各层应增加的张拉力。

$$\Delta N = (n - 1)(\Delta_1 - \Delta_2)/L \times E_s A_p \tag{4-23}$$

式中：ΔN——层间摩阻力；

$\quad n$——构件所在层数（自上而下计）；

$\quad \Delta_1$——第一层构件张拉压缩值；

$\quad \Delta_2$——第二层构件张拉压缩值；

$\quad L$——构件长度；

$\quad E_s$——预应力筋弹性模量；

$\quad A_p$——预应力筋截面面积。

此外，为了减少叠层摩阻力损失，应进一步改善隔离层的性能，并应限制重叠层数，一般以3~4层。

（4）张拉端的设置

为了减少预应力筋与预留孔摩擦引起的预应力损失，预应力筋张拉端的设置，当无设计要求时，应符合下列规定：

抽芯法孔道，曲线预应力筋和长度大于24m的直线预应力筋，应在两端张拉；长度等于或小于24m的直线预应力筋，可在一端张拉。

预埋波纹管孔道，曲线预应力筋和长度大于30m的直线预应力筋，宜在两端张拉；长度等于或小于30m的直线预应力筋，可在一端张拉。

当同一截面中有多根一端张拉的预应力筋时，张拉端宜分别设在构件的两端，以免构件受力不均匀。

（5）预应力值的校核和伸长值的测定

为了了解预应力值建立的可靠性，需对预应力筋的应力及损失进行检验和测定，以便使张拉时补足和调整预应力值。检验应力损失最方便的办法是，在预应力筋张拉24h后孔道灌浆前重拉一次，测读前后两次应力值之差，即为钢筋预应力损失（并非应力损失全部，但已完成很大部分）。预应力筋张拉锚固后，实际预应力值与工程设计规定检验值的相对允许偏差为±5%。

在测定预应力筋伸长值时，须先建立10%σ_{con}的初应力，预应力筋的伸长值，也应从建立初应力后开始测量，但须加上初应力的推算伸长值，推算伸长值可根据预应力弹性变形呈直线变化的规律求得。例如某筋应力自0.2σ_{con}增至0.3σ_{con}时，其变形为4mm，拉应力每增加0.1σ_{con}变形增加4mm，故该筋初应力10%σ_{con}时的伸长值为4mm。对后张法尚应扣除混凝土构件在张拉过程中的弹性压缩值。预应力筋在张拉时，通过伸长值的校核，可以综合反映出张拉应力是否满足，孔道摩阻损失是否偏大，以及预应力筋是否有异常现象等。如实际伸长值与计算伸长值的偏差超过±6%时，应暂停张拉，分析原因后采取措施。

3)孔道灌浆

预应力筋张拉完毕后,应进行孔道灌浆。灌浆的目的是为了防止钢筋锈蚀,增加结构的整体性和耐久性,提高结构抗裂性和承载力。

灌浆用的水泥浆应有足够强度和黏结力,且具有较好的流动性,较小的干缩性和泌水性,水灰比控制在 0.4 ~ 0.45,搅拌后 3h 泌水率宜控制在 2%,最大不得超过 3%,对孔隙较大的孔道,可采用砂浆灌浆。

为了增加孔道灌浆的密实性,在水泥浆或砂浆内可掺入对预应力筋无腐蚀作用的外加剂。如掺入占水泥重量 0.25% 的本质素磺酸钙,或掺入占水泥重量 0.05% 的铝粉。

灌浆用的水泥浆或砂浆应过筛,并在灌浆过程中不断搅拌,以免沉淀析水。灌浆前,用压力水冲洗和湿润孔道。用电动或手动灰浆泵进行灌浆。灌浆工作应连续进行,不得中断。并应防止空气压入孔道而影响灌浆质量。灌浆压力以 0.5 ~ 0.6MPa 为宜。灌浆顺序应先下后上,以避免上层孔道漏浆时把下层孔道堵塞。

当灰浆强度达到 15N/mm² 时,方能移动构件,灰浆强度达到 100% 设计强度时,才允许吊装。

4.4.4 无黏结预应力混凝土施工

在后张法预应力混凝土中,预应力可分为有黏结和无黏结两种。无黏结预应力混凝土的施工方法是在预应力筋的表面刷涂料并包塑料布(管)后,先铺设在安装好的模板内,然后浇筑混凝土,待混凝土达到设计规定的强度后,进行预应力筋的张拉和锚固。这种预应力工艺的优点是不需要预留孔道和灌浆,施工简便,张拉时摩擦力较小,预应力筋易弯成曲线形状。

无黏结预应力是近年来发展起来的新技术,一般用于现浇框架结构、大开间剪力墙结构及大跨度的梁板结构中。采用无黏结预应力梁板结构可以降低层高,增加建筑有效面积。平板结构跨度,单向实心板可达 9 ~ 10m,双向实心板为 9m × 9m,密肋板为 12m,现浇梁跨度可达 27m。

1. 无黏结预应力筋的制作

1)材料与设备

无黏结预应力筋是由预应力钢丝束或钢绞线束、涂料层和护套层组成的,如图 4-80 所示。钢绞线束一般选用 7ϕʲ5mm 钢绞线,钢丝束一般选用 7ϕˢ4mm 或 7ϕˢ5mm 钢丝,其质量应符合有关规程要求,并附有质量保证书。涂料层应具有良好的化学稳定性、抗腐蚀性、润滑性能,在规定温度范围内(一般为 -20 ~70℃)性能不变,并有一定韧性。常用的涂料层有防腐沥青和 1 号或 2 号建筑油脂。护套层常用高密度聚乙烯或聚丙烯材料。

钢丝束和钢绞线可通用。

锚固系统选用 BUPC 体系,有甲、乙两种类型。通常钢丝束配甲型或乙型,钢绞线配乙型。

甲型锚固系统为:张拉端由锚杯、螺母、承压板、塑料保护套筒、螺旋筋等组成;固定端由锚板、螺旋筋组成,如图 4-81、图 4-82 所示。

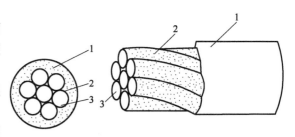

图 4-80 无黏结预应力筋

1-塑料外包层;2-防腐润滑脂;3-钢绞线 (或碳素钢丝束)

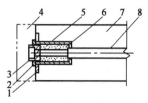

图4-81 甲型锚固系统张拉端

1-预埋件;2-螺母;3-锚杯;4-C30混凝土封头;
5-塑料套筒;6-建筑油脂;7-构件;8-软塑料管

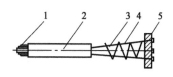

图4-82 甲型锚固系统固定端

1-无黏结预应力钢丝束;2-软塑料管;
3-螺旋筋;4-钢丝;5-锚板

乙型锚固系统为:张拉端可采用锚具凸出混凝土表面(由锚环、承压板、螺旋筋组成)和凹进混凝土表面两种类型,前者应用广泛。固定端由焊接锚夹片、螺旋筋组成,如图4-83、图4-84所示。

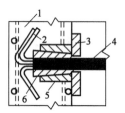

图4-83 乙型锚固张拉端

1-圈梁;2-散开打弯钢丝;3-预埋件;4-钢绞线;
5-锚环;6-夹片

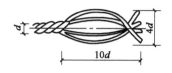

图4-84 乙型锚固固定端

2)制作工艺

无黏结预应力筋的制作,一般采用挤塑涂层工艺。

挤塑涂层工艺生产线如图4-85所示。该工艺主要是钢绞线或钢丝束经给油装置涂油后,通过塑料挤压机涂刷塑料薄膜,再经冷却槽硬化塑料套管,成形的无黏结预应力筋由牵引机拉入收线装置,自动排列成盘卷。这种工艺涂层质量好、生产效率高、设备性能稳定,应优先予以采用。

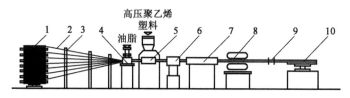

图4-85 挤塑涂层工艺生产线

1-放线盘;2-钢丝;3-梳子板;4-给油装置;5-塑料挤压机机头;6-风冷装置;7-水冷装置;8-牵引机;9-定位支架;10-收线盘

无黏结预应力筋制作的质量要求,应保证力学性能,涂料层油脂饱满均匀,护套应圆整光滑,厚度不小于0.8mm,腐蚀环境下不小于1.2mm。制作完成后应做出标记,对镦头锚具筋应用塑料袋包裹,堆放在通风干燥处,露天应上架并覆盖。

3)无黏结预应力筋的锚具

无黏结预应力构件中,预应力筋的张拉力完全借助于锚具传递给混凝土,当外荷载作用时,引起的预应力筋应力变化也全部由锚具承担,因此,无黏结预应力筋用的锚具不仅受力比有黏结预应力筋的锚具大,而且承受重复荷载。因而,对无黏结预应力筋的锚具有更高的要求,其性能应符合Ⅰ类锚具的规定。

我国主要采用高强钢丝和钢绞线作为无黏结预应力筋。高强钢丝预应力筋主要用镦头锚具,在埋入端宜采用锚板式埋入锚具,并用螺旋筋加强。若采用钢绞线作为无黏结预应力筋,则多采用 XM 型锚具用于张拉端,埋入端宜采用压花式埋入锚具。

2.无黏结预应力混凝土的施工工艺

1)施工工艺流程

无黏结预应力的施工工艺流程如图 4-86 所示。

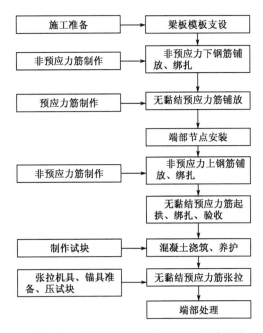

图 4-86　无黏结预应力混凝土施工工艺流程图

2)主要施工工艺要求

(1)预应力筋的铺设

敷设之前,仔细检查钢丝束或钢绞线的规格,若外层有轻微破损,应符合下列要求:

①预应力的绑扎与其他普通钢筋一样,用钢丝绑扎。

②双向预应力筋的敷设。对各个交叉点要比较其标高,先敷设下面的预应力筋,再敷设上面的预应力筋。总之,不要使两个方向的预应力筋相互穿插编结。

③控制预应力筋的位置。在预制应力筋时,为使位置准确,不要单根配置,而要成束或先拧成钢绞丝线再敷设;在配置时,为严格竖向环形螺旋形的位置,还应设支架,以固定预应力筋的位置。

(2)预应力筋的端部处理

为保证预应力混凝土结构的耐久性,《混凝土结构设计规范》(GB 50010—2010)提出了端部锚具封闭保护要求。

后张预应力混凝土外露金属锚具,应采取可靠的防腐及防火措施,并应符合下列规定:

①无黏结预应力筋外露锚具应采用注有足量防腐油脂的塑料帽封闭锚具端头,并应采用无收缩砂浆或细石混凝土封闭。

②采用混凝土封闭时,混凝土强度等级宜与构件混凝土强度等级一致,封锚混凝土与构件混凝土应可靠黏结,如锚具在封闭前应将周围混凝土界面凿毛并冲洗干净,且宜配置 1~2 片钢筋网,钢筋网应与构件混凝土拉结。

③采用无收缩砂浆或混凝土封闭保护时,其锚具及预应力筋端部的保护层厚度不应小于:一类环境时20mm,二 a、二 b 类环境时50mm,三 a、三 b 类环境时80mm。

(3)预应力筋的张拉

①张拉前的准备　检查混凝土的强度,达到设计强度的100%时,才开始张拉;此外,还要检查机具,设备。

②张拉要点　张拉中,严防钢丝被拉断,要控制同一截面的断裂不得超过2%,最多只允许1根,当预应力筋的长度小于25m时,宜采用一端张拉,若长度大于25m时,宜采用两端张拉。张拉伸长值,按设计要求进行。

本 章 小 结

1. 模板是混凝土按设计形状成型的模具。模板系统由模板及支撑系统两部分组成。模板工程,包括模板系统的基本要求、模板类型、模板设计、模板拆除。

2. 混凝土结构中所用的钢筋品种主要分为两大类:一类是有物理屈服点的钢筋,如热轧钢筋;另一类是无物理屈服点的钢筋,如中强预应力钢丝、钢绞线及预应力螺纹钢筋。前者主要用于钢筋混凝土结构,后者主要用于预应力混凝土结构。钢筋工程包括钢筋的种类、钢筋的检验、钢筋的加工、钢筋的连接、钢筋的配料与代换。

3. 混凝土工程包括混凝土的配料、拌制、运输、浇筑捣实和养护等施工过程。各个施工过程既相互联系又相互影响,在混凝土施工过程中任一施工过程处理不当都会影响混凝土的最终质量。

4. 根据当地多年气象资料统计,当室外日平均气温连续5d稳定低于5℃,应采取冬期施工措施。混凝土冬期施工方法主要有三大类:第一类为正温养护方法、第二类为负温混凝土法、第三类为综合法。

5. 预应力混凝土是指在结构或构件的受拉区,通过张拉预应力钢筋的方法,使受拉区混凝土产生预压应力,当构件在荷载的作用下,在受拉区产生拉应力时,首先要用来抵消受拉区混凝土的预压应力,从而使受拉区混凝土出现裂缝时最小荷载增大,并在使用荷载不变的条件下,缩小裂缝展开的宽度,提高结构或构件的抗裂度和刚度的混凝土。预应力混凝土除了提高了构件的抗裂度和刚度外,还具有减轻自重、增加构件的耐久性、降低造价等优点。特别是在大开间、大跨度和重荷载的结构中。预应力混凝土按施工方法的不同可分为先张法和后张法两大类。

复习思考题

1. 简述定型组合钢模特点、组成及其构造方法。

2. 简述模板的设计计算要点。

3. 如何确定模板的拆除时间及顺序?

4. 简述大模板的基本组成。

5. 简述滑升模板的基本组成及滑升原理。

6. 简述爬升模板的基本组成及爬升原理。

7. 普通混凝土常用的钢筋种类有哪些? 钢筋的施工现场检验都包括哪些内容?

8. 什么是钢筋的冷拉? 冷拉的作用有哪些? 影响冷拉质量的主要因素是什么?

9. 钢筋的连接方式有哪些?

10. 钢筋闪光对焊工艺有几种? 如何选用?

11. 钢筋电弧焊接头有哪几种形式? 质量检查包括哪些内容?

12. 如何计算钢筋的下料长度及编制钢筋的配料单?

13. 简述钢筋代换的原则及方法。

14. 混凝土工程施工包括哪几个施工过程?

15. 如何根据混凝土的设计配合比求得施工配合比? 施工配料如何计算?

16. 简述混凝土搅拌制度的内容。

17. 简述混凝土运输过程中的一般要求。

18. 简述混凝土浇筑的基本要求。如何防止混凝土的离析?

19. 什么是施工缝? 施工缝的留设原则? 继续浇筑混凝土时,对施工缝如何处理?

20. 如何进行水下混凝土浇筑?

21. 简述大体积混凝土裂缝的形成原因及其施工方法。

22. 多层钢筋混凝土框架结构施工顺序如何?

23. 常用振捣机械有哪几种? 简述各自的适用范围。

24. 什么是混凝土的自然养护? 自然养护有哪些方法?

25. 简述混凝土冬期施工的方法。

26. 简述混凝土常见的外观质量缺陷及修补措施。

27. 什么叫预应力混凝土?

28. 什么是先张法? 什么是后张法? 简述其工艺流程。试比较它们的异同点。

29. 先张法中张拉设备有哪些? 常用夹具有哪些?

30. 后张法中张拉设备有哪些? 常用锚具有哪些?

31. 预应力筋张拉控制应力如何规定? 简述其张拉程序。

32. 简述超张拉的目的。

33. 简述预应力的放张的条件和要求。

34. 后张法孔道留设有哪几种方法? 各适用于什么情况?

35. 孔道灌浆的作用是什么? 对灌浆材料有何要求?

36. 简述无黏结预应力混凝土的制作工艺。

37. 某混凝土试验室配合比为 $1:2.12:4.37$,$W/C=0.62$,每立方米混凝土水泥用量为 290kg,实际现场砂石含水率分别是 3% 和 1%。试求:(1)施工配合比;(2)当施工现场采用 250L 搅拌机搅拌时,每拌制一次混凝土各材料最大投料量是多少?

38. 预应力混凝土屋架,采用拉杆式千斤顶后张法施工,两端为螺丝端杆锚具(长度 320mm),孔道长度为 23.80m,预应力筋采用预应力螺纹钢,直径为 25mm,钢筋长度为 7m,实测钢筋冷拉率是 4%,弹性回缩率是 0.3%,试计算预应力筋的下料长度。

第5章 结构安装工程

　　结构安装工程就是将建筑物的梁、板、柱、墙等，在工厂或施工现场预制成各个单体构件，然后用起重机械在施工现场按设计图纸要求组装成建筑物。它具有设计标准化、构件定型化、生产工厂化、安装机械化，可以较大地缩短工期、加快施工进度和降低工程造价、节约资金等优点，是建筑业进行现代化施工的重要途径之一。

　　结构安装工程的施工特点是：

　　(1)空中作业较多，且构件一般存在着外形尺寸大、构件数量多、重量大等特点，易发生安全事故；

　　(2)构件受力复杂。因构件在运输和起吊过程中的受力点和构件正常工作中的受力点不同，可能使构件所受内力的大小、性质发生改变。因此，应对构件施工阶段的承载力和稳定性进行必要的验算，并采取相应的措施；

　　(3)对构件预制质量要求比较严格。构件制作的外形尺寸、混凝土强度数值、是否达到设计要求，将直接影响吊装施工的速度和质量。

5.1　安装工程中的起重机械

　　起重机械是建筑施工中广泛使用的起重运输设备，它的合理选择和使用，对于减少劳动强度、提高劳动效率、加速工程进度、降低工程造价，起着十分重要的作用。

　　结构安装工程常用的起重机械有：桅杆式起重机、自行式起重机和塔式起重机。

5.1.1　桅杆式起重机

　　桅杆式起重机的优点是：构造简单、装拆方便、起重能力较大（可达1 000kN以上），它适合在以下几种情况中应用：

（1）场地比较狭窄的工地；

（2）缺少其他大型起重机械或不能安装其他起重机械的特殊工程；

（3）没有其他相应起重设备的重大结构工程；

（4）在无电源情况下，可使用人工绞磨起吊。

其不足之处是：服务半径小、移动困难、施工速度较慢，且需要设置较多的缆风绳，因而它适用于安装工程量比较集中的工程。

桅杆式起重机分为：独脚桅杆、悬臂桅杆、人字桅杆和牵缆式桅杆起重机。

1. 独脚桅杆

独脚桅杆由桅杆、起重滑轮组、卷扬机、缆风绳等组成（图5-1）。独脚桅杆可用木料或金属制成。在使用时，桅杆的顶部应保持一定的倾角（$\beta \leqslant 10°$），使吊装的构件不与桅杆顶部碰撞。桅杆的稳定主要依靠桅杆顶端的缆风绳，缆风绳在安装前必须经过计算，还要用卷扬机或倒链施加初拉力进行试验，合格后方可安装。缆风绳常采用钢丝绳，数量一般为 6～12 根。缆风绳与地面夹角 α 为 30°～45°。木独脚桅杆其梢径为 200～300mm，起升高度 <15m，起升荷载 <100kN；钢管独脚桅杆其起升高度 <30m，起升荷载 <300kN；金属格构式独脚桅杆的起升高度可达 70～80m，起升荷载可达 1 000kN 以上。金属格构式独脚桅杆根据设计长度均匀地制作成若干节，以方便于运输。在桅杆上焊接吊环，用卡环将缆风绳、滑轮组、桅杆连接在一起（图5-2）。

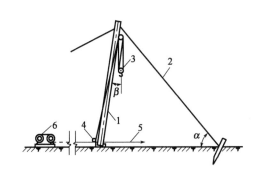

图5-1　独脚桅杆

1-桅杆；2-缆风绳；3-起重滑轮组；4-导向装置；5-拉索；6-卷扬机

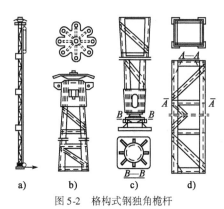

图5-2　格构式钢独角桅杆

a）全貌 b）顶部构造 c）支座构造 d）中间节构造

独脚桅杆的竖立可以采用下列几种方法：

1）滑行法

先将桅杆就地捆扎好，使桅杆的重心位于竖立地点，再将辅助桅杆立在竖立桅杆位置的附近，用辅助桅杆的滑车组吊在竖立桅杆重心以上约 1～1.5m 处，然后开动卷扬机，桅杆的顶端即上升，桅杆底端就沿着地面滑到竖立地点，当桅杆即将垂直时，收紧缆风绳就可竖立好桅杆（图5-3）。辅助桅杆高度约为桅杆高的2/3。

2）旋转法

将桅杆脚放在将要立起的地点，并将桅杆顶部垫高。在桅杆将要立起的地点附近，立一根辅助桅杆，将辅助桅杆的滑车组吊在距离桅杆顶部约1/4的地方。开动卷扬机，桅杆即绕底部旋转竖立起来，当桅杆与水平线成60°～70°角时，收紧缆风绳将桅杆拉直（图5-4）。辅助桅杆高度约为桅杆高度的1/2。

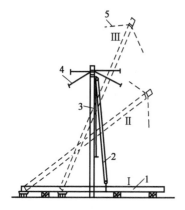

图 5-3 滑行法竖立桅杆

1-桅杆;2-滑车组;3-辅助桅杆;4-辅助
桅杆缆风绳;5-桅杆缆风绳

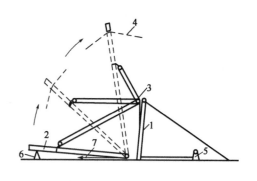

图 5-4 旋转法竖立桅杆

1-辅助桅杆;2-桅杆;3-滑车组;4-缆风绳;5-卷扬机;
6-支垫;7-反牵力

3)起扳法

将辅助桅杆立在竖立桅杆的底端,与竖立桅杆互成垂直,并将其连接牢固。在两桅杆之间,用滑轮组连接。同时将起扳的动滑车绑于辅助桅杆的顶端,将定滑车绑在木桩上,并使起重钢丝绳通过导向滑车引到卷扬机上,开动卷扬机,辅助桅杆绕着支座旋转而向后倾斜,桅杆就被扳起,当桅杆与水平线成 60°～70° 角时,收紧缆风绳将桅杆拉直(图 5-5)。辅助桅杆高度约为桅杆高度 1/2。

独脚桅杆的移动先将后缆风绳慢慢放松,同时收紧前缆风绳,使桅杆向一侧倾斜,倾斜角度一般不超过 10°,然后用卷扬机拖拉桅杆下部,将桅杆下部向前移动到桅杆向后倾斜 10°,按此反复动作,即可将桅杆移动到所需要的位置(图 5-6)。

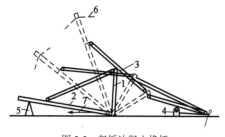

图 5-5 起扳法竖立桅杆

1-辅助桅杆;2-桅杆;3-滑车组;4-卷扬机;5-支垫;
6-缆风绳;7-反牵力

2. 人字桅杆

人字桅杆一般是用两根木杆或钢杆以钢丝绳或铁件铰接而成(图 5-7)。其两根杆件夹角以 30° 为宜,在桅杆顶部交叉处,悬挂滑轮组。上部应有缆风绳,一般不少于 5 根。底部应设拉杆或钢丝绳以平衡其水平推力。底部两脚间的距离约为高度的 1/3～1/2。人字桅杆的特点是:起升荷载大、稳定性好,但构件吊起后活动范围小,适用于吊装重型柱子等构件。人字桅

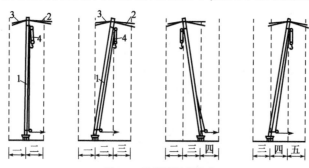

图 5-6 独脚桅杆的移动

1-桅杆;2-前缆风;3-后缆风;4-滑车组

杆的竖立可利用起重机械吊立,也可另立一副小的人字桅杆起扳。人字桅杆的移动方法与独脚桅杆的方法基本相同,具体如图5-8所示。

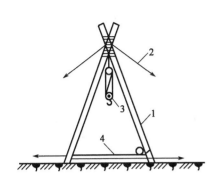

图5-7 人字桅杆

1-桅杆;2-缆风绳;3-起重滑轮组;4-拉索

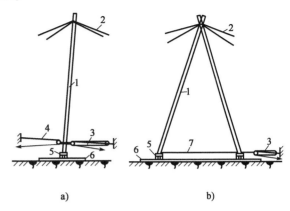

a) b)

图5-8 人字桅杆的移动

a)平移;b)横移

1-人字桅杆;2-缆风绳;3-移动滑车组;4-保险溜绳;5-滚动支座;6-枕木;7-拉索

3.悬臂桅杆

在独脚桅杆中部或2/3高处安装一根起重臂即成悬臂桅杆(图5-9)。其特点是有较大的起重高度和工作幅度,起重臂能起伏和左右摆动(120°~270°),适用于吊装屋面板、檩条等小型构件。

4.牵缆式桅杆起重机

在独脚桅杆的下端装一根可以回转和起伏的吊杆即成为牵缆式桅杆起重机(图5-10)。牵缆式桅杆起重机的特点是起重臂可以起伏,整个机身可作360°回转,能在服务范围内灵活地将构件吊装到设计位置;其起升荷载(150~600kN)和起升高度(25m)都较大,适用于构件多而集中的建筑物吊装。缆风绳必须牢固至少6根。

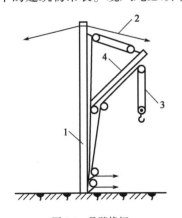

图5-9 悬臂桅杆

1-桅杆;2-缆风绳;3-起重滑轮组;4-起重臂

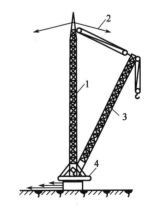

图5-10 牵缆式桅杆

1-桅杆;2-缆风绳;3-起重臂;4-导向装置

5.1.2 自行式起重机

自行式起重机有履带式起重机、轮胎式起重机和汽车式起重机三类。

1. 履带式起重机

履带式起重机由行走部分、回转部分、机身及起重臂等几部分组成(图5-11)。履带式起重机的特点是操纵灵活,本身能360°回转,在平坦坚实的地面上能负荷行驶。由于履带的作用,可在松软、泥泞的地面上作业,且可以在崎岖不平的场地行驶。目前,在结构安装工程施工中,特别是单层工业厂房结构安装中,履带式起重机得到广泛的使用。履带式起重机的缺点是稳定性较差,不应超负荷吊装,行驶速度慢且履带易损坏路面,因而,转移时多用平板拖车装运。

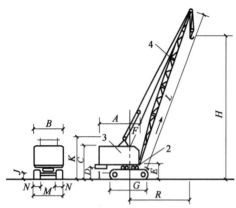

图5-11 履带式起重机

1-行走装置;2-回转装置;3-机身;4-起重臂;H-起重高度;R-起重半径;L-起重臂长度

1)履带式起重机的常用型号及性能

国产履带式起重机的起升荷载50～750kN,起重臂长10～40m。常用的型号有W_1-50型、W_1-100型、W_1-200型,外形尺寸见表5-1;其主要技术性能见表5-2。

履带式起重机外形尺寸(单位:mm)   表5-1

序　号	名　　称	型　号		
		W_1-50	W_1-100	W_1-200
A	机身尾部到回转中心距离	2 900	3 300	4 500
B	机身宽度	2 700	3 120	3 200
C	机身顶部距地面高度	3 220	3 675	4 125
D	回转平台底面距地面高度	1 000	1 045	1 190
E	起重臂枢轴中心距地面高度	1 555	1 700	2 100
F	起重臂枢轴中心至回转中心的距离	1 000	1 300	1 600
G	履带长度	3 420	4 005	4 950
M	履带架宽度	2 850	3 200	4 050
N	履带板宽度	550	675	800
J	行走底架距地面高度	300	275	390
K	机身上部支架距地面高度	3 480	4 175	4 300

履带式起重机主要技术性能   表5-2

项　　目		单位	型　号								
			W_1-50			W_1-100			W_1-200		
行走速度		km/h	1.5～3.0			1.5			1.43		
最大爬坡度		(°)	25			20			20		
起重机总重		kN	213.2			394.0			791.4		
起重臂长度		m	10	18	18+2	13	23	30	15	30	40
工作幅度(R)	最大	m	10	17	10	12.5	17	14	15.5	22.5	30
	最小	m	3.7	4.3	6	4.5	6.5	8.5	4.5	8	10

项　目		单位	型　号								
			W₁-50			W₁-100			W₁-200		
起升荷载(Q)	最大工作幅度	kN	26	10	10	35	17	15	82	45	15
	最小工作幅度	kN	100	75	20	150	80	40	500	200	80
起升高度(H)	最大工作幅度	m	3.7	7.16	14	5.8	16	24	3	19	25
	最小工作幅度	m	9.2	17	17.2	11	19	26	32	26.5	36

注:18 + 2 表示在 18m 的起重臂上加 2m 外伸距的"鸟嘴",鸟嘴的起重量为 20kN,自重为 4.5kN。

（1）W₁-50 型:最大起重量为 100kN(10t),液压杠杆联合操纵,吊杆可接长到 18m,这种起重机车身小,自重轻,速度快,可在较狭窄的场地工作,适用于吊装跨度在 18m 以下,安装高度在 10m 左右的小型厂房和做一些辅助工作,如装卸构件等。

（2）W₁-100 型:最大起重量为 150kN(15t),液压操纵,与 W₁-50 型相比,这种起重机车身较大,速度较慢,但由于有较大的起重量和接长的起重臂,适用于吊装跨度在 18 ~ 24m 的厂房。

（3）W₁-200 型:最大起重量为 500kN(50t),主要机构由液压操纵,辅助机械用杠杆和电气操纵,吊杆可接长到 40m,这种起重机车身特别大,适用于大型工业厂房安装。

2）履带式起重机的稳定性验算

履带式起重机超载吊装时或由于施工需要而接长起重臂时,为保证起重机的稳定性,保证在吊装中不发生倾覆事故需进行整个机身在作业时的稳定性验算。验算后,若不能满足要求,则应采用增加配重等措施。在图 5-12 所示的情况下(起重臂与行驶方向垂直),起重机的稳定性最差。此时,以履带中心点为倾覆中心,验算起重机的稳定性。

起重机的稳定性是指起重机在自重和外荷载作用下抵抗倾覆的能力。目前起重机的稳定性指标采用稳定性安全系数,它是相对于倾覆中心的稳定力矩和倾覆力矩之比值。

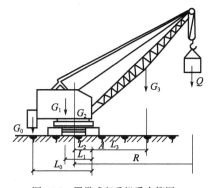

图 5-12　履带式起重机受力简图

履带式起重机验算稳定性时应选择最不利位置,以靠负重侧的中心点 A 为倾覆中心;其安全条件为:

$$K = \frac{M_1}{M_2} \tag{5-1}$$

式中:K——稳定性安全系数;

　　M_1——稳定力矩;

　　M_2——倾覆力矩。

为简化计算,验算起重机的稳定性时,一般不考虑附加荷载(图 5-12)。

$$K = (G_1 \cdot L_1 + G_2 \cdot L_2 + G_0 \cdot L_0 - G_3 \cdot L_3)/Q(R - L_2) \geq 1.4 \tag{5-2}$$

式中:　　G_0——机身平衡重量(kN);

　　　　G_1——起重机机身可转动部分的重量(kN);

　　　　G_2——起重机机身不可转动部分的重量(kN);

　　　　G_3——起重臂的重量(kN);

Q——吊装荷载(包括构件和索具)(kN);

L_0、L_1、L_2、L_3——G_0、G_1、G_2、G_3 重心至 A 点的距离(m);

R——工作幅度(m)。

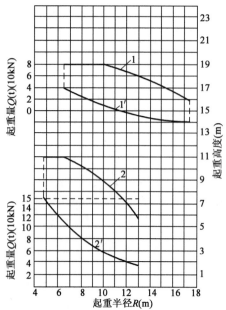

图 5-13 W_1-100 型履带式起重机工作性能曲线
1-起重臂长 23m 时 R-H 曲线;1'-起重臂长 23m 时 Q-R 曲线;2-起重臂长 13m 时 R-H 曲线;2'-起重臂长 13m 时 Q-R 曲线

考虑附加荷载时,$K \geq 1.15$。

3)履带式起重机技术性能

履带式起重机主要技术性能包括三个参数:起重量 Q、起重半径 R 及起重高度 H。其中,起重量 Q 指起重机安全工作所允许的最大起重量,起重半径 R 指起重机回转轴线至吊钩中心的水平距离;起重高度 H 指起重吊钩中心至停机地面的垂直距离。

起重量 Q、起重半径 R、起重高度 H 这三个参数之间存在相互制约的关系,其数值的变化取决于起重臂的长度及其仰角的大小。每一种型号的起重机都有几种臂长,当臂长 L 一定时,随起重臂仰角 α 的增大,起重量 Q 和起重高度 H 增大,而起重半径 R 减小。当起重臂仰角 α 一定时,随着起重臂长 L 增加,起重半径 R 及起重高度 H 增加,而起重量 Q 减小。

履带式起重机主要技术性能可查起重机手册中的起重机性能表或性能曲线。图 5-13 为 W_1-100 型履带式起重机工作性能曲线,表 5-3 为 W_1-100 型履带式起重机性能表。

W_1-100 型履带式起重机性能表 表 5-3

工作幅度(m)	臂长 13m		臂长 23m	
	起重量(t)	起升高度(m)	起重量(t)	起升高度(m)
4.5	15	11	—	—
5	13	11	—	—
6	10	11	—	—
6.5	9	10.9	8	19
7	8	10.8	7.2	19
8	6.5	10.4	6	19
9	5.5	9.6	4.9	19
10	4.8	8.8	4.2	18.9
11	4	7.8	3.7	18.6
12	3.7	6.5	3.2	18.2
13	—	—	2.9	17.8
14	—	—	2.4	17.5
15	—	—	2.2	17
17	—	—	1.7	16

4）履带式起重机起重臂接长的计算

当起重机的起重高度或工作半径不能满足构件安装要求时，在起重臂强度和稳定得到保证的前提下，可将起重臂接长。接长后起重量 Q' 可根据图5-14，按照接长前后力矩相等的原则进行计算。由 $\sum M_A = 0$ 可列出：

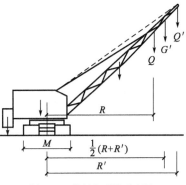

$$Q'\left(R' - \frac{M}{2}\right) + G'\left(\frac{R' + R}{2} - \frac{M}{2}\right) = Q\left(R - \frac{M}{2}\right) \quad (5-3)$$

简化后得

$$Q' = \frac{Q(2R - M) - G'(R' + R - M)}{2R' - M} \quad (5-4)$$

式中：R'——接长起重臂长度后最小工作半径；

图5-14　接长起重臂受力图

$\quad\;\; G'$——起重臂接长部分的重量；

$\quad\;\; Q$、R——起重机原有最大起重臂长时的最小起重量和最小工作半径。

2. 汽车式起重机

汽车式起重机是一种自行式全回转起重机（图5-15），起重机构安装在汽车底盘上。它具有行驶速度高、机动性好、对地面破坏性小等优点；其缺点是起吊时必须支腿落地，不能负载行驶，故使用上不及履带式起重机灵活。

图5-15　汽车式起重机

汽车起重机按起重量大小分为轻型、中型和重型。起重量在20t以内的为轻型，50t及以上的为重型；轻型汽车式起重机主要用于装卸作业，大型汽车式起重机可用于一般单层或多层房屋的结构吊装。按起重臂形式分为桁架臂和箱形臂两种；按传动装置形式分为机械传动、电力传动、液压传动三种。

国产汽车式起重机的型号和主要技术性能见表5-4。

汽车式起重机主要技术性能　　　　　　　　　表5-4

项　目		单位	型　号									
			Q_2-12			Q_2-16			Q_2-32			
行驶速度		km/h	60			60			55			
起重机总重		kN	173			215			320			
起重臂长度		m	8.5	10.8	13.2	8.2	14.1	20	9.5	16.5	23.5	30
工作幅度	最大	m	6.4	7.8	10.4	7.0	12	18	9	14	18	25
	最小	m	3.6	4.6	5.5	3.5	3.5	4.3	3.5	4	5.2	7.2
起升荷载	R_{max}时	kN	40	30	20	50	19	8	70	26	15	6
	R_{min}时	kN	120	70	50	160	80	60	320	220	130	80
起升高度	R_{max}时	m	5.8	7.8	8.6	4.4	7.7	9	—	—	—	—
	R_{min}时	m	8.4	10.4	12.8	7.9	14.2	20	—	—	—	—

3. 轮胎式起重机

轮胎式起重机是把起重机构安装在加重型轮胎和轮轴组成的专用底盘上的全回转起重机（图5-16）。轮胎式起重机的特点是：行驶时不会损伤路面、行驶速度快、起重量较大、使用成本低;起吊时必须支腿落地,灵活性较差。国产轮胎式起重机的型号和主要技术性能见表5-5。

轮胎式起重机主要技术性能 表5-5

项 目		单位	型 号												
			Q_1-16			Q_3-25					Q_3-40				
行驶速度		km/h	18			18					15				
起升速度		m/min	6.3			7					9				
起重机总重		kN	230			280					537				
起重臂长度		m	10	15	20	12	17	22	27	32	15	21	30	36	42
工作幅度(R)	最大	m	11	15.5	20	11.5	14.5	19	21	21	13	16	21	23	25
	最小	m	4.0	4.7	5.5	4.5	6	7	8.5	10	5	6	9	11.5	11.5
起升荷载(Q)	R_{max}时	kN	28	15	8	46	28	14	8	6	92	62	35	24	15
	R_{min}时	kN	160	110	80	250	145	106	72	50	400	320	161	103	100
起升高度(H)	R_{max}时	m	5.3	4.6	6.9	—	—	—	—	—	8.8	14.2	21.8	27.8	33.8
	R_{min}时	m	8.3	13.2	18	—	—	—	—	—	10.4	15.6	25.4	31.6	37.2

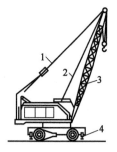

图 5-16 轮胎式起重机

1-变幅索;2-起重索;3-起重杆;4-支腿

5.1.3 塔式起重机

塔式起重机具有竖直的塔身。其起重臂安装在塔身顶部与塔身组成"Γ"形,使塔式起重机具有较大的工作空间。它的安装位置能靠近施工的建筑物,有效工作半径较其他类型起重机大。塔式起重机种类繁多,广泛应用于多层及高层建筑工程施工中。

塔式起重机按起重能力大小可分为轻型塔式起重机,起重量为5～30kN,一般用于六层以下民用建筑施工;中型塔式起重机起重量为30～150kN,适用于一般工业建筑与高层民用建筑施工;重型塔式起重机起重量为200～400kN,一般用于重工业厂房的施工和高炉等设备的吊装;按有无行走机构可分为固定式和移动式两种;移动式又可分为履带式、汽车式、轮胎式、和轨道式四种行走装置。按其回转形式可分为上回转和下回转两种。按其变幅方式可分为水平臂架小车变幅和动臂变幅两种。按其安装形式可分为自升式、整体快速拆装和拼装式三种。

5.2 结构安装工程中的索具设备

结构安装中的索具设备主要有钢丝绳、滑轮组、卷扬机吊具及锚碇,本节针对这四种类型的索具设备作详细说明。

5.2.1 钢丝绳

1.钢丝绳的种类和用途

钢丝绳是吊装工艺中的主要绳索,具有强度高、韧性好、耐磨损等优点。在结构吊装中,常用6股的钢丝绳,每股由19、37、和61根组成,习惯上用两个数字来表示钢丝绳的型号,并在其后加一个"1"字,是表示绳的中间置有1根麻芯,以增加其柔韧性,如 $6 \times 19 + 1$、$6 \times 37 + 1$、$6 \times 61 + 1$ 等型号。在相同的直径时,每股钢丝绳越多则其柔韧性越好。上述三种钢丝绳可分别适用于缆风绳、滑轮组、起重机械。

2. 钢丝绳的容许拉力计算

在结构吊装过程中,钢丝绳处于复杂的受力状态之中。为了保证在使用中有安全可靠度,就必须加大安全系数,以便使它具有足够的储备能力。钢丝绳的容许拉力应满足下式的要求:

$$[P] \leqslant \alpha P_{破} / K \tag{5-5}$$

式中:$[P]$——钢丝绳的容许拉力(kN);

　　α——钢丝绳破断拉力换算系数,可查表5-6;

　　K——钢丝绳安全系数,可查表5-7;

　　$P_{破}$——钢丝绳破断拉力(kN),可查《建筑施工手册》钢丝绳的主要数据表。

钢丝绳破断拉力换算系数 α 值　　　　表5-6

钢丝绳规格	α	钢丝绳规格	α
6×19	0.85	6×61	0.80
6×37	0.82		

钢丝绳安全系数 K　　　　表5-7

用　途	K	用　途	K
作缆风绳	3.5	作吊索(无弯曲时)	6～7
作手动起重设备	4.5	作捆绑吊索	8～10
作机动起重设备	5～6	作载人升降机	14

5.2.2　滑轮组

滑轮组是由若干个定滑轮和动滑轮以及绳索组成。它既可以省力,又可以根据需要改变用力方向(图5-17),滑轮组可用作简单的起重工具,也是起重机械不可缺少的组成部分。滑轮组的绳索拉力为:

$$P = KQ \tag{5-6}$$

式中:P——绳索拉力(kN);

　　Q——构件自重(kN);

　　K——滑轮组的省力系数,$K = \dfrac{f^n(f-1)}{f^n-1}$;

　　f——单个滑轮组的阻力系数(滚珠轴承,$f=1.02$;青铜轴套轴承,$f=1.04$;无轴套轴承,$f=1.06$);

　　n——工作线数。

若绳索从定滑轮引出,则 n = 定滑轮数 + 动滑轮数 + 1;若绳索从动滑轮引出,则 n = 定滑轮数 + 动滑轮数;起重机的滑轮组,常用青铜轴套轴承,其滑轮组的省力系数 K 值可直接查表5-8。

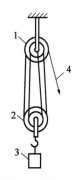

图5-17　滑轮组
1-定滑轮;2-动滑轮;
3-重物;4-绳索

项　目	$K = \dfrac{f^n(f-1)}{f^n-1}(f=1.04)$									
1	工作线数 n	1	2	3	4	5	6	7	8	9	10
	省力系数 K	1.040	0.529	0.360	0.275	0.224	0.190	0.166	0.148	0.134	0.123
2	工作线数 n	11	12	13	14	15	16	17	18	19	20
	省力系数 K	0.114	0.106	0.100	0.095	0.090	0.086	0.082	0.079	0.076	0.074

5.2.3　卷扬机

卷扬机又称绞车,按驱动方式分有手动和电动两种。因手动卷扬机起重牵引力小,劳动强度大,只有在小规模的起重牵引工作中才使用,常用的是电动卷扬机。

1. 电动卷扬机

电动卷扬机主要由电动机、减速机、卷筒和电磁抱闸等组成。按其牵引速度可分为快速卷扬机(钢丝绳牵引速度为 25～50m/min)和慢速卷扬机(钢丝绳牵引速度为 7～13m/min)两种。快速卷扬机主要用作垂直和水平运输,以及打桩作业等;慢速卷扬机主要用于结构吊装、钢筋冷拉等作业。电动卷扬机的牵引力较大(一般为 10～100kN),操作轻便,使用安全,因而被广泛使用。

图 5-18 是 JJKD1 型卷扬机的外形图,主要由 7.5kW 电动机、联轴器、圆柱齿轮减速器、光面卷筒、双瓦块式电磁制动器、机座等组成。

图 5-19 是 JJKX1 型卷扬机的外形图,主要由电动机、传动装置、离合器、制动器、机座等组成。

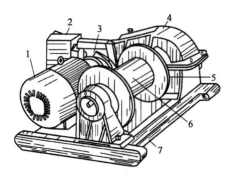

图 5-18　JJD1 型卷扬机外形图

1-电动机;2-制动器;3-弹性联轴器;4-圆柱齿轮减速器;5-十字联轴器;6-光面卷筒;7-机座

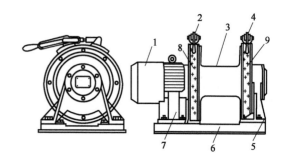

图 5-19　JJKX1 型卷扬机

1-电动机;2-制动手柄;3-卷筒;4-启动手柄;5-轴承支架;6-机座;7-电机托架;8-带式制动器;9-带式离合器

2. 使用注意事项

(1)卷扬机的安装位置应距第一个定向滑轮的距离为 15 倍卷筒长度,以便使钢丝绳能自行在卷筒上缠绕。

(2)卷扬机使用时必须有可靠的固定,常用压重、锚桩等固定,以防使用中滑移或倾覆。

(3)缠绕在卷筒上的钢丝绳至少应保留两圈的安全储备长度,不可全部拉出,以防绳松脱钩发生事故。

(4)钢丝绳引入卷筒时应接近水平,并应从卷筒的下面引入,以减少卷扬机的倾覆力矩。

5.2.4 吊具及锚碇

1. 吊具

吊具主要包括卡环、吊索、横吊梁,是吊装时的重要工具。

(1)吊索(千金绳):用于绑扎和起吊构件的工具。分为环状吊索(万能索)和开口吊索两种类型[图5-20a)]。

(2)卡环(卸甲):用于吊索之间或吊索与构件之间的连接[图5-20b)]。

(3)横吊梁(铁扁担):用于承受吊索对构件的轴向压力和减少起吊高度,分为钢板横吊梁和铁扁担两种类型[图5-20c)、d)]。

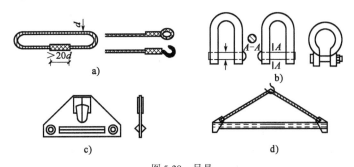

图5-20 吊具
a)吊索;b)卡环;c)钢板横吊梁;d)铁扁担

2. 锚碇

锚碇又称地锚,是用以固定缆绳和卷扬机的承力装置。一般分为桩式锚碇和水平锚碇。

(1)桩式锚碇:桩式锚碇是把圆木打入土中而成(图5-21),受力可达10~50kN,木桩的根数、圆木尺寸及入土深度(一般应不小于1.2m)应根据作用力的大小而定。

(2)水平锚碇:水平锚碇是由一根或几根圆木捆绑在一起,横放在挖好的土坑内(一般埋深不小于1.5m),并把钢丝绳系在横木上,成30°~45°斜度引出地面,然后用土石回填夯实而成(图5-22),受力可达150kN。

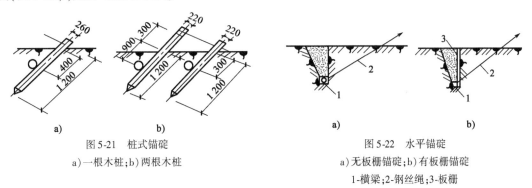

图5-21 桩式锚碇
a)一根木桩;b)两根木桩

图5-22 水平锚碇
a)无板栅锚碇;b)有板栅锚碇
1-横梁;2-钢丝绳;3-板栅

5.3 单层工业厂房结构吊装

装配式钢筋混凝土单层工业厂房的施工,一般除基础在现场就地浇筑外,其他大型构件如柱子、屋架等也多在现场预制;一些小型构件,则多集中在预制厂预制,然后运到现场安装。

5.3.1 装配式单层工业厂房结构安装的准备工作

装配式单层工业厂房的结构安装,主要包括安装柱、吊车梁、连系梁、屋架、天窗架、屋面板、基础梁及支撑系统等。

为了开展现场有节奏的文明施工和提高企业管理水平,保证吊装质量和施工进度,就必须重视和做好吊装前的准备工作。结构吊装准备工作包括两大内容:一是内业准备,即技术资料准备(如熟悉图纸、图纸会审、计算工程量、编制施工组织设计等);二是外业准备,即施工现场的准备工作。现场准备工作包括如下内容。

1. 场地清理与起重机行走道路的铺设

在构件吊装之前,先设计好施工现场平面布置图,标出起重机械行走的路线。在清理路线上杂物的基础上,将其平整压实,并作好排水。如遇松软土或回填土,而压实难以达到要求者,则铺设枕木或厚钢板。

2. 检查并清理构件

对所有构件需要进行全面检查,以保证施工质量。

(1)检查构件的强度。当混凝土的强度达到设计强度70%以上才能运输;在安装之前,混凝土构件必须达到设计强度的100%;对于预应力构件,孔道所灌的砂浆,其强度不得低于15MPa。

(2)检查构件的外形尺寸、钢筋的搭接、预埋件的位置及大小。

(3)检查构件的表面有无损伤、缺陷、变形、裂缝等。

(4)检查吊环的位置有无变形。

3. 构件的运输与堆放

从预制厂将构件运到施工现场,要根据构件的大小、重量、数量及运距来选择运输方案。

一般多采用汽车或平板拖车运输。在运输过程中,必须保证构件不变形、不损伤,这就要求在运输过程中,一定要将构件固定牢靠,支垫位置要正确,装卸吊点应符合设计要求。合理组织运输工作,根据吊装顺序,先吊装的构件先运,一定要为吊装配套提供构件。

构件堆放场地要平整压实,并采取有效地排水措施;构件应根据设计的受力情况搁置在垫木或支架上,重叠的构件之间应垫设垫木,上下层垫木应垫在同一垂直线上;各堆构件之间应留有不小于200mm的间距,以免碰撞损坏构件。

4. 对构件弹线并编号

构件在安装前应尽量就位,所谓就位就是将构件吊到要安装的基础附近,其放置方法以有利于安装为准则。采用层叠式方法预制的构件一定要单根摆放。

在每个构件上弹出安装中心线,作为安装、就位、校正的依据,具体要求是:

(1)柱子。每根柱子按轴线位置进行编号,并检查柱子尺寸,是否符合图纸的尺寸要求:如柱长、断面尺寸、柱底到牛腿面的尺寸、牛腿面到柱顶的尺寸等,无误后,才可进行弹线。所谓弹线就是在柱身三面,用墨线弹出安装准线。对矩形柱,弹出几何中心线;对工字形柱,除弹出中心线外,还应在工字形柱的两翼部位各弹出一条与中心线平行的准线,以便于观测和克服视觉差;每个面在中心线上画出上、中、下三点水平标记。并精密量出各标记间距离。在柱顶要弹出截面中心线,以便于安装屋架。

（2）屋架。在屋架上弦弹出几何中心线；并从跨中间向两端弹出天窗架、屋面板的吊装准线；在屋架的两端弹出安装准线。

（3）梁。在梁的两端及梁的顶面弹出安装中心线。

5. 基础的准备

钢筋混凝土柱一般采用杯形基础。

（1）钢筋混凝土杯形基础在浇筑混凝土时，应使定位轴线及杯口尺寸准确；在吊装柱子之前，对基础中心线及其间距、基础顶面和杯底标高进行复核，符合设计要求后，才可以进行安装工作。如不相符，对杯底标高要以各柱牛腿面标高、柱顶标高符合设计要求为准则，按柱子的编号根据柱底到牛腿面的尺寸以及与柱相对应的基础杯底标高进行复核的实际数据逐个基础进行调整。具体做法是：在杯口内壁测设某一标高线。然后根据牛腿面设计标高，用钢尺在柱身上量出 ±0.000mm 及某一标高线的位置，并涂上标志。分别量出杯口内某一标高线至杯底高度及柱身上某一标高线至柱底高度，并进行比较，以修整杯底。柱子较小时，只在杯底中间测一点，若柱子比较大，则要测杯底四个角点。若杯底的标高不够，则用水泥砂浆或细石混凝土将杯底填平至设计标高（在浇筑杯底混凝土时通常要较设计标高低 50mm，以作调整之用），若杯底偏高，则要凿去，允许误差为 ±5mm。在杯口顶面要弹出纵横轴线及吊装柱子的准线，作为校正的依据。杯口基础准备工作完成后，应将杯口盖好，以防止污物落入。接近基础的地面应低于杯口，以免泥土和地面水流入杯内。

（2）钢柱基础施工时，要保证顶面标高准确，其误差要在 ±2mm 以内；基础要垂直，其倾斜度要小于 1/1 000；锚栓位置也要准确，误差在支座范围内 5mm；施工时，不要将锚栓固定在基础模板上，要另用固定架，锚栓安设在固定架上，这样，才能保证锚栓的位置准确。

6. 构件吊装应力复核与临时固定

由于构件吊装时与使用时的受力状况不同，可能导致构件吊装损坏。因此，在吊装前需进行必要的构件应力验算，并采取适当的临时加固措施。

7. 选择吊装机械与吊装方法

根据建筑物的跨度、高度、构件的重量、结构特点等合理地选择吊装机械与吊装方法。

5.3.2 结构吊装工艺

单层工业厂房的构件种类繁杂，重量大，且长度不一。其吊装工艺过程主要有绑扎、起吊、对位、临时固定、校正、最后固定等几道工序。

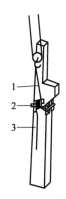

1. 柱子的吊装

吊装柱的方法，按吊起后柱身是否垂直，有直吊法和斜吊法两种；按柱子在吊升过程中的运动特点，有旋转法和滑行法。

1）柱的绑扎

对柱子的绑扎，要避免空中脱钩，并尽量用活络式卡环。为了吊索不磨损柱子的表面，一般在吊索与柱子之间垫以麻袋等物。常用的绑扎方法有：

（1）一点绑扎斜吊法。如图 5-23 所示。这种绑扎方法不需要翻动柱身，但要求柱子的抗弯能力能满足吊装要求；由于吊索在柱的一侧边，起重钩可低于柱顶，所以起重高度相对较小，但就位较困难，需辅以人工插入杯口。

图 5-23　一点绑扎斜吊法
1-吊索；2-卡环；3-卡环
插销拉绳

（2）一点绑扎直吊法。当柱子的宽度方向抗弯能力不足时，可在吊装前，先将柱子翻身后再吊起。这时，柱子在起吊时的抗弯能力强，但要求起重机的起重高度和起重臂长都比斜吊法大。这种方法，起吊后柱身呈直立状态，便于垂直插入杯口，如图 5-24 所示。

（3）两点绑扎法。当柱身较长时，若采用一点绑扎法，则柱的抗弯能力不足，可采用两点绑扎起吊。绑扎点位置，应选在使下绑扎点距柱重心的距离小于上绑扎点至柱重心的距离，以保证将柱起吊后能自行旋转直立，如图 5-25 所示。

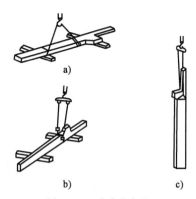
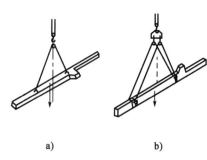

图 5-24　一点绑扎直吊法
a）将柱翻身时的绑扎；b）直吊时的绑扎；
c）柱的吊升

图 5-25　柱的两点绑扎法
a）斜吊；b）直吊

2）柱的起吊

柱的起吊方法有旋转法和滑行法两种。根据柱子的重量、长度、起重机的性能和施工现场条件，又分单机起吊和双机起吊。

（1）单机旋转法起吊。这种方法是起重机一边起钩，一边回转起重杆，使柱子绕柱脚旋转而起吊，直至插入杯口。采用这种方法，要使绑扎点、柱脚中心与基础杯口中心三点同弧。在起吊柱子时，柱脚应尽量靠近基础，以提高生产效率（图 5-26）。采用旋转法吊装时，柱在吊装过程中所受震动较小，生产率高，但对起重机的机动性要求较高。

（2）单机滑行法起吊。采用此法吊装时，柱的绑扎点宜靠近基础，且绑扎点、基础杯口中心二点同弧。这样，起重臂不动，起重钩及柱顶上升，柱脚沿地面向基础滑行，直至把柱竖直（图 5-27）。为减少滑行时柱脚与地面的摩擦力，在柱脚下设置托木、滚筒或铺设滑行道等。

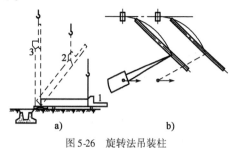
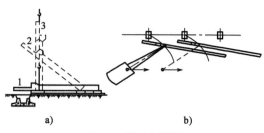

图 5-26　旋转法吊装柱
a）旋转过程；b）平面布置
1-柱平放时；2-起吊中途；3-直立

图 5-27　滑行法吊装柱
a）滑行过程；b）平面布置
1-柱平放时；2-起吊中途；3-直立

滑行法与旋转法相比，前者柱身受振动大，耗费滑行材料多；只有当柱子较重、柱身较长、起重机的回转半径不够，或施工现场狭窄，以及使用桅杆式起重机时，才采用滑行法。

(3)双机抬吊旋转法。对于重型柱子,一台起重机吊不起来,可采用两台起重机抬吊,如图 5-28 所示;a)图为两点绑扎的柱,一台起重机抬上吊点,另一台起重机抬下吊点;b)图为将柱抬起平行离开地面 D +300mm;c)图为上吊点的起重机将柱上部逐渐提升,下吊点不需要提升;d)图为两台起重机将柱抬成垂直并在杯口就位。

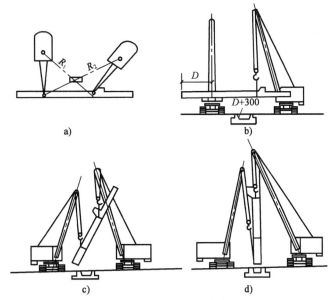

图 5-28　双机抬吊旋转法(尺寸单位:mm)
a)顶视图;b)侧视图;c)吊装;d)就位

(4)双机抬吊滑行法。柱为一点绑扎,且绑扎点靠近基础,起重机在柱基的两侧,两台起重机在柱的同一绑扎点抬吊(图 5-29)。

3)柱的对位和临时固定

在基础杯底铺 2 ~ 3cm 水泥砂浆,将吊起的柱子插入杯口后,进行对位,并使柱身基本垂直,由两个人在柱的两个对面各放入 2 个楔块,共 8 个楔块,并用撬棍撬动柱脚,进行微动,使柱子的安装中心线对准杯口的准线后,两人从相对的两个面,面对面地打紧四周的 8 个楔块。这时,再加设斜撑及缆风绳临时固定。

4)柱的平面位置和垂直度校正

柱的安装要求是保证平面与高程位置符合设计要求,柱身垂直。

柱插入杯口后,应使柱底三面的中心线与杯口中心线对齐,并用木楔或钢楔做临时固定。校正时,如发现柱在平面位置上有所走动,可用一侧打紧楔块,而另一侧放松楔块的方法进行校正。

柱子的垂直度校正,通常采用两台经纬仪安置在纵横轴线上,离柱子的距离约为柱高的 1.5 倍,先照准柱底中线,再渐渐仰视到柱顶,如中线偏离视线,表示柱子不垂直,可调节拉绳或支撑,敲打楔子,手动千斤顶等方法使柱子垂直(图 5-30)。经校正后,其偏差要在允许范围以内,即柱高 $H \leqslant 5m$ 时,为 5mm;柱高 $H > 5m$ 时,为 10mm;柱高 $H > 10m$ 时,为 1/1000 柱高,且最大不超过 20mm;在没有经纬仪时,也可使用线锤检查。

5)柱的最后固定

柱的最后固定,是将柱子与杯口的空隙用细石混凝土灌密实。灌注前,将杯口清扫干净,并用水湿润柱脚和杯壁,再分两次浇灌比原强度高一个等级细石混凝土。第一次先灌至楔尖的部分,待达到设计强度的 25% 时,拔去楔块,灌注第二批混凝土,直至灌满杯口为止。

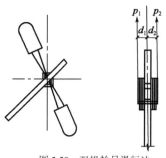

图 5-29　双机抬吊滑行法

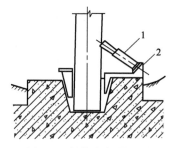

图 5-30　螺旋千斤顶校正器
1-螺旋千斤顶;2-千斤顶支座

2. 吊车梁的吊装

常见的吊车梁,有矩形、T 形、鱼腹式等几种。当柱子与杯口二次灌注的细石混凝土强度达 75% 设计强度等级之后,就可以进行吊车梁的吊装。

1)吊车梁的绑扎、吊升、对位与临时固定

安装吊车梁,采用两点对称绑扎,吊钩对准重心,水平起吊,并使吊车梁端部的吊装准线与牛腿顶面的吊装准线对准。

吊车梁断面的高宽比小于 4 时,稳定性好,对位后,只要用垫铁垫平即可;当高宽比大于 4 时,稳定性就差些,对位后,除用垫铁垫平外,还要用 8 号铅丝将吊车梁临时固定在柱子上。

2)校正与最后固定

吊车梁的校正,有平面位置、标高和垂直度校正等几项内容。

对吊车梁平面位置校正的方法,常用通线法和平移轴线法。

(1)通线法。根据柱的定位轴线,在柱列两端地面定出吊车梁定位轴线的位置,并设木桩;用经纬仪先将两端的四根吊车梁中心线(亦即吊车轨道中心线)投射到牛腿上,并弹以墨线,投点误差 ±3mm。位置校正准确,并检查两列吊车梁之间的跨距是否符合要求。然后在四根已校正的吊车梁端部设置支架(或垫块),约高 200mm,并根据吊车梁的定位轴线拉钢丝通线。最后根据通线逐根拨正(用撬杠)吊车梁的吊装中心线(图 5-31)。

(2)平移轴线法。在柱列边设置经纬仪,逐根将杯口上柱的吊装中心线投影到吊车梁顶面处的柱身上,并做出标志。若柱安装中心线到定位轴线的距离为 α,则标志到吊车梁定位轴线的距离应为 $\lambda - \alpha$(λ 为柱定位轴线到吊车梁定位轴线之间的距离,一般 $\lambda = 750mm$)。可据此来逐根拨正吊车梁的吊装中心线,并检查两列吊车梁之间的距离是否符合要求(图 5-32)。

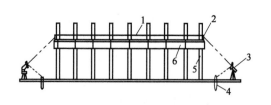

图 5-31　通线法校正吊车梁示意图
1-通线;2-支架;3-经纬仪;4-木桩 5-柱;6-吊车梁

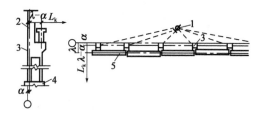

图 5-32　平移法校正吊车梁
1-经纬仪;2-标志;3-柱;4-柱基础;5-吊车梁

对于吊车梁的标高,应符合设计要求。根据 ±0.000 标高线,沿柱子侧面向上量取一段距离,在柱身上定出牛腿面的设计标高点,作为整平牛腿面及加垫板的依据。同时在柱子上端比梁面高 5 ~ 10cm 处测设一标高点,据此修平梁面。梁面整平后,应置水平仪于吊车梁上,检测梁面的标高是否符合设计要求,误差应不超过 ±3 ~ ±5mm。

对于吊车梁垂直度的校正,常用挂线锤的方法。若有偏差,可在梁底垫以薄钢板。

3.屋架的安装

屋架是屋盖系统中的主要构件,除屋架之外,还有屋面板、天窗架、支撑天窗挡板及天窗端壁板等构件。在屋盖系统中,对屋架安装质量的好坏,将影响着下道工序。

1)屋架的扶直与就位

(1)屋架的扶直方法。屋架扶直时,根据起重机和屋架的相对位置不同,可分为正向扶直和反向扶直。

正向扶直:起重机位于屋架下弦一侧,首先以吊钩对准屋架中心,收紧吊钩。然后略起臂使屋架脱模;接着起重机升钩并起臂,使屋架以下弦为轴,缓缓转为直立状态[图5-33a)]。

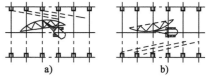

图5-33 屋架的扶直
a)正向扶直;b)反向扶直
(虚线表示屋架就位的位置)

反向扶直:起重机位于屋架上弦一侧,首先以吊钩对准屋架中心,收紧吊钩。接着起重机升钩并降臂,使屋架以下弦为轴,缓缓转为直立状态[图5-33b)]。

正向扶直和反向扶直最大的不同点,是在扶直过程中,前者为升臂,后者为降臂。由于起重机升臂比降臂易于操作且较安全,因此宜首选正向扶直法。

(2)屋架的就位。屋架扶直后,应立即就位。屋架就位的位置与屋架安装方法和起重机性能有关。其原则是应少占地,便于吊装,且应考虑到屋架的安装顺序、两端朝向等问题。一般靠柱边斜放或以 3 ~ 5 榀屋架为一组,平行柱边就位(图5-34)。屋架就位后,应用铁丝、支撑等与已安装的柱或已就位的屋架相互拉牢撑紧,以保持稳定。

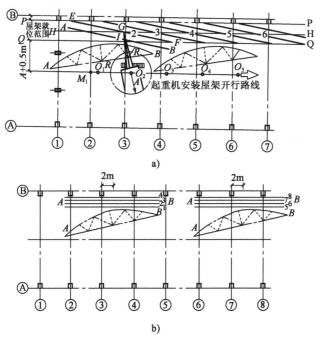

图5-34 屋架就位位置
a)屋架的斜向排放;b)屋架的成组纵向排放
(虚线表示屋架预制时的位置)

2）绑扎

屋架的绑扎点应选在上弦节点处或附近500mm区域内,左右对称,并高于屋架重心,使屋架起吊后基本保持水平,不晃动,不倾翻;屋架吊点的数目、位置与屋架的形式、跨度有关,通常由设计确定。绑扎时吊索与水平线的夹角不宜小于45°,以免屋架承受过大的横向压力。一般当跨度小于18m时,为两点绑扎;当跨度大于18m而小于30m时,为四点绑扎;当跨度大于或等于30m时,宜采用横吊梁(也称铁扁担)(图5-35)。

3）吊升、对位和临时固定

屋架吊升是先将屋架吊离地面约300mm,并将屋架转运至吊装位置下方,然后再升钩,将屋架提升超过柱顶约300mm。利用屋架端头的溜绳,将屋架调整对准柱头,缓缓降落至柱头。

屋架的对位应以建筑物的定位轴线为准。因此,在吊装屋架前,应先在柱顶确定定位轴线。如柱顶截面中线与定位轴线偏差过大,可逐渐调整。

屋架对位后,应立即临时固定,然后起重机才可脱钩。第一榀屋架的临时固定必须十分可靠,因为此时它是单片结构,无处依托,而且还是第二榀屋架临时固定的支撑点。通常用四根缆风绳在屋架两侧拉紧固定,也可将屋架与抗风柱连接作为临时固定。第二榀屋架的临时固定是用工具式支撑撑牢在第一榀屋架上;以后的屋架的临时固定均采用此方法(图5-36)。

4）校正与最后固定

对屋架的校正,主要是垂直度,一般用经纬仪或垂球检查,用屋架校正器校正。当屋架校正垂直后,应立即用电焊固定。焊接时,先焊接屋架两端成对角线的两侧边,再焊另外两边,以避免两端同侧施焊而影响屋架的垂直度。

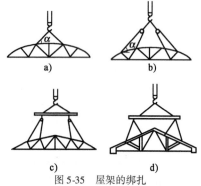

图 5-35　屋架的绑扎
a)屋架跨度小于或等于18mm时;b)屋架跨度大于18mm时;c)屋架跨度大于30mm时;
d)三角形组合屋架

4. 天窗架和屋面板的吊装

天窗架可以单独吊装,也可以在地面上先与屋架拼装成整体后同时吊装,后者可以减少高空作业,但对起重机的起重量和起重高度要求较高。目前采用单独吊装方式的较多。天窗架单独吊装法的吊装过程与屋架基本相同。

屋面板一般埋有吊环,用带钩的吊索钩住吊环即可吊装。根据屋面板的平面尺寸大小,吊环的数目为4~6个,施工中应注意保证各吊索的受力均匀。

为充分发挥起重机的起重能力,提高生产率,也可采用叠吊的方法(图5-37)。

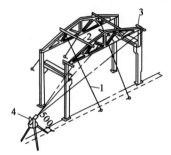

图 5-36　屋架的校正与临时固定(尺寸单位:mm)
1-缆风绳;2-屋架校正器;3-卡尺;4-经纬仪

图 5-37　屋面板叠吊

屋面板的吊装顺序,应自两边檐口左右对称地逐块吊向屋脊,避免屋架承受半边荷载。屋面板对位后,应立即电焊固定,一般情况下每块屋面板可焊3点。

5.3.3 单层工业厂房结构吊装方案

单层工业厂房结构的特点是:平面尺寸大,承重结构的跨度与柱距大,构件类型少,构件重量大,厂房内还有各种设备基础(特别是重型厂房)等。因此,在拟定结构吊装方案时,应着重解决结构吊装方法、起重机的选择、起重机开行路线与构件平面布置等问题。确定施工方案时应根据厂房的结构形式、跨度、构件的重量及安装高度、吊装工程量及工期要求,并考虑现有起重设备条件等因素综合研究决定。

1. 结构吊装方法

单层工业厂房结构吊装方法有分件吊装法和综合吊装法。

1) 分件吊装法

分件吊装法是在厂房结构吊装时,起重机每开行一次仅吊装一种或两种构件。例如:第一次开行吊装柱,并进行校正和最后固定,第二次开行吊装吊车梁、连系梁及柱间支撑,第三次开行时以节间为单位吊装屋架,天窗架及屋面板等(图5-38)。

分件吊装法起重机每次开行基本上吊装一种或一类构件,起重机可根据构件的重量及安装高度来选择,能充分发挥起重机的工作性能,而且,在吊装过程中索具更换次数少,工人操作熟练,吊装进度快,起重机工作效率高。采用这种吊装方法还具有构件校正时间充分,构件供应及平面布置比较容易等特点。因此,分件吊装法是装配式单层工业厂房结构安装经常采用的方法。

图5-38中数字表示构件吊装顺序,其中1~12柱、13~32单数是吊车梁、双数是连系梁、33~34屋架、35~42屋面板。

2) 综合吊装法

综合吊装法是在厂房结构安装过程中,起重机一次开行,以节间为单位安装所有的结构构件,如图5-39所示。这种吊装方法具有起重机开行路线短,停机次数少的优点。但是由于综合吊装法要同时吊装各种类型的构件,起重机的性能不能充分发挥;索具更换频繁,影响生产率的提高;构件校正要配合构件吊装工作进行,校正时间短,给校正工作带来困难;构件的供应及平面布置也比较复杂。所以,在一般情况下,不宜采用这种吊装方法,只有在轻型车间(结构构件重量相差不大)结构吊装时,或采用移动困难的起重机(如桅杆式起重机)吊装时才采用综合吊装法。

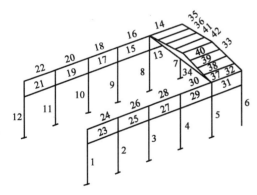

图5-38 分件吊装时的构件吊装顺序

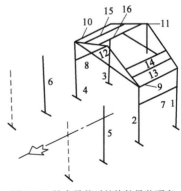

图5-39 综合吊装时的构件吊装顺序

2. 起重机械选择

1) 起重机类型的选择

对中小型厂房,一般采用自行杆式起重机,常用履带式起重机,也可采用自制桅杆式起重机;对重型厂房,跨度大,构件重,安装高度高,且厂房内设备安装与结构安装往往需同时进行,所以,一般应选用大型自行杆式起重机,以及重型塔式起重机与其他起重机械配合使用。

2) 起重机型号的选择

起重机型号要根据构件尺寸、重量和安装高度确定。所选起重机的三个参数(起重量、起重高度和起重半径)必须满足构件吊装的要求。

(1)起重量。所选用起重机械的起重量必须大于或等于所安装构件的重量与索具重量之和,即:

$$Q \geqslant Q_1 + Q_2 \tag{5-7}$$

式中:Q——起重机械的起重量(t);

Q_1——构件的重量(t);

Q_2——索具重量(t)。

(2)起重高度。所选用起重机械的吊装高度必须满足吊装构件安装高度的要求,如图5-40所示。

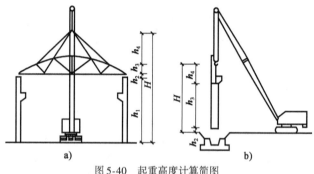

图5-40　起重高度计算简图
a)安装屋架;b)安装柱子

即

$$H \geqslant h_1 + h_2 + h_3 + h_4 \tag{5-8}$$

式中:H——起重机械的吊装高度(m),从地面起至吊钩中心距离;

h_1——安装支点表面高度(m),从地面算起;

h_2——安装间隙,视安装条件确定,一般取0.2~0.3m;

h_3——绑扎点至起吊后构件底面的距离(m);

h_4——索具高度,从绑扎点至吊钩中心的距离(m)。

(3)起重半径。当起重机械可不受限制地开到所安装构件附近时,对起重半径没有什么要求,可不验算起重半径。只要计算出起重量和起重高度后,便可查阅起重机资料来选择起重机的型号及起重臂长度,并可以查得在一定起重量及起重高度下的起重半径。当起重机不能够开到构件附近去吊装时,应根据实际所需要的起重高度和起重量,查阅起重机性能表或性能曲线来初步选择起重机的型号及起重臂长度。可按下式计算:

$$R = F + L\cos\alpha \tag{5-9}$$

式中:R——起重机的起重半径;

F——起重臂下铰点中心至起重机回转中心的水平距离，其数值由起重机技术参数表查得；

L——起重臂长度；

α——起重臂的中心线与水平线夹角。

(4)最小起重臂长的确定。当起重机械的起重臂需要跨过屋架去安装屋面板时，为防止碰动屋架，需求起重臂的最小长度，求最小臂长可用数解法或者图解法。

①数解法。根据图5-41a)所示的几何关系，起重臂的最小长度可按下式计算：

$$L \geqslant l_1 + l_2 = \frac{h}{\sin\alpha} + \frac{f + g}{\cos\alpha} \tag{5-10}$$

式中：L——起重臂长度(m)；

h——起重臂底铰至构件安装底座顶面的距离，$h = h_1 - E$；

h_1——支座高度(m)；

E——起重臂底铰至停机面的距离；

f——起重吊钩需跨过已安装好的构件的水平距离；

g——起重轴线与已安装好的构件的水平距离，一般不宜小于1m；

α——起重臂仰角，$\alpha = \arctan\sqrt[3]{\dfrac{h}{f + g}}$。

②图解法。根据图5-41b)，按下列步骤确定最小臂长。

第一步，按一定比例绘出吊装厂房一个柱间的纵剖面图及吊装屋面板时起重机吊钩位置处的垂线 $y - y$，初步选定起重机型号，根据起重机的 E 值，绘出平行于停机面的线 $H - H$。

第二步，从屋架顶面中心线向起重机方向量出一段水平距离 g，令 $g = 1.0$m，得 P 点，按满足吊装要求的起重臂上定滑轮中心点的最小高度 d 与起重机的起重高度 H 之和，在 $y - y$ 垂线上得 A 点，A 点至停机面的距离为 $H + d$。

第三步，连接 A、P 两点，延长 AP 与 HH 相交于 B 点，AB 线段长度即为起重臂轴线长度。以 P 点为圆心，按顺时针方向旋转线段 AB，得若干与 $y - y$、HH 相交线段，其中所得最小的线段 A_1B_1 即为起重机的最小臂长 $L_{\min}$。

根据数解法或图解法确定的 $L_{\min}$ 理论值，查阅起重机性能曲线或性能表，选择一种满足 $L \geqslant L_{\min}$ 者。一般按上述方法首先确定吊装跨中屋面板所需的起重臂长和起重半径，然后复核最边缘一块屋面板是否满足要求。

3. 起重机的开行路线、停机位置及构件的平面位置

1)吊装柱时起重机开行路线及构件的平面布置

(1)起重机的开行路线应根据厂房的跨度、柱的尺寸、重量及起重机的性能，可分为跨中开行和跨边开行两种。

跨中开行，如图5-42a)、图5-42b)所示，当 $R \geqslant L/2$ 时采用。其中又分两种情况：

当 $\sqrt{(L/2)^2 + (b/2)^2} > R$ 时，一个停机点可吊装两个柱子，如图5-41a)所示；

当 $\sqrt{(L/2)^2 + (b/2)^2} \leqslant R$ 时，一个停机点可吊装四个柱子，如图5-41b)所示。

跨边开行，如图5-42c)、d)所示，当 $R < L/2$ 时采用。其中也可分为两种情况：当 $\sqrt{a^2 + (b/2)^2} > R$ 时，每一停机点可吊装一个柱子，如图5-42c)所示；当 $\sqrt{a^2 + (b/2)^2} \leqslant R$ 时，每一停机点可吊装两根柱子，如图5-42d)所示。

（2）柱的平面布置应根据吊装要求进行,布置方式主要有:采用旋转法吊升时,斜向布置;采用滑行法吊装时,柱可纵向也可斜向布置。

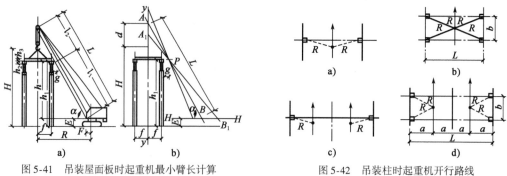

图 5-41　吊装屋面板时起重机最小臂长计算
a)数解法;b)图解法

图 5-42　吊装柱时起重机开行路线
a)、b)跨中开行;c)、d)跨边开行

柱用旋转法起吊时,一般采用作图法按三点共弧斜向布置,如图 5-43a)所示。作图步骤如下:首先,确定起重机开行路线到柱列中心的距离 a,并使 $R \geqslant a >$ 起重机回转半径;再以基础杯口中心为圆心,以 R 为半径画弧交于开行路线上一点 O,O 即为停机点;最后,确定柱模板位置图。依三点同弧原则,先在基础杯口附近弧上取一点 B,作为柱脚;以 B 点为圆心,以绑扎点至柱脚的距离为半径画弧,与以 O 为圆心、R 为半径的弧交于 C 点,C 点即为所求图中绑扎点的位置,BC 为准可画出柱模板位置图。当难于做三点同弧时,也可采用绑扎点和柱脚中心两点同弧作图法,如图 5-43b)所示。起吊时,起重臂先升臂,当起重半径由 R' 变为 R 时,再按旋转法起吊。

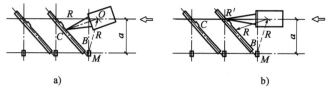

图 5-43　旋转法吊装柱时的平面布置
a)三点同弧;b)柱脚与柱基础中心共弧

当柱用滑行法起吊时,绑扎点靠近杯口,按两点同弧纵向或斜向布置,如图 5-44 所示。

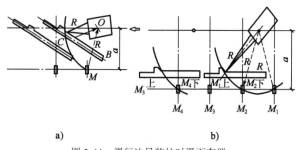

图 5-44　滑行法吊装柱时平面布置
a)斜向布置;b)纵向布置

2)吊装屋架时起重机的开行路线及构件的平面布置

起重机的开行路线均为跨中开行,屋架的平面布置分为预制阶段和吊装阶段两种。

预制阶段,屋架一般在跨内平卧叠浇预制,每叠 3~4 榀。可有斜向、正反斜向和正反纵向布置三种,如图 5-45 所示。每叠屋架间应留 1.0m 的间距以便于支模和浇筑混凝土,图中虚线表示预应力屋架抽管及穿筋所需的长度。图中斜向布置便于屋架扶直就位,应优先采用。当场地条件受限制时,才考虑其他形式。

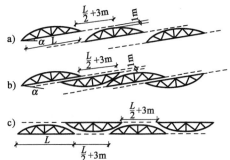

图 5-45 屋架现场预制阶段平面布置
a)斜向布置;b)正反斜向布置;c)正反纵向布置

吊装阶段的平面布置是将叠浇的屋架扶直后,排放到吊装前的预定位置,布置方式可有以下两种。

(1)屋架斜向排放。如图 5-46 所示,其排放位置按下述步骤确定:首先,以屋架轴线的中点 M_2 为圆心,以 R 为半径画弧与开行路线交于 O_2 点,O_2 点即所求的停机点;再确定屋架排放位置范围线 PP 与 QQ,两线之中线 HH 即为屋架之中点线。PP 线距柱边距离应不小于 200mm,QQ 线取与开行路线相距为 $A+0.5$m,其中 A 为机尾长度。屋架斜向排放位置,第一榀因有抗风柱可灵活布置,如图中 AB 所示;第二榀屋架 EF 的位置是以 O_2 为圆心,以 R 为半径画弧交 HH 于 G,G 为屋架中心点,再以 G 为圆心,以 1/2 屋架跨度为半径画弧交 PP 线于 E 点,交 QQ 线于 F 点,连接 EF 即得屋架吊装排放位置,以此类推。

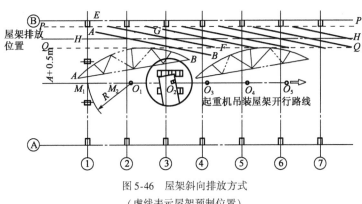

图 5-46 屋架斜向排放方式
(虚线表示屋架预制位置)

(2)屋架纵向排放。一般以 4 榀为一组靠柱边顺轴线排放,屋架之间净距不大于 200mm,并用钢丝及支撑拉紧撑牢;每组屋架之间预留 3m 间距作为横向通道。为防止吊装过程中与安装好的屋相碰,每组屋架的跨中,可安排在该组屋架倒数第二榀安装轴线之后约 2m 处,如图 5-47 所示。

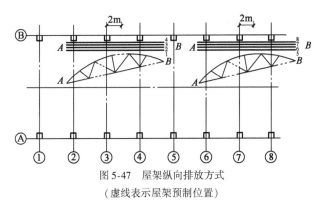

图 5-47 屋架纵向排放方式
(虚线表示屋架预制位置)

3)吊车梁、连系梁及屋面板的排放

吊车梁、连系梁的就位位置,一般在其安装位置的柱列附近,跨内、跨外均可,并依照编号、吊装顺序进行就位和集中堆放,若有条件时,可采用随运随吊方案。屋面板以6~8块为一叠靠柱边堆放。在跨内就位时,后退3~4个跨间开始堆放;在跨外就位时,应后退2~3个跨间开始堆放(图5-48)。

5.3.4 单层工业厂房结构安装实例

【例5-1】 某厂金工车间,跨度18m,长54m,柱距6m共9个节间,建筑面积为1 002.36m²。主要承重结构采用装配式钢筋混凝土工字形柱,预应力混凝土折线形屋架,1.5m×6m大型屋面板,T形吊车梁,车间平面位置如图5-49所示。

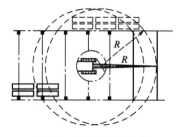

图5-48 屋面板排放方式

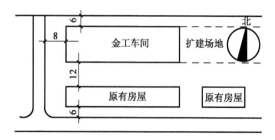

图5-49 金工车间平面位置图(尺寸单位:m)

车间的结构平面图、剖面图,如图5-50、图5-51所示。

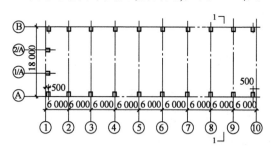

图5-50 某厂金工车间结构平面图(尺寸单位:mm)

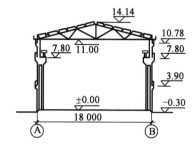

图5-51 某厂金工车间结构剖面图(尺寸单位:mm)

制订安装方案前,应先熟悉施工图,了解设计意图,将主要构件数量、重量、长度、安装标高分别算出,并列表5-9以便计算时查阅。

主要承重结构一览表　　　　　　　　　　　　　　　　表5-9

项次	跨度	轴线	构件名称及编号	构件数量	构件质量(t)	构件长度(m)	安装标高(m)
1	Ⓐ~Ⓑ	Ⓐ、Ⓑ	基础梁 YJL	18	1.13	5.97	
2	Ⓐ~Ⓑ	Ⓐ、Ⓑ ②~⑨	联系梁 YLL₁	42	0.79	5.97	+3.90
	Ⓐ~Ⓑ	①~②	YLL₂	6	0.73	5.97	+7.80
	Ⓐ~Ⓑ	⑨~⑩	YLL₂	6	0.73	5.97	+10.78
3	Ⓐ~Ⓑ	Ⓐ、Ⓑ ②~⑨	柱 Z₁	16	6.00	12.25	-1.25
	Ⓐ~Ⓑ	①、⑩	Z₂	4	6.00	12.25	-1.25
		①/A、②/A	Z₃	2	5.4	14.40	
4	Ⓐ~Ⓑ		屋架 YWY₁₈₋₁	10	4.28	17.70	+11.00

项次	跨度	轴线	构件名称 及编号	构件数量	构件质量(t)	构件长度(m)	安装标高(m)
5	Ⓐ~Ⓑ	Ⓐ、Ⓑ ②~⑨ ①~② ⑨~⑩	吊车梁 $DCL_{6-4}Z$ $DCL_{6-4}B$ $DCL_{6-4}B$	14 2 2	3.38 3.38 3.38	5.97 5.97 5.97	+7.80 +7.80 +7.80
6	Ⓐ~Ⓑ		屋面板 YWB_1	108	1.10	5.97	+13.90
7	Ⓐ~Ⓑ	Ⓐ、Ⓑ	天沟	18	0.653	5.97	+11.00

【解】　1)起重机选择及工作参数计算

根据现有起重设备选择履带式起重机进行结构吊装,现将该工程各种构件所需的工作参数计算如下。

(1)柱子安装

采用斜吊绑扎法吊装,如图5-52所示。

Z_1柱起重量

$$Q_{\min} = Q_1 + Q_2 = 6.0 + 0.2 = 6.2(\text{t})$$

起重高度

$$H_{\min} = h_1 + h_2 + h_3 + h_4 = 0 + 0.3 + 8.55 + 2.00 = 10.85(\text{m})$$

Z_3柱起重量

$$Q_{\min} = Q_1 + Q_2 = 5.4 + 0.2 = 5.6(\text{t})$$

起重高度

$$H_{\min} = h_1 + h_2 + h_3 + h_4 = 0 + 0.3 + 11.0 + 2.0 = 13.30(\text{m})$$

(2)屋架安装

屋架安装如图5-53所示。

起重量

$$Q_{\min} = Q_1 + Q_2 = 4.28 + 0.2 = 4.48(\text{t})$$

起重高度

$$H_{\min} = h_1 + h_2 + h_3 + h_4 = 11.3 + 0.3 + 1.14 + 6.0 = 18.74(\text{m})$$

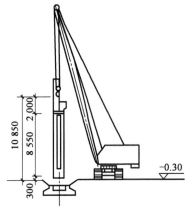

图5-52　Z_1柱起重高度计算面简图(尺寸单位:mm)

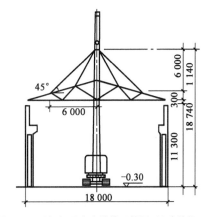

图5-53　屋架起重高度计算面简图(尺寸单位:mm)

（3）屋面板安装

起重量

$$Q_{min} = Q_1 + Q_2 = 1.1 + 0.2 = 1.3(t) = 13(kN)$$

起重高度

$$H_{min} = h_1 + h_2 + h_3 + h_4 = (11.30 + 2.64) + 0.3 + 0.24 + 2.50 = 16.98(m)$$

安装屋面板时起重机吊钩需跨过已安装的屋架3m，且起重臂轴线与已安装的屋架上弦中线最少需保持1m的水平间隙。所需最小杆长 L_{min} 的仰角，应先求出仰角 α：

$$\alpha = \arctan\sqrt[3]{\frac{h}{h+g}} = \arctan\sqrt[3]{\frac{11.30 + 2.64 - 1.70}{3 + 1}} = 55°25'$$

代入式（6-8）可得

$$L_{min} = \frac{h}{\sin\alpha} + \frac{f+g}{\cos\alpha} = \frac{12.24}{\sin55°25'} + \frac{4.00}{\cos55°25'} = 21.95(m)$$

选用 W_1-100 型起重机，采用杆长 $L = 23m$，设 $\alpha = 55°$，再对起重高度进行核算：

假定起重杆顶端至吊钩的距离 $d = 3.5m$，则实际的起重高度为：

$$H = L\sin55° + E - d = 23\sin55° + 1.7 - 3.5 = 17.04m > 16.98m$$

即 $d = 23\sin55° + 1.7 - 16.98 = 3.56m$，满足要求。

此时起重机吊板的起重半径为：

$$R = F + L\cos\alpha = 1.3 + 23\cos55° = 14.49(m)$$

再以选定的23m长起重臂及 $\alpha = 55°$ 倾角用作图法来复核一下能否满足吊装最边缘一块屋面板的要求。

在图5-54中，以最边缘一块屋面板的中心 K 为圆心，以 $R = 14.49m$ 为半径画弧，交起重机开行路线于 O_1 点，O_1 点即为起重机吊装边缘一块屋面板的停机位置。用比例尺量 $KQ = 3.8m$。过 O_1K 按比例作2-2剖面。从2-2剖面可以看出，所选起重臂及起重仰角可以满足吊装要求。

屋面板吊装工作参数计算及屋面板的就位布置图如图5-54所示。

根据以上各种吊装工作参数计算，确定选用23m长度的起重臂，并查 W_1-100 型起重机性能表，列出表5-10，再根据合适的起重半径 R，作为绘制构件平面布置图的依据。

结构吊装工作参数表

表5-10

构 件 名 称	Z_1 柱			Z_3 柱			屋架			屋面板		
吊装工作参数	$Q(t)$	H (m)	R (m)	$Q(t)$	H (m)	R (m)	$Q(t)$	H (m)	R (m)	$Q(t)$	H (m)	R (m)
计算所需工作参数	6.2	10.85		5.6	13.3		4.48	18.74		1.3	16.98	
采用数值	7.2	19.0	7.0	6.0	19.0	8.0	4.9	19.0	9.0	2.3	17.30	14.49

2）结构安装方法及起重机的开行路线

采用分件安装法进行安装。吊柱时采用 $R = 7m$，故须跨边开行，每一停机点安装一根柱子。屋盖吊装则沿跨中开行。具体布置图如图5-55所示。

起重机自轴线Ⓐ跨外进场，自西向东逐根安装Ⓐ轴柱列，开行路线距Ⓐ轴6.5m，距原有房屋5.5m，大于起重机回转中心至尾部距离3.2m，回转时不会碰墙。Ⓐ轴柱列安装完毕后、转入跨内,自东向西安装Ⓑ轴柱列,由于柱子在跨内预制,场地狭窄,安装时,应适当缩小回转半径,取$R=6.5$m;开行路线距Ⓑ轴线5m,距跨中4m,均大于3.2m,回转时起重机尾部不会碰撞叠浇的屋架,屋架的预制均布置在跨中轴线以南。吊完Ⓑ轴柱列后,起重机自西向东扶直屋架及屋架就位;再转向安装Ⓐ轴吊车梁、连系梁,接着安装Ⓑ轴吊车梁、连系梁。

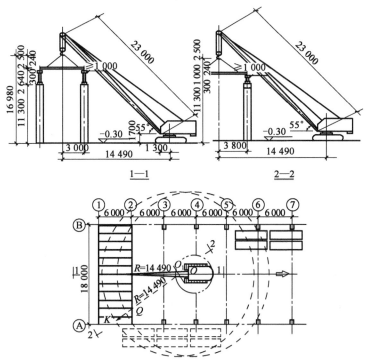

图 5-54　屋面板吊装工作参数计算简图及屋面板的排放布置图(尺寸单位:mm)

(虚线表示当屋面板跨外布置时之位置)

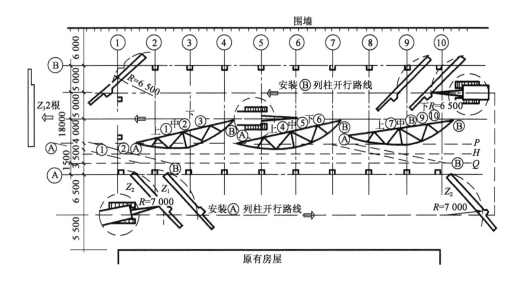

图 5-55　金工车间预制构件平面布置图

起重机自东向西沿跨中开行、安装屋架、屋面板及屋面支撑等。在安装①轴线的屋架前,应先安装西端头的两根抗风柱,安装屋面板,起重机即可拆除起重杆退场。

3)现场预制构件平面布置

(1)Ⓐ轴柱列,由于跨外场地较宽,采取跨外预制,用三点共弧的安装方法布置。

(2)Ⓑ轴柱列,距围墙较近,只能在跨内预制,因场地狭窄,不能用三点共圆弧斜向布置,用两点共弧的方法布置。

(3)屋架采用正面斜向布置,每3~4榀为一叠,靠轴Ⓐ线斜向就位。

5.4 多层结构工程安装

5.4.1 起重机械的选择

用于多层建筑构件安装的起重机械的选择主要根据主体结构的特点(平面尺寸、高度、构件重量和大小等)、施工现场条件和现有机械条件等因素来确定。目前较多使用的起重机械与单层厂房结构类似,分别是轨道式塔式起重机、自行式起重机(履带式、汽车式、轮胎式起重机)和自升式塔式起重机。其中,履带式起重机起重量大,移动灵活,对外形(平面或立面)不规则的框架结构的吊装而言具有其优越性,但因为它的起重高度和工作幅度较小,因而适用于五层以下框架结构的吊装,采用履带式起重机通常是跨内开行,用综合吊装法施工。塔式起重机具有较高的提升高度和较大的工作幅度,吊运特性好,构件吊装灵活,安装效率高,但由于需要铺设轨道,安装拆除耗费工时,因而适用于五层以上框架结构的吊装。

塔式起重机型号的选择取决于房屋的高度、宽度和构件的重量,塔式起重机通常采用单侧布置、双侧布置或环形布置等形式,并宜采用爬升式或附着式塔式起重机。

单侧布置时,其回转半径及应满足:

$$R \geqslant b + d \tag{5-11}$$

式中:b——房屋宽度;

d——房屋外墙面至轨道中心的距离。

双侧布置时,其回转半径应满足 $R \geqslant b/2 + d$。

5.4.2 结构安装方法

1. 综合吊装法

综合吊装法是以一个柱网(节间)或若干个柱网(节间)为一个施工段,而以房屋的全高为一个施工层,以组织各工序的流水。起重机把一个施工段的构件吊装至房屋的全高,然后转移到下一个施工段。当采用自行式起重机吊装框架结构时,或者虽然采用塔式起重机吊装,但由于建筑物四周场地狭窄而不能把起重机布置在房屋外边,或者由于房屋宽度较大和构件较重,只有把起重机布置在跨内才能满足吊装要求时,则需采用综合吊装法。

2. 分件吊装法

分件吊装法又称为分层分段流水吊装法,就是以一个楼层为一个施工层(如果柱是两节,则以两个楼层为一个施工层),每一个施工层再划分成若干个施工段,以便于构件吊装、校正、焊接以及接头灌浆等工序的流水作业。起重机在每一施工段做数次往返开行,每次开行,吊装该段内某一种构件。施工段的划分,主要取决于建筑物平面的形状和平面尺寸、起重机械的性能及其开行路线、完成各个工序所需的时间和临时固定设备的数量等因素。

分层大流水吊装法是每个施工层不再划分施工段,而按一个楼层组织各工序的流水。

分件吊装法是装配式框架结构最常用的方法。其优点是:容易组织吊装、校正、焊接、灌浆等工序的流水作业;容易安排构件的供应和现场布置工作;每次吊装同类型构件,可减少起重机变幅和索具更换的次数,从而提高吊装速度和效率;各工序的操作比较方便和安全。

5.4.3　构件的平面布置

装配式框架结构除有些较重、较长的柱需在现场就地预制外,其他构件大多在工厂集中预制后运往工地吊装。因此,构件布置主要是解决柱的现场预制的布置和工厂预制构件运来现场后的堆放。

构件的平面布置与所选用的吊装方案、起重机性能、构件制作方法或堆放要求等有关,建筑物平面及每个节间构件堆放布置均应位于选用的起重机械臂杆的回转半径范围内,避免和减少现场二次搬运。在工厂集中预制的构件,运到现场后应按照构件平面布置图码放,或采用构件分阶段运送,随运随吊装就位的方法。

5.4.4　结构构件连接施工

1. 结构连接施工一般规定

(1)构件接头的焊接,应符合焊接质量的规定,并经检查合格后,填写记录单。当混凝土在高温作用下易受损伤时,可采用间隔流水焊接或分层流水焊接的方法。

(2)装配式结构中承受内力的接头和接缝,应采用混凝土或砂浆浇筑,其强度等级宜比构件混凝土强度等级高二级;对不承受内力的接缝,应采用混凝土或水泥砂浆浇筑,其强度不应低于C20。对接头或接缝的混凝土或砂浆宜采取快硬措施,在浇筑过程中,必须捣实。

(3)承受内力的接头和接缝,当其混凝土强度未达到设计要求时,不得吊装上一层结构构件;当设计无具体要求时,应在混凝土强度不小于C20或具有足够的支承时,方可吊装上一层结构构件。

(4)已安装完毕的装配式结构,应在混凝土强度达到设计要求后,方可承受全部设计荷载。

2. 柱与柱连接

(1)湿式(榫式)接头。特点是上柱带有小榫头,与下柱相接承受施工阶段荷载,将上柱与下柱外露的受力筋用剖口焊焊接,配置相应的箍筋,最后浇筑接头混凝土,使上下柱之间形成整体结构。

(2)干式(钢帽式)接头。特点是将柱子钢筋焊于用钢板制成的框箍上,用钢板将上下两柱框箍连接焊牢形成整体,因此柱子必须通过垫于柱心的垫板调整其倾斜程度以利安装就位,钢框箍和连接钢板均应刷油防腐。

3. 梁与柱连接

(1)钢筋混凝土牛腿上搭接梁后,将钢筋采用坡口焊后灌混凝土形成刚性连接整体结构。

(2)钢牛腿上搭接梁时,将梁主筋已经焊于梁端埋设钢件上,将钢牛腿和梁端钢件焊接牢固,将其缝隙灌浆形成整体结构,金属埋件均应刷油防腐。

(3)槽齿式刚性连接的特点是,将柱与梁连接处按设计要求作出齿槽、插筋和设置承载梁安装过程中临时支承的钢支点,待安装就位、连接插筋并焊接主筋后浇筑细石混凝土二次灌浆,达到强度后形成整体结构。

5.4.5 屋架、托架拼装

屋架、托架拼装有平拼法和立拼法两种,钢筋混凝土屋架、托架采用立拼法。

在胎模上设置垫木 4 处,位置根据钢筋混凝土屋架、托架几何尺寸确定,找平各支承点,并在胎模上放线(钢筋混凝土屋架/托架的跨度、中轴线及边线等)。先吊半榀钢筋混凝土屋架、托架并找基准线,用 8 号铁丝将上弦与人字架绑牢。再吊另半榀就位。然后穿入预应力钢筋,检查钢筋混凝土屋架、托架跨度、垂直度、几何尺寸、侧向弯曲、起拱、上弦连接点及预应力钢筋孔洞是否对齐,用千斤顶和葫芦等进行校正。校正后,先焊上弦拼接板,同时进行下弦连接点灌浆。待接缝砂浆达到强度要求,预应力钢筋张拉灌浆后,焊接下弦拼板,并进行上弦节点的灌缝。当钢筋混凝土屋架、托架符合设计和施工规范要求后,方可进行加固和起吊就位。

5.4.6 天窗架拼装

天窗架拼装有平拼法和立拼法两种,钢筋混凝土天窗架采用平拼法。

在胎模上设置垫木 6 处,每半榀天窗架 3 处,各支点找平。将两个半榀天窗架吊到垫木平台上并找平,在天窗架上下两端处校正跨距,在水平方向上绑扎木杆一道,将连接铁件装上进行拼接焊接,同时将支撑连接件焊上,检查变形和几何尺寸,校正后,翻身焊接另一侧。验收后,起吊就位。

5.5 钢结构安装中构件的加工制作及组装

5.5.1 加工制作

钢结构是由基本构件(梁、板、柱、桁架等)按照一定方式通过焊接、螺栓连接或铆钉连接形成的空间几何不变体系。钢结构安装工程的构件一般由专业厂家或承包单位负责详图设计,其加工制作主要包括下述七个组成部分:

1. 放样

在钢结构制作中,放样是指把零(构)件的加工边线、坡口尺寸、孔径和弯折、滚圆半径等以 1:1 的比例从图纸上准确地放制到样板和样杆上,并注明图号、零件号、数量等。样板和样杆是下料、制弯、铣边、制孔等加工的依据。

在制作样板和样杆时,要增加零件加工时的加工余量,焊接构件要按工艺需要增加焊接收缩量。高层建筑钢结构按设计标高安装时,柱子的长度还必须增加荷载压缩的变形量。

2. 划线

划线亦称号料,即根据放样提供的零件的材料、尺寸、数量,在钢材上画出切割、铣、刨边、弯曲、钻孔等加工位置,并标出零件的工艺编号。

划线号料时,要根据工艺图的要求,利用标准接头节点,使材料得到充分的利用,损耗率降到最低。

3. 切割下料

钢材切割下料方法有气割、机械剪切和锯切等。

1）氧气切割

氧气切割是以氧气和燃料（常用的有乙炔气、丙烷气和液化气等）燃烧时产生的高温燃化钢材，并以氧气压力进行吹扫，造成割缝，使金属按要求的尺寸和形状切割成零件。目前已广泛采用了多头气割、仿型气割、数控气割、光电跟踪气割等自动切割技术。

2）机械切割

（1）带锯、圆盘锯切割。带锯切割适用于型钢、扁钢、圆钢、方钢，具有效率高、切割端面质量好等优点。

（2）砂轮锯切割。砂轮锯适用于薄壁型钢切割。切口光滑、毛刺较薄、容易清除。当材料厚度较薄（1～3mm）时切割效率很高。

（3）无齿锯切割。无齿锯锯片在高速旋转中与钢材接触，产生高温把钢材熔化形成切口，其生产效率高，切割边缘整齐且毛刺易清除，但切割时有很大噪声。由于靠摩擦产生高温切断钢材，因此在切断的断口区会产生淬硬倾向，深度为 1.5～2mm。

（4）冲剪切割下料。用剪切机和冲切机切割钢材是最方便的切割方法，可以对钢板、型钢切割下料。当钢板较厚时，冲剪困难，切割钢材不容易保证平直，故应改用气割下料。

钢材经剪切后，在离剪切边缘 2～3mm 范围内，会产生严重的冷作硬化，这部分钢材脆性增大，因此用于钢材厚度较大的重要结构，硬化部分应刨削除掉。

4. 边缘加工

边缘加工分刨边、铣边和铲边三种。有些构件如支座支承面、焊缝坡口和尺寸要求严格的加劲板、隔板、腹板、有孔眼的节点板等，需要进行边缘加工。

刨边是用刨边机切削钢材的边缘，加工质量高，但工效低、成本高。

铣边是用铣边机滚铣切削钢材的边缘，工效高、能耗少、操作维修方便、加工质量高，应尽可能用铣边代替刨边。

铲边分手工铲边和风镐铲边两种，对加工质量不高，工作量不大的边缘加工可以采用。

5. 矫正平直

钢材由于运输和对接焊接等原因产生翘曲时，在划线切割前需矫正平直。矫平可以采用冷矫和热矫的方法。

（1）冷矫：一般用辊式型钢矫正机、机械顶直矫正机直接矫正。

（2）热矫：热矫是利用局部火焰加热方法矫正。当钢材型号超过矫正机负荷能力时，采用热矫。其原理是：钢材加热时以 $1.2 \times 10^{-5}/℃$ 的线膨胀率向各个方向伸长，当冷却到原来温度时，除收缩到加热前的尺寸，还要按照 $1.48 \times 10^{-6}/℃$ 的收缩率进一步收缩，因此利用这种特性达到对钢材或钢构件进行外形矫正的目的。

6. 滚圆与煨弯

滚圆是用滚圆机把钢板或型钢变成设计要求的曲线形状或卷成螺旋管。

煨弯是钢材热加工的方式之一，即把钢材加热到 900～1 000℃（黄赤色），立即进行煨弯，在 700～800℃（樱红色）前结束。采用热煨时一定要掌握好钢材的加热温度。

7. 零件的制孔

零件制孔方法有冲孔、钻孔两种。

冲孔在冲床上进行,冲孔只能冲较薄的钢板,孔径的大小一般大于钢材的厚度,冲孔的周围会产生冷作硬化。冲孔生产效率较高,但质量较差,只有在不重要的部位才能使用。

钻孔是在钻床上进行,可以钻任何厚度的钢材,孔的质量较好。对于重要结构的节点,先预钻小一级孔眼的尺寸,在装配完成调整好尺寸后,扩成设计孔径,铆钉孔、精制螺栓孔多采用这种方法。一次钻成设计孔径时,为了使孔眼位置有较高的精度,一般均先制成钻模,钻模贴在工件上调好位置,在钻模内钻孔。为提高钻孔效率,可以把零件叠起一次钻几块钢板,或用多头钻进行钻孔。

钢结构工程中构件的组装亦称装配、组拼,是把加工好的零件按照施工图的要求拼装成单个构件。钢构件的大小应根据运输道路、现场条件、运输和安装单位的机械设备能力与结构受力的允许条件等来确定。组装一般要求如下:

(1)钢构件组装应在平台上进行,平台应测平。用于装配的组装架及胎模要牢固的固定在平台上。

(2)组装工作开始前要编制组装顺序表,组拼时严格按照顺序表所规定的顺序进行组拼。

(3)组装时,要根据零件加工编号,严格检验核对其材质、外形尺寸,毛刺飞边要清除干净,对称零件要注意方向,避免错装。

(4)对于尺寸较大、形状较复杂的构件,应先分成几个部分组装成简单组件,再逐渐拼成整个构件,并注意先组装内部组件,再组装外部组件。

(5)组装好的构件或结构单元,应按图纸的规定对构件进行编号,并标注构件的重量、重心位置、定位中心线、标高基准线等。构件编号位置要在明显易查处,大构件要在三个面上都编号。

5.5.2 焊接连接的构件组装

根据图纸尺寸,在平台上画出构件的位置线,焊上组装架及胎模夹具。组装架离平台面不小于50mm,并用卡兰、左右螺旋丝杠或梯形螺纹,作为夹紧调整零件的工具。

每个构件的主要零件位置调整好并检查合格后,把全部零件组装上并进行点焊,使之定形。在零件定位前,要留出焊缝收缩量及变形量。高层建筑钢结构的柱子,两端除增加焊接收缩量的长度之外,还必须增加构件安装后荷载压缩变形量,并留好构件端头和支承点铣平的加工余量。

为了减少焊接变形,应该选择合理的焊接顺序。如对称法、分段逆向焊接法、跳焊法等。在保证焊缝质量的前提下,采用适量的电流,快速施焊,以减小热影响区和温度差,减小焊接变形和焊接应力。

1. 焊接方法选择

焊接是钢结构使用最主要的连接方法之一。焊接的方法很多,在钢结构制作和安装领域中,广泛使用的是电弧焊。在电弧焊中又以药皮焊条手工焊条、自动埋弧焊、半自动与自动CO_2气体保护焊为主。在某些特殊场合,则必须使用电渣焊。

焊接的类型、特点和适用范围见表5-11。

2. 焊接工艺要点

(1)焊接工艺设计:确定焊接方式、焊接参数及焊条、焊丝、焊剂的规格型号等。

（2）焊条烘烤：焊条和粉芯焊丝使用前必须按质量要求进行烘焙，低氢型焊条经过烘焙后，应放在保温箱内随用随取。

（3）定位点焊：焊接结构在拼接、组装时要确定零件的准确位置，要先进行定位点焊。定位点焊的长度、厚度应由计算确定。电流要比正式焊接提高 10% ~ 15%，定位点焊的位置应尽量避开构件的端部、边角等应力集中的地方。

钢结构焊接方法选择 表 5-11

焊接的类型		特　点	适　用　范　围
电弧焊	手工焊 交流焊机	利用焊条与焊件之间产生的电弧热焊接，设备简单，操作灵活，可进行各种位置的焊接，是建筑工地应用最广泛的焊接方法	焊接普通钢结构
	手工焊 直流焊机	焊接技术与交流焊机相同，成本比交流焊机高，但焊接时电弧稳定	焊接要求较高的钢结构
	埋弧自动焊	利用埋在焊剂层下的电弧热焊接，效率高，质量好，操作技术要求低，劳动条件好，是大型构件制作中应用最广的高效焊接方法	焊接长度较大的对接、贴角焊缝，一般是有规律的直焊缝
	半自动焊	与埋弧自动焊基本相同，操作灵活，但使用不够方便	焊接较短的或弯曲的对接、贴角焊缝
	CO_2 气体保护焊	用 CO_2 或惰性气体保护的实芯焊丝或药芯焊接，设备简单，操作简便，焊接效率高，质量好	用于构件长焊缝的自动焊
电渣焊		利用电流通过液态熔渣所产生的电阻热焊接，能焊大厚度焊缝	用于箱型梁及柱隔板与面板全焊透连接

（4）焊前预热：预热可降低热影响区冷却速度，防止焊接延迟裂纹的产生。预热区在焊缝两侧，每侧宽度均应大于焊件厚度的 1.5 倍以上，且不应小于100mm。

（5）焊接顺序确定：一般从焊件的中心开始向四周扩展；先焊收缩量大的焊缝，后焊收缩小的焊缝；尽量对称施焊；焊缝相交时，先焊纵向焊缝，待冷却至常温后，再焊横向焊缝；钢板较厚时分层施焊。

（6）焊后热处理：焊后热处理主要是对焊缝进行脱氢处理，以防止冷裂纹的产生。后热处理应在焊后立即进行，保温时间应根据板厚按每25mm 板厚1h 确定。预热及后热均可采用散发式火焰枪进行。

3. 焊缝质量检查

钢结构焊缝质量应根据不同要求分别采用外观检查、超声波检查、射线探伤检查、浸渗探伤检查、磁粉探伤检查等。

碳素结构钢应在焊缝冷却至环境温度，低合金结构钢应在焊接完成24h 以后，进行焊缝探伤检查。

5.5.3　紧固件连接工程

钢结构工程中使用的紧固件包括普通螺栓、扭剪型高强度螺栓、高强度大六角头螺栓、钢网架螺栓球节点用高强度螺栓及射钉、自攻钉、拉铆钉等。

1. 铆钉连接

铆钉连接是将一端带有预制钉头的铆钉，插入被连接构件的钉孔中，利用铆钉枪或压铆机,将另一端压成封闭钉头,从而使连接件被铆钉卡紧形成牢固的连接。铆钉连接的特点是传力可靠,塑性和韧性较好,质量易于检查和保证,可用于承受动载的重型结构,但其构造复杂,费钢费工,劳动条件差,成本高,目前已很少采用。

2. 螺栓连接

螺栓连接可分为普通螺栓连接和高强度螺栓连接两种。螺栓连接的优点是:施工工艺简单,安装方便,特别适用于工地安装连接。其缺点是:因开孔对构件截面有一定削弱,且被连接的板件需要互相搭接或另设拼接件等连接件,因此,比焊接用材多。此外,螺栓连接需要在板件制孔等,增加了工作量。

普通螺栓分为 A、B、C 三级。A 级和 B 级为精制螺栓,对成孔质量要求高,受剪性能好,但制作安装复杂,价格较高,已较少在钢结构中采用。C 级螺栓加工粗糙,传力性能差,但制造安装方便、价格低,并且能有效传递拉力,可多次重复拆卸使用。

高强度螺栓,材料性能等级为 8.8 级和 10.9 级,承载高,但安装要求较高。高强度螺栓连接是目前与焊接并举的钢结构主要连接方法之一。其特点是施工方便、可拆可换、传力均匀、接头刚性好,承载能力大,疲劳强度高,螺母不易松动,结构安全可靠。高强度螺栓从外形上可分为大六角头高强度螺栓(即扭矩形高强度螺栓)和扭剪型高强度螺栓两种。高强度螺栓和与之配套的螺母、垫圈总称为高强度螺栓连接副。

高强度螺栓安装工艺如下:

(1)一个接头上的高强度螺栓连接,应从螺栓群中部开始安装,向四周扩展,逐个拧紧。扭矩型高强度螺栓的初拧、复拧、终拧,每完成一次应涂上相应的颜色或标记,以防漏拧。

(2)接头如有高强度螺栓连接又有焊接连接时,宜按先栓后焊的方式施工,先终拧完高强度螺栓再焊接焊缝。

(3)高强度螺栓应自由穿入螺栓孔内,当板层发生错孔时,允许用铰刀扩孔。扩孔时,铁屑不得掉入板层间。扩孔数量不得超过一个接头螺栓的 1/3,扩孔后的孔径不应大于 $1.2d$(d 为螺栓直径)。严禁使用气割进行高强度螺栓孔的扩孔。

(4)一个接头多个高强度螺栓穿入方向应一致。垫圈有倒角的一侧应朝向螺栓头和螺母,螺母有圆台的一面应朝向垫圈,螺母和垫圈不应装反。

(5)高强度螺栓连接副在终拧以后,螺栓丝扣外露应为 2~3 扣,其中允许有 10% 的螺栓丝扣外露 1 扣或 4 扣。

5.5.4 构件成品的表面处理

钢结构构件在加工验收合格后,应进行防腐涂料涂装。但构件焊缝连接处、高强度螺栓摩擦面处不能做防腐涂装,应在现场安装完后,再补刷防腐涂料。

5.6 钢结构的安装

5.6.1 安装前的准备工作

钢结构安装工程施工准备工作主要包括技术准备、机械设备准备、材料准备以及作业条件准备等。

1. 技术准备工作

（1）钢结构安装前，其基础混凝土强度必须达到设计要求。

（2）根据测量控制网对基础轴线、标高、地脚螺栓规格和位置等进行技术复核。如地脚螺栓预埋在钢结构施工前，由土建单位完成，但需复核每个螺栓的轴线、标高，对超出规范要求的，必须采取相应的补救措施。如加大柱底板尺寸，需要在柱底板上按照实际螺栓位置重新钻孔或采用设计认可的其他措施。

（3）检查地脚螺栓外露部分的情况，若有弯曲变形、螺牙损坏的螺栓，必须对其修正。

（4）将柱子就位轴线弹测在柱基表面，以便钢柱准确就位。

（5）对柱基标高进行找平。

混凝土柱基标高浇筑一般预留 50～60mm（与钢柱底设计标高相比），在安装时用钢垫板或提前采用坐浆承板找平。当采用钢垫板做支承板时，钢垫板的面积应根据基础混凝土抗压强度、柱脚底板下二次灌浆前柱底承受的荷载和地脚螺栓的紧固拉力计算确定。垫板与基础面和柱底面的接触应平整、紧密。采用坐浆承板时应采用无收缩砂浆，柱子吊装前砂浆垫块的强度应高于基础混凝土强度一个等级，且砂浆垫块应有足够的面积以满足承载的要求。

2. 机械设备准备

钢结构安装工程的普遍特点是面积大、跨度大，在一般情况下应选择可移动式起重设备，如汽车式起重机、履带式起重机等。对于重型钢结构安装工程一般选用履带式起重机，对于较轻的单层钢结构安装工程可选汽车式起重机。单层钢结构安装工程其他常用的施工机具有电焊机、栓钉机、卷扬机、空压机、倒链、滑车、千斤顶、高强度螺栓、电动扳手等。

3. 构件及材料准备

（1）钢构件：安装前应对钢结构构件进行检查，其项目包含钢结构构件的变形、钢结构构件的标记、钢结构构件的制作精度和孔眼位置等。当钢结构构件的变形和缺陷超出允许偏差时应进行处理。

（2）焊接材料：钢结构焊接施工之前，应对焊接材料的品种、规格、性能进行检查，各项指标应符合现行国家标准和设计要求。检查焊接材料的质量合格证明文件、检验报告及中文标志等。对重要钢结构采用的焊接材料应进行抽样复验。

（3）高强度螺栓：钢结构设计用高强度螺栓连接时，应根据图纸要求分规格统计所需高强度螺栓的数量，并配套供应至现场。同时检查其出厂合格证、产品质量证明文件及扭矩系数或紧固轴力等，合格后方可施工。

5.6.2 单层工业厂房钢结构的安装

单层工业厂房钢结构的安装宜先立柱子，然后将在地面组装好的梁吊起就位，并与柱连接。安装工艺流程为：钢柱安装→钢柱校正→梁地面拼装→梁安装、临时固定→钢柱重校→高强度螺栓紧固→复校→安装檩条、拉杆→钢结构验收。

1. 钢柱的安装

钢柱的安装顺序是：吊装单根钢柱→柱标高调整→纵横十字线位移→垂直度校正。

刚架柱一般采用一点起吊，吊耳放在柱顶处。为防止钢柱变形，也可采用两点或三点起吊。对于大跨轻型门式刚架变截面 H 型钢柱，由于柱根小、柱顶大，头重脚轻，且重心是偏心的，因此安装固定后，为防止倾倒，必要时需加临时支撑。

2. 钢梁的拼接与安装

梁的特点是跨度大(即构件长)、侧向刚度小,为确保安装质量和安全施工,提高生产效率,减小劳动强度,应根据场地和起重设备条件,最大限度地将扩大拼装工作在地面完成。

梁一般采用立放拼接,拼装程序是:将要拼接的单元放在拼装平台上→找平→拉通线→安装普通螺栓定位→安装高强度螺栓→复核尺寸(图5-56)。

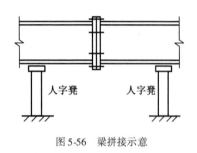

图5-56 梁拼接示意

梁的安装顺序是:先从靠近山墙的有柱间支撑的两榀刚架开始,安装完毕后将其间的檩条、支撑、隔撑等全部装好,并检查其垂直度;然后以这两榀排架为起点,向建筑物另一端顺序安装。除最初安装的两榀排架外,所有其余排架间的檩条、墙梁和檐檩的螺栓均应在校准后再拧紧。

梁的起吊吊点须经计算确定。梁可选用单机两点或三点、四点起吊,或用铁扁担以减小索具对斜梁产生的压力。对于侧向刚度小、腹板宽厚比大的梁,为防止构件扭曲和损坏,应采取多点起吊及双机抬升。

3. 檩条和墙梁的安装

檩条和墙梁,一般采用卷边槽形、Z型冷弯薄壁型钢或高频焊接轻型H型钢。檩条和墙梁通常与焊于梁和柱上的角钢支托连接。檩条和墙梁端部与支托的连接螺栓不应少于两个。

4. 彩板围护结构安装

单层工业厂房结构中,目前主要采用彩色钢板夹芯板(亦称彩钢保温板)作围护结构。彩板夹芯板按功能不同分为屋面夹芯板和墙面夹芯板。屋面板和墙面板的边缘部位,要设置彩板配件用来防风雨和装饰建筑外形。屋面配件有屋脊件、封檐件、山墙封边件、高低跨泛水件、天窗泛水件、屋面洞口泛水件等;墙面配件有转角件、板底泛水件、板顶封边件、门窗洞口包边件等。

彩板连接件常用的有自攻螺钉、拉铆钉和开花螺栓(分为大开花螺栓和小开花螺栓)。板材与承重构件的连接,采用自攻螺钉、大开花螺钉等;板与板、板与配件、配件与配件连接,采用铝合金拉铆钉、自攻螺钉和小开花螺钉等。

由于彩板屋面板和墙面板是预制装配结构,故安装前的放线工作对后期安装质量起到保证作用。

屋面施工中,先在檩条上标定出起点,即沿跨度方向在每个檩条上标出排板起点,各个点的连线应与建筑物的纵轴线相垂直,然后在板的宽度方向每隔几块板继续标注一次,以限制和检查板的宽度安装偏差积累。屋面板及墙面板安装完毕后,对配件的安装作二次放线,以保证檐口线、屋脊线、门窗口和转角线等的水平度和垂直度。

板材安装具体过程如下:

(1)实测安装板材的长度,按实测长度核对对应板号的板材长度,必要时对该板材进行剪裁。

(2)将提升到屋面的板材按排板起始线放置,并使板材的宽度标志线对准起始线;在板长方向两端排出设计要求的构造长度(图5-57)。

(3)用紧固件紧固板材两端,然后安装第二块板。其安装顺序为先自左(右)至右(左),后自上而下。

(4)安装到下一放线标志点处时,复查本标志段内板材安装的偏差,满足要求后进行全面紧固。紧固自攻螺钉时应掌握紧固的程度,过度会使密封垫圈上翻,甚至将板面压的下凹而积水;紧固不够会使密封不到位而出现漏雨。

(5)安装完后的屋面应及时检查有无遗漏紧固点。

(6)屋面板的纵、横向搭接,应按设计要求铺设密封条和密封胶,并在搭接处用自攻螺钉或带密封胶的拉铆钉连接,紧固件应设在密封条处。纵向搭接(板短边之间的搭接)时,可将夹芯板的底板在搭接处切掉搭接长度,并除去盖部分的芯材。屋面板纵、横向连接节点构造如图5-58、图5-59所示。

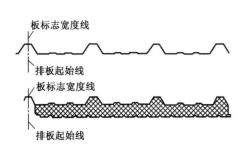

图5-57　板材安装示意

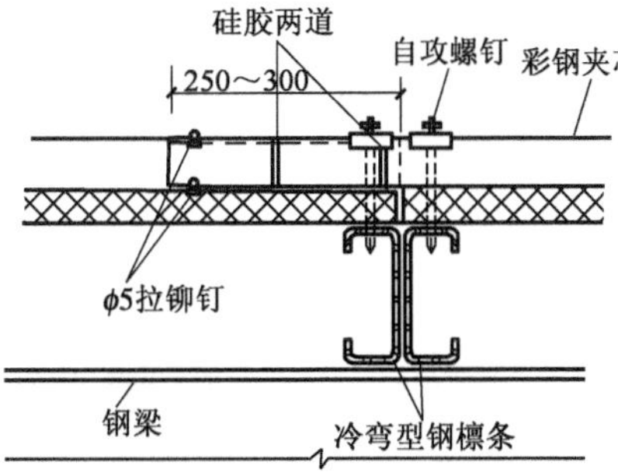

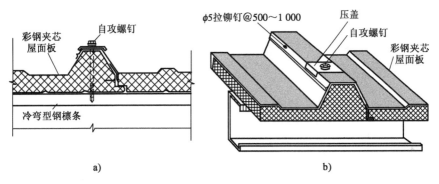

图5-58　屋面板纵向连接节点(尺寸单位:mm)

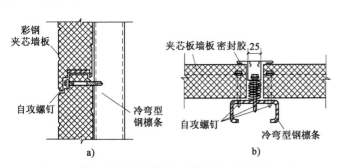

a)

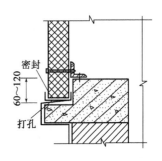

b)

图5-59　屋面板横向搭接节点
a)屋面板横向连接节点构造;b)屋面板横向连接节点透视图

(7)墙面板安装。夹芯板用于墙面时多为平板,一般采用横向布置,节点构造如图5-60所示。墙面板底部表面应低于室内地坪30～50mm,且应在底表面抹灰找平后安装,如图5-61所示。

图5-60　横向布置墙板水平缝与竖缝节点(尺寸单位:mm)
a)横向布置墙板水平缝节点;b)横向布置墙板竖缝节点

图5-61　墙面基底构造(尺寸单位:mm)

5.6.3 多层及高层钢结构工程

1. 钢柱

平运 2 点起吊,安装 1 点立吊。立吊时,需在柱子根部垫上垫木,以回转法起吊,严禁根部拖地。吊装 H 型钢柱、箱形柱时,可利用其接头耳板作吊环,配以相应的吊索、吊架和销钉。钢柱起吊如图 5-62 所示。

首节钢柱的安装前,应对建筑物的定位轴线、首节柱的安装位置、基础的标高和基础混凝土强度进行复检,合格后才能进行安装。根据钢柱实际长度、柱底平整度,利用柱子底板下地脚螺栓上的调整螺母调整柱底标高,以精确控制柱顶标高(图 5-63)。

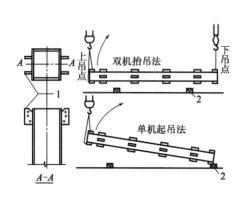

图 5-62 钢柱起吊示意图
1-吊耳;2-垫木

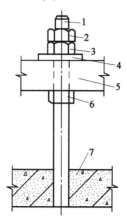

图 5-63 采用调整螺母控制标高
1-地脚螺栓;2-止退螺母;3-紧固螺母;4-螺母垫圈;5-柱子底板;6-调整螺母;7-钢筋混凝土基础

首节钢柱在起重机吊钩不脱钩的情况下,利用制作时在钢柱上划出的中心线与基础顶面十字线对正就位。用两台成 90°的经纬仪投点,采用缆风法校正。在校正过程中不断调整柱底板下螺母,校毕将柱底板上面的两个螺母拧上,缆风松开,使柱身呈自由状态,再用经纬仪复核。如有小偏差,微调下螺母,无误后将上螺母拧紧。柱底板与基础面间预留的空隙,用无收缩砂浆以捻浆法垫实。

上节钢柱安装时,利用柱身中心线就位,为使上下柱不出现错口,尽量做到上、下柱定位轴线重合。上节钢柱就位后,按照先调整标高,再调整位移,最后调整垂直度的顺序校正。

校正时,可采用缆风校正法或无缆风校正法。目前多采用无缆风校正法(图 5-64),即利用塔吊、钢楔、垫板、撬棍以及千斤顶等工具,在钢柱呈自由状态下进行校正。此法施工简单、校正速度快、易于吊装就位和确保安装精度。为适应无缆风校正法,应特别注意钢柱节点临时连接耳板的构造。上下耳板的间隙宜为 15 ~ 20mm,以便于插入钢楔。

钢柱一般采用相对标高安装,设计标高复核的方法。钢柱定位轴线应从地面控制轴线直接引上,不得从下层柱的轴线引上。钢柱轴线偏移时,可在上柱和下柱耳板的不同侧面夹入一定厚度的垫板加以调整,然后微微夹紧柱头临时接头的连接板。用两台经纬仪在相互垂直的位置投点,进行垂直度观测。调整时,在钢柱偏斜方向的同侧锤击钢楔或微微顶升千斤顶,在保证单节柱垂直度符合要求的前提下,将柱顶偏轴线位移校正至零,然后拧紧上下柱临时接头的大六角高强度螺栓至额定扭矩。

注意:为达到调整标高和垂直度的目的,临时接头上的螺栓孔应比螺栓直径大4.0mm。由于钢柱制造允许误差一般为 -1 ~ +5mm,螺栓孔扩大后能有足够的余量将钢柱校正准确。

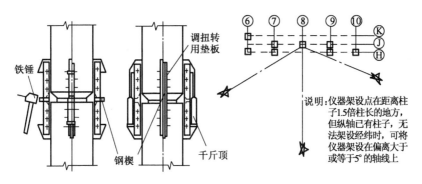

图 5-64　无缆风校正法示意图

2. 钢梁

距梁端500mm处开孔,用特制卡具两点平吊,次梁可三层串吊,如图5-65所示。

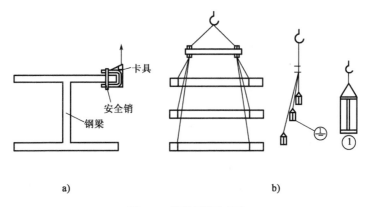

图 5-65　钢梁吊装示意图
a)卡具设置示意;b)钢梁吊装

(1)钢梁安装时,同一列柱,应先从中间跨开始对称地向两端扩展;同一跨钢梁,应先安上层梁再安中下层梁。

(2)在安装和校正柱与柱之间的主梁时,可先把柱子撑开,跟踪测量、校正,预留接头焊接收缩量,这时柱产生的内力,在焊接完毕焊缝收缩后便随之消失。

(3)一节柱的各层梁安装好后,应先焊上层主梁后焊下层主梁,以使框架稳固,便于施工。一节柱(三层)的竖向焊接顺序是:上层主梁→下层主梁→中层主梁→上柱与下柱焊接。

每天安装的构件,应形成空间稳定体系,确保安装质量和结构安全。

3. 楼层压型钢板安装

多高层钢结构楼板,一般多采用压型钢板与混凝土叠合层组合而成(图5-66)。一节柱的各层梁安装校正后,应立即安装本节柱范围内的各层楼梯,并铺好各层楼面的压型钢板,进行叠合楼板施工。

楼层压型钢板安装工艺流程是:弹线→清板→吊运→布板→切割→压合→侧焊→端焊→

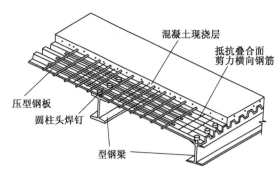

图 5-66　压型钢板组合楼板的构造

封堵→验收→栓钉焊接。

1）压型钢板安装铺设

主梁的中心线是铺设压型钢板固定位置的控制线，并决定压型钢板与钢梁熔透焊接的焊点位置；次梁的中心线决定熔透焊栓钉的焊接位置。因压型钢板铺设后难以观察次梁翼缘的具体位置，故将次梁的中心线及次梁翼缘返弹在主梁的中心线上，固定栓钉时再将其返弹在压型钢板上。压型钢板铺设应平整、顺直、波纹对正，设置位置正确；压型钢板与钢梁的锚固支承长度应符合设计要求，且不应小于 50mm。压型钢板与压型钢板侧板间连接采用咬口钳压合，使单片压型钢板间连成整板；然后用点焊将整板侧边及两端头与钢梁固定，最后采用栓钉固定。为了浇筑混凝土时不漏浆，端部肋作封端处理。

2）栓钉焊接

为使组合楼板与钢梁有效地共同工作，抵抗叠合面间的水平剪力作用，通常采用栓钉穿过压型钢板焊于钢梁上。栓钉焊接的材料与设备有栓钉、焊接瓷环和栓钉焊机。

焊接时，先将焊接用的电源及制动器接上，把栓钉插入焊枪的长口，焊钉下端置入母材上面的瓷环内。按焊枪电钮，栓钉被提升，在瓷环内产生电弧，在电弧发生后规定的时间内，用适当的速度将栓钉插入母材的熔池内。焊完后，立即除去瓷环，并在焊缝的周围去掉卷边，检查焊钉焊接部位。栓钉焊接工序如图 5-67 所示。

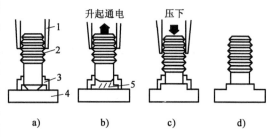

图 5-67　栓钉焊接工序
a）焊接准备；b）引弧；c）焊接；d）焊后清理
1-焊枪；2-栓钉；3-瓷环；4-母材；5-电弧

压型钢板及栓钉安装完毕后，即可绑扎钢筋，浇筑混凝土。

5.6.4　钢网架结构安装工程

钢网架结构有高空散装法、分条或分块安装法、高空滑移法、整体吊装法、整体提升法、整体顶升法等。应根据网架受力和构造特点，在满足质量、安全、进度和经济效益的要求下，结合企业和施工现场的施工技术条件综合确定。

1. 高空散装法

将网架的杆件和节点（或小拼单元）直接在高空设计位置总拼成整体的方法称高空散装法。高空散装法分全支架法（即搭设满堂脚手架）和悬挑法两种。全支架法可将杆件和节点件在支架上总拼或以一个网格为小拼单元在高空总拼；悬挑法是为了节省支架，将部分网架悬挑。高空散装法适用于非焊接连接（螺栓球节点或高强螺栓连接）的各种类型网架安装。在大型的焊接连接网架安装施工中也有采用。

当采用小拼单元或杆件直接在高空拼装时，其顺序应能保证拼装的精度，减少积累误差。悬挑法施工时，应先拼成可承受自重的结构体系，然后逐步扩展。网架在拼装过程中应随时检查基准轴线位置、标高及垂直偏差,并应及时纠正。搭设拼装支架时,支架上支撑点的位置应设在下弦节点处。应验算支架的承载力和稳定性,必要时可进行试压,以确保安全可靠。

支架支柱下应采取措施(如加垫板),防止支座下沉。在拆除支架过程中应防止个别支撑点集中受力,宜根据各支撑点的结构自重挠度值,采用分区分阶段按比例下降或用每步不大于10mm的等步下降法拆除支撑点。

图5-68所示为上海银河宾馆多功能大厅用高空散装法拼装完成。

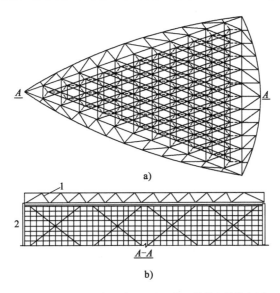

图5-68　上海银河宾馆多功能大厅高空散装法拼装实例
a)平面图;b)剖面图
1-网架;2-拼装支架

2. 分条或分块安装法

将网架分割成若干条状或块状单元,每个条(块)状单元在地面拼装后,再由起重机吊装到设计位置总拼成整体,此法称分条(分块)吊装法。条状单元一般沿长跨方向分割,其宽度为1~3个网格,其长度为L_2或$L_2/2$(L_2为短跨跨距)。

块状单元一般沿网架平面纵横向分割成矩形或正方形单元。每个单元的重量以现有起重机能胜任为准。由于条(块)状单元是在地面拼装,因而高空作业量较高空散装法大为减少,拼装支架也减少很多,又能充分利用现有起重设备,故较经济。分条或分块安装法适用于网架分割后的条(块)单元刚度较大的各类中小型网架,如两向正交正放四角锥、正放抽空四角锥等网架。

将网架分成条状单元或块状单元在高空连整体时,网架单元应具有足够刚度并保证自身的几何不变性,否则应采取临时加固措施。为保证网架顺利拼装,在条与条或块与块合拢处,可采用安装螺栓等措施。合拢时可用千斤顶将网架单元顶到设计标高,然后连接。网架单元宜减少中间运输。如需运输时应采取措施防止网架变形。

条(块)单元划分需注意以下几点:
(1)对于正放类网架,分成条(块)状单元后,一般不需要加固。
(2)对于斜放类网架,分成条(块)状单元后,由于上(下)弦为菱形结构可变体系,必须加固后方可吊装(图5-69)。由于斜放类网架加固后增加了施工费用,因此这类网架不宜分割,宜整体安装或高空散装。

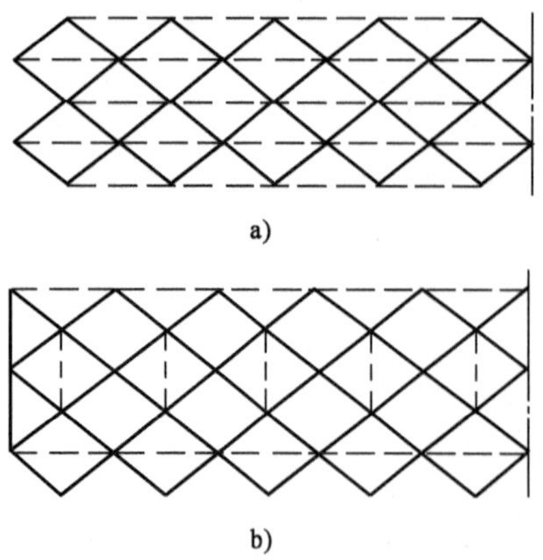

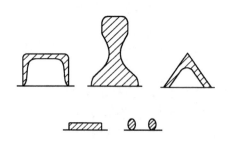

图5-69 斜放类网架条(块)单元划分
a)平面图;b)剖面图
(虚线表示临时加固杆件)

3. 高空滑移法

将网架条状单元在建筑物上由一端滑移到另一端,就位后总拼成整体的方法称高空滑移法。滑移时滑移单元应保证成为几何不变体系。高空滑移法适用于正放四角锥、正放抽空四角锥、两向正交正放四角锥等网架。高空滑移法可利用已建结构物作为高空拼装平台。如无建筑物可供利用时,可在滑移开始端设置宽度约大于两个节间的拼装平台。有条件时,可以在地面拼成条或块状单元吊至拼装平台上进行拼装。

1)工艺特点

(1)单条滑移法[图5-70a]。此种方法的特点是摩阻力小,如装上滚轮,当小跨度时可不必用机械牵引,用橇棍即可撬动,但单元之间的连接需要脚手架。

(2)逐条积累滑移法[图5-70b]。此种方法的特点是在建筑物一端搭设支架,牵引力逐次加大,要求滑移速度较慢(约为1m/min),一般需要多门滑轮组变速。

2)滑移装置

(1)滑轨。滑移用轨道有各种形式(图5-71),对于中小型网架可用圆钢、扁铁、角钢或小槽钢构成,对于大型网架可用钢轨、工字钢、槽钢等构成。

(2)导向轮。导向轮(图5-72)为滑移安全保险装置,一般设在导轨内侧,在正常滑移时导向轮与导轨脱开,其间隙为10~20mm。

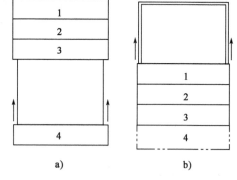

图5-70 高空滑移法工艺特点
a)单条滑移法;b)逐条积累滑移法

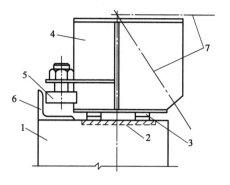

图5-71 滑轨

图5-72 导向轮
1-天钩梁;2-预埋钢板;3-滑轨;4-网架支架;
5-导轮;6-导轨;7-网架

4. 整体提升及整体顶升法

1) 整体提升法

将网架在地面就位拼成整体,用起重设备垂直地将网架整体提升至设计标高并固定的方法,称整体提升法。提升时可利用结构柱作为提升网架的临时支承结构,也可另设格构式提升架或钢管支柱。提升设备可用通用千斤顶或升板机。对于大中型网架,提升点位置宜与网架支座相同或接近,中小型网架则可略变动,数量也可减少,但应进行施工验算。此法适用于周边支承及多点支承网架。

可在结构上安装提升设备整体提升网架,也可在进行柱子滑模施工的同时提升网架,此时网架可作为操作平台。提升设备的使用负荷能力,应将额定负荷能力乘以折减系数,穿心式液压千斤顶可取 0.5~0.6,电动螺杆升板机可取 0.7~0.8;其他设备应通过试验确定。网架提升时应保证做到同步。相邻两提升点和最高与最低两个点的提升允许升差值应通过验算确定。相邻两个提升点允许升差值:当用升板机时,应为相邻点距离的 1/400,且不应大于15mm;当采用穿心式液压千斤顶时,应为相邻距离的 1/250,且不应大于 25mm。最高点与最低点允许升差值:当采用升板机时应为 35mm,当采用穿心式液压千斤顶时应为 50mm。提升设备的合力点应对准吊点,允许偏移值为 10mm。整体提升法的下部支承柱应进行稳定性验算。

有时也可利用网架为滑模平台,柱子用滑模方法施工,当柱子滑模施工到设计标高时,网架也随着提升到位,这种方法俗称升网滑模。

图 5-73 所示为用升板机整体提升网架的工程实例。

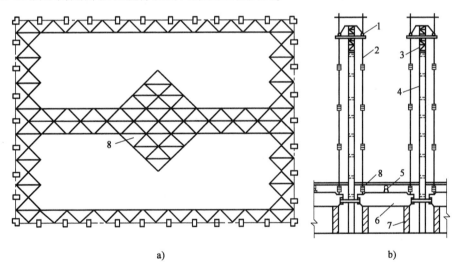

图 5-73 用升板机整体提升网架的工程实例
a)平面图;b)局部侧面图
1-升板机;2-吊杆;3-小钢柱;4-结构柱;5-网架支架;6-框架梁;7-搁置砖墩;8-屋面板

2) 整体顶升法

将网架在地面就位拼成整体,用起重设备垂直地将网架整体顶升至设计标高并固定的方法,称整体顶升法。顶升的概念是千斤顶位于网架之下,一般是利用结构柱作为网架顶升的临时支承结构。此法适用于周边支承及多点支承的大跨度网架。

整体顶升法的施工要点如下:

（1）提（顶）升设备布置及负荷能力。提升设备的布置原则是：①网架提（顶）升时的受力情况应尽量与设计的受力情况类似。②每个提（顶）升设备所承受的荷载尽可能接近。

（2）同步控制。因为顶升的升差不仅引起杆力增加，更严重的是会引起网架随机性的偏移，一旦网架偏移较大时，就很难纠偏。因此，顶升时的同步控制主要是为了减少网架的偏移，其次才是为了避免引起过大的附加内力。

（3）柱的稳定性。提（顶）升时一般均用结构柱作为提（顶）升时临时支承结构。当原设计为独立柱或提（顶）升期间结构不能形成框架时，则需对柱进行稳定性验算。

图 5-74 所示为某六点支承的抽空四角锥网架，平面尺寸为 59.4m×40.5m，网架重约 45t，用六台起重能力为 320kN 的通用液压千斤顶，采用顶升法将网架顶升至 8.7m 高。

5. 整体吊装法

将网架在地面总拼成整体后，用起重设备将其吊装至设计位置的方法称为整体吊装法。用整体吊装法安装网架时，可以就地与柱错位总拼或在场外总拼，此法适用于各种网架，更适用于焊接连接网架（因地面总拼易于保证焊接质量和几何尺寸的准确性）。其缺点是需要较大的起重能力。

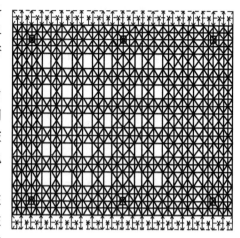

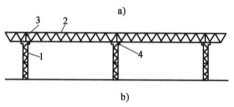

图 5-74 某六点支承的抽空四角锥网架整体顶升法工程实例

a）平面图；b）立面图

1-柱；2-网架；3-柱帽；4-球支座

整体吊装法大致上可分为桅杆吊装法和多机抬吊法两类。当用桅杆吊装时，由于桅杆机动性差，网架只能就地与柱错位总拼，待网架抬吊至高空后，再进行旋转或平移至设计位置。由于桅杆的起重量大，故大型网架多用此法，但需大量的钢丝绳、大型卷扬机及劳动力，因而成本较高。如用多根中小型钢管桅杆整体吊装网架，则成本较低。此法适用于各种类型的网架。

整体吊装法往往由若干台桅杆或自行式起重机（履带式、汽车式等）进行抬吊。网架整体吊装可采用单根或多根拔杆起吊，也可采用一台或多台起重机起吊就位。因此大致上可分为多机抬吊法（图 5-75）和桅杆吊装法（图5-76）两类。

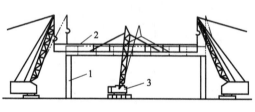

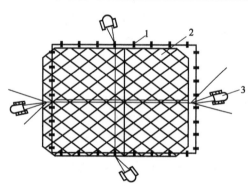

图 5-75 多机抬吊法

1-柱子；2-网架；3-起重机

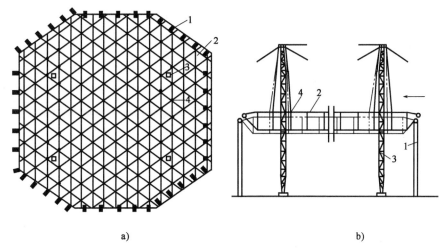

图 5-76 桅杆吊装法

a)平面图;b)立面图

1-柱;2-网架;3-桅杆;4-吊点

5.6.5 钢结构的防腐与防火技术

钢结构在常温大气环境中安装、使用,易受大气中水分、氧和其他污染物的作用而被腐蚀。钢结构的腐蚀不仅造成经济损失,还直接影响到结构安全。另外,钢材由于其导热快、比热小,虽是一种不燃烧材料,但极不耐火。未加防火处理的钢结构构件在火灾温度作用下,温度上升很快,只需十几分钟,自身温度就可达540℃以上,此时钢材的力学性能如屈服点、抗拉强度、弹性模量及荷载能力等都将急剧下降;达到600℃时,强度则几乎为零,钢构件不可避免地扭曲变形,最终导致整个结构的垮塌毁坏。目前,国内外主要采用涂料涂装的方法进行钢结构的防腐与防火。

1. 钢结构防腐涂装工程

1)钢材表面除锈等级与除锈方法

钢结构构件制作完毕,经质量检验合格后应进行防腐涂料涂装。涂装前钢材表面应进行除锈处理,以提高底漆的附着力,保证涂层质量。除锈处理后,钢材表面不应有焊渣、焊疤、灰尘、油污、水和毛刺等。

国家标准《涂装前钢材表面锈蚀等级和除锈等级》(GB/T 8923—2011)将除锈等级分成喷射或抛射除锈、手工和动力工具除锈、火焰除锈三种类型。

喷射或抛射除锈采用的设备有空气压缩机、喷射或抛射机、油水分离器等,该方法能控制除锈质量、获得不同要求的表面粗糙度,但设备复杂、费用高、污染环境。手工和动力工具除锈采用的工具有砂布、钢丝刷、铲刀、尖锤、平面砂轮机、动力钢丝刷等,该方法工具简单、操作方便、费用低,但劳动强度大、效率低、质量差。

目前国内各大、中型钢结构加工企业一般都具备喷、抛射除锈的能力,所以应将喷、抛射除锈作为首选的除锈方法,而手工和电动工具除锈仅作为喷射除锈的补充手段。随着科学技术的不断发展,不少喷、抛射除锈设备已采用微机控制,具有较高的自动化水平,并配有效除尘器,消除粉尘污染。

2)防腐涂装方法

钢结构防腐涂料是一种含油或不含油的胶体溶液,涂敷在钢材表面,结成一层薄膜,使钢材与外界腐蚀介质隔绝。涂料分底漆和面漆两种。

钢结构防腐涂装,常用的施工方法有刷涂法和喷涂法两种。

(1)刷涂法。应用较广泛,适宜于油性基料刷涂。因为油性基料虽干燥得慢,但渗透性大,流平性好,不论面积大小,刷起来都会平滑流畅。一些形状复杂的构件,使用刷涂法也比较方便。

(2)喷涂法。施工工效高,适合于大面积施工,对于快干和挥发性强的涂料尤为适合。喷涂的漆膜较薄,为了达到设计要求的厚度,有时需要增加喷涂的次数。喷涂施工比刷涂施工涂料损耗大,一般要增加20%左右。

2.钢结构防火涂装工程

防火涂料能够起到防火作用的原因:一是涂层对钢材起屏蔽作用,隔离了火焰,使钢构件不至于直接暴露在火焰或高温之中;二是涂层吸热后,部分物质分解出水蒸气或其他不燃气体,起到消耗热量,降低火焰温度和燃烧速度,稀释氧气的作用;三是涂层本身多孔轻质或受热膨胀后形成炭化泡沫层,热导率均在 0.233W/(m·K)以下,阻止了热量迅速向钢材传递,推迟了钢材受热温升到极限温度的时间,从而提高了钢结构的耐火极限。

1)钢结构防火涂料

钢结构防火涂料按涂层的厚度分为两类:B 类又称为钢结构膨胀防火涂料和 H 类又称为钢结构防火隔热涂料。

选用防火涂料时,应注意不应把薄涂型钢结构防火涂料用于保护 2h 以上的钢结构;不得将室内钢结构防火涂料,未加改进和采取有效的防火措施,直接用于喷涂保护室外的钢结构。

2)防火涂料涂装的一般规定

(1)防火涂料的涂装,应在钢结构安装就位,并经验收合格后进行。

(2)钢结构防火涂料涂装前钢材表面应除锈,并根据设计要求涂装防腐底漆。防腐底漆与防火涂料不应发生化学反应。

(3)防火涂料涂装基层不应有油污、灰尘和泥沙等污垢。钢构件连接处 4~12mm 宽的缝隙应采用防火涂料或其他防火材料,如硅酸铝纤维棉,防火堵料等填补堵平。

(4)对大多数防火涂料而言,施工过程中和涂层干燥固化前,环境温度应宜保持在 5~38℃之间,相对湿度不应大于85%,空气应流动。涂装时构件表面不应有结露;涂装后 4h 内应保护免受雨淋。

<hr>

本章小结

1.起重机械是建筑施工中广泛使用的起重运输设备,它的合理选择和使用,对于减少劳动强度、提高劳动效率、加速工程进度、降低工程造价,起着十分重要的作用。结构安装工程常用的起重机械有:桅杆式起重机、自行式起重机和塔式起重机。

2.结构安装中的索具设备主要有钢丝绳、滑轮组、卷扬机吊具及锚定等。

3.装配式钢筋混凝土单层工业厂房的施工,一般除基础在现场就地浇筑外,其他大型构件在现场预制。吊装工艺过程主要有绑扎、起吊、对位、临时固定、校正、最后固定等几道工序。

4. 多层装配式结构安装主要包括:起重机的选择、吊装方法确定、构件的平面布置、构件的连接施工等。

5. 钢结构的安装主要包括单层工业厂房、多层工业厂房、钢网架结构安装以及钢结构的防腐和防火技术。

复习思考题

1. 起重机械有哪几种类型?

2. 桅杆式起重机有哪几种类型? 各有什么特点?

3. 自行式起重机有哪几种类型? 各有什么特点?

4. 塔式起重机有哪几种类型? 各有什么特点?

5. 结构吊装前应做哪些准备工作?

6. 钢筋混凝土杯型基础的准备工作内容有哪些?

7. 钢筋混凝土牛腿柱绑扎方法有哪几种? 各有什么特点?

8. 简述单机吊装柱时的旋转法和滑行法,并比较其特点。

9. 试述柱、梁、屋架的吊装过程。

10. 装配式钢筋混凝土单层工业厂房结构吊装方法有哪几种? 各有什么特点?

11. 钢结构零件加工主要有哪些工序?

12. 什么是放样? 什么是画线?

13. 钢结构安装的技术准备工作有哪些?

14. 简述单层工业厂房钢结构安装。

15. 简述多层钢结构构件安装与校正方法。

16. 简述钢网架结构的安装方法。

17. 钢材表面除锈等级分为哪几种类型? 防腐涂装主要采用哪两种施工方法?

18. 钢结构防火涂料按涂层的厚度分为哪两类? 主要施工方法有哪些?

第6章 桥梁工程

学习要求

· 了解桥梁结构施工常用机具与设备;

· 掌握桥梁墩台身施工要点、墩台帽施工过程,了解附属工程施工要点、掌握支座的施工过程;

· 了解混凝土桥梁就地现浇法和预制安装法的特点;了解悬臂施工方法的特点及分类;掌握悬臂拼装法和悬臂浇筑法的施工工艺;了解转体施工法的特点及应用范围,掌握转体施工中的平面转体和竖向转体方法;掌握混凝土桥梁的顶推法施工工艺,熟悉顶推施工中的常见问题及其对策;熟悉移动模架逐孔施工法的施工特点;

· 了解钢桥的架设方法;掌握吊桥与斜拉桥的施工过程。

本章重点

桥梁墩台施工;桥梁上部结构施工。

本章难点

联合架桥机架梁法;悬臂浇筑法;顶推法。

6.1 桥梁结构施工常用机具与设备

6.1.1 混凝土振捣

常用的混凝土振捣器有平板式振捣器、附着式振捣器和插入式振捣器等。平板式振捣器用于大面积混凝土,如桥面、基础等;附着式振捣器[图 6-1a)]可设在底模下面和侧模板上,它是预制梁的主要振捣工具;插入式振捣器的[图 6-1b)]安装和操作简单、灵活,可作为常规振捣工具使用。

6.1.2 预应力张拉设备

对于桥梁上使用的预制梁,施加预应力的方法一般采用机械张拉预应力钢筋。机械设备有千斤顶、油泵、高压油管、油压表等。各种机具设备均应由专人妥善使用,定期维护、校验。后张预应力梁中的预应力筋,以往通常采用 24 丝的高强钢丝束,张拉力为490kN,配以锥形锚具或墩头锚具,配套使用 33360,GJ2Y60A,YC60 等千斤顶。随着高强度低松弛预应力钢绞线和相匹配的大吨位群锚在我国的成功应用并推广,后张预应力梁已大部分采用这一预应力体系。其中,配以高强度低松弛预应力束的锚具有 OVM、XM、YM 等系列;配套的千斤顶有 YCW、YDC、YCT、YCQ 等系列,分别适用于不同的锚具和张拉力。

a)   b)

图 6-1　混凝土振捣施工现场

a)附着式振捣器;b)插入式振捣器

6.1.3　预制梁安装的机具设备

预制梁的安装设备依据起吊重量的要求选择使用,通常以选用常备式构件组拼的机具设备和现成的多功能机具设备为宜。常用的吊装设备有龙门架、架桥机、扒杆、浮吊、履带式或轮式吊车、千斤顶及其他吊装辅助设备,如图 6-2、图 6-3 所示。

图 6-2　穿心式千斤顶及端头锚具   图 6-3　小型龙门架吊梁现场

6.2　混凝土桥梁墩台施工

混凝土桥梁墩台施工是建造桥梁墩台的各项工作的总称。其主要工作有:墩台定位、放样、基础施工、在基础襟边上立模板和支架、浇筑墩台身混凝土或砌石、绑扎顶帽钢筋、浇筑顶帽混凝土并预留支座锚栓孔等。

桥梁墩台施工方法通常分为两大类:一类是整体式现场就地浇筑与砌筑,另一类是装配式拼装预制的混凝土砌块、钢筋混凝土或预应力混凝土构件。前者工序简便,机具较少,技术操作难度较小。但是施工期限较长,需消耗较多的劳力和物力。后者的特点是可确保施工质量,减轻工人劳动的强度,又可加快工程进度,提高经济效益,对施工场地狭窄,尤其是缺少砂石地区或干旱缺水地区建造桥墩有着更重要的意义。

6.2.1 混凝土桥梁墩台身施工

1. 整体式墩台

1) 片石混凝土或片石混凝土砌体墩台施工要点

在浇筑实体墩台和厚大无筋或稀配筋的墩台混凝土时,为节约水泥,可采用片石混凝土或混凝土砌体。

(1)当采用片石混凝土时,混凝土中允许填充粒径大于150mm的石块(片石或大卵石),并应遵守下列规定:

①填充石块的数量不宜超过混凝土结构体积的25%。

②应选用无裂纹、无夹层和未煅烧过的并具有抗冻性的石块。

③石块的抗压强度应符合《公路桥涵施工技术规范》(JTG/T F50—2011)的有关规定,与对碎石、卵石的要求相同。

④石块在使用前应仔细清扫,并用水冲洗干净。

⑤石块应埋入新灌注并捣实的混凝土中一半左右。受拉区混凝土不宜埋放石块;当气温低于0℃时,应停埋石块。

⑥石块应在混凝土中分布均匀,两石块间的净距不应小于100mm,以便捣实其间的混凝土。石块距表面(包括侧面与顶面)的距离不得小于150mm,具有抗冻要求的表面不得小于300mm,并不得与钢筋接触和碰撞预埋件。

(2)当采用片石混凝土砌体时,石块含量可增加到砌体体积的50%~60%,石块净距可减小为40~60mm,其他要求与采用片石混凝土时相同。

2) 混凝土及钢筋混凝土墩台施工要求

(1)墩台施工前,应在基础顶面放样出墩台中线和内、外轮廓线的准确位置。

(2)现浇混凝土墩台钢筋的绑扎应和混凝土的灌注配合进行。在配置垂直方向的钢筋时应有不同的长度,以使同一断面上的钢筋接头能符合《公路桥涵施工技术规范》(JTG/T F50—2011)的有关规定。水平方向钢筋的接头也应内外、上下互相错开。

(3)注意掌握混凝土的浇筑速度。

(4)若墩台截面积不大时,混凝土应连续一次浇筑完成,以保证其整体性。若墩台截面积过大,应分段分块浇筑。

(5)在混凝土浇筑过程中,应随时观察所设置的预埋螺栓、预埋支座的位置是否移动,若发现移位应及时校正。浇筑过程中还应注意模板、支架情况,如有变形或沉陷应立即校对并加固。

(6)高大的桥台,若台身后仰,本身自重力偏心较大,为平衡台身偏心,施工时应在填筑台身四周路堤土方的同时砌筑或浇筑台身,防止桥台后倾或向前滑移。未经填土的台身施工高度一般不宜超过4m,以免偏心引起基底不均匀沉陷。

(7)V形、Y形和X形桥墩的施工方法与桥梁结构体系有密切关系。通常把这种桥梁划为V形墩结构、锚跨结构和挂孔部分三个施工阶段,其中V形墩是全桥施工重点,它由两个斜腿和其顶部主梁组成倒三角形结构。

2. 装配式墩台

装配式墩台施工适用于山谷架桥、跨越平缓无漂流物的河沟、河滩等的桥梁,特别是在工地干扰多、施工场地狭窄,缺水或沙石供应困难地区,其效果更为显著。其优点是:结构形式轻便,建桥速度快,圬工省,预制构件质量有保证等。

装配式桥墩主要采用拼装法施工。它用于预应力混凝土或钢筋混凝土薄壁墩、薄壁空心墩或轻型桥墩。拼装式桥墩主要由就地浇筑实体部分墩身和基础与拼装部分墩身组成。实体墩身与基础采用就地现浇施工时,在浇筑实体墩身与基础时应考虑其与拼装部分的连接、抵御洪水和漂流物的冲击、锚固预应力筋、调节拼装墩身的高度等问题。

装配部分墩身由基本构件、隔板、顶板和顶帽组成,在工厂制作,运到桥位处拼装成桥墩。装配部分墩身的分块,要根据桥墩的结构形式、吊装、起重工具和运输能力等确定。要尽可能使分块大、接缝小,按照设计要求定型生产为宜。加工制作出来的拼装块件要质量可靠、尺寸准确、内外壁光洁度高。拼装前,要根据施工现场的地形、水文、运输条件以及墩的高度、起吊设备等具体情况编制施工细则,认真组织实施。确定拼装方法时应保证预埋件的位置合理、接缝牢固密实、预留孔道畅通。

预应力混凝土空心墩的主要施工工艺流程如下。

(1)浇筑桥墩基础。

(2)浇筑实体墩身(包括预埋锚固件和连接件)。

(3)安装预制的墩身块件,包括以下内容。

①预制构件分块;

②模板制作及安装(在工厂进行);

③制孔(在工厂进行);

④预制构件浇筑(在工厂进行);

⑤预制构件运输至桥位;

⑥安装墩身预制块件。

(4)施加预应力。

(5)孔道压浆。

(6)封锚。

3.高桥墩

随着交通运输事业的不断深入发展、公路等级的不断提高、高强度混凝土的不断推广应用,新桥型不断推出,高桥墩(塔)也不断出现。但随着桥墩高度的增加,其施工难度及技术要求也相应增大和提高。目前比较成熟的方法有提升模板法、滑动模板法和预制拼装法。

1)提升模板法

(1)单面整体提升模板法

单面整体提升模板可分为拼装式模板和自制式模板。索塔施工时,应分节段支模和浇筑混凝土,每节段的高度应视索塔尺寸、模板数量和混凝土浇筑能力而定,一般宜为3~6m。用手拉葫芦或吊机吊起大块模板,安装好第一节段模板。在浇筑第一节段混凝土时,应在塔身内预埋螺栓,以支承第二节段模板和安装脚手架,如图6-4、图6-5所示。

(2)翻模法

这种模板系统依靠混凝土对模板的黏着力自成体系,且制造简单,构件种类少,模板的大小可根据施工能力灵活选用,混凝土接缝较易处理,施工速度快。但模板本身不能提升,要依靠塔吊等起重设备提升。施工程序为:先安装第一层模板(接缝节 + 标准节 + 接缝节),浇筑混凝土,完成一个基本节段的施工;以已浇混凝土为依托,拆除最下一层的接缝节和标准节

(顶节接缝节不拆),向上提升,将标准节接于第一层的顶节接缝节上,并将拆下的接缝节立于标准节上,安装对拉螺杆和内撑,完成第二层模板安装,如图6-6所示。

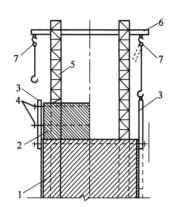

图6-4 单面整体提升模板

1-已浇索塔;2-待浇节段;3-模板;4-对拉螺栓;5-钢架立柱;6-横梁;7-手拉葫芦

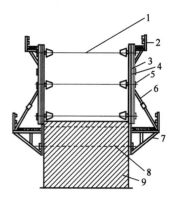

图6-5 拼装式模板

1-拉杆;2-上脚手;3-模板;4-立柱;5-横肋;6-可调斜撑;7-下脚手;8-预埋螺栓;9-已浇索塔

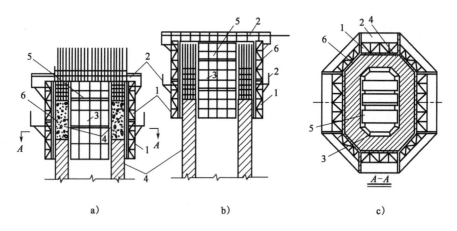

图6-6 多节模板交替提升示意图

a)浇筑混凝土、绑扎钢筋;b)模板交替提升;c)A-A剖面

1-模板桁架;2-工作平台;3-内模板;4-已浇混凝土;5-内模平台;6-外模板

(3)爬模法

爬模按提升设备不同,可分为倒链手动爬模、电动爬架拆翻模和液压爬升模。

①倒链手动爬模

此种装置一般由钢模、提升桁架及脚手架三部分组成,其中模板由背模、前模及左、右侧模组成。其施工要点是:利用提升架上的起重设备,拆除下一节钢模,将其安装到上一节钢模上,浇筑上节钢模内的混凝土并养生;同时绑扎待浇节段的钢筋,待混凝土达到规定强度后,用倒链将提升架沿背模轨向上提升(倒链葫芦的数量、起吊力的选择一定要依据可提升物的重力等考虑足够的安全系数,并考虑做保险链),再拆除最下节钢模。如此循环操作,全部施工设备随塔柱的升高而升高。具体步骤如图6-7所示。

②电动爬架拆翻模

此种装置由模架、模板、电动提升系统和支承系统四部分组成,如图6-8所示。其施工步骤为:模架爬升、模板拆除、钢筋安装和混凝土施工。

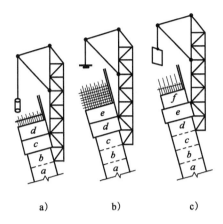

图 6-7 爬模施工步骤

a)浇混凝土;b)养生、绑扎钢筋;c)爬升模架、安装模板

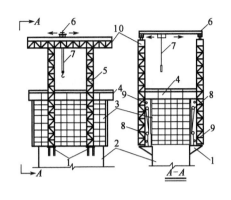

图 6-8 电动爬架拆翻模示意图

1-支承系统;2-索塔;3-模板;4-工作平台;5-钢立柱;6-桁
车;7-电动葫芦;8-提升系统;9-导向轮;10-模板桁架

③液压爬升模

此种装置由模板系统、网架主工作平台、液压提升系统等组成。当一个节段的混凝土已浇筑并达到规定强度后,即可进行模板的爬升。先将上爬架的四个支腿(爬靴)收紧以缩小外廓尺寸,然后操作液压控制台开关,两顶升油缸活塞杆支承在下爬架上,两缸体同时向上顶升,并通过上爬架、外套架带动整个爬模向上爬升。待行程达到要求的高度时,停止爬升,调节专门杆件,伸出四个支腿,并使就位爬靴支在爬升支架上,然后操纵液压控制台,使活塞杆收回,带动下爬架、内套架上升就位,并将下爬架支腿支撑好。爬升就位后,拆除下一节模板,同时绑扎钢筋,并将拆下的模板立在上一节模板顶部,再进行下一个节段的施工。

2)滑动模板法

(1)基本原理

滑动模板是指将模板悬挂在工作平台的围圈上,沿着所施工的混凝土结构截面的周界组拼装配,并随着混凝土的灌注由千斤顶带动向上滑升。

(2)基本构造

滑动模板的构造,由于桥墩类型、提升工具的类型不同而稍有差异,但其主要部件与功能则大致相同。一般主要由工作平台、内外模板、混凝土平台、工作吊篮和提升设备等组成。

(3)提升工艺

有螺旋千斤顶提升工艺和液压千斤顶提升工艺两种。

(4)施工工序要点

①滑模组装

a.在基础顶面搭枕木垛,定出桥墩中心线;

b.在枕木垛上先安装内钢环,并准确定位,再依次安装辐射梁、外钢环、立柱、顶杆、千斤顶、模板等;

c.提升整个装置,撤去枕木垛,再将模板落下就位,随后安装余下的设施。内外吊架待模板滑至一定高度时,及时安装。模板在安装前,表面需涂润滑剂,以减小滑升时的摩擦阻力。组装完毕,必须按设计要求及组装质量标准进行全面检查,并及时纠正偏差。

②浇筑混凝土

滑模宜浇筑低流动度或半干硬性混凝土,浇筑时应分层、分段地对称进行,分层厚度以200～300mm为宜,浇筑后混凝土表面距模板上缘宜有100～150mm的距离;混凝土入模时,要分布均匀,应采用插入式振捣器捣固,振捣时应避免触及钢筋、模板,振捣器在下一层混凝土中的插入深度不得超过50mm;脱模时混凝土强度应为0.2～0.5MPa,以防在其自重压力下坍塌变形。为此,可根据气温、水泥强度等级经试验后选定一定量的早强剂掺入,以提高混凝土早期强度;脱模后8h左右开始养生,用吊在下吊架上的环绕墩身的带小孔的水管来进行。养生水管一般设在距模板下缘1.8～2.0m处效果较好。

③提升与收坡

整个桥墩浇筑过程可分为初次滑升、正常滑升和末次滑升三个阶段。从开始浇筑混凝土到模板首次试升为初次滑升阶段,初灌混凝土的高度一般为600～700mm,分三次浇筑,在底层混凝土强度达到0.2～0.4MPa时即可试升。将所有千斤顶同时缓慢提升50mm,以观察底层混凝土的凝固情况。现场鉴定可用手指按刚脱模的混凝土表面,基本按不动,但留有指痕,砂浆不沾手,用指甲划过有痕,滑升时能耳闻"沙沙"的摩擦声,即表明混凝土已具备0.2～0.4MPa的脱模强度,可以再缓慢提升200mm左右。初升后全面检查设备,即可进入正常滑升阶段,即每浇筑一层混凝土,滑模提升一次,使每次浇筑的厚高与每次提升的高度基本一致。在正常气温条件下,提升时间不宜超过1h。末次滑升阶段是混凝土已经浇筑到需要高度,不再继续浇筑,但模板尚需继续滑升的阶段。浇筑完最后一层混凝土后,每隔1～2h将模板提升50～100mm,滑动2～3次后即可避免混凝土与模板胶合。滑模提升时应做到垂直、均衡一致,顶架间高差不大于20mm,顶架模梁水平高差不大于5mm,并要求三班连续作业,不得随意停工。

④接长顶杆、绑扎钢筋

模板每提升至一定高度后,就需要穿插进行接长顶杆、绑扎钢筋等工作。为不影响提升的时间,钢筋接头均应事先配好,并注意将接头错开。对预埋件及预埋的接头钢筋,滑模抽离后,要及时清理,使之外露。

⑤混凝土停工后的处理

在整个施工过程中,由于工序的改变或发生意外事故,使混凝土的浇筑工作停止较长的时间,即需要进行停工处理。例如,每隔30min左右稍微提升模板一次,以免黏结;停工时在混凝土表面要插入短钢筋等,以加强新老混凝土的黏结;复工时还需要将混凝土表面凿毛,并用水冲走残渣,湿润混凝土表面,灌注一层厚度为20～30mm的1:1水泥砂浆,然后再浇筑原配合比的混凝土,继续滑模施工。

6.2.2 混凝土桥梁墩台帽施工

桥墩(台)由帽盖(顶帽、墩帽)和墩(台)身组成。帽盖是桥墩(台)支承桥梁支座或拱脚的部分,其作用是把桥梁上部结构荷载传给墩(台)身,并加强和保护墩(台)身顶部。桩柱式墩的桩柱靠帽盖联结为整体。

1. 放样

墩台混凝土浇筑或砌石砌至离墩台帽下缘300～500mm高度时,即须测出墩台帽纵横中心轴线,并开始竖立墩台帽模板,安装锚栓孔或安装预理支座垫板,绑扎钢筋等。桥台台帽放样时,应注意不要以基础中心线作为台帽背墙线。模板立好后,在浇筑混凝土前应再次复核,以确保墩台帽中心、支座垫石等位置、方向和高程*不出差错。

2. 模板

1）混凝土和钢筋混凝土墩台帽模板

墩台帽系支承上部结构的重要部分，其位置、尺寸和高程的准确度要求较严，墩（台）身混凝土浇筑至墩台帽下300～500mm处就应停止浇筑，以上部分待墩台帽模板立好后一次浇筑，以保证墩台帽底有足够厚度的紧密混凝土。

台帽背墙模板应特别注意纵向支承或拉条的刚度，防止浇筑混凝土时发生鼓肚，侵占梁端空隙。

2）桩柱墩帽模板

桩柱墩帽亦称盖梁，除装配式的以外，需要现场立模浇筑。盖梁圬工体积小，有条件时可利用钢筋混凝土桩柱本身作模板支承。其方法是用两根木梁将整排柱用螺栓相对夹紧，上铺横梁，横梁间衬以方木调节间距，也可用螺栓隔桩柱成对夹紧，在横梁上直接安装底模板。两侧模板借助于横梁、上拉杆和一对三角撑所组成的方框架来固定。所有框架、榫眼及角撑均预先制好，安装时只用木楔楔紧框构四周，就能迅速而正确地使模板定位，如图6-9所示。

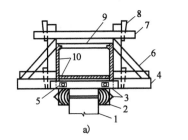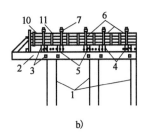

图6-9　桩柱墩帽模板

1-钢筋混凝土桩柱；2-木梁；3-螺栓；4-横梁；5-衬木；6-角撑；7-拉杆；8-木楔；9-内模；10-模板；11-肋木

3. 钢筋网、预埋件、预留孔等的安装

1）钢筋网的安装

梁桥墩台帽支座处一般均布设1～3层钢筋网。当墩台帽为素混凝土，或虽为配筋混凝土但钢筋网未设置架立钢筋时，施工时应根据各层钢筋网的高度安排墩台帽混凝土的浇筑程序。为了保证各层钢筋网位置正确，应在两侧板上画线，并加设钢筋网的架立钢筋和定位钢筋，以免振捣混凝土时钢筋网发生位移。

2）墩、台的预埋件的种类

（1）支座预埋件。支座预埋件有以下几类：

①平面钢板支座的下锚栓及下垫板；

②切线式支座的下锚栓及垫板；

③摆柱式支座的锚栓及垫板；

④盆式橡胶支座的固定锚栓。

（2）防震锚栓。

（3）装配式墩、台帽的吊环。

（4）供运营阶段使用的扶手、检查平台和护栏等。

注：*根据行业习惯，公路工程中采用"高程"，房建工程中采用"标高"。

（5）供观测用的标尺。

（6）防震挡块的预埋钢筋。

预埋件施工应注意以下几点：

①为保证预埋件位置准确，应对预埋件采取固定措施，以免振捣混凝土时发生移动。

②预埋件下面及附近的混凝土应注意振捣密实，对具有角钢锚筋的预埋件尤应注意加强捣实。

③预埋件在墩、台帽上的外露部分要有明显标志，浇至顶层混凝土，要注意外露部分尺寸准确。

④在已埋入墩、台帽内的预埋件上施焊时，应尽量采用细焊条、小电流、分层施焊，以免烧伤混凝土。

3）预留孔的安装

墩台帽上的预留锚栓孔须在安装墩台帽模板时，安装好锚栓留孔模板，在绑扎钢筋时注意将预留孔位置留出。预留孔应该下大上小，其模板可采用拼装式。模板安装时，顶面可比支座垫石顶面约低5mm，以便垫石顶面抹平。带变钩的锚栓的模板安装时应考虑钩的方向。为便于安装锚栓后灌实锚栓孔，可在每一锚栓孔模板的外侧三角木块部分预留进浆槽。

6.2.3 附属工程施工

1. 桥台翼墙、锥坡施工要点

1）翼墙、锥体护坡（简称锥坡）的作用和构造

翼墙、锥坡是用来连接桥台和路堤的防护建筑物，其作用是稳固路堤，防止水流的冲刷。

设翼墙的桥台称为八字形桥台。翼墙设于桥台两侧，在平面上形成"八"字；立面上为一变高度的直线墙，其坡度变化与台后路堤边坡的坡度相适应；翼墙的竖直截面为梯形，翼墙顶设帽石。翼墙一般为浆砌片石或浆砌块石结构。根据地基情况，翼墙基础可采用浆砌片石或片石混凝土。

锥坡一般为椭圆形曲线，锥体坡面沿长轴方向与路基边坡相同，一般为1:1.5，沿短轴方向为1:1，锥体坡顶与路基外侧边沿同高。当台后填土高度大于6m，路堤边坡采用变坡时，锥坡也应作相应变坡处理以相配合，如图6-10所示。

锥坡内部用砂土或卵砾石填筑夯实，表面用片石干砌或浆砌，一般砌筑厚度为200～350mm。坡脚以下根据地基情况及流速大小设置基础，或将坡脚伸入地面以下一段，并适当加厚趾部，如图6-11所示。

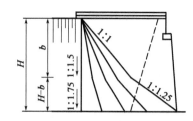

图6-10　锥坡护坡的变坡处理（$H > 6m$）

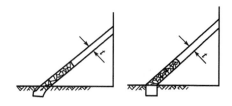

图6-11　护坡及基础处理

在受水流冲刷影响的地方，锥体可以考虑采用铺盖草皮或干砌片石网格代替满铺的片石铺砌，也可以将锥坡的下段用片石满铺，但上段铺草皮，以节约圬工数量。

2）锥坡施工要点

（1）锥体填土应按设计高程及坡度填足,砌筑片石厚度不够时再将土挖去,不允许填土不足,临时边砌石边补填土。锥坡拉线放样时,坡顶应预先放高 20～40mm,使锥坡随同锥体填土沉降后,坡度仍符合设计规定。

（2）砌石时放样拉线要张紧,表面要平顺,锥坡片石背后应按规定做碎石倒滤层,防止锥体土方被水浸蚀变形。

（3）锥坡与路肩或地面的连接必须平顺,以利排水,避免砌体背后冲刷或渗透导致坍塌。

（4）在大孔土地区,应检查锥坡基底及其附近有无陷穴,并彻底进行处理,以保证锥坡稳定。

（5）干砌片石锥坡,用小石子砂浆勾缝时,应尽可能在片石护坡砌筑完成后间隔一段时间,待锥体基础稳定后再进行勾缝,以减少灰缝开裂。

（6）锥体填土应分层夯实,填料一般以黏土为宜。锥坡填土应与台背填土同时进行,并应按设计宽度一次填足。

2. 台后填土要求

（1）台后填土应与桥台砌筑协调进行。填土应尽量选用渗水土,如黏土含量较少的砂质土。土的含水率要适量,在北方冰冻地区要防止冰胀。如遇软土地基,为增大土抗力,台后适当长度内的填土可采用石灰土(掺5%石灰)。

（2）填土应分层夯实,每层松土厚 200～300mm,一般应夯 2～3 遍,夯实后的厚度为 150～200mm,使密实度达到 85%～90%(拱桥要求达到 90%～98%),并做密实度测定。靠近台背处的填土打夯较困难时,可用木棍、拍板打紧捣实,与路堤搭接处宜挖成台阶形。

（3）石砌圬工桥台台背与土接触面应涂抹沥青或用石灰三合土、水泥砂浆胶泥做不透水层,作为台后防水处理。

（4）拱桥台后填土必须与拱圈施工的程序相配合,使拱的推力与台后土侧压力保持一定的平衡。一般要求拱桥台背填土可在主拱圈安装或砌筑以前完成。梁式桥的轻型桥台台后填土,应在桥面完成后,在两侧平衡地进行。

（5）台背填土顺路线方向的长度,一般应自台身起,底面不小于桥台高度加 2m,顶面不小于 2m;拱桥台背填土长度一般不应小于台高的 3～4 倍。

3. 台后搭板的施工要点

（1）设置搭板是解决台后错台跳车的重要工程措施,其效果与搭板之下的路堤压缩程度和搭板长度有密切关系。日本高速公路规定使用期内台后错台高度须小于 20mm。

（2）桥头搭板应设置一个较大的纵坡 i_1,若路线纵坡为 i_2,则搭板纵坡应符合 $10\% \leqslant i_2 - i_1 \leqslant 15\%$,以保证在台后长度方向上的沉降分布较均匀,并逐渐减小。搭板的末端顶面应与路基顶面平齐,搭板前端顶面应留有路面面层的厚度。

（3）台后填土应严格遵守压实要求。应先清理基坑,使其尺寸符合要求。接着进行基底压实,如压路机使用困难可用小型手推式电动振动打夯机压实,并用环刀法测定压实度。基底之上填筑并压实岩渣,其最大粒径应小于 120mm,含泥量应小于 8%,压实后的干密度应不小于 2g/cm³。达到规定高程后,便可填筑并压实二灰碎石,一般可用 120～150kN 压路机压实,每层碾 6～8 遍。对于边角部位可用小型打夯机补压。在填压达到搭板顶部的高程,压实或通行车辆一段时间后,再挖开浇筑搭板和枕梁。分层压实的厚度一般不大于 200mm。

（4）进行上述填筑台后路堤材料有困难时，至少应选用透水性良好的砂性土，或掺用40%~70%的砂石料。分层厚度为200~300mm，压实度不小于95%。靠近后墙部位（1.5m宽）可用小型打夯机，也可填筑块片石及级配砂砾石，用振捣器振实。用透水性材料填筑时，应以干重度控制施工质量。

（5）台背填筑前应在土基上或某一合适高度设置排水管或盲沟，并注意将排水管及盲沟引出路基之外。

（6）钢筋混凝土箱形通道的搭板可水平设置，但其上应留出路面面层的厚度。路堤填筑的施工要求与台后搭板相同。

4.台后排水盲沟施工

（1）地下水较小时，排水盲沟以片石、碎石或卵石等透水材料砌筑，并按坡度设置。沟底用黏土夯实，盲沟应建在下游方向，出口处应高出一般水位0.2m。平时无水的干河沟应高出地面0.3m。

（2）当桥台在挖方内，横向无法排水时，排水盲沟可在下游方向的锥体填土内折向桥台前端排水，在平面上呈"L"形。

（3）盲沟施工时应注意如下事项：

①盲沟所用各类填料应洁净、无杂质，含泥量应不大于2%。

②各层的填料要求层次分明，填筑密实。

③盲沟应分段施工，当日下管、填料一次完成。

④盲沟滤管一般采用无砂混凝土管或有孔混凝土管，也可用短节混凝土管代替。但应在接头处留10~20mm间隙，供地下水渗入。

⑤盲沟滤管基底应用混凝土浇筑，并与滤管密贴，纵坡应均匀，无返向坡；管节应逐节检查，否则不得使用。

6.2.4　支座安设

目前国内桥梁上使用较多的是橡胶支座，包括板式橡胶支座、聚四氟乙烯橡胶支座和盆式橡胶支座三种。前两种用于反力较小的中小跨径桥梁，后一种用于反力较大的大跨径桥梁。

1.板式橡胶支座的安设

板式橡胶支座在安装前的全面检查和力学性能检验，包括支座长、宽、厚、硬度（邵氏）、容许荷载、容许最大温差以及外观检查等，如不符合设计要求，不得使用。如设计未规定，其力学性能可参考下列数值：硬度 $HRC = 55° ~ 60°$；压缩弹性模量 $E = 6 × 10^2 MPa$；允许压应力 $[\sigma] = 10MPa$；剪切弹性模量 $G = 1.5MPa$；允许切角 $\tan\gamma = 0.2 ~ 0.3$。支座中心尽可能对准梁的计算支点，必须使整个橡胶支座的承压面上受力均匀。为此，应注意以下几点：

（1）安装前应将墩、台支座支垫处和梁底面清洗干净，去除油垢，用水灰比不大于0.5的1:3水泥砂浆仔细抹平，使其顶面高程符合设计要求。

（2）支座安装尽可能安排在接近年平均气温的季节里进行，以减少由于温差过大而引起的剪切变形。

（3）梁、板安放时，必须细致稳妥，使梁、板就位准确且与支座密贴，勿使支座产生剪切变形。就位不准时必须吊起重放，不得用撬杠移动梁、板。

（4）当墩台两端高程不同，顺桥向或横桥向有坡度时，支座安装必须严格按设计规定办理。

(5)支座周围应设水坡,防止积水,并注意及时清除支座附近的尘土、油脂与污垢等。

特别注意的是,在目前板梁支座施工中常见支座"淘空"现象。出现支座"淘空"的原因如下:

①板梁底与墩帽不在同一个平面上。

②板梁在预制时其四角不在同一平面内。

其处理方法主要是采用垫钢板,对此做重点检查。

2. 盆式橡胶支座的安设

盆式橡胶支座顶、底面积大,支座下埋设在桥墩顶的网垫板面积亦较大,钢板的滑动面和密封在钢盆内的橡胶垫块,两者都不能有污物和损伤,否则容易降低其使用寿命,增大摩擦系数。盆式橡胶支座各部件组装应满足的要求:在支座底面和顶面(埋置于墩顶和梁底面)的钢垫板必须埋置密实,垫板与支座间平整密贴,支座四周不得有 0.3mm 以上的缝隙;支座中线、水平位置偏差不大于 2mm;活动支座的聚四氟乙烯板和不锈钢板不得有刮伤、撞伤;氯丁橡胶板块密封在钢盆内,安装时应排除空气、保持密封;支座组拼要保持清洁。

施工时应注意下列事项:

(1)安装前应将支座的各相对滑移面和其他部分用丙酮或酒精擦拭干净。

(2)支座顶面和底面可用焊接或锚固螺栓栓接在梁体底面和墩台顶面的预埋钢板上;采用焊接时,应防止烧坏混凝土;安装锚固螺栓时,其外露螺杆的高度不得大于螺母的厚度;上、下支座安装顺序,宜先将上座板固定在大梁上,然后确定底盆在墩台的位置,最后予以固定。

(3)安装支座的高程应符合设计要求,平面纵横两个方向应水平,支座承压≤5 000kN 时,其四角高差不得大于 1mm;支座承压 >5 000kN 时,不得大于 2mm。

(4)安装固定支座时,其上下各个部件纵轴线必须对正;安装纵向活动支座时,上下各部件纵轴线必须对正,横轴线应根据安装时的温度与年平均的最高、最低温差,由计算确定其错位距离。支座上下导向挡块必须平行,最大偏差的交叉角不得大于 5°。

3. 其他支座的安设

对于跨径小(10m 左右)的钢筋混凝土梁、板,可采用油毡、石棉垫或铅板支座。安设这类支座时,应先检查墩台支承面的平整度和横向坡度是否符合设计要求,否则应修凿平整并以水泥砂浆抹平,再铺垫油毡、石棉垫或铅板。梁板就位后梁板与支承间不得有空隙和翘动现象,否则将发生局部应力集中的现象,使梁、板受损,也不利于梁、板的伸缩与滑动。

6.3 混凝土桥梁上部结构施工方法

6.3.1 就地现浇法

1. 支架与拱架

1)支架的形式

支架按构造可分为支柱式(图 6-12)、梁式和梁柱式。

支柱式构造简单,常用于陆地、不通航的河道以及桥墩不高的小跨径桥梁。梁式支架按梁的跨径可采用工字钢、钢板梁或钢桁梁作为承重梁,当跨径小于 10m 时可采用工字梁,跨径大于20m采用钢桁梁。梁可以支撑在墩旁支架上,也可支撑在桥墩预留的托架上或在桥墩处临时设置的横梁上,梁柱式支架可在大跨径桥上使用,梁支撑在支架或临时墩上形成多跨连续支架。

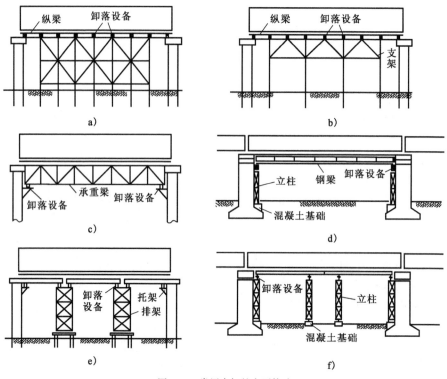

图6-12　常用支架的主要构造
a)、b)立柱式;c)、d)梁式;e)、f)梁柱式

2)对支架与拱架的要求

(1)支架虽为临时结构,但它要承受桥梁的大部分恒载,因此必须有足够的强度和刚度,同时,支架的基础应可靠,构件结合要紧密,并要有足够的纵、横、斜向的连接杆件,使支架成为整体。

(2)对河道中的支架要充分考虑洪水和漂流物的影响。

(3)支架在受荷后将有变形和挠度,在安装前要进行计算,设置预拱度,使结构的外形尺寸和高程符合设计要求。

(4)支架上要设置落架设备,落架时要对称、均匀,不应使主梁局部受力。

2.梁式桥的就地浇筑法

由于就地浇筑施工在简支梁中较少使用,因此下文主要介绍预应力混凝土连续梁桥采用有支架就地浇筑施工的方法。预应力混凝土连续梁桥需要按一定的施工程序完成混凝土的就地浇筑,待混凝土达到所要求的强度后,拆除模板,进行预应力筋的张拉、管道压浆工作。至于何时可以落架,则应与施工程序和预应力筋的张拉工序相配合,当在张拉后恒载自重已能由梁本身承受时方可落架。对多联桥梁、支架拆除后可周转使用。

有时为了减轻支架的负担,节省临时工程材料用量,主梁截面的某些非主要受力部分可在落架后利用主梁自身进行支撑,继续浇筑第二期结构的混凝土,但由此要增加梁的受力,并使浇筑和张拉的工序复杂化。

小跨径预应力混凝土连续梁桥,一般采用从一端向另一端分层、分段的施工程序。

大跨径预应力混凝土连续梁桥常采用箱形截面,施工时要分层或分段进行。一种是水平分层方法,先浇筑底板,待达到一定强度后进行腹板施工,或直接先浇筑成槽形梁,然后浇筑顶板。当工程量较大时,各部位可分数次完成浇筑。另一种施工方法是分段施工法,根据施工能力,每隔20~45m设置连接缝,连接缝一般设在梁的弯矩较小的区域,连接缝宽约1m,待各段混凝土浇筑完成后,在接缝处施工合拢。为使接缝处结合紧密,通常在梁的腹板上做齿槽或留企口缝。分段施工法,大部分混凝土重力在梁合拢之前已发挥作用,这样可减少支架早期变形和由此而引起的梁的开裂。

就地浇筑施工方法的优缺点:整体性好,施工平稳、可靠,不需大型起重设备;施工中无体系转换;预应力混凝土连续梁桥可以采用强大预应力体系,使结构构造简化,方便施工;需要使用大量施工支架,跨河桥梁搭设支架影响河道的通航与泄洪,施工期间支架可能受到洪水和漂流物的威胁;施工工期长、费用高,需要有较大的施工场地,施工管理复杂。

3. 拱桥的就地浇筑和砌筑施工

拱桥的就地浇筑需采用支架施工。有支架施工称拱架施工,适用于砖石、混凝土块及混凝土拱桥。其程序是先采用木材、钢材(构件)等形成拱架(或拱胎);然后在拱架(或拱胎)上砌筑或浇筑主拱圈(或按设计方案砌筑或浇筑拱上结构的一部分);最后落架并完成其余部分的施工。

1)钢筋混凝土拱圈就地浇筑

(1)浇筑程序

浇筑一般分成三个阶段进行:第一阶段浇筑拱圈及拱上立柱的柱脚;第二阶段浇筑拱上立柱、连接系及横梁等;第三阶段浇筑桥面系。后一阶段的混凝土应在前一阶段混凝土具有一定强度后才能浇筑。拱圈的拱架,可在拱圈混凝土强度达到设计值的70%以上后,在第二阶段或第三阶段开始前拆除,但应事先对拆除拱架后拱圈的稳定性进行验算。

(2)拱部浇筑

①连续浇筑

跨径15m以内的拱圈混凝土,应自两侧拱脚向拱顶对称连续浇筑,并在拱脚处混凝土初凝以前完成。如预计不能在限定的时间内完成,则须在拱脚处留一间隔缝于最后浇筑。薄壳拱的壳体混凝土,一般从四周向中央进行浇筑。

②分段浇筑

跨径大于15m的拱圈,为减少混凝土的收缩应力和避免因拱架变形而产生裂缝,应采取分段浇筑,拱段的长度一般为6~15m。划分拱段时,必须使拱圈两侧能保持均匀和对称。在拱架挠曲线为折线的拱架支点、节点等处,一般宜设置分段点并适当预留间隔缝。预计变形较小且采取分段间振浇筑时,也可减少或不设间隔缝。间隔缝的位置应避开横撑、隔板、吊杆及刚架节点等处。间隔缝的宽度应便于施工操作和钢筋连接,一般为300~1 000mm。为防止延迟拱圈合拢和拱架拆除时间,间隔缝内采用比拱圈强度等级高一级的半干硬性混凝土。

拱段的浇筑程序应符合设计规定,在拱顶两侧对称进行,以使拱架变形保持均匀和最小。

拱圈填充间隔缝合拢时,应由两拱脚向拱顶对称进行。间隔缝与拱段的接触面应事先按工作缝进行处理。填充间隔缝合拢的时间应符合下列条件:

a.拱圈混凝土强度应达到设计值的50%以上。

b.合拢时温度应符合设计要求。

③箱形板拱或肋拱的浇筑

箱形板拱和肋拱,一般采用分环、分段的浇筑方法。分段的方法与上述方法相同。分环的方法一般是分成两环或三环。分两环浇筑时,先分段浇筑底板,然后分段浇筑腹板、隔板与顶板。分三环浇筑时,先分段浇筑底板,然后分段浇筑腹板和隔板,最后分段浇筑顶板。分环分段浇筑时,可采取分环填充间隔缝合拢和全拱完成后最后一次填充间隔缝合拢两种不同的合拢方法。分环填充间隔缝合拢时,已合拢的环层可产生拱架作用,在灌注上面环层时可减轻拱架负荷,但工期较一次合拢长。采用最后一次合拢时,仍必须一环一环地灌注,但不是浇完一环合拢一环,而是留待最后一起填充各环间隔缝合拢。此时,上下环的间隔缝应相互对应和贯通,宽度一般为2m左右,有钢筋接头的间隔缝为2m左右。

图6-13所示为一孔跨径146m的箱形拱圈分环(3环)和分段(9段)浇筑方法。

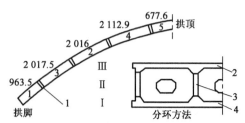

图6-13　146m跨箱形拱圈浇筑示意图(尺寸单位:cm)
1-工作缝;2-顶板;3-肋墙;4-底板

④拱肋联结系浇筑

当采用拱肋同时浇筑和卸落拱架时,各拱肋横向联结系应与拱肋浇筑同时施工并卸落拱架;当采用拱肋非同时浇筑和卸落拱架时,应在各拱肋卸架后再浇筑横向联结系。

⑤钢筋绑扎

无铰拱钢筋混凝土拱圈的主钢筋常须伸入墩台内,因此在浇筑墩台混凝土时应按设计要求的位置和深度将基端部预埋入混凝土内。为便于预埋,主钢筋端部可截开,但应使各根钢筋的接头按规定错开。分环浇筑时、可分环绑扎,各种预埋钢筋应临时加以固定,并在浇筑混凝土前进行检查和校正。

(3)拱上建筑

①钢筋与模板

为简化在拱圈上进行的作业,拱上结构的钢筋宜预先拼成骨架,模板宜预先拼成整块或整体。钢筋骨架和整体式模板可用缆索吊车运至拱上安装。

②混凝土浇筑

拱上建筑混凝土浇筑应自拱顶向拱脚或自拱脚向拱顶对称进行。大跨径拱桥拱上建筑的浇筑程序,按拱圈最有利的受力情况进行。

对采用有支架施工的大跨径拱桥,为确保施工过程中支架与结构的强度、刚度、稳定性要求以及结构线形,有必要进行专门的施工控制。

2)砖石(混凝土块)拱圈及拱上结构砌筑

在拱架上砌筑拱圈时,拱架将随荷载的增加而不断变形,有可能使已砌部分圬工产生裂缝,为了保证在整个砌筑过程中拱架受力均匀、变形最小,使拱圈的质量符合设计要求,必须选择适当的砌筑方法和顺序。一般可根据跨径大小,分别采用不同繁简程度的砌筑方法。

在多跨连拱拱桥的施工中,应考虑与邻孔的对称均衡问题,以防桥墩承受过大的单向推力。因此,当为拱式拱架时,应适当安排各孔砌筑程序;当为满布式拱架时,应适当安排各孔拱架的卸落程序。

(1)拱圈按顺序对称砌筑

对于跨径为16m以下的拱圈,当采用满布式拱架施工时,可以从拱脚至拱顶依顺序对称地砌筑,在拱顶合拢;当采用拱式拱架时,对于跨径为10m以下的拱圈,应在砌筑拱脚的同时,预压拱顶以及拱跨的 1/4 部位。

（2）拱圈三分法砌筑

①分段砌筑

采用满布式拱架砌筑的跨径在 16～25m 以下的拱圈和采用拱式拱架砌筑的跨径在 10m 以上、25m 以下的拱圈，可采取每半跨分成三段的分段对称砌筑方法。每段长度不宜超过 6m，分段位置一般在拱跨 1/4 点及拱顶（3/8 点）附近。当为满布式拱架时，分段位置宜在拱架节点上。如图 6-14 所示，先对称地砌Ⅰ段和Ⅱ段，最后砌Ⅲ段，或各段同时向拱顶方向对称砌筑，最后砌筑拱顶合拢。

跨径大于 25m 时，应按跨径大小及拱架类型等情况，在两半跨各分成若干段，均匀对称地砌筑。每段长度一般不超过 8m。具体分段方法应按设计规定，无规定时应通过验算确定。分段砌筑时应预留空缝，以防拱圈开裂（由于拱架变形而产生的），并起部分预压作用；空缝数量视分段长度而定，一般在拱脚、1/4 点、拱顶及满布式拱架的节点处必须设置空缝。

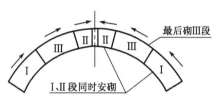

图 6-14　跨径小于 25m 的拱圈分段砌筑

②分环砌筑

较大跨径石拱桥的拱圈，当拱圈较厚，由三层以上拱石组成时，可将全部拱圈分成几环砌筑，砌一环合拢一环。当下环砌完并养护数日后，砌缝砂浆达到一定强度时，再砌筑上环。按此方法砌筑时，下环可与拱架共同负荷上环重力，因而可减轻拱架荷载，节省拱架用料。其所能减轻拱架荷载的数值，根据所分环数、上下环厚度及砌缝砂浆硬化程度等情况而定。

分环砌筑时各环的分段方法、砌筑程序及空缝的设置等，与一次砌筑时完全相同，但上下环间犬牙相接。

③分阶段砌筑

砌筑拱圈时，为争取时间和使拱架荷载均匀，变形正常，有时在砌完一段或一环拱圈后的养护期间，工作并不间歇，而是根据拱架荷载平衡的需要，紧接着将下一拱段或下环砌筑一部分。此种前后拱段和上下环分阶段交叉进行的砌筑方法，称为分阶段砌筑法。

不分环砌筑拱圈的分阶段方法，通常是先砌拱脚几排，然后同时砌筑拱顶、拱脚及 1/4 点等拱段，上述三个拱段砌到一定程度后，再均匀地砌筑其余拱段。

分环砌筑的拱圈，可先将拱架各环砌筑几排，然后分段分次砌筑其余环层。在砌完一层后，利用其养期，砌筑次一环拱脚的一段，然后砌筑其余环段。较大跨径拱圈的分阶段砌筑方法，一般在设计文件中有规定，应按设计文件的规定进行。

图 6-15 为一孔净跨 30m、矢跨比为 1/5 的单层拱圈分阶段砌筑示意图。其中在第Ⅱ阶段时应在 1/4 点下方压两排拱石。

（3）预加压力砌筑

预加压力砌筑法是在砌筑前，在拱架上预加一定重力，以防止或减少拱架弹性和非弹性下沉的砌筑方法。此法对于预防拱圈产生不正常变形和开裂较为有效。所需压重材料可利用拱圈本身准备使用的拱石，较为简便和节省。加压顺序应与计划砌筑顺序一致。砌筑时，应尽量利用附近压重拱石就地安砌，随撤随砌，使拱架保持稳定。在采用刚性较强的拱架时，可先预压拱顶，预压拱顶时，可将拱石堆放在该段内，或当时就将该段砌筑完。对于刚性较差的拱架，预压须均匀地进行，不可单纯压顶。

（4）分段支撑

分段砌筑拱圈时,如拱段的倾斜角大于石块与模板间的摩擦角(约20°),则拱段将在切线方一向产生一定的滑动。在这种情况下,必须在拱段下方临时设置分段支撑,以防拱段向下滑动。分段支撑所需强度应通过计算确定。

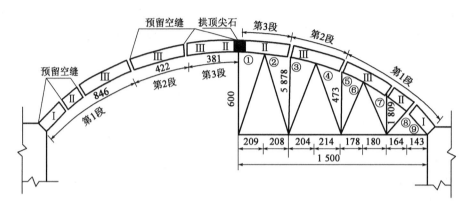

图6-15　跨径为30m的单层拱圈分段砌筑(尺寸单位:cm)

（5）拱圈合拢

砌筑拱圈时,常在拱顶留一合拢口,在各拱段砌筑完成后安砌拱顶石合拢。分段较多的拱圈和分环砌筑的拱圈,为使拱架受力对称和均匀,可在拱圈两半跨的1/4处或在几处同时砌筑合拢。

为防止拱圈因温度变化而产生过大的附加应力,拱圈合拢应在设计规定的温度下进行。设计无规定时,宜选择在接近当地年平均温度或昼夜平均温度(一般为10～15℃)时进行。

（6）拱上砌体的砌筑

拱上砌体的砌筑,必须在拱圈砌筑合拢和空缝填塞后,经过数日养护,待砌缝砂浆强度达到30%时才能进行。养护时间一般不少于3d,跨径较大时应酌情延长。

砌筑实腹式拱的拱上砌体时,应将侧墙等拱上砌体分成几部分。拱腹填料可随侧墙砌筑顺序及进度进行填筑。填料数量较大时,宜在侧墙砌完后再分部进行填筑。实腹式拱应在侧墙与桥台间设伸缩缝使两者分开。

为防止空腹拱桥的腹拱受到主拱圈卸落拱架时变形的影响,可在主拱圈砌完后,先砌腹拱横墙,然后待卸落拱架后,再砌筑腹拱拱圈。腹拱上的侧墙,应在腹拱拱铰处设置变形缝。较大跨径拱桥拱上砌体的砌筑程序,一般在设计文件中均有规定,应按设计文件的规定进行。

6.3.2　桥梁预制安装方法

1.构件预制

混凝土梁的预制可在专业桥梁预制厂内进行,也可在桥位处的预制场内进行。桥梁预制厂一般可生产钢筋混凝土梁、先张法或后张法工艺的预应力混凝土梁、混凝土桥梁的节段构件及其他预制构件。由于运输长度和质量的限制,通常在桥梁预制厂内以生产中、小跨径预制构件为主,跨径大于25m的后张法预应力混凝土梁以及大跨径混凝土桥的节段构件主要在桥位预制场内生产。

1) 梁的整体预制

(1)固定台位预制

在预制厂或施工现场,可用固定式底座生产钢筋混凝土和预应力混凝土梁。预制构件在固定台位上完成各工序,直到构件完全可以移动后再进行下一个构件的制作。固定台位需要有一个强度高、不变形的底座,在构造上有整体式底座和底座垫块两类。

采用先张法制造的预应力混凝土梁,也是一种在固定台位上生产的预制梁。在这种预制梁的制造过程中,台座是主要设备,用于承受张拉预应力钢筋的反力。构造上一般可分为压柱式台座和墩式台座,如图6-16所示。固定生产桥梁的预制厂多采用长线压柱式台座,在一条生产线上可以同时预制若干构件,提高生产效率。

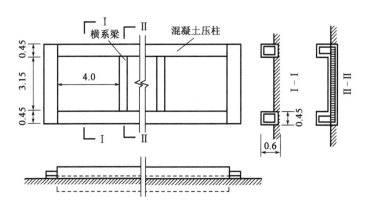

图6-16 先张法施工台座构造(尺寸单位:m)

台座主要由底板、承力架(支撑梁)、横梁、定位板和固端装置几部分组成。台座的底板有整体式混凝土台面或装配式台面两种,作为预制构件的底模。先张台座的底板应平整,排水畅通,地基不产生不均匀沉降。承力架或支撑梁要求承受全部张拉力,在制造时,要保证承力架变形小、经济、安全、便于操作等。

(2)流水台车预制

在预制厂内设置运输轨道,预制梁的底模设置在活动台车上的预制方法。流水台车的构造由轨道轮、底板、加劲肋、底模和底模振捣装置组成。流水台车均为钢制,流水台车和生产线的数量根据预制厂的生产能力确定。

流水台车生产时,预制梁在台车上生产,而安装模板、绑扎钢筋、预应力筋组束、浇筑混凝土以及张拉等工序安排在固定车间内,通过台车流动组织生产。其主要优点在于可组织工业化,专业化生产,改善工作条件,可使用固定式的机具设备,提高生产效率。我国某桥梁预制厂采用流水台车生产后张法预应力混凝土简支梁,它可在台车上生产多种规格的梁,一条流水线每天可生产一片预制梁。但它需要较大的生产车间和堆放场地,可在生产量大的大型桥梁预制厂采用。

2) 梁节段的预制

根据施工方法的要求,需要将梁沿桥纵向根据起吊能力分成适当长度的若干节段,在工厂或桥位附近进行节段预制工作。预制是在工厂或施工现场按桥梁底缘曲线制作固定的底座,在底座上安装底模进行节段预制工作。形成梁底缘的底座有多种方法,可以利用预制场的地形堆筑土胎,经加固夯实后,铺砂石层并在其上做混凝土底板;盛产石料的地区可用石砌成所需的梁底缘形状;地质情况较差的预制场,常采用打短桩基础,之后搭设木材或型钢排架形成梁底曲线。

梁节段的预制是在底座上分段进行的。模板常采用钢模,每段一块,以便装拆使用。为加快施工速度,保证节段之间密贴,常采用先浇筑奇数节段,然后以奇数节段的端面为端模浇筑偶数节段。也可以采用分阶段的预制方法。为便于节段拼装定位,常在节段顶板和侧板的接触面上设置齿槽和剪力键。当节段混凝土强度达到设计强度的 70% 以上后,可吊出预制场地。如图 6-17 所示。

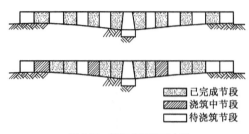

图 6-17 节段预制施工方法

2. 装配式梁桥安装

1)联合架桥机安装法

本法用联合架桥机并配备若干滑车、千斤顶、绞车等辅助设备架设安装预制梁。

联合架桥机主要由龙门吊机、导梁和蝴蝶架组成。龙门架由工字形钢梁组成。其上安放有两台吊车,架的接头处和上、下缘用钢板加固,主柱为拐脚式,横梁的高程由两根预制梁的叠高加上平板车的高度和起吊设备的高度决定。蝴蝶架是专供拖运龙门吊机在轨道上移走的支架,它形如蝴蝶,用角钢拼成,上设有供升降用的千斤顶。导梁用钢桁梁拼成,以横向框架连接,其上铺钢轨供运梁行走。

架梁时,先设导梁和轨道,用绞车将导梁拖移就位后,把蝴蝶架用平板小车推上轨道,将龙门吊机拖运至墩上,再用千斤顶将吊机降落在墩顶,并用螺栓固定在墩的支撑垫块上,用平车将梁运到两墩之间,由吊机起吊、横移、下落就位。待全跨梁就位后,向前铺设轨道,用蝴蝶架将吊机移至下一跨架梁。

其优点是可完全不设桥下支架,不受洪水威胁,架设过程中不影响桥下通车、通航。预制梁的纵移、起吊、横移、就位都比较便利;缺点是架设设备用钢材较多(可周转使用),较适用于多孔 30m 以下孔径的装配式桥,如图 6-18 所示。

2)用双导梁安装法(穿巷式架桥机)

用贝雷梁或万能构件组装的钢桁架导梁,梁长大于两倍桥梁跨径,前方为引导部分,由前端钢支架与前方墩上的预埋螺栓连接,中段是承重部分,后段为平衡部分。横向由两组导梁构成,导梁顶面铺设小平车轨道,预制梁由平车在导梁上运至桥孔,由设在两根横梁上的卷扬机吊起,下落在两个桥墩上,之后在滑道垫板上进行横移就位,如图 6-19 和图 6-20 所示。

3)扒杆吊装法

在桥跨两墩上各设置一套扒杆,预制梁的两端系在扒杆的起吊钢束上、后端设制动索以控制速度,使预制梁平稳地进入安装桥孔就位,此法宜用于起吊高度不大和水平移动范围较小的中、小跨径的桥梁,如图 6-21 所示。

4)跨墩门式吊机架梁法

跨墩龙门吊机安装适用于在岸上和浅水滩以及不通航浅水区域中安装预制梁。

两台跨墩龙门吊机分别设于待安装孔的前、后墩位置,预制梁运至安装孔的一侧后,移动跨墩龙门吊机上的吊梁平车,对准梁的吊点放下吊架,将梁吊起。当梁底超过桥墩顶面后,停止提升,用卷扬机牵引吊梁平车慢慢横移,使梁对准桥墩上的支座,然后落梁就位,接着准备架设下一根梁。

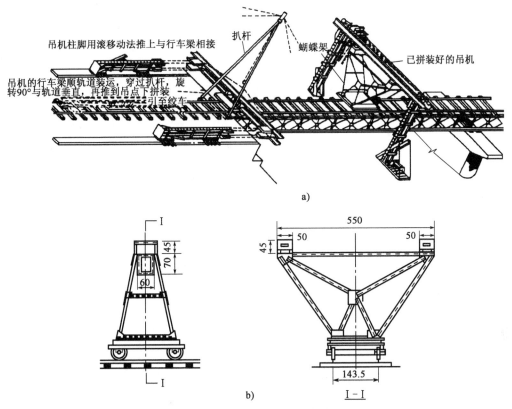

吊机柱脚用滚移动法推上与行车梁相接

扒杆

蝴蝶架

已拼装好的吊机

吊机的行车梁顺轨道装运，穿过扒杆，旋转90°与轨道垂直，再推到吊点下拼装

引至绞车

a)

图 6-18　联合架桥机的架梁示意图(尺寸单位:cm)

a)架桥机;b)蝴蝶架

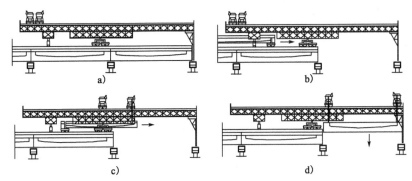

图 6-19　穿巷式架桥机

图 6-20　穿巷式架桥机施工现场

对水深不超过 5m、水流平缓、不通航的中小河流上的小桥孔,也可采用跨墩龙门吊机架梁。必须在水上桥墩的两侧架设龙门吊机轨道便桥,便桥基础可用木桩或钢筋混凝土桩。在水缓而无冲刷的河上,也可用木笼或草袋筑岛来做便桥的基础。便桥的梁可用贝雷梁组拼,如图 6-22 和图 6-23 所示。

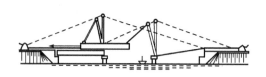
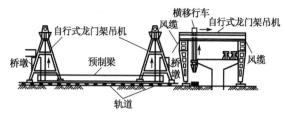

图 6-21 扒杆吊装示意图   图 6-22 跨墩龙门架架设示意图

5)自行式吊车安装

陆地桥梁、城市高架桥预制梁安装常采用自行吊车安装。一般先将梁运到桥位处,采用一台或两台自行式汽车吊机或履带吊机直接将梁片吊起就位,方法便捷,履带吊机的最大起吊能力达 3kN,如图 6-24 所示。

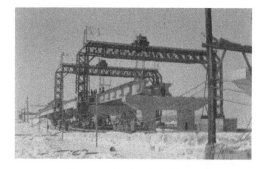

图 6-23 跨墩龙门架架设现场   图 6-24 自行式吊车架梁法

6)浮吊架设法

在通航河道或水深河道上架桥,可采用浮吊安装预制梁。当预制梁深河道上架桥,可采用浮吊安装预制梁。当预制梁分片预制安装时,浮船宜逆流而上,先远后近安装。

采用浮吊架设要配置运输驳船,岸边设置临时码头,同时在浮吊架设时应有牢固锚碇,要注意施工安全,如图 6-25 所示。

a)   b)

图 6-25 浮吊架设施工现场

3. 装配式拱桥安装

在峡谷或水深流急的河段上,或在通航河流上需要满足船只的顺利通行,或在洪水季节施工并受漂流物影响等条件下修建拱桥,以及采用有支架施工将会遇到很大困难或很不经济时,宜考虑采用无支架施工。缆索吊装施工是无支架施工拱桥最主要的方法之一。其优点是所用吊装设备跨越能力大,水平和垂直运输灵活,适应性广,施工方便、安全。它不仅用于单跨大、中型拱桥施工,在修建特大跨径或连续多孔的拱桥时更能显示其优越性。通过长期的实践,该法已得到了很大发展并积累了丰富的经验。

在采用缆索吊装的拱桥上,为了充分发挥缆索的作用,拱上建筑也应尽量采用预制装配构件,这样就能提高桥梁工业化施工的水平,并有利于加快桥梁建设的速度。

1) 缆索吊装设备

缆索吊装设备适用于高差较大的垂直吊装和架空纵向运输,吊运量自几吨至几十吨范围内变化,纵向运距自几十米至几百米。公路上常将预制构件运送入桥孔安装,其设备可自行设计,就地制造安装,亦可购置现成的缆索架桥设备运往工地安装。

吊装梁式桥的缆索吊装系统是由主索、天线滑车、起重索、牵引索、起重及牵引绞车、主索地锚、塔架、风缆等主要部件组成。吊装拱桥的缆索吊装系统则除了上述各部件之外,还有扣索、扣索排架、扣索地锚、扣索绞车等部件。其布置示例如图6-26所示。

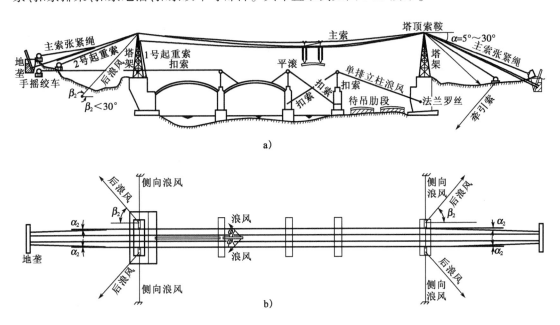

图6-26 缆索吊装布置示例

2) 吊装方法和加载程序

(1) 吊装方法

采用缆索吊装施工的拱桥,其吊装方法应根据桥的跨径大小、桥的总长及桥的宽度等具体情况而定。

拱桥的构件在河滩上或桥头岸边预制和预拼后,送至缆索下面,由起重车起吊牵引至预定位置安装。为了使端段基肋在合拢前保持一定位置,在其上用扣索临时系住后才能松开吊索。吊装应自一孔桥的两端向中间对称进行。最后一节构件吊装就位,并将各接头位置调整到规定标高以后,才能放松吊索,从而合拢。最后才将所有扣索撤去。基肋(指拱箱、拱肋或桁架拱片)吊装合拢要制订正确的施工程序和施工细则,并坚决遵照执行。

拱桥跨径较大时,最好采用双肋或一多肋合拢。基肋和基肋之间必须紧随拱段的拼装及时焊接(或临时连接)。端段拱箱(肋)就位后,除上端用扣索拉住外,并应在左右两侧用一对称风缆牵住,以免左右摇摆。中段拱箱(肋)就位时,宜缓慢地松吊索,务必使各接头顶紧,尽量避免简支搁置和冲击作用。

(2)加载程序

①考虑施工加载程序的目的和意义

当拱箱(肋)吊装合拢成拱后,对后续各工序的施工,如拱箱之间的纵缝混凝土和拱上建筑等,应做合理安排,这对保证工程质量和施工安全都有重大影响。如果采用的施工步骤不当(例如安排的工序不合理、拱顶或拱脚的压重不恰当、左右半拱施工进度不平衡、加载不对称等),就会导致拱轴线变形不均匀,而使拱圈开裂,严重的甚至造成倒塌事故。因此,对施工程序必须做出合理的设计。

施工加载程序设计的目的,就是当在裸拱上加载时,使拱圈各个截面在整个施工过程中,都能满足强度和稳定的要求,并在保证施工安全和工程质量的前提下,尽量减少施工工序,便于操作,以加快桥梁建设速度。

②施工加载程序设计的一般原则

对于中、小跨径拱桥,当拱圈的截面尺寸满足一定的要求时,可不做施工加载程序设计。按有支架施工方法对拱桥上部结构作对称、均衡的施工。

对大、中跨径的箱形拱桥或箱肋拱桥,一般多按对称、均衡、多工作面加载的总原则进行设计。对于坡拱桥,必须注意其特点,一般应使低拱脚半跨的加载量稍大于高拱脚半跨的加载量。

在多孔拱桥的两个邻孔之间,两孔的施工进度不能相差太远,以免桥墩承受过大的单向推力而产生过大的位移,造成施工进度快的一孔的拱顶下沉,邻孔的拱顶上冒,从而导致拱圈开裂。

(3)施工加载内力计算

目前施工加载程序设计一般采用影响线加载计算内力。

①绘制截面内力影响线。一般计算截面有拱脚、1/8、1/4、3/8 和拱顶 5 个截面。在绘制内力影响线时,一般按不计弹性压缩内力影响考虑。若考虑弹性压缩影响则另作补充计算。

②根据施工条件并参考有关施工经验,初步拟定施工阶段。

③在左右两半拱对称地将拱圈分环、分段(对拱圈逐步形成者)、拱上结构分块并计算各部分重力。

④按照各施工阶段拟定加载顺序,在影响线上进行加载计算,求出各截面内力并验算。

⑤根据强度验算情况,调整施工加载顺序和范围或增减施工阶段。

(4)施工加载挠度计算

施工加载过程中,考虑到每分段加载均计算一次挠度比较烦琐,因此,为了简化计算,每环加载完毕计算一次挠度。

以上计算的挠度仅供施工参考。如果计算的挠度值与施工观测值相差较大,或施工过程中出现不对称变形等异常现象时,应停止加载,分析原因,及时调整加载程序或采取其他措施。不过,有时由于施工过程中拱肋产生裂缝,材料弹性模量会与计算采用值不符,或由于温度变化使得计算挠度值与观测值很可能也有一定的误差。当拱肋强度、刚度较小时,施工加载计算往往需要多次反复,才能确定出较适当的施工加载程序。因此,在有条件时,应充分利用计算机进行施工加载程序设计。

6.3.3 悬臂施工法

1.悬臂施工法分类

悬臂施工法是在已建成的桥墩上,沿桥梁跨径方向对称逐段施工的方法。它不仅在施工期间不影响桥下通航或行车,同时密切配合设计和施工的要求,充分利用了预应力混凝土承受负弯矩能力强的特点,将跨中正弯矩转移为支点负弯矩,提高了桥梁的跨越能力。采用悬臂施工法的常用结构体系有连续梁、连续框式悬臂梁、连续刚架、铰接悬臂梁、带挂孔的 T 形刚构等。

采用悬臂法进行桥梁结构施工时总的施工顺序是:墩顶 0 号块的浇筑悬臂节段的预制安装或挂篮现浇;各桥跨间合拢段施工及相应的施工结构系转换;桥面系施工。

要实现悬臂施工,在施工过程中必须保证墩与梁固结,尤其在连续梁桥和悬臂梁桥施工中要采取临时墩梁固结措施。另外采用悬臂施工法,很有可能出现施工期的体系转换问题,如对于三跨预应力混凝土连续梁桥,采用悬臂施工时,结构的受力状态呈 T 形刚构,边跨合拢就位、更换支座后呈单悬臂梁,跨中合拢后呈连续梁的受力状态。结构上的预应力配置必须与施工受力相一致。

悬臂施工法通常分为悬臂浇筑和悬臂拼装两类。悬臂浇筑是在桥墩两侧对称逐段就地浇筑混凝土,待混凝土达到一定强度后张拉预应力束,移动机具模板(挂篮)继续悬臂施工。悬臂拼装是用吊机将预制块件在桥墩两侧对称起吊、安装就位后,张拉预应力束,使悬臂不断接长,直至合拢。

2.悬臂拼装施工

悬臂拼装是从桥墩顶开始,将预制梁段对称吊装,就位后施加预应力,并逐渐接长的一种施工方法。悬臂拼装的基本施工工序是:梁段预制、移位、堆放和运输、梁段起吊拼装和施加预应力。在悬臂拼装施工中,沿梁纵轴按起重能力划分适当长度的梁段,在工厂或桥位附近的预制场进行预制。

用于悬臂拼装的机具种类很多,有移动式吊车、桁式吊、缆索起重机、汽车吊、浮吊等。和用挂篮悬臂浇筑施工一样,在墩顶开始吊装第一(或第一、二)梁段时,可以使用一根承重梁对称吊装,在允许布置两台移动式吊车后,开始独立对称吊装。

移动桁式吊在悬臂拼装施工中使用较多,依桁梁的长度分两类:第一类桁梁长度大于最大跨径,桁梁支撑在已拼装完成的梁段上和待悬臂拼装的墩顶上,由吊车在桁梁上移运梁段进行悬臂拼装;第二类桁式吊梁的长度大于两倍桥梁跨径,桁梁均支撑在桥墩上,而不增加梁段的施工荷载,同时前方墩 0 号块的施工可与悬臂拼装同时进行,如图 6-27 所示。

悬臂拼装施工将大跨径桥梁化整为零,预制和拼装方便,可以上、下部结构平行施工,拼装周期短,施工速度快。同时预制节段施工质量易控

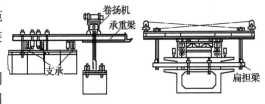

图 6-27　移动式吊车示意图

制,减小了结构附加内力。但预制节段需要较大的场地,要求有一定的起重能力,拼装精度对大跨桥梁要求很高。因此,悬臂拼装施工一般用于跨径小于100m的桥梁。

3. 用挂篮悬臂浇筑施工

用挂篮悬臂浇筑施工,是将梁体每2~5m分为一个节段,以挂篮为施工机具进行对称悬臂施工。挂篮的构造形式很多,通常由承重梁、悬吊模板、锚固装置、行走系统和工作平台几部分组成(图6-28)。承重梁是挂篮的主要受力构件,可以采用钢板梁、工字钢梁或万能杆件组拼的钢桁梁和贝雷钢梁等,可设置在桥面之上,也可设在桥面以下,它承受施工设备和新浇筑节段混凝土的全部重力,并通过支点和锚固装置将荷载传到已施工完成的梁体上,如图6-29所示。

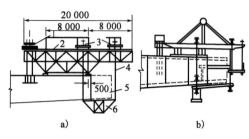

图6-28 挂篮的主要形式
a)桁架式挂篮;b)斜拉式挂篮
1-后锚固;2-纵桁梁;3-横桁梁;4-吊带;5-外模;6-底篮

图6-29 现场挂篮结构图

当后支点的锚固能力不够时,可采用尾端压重或利用梁内的竖向预应力钢筋等措施。挂篮的工作平台用于架设模板、安装钢筋和张拉预应力束筋等工作。当该节段全部施工完成后,由行走系统将挂篮向前移动,动力可由电动卷扬机牵引形成,包括向前牵引装置和尾索保护装置,行走系统可用轨道轮或聚四氟乙烯滑板装置。

挂篮的功能是支撑梁段模板、调整位置、吊运材料、机具、浇筑混凝土、拆模和在挂篮上进行张拉等工作。挂篮除强度应保证安全可靠外,还要求造价低、节省材料、操作使用方便、变形小、稳定性好、移动灵活和施工速度快等。

对于箱形截面,如果所浇混凝土数量不大,可采用全截面一次浇筑。如果混凝土数量较大,每一段梁的混凝土通常分两次浇筑,即先浇底板混凝土,后浇腹板及顶板混凝土。当所浇的箱梁腹板较高时,也可将腹板内模板改用滑动顶升模板,这时可将腹板混凝土与底板混凝土同时浇筑,待腹板浇筑到设计高度后,再安装顶板钢筋及预应力管道并浇筑顶板混凝土。有时还可先将腹板预制之后进行安装,再现浇底板与顶板,减少现场浇筑工作量,并减小挂篮承受的一部分施工荷载。但需注意由混凝土龄期差而产生的收缩、徐变内力。

悬臂浇筑施工的周期一般为6~10d,依节段混凝土的数量和结构的复杂程度而不同,在悬臂施工中,如何提高混凝土的早期强度对有效缩短施工周期影响较大,这也是现场浇筑施工法的共性问题。

悬臂浇筑施工可使用少量机具设备,免去设置支架,方便地跨越深谷、大河和交通量大的道路,施工不受跨径限制,但因施工受力特点,悬臂施工宜在变截面梁中使用。由于施工的主要作业都是在挂篮中进行,挂篮可设顶棚和外罩以减少外界气候影响,便于养护和重复操作,有利于提高效率和保证质量;同时在悬浇过程中还可以不断调整节段的误差,提高施工精度。但悬臂浇筑施工与其他施工方法比较,施工期要长一些。

4. 拱桥悬臂施工

1）悬臂浇筑法

悬臂施工法就是指拱圈、拱上立柱和预应力混凝土桥面板等齐头并进,边浇筑边构成桁架的悬臂浇筑法。施工时,用预应力钢筋临时作为桁架的斜拉杆和桥面板的临时明索,将桁架锚固在后面桥台上。其施工程序如图6-30所示。

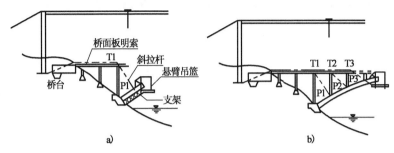

图6-30　悬臂浇筑施工程序

图6-30a)为在边孔完成后,在桥面板上设置临时明索,然后在吊架上浇筑头一段拱圈。头一段拱圈浇筑完成并达到要求强度后,在其上设置临时预应力明索,并撤去吊架,直接系吊于斜拉杆上,然后在前端安装悬臂吊篮。

图6-30b)为用吊篮逐段悬臂浇筑拱圈。当吊篮通过拱上立柱 P2 位置后,须立即浇筑立柱 P2 及 P1、P2 间桥面板,然后用吊篮继续向前浇筑,至通过下一个立柱 P3 位置后,再安装及 P1、P2 间桥面板明索及斜拉杆 T2 并浇筑立柱 P3 及 P2、P3 间桥面板。每当吊篮前进一步、须将桥面板临时明索收紧一次。整个桥孔就这样一面用斜拉钢筋构成桁架,一面悬臂浇筑,直至合拢。

采用本法施工时,施工误差会对整体工程质量产生很大的影响,故必须对施工测量、材料强度及混凝土的浇筑等进行严格地检查和控制。尤其对斜拉预应力钢筋,必须严格测定每根的强度,观测其受力情况,必要时予以纠正和加强。为防止计算与实际差别过大,施工前须做施工模拟试验以及预应力钢筋的锚固可靠性试验。

2）悬臂拼装法

这种方法是将拱圈的各个组成部分(侧板、上下底板等)事先预制,然后将整孔桥跨的拱肋(侧板)、立柱通过临时斜压杆(或斜拉杆)和上弦拉杆组成桁架拱片,沿桥跨分作几段(一般3～7段),再用横系梁和临时风构将两个桁架拱片组装成框构,每节框构整体运至桥孔,由两端向跨中逐段悬臂拼装合拢。

5. 预应力混凝土斜拉桥悬臂施工

悬臂施工法是混凝土斜拉桥施工中普遍采用的方法。其步骤是:先在塔架上现浇一定长度的梁段,然后用特制的移动式吊架进行悬臂浇筑或悬臂拼装。当混凝土强度达到设计要求后,张拉梁内预应力钢筋,然后挂斜拉索并进行张拉、逐段向前推进。

6.3.4　转体施工法

桥梁转体施工是20世纪40年代以后发展起来的一种架桥工艺。它是在河流的两岸或适当的位置,利用地形或使用简便的支架先将半桥预制完成,之后以桥梁结构本身为转动体,使用一些机具设备,分别将两个半桥转体到桥位轴线位置合拢成桥。转体施工将复杂的、技术性强的高空及水上作业变为岸边的陆上作业,它既能保证施工的质量和安全,又能减少施工费用和机具设备,同时在施工期间还不影响桥位通航。

转体施工法一般适用于各类单孔拱桥的施工,其基本原理是:将拱圈或整个上部结构分为两个半跨,分别在河流两岸利用地形或简单支架现浇或预制装配半拱,然后利用动力装置将其两半跨拱体转动至桥轴线位置(或设计高程)合拢成拱。拱桥转体施工法根据其转动方位的不同分为平面转体、竖向转体和平竖结合转体三种。采用转体法施工拱桥的特点是:结构合理,受力明确,节省施工用料,减少安装架设工序,变复杂的、技术性强的水上高空作业为岸边陆上作业,施工速度快,不但施工安全,质量可靠,而且不影响通航,减少施工费用和机具设备,造价低。

平面转体施工是按照拱桥设计高程在岸边预制半拱,当结构混凝土达到设计强度后,借助设置于桥台底部的转动设备和动力装置在水平面内将其转动至桥位中线处合拢成拱。由于是平面转动,因此,半拱的预制高程要准确。通常需要在岸边适当位置先做模架,模架可以是简单支架,也可做成土牛胎模。

平面转体分为有平衡重转体和无平衡重转体两种。

1. 有平衡重平面转体施工

有平衡重转体以桥台背墙作为平衡和拱体转体用拉杆(或拉索)的锚碇反力墙,通过平衡重稳定转动体系和调整其重心位置。平衡重大小由转动体的质量大小决定。由于平衡重过大不经济,也增加转体困难,所以,采用本法施工的拱桥跨径不宜过大,一般适用于跨径100m以内的整体转体。

有平衡重转体施工的转动体系一般包括底盘、上转盘、锚扣系统、背墙、拱体结构、拉杆(拉索)等部分,如图6-31所示。

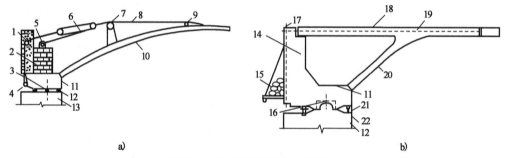

图6-31 有平衡重平面转体一般构造

1-尾铰;2-平衡重;3-轴心;4-锚梁;5-绞车;6-滑轮组;7-支点2;8-扣索;9-支点;10-拱肋;11-上盘;12-上下环道;13-底盘;14-背墙;15-平衡重;16-球面铰轴心;17-竖向预应力筋;18-槽梁;19-拉杆;20-斜腿;21-滚轮;22-轨道板

有平衡重转体施工的特点是转体质量大,要将成百上千吨的拱体结构顺利、稳妥地转到设计位置,主要依靠转动体系设计正确与转动装置灵活可靠。目前国内使用的转动装置主要有两种,一是以聚四氟乙烯作为滑板的环道承重转体;二是以球面转轴支撑辅以滚轮的轴心承重转体。牵引驱动系统也是完成转体的关键。牵引系统由卷扬机(绞车)、倒链、滑轮组、普通千斤顶等组成。近来又出现了采用能连续同步、匀速、平衡、一次到的自动连续顶推系统提供转动动力的实例。

有平衡重转体施工的主要内容与步骤包括转盘制作、布置牵引驱动系统的锚碇及滑轮、试转上转盘、浇筑背墙及拱体结构、设置锚扣系统并张拉脱架(指拱体结构)、转体与合拢、封闭转盘与拱顶以及松锚扣系统。

2.无平衡重平面转体施工

无平衡重转体是以两岸山体岩石锚洞作为锚碇来锚固半跨拱桥悬臂状态平衡时所产生的水平拉力，借助拱脚处立柱下端转盘和上端转轴使拱体作平面转动。由于取消了平衡重、可大大减轻转动体系质量和圬工数量。本法适用于地质条件好的 V 形河床上的大跨径拱桥转体施工。因无平衡重转体施工是把有平衡重转体施工中的拱圈扣索锚在两岸岩体中，从而节省庞大的平衡重。锚碇拉力是由尾索预加应力给引桥桥面板（或轴向、斜向平撑），以压力形式储备，桥面板的压力随着拱体所处方位不同而不同，如图 6-32 所示。

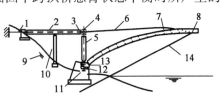

图 6-32　无平衡重平面转体一般构造
1-轴向尾索;2-轴平撑;3-锚梁;4-上转轴;5-墩上立柱;6-扣索;7-拱肋;8-扣点;9-锚碇;10-斜向索;11-轴心;12-环道;13-下转盘;14-缆风索

无平衡重转体施工内容及步骤如下：

①转动体系施工（包括下转轴、转盘及环道设置、拱座设置及拱体预制、立柱施工、锚梁、上转轴、扣索安装等）。这一部分施工主要要保证各部件制作安装精度及环道的平整度。

②锚碇系统施工（包括锚碇施工、安装轴向及斜向平撑、张拉尾索与扣索等）。

③拱体转动、合拢与松扣。

6.3.5　顶推施工法

顶推施工是在沿桥纵轴方向的台后设置预制场地，分节段预制梁、并用纵向预应力筋将预制节段与施工完成的梁体连成整体，然后通过水平千斤顶施力，将梁体向前顶推出预制场地，然后继续在预制场进行下一节段梁的预制，直至施工完成。

1.顶推施工时梁的内力分析

顶推法施工的连续梁桥在正确就位后，其恒载内力即可按连续梁进行计算。顶推法施工的连续梁是逐节建造逐节向前推移的，在顶推过程中，随着梁跨的跨数增多，结构的体系不断转换为高次超静定结构。梁内各个截面在移动过程中，所承受的弯矩正负方向交替出现，虽然这些内力不断变化，但它是控制梁设计的一个因素。

2.顶推施工时梁的力筋布置与施工验算

顶推过程中在梁内出现的弯矩可绘成弯矩包络图，它将与连续梁恒、活载（或加上其他各项因素，如各项次内力）的弯矩包络图同为结构控制设计的最大内力图。前者常需要结构接近中心配束，后者要求结构曲线配束。为此，顶推法施工常需要在结构内设置能拆除的临时束，这些束在连续梁最终体系受力状态时是并不需要的多余束。众所周知，顶推过程中梁最不利、受力常在梁尚未到达墩顶而悬出长度等于跨长的时刻，为了减小结构的受力，顶推梁常使用较混凝土梁更轻的钢鼻梁。

在多跨连续梁用顶推法施工时、施工过程的弯矩包络图如图 6-33 所示。从弯矩包络图可以看出，前伸带鼻梁的第一孔梁的截面常是受力最大的部位，而其余梁段上受力变化很小。一般称这部分的计算工作为施工阶段的内力验算，虽然对悬臂施工法等也要考虑施工阶段的内力验算，例如包括吊架重量作用于悬臂端时的验算等，但是一般工程师也都会注意到，这里不再赘述。

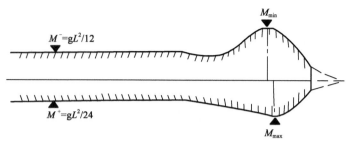

图 6-33 顶推法施工时梁的弯矩包络图

3. 顶推施工法

按水平力的施加位置和施加方法分为单点顶推和多点顶推。

1）单点顶推

单点顶推是指全桥纵向只设一个或一组顶推装置的施工方法。顶推装置通常集中设置在梁段预制场附近的桥台或桥墩上，而在前方各墩上设置滑移支撑。顶推装置的构造有两种：一种是水平—竖向千斤顶法；另一种则是拉杆千斤顶法。

水平—竖向千斤顶法的施工程序为顶梁、推移、落下竖向千斤顶和收回水平千斤顶的活塞杆，如图 6-34 所示。顶推时，升起竖向千斤顶活塞，临时支撑卸载，开动水平千斤顶去顶推竖向千斤顶，由于竖向千斤顶下面设有滑道，千斤顶的上面装有一块橡胶板，所以竖向千斤顶在前进过程中会带动梁体向前移动。当水平千斤顶达到最大行程时，降下竖向千斤顶活塞，使梁体落在临时支撑上，收回水平千斤顶活塞，带动竖向千斤顶后移，回到原来位置，如此反复不断地将梁顶推到设计位置。

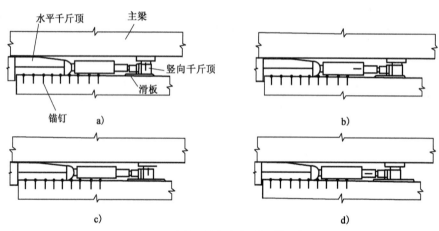

图 6-34 水平—竖向千斤顶法顶推示意
a) 升顶；b) 滑移；c) 落下；d) 复原

拉杆千斤顶法是将水平液压千斤顶布置在桥台前端，底座紧靠桥台，由楔形夹具固定在梁底板或侧壁锚固设备的拉杆与千斤顶连接，通过千斤顶的牵引作用，带动梁体向前移动。千斤顶回程时，固定在油缸上的刚性拉杆便从楔形夹具松开，在锚头中滑动，随后重复下一循环。

滑移支撑设在桥墩顶的混凝土垫块上，垫块上放置光滑的不锈钢板或镀铬钢板形成滑道，组合的聚四氟乙烯滑块由聚四氟乙烯板表层和带有钢板夹层的橡胶块组成。顶推施工，滑块在前方滑出，通过在滑道后方不断喂入滑块，使梁身前移时始终支撑在滑块上。

为了防止梁体在顶推时偏移，通常在梁体两旁隔一定距离设置导向装置，也可在导向装置上设水平千斤顶,在梁体顶推的过程中进行纠偏。

单点顶推在国外称为 TL 顶推法,单点顶推力可达 3 000 ~ 4 000kN。

2)多点顶推

多点顶推是指在每个墩台上均设置一对小吨位的水平千斤顶,将集中顶推力分散到各墩上,并在各墩上及墩上设置滑移支撑。所有顶推千斤顶通过控制室统一控制其出力等级,同步前进。

由于利用了水平千斤顶,传给墩顶的反力平衡了梁体滑移时在桥墩上产生的摩阻力,从而使在顶推过程中承受着很小的水平力,因此在柔性墩上可以采用多点顶推施工。多点顶推通常采用拉杆式顶推装置,它在每个墩位上设置一对液压穿心式水平千斤顶,千斤顶中穿过的拉杆高强螺纹钢筋,拉杆的前端通过锥形楔块固定在活塞插头部,后端有特制的拉锚器、锚碇板等连接器与箱梁连接,水平千斤顶固定在墩顶的台座上。当用水平千斤顶施顶时,将拉杆拉出一个顶程,即带动箱梁前进,收回千斤顶活塞后,锥形楔块又在新的位置上将拉杆固定在活塞杆的头部,如图 6-35 所示。

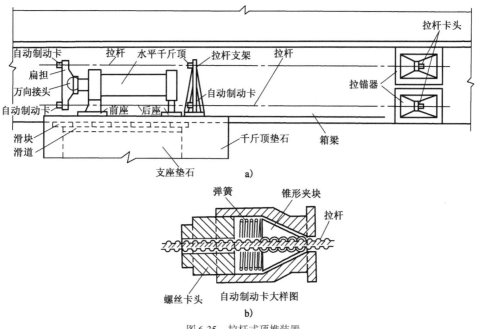

图 6-35 拉杆式顶推装置

多点顶推法也称为 SSY 顶推法,除采用拉杆式顶推系统之外,也可用水平千斤顶与竖直千斤顶联合作业法。对于柔性墩,为尽量减小对其作用的水平推力,千斤顶的出力按摩阻力的变化幅度分为几个级别,通过计算机确定各千斤顶的施力等级,在控制室随时调整顶力的级数、控制千斤顶的出力大小。

多点顶推与单点顶推比较,可以免用大规模的顶推设备,并能有效地控制顶推梁的偏移,顶推时桥墩承受的水平推力小,便于结构采用柔性墩。在顶推弯桥时,由于各墩均匀施加顶力,能顺利施工。在顶推时如遇桥墩发生不均匀沉降,只要局部调整滑板高度即可正常施工。采用拉杆式顶推系统,免去了在每一循环顶推中用竖直千斤顶将梁顶起和使水平千斤顶复位的操作,简化了工艺流程,加快了顶梁速度。但多点顶推所需顶推设备较多,操作要求比较高。

综上所述,顶推法的施工特点如下:

(1)顶推法可以使用简单的设备建造长、大桥梁,施工费用较低,施工平稳、无噪声,可在深谷和高桥墩上采用,也可在曲率相同的弯桥和坡桥上使用;

(2)主梁分段预制,连续作业,结构整体性好;由于不需大型起重设备,所以施工节段的长度可根据预制场条件及分段的合理位置选用,一般可取用 10~20m;

(3)梁段固定在同一个场地预制,便于施工管理、改善施工条件,避免高空作业,同时,模板与设备可多次周转使用,在正常情况下梁段预制的周期为 7~10d;

(4)顶推施工时梁的受力状态变化较大,施工应力状态与运营应力状态相差也较多,因此在截面设计和预应力束布置时,要同时满足施工与运营荷载的要求;在施工时也可采取加设临时墩、设置导梁和其他措施,减少施工应力;

(5)顶推法宜在等截面梁上使用,当桥梁跨径过大时,选用等截面梁造成材料的不经济,也增加了施工难度,因此以中等跨径的连续梁为宜,推荐的顶推跨径为 40~45m,桥梁的总长以 500~600m 为宜。

6.3.6 移动模架逐孔施工法

1.用临时支撑组拼预制节段逐孔施工

对于多跨长桥,在缺乏较大起重能力的起重设备时,可将每跨梁分成若干段,在预制场生产,架设时采用一套支撑梁临时承担组拼节段的自重力,并在支撑梁上张拉预应力筋,将安装跨的梁与施工完成的桥梁结构按照设计的要求连接、完成安装跨的架梁工作;随后,移动临时支撑梁至下一桥跨;或者采用递增拼装法,从梁的一端开始安装到另一端结束。

1)节段的类型

按节段组拼进行逐孔施工,一般的组拼长度为桥梁的跨径、主梁节段长度,根据起重能力划分,一般取 4~6m;已成梁体与待连接的梁节段的接头设在桥墩处;结合连续梁桥结构的受力特点,并满足预应力钢束的连接、张拉及简化施工,每跨内的节段通常分为桥墩顶节段和标准节段。节段的腹板设有齿键,顶板和底板设有企口缝,使接缝剪应力传递均匀、并便于拼装就位。前一跨墩顶节段与安装跨第一节段间可以设置就地浇筑混凝土封闭接缝,用以调整安装跨第一节段的准确程度,但也可不设。封闭接缝宽 150~200mm,拼装时由混凝土垫块调整。在施加初预应力后用混凝土封填,这样可调整节段拼装和节段预制的误差,但施工周期要长些。采用节段拼合可加快拼装速度,但对预制和组拼施工精度要求较高。

2)拼装架设

(1)钢桁架导梁法架设施工

将按桥墩间跨长选用的钢桁架导梁支撑在设置于桥墩上的横梁或横撑上,钢桁架导梁的支撑处设有液压千斤顶用于调整标高,导梁上可设置不锈钢轨,配合置于节段下的聚四氟乙烯板,便于节段在导梁上移动。对钢导梁,要求便于装拆和移运,以适应多次转移逐孔拼装。同时,钢梁需设预拱度以满足桥梁纵面标高要求。当节段组拼就位,封闭接缝混凝土达到一定强度后,张拉预应力筋与前一桥跨结构组拼成整体。

(2)下挂式高架钢桁梁

图 6-36 为用下挂式高架钢桁梁逐孔组拼施工顺序图。施工时,预制节段可由平板车沿已安装的桥孔运至桥位,借助架桥机上的吊装设备起吊,并将第一跨梁的各节段分别悬吊在架桥机的吊杆上,当各节段位置调整准确后,完成该跨预应力束张拉工艺,并使梁体落在支座上。

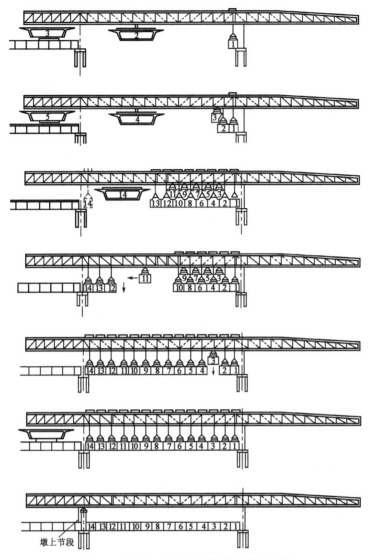

图 6-36　用下挂式高架钢桁梁逐孔组拼施工顺序

2. 使用移动支架逐孔现浇施工(移动模架法)

可使用移动模架法进行现浇施工的桥梁结构形式有简支梁、连续梁、刚构桥和悬臂梁桥等钢筋混凝土或预应力混凝土桥。所采用的截面形式可为 T 形或箱形截面等。

对中小跨径连续梁桥或建造在陆地上的桥跨结构,可以使用落地式或梁式移动支架,如图 6-37 所示。

当桥墩较高、桥跨较长或桥下净空受到限制时,可以采用非落地支撑的移动模架逐孔现浇施工。常用的移动模架可分为移动悬吊模架与支撑式活动模架两种类型。

1)移动悬吊模架施工

移动悬吊模架的形式也很多,构造各异,就其基本构造包括三个部分:承重梁、肋骨状横架和移动支撑,如图 6-38 所示。承重梁通常采用钢箱梁,长度大于两倍桥梁跨径,是承担施工设备自重力、模板系统重力和现浇混凝土重力的主要承重构件。承重梁的后端通过移动式支架落在已完成的梁段上,承重梁的前方支撑在桥墩上,工作状态呈单悬臂梁。承重梁除起承重作用外,在一跨梁施工完成后,作为将悬吊模架纵移到前方施工跨。承重梁的移位及内部运输由数组千斤顶或起重机完成,并通过控制室操作。

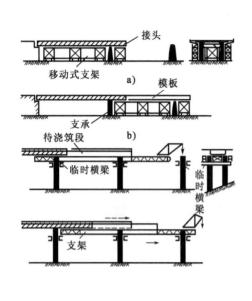

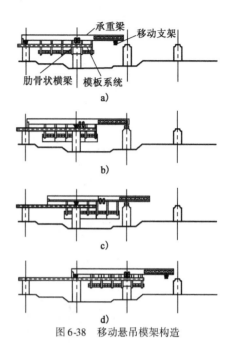

图 6-37　使用移动支架逐孔现浇施工
a)落地式支架;b)梁式支架

图 6-38　移动悬吊模架构造

在承重梁的两侧悬出许多横梁覆盖全桥宽,并由承重梁向两侧各用 2 ～ 3 组钢束拉住横梁,以增加其刚度。横梁的两端各用竖杆和水平杆形成下端开口的框架,并将主梁包在其中。

当模板支架处于浇筑混凝土状态时,模板依靠下端的悬臂梁和锚固在横梁上的吊杆定位,并用千斤顶固定模板;当模架需要纵向移位时,放松千斤顶及吊杆,模板安放在下端悬臂梁上,并转动该梁前端一段可转动部分,使模架在纵移状态下顺利通过桥墩。

2)支撑式活动模架施工

支撑式活动模架的基本结构由承重梁、导梁、台车和桥墩托架等组成,它采用两根承重梁,分别设置在箱形梁的两侧,承重梁用来支撑模板和承受施工荷载,承重梁的长度要大于桥梁的跨径,浇筑混凝土时承重梁支承在桥墩托架上。导梁主要用于移动承重梁和活动模架,因此需要有大于两倍桥梁跨径的长度。当一跨桥梁施工完成进行脱模卸架后,由前方台车(在导梁上移动)和后方台车(在已完成的梁上移动),沿纵向将承重梁的活动模架运送到下一跨。承重梁就位后,导梁再向前移动并支撑在前方墩上。

综上所述,移动模架法的施工特点如下:

(1)移动模架法不需要设置地面支架,不影响通航或桥下交通,施工安全、可靠;

(2)有良好的施工环境,保证施工质量,一套模架可多次周转使用,具有可在类似预制场生产的优点;

(3)机械化、自动化程度高,节省劳力,降低劳动强度,缩短工期;

(4)通常每一施工梁段的长度取用一跨的跨长,接头的位置一般选在桥梁受力较小的地方,即离支点 $L/5$ 附近;

(5)移动模架设备投资大,施工准备和操作都比较复杂;

(6)此法宜在桥梁跨径小于50m的桥上使用。

3. 整体吊装与分段吊装逐孔施工

整体吊装与分段吊装逐孔施工需要在工厂或现场预制整孔梁或分段梁,再进行逐孔架设施工。因预制梁或预制梁段较长,需要在预制时先进行一次预应力筋张拉,拼装就位后再进行二次张拉。因此,在施工过程中,也需要由简支梁或悬臂过渡到连续梁的体系转换。吊装的机具有桁式吊、浮吊、龙门吊、汽车吊等多种,可根据起吊重量、桥梁所在位置以及现有设备和掌握机具的熟练程度等因素决定。

6.4 钢桥上部结构施工

钢桥制造所需完成的任务,就是以板钢和型钢为主要原材料,按钢桥设计图,对原材料进行加工(切割、矫正、制孔等)、组装,在工厂铆、焊成能够发运的单元,且将工地拼装所必需的钉、栓孔眼(钻好,必要时还需在工厂进行试拼装),涂漆,直至包装发运。

6.4.1 钢桥的架设

钢桥的架设有多种方法,如前述的支架法、导梁法、缆索法、悬臂法、顶推法、整孔架设法、梁端拖拉法和悬臂拖拉法等。架桥时,可根据具体情况采用。

6.4.2 吊桥与斜拉桥的施工要点

1. 吊桥的施工

吊桥的主要承重构件为钢制作的主索,属典型的钢桥。吊桥的施工主要包括锚碇、桥塔、主索、吊杆和加劲梁的制作和安装。

1)锚碇

锚碇是支撑钢缆的极其重要的部分,在大跨径的吊桥中锚碇由锚碇基础、锚块、钢缆的锚碇架及固定装置、遮棚等组成,在小跨径吊桥中除了锚块外,其他部分可作较大简化。锚块分为重力式和隧道式。重力式锚块混凝土的浇筑应按大体积混凝土浇筑的注意事项进行,锚块与基础应形成整体。对于隧道式锚块,在开挖岩石过程中不应采用大药量的爆破,应尽量保护岩石的整体性。锚板混凝土浇筑应注意水化热影响,防止锚板产生裂缝。隧道式锚块应注意隧道中防水和排水措施,对于隧道周围裂缝较多的岩石应加以处理。隧道内的岩面,开挖到设计截面后,应迅速加设衬砌,避免岩面风化,影响锚块质量。

2)桥塔

桥塔可采用钢桥塔和钢筋混凝土桥塔。钢桥塔多做成空心桥塔,常在工厂制造,运至工地进行拼装。在桥塔不高时,可采用桥塔旁的悬臂吊车进行拼装。对于较高的桥塔,需要采用沿桥塔爬高的吊车进行拼装;钢筋混凝土桥塔一般采用滑模施工,也可采用预制拼装方法。桥塔的拼装或滑模现浇均应随时控制桥塔的准确位置,一般除了两个方向轴线位置要严格控制外,还应按施工进度控制桥塔各点高程,确保桥塔的准确尺寸。

3)主索

在锚碇和桥塔建成后可进行主索的安装,主索的架设有空中架线法和预制绳股法。

(1)空中架线法。当主索规定的根数形成一股后,按规定股数配置成六角形,每隔 2~3m

用镀锌软铁丝捆紧,形成圆形钢缆。为了防锈,钢缆外应涂黄油或加索套保护。

(2)预制绳股法。以预先在工厂按规定的根数的钢绳或按规定的根数和长度集束(平行钢丝)的平行线钢缆,绕在卷筒上作为原件,运至工地进行安装。一般架设方法是,先架设一个辅助缆索,利用牵引钢丝绳把各根钢绳或平行钢束张挂在设置于锚碇处的一对锚头上。这种钢丝绳或平行钢丝束应在两端加套筒,便于与锚杆连接,如图6-39所示。

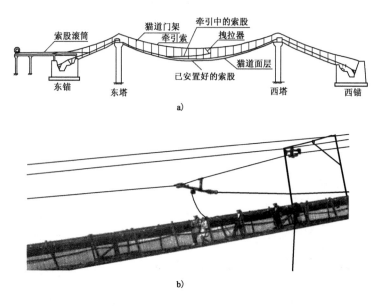

图6-39　预制绳股法(PS法)丝股牵引现场

4)吊杆

吊杆的长度应尽量准确,并用调节吊杆调至设计长度,应用测力计控制各吊杆受力的均匀性。吊杆的安装应注意防止索夹螺栓的松动,保证吊杆位置准确,当加劲梁安装后,应防止竖立吊杆的偏移,并注意吊杆的防锈处理。

5)加劲梁的安装

加劲梁是在吊杆安装完毕后,从桥塔对称安装加劲梁节段,加劲梁在跨中合拢,合拢杆件端的钉孔可在工地钻制。也可采用从跨中对称向两桥塔拼装,这种方法可避免跨中合拢的问题,但加劲梁预拼节段的运输不如前者方便,应比较采用,加劲梁拼装完后应控制到设计的预拱度,否则要调整吊杆的长度。

吊杆施工的最后工序是主索和加劲梁上的防锈油漆和索套的处理。

2. 钢斜拉桥施工

钢斜拉桥施工包括桥塔施工、主梁施工、斜拉索安装三个部分。桥塔的施工与吊桥的一样,在此不再赘述。

1)主梁施工

主梁的施工可采用支架上拼装、悬臂拼装、顶推法和平转法等。

支架安装法最适用于桥下净空低、支架又不影响桥下通航和交通的情况。其优点是没有高空操作,对于主梁的几何形状容易保证,若支架采用万能杆件拼组,施工的费用将会降低,主梁不需考虑因施工而增大某部分截面。

悬臂拼装法是钢斜拉桥常采用的方法,不需支架,一节节悬拼出去,并装上斜拉索构成稳定的节段,如图 6-40 所示。一般悬臂拼装时是使用转臂吊机把主梁块件或杆件吊至桥面上的铁轨小车上,然后由铁轨小车通过已建成的桥面运至悬臂部,再用安装吊机进行拼装。其主要优点是不干扰桥下交通。不过某些部位或杆件由施工应力控制,材料可能要增加一些。

顶推法架设主梁,对钢主梁是较为有利的,这是因为即使悬臂施工中的受力与营运受力状态不同,由于钢材受拉、受压的等强度特性,也不需改动截面尺寸。顶推法的采用可避免高空拼装工作,使施工费用降低,确保施工质量。不过顶推法一般只在主梁拼装完后,才能架设斜拉索,在施工中不如悬臂施工有利,加上最大悬臂时某些截面尺寸要比营运时增大较多(否则要加设临时支墩)。对于稀索可安装斜拉索一道顶推,可改善以上缺点。

图 6-40　涪陵长江大桥主桥悬臂拼装现场

对于跨径小的斜拉桥和桥下不能中断的跨线桥,可采用平转法架设。例如跨铁路的跨线桥,可在平行线路的桥墩上拼装主梁和安装斜拉索,当一切拼装完毕后,可借设在桥墩顶的转盘把梁转动 90°完成架桥任务。

2)斜拉索的安装

斜拉桥的拉索通常采用平行钢丝,也可采用钢丝绳。平行钢丝的斜拉索下料应注意尺寸的准确性,所以常在无应力下裁剪。锚头常用墩头锚,为了保险起见,锚具内应浇合金固定,若采用钢丝绳也应注意预张拉,克服非弹性变形。锚头合金浇注后应做试验考查其可靠性。

斜拉索安装中、为了符合设计应力和高程的要求,拉索应调整拉力。当索力与高程有矛盾时,一般是调整好高程。因为梁的高程的变化会影响轴向力的偏心距,使在该力的作用下产生更大的变形,而索力在初应力较低时可以容许有 10%的变化,初应力较高时宜控制在 5%以内。斜拉索的内力调整是一项较复杂的工作,应反复调至设计拉力值。

本 章 小 结

1. 桥梁墩台施工是桥梁工程施工中的一个重要部分,在施工过程中,首先应准确地测量墩台位置,正确地进行模板制作与安装,同时采用经过正规检测的合格建筑材料,严格执行施工规范的规定,以确保施工质量。

2. 混凝土桥梁上部结构施工方法中的就地现浇法由于多种原因,现在仅预应力混凝土连续梁常采用有支架就地浇筑施工的方法。预制安装法中,装配式混凝土预制板、梁及其他预制构件通常在桥头附近的预制场或桥梁预制厂内预制,为此,需配合吊装架梁的方法,通过一定的运输工具将预制梁运到桥头或桥孔下。预制板(梁)的安装方法有陆地架梁法、浮运架梁法和高空架梁法。

3. 悬臂施工法也称为分段施工法。悬臂施工法是以桥墩为中心向两岸对称地、逐节悬臂接长的施工方法。悬臂施工法主要有悬臂拼装法及悬臂浇筑法两种。

4. 转体施工法是 20 世纪 40 年代以后发展起来的一种架桥工艺。其特点有:可利用地形,方便预制;施工不影响交通;施工设备少,装置简单;节省施工用料;施工工序简单,施工迅速;它适合于单跨和三跨桥梁,可在深水、峡谷中建桥采用,同时也适应在平原区及城市跨线桥。

5. 顶推法施工的构思来源于钢梁的纵向拖拉施工法,是桥梁施工中常用的和重要的施工方法之一,即在桥头沿桥轴线方向将逐段预制张拉的梁向前推出使之就位的桥梁施工方法。

6. 移动模架逐孔施工法不需设置地面支架,不影响通航和桥下交通,施工安全可靠;有良好的施工环境,保证施工质量,一套模架可多次周转使用,具有在预制场地生产的优点;机械化、自动化程度高,节省劳力,降低劳动强度;移动模架设备投资大,施工准备和操作都较复杂。移动模架逐孔施工宜在桥梁跨径小于50m的多跨长桥上使用。

复习思考题

1. 常见支架有哪些类型?

2. 支架和模板制作安装注意要点有哪些?

3. 支架和模板卸落程序与要求是什么?

4. 桥梁安装时常用的吊装工具有哪些?(说出五种以上)

5. 简要说明联合架桥机桥架梁的适用条件及施工步骤。

6. 何谓悬臂浇筑法?比较两种施工方法有何区别。

7. 悬浇施工时如何分段?

8. 悬臂施工临时支座的作用及如何设置?

9. 悬臂拼装时1号梁段和0号梁段接缝采用何种材料?

10. 与有平衡重转体相比无平衡重转体施工的特点是什么?

11. 顶推法施工如何确定分段长度?适用条件是什么?

12. 移动模架法的施工特点如何?

第7章　公路隧道施工

```
学习要求
    ·了解隧道施工特点;
    ·掌握隧道的施工方法;
    ·了解隧道开挖工作面辅助稳定措施;
    ·掌握隧道的支护方法;
    ·熟悉防水隔离层施工;
    ·掌握二次衬砌混凝土;
    ·了解不良地质条件下的隧道施工及处理方法;
    ·掌握隧道坍方处理方法。
本章重点
    隧道施工方法;隧道支护和衬砌;塌方事故的处理。
本章难点
    钻爆法施工开挖设计;不良地质条件下的隧道施工及处理方法。
```

7.1　隧道施工简介

隧道施工是在地层中挖出土石,形成符合设计轮廓尺寸的坑道,进行必要的初期支护和砌筑永久衬砌,以控制坑道围岩变形,保证隧道长期地安全使用。

在进行隧道施工时,必须充分考虑隧道工程的特点,才能在保证隧道安全的条件下,快速、优质、低价地建成隧道建筑物。隧道施工具有如下特点:

(1)整个工程埋设于地下,因此工程地质和水文地质条件对隧道施工的成败起着重要的、甚至是决定性的作用。因此,不仅要在勘测阶段做好详细的地质调查和勘探,尽可能准确地掌握隧道工程范围内的岩层性质、岩体强度、完整程度、地应力场、自稳能力、地下水状态、有害气体和地温状况等资料,并根据这些原始材料,初步选定合适的施工方法,确定相应的施工措施和配套的施工机具。而且,由于地质条件的复杂性和勘探手段的局限性,在施工中出现始料未及的情况仍不可避免。因此,在长大隧道的施工中,还应采取试验导坑(如日本青函隧道)、水平超前钻孔、声波探测、导坑领先等技术措施,进一步查清掘进前方的地质条件,及时掌握变化的情况,以便尽快地修改施工方法和技术措施。

(2)公路隧道是一个形状扁平的建筑物,正常情况下只有进、出口两个工作面,相对于桥梁、道路工程来说,隧道的施工速度比较慢,工期也比较长,往往使一些长大隧道成为控制新建公路通车的关键工程。为此,需要附加地开挖竖井、斜井、横洞等辅助工程来增加工作面,加快隧道施工速度。此外,隧道断面较小,工作场地狭长,一些施工工序只能顺序作业,而另一些工序又可以沿隧道纵向展开,平行作业。因此,要求施工中加强管理、合理组织、避免相互干扰。洞内设备、管线路布置应周密考虑,妥善安排。隧道施工机械应当结构紧凑,坚固耐用。

(3)地下施工环境较差,甚至在施工中还可能使之恶化,例如爆破产生有害气体等。必须采取有效措施加以改善,如人工通风、照明、防尘、消声、隔声、排水等,使施工场地合符卫生条件要求,并有足够的照度,以保证施工人员的身体健康,提高劳动生产率。

(4)公路隧道大多穿越崇山峻岭,因此施工工地一般都位于偏远的深山狭谷之中,往往远离既有交通线,运输不便,供应困难,这些也是规划隧道工程时应当考虑的问题之一。

(5)公路隧道埋设于地下,一旦建成就难以更改,因此,除了事先必须审慎规划和设计外,施工中还要做到不留后患。

传统的隧道结构设计方法是将围岩看成是必然要松弛塌落,而成为作用于支护结构上的荷载。传统的隧道施工方法(比如矿山法)则是将隧道断面分成为若干小块进行开挖,随挖随用钢材或木材支撑,然后,从上到下,或从下到上砌筑刚性衬砌。这也是和当时的机械设备、建筑材料、技术水平相一致的。

随着人们对开挖隧道过程中所出现的围岩变形、松弛、崩塌等现象有了深入的认识,提出了新的、经济的隧道施工方法。1963 年,由奥地利学者 L. 腊布兹维奇教授命名为"新奥地利隧道施工法(New Austrian Tunnelling Method)",简称"新奥法(NATM)"正式出台。它是以控制爆破或机械开挖为主要掘进手段,以锚杆、喷射混凝土为主要支护方法,理论、量测和经验相结合的一种施工方法,同时又是一系列指导隧道设计和施工的原则。

新奥法与传统的矿山法相比,不仅仅是手段上的不同,更重要的是工程概念、力学概念和设计原理的不同,是人们对隧道及地下工程问题的进一步认识和理解。新奥法是一个具体应用岩体动态性质较完整的力学概念,科学性较过去的隧道施工方法科技含量高,因而不能单纯地将它仅仅看成是一种施工方法或是一种支护方法,也不应片面理解,将仅用锚喷支护就认为是采用新奥法。事实上锚喷支护并不能完全表达新奥法的含义,新奥法的内容及范围相当广泛、深入,即它是既包括道工程设计,又包括隧道工程施工,还包括隧道和地下工程的研究范畴的大系统工程。新奥法应用岩体力学的理论,以维护和利用围岩的自承能力为重点,采用锚喷为主要支护手段,能及时地进行支护,达到控制围岩的变形和松弛,使围岩也成为支护体系的组成部分,并通过对围岩和支护结构的测量、监控,来及时正确地指导隧道和地下工程设计施工的方法与基本原则。

新奥法的应用和发展,使隧道及地下工程理论步入现代理论的新领域,从而使隧道及地下工程的设计和施工更符合地下工程实际,即设计理论—施工方法—结构(体系)—工作状态(结果)的一致,因此,新奥法已在世界范围内得到广泛的应用。

根据我国公(铁)路隧道采用新奥法施工的经验,隧道施工采取的基本原则,可概括为"少扰动、早锚喷、勤量测、紧封闭"12 个字。具体说,是指在隧道开挖时,必须尽量减少对围岩的扰动次数和扰动持续时间,降低扰动强度和缩小扰动范围,以使开挖出的坑道符合成型的要求。因此,能采用机械开挖的就不用钻爆法开挖。采用钻爆法开挖时,必须先做钻爆设计,严格控制爆破,尽量采用大断面开挖。选择合理的循环掘进进尺,自稳性差的围岩循环掘进进尺宜用短进尺,支护应紧跟开挖面,以缩短围岩应力松弛时间及开挖面的裸露风化时间等,此称为"少扰动"。"早锚喷"是指对开挖暴露面应及时进行地质描述和施工初期锚喷支护,经初期支护加固,使围岩变形得到有效控制而不致因变形过度而坍塌失稳,以达到围岩变形适度而充分发挥围岩的自承能力。必要时可采取超前预支护辅助措施。

在隧道施工全过程中,应对围岩周边位移进行现场监控量测,并及时反馈修正设计参数,指导施工或改变施工方法。以规范的量测方法、准确的量测数据和及时的信息反馈,通过在施工中量测数据,对开挖面的地质观察,预测和评价围岩与支护的稳定状态,或判断其动态发展趋势,以便根据建立的量测管理基准,及时合理地调整隧道的施工方法(包括开挖方法、支护形式、特殊的辅助施工方法)、断面开挖的步骤及顺序、初期支护设计参数等,以确保施工安全、坑道稳定,保证支护衬砌结构的质量和工程造价的合理性,此称"勤量测"。

"紧封闭"是指对易风化的自稳性较差的软弱围岩地段,应对开挖断面及早采取封闭式支护(如喷射混凝土、锚喷混凝土)等防护措施,以避免围岩因暴露时间过长而产生风化、降低强度及稳定性,使支护与围岩进入良好的共同工作状态。

7.2 隧道基本施工方法

隧道施工是修建隧道的施工方法、施工技术和施工管理的总称。本节主要介绍隧道施工方法(包括开挖及支护)的选择、施工方法的分类及各种施工方法的特点。隧道施工方法的选择,主要根据工程地质及水文地质条件、施工条件、围岩类别、隧道埋置深度及隧道断面尺寸大小和长度、衬砌类型等来选择,以施工安全为前提,以工程质量为核心,并结合隧道使用功能、施工技术水平、施工机械装备、工期要求和经济可行性等因素,综合考虑研究选用。

当隧道施工对周围环境产生不利影响时,亦应把隧道工程的环境条件作为选择施工方法的因素之一,同时应考虑围岩变化时施工方法的适应性及其变更的可能性,以免造成隧道工程失误及增加不必要的工程投资。采用新奥法施工时,还应考虑施工全过程中的辅助作业方式和对围岩变化的量测监控方法,以及隧道穿越特殊地质地段时的施工手段等,进行合理的选择。

一个多世纪以来,世界各国的隧道工作者在实践中已经创造出能够适应各种围岩的多种隧道施工方法。习惯上将它们分成为:矿山法、掘进机法、沉管法、顶进法、明挖法等。

矿山法因最早应用于矿石开采而得名,它包括上面已经提到的传统方法和新奥法。由于在这种方法中,多数情况下都需要采用钻眼爆破进行开挖,故又称为钻爆法。有时候为了强调新奥法与传统矿山法的区别,而将新奥法从矿山法中分出另立系统。

掘进机法包括隧道掘进机(tunnel boring machine,简写为 TBM)法和盾构掘进机法。前者应用于岩石地层,后者则主要应用于土质围岩,尤其适用于软土、流沙、淤泥等特殊地层。

沉管法则是用来修建水底隧道、地下铁道、城市市政隧道等,以及埋深很浅的山岭隧道。

选择施工方案时,要考虑的因素有如下几方面:

(1)工程的重要性。一般由工程的规模、使用上的特殊要求,以及工期的缓急体现出来;

(2)隧道所处的工程地质和水文地质条件;

(3)施工技术条件和机械装备状况;

(4)施工中动力和原材料供应情况;

(5)工程投资与运营后的社会效益和经济效益;

(6)施工安全状况;

(7)有关污染、地面沉降等环境方面的要求和限制。

因此,隧道施工方法的选择,是一项"模糊"的决策过程,它依赖于有关人员的学识、经验、毅力和创新精神。对于重要工程则需汇集专家们的意见,广泛论证。必要时应当开挖试验洞对理论方案进行实践验证。

从目前我国公路隧道发展趋势来看,在今后很长一段时间内,仍以采用新奥法为主,这也符合世界潮流。所以,本章将着重论述新奥法施工中的有关问题,而概略地介绍传统的矿山法。其他方法一般不用于山岭隧道,因此不作介绍,需要时可参考有关书籍。

7.2.1 隧道开挖方法

隧道施工时,应根据隧道工程地质、水文地质、机械设备等条件,采用尽量少扰动围岩的开挖方法。开挖方法有钻爆开挖法、机械开挖法、人工和机械混合开挖法等三种。隧道施工开挖方法应根据隧道地质条件、环境情况、机械设备、安全要求等因素综合考虑选用,并与支护衬砌施工相协调。钻爆法可用于各类岩层中,是隧道施工开挖中采用最普遍的方法。采用钻爆法开挖坑道时,采用光面爆破、预裂爆破技术,使开挖轮廓线符合设计要求、超欠挖量少,并能减少对围岩的扰动破坏。机械开挖法一般适用于软弱破碎围岩。隧道主要采用的开挖方法如下。

1. 全断面法

即全断面开挖法,是指按设计开挖面一次开挖成型,如图7-1所示,常适用于Ⅳ～Ⅵ类硬岩的石质隧道。该法可采用深孔爆破。全断面开挖法有较大的作业空间,有利于采用大型配套机械作业,提高施工速度,且工序少,干扰少,便于施工组织和管理。缺点是由于开挖面较大,围岩稳定性相对降低,且每个循环工作量相对较大,因此要求施工单位应具有较强的开挖、出渣与运输及支护能力。全断面法施工开挖工作面大,钻爆施工效率较高,采用深眼爆破可加快掘进速度,且爆破对围岩的振动次数较少,有利于围岩稳定。缺点是每次深孔爆破振动较大,因此要求进行精心的钻爆设计和严格的控制爆破作业。

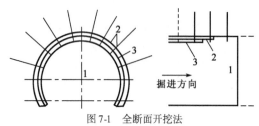

图7-1 全断面开挖法

1-全断面开挖;2-锚喷支护;3-模筑混凝土衬砌

使用移动式钻孔台车,首先全面一次钻孔,并进行装药连线,然后将钻孔台车后退到50m以外的安全地点,再起爆,使一次爆破成型,出渣后钻孔台车再推移至开挖面就位,开始下一个钻爆作业循环,同时进行锚喷支护或先墙拱后衬砌。

全断面法是目前Ⅳ～Ⅵ类围岩的隧道工程施工技术发展的一个方向,但是在采用全断面开挖时应注意以下事项:

(1)加强对开挖面前方的工程地质和水文地质的调查:对不良地质情况,要及时预测、预报、分析研究,随时准备好应急措施(包括改变施工方法),以确保施工安全和工程进度。

(2)各工序机械设备要配套,如钻眼、装渣、运输、模筑、衬砌支护等主要机械和相应的辅助机具(钻杆、钻头、调车设备、气腿、凿岩钻架、注油器、集尘器等),在尺寸、性能和生产能力上都要相互配合,工作方面能环环紧扣,不至彼此互受牵制而影响掘进,以充分发挥机械设备的使用效率和各工序之间的协调作用;并注意经常维修设备及备有足够的易损零部件,以确保各项工作的顺利进行。

(3)加强对各种辅助作业和辅助施工方法的设计与施工检查。尤其在软弱破碎围岩中使用全断面法开挖时,应对支护后围岩进行动态量测与监控,各种辅助作业的"三管两线"(高压风管、高压水管、通风管、电线和运输路线)要求保持技术上的良好状态。

(4)重视和加强对施工操作人员的技术培训,使其能熟练掌握各种机械和推广新技术,不断提高工效,改进施工管理,加快施工速度。

（5）全断面法开挖选择支护类型时,应优先考虑锚杆和锚喷混凝土、挂网、撑梁等。

2. 台阶法

台阶法一般是将设计断面分成上半断面和下半断面两次开挖成型。也有的采用台阶式上部弧形导坑超前开挖方式(图 7-2)。

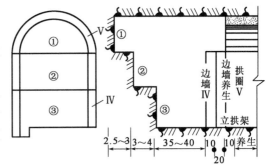

图 7-2　台阶开挖法(尺寸单位:m)

台阶法多适用于Ⅱ、Ⅲ类较软而节理发育的围岩中,可分别采用下列三种变化方案。

（1）长台阶法。上下台阶距离较远,一般上台阶超前 50m 以上,施工中上下部可配合同类较大型机械进行平行作业,当机械不足时也可交替作业。当遇短隧道时,可将上部断面全部挖通后,再开挖下半断面。该法施工干扰较少,可进行单工序作业。

（2）短台阶法。上台阶长度 5~50m,适用于Ⅱ、Ⅲ类围岩,可缩短仰拱封闭时间,改善初期支护受力条件,但施工干扰较大。当遇到软弱围岩时需慎重考虑,必要时应采用辅助开挖工作面,以保证施工安全。

（3）微台阶法。也称超短台阶法。上台阶仅超前 3~5m,断面闭合较快。此法多用于机械化程度不高的各类围岩地段,当遇软弱围岩时需慎重考虑,必要时应采用辅助施工措施稳定开挖工作面,以保证施工安全。

台阶法开挖的注意事项如下:

①台阶数不宜过多,台阶长度要适当,一般以一个台阶垂直开挖到底,保持平台长 2.5~3.0m 为好,易于掌握炮眼深度和减少翻渣工作量。装渣机应紧跟开挖面,减少扒渣距离以提高装渣运输效率。应根据两个条件来确定台阶长度:一是初期支护形成闭合断面的时间要求,即围岩稳定性愈差,闭合时间要求愈短;二是上半部断面施工时开挖、支护、出渣等机械设备所需空间大小的要求。

②个别破碎地段可配合锚喷支护和挂钢丝网施工。如遇到局部地段石质变坏,围岩稳定性较差时,应及时架设临时支护或考虑变换施工方法,留好拱脚平台,采用先拱后墙法施工,以防止落石和崩塌。

③应重视解决上下半部断面作业相互干扰的问题。微台阶基本上是合为一个工作面进行同步掘进;短台阶上下部作业相互干扰较大,要注意作业施工组织、质量监控及安全管理;长台阶基本上上下部作业面已拉开,干扰较少。对于短隧道,可将上半部断面贯通后,再进行下半部断面施工。

④上部开挖时,因临空面较大,易使爆破面渣块过大,不利于装渣,应适当密布中小炮眼。但采用先拱后墙法施工时,对于下部开挖时,应注意上部的稳定,必须控制下部开挖厚度和用药量,并采取防护措施,避免损伤拱圈及确保施工安全。若围岩稳定性较好,可以采取分段顺序开挖;若围岩稳定性较差,则应缩短下部掘进循环进尺;若稳定性更差,则要左右错开,或先拉中槽后挖边角。

⑤采用钻爆法开挖石质隧道时,应采用光面爆破或预裂爆破技术,尽量减少对围岩稳定性的扰动。

⑥采用台阶法开挖的关键是台阶的划分形式。台阶划分要求做到爆破后扒渣量较少,钻眼作业与出渣运输干扰少。因此,一般分成1~2个台阶进行开挖(图7-3)。

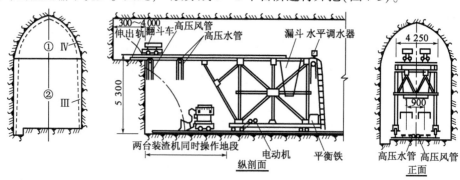

图7-3 正台阶悬臂工作台车开挖法(尺寸单位:mm)

3.分部开挖法

分部开挖法可分为五种变化方案:台阶分部开挖法、上下导坑法、上导坑超前开挖法、单(双)侧壁导坑法。分部开挖法是将隧道开挖断面进行分部开挖逐步成型,并且将某部分超前开挖,故此可称为导坑超前开挖法。

(1)台阶分部法

又称环形开挖留核心土法,适用于一般土质或易坍塌的软弱围岩地段。上部留核心土可以支挡开挖工作面,利用及时施工拱部初期支护增强开挖工作面的稳定,核心土及下部开挖在拱部初期支护下进行,施工安全性较好。一般环形开挖进尺为0.5~1.0m,不宜过长,上下台阶可用单臂掘进机开挖。

台阶分部法的主要优点:与微台阶法相比,台阶可加长,一般双车道隧道为1倍洞跨。单车道隧道为两倍洞跨;较单(双)侧臂导坑法的机械化程度高,机械化施工可加快施工速度。

(2)上下导坑超前开挖法(即上下导坑先拱后墙法)

此法适用于Ⅱ~Ⅲ类围岩,在松软地层开挖坑道,一般宜采用上下导坑超前开挖先拱后墙法。其基本要求是:一次开挖的范围宜小,而且要及时支撑与支护(衬砌),以保持围岩的稳定,所以一般是先将上部断面开挖好,随时衬砌拱圈,拱圈混凝土达到设计强度70%之后,方可进行下部断面的开挖,在拱圈的保护下,开挖下部断面及修建边墙、仰拱。

在不稳定地层,采用上下导坑先拱后墙法的优点是:导坑超前开挖,提前探明地质情况,便于改变施工方法;在拱圈保护下进行拱下各工序的作业,施工较安全;工作面多,便于拉开工序,适合于安排多劳动力与使用小型机械施工的情况;有上下两个导坑,通风、排水、运输条件(可利用上下导坑之间的漏斗装渣)都较好的特点等。该方法的缺点是:上下导坑断面较小,施工速度较慢;边墙与拱脚处混凝土衬砌的整体性较差;开挖边墙马口时,须交错作业,不便于大规模地砌筑边墙,容易造成拱圈衬砌下沉和变形;拱部开挖时人工翻渣工作量较大,劳动强度较大;施工工序较多,使施工组织和管理难度增大。

(3)单侧壁导坑法

围岩稳定性较差、隧道跨度较大、地表沉陷难于控制时,可采用单侧壁导坑法。此法单侧壁导坑超前,中部和另一侧的断面采用正台阶法施工,故兼有正台阶法和下述双侧壁导坑法的优点,且洞跨可随机械设备等施工条件决定。

（4）双侧壁导坑法

适用于浅埋大跨度隧道、地表下沉量要求严格、围岩条件特别差时采用。其特点是：施工安全可靠，但施工速度较慢，造价较高。

分部开挖时应注意以下事项：

①因其工作面多，但作业面较小，相互干扰较大，应实行统一指挥，注意组织协调。

②应尽量创造条件，减少分部次数，尽可能争取用大断面开挖。

③因多次开挖对围岩的扰动较大，不利于围岩的稳定，故应特别注意加强对爆破开挖的设计与控制。

④凡下部开挖均应注意上部支护或衬砌结构的稳定，减少对上部围岩和支护、衬砌结构的扰动和破坏，尤其是边墙部开挖时必须采用两侧交错挖马口施作，避免上部断面两侧拱脚同时悬空。

⑤认真加固拱脚，如扩大拱脚、打拱脚锚杆、加强纵向连接等，使上部初期支护与围岩形成完整体系；尽量单侧落底或双侧交错落底，落底长度视围岩状况而定。一般采用 1~3m，并不得大于 6m。下部边墙开挖后，必须立即喷射混凝土，并按设计规定做好加固与支护。

⑥量测工作必须及时，以观察拱顶、拱脚和边墙中部的位移值；当发现沉降速率值增大时，应立即做仰拱封闭。

7.2.2 钻爆法施工开挖设计

钻爆法可用于各类岩层中，是隧道施工开挖中采用最普遍的方法。采用钻爆法开挖坑道时，为了减少超挖、控制对围岩的扰动，应综合研究地质情况、开挖断面大小、开挖进尺快慢、爆破器材性能、钻眼机具和出渣能力等因素，在此基础上编制钻爆设计。钻爆设计应包括炮眼（掏槽眼、辅助眼、周边眼）的布置图、数目、深度和角度，装药量和装药结构图，起爆方法和爆破顺序等。爆破设计图应包括炮眼布置图、周边眼装药结构图、钻爆参数表、主要技术经济指标及与设计施工有关的必要文字说明。根据隧道工程地质条件选用开挖方法及爆破方法，对硬质岩采用全断面一次开挖时，应采用光面爆破法；对软质岩宜采用预裂爆破法；对松软地层采用分部开挖时，宜采用预留光面层光面爆破法。

1. 光面爆破的技术要求

（1）应根据围岩特点，合理选择周边眼间距及周边眼的最小抵抗线。

（2）严格控制周边眼的装药量，并使药量沿炮眼全长均匀分布。

（3）周边眼宜采用小直径药卷和低爆速炸药。为满足装药结构要求，可借助传爆线以实现空气间隔装药。

（4）采用毫秒微差顺序起爆，应使周边爆破时有最好的临空面。周边眼同段的雷管起爆时间差应尽可能小。

（5）各光面爆破参数的选用：应根据工程类比或爆破漏斗及成缝试验，选择光面爆破参数，如周边眼间距(E)、最小抵抗线(V)、相对距离(E/V)和装药集中度(q)等。关于爆破成缝试验可按《公路隧道施工技术规范》(JTG F60—2009)附录 D 进行。在无条件试验时，可按表 7-1 选用光面爆破参数。

关于表 7-1，说明如下：

①软岩隧道采用光面爆破的相对距离(E/V)宜取表 7-1 中的较小值。

光 面 爆 破 参 数　　　　　　表 7-1

参数 岩石种类	饱和单轴抗压 极限强度 R_b （MPa）	装药不耦合 系数 D	周边眼间距 E （cm）	周边眼最小 抵抗线 V （cm）	相对距离 E/V	周边眼装药 集中度 q （kg·m^{-1}）
硬岩	>60	1.25 ~ 1.50	55 ~ 70	70 ~ 85	0.8 ~ 1.0	0.30 ~ 0.35
中硬岩	>30 ~ 60	1.50 ~ 2.00	45 ~ 60	60 ~ 75	0.8 ~ 1.0	0.20 ~ 0.30
软岩	≤30	2.00 ~ 2.50	30 ~ 50	40 ~ 60	0.5 ~ 0.8	0.07 ~ 0.15

②装药集中度（q）以2号岩石硝铵炸药为标准，当采用其他炸药时应进行换算，换算指标主要是猛度和爆力（平均值）。换算系数 K 按式（7-1）计算：

$$K = \frac{1}{2}\left(\frac{2 号岩石炸药猛度}{换算炸药猛度} + \frac{2 号岩石炸药猛度}{换算炸药爆力}\right) \tag{7-1}$$

③硬岩隧道宜采用全断面开挖，掘进循环进尺为 3 ~ 5m 的深孔爆破，单位体积岩石的耗药量一般为 0.9 ~ 2.0kg/m³；软岩隧道宜采用上下半断面或台阶法开挖，孔深为 1.0 ~ 3.0m 的浅孔爆破，单位体积岩石的耗药量一般为 0.4 ~ 0.8kg/m³。

④光面爆破效果应符合表 7-2 的要求。

光 面 爆 破 效 果　　　　　　表 7-2

序　号	项　　目	硬　岩	中 硬 岩	软　岩
1	平均超挖量（cm）	10	15	10
2	最大超挖量（cm）	20	25	15
3	炮眼痕迹保存率（%）	≥80	≥60	
4	局部欠挖量（cm）	5	5	5
5	炮眼利用率（%）	90	90	95

隧道施工由于受各种因素的影响必然会出现超挖。表 7-2 所列允许平均超挖量，施工时必须严格掌握，才能达到此爆破效果。在软岩隧道内，有时炮眼痕迹保存率很难达到要求，故其周边主要应满足基本平整圆顺的要求。

⑤采用光面爆破时，爆破振动速度应小于下列数值，硬岩为 150mm/s，中硬岩为 100mm/s，软岩为 50mm/s。要求的爆破振动速度是根据离开挖工作面 1 ~ 2 倍洞跨处实测得到的，它是用速度传感器将所得的信号通过测振仪放大，在光线示波器上记录得到的。实施光面爆破后，开挖岩面上不应有明显的爆震裂缝。

2. 预裂爆破参数选用

预裂爆破参数，可在现场由爆破成缝试验获得。在无条件试验时可参照表 7-3 选用。表 7-3 的有关说明如下。

预 裂 爆 破 参 数　　　　　　表 7-3

参数 岩石种类	饱和单轴抗压 极限强度 R_b （MPa）	装药不耦合 系数 D	周边眼间距 E （cm）	周边眼至内圈 崩落眼间距 （cm）	周边眼装药 集中度 q （kg·m^{-1}）
硬岩	>60	1.2 ~ 1.3	40 ~ 50	40	0.35 ~ 0.40
中硬岩	>30 ~ 60	1.3 ~ 1.4	40 ~ 45	40	0.25 ~ 0.35
软岩	≤30	1.4 ~ 2.0	30 ~ 40	30	0.09 ~ 0.19

（1）表7-3 中，装药不耦合系数 D 系指炮眼直径与药卷直径的比值。

（2）表7-3 的适用范围:炮眼深度为 $1.0 \sim 3.5 \mathrm{m}$,炮眼直径为 $40 \sim 50 \mathrm{mm}$,药卷直径为 $20 \sim 32 \mathrm{mm}$。装药集中度按 2 号岩石硝铵炸药考虑,当采用其他炸药时,应进行换算(换算时采用相应炸药的猛度和爆力的平均值)。

（3）当开挖断面小于 $8 \mathrm{m}^2$ 或竖井爆破时,表7-3 中周边眼装药集中度 q 值宜相应增加 $5\% \sim 10\%$。预留光面层光面爆破参数如表7-4 所示。

预留光面层光面爆破参数　　　　　　　　　　　　表7-4

参数 岩石种类	饱和单轴抗压极限强度 R_b（MPa）	装药不耦合系数 D	周边眼间距 E（cm）	周边眼最小抵抗线 V（cm）	相对距离 E/V	周边眼装药集中度 q（kg·m^{-1}）
硬岩	>60	1.25 ~ 1.50	50 ~ 70	70 ~ 85	0.8 ~ 1.0	0.30 ~ 0.35
中硬岩	30 ~ 60	1.50 ~ 2.00	45 ~ 60	60 ~ 75	0.8 ~ 1.0	0.20 ~ 0.30
软岩	≤30	2.00 ~ 2.50	30 ~ 50	40 ~ 60	0.5 ~ 0.8	0.07 ~ 0.15

注:1. 表的适用范围:炮眼深度 $1.0 \sim 3.5 \mathrm{m}$,炮眼直径 $40 \sim 50 \mathrm{mm}$,药卷直径 $20 \sim 32 \mathrm{mm}$。
　　2. 炸药换算系数参见《公路隧道施工技术规范》(JTG F60—2009)。

3.光面爆破器材选用

（1）光面爆破的爆破器材主要有:炸药、非电塑料导爆系统、毫秒雷管和导爆索等。

（2）光面爆破的周边眼使用炸药的要求是:应选择低爆速、低密度、高爆力、小直径、传爆性能良好的炸药。

（3）光面爆破的周边眼使用的雷管应选择分段多、起爆同时性好的毫秒雷管。

国产光面爆破炸药种类和技术指标,如表7-5 所示。

国产光面爆破炸药　　　　　　　　　　　　表7-5

炸 药 名 称	药卷直径(mm)	炸药密度(g/mm^3)	炸药爆速(m/s)
EL-102 乳化油	20	1.05 ~ 1.30	3 500
2 号	22	1.00	2 100 ~ 3 000
3 号	22	1.00	1 600 ~ 1 800

国产毫秒雷管有 20 个段,已研制成功的还有 200ms 和 300ms 等差递增雷管。经试验毫秒雷管和毫秒等差递增雷管结合使用,能获得更节约炸药、减少振动的效果。

非电塑料导爆系统是一种安全可靠、操作方便的新型起爆系统。我国大瑶山隧道长 $14.3 \mathrm{km}$,其施工采用非电塑料导爆系统,没有发生过因爆破而引起的伤亡事故。

4.公路隧道循环进尺的选择

公路隧道掘进循环进尺应根据围岩类别、机具设备、隧道施工月进度要求等合理选择。在有较大型机具设备的条件下,一般中硬及以上的完整围岩可采用深孔($3.0 \sim 3.5 \mathrm{m}$)爆破,以提高施工进度;而在软弱围岩开挖时,爆破开挖一次进尺应控制在 $1.0 \sim 2.0 \mathrm{m}$ 之内;开挖坚硬、完整的围岩时,应根据周边炮眼的外插角及允许超挖量确定。

5.周边眼参数选用及钻眼要求

1)周边炮眼参数选用原则

当断面较小或围岩软弱、破碎或在曲线、折线处对开挖成形要求较高时,周边炮眼间距 E 应取较小值;抵抗线 V 应小于周边眼间距。软岩在取较小的周边眼间距时,抵抗线应适当增大;对于软岩或破碎性围岩,周边眼的相对距离 E/V 应取较小值。

2)周边炮眼的布置及钻眼要求

周边炮眼沿设计开挖轮廓线布置,沿隧道设计轮廓线的炮眼间距误差不宜大于50mm;周边眼外斜率不应大于50mm/m;周边眼与内圈眼距离误差(最小抵抗线)不宜大于100mm;除内圈眼的孔深宜比周边眼深5~100mm外,其他各类炮眼深度相差不宜大于100mm。

为保证隧道开挖后符合设计轮廓线,周边眼不应偏离设计轮廓线。实践经验表明,在软岩中,当周边眼间距误差大于100mm时爆破效果明显不佳,故此规定误差不宜大于50mm。因凿岩机外形尺寸的限制,钻孔时应有一个向外倾斜的角度,为避免过大的超挖,并不能妨碍操作,一般外斜角为2°~3°。国产支架式凿岩机的钻孔外偏值可以控制在30~50mm/m的范围内。

7.2.3 隧道开挖工作面辅助稳定措施

1. 地面砂浆锚杆施工要求

(1)锚杆宜垂直地表设置,根据地形及岩层层面具体情况也可倾斜设置。锚杆长度可根据隧道覆盖层厚度和实际施工能力确定。

(2)钻孔前应根据设计要求定出孔位,做出标记,孔位允许偏差为±15mm;钻孔应圆而直,钻孔方向宜尽量与岩层主要结构面垂直;水泥砂浆锚杆孔径应大于杆体直径15mm,其他形式锚杆孔径应符合设计要求。

(3)注浆作业中,注浆开始或中途暂停超过3min时,应用水润滑注浆罐及其管路;注浆孔口压力不得大于0.4MPa;注浆管应插入至距孔底5~10mm处,随水泥砂浆的注入缓慢匀速拔出,随即迅速将杆体插入,锚杆杆体插入孔内的长度不得短于设计长度的95%。若孔口无砂浆流出,应将杆体拔出重新注浆。锚杆安设后不得随意敲击,其端部3d内不得悬挂重物。

(4)在有水地段,采用普通水泥砂浆锚杆时,如遇孔内流水,应在附近另行钻孔后再安设锚杆,亦可使用速凝早强药包锚杆或钢管锚杆向围岩压浆止水。

(5)锚杆钻孔可使用一般凿岩机械,当在上层中钻孔时,宜使用干式排渣的回旋式钻机。注浆可使用风动牛角泵,也可使用挤压注浆机。

(6)锚杆宜采用Ⅱ级钢筋制作,灌浆锚杆宜使用螺纹钢筋,杆体直径以16~22mm为宜。楔缝锚杆的杆体直径以16~25mm为宜。

2. 超前锚杆或超前小钢管支护施工要求

(1)超前锚杆或超前小钢管支护,宜和钢架支撑配合使用,并从钢架腹部穿过,特殊情况下亦可以在拱架底部或顶部穿入。

(2)超前锚杆或超前小钢管支护,与隧道纵向开挖轮廓线间的外插角宜为5°~10°;长度大于循环进尺,宜为3~5m。

(3)超前锚杆宜用早强水泥砂浆锚杆。

(4)超前小钢管应平直,尾部焊箍,顶部呈尖锥状。长度不应小于管长的90%。

3. 管棚钢架超前支护施工要求及要点

(1)检查开挖的断面中线及高程,开挖轮廓线应符合设计要求。在开挖工作面处应先安设受力拱架,并在其上正确标明管棚位置。

(2)钢架安装垂直度允许误差为±2°,中线及高程允许误差为±50mm。在钢架上沿隧道开挖轮廓线纵向钻设管棚孔,其外插角以不侵入隧道开挖轮廓线为好。孔深不宜小于10m,一般为 18~45m，孔径比管棚钢管直径大 20~30mm。钻孔环向中心间距视管棚用途确定。钻孔顺序一般由高孔位向低孔位进行。

（3）在钻进时，若出现卡钻、塌孔时，应注浆后再钻，也可直接将管棚钢管钻入。开孔时应低速低压，待成孔后可加压到 1.0~1.5MPa，将钢管打入管棚孔眼中。管棚外径宜为 ϕ70~180mm，长度宜为 4~6m。接长管棚钢管时，接头应采用厚壁管箍，上满丝扣，丝扣长度不小于 150mm，以确保连接可靠，接头应在隧道横断面上错开。

（4）如需增加管棚钢架支护的刚度，可在钢管内注入水泥砂浆。管棚钢管内水泥砂浆应用牛角泵灌注，封堵塞应有进料孔和出气孔，在出气孔流浆后，方可停止压注。

4. 超前小导管预注浆施工要求

（1）小导管采用 ϕ32mm 焊接钢管或 ϕ40mm 无缝钢管制作，长度宜为 3~5m。管壁每隔 100~200mm 交错钻眼，眼孔直径宜为 6~8mm。

（2）沿隧道纵向开挖轮廓线，向外以 10°~30° 的外插角钻孔，将小导管打入地层，亦可在开挖面上钻孔将小导管打入地层，小导管环向间距宜为 200~500mm。

（3）小导管注浆前，应对开挖面及 5m 范围内坑道喷射厚度为 50~100mm 的混凝土或用模筑混凝土封闭，并检查注浆机具是否完好，备足注浆材料。

（4）为充分发挥机械效能，加快注浆进度，在小导管前安设分浆器，一次可注入 3~5 根小导管，注浆压力应为 0.5~1.0MPa。必要时可在孔口处设置止浆塞，止浆塞应能承受规定的最大注浆力或水压。

（5）注浆后至开挖前的时间间隔，视浆液种类宜为 4~8h。开挖时应保留 1.5~2.0m 的止浆墙，防止下次注浆时孔口跑浆。

5. 超前围岩预注浆加固施工要点

（1）注浆孔的布置角度及深度应符合设计要求，孔口位置与设计位置的允许偏差为 ±50mm；孔底位置偏差应小于孔深的 10%。

（2）注浆钻孔应孔壁圆、角度准、孔身直、深度够、岩粉清洗干净。当出现严重卡钻、孔口不出水时，应停止钻孔，立即注浆。

（3）钻孔结束后应掏孔检查，在确认无塌孔和探头石时，才可安设注浆管。

（4）注浆前应平整注浆所需场地，检查机具设备，做好止浆墙并准备注浆材料。

（5）注浆压力根据地质条件的岩性、施工条件等因素在现场由试验确定。

（6）注浆方式可根据地质条件、机械设备及注浆孔的深度，选用前进式、后退式或全孔式。其注浆顺序：先注内圈孔、后注外圈孔；先注无水孔、后注有水孔，从拱顶顺序向下进行。如遇串浆或跑浆，则可间隔一孔或数孔灌注。注浆结束后，应利用止浆阀保持孔内压力，直至浆液完全凝固。

（7）注浆作业的技术要求。

①浆液的浓度、胶凝时间应符合设计要求，不得任意变更；

②应经常检查泵口及孔口注浆压力的变化，发现问题应及时处理；

③采用双液注浆时，应经常测试混合浆液的胶凝时间，发现与设计不符时，应立即调整。

（8）注浆结束条件。

①单孔结束条件：注浆压力达到设计终压，浆液注入量已达到计算值的 80% 以上；

②全地段结束条件：所有注浆孔均已符合单孔结束条件，无漏注浆的情况。

（9）注浆后必须对注浆效果进行检查,如未达到要求,应进行补孔注浆。注浆效果有以下三种。

①分析法:分析注浆记录,看每个孔的注浆压力、注浆量是否达到设计要求;在注浆过程中,漏浆、跑浆是否严重;以浆液注入量估算浆液扩散半径,分析是否与设计相符。

②检查孔法:用地质钻机按设计孔位和角度钻检查孔,取岩心进行鉴定。同时测定检查孔的吸水量(即漏水量),应小于 0.2 ~ 0.4L/(min·m)。

③声波监测法:用声波探测仪测量岩体的声速,判断注浆效果。

（10）注浆后,应视浆液种类,等待 4 ~ 8h 方可开挖。开挖时应按设计要求留设止浆岩盘。每开挖循环长度应根据注浆段(导管)长度而定,但必须留 3 ~ 5m 止浆墙。单液泥浆开挖时间为注浆后 8h 左右,水泥—水玻璃浆液为 4h 左右。

6. 平行导坑向正洞预注浆加固施工要点

（1）当隧道坑道开挖工作面注浆有困难,或要增加开挖工作面时,经技术、经济比选后,可设置由平行导坑向正洞进行预注浆加固;

（2）采用从平地导坑向正洞预注浆与开挖工作面预注浆,只是注浆地点不同,其注浆参数、工艺要求、工序流程、注浆材料及机具设备都基本相同。

7. 周边劈裂注浆及周边短孔预注浆加固

对粒径小于 0.05mm 的粉砂及黏性软弱地层,进行加固围岩和堵封出水,为节省注浆材料,可使用水泥类、水泥—水玻璃类浆液,并采用周边劈裂注浆法进行预注浆,加固围岩或止水。对于在施工中需排放少量地下水的隧道,为节约注浆材料和加快施工进度,可采用周边短孔围岩预注浆加固。

7.2.4 锚杆施工

隧道工程坑道开挖后,应尽快安设锚杆。一般宜先喷射混凝土,再钻孔安设锚杆,锚杆的孔位、孔径、孔深及布置形式应符合设计要求,锚杆杆体露出岩面的长度不应大于喷层的厚度,同时应确保隧道工程辅助稳定措施中的锚杆施工质量符合设计要求。各类锚杆施工前的准备工作如下。

采用砂浆锚杆预支护时,除应保证锚杆原材料规格和品种、锚杆各部件质量及技术性能符合设计要求外,尚应做好以下准备工作:

（1）锚杆杆体应调平直、除锈和除油;

（2）应优先使用普通硅酸盐水泥,如条件不具备可使用矿渣硅酸盐或火山硅酸盐水泥;

（3）宜选用清洁、坚硬的中细砂,粒径不宜大于 3mm,使用前应过筛。

采用缝管式摩擦锚杆时,应对其进行以下检查工作:

（1）必须检查管径,同批成品管径径差不宜超过 0.5mm;

（2）根据围岩情况选择钻头,所选钻头直径符合设计要求;

（3）安装用冲击器尾部必须淬火,硬度宜为 HBC48 ~ 53;

（4）钻杆长度必须大于锚杆长度。

采用楔缝式内锚头锚杆时,应对其进行以下检查工作:

（1）检查楔块与楔缝的尺寸和配合情况;

（2）检查锚杆尾部螺栓和螺纹的配合情况;

（3）备齐配套工具，做好螺扣的保护措施；

（4）在钻杆上标出锚杆的长度。

此外，还应检查钻孔工具、风压以及其他机械设备，使之保持正常状态。

1. 锚杆孔施工要求

孔位应根据设计要求和围岩情况做出标记，孔位允许偏差为 ±15～50mm。宜沿隧道周边径向钻孔，但钻孔不宜平行于岩层层面。

锚杆的钻孔深度，应符合下列规定：

（1）砂浆锚杆孔深度误差不宜大于 ±50mm；

（2）缝管式锚杆孔深不得小于杆体长度；

（3）楔缝式锚杆孔深不应大于杆体长度，并应保证尾部垫板、螺栓安设紧固；

（4）锚杆钻孔应保持直线形。

锚杆的钻孔孔径，应符合下列规定：

（1）砂浆锚杆孔径应大于杆体直径 15mm。

（2）缝管式摩擦锚杆孔径，应根据设计要求选定并经过试验确定。锚杆管径与孔径的差值，应根据锚杆的管径、长度以及围岩软硬而定。一般现场试验是根据拉拔结果选择合理的钻头直径，钻头直径应较缝管外径小 1～3mm。钻孔与缝管直径之差是设计与施工最需要严格控制的主要因素。缝管式摩擦锚杆的锚固力与孔、管径差的关系：径差小，锚杆安装推进阻力小，锚固力也较小；径差大，锚杆安装推进阻力大，锚固力也较大。另外，施工还应考虑到因钻头磨损导致孔径缩小的影响。

（3）楔缝式内锚头锚杆的孔径应根据围岩条件及楔缝张拉度严格掌握确定。一般对于坚硬岩体，楔块的楔角 $\alpha = 8°$ 左右为好；对于较软岩体，楔角 $\alpha \leqslant 8°$ 为好，锚杆杆体楔缝宽度 δ 值一般为 3mm。其他尺寸可根据对锚固力的影响关系及试验数据合理选择，否则应修改设计参数，直到满足锚固力的要求为止。

（4）胀壳式内锚头预应力锚杆（锚索），主要由机械胀壳式内锚头、锚杆（或钢绞线锚索）外锚头以及灌注的黏结材料等组成（图 7-4）。

这种锚杆（锚索）常用在中等以上的围岩中，可以在较小的施工现场中作业，常用于高边坡、大坝以及大跨度地下隧道洞室的抢修加固及支护。它具有施工工序紧密简单、安装快速方便的特点，是能立即起作用的大型预应力锚杆（目前的预应力值一般为 600kN）。

（5）早强药包内锚头锚杆是用快硬水泥卷或早强砂浆卷或树脂作为内锚固剂的内锚头锚杆（图 7-5）。快硬水泥卷有以下三个主要参数：

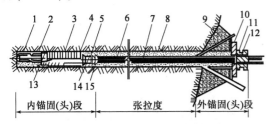

图 7-4　胀壳式锚头钢绞线预应力锚索

1-导向帽；2-六棱锚塞；3-外夹片；4-挡圈；5-顶簧；6-套管；7-排气管；8-黏结砂浆；9-现浇混凝土支墩；10-垫板；11-锚环；12-锚塞；13-锥筒；14-顶簧套筒；15-托圈

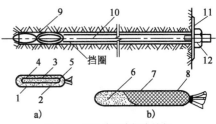

图 7-5　早强药包内锚头锚杆

1-不饱和聚酯树脂＋加速剂＋填料；2-纤维纸或塑料袋；3-固化剂＋填料；4-玻璃管；5-堵头（树脂胶泥封口）；6-快硬水泥；7-湿强度较大的滤纸筒；8-玻璃纤维纱网；9-树脂锚固剂；10-带麻花头杆体；11-垫板；12-螺母

①快硬水泥卷的直径 d 值要与钻眼直径 D 值配合好。

②快硬水泥卷长度 L 要根据内锚固段长度 l 和生产制作的要求决定,按式(7-2)计算:

$$L = \frac{(D^2 - \phi^2)l}{d^2}k \tag{7-2}$$

式中:L——快硬水泥卷长度(mm);

$\quad \phi$——锚杆直径(mm);

$\quad l$——内锚固段长度(mm);

$\quad k$——富余系数,一般 $k = 1.05 \sim 1.10$。

③快硬水泥卷的水泥质量 G,主要由装填密度 γ 计算确定。γ 是控制水灰比的关键,当 $\gamma = 1.45\text{g/cm}^3$ 时,水泥净浆的水灰比控制在 0.34 左右为佳。每个快硬水泥卷的 G 值可按公式(7-3)计算:

$$G = \frac{\pi d^2}{4}L \cdot r \tag{7-3}$$

2. 普通水泥砂浆锚杆施工要点

普通水泥砂浆锚杆,是以普通水泥砂浆作为黏结剂的全长黏结式锚杆(图7-6)。其施工要点如下。

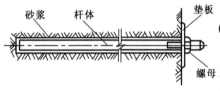

图 7-6 普通水泥砂浆全黏结锚杆

(1)砂浆强度等级不低于 M20,水灰比宜为 0.45 ~ 0.50,砂的粒径不宜小于 3mm。

(2)杆体材料宜用 20 锰硅钢筋,亦可采用 A3 钢筋;直径以 14 ~ 20mm 为宜,长度为 2 ~ 3.5m。为增加锚固力,杆体内端可以劈口叉开。

(3)钻孔方向应尽量与岩层主要结构面垂直。孔钻好后用高压水将孔眼冲洗干净(若是向下钻孔,须用高压风吹净水),并用塞子塞紧孔口,以防止石渣或泥土掉入钻孔内。

(4)锚杆及黏结剂材料制作应符合设计要求,锚杆应按设计要求的尺寸截取,外端不用垫板的锚杆应先弯制弯头。

(5)黏结砂浆应拌和均匀,并调整其和易性,随拌随用,一次拌和的砂浆应在初凝前用完。

(6)注浆作业应遵守下列规定:

①先注浆后插杆体时,注浆管应先插到钻孔底;开始注浆后,缓慢均匀地将注浆管往外抽出,并始终保持注浆管口埋在砂浆内,以免浆中出现空洞。

②注浆开始或中途停止超过 20min 时,应用水润滑注浆罐及其管路。注浆孔口的压力不得大于 0.4MPa。

③注浆时应堵塞孔口,注浆管应插至距孔底 50 ~ 100mm 处,随水泥砂浆的注入缓慢匀速拔出,随即迅速将杆体插入;若孔口无水泥砂浆溢出,应将杆体拔出重新注浆。

④锚杆杆体应对中插入,插入后应在孔口将杆体固定。锚杆杆体插入孔内的长度不应小于设计规定。

⑤注浆体积应略大于需要体积,将注浆管全部抽出后迅速插入杆体,并可锤击或通过套筒用风钻冲击,使杆体强行插入钻孔。

⑥杆体插入孔内的长度不短于设计长度的 95% ,实际黏结长度亦不应短于设计长度的

95%。注浆是否饱满,可根据孔口是否有砂浆挤出来判断。

⑦杆体到位后,要用木楔或小石子在孔口卡住,防止杆体滑出。砂浆未达到设计强度的70%时,不得随意碰撞,一般规定3d内不得悬挂重物。锚杆安设后,不得随意敲击。

3. 早强水泥砂浆锚杆施工要点

早强水泥砂浆锚杆的施工与普通水泥砂浆锚杆基本相同,所不同的是早强水泥砂浆锚杆的黏结剂是由铝硫酸盐早强水泥、砂、早强剂和水组成。因此,它具有早期强度高、承载快、安装较方便等优点,可弥补普通水泥砂浆锚杆早期强度低、承载慢的不足。尤其是在软弱、破碎、自稳时间短的围岩中,使用早强水泥砂浆锚杆能显出其优越性。

另外,以树脂或快硬水泥作为黏结剂的全长黏结式锚杆,也具有以上优点。但因费用较高,所以在一般隧道工程中较少使用。

早强水泥砂浆锚杆的施工,除应遵守前述普通水泥砂浆锚杆的施工规定外,在注浆作业开始或中途停止超过30min时,应测定砂浆坍落度,其值小于10mm时不得注入罐内使用。

早强水泥砂浆锚杆,采用硫铝酸盐早强水泥所掺入的早强剂具有早强、缓凝、减水与防锈的效果。其掺量:亚硝酸钠掺量为1%～3%,缓凝型糖蜜减水剂掺量宜为0.2%。

4. 早强药包锚杆施工要点

早强药包内锚头锚杆,是以快硬水泥卷或早强砂浆卷或树脂卷作为内锚固剂的内锚头锚杆,其施工除应遵守普通水泥浆锚杆的施工规定外,尚应符合以下规定。

(1)药包使用前应检查,要求无结块、未受潮。药包的浸泡宜在清水中进行,随泡随用。药包必须泡透。

(2)药包应缓慢推入孔底,不得中途爆裂。应配备专用的装药包工具。

(3)药包直径宜较钻孔直径小20mm左右,药卷长度一般为200～300mm。锚杆杆体插入时应注意旋转,使药包充分搅拌均匀。锚杆药包主要有硅酸盐和硫酸盐两个系列,分为速凝型、早强型、早强速凝型几种。

(4)锚杆药包也可自行生产。原铁道部铁道科学研究院研制并生产的ZM-2型早强锚杆药包,采用硫铝酸盐水泥加TS速凝剂和阻锈剂,属速凝早强型。TS速凝剂含锂盐,具有速凝早强作用,掺量为4%～6%。阻锈剂为亚硝酸钠,掺量为0.5%。药包的浸水时间是施工的关键,应根据产品试验确定,一般为1～2min。

(5)采用快硬水泥卷内锚头锚杆的施工要点如下:

①钻眼要求同前所述,但孔眼应比锚杆长度短40～50mm。

②用直径2～3mm、长150mm的锥子,在快硬水泥卷端头扎两个排气孔,然后将水泥卷竖立放于清洁的水中,保持水面高出水泥卷约10mm。浸水时间以不冒气泡为准,但不得超过水泥的初凝时间,可做浸水后的水灰比检查。

③将浸好水的水泥卷用锚杆送到眼底,并轻轻捣实。若中途受阻,应及时处理;若处理时间超过水泥终凝时间,则应换装新水泥卷或钻眼作废。

④将锚杆外端套上连接套筒(即带有六角旋转头的短锚杆,断面打平后对中焊上锚杆螺母)装上搅拌机(如TJ-9型),然后开动搅拌机,带动锚杆旋转搅拌水泥浆,并用人力推进锚杆至眼底,再保持10s的搅拌时间(搅拌时间为30～40s)。

⑤轻轻卸下搅拌机头,用木楔楔紧杆体,使其位于钻眼孔中心处。自浸水20min后,快硬水泥具有足够的强度时,才能使扳手卸下连接套筒(一般可以多准备几个套筒周转使用)。

（6）树脂药包的使用要点。

采用树脂药包时，应注意：搅拌时间应根据现场气温决定，20℃时固化时间为5min；温度下降5℃时，固化时间大约会延长一倍，即15℃时为10min，10℃时为20min。因此，地下工程在正常温度下，搅拌时间约为50s，当温度在10℃以下时，搅拌时间可适当延长为45~60s。

5. 缝管式摩擦锚杆施工要点

（1）缝管式锚杆可根据需要和机具能力，选择不同直径的钻头和管径，通过现场试验确定最合理的径差。其杆体一般要求材料具有较高的弹性。

（2）采用一般风动凿岩机时应配备专用冲击器。宜一边钻眼一边安设锚杆，也可集中钻孔、集中安设锚杆，此时不得隔班、隔日安设锚杆。

（3）安设锚杆前应吹孔，并核对孔深是否符合设计要求。安设前应检查风压，风压不得小于0.4MPa。

（4）安装时先将锚杆套上垫板，将带有挡环的冲击钎插入锚管内（锚杆应在锚管内自由转动），锚杆尾端套入凿岩机或风镐的卡套内，锚头导入钻孔，调正方向、开动凿岩机，即可将锚杆打入钻孔内，至垫板压紧围岩为止。停机取出钎杆即告完成。对于2.5m长的锚杆，一般用20~60s时间即可安装一根。

（5）安设推进锚杆过程中，要保持凿岩机、锚杆、钻孔的中心线在同一轴线上，凿岩机在推进过程中，适当注水冷却冲击器。锚杆推到末端时，应降低推进力。当垫板抵紧岩石时应立即停机，以免损坏热板和挡环。

（6）若作为永久支护，则应做防锈处理，并灌注有膨胀性的砂浆。

6. 楔缝式内锚头锚杆施工要点

（1）安设锚杆前，应将楔子与锚杆组装好，送入孔内时不得偏斜。楔缝式锚杆的安装是先将楔块插入楔缝，轻轻敲击使其固定于缝中，然后插入眼底；并以适当的冲击力冲击锚杆尾，至楔块全部插入楔缝为止。打紧楔块时应注意丝扣不被损坏。为了防止杆尾受冲击发生变形，可采用套筒保护。

（2）一般要求锚杆具有一定的预张力，可采用测力矩扳手或定力矩扳手来拧紧螺母，以控制锚固力。楔缝式锚杆安设后应立即上好托板，并拧紧螺母。

（3）若要求在楔缝式锚杆的基础上再做注浆加固，则除按砂浆锚杆注浆外，预张力应在砂浆初凝前完成，并注意减少砂浆的收缩率。

（4）若只要求作为临时支护，则可改楔缝式锚杆为楔头式或胀壳式锚杆。楔头式锚杆及胀壳式锚杆的杆体均可回收，但锚头加工制作较复杂，故一般多在煤矿或其他坑道中应用。

7. 胀壳式内锚头预应力锚索施工要点

（1）胀壳式内锚头预应力锚索的加工应符合设计质量要求，在存放、运输及安装过程中不得有损伤和变形。

（2）钻孔一般采用冲击式潜孔钻，也可选用各种旋转式地质钻。钻孔完毕后应丈量孔深和予以清洗，并做好孔口现浇混凝土支墩。

（3）锚索安装要平直不紊乱，同时安设排气管。锚索推送就位后，即可进行安装千斤顶张拉。一般先用20%~30%的预应力值预张拉1~2次，促使各相连部位接触紧密，使钢绞索平直。最终张拉值应有5%~10%的超张拉量，以保证预应力损失后仍能达到设计要求的有效预应力标准。张拉时千斤顶后面严禁站人,以防不测。

（4）预应力无明显减时,才最后锁定。注浆应饱满,注浆达到设计强度后,进行外锚头封盖。

7.2.5 喷射混凝土施工

喷射混凝土可作为隧道工程Ⅱ～Ⅴ类围岩中的临时性和永久性支护,也可以与各种形式的锚杆、钢纤维、钢拱架、钢筋网等构成复合式支护结构。它除用于地下工程外,还广泛应用于地面工程的路堑、边坡防护与加固、基坑防护、结构补强及矿山、水利、人防工程等。随着施工工艺、施工机械的发展和应用,喷射混凝土作为新型材料、新型支护结构和新的施工工艺,将有更为广阔的发展前景。

1.喷射混凝土基本原理及特点

喷射混凝土是使用混凝土喷射机,按一定的混合程序,将掺有速凝剂的混凝土拌和料与高压水混合,经过喷嘴喷射到岩壁表面上,混凝土迅速凝固,结成一层支护结构,从而对围岩起到支护作用。

采用喷射混凝土作隧道支护的主要优点如下:
（1）速度较快,支护及时,施工安全;
（2）支护质量较好,强度高,密实度好,防水性能较好;
（3）省工,操作较简单,支护工作量减少;
（4）省料,不需要进行对边墙后面及拱背回填压浆等;
（5）施工灵活性很大,可以根据需要分次喷射混凝土追加厚度,能够满足工程设计与使用的要求。

2.喷射混凝土工艺流程种类

喷射混凝土工艺流程有干喷、潮喷、湿喷和混合喷四种。它们之间的主要区别是各工艺流程的投料程序不同,尤其是加水和速凝剂的时机不同,其中湿喷混凝土按其输送方式的不同,可分为风送式、泵送式、抛甩式和混合式,应根据实际情况选用。

1）干喷

干喷是用搅拌机将集料和水泥拌和好,投入喷射机料斗,同时加入速凝剂,压缩空气使干混合料在软管内呈悬浮状态,压送到喷枪,在喷头处加入高压水混合,以较高速度喷射到岩面上。其工艺流程如图7-7所示。

干喷的缺点是产生的水泥与砂粉尘量较大,回弹量亦较大。加水是由电喷嘴处的阀门控制的,水灰比的控制程度与喷射手操作的熟练程度有直接关系,但使用机械较简单,机械清洗和故障处理较容易。

2）潮喷

潮喷是将集料预加少量水,使之呈潮湿状,再加水泥拌和,从而降低上料、拌和和喷射时的粉尘,但大量的水仍是在喷头处加入和从喷嘴射出的。其潮喷工艺流程和使用机械同干喷工艺(图7-7)。目前隧道施工现场较多使用的是潮喷工艺。

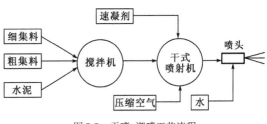

图7-7 干喷、潮喷工艺流程

3)湿喷

湿喷是将集料、水泥和水按设计比例拌和均匀,用湿式喷射机将拌和好的混凝土混合料压送到喷头处,再在喷头上添加速凝剂后喷出,其工艺流程,如图7-8所示。湿喷混凝土的质量较容易控制,喷射过程中的粉尘数量较容易控制,喷射过程中的粉尘和回弹量较少,是值得发展、推广应用的喷射工艺。但此法对湿喷机械要求较高,机械清洗和故障处理较困难。对于喷层较厚的软岩和渗水隧道,不宜采用湿喷混凝土工艺施工。

4)混合喷射(SEC式喷射)

此法又称水泥裹砂造壳喷射法。分别由泵送砂浆系统和风送混合料系统两套机具组成。操作时,先是将一部分砂加第一次水拌湿,再投入全部用量水泥,强制拌和成以砂为核心、外裹水泥壳的球体;然后加第二次水和减水剂拌和成SEC砂浆;再将另一部分砂与石、速凝剂按配合比配料,强制搅拌成均匀的干混合料;之后再分别通过砂浆泵和干式喷射机,将拌和成的砂浆及干混合料由高压胶管输送到混合管混合;最后由喷头喷出。其工艺流程如图7-9所示。

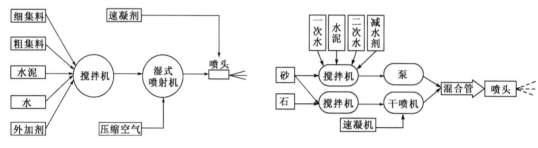

图7-8 湿喷工艺流程   图7-9 混合式喷射工艺流程

混合式喷射是分次投料搅拌工艺与喷射工艺相结合,其关键是水泥裹砂(或砂、碎石)造壳工艺技术。混合式喷射工艺使用的主要机械设备与干喷工艺基本相同,但混凝土的质量较干喷混凝土的质量好,且粉尘和回弹量大幅度降低。混合式喷射使用机械数量较多,工艺技术较复杂,机械清洗和故障处理较麻烦。因此一般只在喷射混凝土量大和大断面隧道工程中使用。混合喷射凝土强度等级可达到C30~C35,而干喷和潮喷混凝土强度等级较低,一般只能达到C20。

3.喷射混凝土的施工要点

喷射前应对开挖面尺寸认真检查,清除松动危石,欠挖超标过多的应先做局部处理。受喷岩面有较集中渗水时,应做好排水引流处理。无集中渗水时,根据岩面潮湿程度,适当调整水灰比。应根据石质情况,在喷射前用高压风或水清洗受喷面,将开挖面的粉尘和杂物清理干净,以利于混凝土黏结。埋设喷层厚度检查标志,一般是在石缝处打铁钉,或用快硬水泥安设钢筋头,并记录其外露长度,以便控制喷层厚度。喷射作业前的施工准备和要求,如表7-6所示。

喷射作业前的施工准备工作   表7-6

项 目	内 容 及 要 求
材料方面	对水泥、砂、石、速凝剂、水等的质量要进行检验;砂、石均应过筛,并应事先冲洗干净;砂、石含水率应符合要求。为控制砂、石含水率,一般应设置防雨棚;干燥的砂子应当洒水
机械及管路方面	喷射机、混凝土搅拌机、皮带运输机等使用前均应检修完好,就位前要进行试运转;管路及接头要保持良好,要求风管不漏风,水管不漏水,沿风、水管路每隔40~50m装一接头,以便当喷射机移动时,连接风、水管

项 目	内 容 及 要 求
其他方面	检查开挖断面,欠挖处要补凿够;敲帮找顶、清除浮石,用高压水冲洗;附着于岩面的泥污应冲洗干净,每次冲洗长度以 10~20m 为宜;对裂隙水要进行处理; 不良地质处应事先进行加固(如采用锚杆、钢筋网或金属支架等);对设计要求或施工使用的预埋件要安装准确;备好脚手架或喷射台车,以便喷射边墙上部或拱部;埋设测量喷混凝土厚度的标志,如利用锚杆预留一定长度作标记时,应及时将多余长度锯掉,以免喷射后露在表面; 喷射作业面须有充足的照明,照明灯上应罩上铁丝网,以免回弹物打坏照明灯; 当喷头作业与喷射机间的距离超过 30m 时,宜设置电铃或信号灯,作为通信联络信号;做好回弹物的回收和使用的准备,喷射前先在喷混凝土地段铺设薄铁板或其他易于回收回弹物的设备

1)喷射作业的施工要点

(1)喷射作业施工准备工作做好后,严格掌握规定的速凝剂掺量,并添加均匀。喷射时,喷射手应严格控制水灰比,使喷层表面平整光滑,无干斑或滑移流淌现象。

(2)在未上混凝土拌和料之前,先开高压风及高压水,如喷嘴风压正常,喷出来的水和高压风应呈雾状。如喷嘴风压不足(适宜的风压一般为 0.1~0.15MPa),可能是出料口堵塞;如喷嘴不出风,可能是输料管堵塞。这些故障都应及时排除。开电动机,先进行空转,待机器运转正常后才开始投料、搅拌和喷射。

(3)喷射应分段、分部、分块,按先墙后拱的顺序自下而上地进行喷射,喷嘴需向受喷岩面做均匀的顺时针方向的螺旋转动,一圈压半圈地横向移动,螺旋直径为 200~300mm,以使混凝土喷射密实。

(4)为保证喷射混凝土质量,减少回弹量和降低粉尘,作业时还应注意以下事项。

①喷射时应分段长度不超过 6m,分部为先下后上,分块大小为 2m×2m,并严格按先墙后拱、先下后上的顺序进行喷射,以减少混凝土因重力作用而引起滑动或脱落现象的发生;

②掌握好喷嘴与受喷岩面的距离和角度;喷嘴至岩面的距离为 0.8~1.2m,过大或过小都会增加回弹量;喷嘴与受喷面垂直,并稍微偏向刚喷射的部位(倾斜角不宜大于 10°),则回弹量最小、喷射效果和质量最佳。对于岩面凸出处应后喷和少喷。

③混凝土喷射程序如图 7-10 所示。喷射时可以采用螺旋形移动前进,也可以采用 s 形往返移动前进(图 7-10)。

(5)调节好风压与水压。风压与喷射质量有密切的关系,过大的风压会造成喷射速度太高而加大回弹量,损失水泥;风压过小会使喷射力减弱,混凝土密实性差。因此,根据喷射情况应适当调整风压。

为保证高压水能从喷枪混合室(喷头处)内壁小孔高速度射出,将干拌和料迅速搅拌均匀,水压应稍高于风压。湿式喷射时,风压及水压均较干喷时高。一般水压应比输料管的压力至少高 10~15N/cm^2,同时要求供水系统的水压不应大于 40N/cm^2,供水系统水压不足时,需要采用压水水箱提供稳定的水压,才能确保喷射

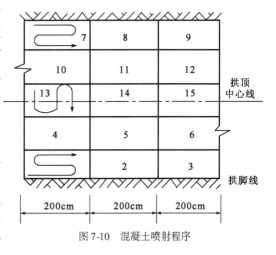

图 7-10 混凝土喷射程序

混凝土施工质量。

（6）一次喷射厚度问题。喷射作业应分层进行。一次喷射厚度不得太厚或太薄，它主要和喷射混凝土层与受喷面之间的黏结力及受喷部位等有关，并且应根据掺与不掺速凝剂、回弹损失率等因素而定，一般规定按照表 7-7 确定喷射厚度。

喷射厚度和喷射部位 表 7-7

喷射部位	一次喷射厚度（mm）	
	掺速凝剂	不掺速凝剂
拱部	50～60	30～40
边墙	70～100	50～70

若一次喷射太厚，在自重作用下，喷层会出现错裂而引起大片坍落。若一次喷射太薄，大部分粗集料会回弹，使受喷面上仅留下一层薄薄的混凝土或砂浆，势必影响效果及工程质量。一般情况下，一次喷射厚度：边墙为 50～70mm，拱部为 30～40mm（不掺速凝剂）。当掺入速凝剂后，边墙不宜超过 80mm，拱部不宜超过 60mm。分层喷射厚度一般为粗集料最大粒径的两倍，如一次喷射厚度小于 50mm 时，使用石子的最大粒径也要求相应减小。

（7）分层喷射的间隔时间。分层喷射，一般分 2～3 层喷射；分层喷射合理的间隔时间应根据水泥品种、速凝剂种类及掺量、施工温度（最低不宜低于 5℃）和水灰比大小等因素，并视喷射的混凝土终凝情况而定。

分层喷射间隔时间不得太短，一般要求在初喷混凝土终结以后，再进行复喷；当间隔时间较长时，复喷前应将初喷混凝土表面清洗干净，且复喷时应将凹陷处进一步找平。

复喷时间应视混凝土中速凝剂的性能而定，例如一般在常温下（15～20℃）使用市场常见的红星 I 型速凝剂时，可在 5～10min 后进行下一次喷射。

（8）喷射混凝土的养护。为使水泥充分水化，使喷射混凝土的强度均匀增长，减少或防止混凝土的收缩开裂，确保喷射混凝土的质量，喷射后需要良好的养护，应在其终凝 1～2h 后进行洒水养护，养护时间不应少于 7d。

另外，当有钢筋时，喷射应严格控制水灰比，喷射角度可偏一些，喷射混凝土应覆盖钢筋 20mm 以上。当有钢架时，钢架与围岩之间的间隙必须用喷射混凝土充填密实，喷射混凝土应将钢架覆盖，避免钢架锈蚀，并应由两侧拱脚向拱顶方向喷射。当采用钢纤维喷射混凝土时，钢纤维在混合料中应分布均匀，不得结成团。

2）钢筋网喷射混凝土施工要点

（1）钢筋网是喷射混凝土前挂设在岩面上的，然后再喷混凝土。目前，我国在各类隧道工程中应用其作支护的较多，主要用于软弱破碎围岩，更多的是与锚杆或钢拱架构成联合支护结构。

（2）钢筋网通常应环向和纵向布置。环向筋一般为受力筋，由设计计算确定，钢筋直径 $\phi12mm$ 左右，纵向筋一般为构造筋，直径 $\phi6～\phi10mm$；网格尺寸一般为 200mm × 200mm，200mm × 250mm，250mm × 250mm，250mm × 300mm；对于围岩松散、破碎较严重，或土质和砂质隧道，可采用直径小于 $\phi6mm$，网格尺寸一般为 100mm × 100mm，100mm × 150mm，150mm × 150mm，150mm × 200mm，200mm × 200mm。

（3）钢筋网应根据被支护围岩面上的实际起伏形状铺设，应在初喷一层混凝土后再铺设。钢筋网与岩面或与初喷混凝土面的间隙应不小于 30～50mm，钢筋网保护层厚度不小于

30mm,有水部位不小于40mm。钢筋用前应清除污锈。

（4）为便于挂网安装，常将钢筋网先加工成网片，长宽尺寸可以为1 000～2 000mm。

（5）钢筋网应与锚杆锚钉头连接牢固，并应尽可能使用多点连接，以减少喷射混凝土时使钢筋网发生"弦振"现象。锚钉的锚固深度不得小于200mm，以确保连接牢固、安全、可靠。

（6）在开始喷射时，应适当缩短喷头至受喷面的距离，并适当调整喷射角度，使钢筋网背面混凝土变得密实。对于干燥土质隧道，第一次喷射一定不能太厚，否则会鼓起及剥落等。

（7）在砂层地段，应注意要紧贴砂层铺挂细钢筋网，并用$\phi22$mm环向钢筋压紧，再喷射混凝土。在正式喷射前，应先喷一层加大速凝剂掺量的水泥砂浆，并适当减少喷射机的工作风压。

（8）在有水地段，应改变配合比，增加水泥用量；先喷干混合料，待其与涌水融合后，再逐渐加水喷射。喷射时由远而近，逐渐向涌水点逼近，然后在涌水点安设导管将水引出，再在导管附近喷射。

当涌水范围较大时，可设树枝状排水盲沟再喷射；当涌水严重时，可设置泄水孔，边排水边喷射；当涌水点不多时，可用开缝摩擦锚杆进行导水处理后再喷射。

3）减少粉尘和回弹量的措施

（1）严格控制喷射机的工作风压。

（2）合理选择喷射混凝土配合比；适当减小最大集料的粒径；使砂石料具有一定的含水率，呈潮湿状。有条件时，宜掺加粉尘抑制剂。

（3）掌握好喷头处用水量，提高喷射作业施作的熟练水平和喷射施工的技术。

（4）采用特殊结构的喷头（如提前加水、双水环、三水环等）。

（5）采用湿喷工艺施工。

7.2.6 钢拱架制作与安设施工

在围岩软弱破碎较严重、自稳性差的隧道地段（Ⅰ、Ⅱ类围岩和Ⅲ类围岩中的软岩），坑道开挖后要有早期支护，且必须具有较大的刚度，以阻止围岩过度变形和承受部分松弛荷载。钢拱架具有这样的力学性能，其整体刚度较大，可以提供较大的早期支护刚度；钢架支撑可很好地与锚杆、钢筋网、喷射混凝土合理组合，构成联合支护，增强支护功能的有效性，且受力条件较好，对隧道断面变形的适应性好。

1. 钢拱架的构造

用作支护结构的钢拱架的材料较多，可采用H、V形钢和工字钢及钢管或钢轨加工制作的钢架。一般在现场采用钢筋加工制成的格栅钢拱架较多。

2. 钢拱架的制作

钢拱架一般在现场制造，采用冷弯或热弯方法加工焊接而成。钢筋格栅钢拱架的腹部八字单元可以在工厂压制，装运到隧道施工现场，按比例为1：1的胎模热弯加工及焊接或铆接而成。钢拱架加工后要进行试拼，拼装允许误差为：沿隧道周边轮廓线的误差不应大于±30mm，平面（翘曲）应小于±20mm。接头连接要求每榀之间可以互换。即采用冷弯、冷压、热弯、热压、电焊加工制作钢拱架构件时，要求尺寸准确、弧形圆顺、结构安全可靠；钢拱架的截面尺寸应满足强度、刚度、稳定性的要求。因此，应按设计计算要求进行选材、加工、制作及检算验收等。

3. 钢拱架安设

(1)钢拱架应按设计位置安设,钢架之间必须用钢筋纵向连接,拱脚必须放在特制的基础上或原状土上,钢拱架与围岩之间应尽量接近,留 20～30mm 间隙作为保护层。在安设过程中,当钢拱架与围岩之间有较大的间隙时,应设垫块垫紧。

(2)钢拱架应垂直于隧道中线,上下左右偏差应小于 ±50mm,钢拱架倾斜度应小于 ±2°;当拱脚高程不准确时,不得用土回填,而应设置钢板调整,使拱脚位于设计高程位置;钢拱架的安设应在开挖后 2h 内完成;拱脚高度应设在低于上半断面底线以下 150～200mm;当承载不足时,钢拱架可向围岩方向加大接触面积。

(3)为方便安设,每榀钢拱架一般应分为 2～6 节,并保证接头的刚度。节数应与断面大小及开挖方法相适应。每榀钢架之间应在纵向设置不小于 φ22mm 的钢拉杆连接。

4. 钢拱架施工要点

(1)钢拱架应安设在隧道横向竖直平面内,其垂直度允许误差为 ±2°。

(2)钢拱架的拱脚应有一定的埋置深度,并必须落到原状土上,才能保证拱脚的稳定(即沉降值很少)。一般可以采取用垫石、垫钢板、纵向加托梁或锁脚锚杆等措施。

(3)钢拱架的截面高度应与喷射混凝土厚度相适应,一般为 100～200mm,且要有保护层;应在初喷混凝土后安装钢拱架,初喷混凝土厚度约为 40mm。钢拱架应尽可能多地与锚杆露头及钢筋网焊接,以增强其联合支护的效应。

(4)可缩性钢拱架的可缩性节点不宜过早喷射混凝土。应待其收缩合拢后,再补喷混凝土。

(5)喷射混凝土时,应注意将钢拱架与岩面之间的间隙喷射饱满,以达到很密实的程度。

(6)喷射混凝土应分层次、分段喷射完成。初喷混凝土应尽早进行"早喷锚";复喷混凝土应在量测指导下进行,即"勤量测"的基本原则,以保证喷射混凝土的复喷适时有效。

7.2.7　防水隔离层施工

隧道在开挖时或在喷射混凝土施工后如有渗漏水现象,或在隧道开挖时或喷射混凝土施工后虽未发生渗漏水现象,但围岩的状况表明,将来仍有可能出现渗漏水的地段,都必须设置相应的衬砌防水工程。尤其对于隧道洞口段,为保证充分安全,无论有无渗漏水发生,都要设置防水工程。衬砌防水工程可采取浇筑抗渗混凝土与铺设防水层相结合的办法进行处理。

抗渗混凝土是混凝土中掺加市场上常见的增强防水剂,可提高防水抗渗效果。防水层一般采用外贴式防水层;对复合式衬砌,设置夹层防水层。防水材料常用合成树脂与土工布聚合物制作的防水薄膜和防水板。防水板有橡胶防水板、塑料防水板。隧道施工多采用塑料防水板,因此本节主要介绍塑料板防水层及二次衬砌施工。

1. 塑料防水层铺设前准备工作

(1)测量隧道坑道开挖断面,对欠挖部位应加以凿除,对喷射混凝土表面凹凸显著部位应分层喷射找平;外露的锚杆头及钢筋网应齐根切除,并用水泥砂浆抹平。喷射混凝土表面凹凸显著部位,是指矢高与弦长之比超过 1/6 的部位,对其应修凿、喷补,使混凝土表面平顺。

(2)应检查塑料板有无断裂、变形、穿孔等缺陷,保证材料符合设计、质量要求。

(3)应检查施工机械设备、工具是否完好无缺,并检查施工组织计划是否科学、合理等。

2. 塑料板防水层铺设的主要技术要求

（1）塑料板防水层的施作，应在初期支护变形基本稳定和在二次衬砌灌筑前进行。开挖和衬砌作业不得损坏已铺设的防水层。因此，防水层铺设施作点距爆破面应大于150m，距灌筑二次衬砌处应大于20m。发现层面有损坏时应及时修补；当喷层表面漏水时，应及时引排。

（2）防水层可在拱部和边墙按环状铺设，并视材质采取相应的接合方法。塑料板搭接宽度为100mm，两侧焊缝宽应不小于25mm（当采用橡胶防水板黏结时，其搭接宽度为100mm，黏缝宽不小于50mm）。

（3）防水层接头处应擦干净，塑料防水板应采用与其材质相同的焊条焊接，两块塑料板之间接缝宜采用热楔焊接法，其最佳焊接温度和速度应根据材质试验确定。聚氯乙烯PVC板和聚乙烯PE板焊接温度和速度，可参考表7-8。防水层接头处不得有气泡、褶皱及空隙；接头处应牢固，强度应不小于同一种材料（橡胶防水板应用黏合剂黏结，涂刷胶浆均匀，用量充足才能确保黏合牢固）。

PVC板、PE板最佳焊接温度和速度　　　　　　　　表7-8

材质 项目	PVC板	PE板
焊接温度（℃）	130～180	230～265
焊接速度（m·min^{-1}）	0.15	0.13～0.2

（4）防水层用垫圈和绳扣吊挂在固定点上，其固定点的间距：拱部应为0.5～0.7m，侧墙为1.0～1.2m。在凹凸处应适当增加固定点；固定点之间防水层不得绷紧，以保证灌注混凝土时板面与混凝土面能密贴。

（5）采用无纺布作滤层时，防水板与无纺布应密切叠合，整体铺挂。

（6）防水层纵横向一次铺设长度，应根据开挖方法和设计断面确定。铺设前宜先试铺，并加以调整。防水层的连接部分，在下一阶段施工前应保护好，不得被弄脏和损坏。

（7）防水层属隐蔽工程，灌注混凝土前应检查防水层质量，做好接头记录和质量检查记录。

3. 铺设塑料板防水层应具备的条件

（1）喷射混凝土的开挖面轮廓，严格控制超欠挖，欠挖必须凿除，有不平处应加喷混凝土或用砂浆抹平，做到喷层表面基本圆顺，个别锚杆或钢筋头应切断，并用砂浆覆盖。

（2）隧道开挖中因塌方掉边造成的坑洼或岩溶洞穴，必须回填处理，并待稳定后再铺设塑料防水层。

4. 塑料板防水层搭接方法

（1）环向搭接。即每卷塑料板材沿衬砌横断面环向进行设置。

（2）纵向搭接。即板材沿隧道纵断面方向排列。纵向搭接要求呈鱼鳞状，以利于排水；如图7-11所示；止水带安装如图7-12所示。

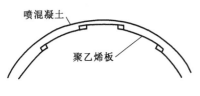

图7-11　聚乙烯板纵向搭接

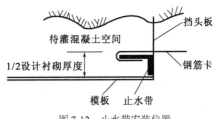

图7-12　止水带安装位置

7.2.8 二次衬砌混凝土施工

在公路隧道及地下工程中,常用的支护衬砌形式主要有整式衬砌、复合式衬砌及锚喷衬砌。整体式衬砌为永久性的隧道模筑混凝土衬砌(常用于传统的矿山法施工)。复合式衬砌是由初期支护和二次衬砌所组成,初期支护是帮助围岩达成施工期间的初步稳定,二次衬砌则是提供安全储备或承受后期围岩压力。初期支护按主要承载结构设计与施工;二次衬砌在Ⅳ类及以上围岩时按安全储备设计;在Ⅲ类及以下围岩时,则按承受后期围岩压力结构设计与施工,并均应满足构造要求。锚喷衬砌的设计基本上同复合式衬砌中的初期支护的设计,只是应增加一定的安全储备量(主要适用于Ⅳ类及以上围岩条件)。

由于地质条件复杂多变,尤其是在稳定性很差的Ⅱ~Ⅰ类围岩中,单靠工程类比法进行设计施工,已不能保证衬砌结构的可靠性和合理性。按照现代理论和新奥法施工原则,作为安全储备的二次衬砌是在围岩或围岩初期支护稳定后及时施作的,此时隧道已成型,因此二次衬砌多采用顺作法,即按由下到上、先墙后拱的顺序连续灌筑。在隧道纵向需要分段支护,分段长度一般为9~12m。二次衬砌多采用模筑混凝土作为内层衬砌结构。由于时间因素影响很多,二次衬砌和仰拱的施作,直接关系到衬砌结构的安全。过早施作会使二次衬砌承受较大的围岩压力,拖后施作则不利于初期支护的稳定。因此,在施工中应通过监控、量测,掌握围岩与支护结构的变化规律,及时调整支护与衬砌设计参数,并确定二次衬砌及仰拱的施作时间,使衬砌结构安全可靠。

1. 二次衬砌混凝土施工主要技术要求

二次衬砌混凝土施工除应遵守现行《公路隧道施工技术规范》(JTG F60—2009)有关规定外,尚应符合下列要求:

(1)混凝土混合料必须同时输入搅拌机;

(2)采用混凝土拌和楼、搅拌车及泵车送混凝土时,要求在输送混凝土时不得停止搅拌,自进入拌和机至卸出的时间,不得超过混凝土初凝时间的一半;

(3)初期支护基本稳定后,应及时修筑二次衬砌,当混凝土强度达到2.5MPa时即可脱模。

2. 二次衬砌施作时间确定

二次衬砌的施作时间,应在围岩和锚喷支护变形基本稳定后进行。主要条件如下:

(1)位移速度有明显下降的趋势;

(2)拱脚附近水平收敛小于0.2mm/d,拱顶竖直收敛小于0.1mm/d;

(3)已产生的位移占总位移量的90%以上。

其位移与位移速度是以采用机械式收敛计的实测数据为依据的。水平位移与拱顶下沉速度,以安全考虑,是指至少7d的平均值,总位移值可由回归分析计算求得。

对于自稳性很差的围岩,可能在较长时间达不到上述基本稳定的条件,喷射混凝土将会出现大量明显裂缝,而支护能力难以加强,此时则应及早施工仰拱,以改变围岩变形条件。若围岩仍不能稳定,应提前施作二次衬砌,以提供支护抗力,避免初期支护坍塌。

如二次衬砌仅作为保护防水层的不承重结构而修建,则其厚度小、自重轻,无论单、双车道隧道,当混凝土强度达到2.5MPa时,即可拆模。

3. 初期支护与二次衬砌间空隙处理

初期支护内轮廓与二次衬砌外轮廓间,应紧密结合。由于超挖、坍塌等原因造成两者之间可能有空隙时,可采用以下几种办法处理,以增强初期支护与二次衬砌之间的黏结。

(1)采用同级混凝土回填密实。当空隙不超过允许超挖量时,或由于初期支护施工后洞体净空收敛未达到设计预留变形量时,应根据实际轮廓选择增大加宽值,或以同级混凝土回填密实。

(2)采用贫混凝土回填。当超挖较大,用上述方法不能满足初期支护与二次衬砌间密贴的要求时,拱脚及墙基以上1m范围内采用同级混凝土回填密实,其余部分可根据空隙大小分别选用同级混凝土、浆砌片石或贫混凝土回填。

(3)采用背板、钢支架、钢支撑等。当空隙较大或坍塌时,应加强初期支护,使其充分稳定后方可进行二次衬砌。此时,较大的空隙或坍塌处不宜采用一般填料,以避免二次衬砌的局部承载过大,而应采取增设锚杆钢筋网喷混凝土等措施,以加强初期支护及与二次衬砌间的支撑接触。

7.3　不良地质条件下的隧道施工及处理方法

7.3.1　隧道浅埋段和洞口段施工方法

1.隧道浅埋段和洞口加强段的开挖

在浅埋和洞口加强地段进行开挖施工和支护,应根据地质条件、地表沉陷对地面建筑物的影响,以及保障施工安全等因素选择施工方法和支护方式,并应考虑施工效果及工程费用。

隧道浅埋段和洞口加强段,通常位于软弱、破碎、自稳时间极短的围岩中,若施工方法和支护方式不妥当,则极易发生冒顶、塌方或地表有害下沉,当地表有建筑物时会危及其安全。所以应采用先支护后开挖或分部开挖等措施,以防止开挖工作面失稳或地表有害下沉等。

2.隧道浅埋段施工方法和支护方式的技术要求

隧道浅埋段施工和支护应符合下列技术规定:

(1)根据围岩及周围环境条件,可优先采用单侧壁导坑法、双侧壁导坑法或留核心土开挖法;围岩的完整性较好时,可采用多台阶法开挖。严禁采用全断面法开挖,这是因为如果对属于大断面的公路隧道进行全断面开挖,对围岩的扰动很大,会导致全周壁围岩松动,增大坍塌的可能性,且支护结构难以及时施工,并增大隧道工程造价。

(2)开挖后应尽快施工锚杆、喷射混凝土、敷设钢筋网或钢支撑。当采用复合式衬砌时,应加强初期支护的锚喷混凝土。Ⅱ类以下围岩应尽快施工衬砌,防止围岩松动。

(3)锚喷支护或构件支撑,应尽量靠近开挖面,其距离应小于1.0倍洞跨。

(4)视地质条件,可配合采用超前小导管注浆、超前锚杆支护加固等辅助施工措施,即当浅埋段地质条件很差时,应采用辅助施工方法。

3.隧道浅埋段初期支护施工要点

(1)隧道浅埋段和洞口加强段施工开挖后,应立即铺设小网孔的钢筋网,并喷射30~50mm厚的混凝土层;

(2)安设锚杆及钢拱架,二次支护喷射混凝土应在钢拱架上形成不小于30mm的保护层;

(3)落底、安设锚杆及下部钢拱架,应同时进行挂网、喷射混凝土;

(4)应进行仰拱封底,尽早形成封闭结构。

4. 控制隧道地表沉降技术措施

（1）宜采用单臂掘进机或风镐开挖，减少对围岩的扰动；当采取爆破开挖时，应采用短进尺、弱爆破；

（2）应加强对拱脚的处理，打设拱脚锚杆，以提高拱脚处围岩的承载力；

（3）应及时施工仰拱或临时仰拱；

（4）若初期支护变形过大，又不宜加固时，可对洞周 2～3m 围岩进行系统注浆固结支护；

（5）地质条件差或有涌水时，宜采用地表预注浆结合洞内环形注浆固结；

（6）加强对地表下沉、拱顶下沉的量测及反馈，以指导施工，量测频率为深埋段时的 2 倍。

在国内外大量隧道工程施工实践中，对于覆盖层浅的隧道，其围岩难以自成拱，地表易沉陷，因此施工方法不能与覆盖层深的隧道区段相同，应采取适合浅埋段的施工方法。根据大量的施工资料调查，覆盖层小于洞跨 2 倍的隧道或区段属于浅埋隧道，应采用浅埋段施工方法施工。浅埋段工程应包括洞口加强段。

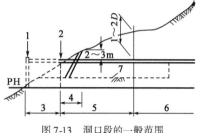

图 7-13　洞口段的一般范围
1-洞门位置；2-洞口位置；3-明洞段；4-进洞过渡段；5-洞口段；6-隧道洞身段；7-上部开挖地基；D-是隧道开挖最大洞跨（m）

由于每座隧道的地形、地质及路线位置不同，要明确地规定洞口段的范围是比较困难的。在一般情况下，可以将由于隧道开挖可能给上坡地表面造成不良影响的洞口范围称为洞口加强度。每座隧道应根据各自的围岩条件来确定洞口段的范围，一般亦可参照图 7-13 确定。

国外隧道工程实践和科研成果表明：侧壁导坑法的效果较好。多座隧道施工证明，采用侧壁导坑法施工引起的地表面沉降量最小。当停车带区段或三车道隧道施工时，采用中壁墙分部开挖法效果最好。

7.3.2　隧道施工中涌水处理方法

隧道施工中涌水的处理方法，应根据设计文件中关于隧道防、排水构造设计的资料，对隧道可能出现涌水地段的涌水量大小、补给方式、变化规律及水质成分等，进行详细调查、钻探及预报，结合工程实际情况，选择既经济合理，又能确保围岩稳定，并保护环境的治水方案。各种防治方法简要介绍如下。

1. 处理隧道施工中涌水的辅助施工方法

（1）采取超前钻孔辅助坑道排水方法；

（2）以超前小导管预注浆法堵水、止水；

（3）以超前固岩预注浆堵水；

（4）采用井点降水及深井降水施工等方法。

2. 采用辅助坑道排水施工要求

（1）辅助坑道应和正洞平行或接近平行；

（2）辅助坑道底高程应低于正洞底高程；

（3）辅助坑道应超前正洞 10～20m，至少应超前 1～2 个循环进尺。

3. 采用超前钻孔机排水技术要求

（1）应使用轻型探水钻机或凿岩机钻孔；

（2）钻孔孔位（孔底）应在水流的上方，钻孔时孔口应有保护装置，以防人身及机械事故；

（3）采取排水措施，保证钻孔排出的水迅速排出洞外；

（4）超前钻孔底应超前开挖面 1~2 个循环进尺。

4. 超前围岩预注浆堵水施工规定

超前围岩预注浆堵水施工，应符合下列规定：

（1）注浆段的长度应根据地质条件、涌水量、机具设备能力等因素确定，一般宜在 30~50mm 之间；隧道埋深在 50m 以内要用地面预注浆。

（2）钻孔及注浆顺序，应由外圈向内圈进行，在同一圈钻孔应间隔施工。

（3）浆液宜采用水泥浆液或水泥—水玻璃浆液。隧道埋深大于 50m 时，应用开挖面预注浆堵水。

5. 采用井点降水施工技术规定

（1）井点的布置应符合设计要求。当降水宽度小于 6m、深度小于 5m 时，可采用单排井点。井点间距宜为 1~1.5m。

（2）有地下水的黄土地段，当降水深度为 3~6m 时，可采用井点降水；当降水深度大于 6m 时，可采用深井井点降水。

（3）滤水管应深入含水层，各滤水管的高程应齐平。

（4）井点系统安装完毕后，应进行抽水试验，检查有无漏气、漏水情况。

（5）抽水作业开始后，宜连续不间断地进行抽水，并随时观测附近区域地表是否产生沉降，必要时应采取防护措施。

6. 深井井点降水施工技术要求

（1）在隧道两侧地表面布置井点，间距为 25~35m，井底应在隧道底面以下 3~5m。

（2）作好深井抽水时的地面排水工作。

（3）在深埋较浅的隧道中，可用深井泵降水，在洞外地面隧道两侧布点进行深井泵降水，井位一般呈梅花形，设置在隧道两侧开挖线以外，深井间距为 25~35m，井底应在隧道底以下 3~5m。

在渗透系数为 0.1~80m/d 的均质砂质土、亚黏土地层，可在洞内使用井点降水法降低地下水位。其动力设备为真空泵和射流泵。真空泵功率消耗小，重量轻，价格较低，宜优先选用。一般井点降水深度为 3~5m。

7. 承压水排放和高压水处理

（1）当预计隧道开挖工作面前方有承压水，且排水不会影响围岩稳定，或进行注浆前排水降压时，可采用超前钻孔或辅助坑道排水。超前钻孔及辅助坑道应保持 10~20m 的超前距离，最短应超前 1~2 倍掘进循环进尺长度。

（2）隧道施工中当遇有高压涌水危及施工安全时，宜先采用排水的方法降低地下水的压力，然后用注浆法封堵涌水。应先在周围注浆，特别是向水源方向注浆，切断水源，然后顶水注浆，将涌水堵住。

7.3.3 隧道塌方处理方法

隧道开挖时，导致塌方的原因有多种，概括起来可归结为：一是自然因素，即地质状态、受力状态、地下水变化等；二是人为因素，即不适当的设计，或不适当的施工作业方法等。由于塌方往往会给施工带来很大困难和很大经济损失。因此，需要尽量注意排除可能导致塌方的各种因素,尽可能避免塌方的发生。

1. 塌方发生的主要原因

(1)不良地质及水文地质条件。隧道穿过断层及其破碎带,或在薄层岩体的小曲褶、错动发育地段,一经开挖,潜在应力释放快、围岩失稳,小则引起围岩掉块、坍落,大则引起塌方。当通过各种堆积体时,由于结构松散,颗粒间无胶结或胶结差,开挖后引起坍塌。在软弱结构面发育或泥质充填物过多,均易产生较大的坍塌。隧道穿越地层覆盖过薄地段,如在沿河傍山、偏压地段、沟谷凹地浅埋和丘陵浅埋地段极易发生塌方。水是造成塌方的重要原因之一。地下水的软化、浸泡、冲蚀、溶解等作用会加剧岩体的失稳和坍落。岩层软硬相间或有软弱夹层的岩体,在地下水的作用下,软弱面的强度大为降低,因而发生坍塌。

(2)隧道设计考虑不周。隧道选定位置时,地质调查不细,未能作详细的分析,或未能查明可能塌方的因素。没有绕开可以绕避的不良地质地段。缺乏较详细的隧道所处位置的地质及水文地质资料,引起施工指导或施工方案的失误。

(3)施工方法和措施不当。施工方法与地质条件不相适应;地质条件发生变化,没有及时改变施工方法;工序间距安排不当;施工支护不及时,支撑架立不合要求,或抽换不当"先拆后支";地层暴露过久,引起围岩松动、风化、导致塌方。锚喷支护不及时,喷射混凝土的质量、厚度不符合要求。按新奥法施工的隧道,没有按规定进行量测,或信息反馈不及时,决策失误,措施不力。围岩爆破用药量过多,因震动引起坍塌。对危石检查不重视、不及时,处理危石措施不当,引起岩层坍塌。

2. 预防塌方的措施、方法

可以从以下几个方面预防塌方。

(1)隧道施工预防塌方,选择安全合理的施工方法和措施至关重要。在掘进到地质不良围岩破碎地段,应采取"先排水、短开挖、弱爆破、强支护、早衬砌、勤量测"的施工方法。必须制订切实可行的施工方案及安全措施。

(2)加强塌方的预测。为了保证施工作业安全,及时发现塌方的可能性及征兆,并根据不同情况采用不同的施工方法及控制塌方的措施,需要在施工阶段进行塌方预测。预测塌方常用的几种方法。

①观察法:在掘进工作面采用探孔对地质情况或水文情况进行探察,同时对掘进工作面应进行地质素描,分析判断掘进前方有无可能发生塌方的超前预测。定期和不定期观察洞内围岩的受力及变形状态;检查支护结构是否发生了较大的变形;观察是否岩层的层理、节理裂隙变大,坑顶或坑壁松动掉块;喷射混凝土是否发生脱落;以及地表是否下沉等。

②一般量测法:按时量测观测点的位移、应力,测得数据进行分析研究,及时发现不正常的受力、位移状态及有可能导致塌方的情况。

③微地震学测量法和声学测量法:前者采用地震测量原理制成的灵敏的专用仪器;后者通过测量岩石的声波分析确定岩石的受力状态,并预测塌方。

(3)加强初期支护,控制塌方:当开挖出工作面后,应及时有效地完成锚喷支护或喷锚网联合支护,并应考虑采用早强喷射混凝土、早强锚杆和钢支撑支护等措施。这对防止局部坍塌,提高隧道整体稳定性具有重要作用。

3. 隧道塌方的处理措施、方法

(1)隧道发生塌方,应及时迅速处理。处理时必须详细观测塌方范围、形状、塌穴的地质构造,查明塌方发生的原因和地下水活动情况,经认真分析,制订处理方案。

(2)处理塌方应先加固未坍塌地段,防止继续发展。并可按下列方法进行处理:

小塌方,纵向延伸不长、塌穴不高,首先加固塌体两端洞身,并抓紧喷射混凝土或采用锚喷联合支护封闭塌穴顶部和侧部,再进行清渣。在确保安全的前提下,也可在塌渣上架设临时支架,稳定顶部,然后清渣。临时支架待灌筑衬砌混凝土达到要求强度后方可拆除。

大塌方,塌穴高、塌渣数量大,塌渣体完全堵住洞身时,宜采取先护后挖的方法。在查清塌穴规模大小和穴顶位置后,可采用管棚法和注浆固结法稳固围岩体和渣体,待其基本稳定后,按先上部后下部的顺序清除渣体,采取短进尺、弱爆破、早封闭的原则挖塌体,并尽快完成衬砌。

塌方冒顶,在清渣前应支护陷穴口,地层极差时,在陷穴口附近地面打设地表锚杆,洞内可采用管棚支护和钢架支撑。

洞口塌方,一般易塌至地表,可采取暗洞明作的方法。

(3)处理塌方的同时,应加强防排水工作。塌方往往与地下水活动有关,治塌应先治水。防止地表水渗入塌体或地下,引截地下水防止渗入塌方地段,以免塌方扩大。具体措施如下:

①地表沉陷和裂缝,用不透水土夯填紧密,开挖截水沟,防止地表水渗入塌体。

②塌方通顶时,应在陷穴口地表四周挖沟排水,并设雨棚遮盖穴顶。陷穴口回填应高出地面并用黏土或圬工封口,做好排水。

③塌体内有地下水活动时,应用管槽引至排水沟排出。防止塌方扩大。

(4)塌方地段的衬砌,应视塌穴大小和地质情况予以加强。衬砌背后与塌穴洞孔周壁间必须紧密支撑。当塌穴较小时,可用浆砌片石或干砌片石将塌穴填满;当塌穴较大时,可先用浆砌片石回填一定厚度,其以上空间应采用钢支撑等顶住稳定围岩;特大塌穴应做特殊处理。

(5)采用新奥法施工的隧道或有条件的隧道,塌方后要加设量测点,增加量测频率,根据量测信息及时研究对策。浅埋隧道,要进行地表下沉测量。

本 章 小 结

1.隧道施工是在地层中挖出土石,形成符合设计轮廓尺寸的坑道,进行必要的初期支护和砌筑永久衬砌,以控制坑道围岩变形,保证隧道长期地安全使用。

2.随着人们对开挖隧道过程中所出现的围岩变形、松弛、崩塌等现象有了深入的认识,提出新的、经济的隧道施工方法——新奥地利隧道施工法,简称"新奥法"(NATM)。它是以控制爆破或机械开挖为主要掘进手段,以锚杆、喷射混凝土为主要支护方法,理论、量测和经验相结合的一种施工方法,同时又是一系列指导隧道设计和施工的原则。

3.隧道施工是修建隧道的施工方法、施工技术和施工管理的总称。本章主要介绍隧道施工方法(包括开挖及支护)的选择、施工方法的分类及各种施工方法的特点。

4.隧道开挖时,导致塌方的原因有多种,概括起来可归结为:自然因素和人为因素。由于塌方往往会给施工带来很大困难和很大经济损失。因此,需要尽量注意排除会导致塌方的各种因素,尽可能避免塌方的发生。

复习思考题

1. 选择隧道施工方案时要考虑哪些因素影响？

2. 隧道的常用开挖方法有哪几种？

3. 地面砂浆锚杆施工有哪些要求？

4. 平行导坑向正洞预注浆加固有哪些施工要点？

5. 锚杆施工前需要哪些准备工作？

6. 简述喷射混凝土施工基本原理、特点及应用范围。

7. 简述钢拱架安设方法及施工要点。

8. 塑料板防水层铺设有哪些主要技术要求？

9. 二次衬砌混凝土施工有哪些主要技术要求？二次衬砌施作时间如何确定？

10. 简述隧道浅埋段初期支护施工要点。

11. 处理隧道施工中涌水的辅助施工方法有哪些？

12. 简述塌方产生的主要原因及预防措施。

第8章 路面工程

学习要求

· 了解路面等级与类型;

· 掌握级配碎(砾)石基层材料要求及基层施工;

· 掌握石灰稳定土基层施工、水泥稳定土基层施工及石灰工业废渣基层施工;

· 了解水泥混凝土路面施工机械;

· 掌握水泥混凝土路面面层铺筑方法;

· 了解沥青路面施工机械;

· 熟悉沥青路面面层施工前准备工作;

· 掌握沥青路面面层施工方法。

本章重点

沥青混凝土路面施工;水泥混凝土路面施工。

本章难点

沥青混凝土路面施工。

由于行车荷载对路面的作用随着深度而逐渐减弱,同时,路基的湿度和温度状况也会影响路面的工作状况,因此,从受力情况、自然因素等对路面作用程度不同以及经济的角度考虑,一般将路面分成面层、基层、底基层来铺筑。

8.1 路面基层、底基层施工技术

从路面力学特性出发,路面可分为下述两类。

(1)柔性路面。柔性路面是指刚度较小,抗弯拉强度较低,主要靠抗压、抗剪强度来承受车辆荷载作用的路面。它主要包括用各种基层(水泥混凝土除外)和各类沥青面层、碎(砾)石面层、块石面层所组成的路面结构。

(2)刚性路面。主要是指水泥混凝土做面层或基层的路面结构,刚性路面与柔性路面的主要区别在于路面的破坏状态和它分布荷载到路基上的状态有所不同。

此外,采用二灰(石灰和粉煤灰)或水泥稳定土或水泥处治砂砾基层,这些基层的特性是前期强度较低,但随着时间的推移其强度和刚度不断增大。我们把这类基层称为半刚性基层,而把含有这类基层的路面结构称为半刚性路面。

8.1.1 级配碎石基层、底基层施工

级配碎石、砾石基层是由各种粗细集料(碎石和石屑或砾石和砂)按最佳级配原理修筑而成,级配碎石、砾石是用大小不同的材料按一定比例配合、逐级填充空隙,并借黏土黏结的,经

过压实后形成密实的结构。级配碎石、砾石基层的强度是由摩阻力和黏结力构成,具有一定的水稳性和力学强度。

第一种[图8-1a)]不含或含很少细料(指0.075mm以下的颗粒),主要依靠颗粒之间的摩阻力获得其强度和稳定性。不含或少含细料的混合料,其强度较低,但透水性好,不易冰冻。由于这种材料没有黏结性,施工时压实困难。

第二种[图8-1b)]含有足够的细料来填充颗粒间的空隙,它仍然能从颗粒接触中获得强度,其抗剪强度、密实度有所提高,透水性低,施工时易压实。

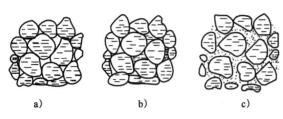

图8-1 混合料的三种状态

第三种[图8-1c)]含有大量细料而没有粗颗粒与粗颗粒的接触,粗集料仅仅是"浮"在细料之中,这类混合料施工时很易压实,但其密实度较低,易冰冻,难于透水,强度和稳定性受含水率影响很大。

1.级配碎、砾石基层(底基层)材料要求

1)级配碎石

粗细碎石集料和石屑各占一定比例的混合料,当其颗粒组成符合密实级配要求时,称级配碎石。级配碎石可用未筛分碎石和石屑组成,缺乏石屑时,也可以添加细砂砾或粗砂,但其强度和稳定性不如添加石屑的级配碎石。也可以用颗粒组成合适的含细集料较多的砂砾与未筛分碎石配合成级配碎砾石,但其强度和稳定性不如级配碎石。

级配碎石用作基层时,在高速公路和一级公路上,碎石的最大粒径不应超过30mm(其他公路不应超过40mm);用作底基层时,碎石的最大粒径不应超过50mm。粒径过大,石料易离析,也不利于机械摊铺、拌和及整平。级配碎石(或级配碎砾石)所用石料的集料压碎值应不大于25%~35%,级配碎石(或级配碎砾石)基层的颗粒组成和塑性指数应满足表8-1的规定。同时,级配曲线应接近圆滑,没有同一种尺寸的颗粒过多或过少的情况。如塑性指数偏大时,塑性指数与0.5mm以下细土含量的乘积应符合下列规定:在年降雨量小于600mm的中干和干旱地区,地下水位对土基没有影响时,乘积不应大于120;在潮湿多雨地区,乘积不应大于100。

级配碎石基层的集料级配范围　　　　　　　　表8-1

序 号	通过下列筛孔(mm)的质量百分率(%)								液限(%)	塑性指数
	37.5	31.5	19.0	9.5	4.75	2.36	0.6	0.075		
1		100	85~100	52~74	29~54	17~37	8~20	0~7	<28	<6(9)
2	100	90~100	73~88	49~69	29~54	17~37	8~20	0~7	<28	<6(9)

注:1.潮湿多雨地区的基层塑性指数不大于6,其他地区的基层塑性指数不大于9;
　　2.对于无塑性的混合料,小于0.075mm的颗粒含量应接近高限,使压实后的基层透水性小。

未筛分碎石是指控制最大粒径后由碎石机轧制的未经筛分的碎石料。其轧制碎石的材料可以是各种类型的坚硬岩石、圆石或矿渣,但圆石的粒径应是碎石最大粒径的3倍以上,矿渣应是已崩解稳定的,其干松密度和质量应比较均匀,干松密度不小于960g/m³。碎石中的扁平、长条颗粒的总量应不超过20%,且碎石中不应有黏土块及植物等有害物质。未筛分碎石用作底基层时,其颗粒组成和塑性指数应符合表8-2的规定。

序 号	通过下列筛孔(mm)的质量百分率(%)									液限 (%)	塑性指数
	53	37.5	31.5	19	9.5	4.75	2.36	0.6	0.075		
1	100	85~100	69~88	40~65	19~43	10~30	8~25	6~18	0~10	<28	<6(9)
2		100	83~100	54~84	29~59	17~45	11~35	6~21	0~10	<28	<6(9)

注:潮湿多雨地区的基层塑性指数不大于6,其他地区的基层塑性指数不大于9。

石屑或其他细集料是指碎石场的细筛余料,也可以利用轧制沥青表面处治和贯入式用石料时的细筛余料,或专门轧制的细碎石集料。其颗粒组成常为 0~10mm,并具有良好的级配。天然砂砾的颗粒尺寸一般合适,必要时应筛除其中的超尺寸颗粒。天然砂砾或粗砂应有好的级配。

2)级配砾石

粗细砾石集料和砂各占一定比例的混合料,当其颗粒组成符合密实级配要求时,称级配砾石。天然砂砾是常用的一种级配砾石。当天然砂砾符合规定的级配要求,且塑性指数在6(9)以下时,可以直接用作基层。级配不符合要求的天然砂砾,需要筛除超尺寸颗粒或掺加另一种砂砾或砂,使其符合级配要求。当砂砾中砂或土含量偏大时,可以用筛除一部分砂或土的办法,使其符合级配要求。塑性指数偏大的砂砾,有时可用无塑性的砂或石屑进行掺配,使其塑性指数降低到符合要求,或塑性指数与细土(小于 0.5mm 的颗粒)的乘积符合要求。如在天然砂砾中掺加部分碎石或轧碎砾石,可以提高混合料的强度和稳定性(天然砂砾掺加部分未筛分碎石组成的混合料称级配碎砾石,其强度和稳定性介于级配碎石和级配砾石之间)。

级配砾石用作基层时,砾石的最大粒径不应超过 40mm;石料的集料压碎值应不大于30%~35%。用作底基层时,砾石的最大粒径不应超过 50mm,且要求砾石颗粒中细长及扁平颗粒含量不应超过 20%。形状不合格的颗粒含量过多时,应掺入部分符合规格的石料,使其颗粒组成和塑性指数满足表8-3的规定。同时,级配曲线应接近圆滑,没有同一种尺寸的颗粒过多或过少的情况。当塑性指数偏大时,塑性指数与0.5mm 以下细土含量的乘积应符合下列要求:

通过下列筛孔(mm)的质量百分率(%)						液限 (%)	塑性指数
53	37.5	9.5	4.75	0.6	0.075		
	80~100	40~100	28~85	8~45	0~15	<28	<6(9)

(1)在年降雨量小于 600mm 的干旱地区,地下水位对土基没有影响时,乘积不应大于 120;

(2)在潮湿多雨地区,乘积不应大于 100。当级配砾石试件的干压实密度(在最佳含水率下制件)与工地规定达到的干压实密度相同时,浸水 4d 承载比值应不少于 100%。

用作底基层的砂砾、砂砾土或其他粒状材料也应有好的级配,并符合表8-4的要求。

当底基层集料在最佳含水率下制件,集料的干压实密度与工地规定达到的干压实密度相同时,浸水 4d 的承载比值应不小于 40%(轻交通道路)和 60%(中等交通道路)。

2. 级配碎、砾石基层(底基层)施工

1)路拌法施工

(1)准备下承层

①准备工作

砂砾底基层的集料级配范围

表 8-4

序号	通过下列筛孔(mm)的质量百分率(%)									液限(%)	塑性指数
	53	37.5	31.5	19.0	9.5	4.75	2.36	0.6	0.075		
1	100	90~100	81~94	63~81	45~66	27~51	16~35	8~20	0~7	<28	<6(9)
2		100	90~100	73~88	49~69	29~54	17~37	8~20	0~7	<28	<6(9)
3			100	85~100	52~74	29~54	17~37	8~20	0~7	<28	<6(9)

注:1.潮湿多雨地区的基层塑性指数不大于6,其他地区的基层塑性指数不大于9;

2.对于无塑性的混合料,小于0.075mm的颗粒含量应接近高限,使压实后的基层透水性小。

a.基层的下承层是底基层及其以下部分,底基层的下承层可能是土基也可能还包括垫层。下承层表面应平整、坚实,具有规定的路拱,没有任何松散的材料和软弱地点。

b.下承层的平整度和压实度应符合规范的规定。

c.土基不论路堤或路堑,必须用三轮压路机或等效的碾压机械进行碾压检验(压 3~4 遍)。在碾压过程中,如发现土过干、表层松散,应适当洒水;如过湿发生"弹簧"现象,应采取挖起晾晒、换土、掺石灰或粒料等措施进行处理。

d.对于底基层,根据压实度检查(或碾压检验)和弯沉测定的结果,凡不符合设计要求的路段,必须根据具体情况,分别采用补充碾压、加厚底基层、换填好的材料、挖开晾晒等措施,使达到标准。

e.底基层上的低洼和坑洞,应仔细填补及压实施,达到标准后,方能在上铺筑基层或底基层。

f.逐一断面检查下承层高程是否符合设计要求。

g.新完成的底基层或土基,必须按规范规定进行验收。凡验收不合格的路段,必须采取措施。

②测量

a.在下承层上恢复中线。直线段每 15~20m 设一桩;平曲线段每 10~15m 处设一桩,并在两侧路面边缘外0.3~0.5m 设指示桩。

b.进行水平测量。在两侧指示桩上用红漆标出基层或底基层边缘的设计高程。

③材料用量

a.计算材料用量。根据各路段基层或底基层的宽度、厚度及预定的干压实密度,计算各段需要的干集料数量。对于级配碎石,分别计算未筛分碎石和石屑(细砂砾或粗砂)的数量,根据料场未筛分碎石和石屑的含水率以及所用运料车辆的吨位,计算每车料的堆放距离。

b.在料场洒水加湿未筛分碎石,使其含水率较最佳含水率大 1% 左右,以减少运输过程中的集料离析现象(未筛分碎石的最佳含水率约为 4%)。

c.未筛分碎石和石屑可按预定比例在料场混合,同时洒水加湿,使混合料的含水率超过最佳含水率约1%,以减轻施工现场的拌和工作量以及运输过程中的离析现象(级配碎石的最佳含水率约为 5%)。

④机具

a.汽车或其他运输车辆及平地机等摊铺、拌和机械。

b.洒水车。洒水利用就近水源洒水。

c.压实机械。如轮胎式压路机、钢筒轮式压路机及振动压路机等。

d.其他夯实机具。适用于小范围处理路槽翻浆等。

(2)运输和摊铺集料

①运输

a.集料装车时,应控制每车料的数量基本相等。

b.在同一料场供料的路段,应由远到近将料按要求的间距卸置于下承层上。卸料间距应严格掌握,避免料不够或过多,并且要求料堆每隔一定距离留一缺口,以便施工。当采用两种集料时,应先将主要集料运到路上,待主要集料摊铺后,再将另一种集料运到路上。如粗细两种集料的最大粒径相差较多,应在粗集料处于潮湿状态时,再摊铺细集料。

c.集料在下承层上的堆置时间不宜过长,运送集料较摊铺集料工序只宜提前 1~2d。

②摊铺

a.摊铺前要事先通过试验确定集料的松铺系数(或压实系数,它是混合料的干松密度与干压实密度的比值)。人工摊铺混合料时,其松铺系数约为 1.40~1.50;平地机摊铺混合料时,其松铺系数约为 1.25~1.35。

b.用平地机或其他合适的机具将集料均匀地摊铺在预定的宽度上,当路的宽度大于 22m,适合分条进行摊铺,要求表面应平整,并具有规定的路拱。同时摊铺路肩用料。

c.检验松铺材料的厚度,看其是否符合预计要求。必要时应进行减料或补料工作。

d.级配碎、砾石基层设计厚度一般为 80~160mm;当厚度大于 160mm 时,应分层铺筑,下层厚度为总厚度的 0.6 倍,上层为总厚度的 0.4 倍。

③拌和及整形

应采用稳定土拌和机拌和级配碎石、砾石。在无稳定土拌和机的情况下,也可采用平地机进行拌和。

a.用稳定土拌和机拌和,拌和两遍以上。拌和深度应直到级配碎石、砾石层底。

b.用平地机拌和,将铺好的集料翻拌均匀。作业长度一般为 300~500m,拌和遍数一般为 5~6 遍,在拌和的过程中都应用洒水车洒足所需的水分,拌和结束时,混合料的含水率应该均匀,较最佳含水率大 1% 左右,避免粗细颗粒离析现象。

c.拌和均匀后的混合料要用平地机按规定的路拱,进行整平和整形,然后平地机或压路机在已初平的路段上快速碾压一遍,以消除潜在的不平整。再用平地机进行最终的整平和整形。在整形过程中,必须禁止任何车辆通行。

④碾压

基层整形后,当混合料的含水率等于或略大于最佳含水率时,立即用压路机、振动压路机或轮胎压路机进行碾压。直线段由两侧路肩开始向路中心碾压;在有超高的路段上,由内侧路肩开始向外侧路肩进行碾压。碾压时,后轮必须超过两段的接缝处。碾压一直进行到要求的密实度为止。一般需碾压 6~8 遍。压路机的碾压速度,头两遍以采用 1.5~1.7km/h 为宜,以后以 2.0~2.5km/h 为宜。

级配碎石、砾石基层在碾压中还应注意下列几点:

a.路面的两侧,应多压 2~3 遍。

b.凡含土的级配碎石、砾石基层,都应进行滚浆碾压,直压到碎石、砾石层中无多余细土泛到表面为止。滚到表面的浆(或事后变干的薄层土)应予清除干净。

c.碾压全过程均应随碾压随洒水,使其保持最佳含水率。洒水量可参考表 8-5 中数量并结合季节洒水,待表面晾干后碾压,但小于 100mm 时不宜摊铺后洒水,可在料堆上泼水,摊铺后立即碾压。碾压直到要求的密实度为止。

厚度 (mm)	季 节		说 明
	春秋季(kg/m²)	夏季(kg/m²)	
100	6 ~ 8	8 ~ 12	(1)天然级配砂、砾石含水率未计入,施工时应扣除天然含水率;
150	9 ~ 12	12 ~ 16	(2)一般天然级配砂、砾石含水率约7%;
200	12 ~ 16	16 ~ 20	(3)天然级配砂、砾石最佳含水率为5% ~9%
250	15 ~ 20	20 ~ 28	

d. 开始时,应用轻型的压路机初压,初压两遍后,及时检测、找补,同时如发现砂窝或梅花现象应将多余的砂或砾石挖出,分别掺入适量的碎石、砾石或砂,彻底翻拌均匀,并补充碾压,不能采用粗砂或砾石覆盖处理。

e. 碾压中局部有"软弹"、"翻浆"现象,应立即停止碾压,待翻松晒干,或换含水率合适的材料后再行碾压。

f. 两作业段的衔接处应搭接拌和。第一段拌和后,留 5 ~ 8m 不进行碾压,第二段施工时,将前段留下未压部分,重新拌和,并与第二段一起碾压。

g. 对于不能中断交通的路段,可采用半幅施工的方法。接缝处应对接,必须保持平整密合。

2)中心站集中拌和(厂拌)法施工

级配碎石混合料除上面介绍的路拌法外,还可以在中心站用稳定土厂拌设备进行集中拌和。

(1)材料

宜采用不同粒级的单一尺寸碎石和石屑,按预定配合比在拌和机内拌制级配碎石混合料。

(2)拌制

在正式拌制级配碎石混合料之前,必须先调试所用的厂拌设备,使混合料的颗粒组成和含水率都达到规定的要求。

(3)摊铺

①摊铺机摊铺

可用沥青混凝土摊铺机、水泥混凝土摊铺机或稳定土摊铺机摊铺碎石混合料,摊铺时,在摊铺机后面应设专人消除粗细集料离析现象,如图8-2 所示。

②自动平地机摊铺

图8-2 集料摊铺施工现场

在没有摊铺机时,可采用自动平地机摊铺碎石混合料。

(4)碾压

用振动压路机、三轮压路机进行碾压,碾压方法与要求和路拌法相同。

(5)接缝处理

①横向接缝

用摊铺机摊铺混合料时,对于摊铺机当天未压实的混合料,可与第二天摊铺的混合料一起碾压,但应注意此部分混合料的含水率。必要时,应人工补洒水,使其含水率达到规定的要求。用平地机摊铺混合料时,每天工作缝的处理与路拌法相同。

②纵向接缝

应避免产生纵向接缝。如摊铺机的摊铺宽度不够,必须分两幅摊铺时,宜采用两台摊铺机一前一后,相隔约5~8m同步向前摊铺。在仅有一台摊铺机的情况下,可先在一条摊铺带上摊铺一定长度后,再开到另一条摊铺带上摊铺,然后一起进行碾压。

8.1.2 半刚性路面基层、底基层施工

无机结合料稳定类基层又称为半刚性基层或整体型基层,它包括水泥稳定类、石灰稳定类和综合稳定类。半刚性基层材料的显著特点是:整体性强、承载力高、刚度大、水稳性好,而且较为经济。国外常采用水泥稳定粒料类、石灰粉煤灰稳定粒料类、碾压混凝土或贫水泥混凝土作为沥青路面的基层。在我国,半刚性材料已广泛用于修建高等级公路路面基层或底基层。

1. 石灰稳定土基层

在粉碎的土和原来松散的土(包括各种粗、中、细粒土)中,掺入足量的石灰和水,经拌和压实及养生后得到的混合料,当其抗压强度符合规定的要求时,称为石灰稳定土。用石灰稳定土铺筑的路面基层和底基层,分别称石灰稳定土基层和石灰稳定土底基层,或分别简称石灰稳定基层和石灰稳定底基层,也可在基层或底基层前标以具体简名,如石灰土碎石基层、石灰土底基层等。

石灰稳定土具有良好的力学性能,并有较好的水稳性和一定的抗冻性,它的初期强度和水稳性较低,后期强度较高;但由于干缩、冷缩易产生裂缝。石灰稳定土可适用于各类路面的基层和底基层,但不宜用作高级路面的基层,而只用作底基层。

在石灰稳定土基层施工中,为避免该层受弯拉而断裂,并使在施工碾压时能压稳而不起皮,其层厚不宜小于100mm。为便于拌和均匀和碾压密实,用12~15t压路机碾压时;压实厚度不宜大于150mm;用15~20t压路机碾压时,压实厚度不应大于200mm,且采用先轻后重进行碾压(分层铺筑时,下层宜稍厚)。碾压后的压实度要求见表8-6。石灰稳定土基层施工在最低气温0℃之前完成,并尽量避免在雨季施工。

石灰土基层(底基层)压实度要求　　　　　　　　　　表8-6

层　　次		高速、一级公路(%)	其他公路(%)
基层	石灰稳定中、粗粒土	—	≥97
	石灰稳定细粒土	—	≥93
底基层	石灰稳定中、粗粒土	≥96	≥95
	石灰稳定细粒土	≥95	≥93

1)路拌法施工

(1)准备工作

①准备下承层

按规范规定对拟施工的路段进行验收,凡验收不合格的路段,必须采取措施,使其达到标准后,方能在上铺筑石灰稳定土层。

②测量

在底基层或土基上恢复中桩,直线段每15~20m设一桩;平曲线段每10~15m设一桩,并

在对应断面的路肩外侧设指示桩。在两侧指示桩上用红漆标出石灰稳定土层边缘的设计高程。

③备料

集料:采备集料前,应先将树木、草皮和杂土清除干净,并在预定采料深度范围内自上而下采集集料,不宜分层采集,不应将不合格材料采集在一起。如分层采集集料,则应将集料分层堆放在一场地上,然后从前到后(上下层一起装入汽车),将料运到施工现场。料中的超尺寸颗粒应予筛除。

石灰:石灰堆放在拌和场时,宜搭设防雨棚。石灰应在使用前10d充分消解。每吨石灰消解需用水量一般为500~800kg。消解后的石灰应保持一定的湿度,以免过于飞扬,但也不能过湿成团,应尽快使用。

材料用量:根据各段石灰稳定土层的宽度、厚度及预定的压实度(换算为压实密度),计算各路段需要的干集料量。根据料场集料的含水率和运料车辆的吨位,计算每车料的堆放距离。根据石灰稳定土层的厚度和预定的干重度及石灰剂量,计算每平方米石灰稳定土需用的石灰数量,并计算每车石灰的摊铺面积,如使用袋装生石灰粉,则计算每袋石灰的摊铺面积。

(2)运输及摊铺

①运料

预定堆料的下层在堆料前应先洒水,使其湿润,不应过分潮湿而造成泥泞。集料装车时,应控制每车料的数量基本相等。在同一料场供料的路段,由远到近将料按计算的距离(间距)卸置于下承层中间或一侧。卸料距离应严格掌握,避免料不够或过多;料堆每隔一定距离应留一缺口;集料在下承层上的堆置时间不应过长。运送集料较摊铺集料工序宜提前1~2d。

②摊铺集料

通过试验确定集料的松铺系数也可参考(表8-7)。在摊铺集料前,应先在下承层上洒水使其湿润,但不应过分潮湿而造成泥泞。摊铺集料应在摊铺石灰的前一天进行。摊料长度应与施工日进度相同,以够次日摊铺石灰、拌和、碾压成型为准。

混合料松铺系数参考值 表8-7

材 料 名 称	松 铺 系 数	说　　　明
石灰土	1.53~1.58	现场人工摊铺土和石灰,机械拌和,人工整平
石灰土	1.68~1.70	路外集中拌和,运到现场人工摊铺
石灰土、砂砾	1.52~1.56	路外集中拌和,运到现场人工摊铺

用平地机将集料均匀摊铺在预定的宽度上,表面应力求平整,并有规定的路拱。摊铺过程中,应注意将土块、超尺寸颗粒及其他杂物去除。

(3)摊铺石灰

摊铺石灰时,如黏性土过干,应事先洒水闷料,使土的含水率略小于最佳值。细粒土宜闷料一夜;中粒土和粗粒土,视细土含量的多少,可闷1~2h。在人工摊铺的集料层上,用6~8t两轮压路机碾压1~2遍,使其表面平整,并有一定密实度。然后,按计算的每车石灰的纵横间距,将卸置的石灰均匀摊开。石灰摊铺完后,表面应没有空白位置。测量石灰的松铺厚度,根据石灰的含水率和松密度,校核石灰用量是否合适。

(4)拌和与洒水

①集料应采用稳定土拌和机拌和,拌和深度应达到稳定层底。应设专人跟随拌和机,随时

检查拌和深度并配合拌和机操作员调整拌和深度。拌和应适当破坏(约 10mm 左右,不应过多)下承层的表面,以利上、下层黏结。通常应拌和 2 遍以上。

②在拌和过程中,及时检查含水率。用喷管式洒水车补充洒水,使混合料的含水率等于或大于最佳值 1% 左右,洒水段应长些。拌和机械应紧跟在洒水车后面进行拌和,尤其在纵坡大的路段上更应配合紧密,以减少水分流失。拌和完成的标志是混合料色泽一致,水分合适均匀。

③拌和石灰加黏土的稳定碎石或砂砾时,应先将石灰土拌和均匀,然后均匀地摊铺在碎石或砂砾层上,再一起进行拌和。用石灰稳定塑性指数大的黏土时,由于黏土难以粉碎,宜采用两次拌和法,即第一次加 70% ~100% 预定剂量的石灰进行拌和,闷放一夜,然后补足石灰用量,再进行第二次拌和。

(5)整形与碾压

①整形

混合料拌和均匀后,先用平地机初步整平和整形。在直线段,平地机由两侧向路中进行刮平;在平曲线段,平地机由内侧向外侧进行刮平。需要时,再返回刮一遍。用平地机或轮胎压路机快速碾压 1~2 遍,然后根据测量结果平整,最后用平地机进行精平。每次整形都要按照规定的坡度和路拱进行,特别要注意接缝处的整平,接缝必须顺直平整。

②碾压

整形后,当混合料含水率处于最佳含水率左右 1% 时范围时(如表面水分不足,应适当洒水),立即用 12t 以上压路机、重型轮胎压路机或振动压路机在路基全宽内进行碾压。直线段,由两侧路肩向路中心碾压;平曲线段,由内侧路肩向外侧路肩进行碾压。碾压一直进行到要求的密实度为止。在碾压过程中,石灰稳定土的表面应始终保持湿润。如表面水蒸发得快,应及时补洒少量的水。如有"弹簧"、松散、起皮等现象,应及时翻开重新拌和,或用其他方法处理,使其达到质量要求。

(6)养生

①石灰稳定土在养生期间应保持一定的湿度,不应过湿。养生期一般不少于 7d。如图 8-3所示,在养生期间石灰土表层不应忽干忽湿,每次洒水后,应用两轮压路机将表层压实。

②如石灰稳定土分层施工时,下层石灰稳定土碾压完后,可以立即在上铺筑另一层石灰稳定土,不需专门的养生期。

③养生期结束后,应立即喷洒透层沥青,并在5~10d 内铺筑沥青面层。

(7)施工中应注意的问题

①接缝和掉头处的处理

图 8-3　石灰稳定土养生

两工作段的搭接部分,应采用对接形式。前一段拌和后,留 5~8m 不进行碾压,后一段施工时,将前段留下未压部分,一起再进行拌和。拌和机械及其他机械不宜在已压成的石灰稳定土层上掉头。

②纵缝的处理

石灰稳定土层的施工应尽可能避免纵向接缝。必须分两幅施工时,纵缝必须垂直相接,不应斜接。一般情况下,纵缝可按下述方法处理。在前一幅施工时,在靠中央一侧用方木或钢模板做支撑,方木或钢模板的高度与稳定土层的压实厚度相同。混合料拌和结束后,靠近支撑木(板)的一条带,应人工进行补充拌和,然后进行整形和碾压。在铺筑另一幅时,或在养生结束时,拆除支撑木(板)。第二幅混合料拌和结束后,靠近第一幅的一条带,应人工进行补充拌和,然后进行整形和碾压。

2)中心站集中拌和(厂拌)法施工

石灰稳定土集中拌和有利于保证配料的准确性和拌和的均匀性。

(1)备料

集料的最大粒径和级配都应符合要求,必要时,应先筛除集料中不符合要求的颗粒。配料应准确,在潮湿多雨地区施工时,还应采取措施保护集料,特别是细集料(含土)和石灰免遭雨淋。

(2)拌制

在正式拌制稳定土混合料之前,必须先调试所用的厂拌设备,使混合料的颗粒组成和含水率都达到规定的要求。集料的颗粒组成发生变化时,应重新调试设备。应根据集料和混合料的含水率,及时调整向拌和室中添加的水量,拌和要均匀。

(3)运输

已拌成的混合料应尽快运送到铺筑现场。如运距远、气温高,则车上的混合料应加以覆盖,以防水分过多蒸发。

(4)摊铺及碾压

下承层为石灰稳定土时,应先将下承层顶面拉毛,再摊铺混合料。摊铺应采用稳定土摊铺机、水泥混凝土摊铺机摊铺混合料。在没有以上摊铺机的情况下,可以用平地机摊铺混合料。用摊铺机摊铺时,拌和机与摊铺机的生产能力要相协调。摊铺后应用压路机及时进行碾压。

(5)横向接缝处理

①用摊铺机摊铺混合料时,每天的工作缝应做成横向接缝。摊铺机应驶离混合料末端。

②人工将末端混合料处理整齐,紧靠混合料放两根方木,方木的高度与混合料的压实厚度相同,整平紧靠方木的混合料。

③方木的另一侧用砂砾或碎石回填约3m长,其高度应高出方木几厘米。

④将混合料碾压密实。

⑤在重新开始摊铺混合料之前,将砂砾(碎石)和方木除去,并将下承层顶面清扫干净和拉毛。

⑥摊铺机返回到已压实层的末端,重新开始摊铺混合料。

⑦如压实层末端未用方木作支撑处理,在碾压后末端成一斜坡,则在第二天开始摊铺新混合料之前,应将末端斜坡挖除,并挖成一横向(与路中心线垂直)垂直向下的断面。挖出的混合料洒水到最佳含水率拌匀后仍可使用。

(6)纵向接缝

应避免纵向接缝。如摊铺机的摊铺宽度不够,必须分两幅摊铺时,宜采用两台摊铺机一前一后,相隔8~10m同步向前摊铺混合料,一起进行碾压。在仅有一台摊铺机的情况下,可先在一条摊铺带上摊铺一定长度后,再开到另一条摊铺带上摊铺,然后一起进行碾压,在不能避免纵向接缝的情况下,纵缝必须垂直相接,严禁斜接。

2. 水泥稳定土基层

在粉碎的或原来松散的土(包括各种粗、中、细粒土)中,掺入足量水泥和水,经拌和得到的混合料,在压实及养生后,其抗压强度符合规定的要求时,称为水泥稳定土。用水泥稳定土铺筑的路面基础和底基层,分别称水泥稳定(土)基层和水泥稳定(土)底基层,也可以在基层或底基层前标以具体名称,如水泥碎石基层、水泥土底基层等。

水泥稳定土有良好的力学性能和整体性,它的水稳性和抗冻性都较石灰稳定土好。水泥稳定土的初期强度高并且强度随龄期增长而增加,它的力学强度还可视需要进行调整。一般适用于各种交通类别道路的基层和底基层。

水泥稳定土施工时,必须采用流水作业法,使各工序紧密衔接。特别是要尽量缩短从拌和到完成碾压之间的延迟时间,所以在施工时应做延迟时间对强度影响的试验以确定合适的延迟时间。

水泥稳定土基层的施工方法主要有路拌法和中心站集中拌和(厂拌)法两种。

1)路拌法施工

水泥稳定土路拌法施工与石灰稳定土的施工相似。

(1)准备工作

①准备下承层

当水泥稳定土用作基层时,要准备底基层;当水泥稳定土用作底基层时,要准备土基。无论底基层还是土基,都必须按规范进行验收,达到标准后,方可铺筑水泥稳定土层。

②测量

首先是在底基层或土基上恢复中线。直线段每20m设一桩;平曲线段每10～15m设一桩,并在对应断面路肩外侧设指示桩。其次进行水平测量。在两侧指示桩上用红漆标出水泥稳定土层边缘的设计高程。

③确定合理的作业长度

确定路拌法施工每一作业段的合理长度时,应考虑如下因素:水泥的终凝时间、延迟时间对混合料密实度和抗压强度的影响;施工机械和运输车辆的效率和数量;操作的熟练程度;尽量减少接缝;施工季节和气候条件等。一般宽7～8m的稳定层,每一流水作业段以20m为宜。如稳定层较宽,则作业段应再缩短。

④备料

在采备集料前,应先将料场的树木、草皮和杂土清除干净。采集集料时,应在预定采料深度范围内自上而下进行,不应分层采集,不应将不合格的集料采集在一起。在集料中超尺寸颗粒应予筛除。

⑤计算材料用量

方法同石灰稳定土。

(2)集料运输与摊铺

方法与石灰稳定土施工基本相同。

(3)拌和

①摊铺水泥

在人工摊铺的集料上,用6～8t两轮压路机碾压一遍,使其表面平整。然后计算每袋水泥可以摊铺的纵横间距。水泥应当日用汽车直接送到摊铺路段,每袋水泥从汽车上直接卸在做标记的地点,检查有无遗漏和多余后,打开水泥袋,将水泥倒在集料层上。应注意使每袋水泥的摊铺面积相等,水泥摊铺完后,表面应没有空白,但也不过分集中,运水泥的车应有防雨设备。

②干拌

用稳定土拌和机拌和。拌和深度应达稳定层底。应设专人跟随拌和机,随时检查拌和深度,并配合拌和机操作员调整拌和深度。

在没有专用拌和机械的情况下,也可用平地机进行拌和。先用平地机将铺好水泥的集料翻拌两遍,使水泥分布到集料中,但不翻拌到底,以防止水泥落到底部。第一遍由路中心开始,将混合料向路两侧翻,同时机械应慢速前进。第二遍相反,由两侧开始,将混合料向路中心翻,接着用平地机将底部料翻起。随时检查调整翻拌深度,使稳定土层全部翻透。

③洒水湿拌

干拌过程结束时,如果混合料含水率不足,常用洒水车洒水补充水分。在洒水工作中,洒水车不应使洒水中断,洒水距离应长些,水车起洒处和另一端掉头处都应超出拌和段2m以上。洒水车不应在正进行拌和的或当天计划拌和的路段上掉头和停留,以防局部水量过大。洒水后,应再次进行拌和,使水分在混合料中分布均匀。拌和机械应紧跟在洒水车后面进行拌和,尤其在纵坡大的路段上应配合紧密,以减少水分流出。洒水及拌和过程中,应及时检查混合料的含水率,可采用含水率快速测定仪测定混合料的含水率。混合料的最佳含水率也可以在现场人工控制。最佳含水率时的混合料,在手中能紧捏成团,落在地上能散开,并应参考室内击实试验最佳含水率的混合料的状态。水分宜略大于最佳值,应较最佳含水率大0.5%~2.0%,不应小于最佳值,以补偿施工过程中水分的蒸发,并有利于减轻延迟时间的影响。

(4)整形与碾压

方法同石灰稳定土。

(5)接缝和掉头处的处理

①当天两工作段的衔接处,应搭接拌和。第一段拌和后,留5~8m不进行碾压;第二段施工时,前段留下未压部分,要再加部分水泥重新拌和,并与第二段一起碾压。当天其余各段的接缝都可这样处理。

②应特别注意每天最后一段末端缝(工作缝)的处理。在已碾压完成的水泥稳定土层末端沿稳定土挖一条宽约300mm的槽,直挖到下承层顶面。此槽与路的中心线垂直,靠稳定土一面应切成直线,而且应垂直向下。将两根方木(长度为水泥稳定土层宽的一半,厚度与其压实厚度相同)放在槽内,并紧靠着已完成的稳定土,以保护其边缘,不致遭第二天工作时的机械破坏。

③工作缝也可按下述方法处理:在水泥稳定土混合料拌和结束后,在预定长度的末端,按前述方法挖一条横贯全路宽的槽,槽内放两根与压实厚度等厚的方木,方木的另一侧用素土回填3~5m长,然后进行整形和碾压。第二天,邻接的作业段拌和结束后,除去方木,用混合料回填,靠近方木未能拌和的一小段,应人工进行补充拌和。

④纵缝的处理。水泥稳定土层的施工应该避免纵向接缝,在必须分两幅施工时,纵缝必须垂直相接,不应斜接。

2)中心站集中拌和(厂拌)法施工

水泥稳定土可以在中心站用厂拌设备进行集中拌和,其施工方法与石灰稳定土厂拌法施工基本相同,不再赘述。但应该注意的是:在摊铺过程中,如中断时间已超过2~3h,又未按横向接缝方法处理,则应将摊铺机附近及其下面未经压实的混合料铲除,并将已碾压密实且高程和平整度符合要求的末端,挖成一横向(与路线垂直)垂直向下的断面,然后再摊铺新的混合料。

3)养生及路线处理

(1)养生

水泥稳定土基层每一段碾压完成并经压实度检查合格后,应立即开始养生,不应延误。但如水泥稳定土分层施工时,下层水泥稳定土碾压完后,过一天就可以铺筑上层水泥稳定土,不需经过7d养生期。但在铺筑上层稳定土之前,应始终保持下层表面湿润。为增加上、下层之间的黏结性,在铺筑上层稳定土时,宜在下层表面撒少量水泥或水泥浆。此外,如水泥稳定土用作水泥混凝土路面板的基层,且面板是用小型机械施工的,则基层完成后不需养生就可铺筑混凝土面层。

(2)水泥稳定土基层养生方法

①用不透水薄膜或湿砂进行养生。用砂覆盖时,砂层厚70~100mm,砂铺匀后应立即洒水,并保持在整个养生期间砂的潮湿状态。也可以用潮湿的帆布、粗麻布、草帘或其他合适的材料覆盖,但不得用湿黏土覆盖。养生结束后,必须将覆盖物清除干净。

②采用沥青乳液进行养生。乳液应采用沥青含量约35%的慢裂沥青乳液,使其能透入基层几毫米深。沥青乳液的用量1.2~1.4kg/m²,宜分两次喷洒。乳液分裂后,宜撒布3~8mm或5~10mm的小碎(砾)石,小碎石约撒布60%的面积(不完全覆盖,但均匀覆盖60%的面积,露黑)。养生结束后,沥青乳液相当于透层沥青。也可以在完成基层上立即作下封层,利用下封层进行养生。

③无上述条件时,可用洒水车经常洒水进行养生,每天洒水的次数应视气候而定。整个养生期间应始终保持稳定土层表面潮湿,不应时干时湿。洒水后,应注意表层情况,必要时,用两轮压路机压实。

除采用沥青养生外,养生期不宜少于7d,如养生期少于7d就已做上承层,则应注意勿使重型车辆通行。若养生期间未采用覆盖等措施,除洒水车外,应封闭交通。

养生期结束后,应立即喷洒透层沥青或作下封层,并在5~10d内铺筑沥青面层。在喷洒透层沥青后,应撒3~8mm或5~10mm的碎(砾)石。如喷洒的透层沥青能透入基层,且运料车辆和面层混合料摊铺机在上行驶不会破坏沥青膜时,可以不撒粒径小的碎(砾)石。如面层为水泥混凝土时,也不宜让基层长期暴晒开裂。

3. 石灰工业废渣基层

工业废渣包括粉煤灰、煤渣、高炉矿渣、钢渣(已经过崩解达到稳定)、其他冶金矿渣及煤渣。

路用工业废渣一般用石灰进行稳定,故通常称其为石灰稳定工业废渣(简称石灰工业废渣)。它包括两大类:一是石灰粉煤灰类,又可分为石灰粉煤灰、石灰粉煤灰土、石灰粉煤灰砂、石灰粉煤灰砂砾、石灰粉煤灰碎石、石灰粉煤灰矿渣及石灰粉煤灰煤矸石等。这些材料分别简称二灰、二灰土、二灰砂、二灰砂砾、二灰碎石、二灰矿渣及二灰煤矸石等。二是石灰其他废渣类,可分为石灰煤渣、石灰煤渣土、石灰煤渣碎石、石灰煤渣砂砾、石灰煤渣矿渣及石灰煤渣碎石土等。用石灰工业废渣铺筑的路面基层和底基层,分别称石灰工业废渣基层和石灰工业废渣底基层。也可以在基层或底基层前标以具体简名,如二灰砂砾基层、二灰土底基层等。石灰工业废渣,特别是二灰材料,具有良好的力学性能、板体性、水稳性和一定的抗冻性,其抗冻性较石灰土高得多。石灰工业废渣的初期强度低,但随龄期的增长幅度大。二灰土中粉煤灰用量越多,初期强度越低。在二灰中加入粒料、少量水泥或其他外加剂可提高其早期强度。由于干缩、冷缩,易产生裂缝。石灰工业废渣可适用于各种交通类别道路的基层和底基层,但二灰和二灰土不宜用作高级沥青路面的基层,而只作底基层。

1)路拌法施工

(1)施工准备

①准备下承层

当石灰工业废渣用作基层时,要准备底基层;当石灰工业废渣用作底基层时,要准备土基。对下承层总的要求是平整、坚实,具有规定的路拱,没有任何松散的材料和软弱地点。因此,对底基层或土基,必须按规范规定进行验收,达到标准后方能在其上铺筑石灰工业废渣层。

②测量

测量的主要内容是在底基层或土基上恢复中线。直线段每 15~20m 设一桩;平曲线段每10m 设一桩,并在两侧边缘外 0.3~0.5m 设指示桩,然后进行水平测量;在两侧指示桩上用红漆标出石灰工业废渣边缘的设计高程。

③备料

粉煤灰的准备。粉煤灰运到路上、路旁或厂内场地后,通常露天堆放。此时,必须使粉煤灰含有足够的水分(含水率为 15%~20%),以防飞扬。特别在干燥和多风季节,必须使料堆表面保持潮湿或者覆盖。如在堆放过程中,部分粉煤灰凝结成块,使用时应将灰块打碎。

土或粒料的准备。采备集料前,应先将树木、草皮和杂土清除干净。集料中的超尺寸颗粒应予筛除。应在预定采料深度范围内自上而下采集集料,不应分层采集,不应将不合格的集料采集在一起。对于黏性土,可视土质和机械性能确定土是否需要过筛。

石灰的准备。石灰宜选在公路两侧宽敞而邻近水源且地势较高的场地集中堆放。预计堆放时间较长时,应用土或其他材料覆盖封存。石灰应在使用前 7~10d 充分消解。消解后的石灰应保持一定的湿度,以免过于飞扬,但也不能过湿成团。

④其他

如路肩用料与石灰工业废渣层用料不同,应采取培肩措施,先将两侧路肩培好。路肩料层的压实厚度应与稳定土层的压实厚度相同。

计算材料用量。根据各路段石灰工业废渣层的宽度、厚度及预定的干压实密度,计算各路段需要的混合料数量。根据混合料的配合比、材料的含水率以及所用运料车辆的吨位,计算各种材料每车料的堆放距离。

(2)运输和摊铺集料

集料运输和摊铺的方法和步骤如下:

①预定堆料的下承层在堆料前应先洒水,使其表面湿润。

②材料装车时,应控制每车料的数量基本相等。

③采用二次混合料时,先将粉煤灰运到路上;采用二灰土时,先将土运到路上;采用二灰粒料时,先将粒料运到路上。在同一料场供料的路段内,由远到近按计算的距离卸置于下承层中间或一侧。卸料距离应严格掌握,避免料不够或过多。

④料堆每隔一定距离应留一缺口,材料在下承层上的堆置时间不应过长。

⑤应事先通过试验确定各种材料及混合料的松铺系数。

⑥采用机械路拌时,应采用层铺法。即将先运到路上的材料摊铺均匀后,再往上运送第二种材料,将第二种材料摊铺均匀后,再往上运送第三种材料。在摊铺集料前,应先在未堆

料的下承层上洒水,使其表面湿润。然后再用平地机或其他合适的机具将料均匀地摊铺在预定的宽度上。表面应力求平整,并具有规定的路拱。粒料应较湿润,必要时先洒少量水。第一种材料摊铺均匀后,宜先用两轮压路机碾压1~2遍,然后再运送并摊铺第二种材料。在第二种材料层上,也应先用两轮压路机碾压1~2遍,然后再运送并摊铺第三种材料。

（3）拌和及洒水

①应采用稳定土拌和机拌和。具体拌和方法是用稳定土拌和机拌和两遍以上。拌和深度应深至稳定层底。应设专人跟随拌和机,随时检查拌和深度。

②用洒水车将水均匀地喷洒在干拌后的混合料上,洒水距离应长些。洒水车不应在正进行拌和或当天计划拌和的路段上掉头和停留,防止局部水量过大。

③拌和机械应紧跟在洒水车后面进行拌和。洒水及拌和过程中,应及时检查混合料的含水率。水分宜略大于最佳含水率1%～2%。尤其在纵坡大的路段上应配合紧密。拌和过程中,要及时检查拌和深度,要使石灰工业废渣层全深都拌和均匀。拌和完成的标志是混合料色泽一致,水分合适和均匀。对于二灰粒料,应先将石灰和粉煤灰拌和均匀,然后均匀地摊铺在粒料层上,再一起进行拌和。

（4）整形

①混合料拌和均匀后,先用平地机初步整平和整形。在直线段,平地机由两侧向路中心进行刮平;在平曲线段,平地机由内侧向外侧进行刮平。需要时,再返回刮一遍。

②平地机或轮胎压路机快速碾压1～2遍,以暴露潜在的不平整。

③再用平地机如前述那样进行整形,并用上述机械再碾压一遍。

④用新拌的二次混合料进行找补整平,再用平地机整形一次。

⑤每次整形都要按照规定的坡度和路拱进行,特别要注意接缝处的整平。

在整形过程中,必须禁止任何车辆通行。初步整形后,检查混合料的松铺厚度。必要时应进行补料或减料。机械拌和及机械整形时,松铺系数为1.2～1.4。

（5）碾压

整形后,当混合料的含水率等于或略大于最佳含水率时,立即进行碾压。其压实方法、压实厚度与压实度要求与水泥稳定土相同。

（6）其他

①接缝的处理与水泥稳定土相同。

②养生及交通管理:

a.石灰工业废渣层碾压完成后的第二天或第三天开始养生。通常采用洒水养生法。每天洒水的次数视气候条件而定,应始终保持表面潮湿或湿润。养生期一般为7d。也可借用透层沥青或下封层进行养生。

b.在养生期间,除洒水车外,应封闭交通。

c.养生期结束,应立即铺筑面层或作下封层,其要求与石灰稳定土相同。

d.石灰工业废渣分层施工时,下层碾压完毕后,可以立即在上铺筑另一层,不需专门的养生期。

2）中心站集中拌和(厂拌)法施工

石灰工业废渣混合料可以在中心拌和站用厂拌法进行集中拌和。集中拌和时,必须掌握下列各个要点:土块、粉煤灰块要粉碎;配料要准确;含水率要略大于最佳值,使混合料运到现场、摊铺后碾压时的含水率能接近最佳值;拌和要均匀等。混合料的拌和、摊铺、碾压、养生及其他问题的处理与石灰稳定土相同。

8.1.3 工程实例

1. 二灰土底基层

1)施工方案

××路线桥桥头路基二灰土厚200mm,一层全幅施工。开始施工前,在验收合格的路基上做100~150m的试验段,确定各种填料的松铺系数。

2)材料要求

(1)石灰:石灰要满足Ⅲ级以上的标准,石灰于使用前7~10d,充分消解。

(2)粉煤灰:$SiO_2 + Al_2O_3 + Fe_2O_3$总含量大于70%,烧失量小于20%,比表面积大于2 500cm^2/g。含水率不超过35%。使用时,将凝固的粉煤灰块打碎或过筛,清除有害杂质。

(3)土:塑性指数12~20的黏性土,土块颗粒最大尺寸不大于15mm,有机质含量不大于10%。

(4)水:饮用水。

3)施工工艺

(1)准备下承层:路床填筑完毕,配合监理按照路床顶面技术标准进行验收,合格后即开始进行二灰土施工。

(2)施工放样:在路槽上恢复中线,进行水平测量,每10m间距用钢筋做标示桩标出二灰土边缘的高程。

(3)上土:用石灰线在路基画10m×10m的格子,根据室内试验的配合比、土的含水率和松铺系数,计算每格用土量,用自卸汽车运土,专人指挥卸料,间距大致均匀。推土机摊铺大致平整,用铧犁配合旋耕机翻拌晾晒,降低含水率。含水率降至较最佳含水率大3%时,用推土机整平,用平板压路机稳压一遍,人工挂线指挥平地机将土整平,测定虚铺厚度,基本均匀。

(4)上粉煤灰:土整平后,用石灰线画10m×10m的格子,根据室内试验的配合比、粉煤灰的含水率和松铺系数,计算每格粉煤灰量,用自卸汽车运至现场,专人指挥卸料,间距大致均匀。用人工挂线指挥平地机摊铺均匀,用压路机稳压一遍,测定其虚铺厚度,基本均匀。

(5)上石灰:同样采用打格子方法根据室内试验的配合比、石灰的含水率和松铺系数,计算每格石灰量,人工配合将石灰撒布均匀。

(6)拌和:用宝马路拌机拌和,略破坏(约10m)路床顶面,专人跟踪检查拌和深度,拌和好的混合料的含水率控制在超过最佳含水率1%~2%。宝马路拌机进行路拌作业时,设专人跟随拌和机,每20m一个断面,分左中右挖坑检查三处,随时检查拌和深度,并配合拌和机操作员调整拌和深度。对拌和机的转弯掉头部位,新旧接茬部位等容易发生漏拌的隐患部位,多拌和几遍。拌和完成后,混合料色泽一致,无灰条、灰团和花面现象。拌和过程中检测含水率、灰剂量,并取样做无侧限抗压强度试件。

(7)整型:混合料拌匀后整型,用平板压路机静压一遍,然后根据试铺段测定混合料的压实系数,人工挂线指挥平地机整型。低洼处把原有混合料挖松,再补充上配合比相同、含水率相当的二灰土,一次找够,宁多少,宁高勿低。

(8)碾压:含水率应处于较最佳含水率大1%~2%时开始碾压。平板碾压路机静压一遍,振动碾压3遍,用18~21t静压3遍。碾压过程中,压路机走向顺直,中途不停车,不倒退。每次重轮重叠一半。碾压结束后,用20t胶轮压路机光面,如表面干燥,光面前应适当洒水。碾压时直线段先两边后中间,曲线段先内侧后外侧,先静压后振动,先轻后重。

(9)接头处处理:同日施工的两段衔接处,采用搭接,前一段整形后,留 5~8m 不碾压,后一段施工时前段留下来的未压部分,与后一段一起重新拌和碾压。两相邻路段在不同时间填筑,将先施工段接头处的松散全部挖掉,接头断面厚度达到设计要求,并与线路中心线垂直。

(10)检测:按照《公路工程质量检验评定标准》要求检测二灰土的各项技术指标,自检合格后,向监理工程师报验。

(11)养护:底基层报验合格后,根据天气情况,保持表面在养生期内经常处于湿润状态,随时风干随时洒水,确保强度的形成。为了减少洒水工作量,表面洒水后用彩条布覆盖,其保水效果明显。养生时间不少于 7d,同时,坚持封闭交通。

2. 二灰碎石基层

1)施工方案

路线桥桥头路基二灰碎石厚 300mm,分两层全幅施工,每层厚 150mm。铺筑道路为二级以下标准,且数量较小,采用路拌法施工。

2)材料要求

(1)石灰:石灰要满足Ⅲ级以上的标准,石灰于使用前 7~10d,充分消解。

(2)粉煤灰:$SiO_2 + Al_2O_3 + Fe_2O_3$ 总含量大于 70%,烧失量小于 20%,比表面积大于 2 500cm²/g。含水率不超过 35%,使用时,将凝固的粉煤灰块打碎或过筛,清除有害杂质。

(3)碎石:最大粒径不超过 31.5mm,压碎值不大于 26%,针片状颗粒含量不超过 20%,级配满足规范要求。

(4)水:饮用水。

3)施工工艺

(1)准备下承层:底基层养护结束后,用平板压路机稳压 2 遍,人工对二灰土表面整理。

(2)施工放样:在底基层上恢复中线,路基两侧用钢筋桩每 10m 标出二灰碎石边缘的标高。

(3)摊铺粉煤灰:用石灰线在底基层上画 10m×10m 的格子,根据室内试验的配合比、粉煤灰的含水率和松铺系数,计算每格粉煤灰量,用自卸汽车运至现场,专人指挥卸料,间距大致均匀。用人工挂线指挥平地机摊铺均匀,用压路机稳压一遍,测定其虚铺厚度,基本均匀。

(4)摊铺石灰:同样采用打格子方法根据室内试验的配合比、石灰的含水率和松铺系数,计算每格石灰量,人工配合将石灰撒布均匀。然后用路拌机翻拌一遍,用平板压路稳压一遍,人工挂线指挥平地机整平。

(5)摊铺碎石:同样采用打格子方法根据室内试验的配合比、石灰的含水率和松铺系数,计算每格用碎石用量,用自卸汽车运至现场,专人指挥卸料,间距大致均匀。推土机摊铺大致平整,用推土机稳压一遍,人工挂线指挥平地机精平,测定虚铺厚度,基本均匀。

(6)拌和:用宝马路拌机拌和,略破坏(约 10mm)底基层顶面,专人跟踪检查拌和深度,拌和好的混合料的含水率控制在超过最佳含水率 1%~2%。宝马路拌机进行路拌作业时,设专人跟随拌和机,每 20m 一个断面,分左中右挖坑检查三处,随时检查拌和深度,并配合拌和机操作员调整拌和深度。对拌和机的转弯掉头部位,新旧接茬部位等容易发生漏拌的隐患部位,多拌和几遍。拌和完成后,混合料色泽一致,无灰条、灰团和花面现象。拌和过程中检测含水率、灰剂量,并取样做无侧限抗压强度试件。

（7）整型：混合料拌匀后整型，用平板压路机静压一遍，然后根据试铺段测定混合料的压实系数，人工挂线指挥平地机整型。低洼处把原有混合料挖松，再补充上配合比相同、含水率相当的混合料，一次找够，宁多勿少，宁高勿低。

（8）碾压：含水率应处于较最佳含水率大1%～2%时开始碾压。平板碾压路机静压一遍，振动碾压2遍，用18～21t静压3遍。碾压过程中，压路机走向顺直，中途不停车，不倒退。每次重轮重叠一半。碾压结束后，用20t胶轮压路机光面，如表面干燥，光面前应适当洒水。碾压时直线段先两边后中间，曲线段先内侧后外侧，先静压后振动，先轻后重。

（9）接头处处理：同日施工的两段衔接处，采用搭接，前一段整形后，留5～8m碾压，后一段施工时前段留下来的未压部分，与后一段一起重新拌和碾压。两相邻路段在不同时间填筑，将先施工段接头处的松散全部挖掉，接头断面厚度达到设计要求，并与线路中心线垂直。

（10）检测：按照《公路工程质量检验评定标准》要求检测二灰碎石的各项技术指标，自检合格后，向监理工程师报验。

（11）第一层施工完成后，养生7d后进行第二层的施工。

（12）养护：第一层施工完毕后，根据天气情况，保持表面在养生期内经常处于湿润状态，随时风干随时洒水，确保强度的形成。为了减少洒水工作量，表面洒水后用彩条布覆盖。养生时间不少于7d，同时，坚持封闭交通。第二层施工完毕后，采用沥青乳液进行养生（0.8～1.0kg/m²），分两次喷洒，第一次喷洒沥青含量约35%的慢裂沥青乳液，使其能稍透入基层表层，第二次喷洒浓度较大的沥青乳液。

4）注意事项

（1）加强与当地气象部门的联系，收听天气预报，掌握气候变化情况，以利组织施工生产。

（2）每个施工作业段，在晴天抓紧完成各道工序，力争当天成型，在雨前采用彩条布全断面覆盖。对施工时遇雨可采取临时稳压，减少雨水渗入。

（3）石灰要求有一定的含水率，不过湿成团也不扬尘，人工布灰禁止在大风天气进行，有风时不能迎风布撒，工人要佩戴口罩和手套。

（4）由于现场掺石灰用换算为体积控制，要随时注意装载机装灰基本均匀。

（5）石灰要求堆放于高处，邻近水源且利于排水的地方，使用前7～10d充分消解，雨天时，石灰用彩条布进行覆盖。

（6）严禁压路机在已完成的或正在碾压的路段上掉头或紧急制动，并将路面两侧多压两遍。

（7）粉煤灰运工地后，先堆高沥水，必要时用挖机翻开晾晒，将粉煤灰的含水率降至35%以下。

8.2　水泥混凝土路面面层施工技术

水泥混凝土路面具有承载能力大、稳定性好、使用寿命长、日常养护费用少等优点，是高等级、重交通公路路面的主要类型之一。

水泥混凝土路面，主要包括素混凝土、钢筋混凝土、连续配筋混凝土、预应力混凝土、装配式混凝土及钢纤维混凝土等面层板和基（垫）层所组成的路面。目前采用最广泛的是就地浇筑的素混凝土路面，即除接缝区和局部范围（边缘和角隅）外不配置钢筋的混凝土路面。与其他类型路面相比，水泥混凝土路面具有以下特点：

（1）刚度大、强度高、整体性好，因而具有较高的承载能力和扩散荷载的能力。

（2）稳定性好。水泥混凝土的水稳定性和温度稳定性均优于沥青混凝土，而且，其强度能随时间而增长，不存在沥青路面的"老化"现象。水泥混凝土路面应用于气候条件急剧变化的地区时，不易出现沥青路面的某些稳定性不足的损坏（如车辙等）。

（3）耐久性好。由于混凝土路面强度和稳定性好，抗磨耗能力强，所以耐疲劳特性好。在保证设计和施工质量的情况下，可使用 20～40 年以上，而且它能通行包括履带式车辆在内的各种运输工具。

（4）抗侵蚀能力强。水泥混凝土对油、大多数化学物质不敏感，有较强的抗侵蚀能力。

（5）养护费用少。在正常设计、施工和养护条件下，水泥混凝土路面的养护工作量和养护费用均比沥青路面小，约为后者的 1/3～1/4。

（6）抗滑性能好。混凝土路面由于表面粗糙度好，能保证车辆有较高的安全行驶速度，特别在下雨时虽然路面潮湿，仍能保持较高的粗糙度而使车辆不滑行，从而提高车辆行驶的稳定性。

（7）有利于夜间行车。混凝土路面色泽鲜明，能见度好，对夜间行车有利。

（8）接缝多。接缝是混凝土路面的薄弱处，一方面增加了施工和养护的复杂性；另一方面在施工和养护不当时易导致唧泥、错台和断裂等现象。同时，接缝也容易引起行车跳动，影响行车的舒适性。

（9）对超载敏感。水泥混凝土是脆性材料，一旦作用荷载超出了混凝土的极限强度，混凝土板便会出现断裂。

（10）不能立即开放交通。除碾压混凝土外，其他混凝土路面需要一定的养生期，以获得足够的强度增长，因而铺筑完工后需要隔一定时期（14～21d 以上）才能开放交通。如需提早开放交通，则需采取特殊措施。

（11）修复困难。混凝土路面出现损坏后，修补工作较沥青路面困难，且影响交通，修补后路面质量不如原来的整体强度高。

（12）噪声大。混凝土路面使用的中、后期，由于接缝、变形（缝隙增大、错台等）而使平整度降低，车辆行驶时的噪声较大。

8.2.1 水泥混凝土路面施工机械简介

1. 滑模摊铺机械配备

1）滑模摊铺机选型

高速公路、一级公路施工，宜选配能一次摊铺 2～3 个车道宽度（7.5～12.5m）的滑模摊铺机；二级及以下公路路面的最小摊铺宽度不得小于单车道设计宽度。硬路肩的摊铺宜选配中、小型多功能滑模摊铺机，并宜连体一次摊铺路缘石。滑模摊铺机可按表 8-8 的基本技术参数选择。

滑模摊铺机的基本技术参数表 表 8-8

项　　目	发动机功率 （kW）	摊铺宽度 （m）	摊铺厚度 （mm）	摊铺速度 （m/min）	空驶速度 （m/min）	行走速度 （m/min）	履带数 （个）	整机质量 （t）
三车道 滑模摊铺机	200～300	12.5～16.0	0～500	0～3	0～5	0～15	4	57～135
双车道 滑模摊铺机	150～200	3.6～9.7	0～500	0～3	0～5	0～18	2～4	22～50

项　目	发动机功率 (kW)	摊铺宽度 (m)	摊铺厚度 (mm)	摊铺速度 (m/min)	空驶速度 (m/min)	行走速度 (m/min)	履带数 (个)	整机质量 (t)
多功能单车道 滑模摊铺机	70~150	2.5~6.0	0~400 护栏高度 800,1900	0~3	0~9	0~15	2,3,4	12~27
路缘石 滑模摊铺机	≤80	<2.5	<450	0~5	0~9	0~10	2,3	≤10

滑模摊铺机可按特大、大、中、小四个级别的基本技术参数选择。无论是哪种设备,首先必须满足施工路面、路肩、路缘石和护栏等的基本施工要求;其次摊铺机本身的工作配置件要齐全,应配备螺旋或刮板布料器、松方高度控制板、振动排气仓、夯实杆或振动搓平梁、自动抹平板、侧向打拉杆及同时摊铺双车道的中部打拉杆装置。如图8-4所示。

2)布料设备选择

滑模摊铺路面时,可配备1台挖掘机或装载机辅助布料。采用前置钢筋支架法设置缩缝传力杆的路面、钢筋混凝土路面、桥面和桥头搭板时,应选配下列适宜的布料机械:

(1)侧向上料的布料机。

(2)侧向上料的供料机。

(3)带侧向上料机构的滑模摊铺机。

(4)挖掘机加料斗侧向供料。

(5)吊车加短便桥钢凳,车辆直接卸料。

(6)吊车加料斗起吊布料。

3)抗滑构造施工机械

可采用拉毛养生机或人工软拉槽制作抗滑沟槽。工程规模大、日摊铺进度快时,宜采用拉毛养生机。高速公路、一级公路宜采用刻槽机进行硬刻槽,其刻槽作业宽度不宜小于500mm,所配备的硬刻槽机数量及刻槽能力应与滑模摊铺进度相匹配。

4)切缝机械

滑模摊铺混凝土路面的切缝,可使用软锯缝机、支架式硬锯缝机和普通锯缝机。配备的锯缝机数量及切缝能力应与滑模摊铺进度相适应。

5)滑模摊铺系统配套

图8-4　滑模摊铺机

滑模摊铺系统机械配套宜符合表8-9的要求。选配机械设备的关键:一是按工艺要求配齐全,缺一不可;二是生产稳定可靠,故障率低。

滑模摊铺前台设备配套有重型和轻型之分,重型配置前台有布料机、摊铺机和拉毛养生机,重型设备的优点是施工钢筋混凝土路面和桥面很便捷,缺点是前台设备越多,出故障的概率越高。国内大部分为轻型配置,只有一台摊铺机,其缺点是人工辅助工作量大,且需其他设备辅助施工钢筋混凝土桥面,但实践证明,轻型设备也能施工优质混凝土路面;国内滑模施工最快日进度和最高的平整度均在轻型装备上实现的。

滑模摊铺机施工主要机械和机具配套表

表 8-9

工作内容	主要施工机械设备	
	名 称	机型及规格
钢筋加工	钢筋锯断机、折弯机;电焊机	根据需要定规格和数量
测量基准线	水准仪、经纬仪、全站仪	根据需要定规格和数量
	基准线、线桩及紧线器	300 个桩,5 个紧线器,3 000m 基准线
搅拌	强制式搅拌楼	≥50(m³/h),数量由计算确定
	装载机	2~3m³
	发电机	≥120kW
	供水泵和蓄水池	≥250m³
运输	运输车	4~6m³ 数量由匹配计算确定
	自卸车	4~24m³ 数量由匹配计算确定
摊铺	布料机,挖掘机,吊车等布料设备	根据需要定规格和数量
	滑模摊铺机 1 台	
	手持振捣棒、整平梁、模板	根据人工施工接头需要定
抗滑	拉毛养生机 1 台	与滑模摊铺机同宽
	人工拉毛齿耙、工作桥	根据需要定规格和数量
	硬刻槽机刻槽宽度≥500mm	数量与摊铺进度匹配
切缝	软锯缝机	根据需要定规格和数量
	常规锯缝机或支架锯缝机	根据需要定规格和数量
	移动发电机	12~60kW,数量由施工需定
磨平	水磨石磨机	需要处理欠平整部位时
灌缝	灌缝机或插胶条工具	根据需要定规格和数量
养生	压力式喷洒机或喷雾器	根据需要定规格和数量
	工地运输车	4~6t,按需定数量
	洒水车	4.5~8t 按需定数量

注:可按装备、投资、施工方式等不同要求选配。

2. 三辊轴机组铺筑设备选择与配套

1)三辊轴整平机

三辊轴整平机的主要技术参数应符合表 8-10 的要求。板厚 200mm 以上宜采用直径 168mm 的辊轴;桥面铺装或厚度较小的路面可采用直径为 219mm 的辊轴。轴长宜比路面宽度长出 600~1 200mm。振动轴的转速不宜大于 380rpm。

辊轴整平机的主要技术参数

表 8-10

型号	轴直径 (mm)	轴速 (r/m)	轴长 (m)	轴质量 (kg/m)	行走机构 质量(kg)	行走速度 (m/s)	整平轴距 (mm)	振动功率 (kW)	驱动功率 (kW)
5001	168	300	1.8~9	65±0.5	340	13.5	504	7.5	6
6001	219	300	5.1~12	77±0.7	568	13.5	657	17	9

三辊轴整平机实质上属于小型机具的改造形式,是将小型机具施工时的振动梁和滚杠合并安装在有驱动力轴的设备上,如图8-5所示。在高等级公路施工中,仅靠三辊轴整平机是不能保证面板中下部路面混凝土振捣密实的,因此必须同时配备密集排式振捣机施工。

2)振捣机

三辊轴机组铺筑混凝土面板时,必须同时配备一台安装插入式振捣棒组的排式振捣机,该机是在密集排振的观点指导下开发的配套设备。目前振捣机有仅安装一排振捣棒的形式,也有同时安装有辅助摊铺的螺旋布料器和松方控制刮板的形式。振捣棒的直径宜为50~100mm,间距不应大于其有效作用半径的1.5倍,并不大于500mm。插入式振捣棒组的振动频率可在50~200Hz之间选择,当面板厚度较大和坍落度较低时,宜使用100Hz以上的高频振捣棒。现行相关施工规范推荐采用同时配备螺旋布料器和松方控制刮板,并具备自动行走功能。

3)振捣梁

桥面铺装时(厚度不超过150mm)可使用振捣梁。振捣频率宜为50~100Hz,振捣加速度宜为4~5倍重力加速度。

4)拉杆插入机

在摊铺双车道路面时,拉杆插入机是在中间纵缝中插入拉杆的专用装置。当一次摊铺双车道路面时应配备纵缝拉杆插入机,并配有插入深度控制和拉杆间距调整装置。

工作流程为:布料→密集排振→拉杆安装→人工补料→三辊轴整平→(真空脱水)→精平饰面→拉毛→切缝→养生→(硬刻槽)→填缝。

三辊轴机组的施工工艺流程与小型机具施工接近。不同之处有两点:一是使用排式振捣机代替手持式振捣棒;二是将振动梁与滚杠两步工序合成为三辊轴整平机一步。三辊轴机组施工时,推荐使用真空脱水工艺和硬刻槽来保证表面的耐磨性和抗滑性。

3. 轨道摊铺机铺筑机械选型与配套

1)轨道摊铺机的选型

应根据路面车道数或设计宽度按表8-11的技术参数选择,最小摊铺宽度不得小于单车道3.75m。

轨道摊铺机的基本技术参数表

表8-11

项　　目	发动机功率 (kW)	最大摊铺宽度 (m)	摊铺厚度 (mm)	摊铺速度 (m/min)	整机质量 (t)
三车道轨道摊铺机	33~45	11.75~18.32	50~600	1~3	13~38
双车道轨道摊铺机	15~33	7.5~9.0	250~600	1~3	7~13
单车道轨道摊铺机	8~2	3.5~4.5	250~450	1~4	≤7

2)轨道摊铺机按布料方式

轨道摊铺机按布料方式可选用刮板式、箱式和螺旋式;刮板式、箱式适用于摊铺连续配筋或钢筋水泥路面,如图8-6所示。

图8-5　三辊轴整平机　　　　　　　　　图8-6　轨道摊铺机

4.小型机具铺筑机具选型与配套

小型机具性能应稳定可靠,操作简易,维修方便,机具配套应与工程规模、施工进度相适应,选配的成套机械、机具应符合表8-12的要求。

小型机具施工配套机械、机具配置

表8-12

工作内容	主要施工机械机具	
	机械机具名称、规格	数量、生产能力
钢筋加工	钢筋锯断机、折弯机、电焊机	根据需要定规格和数量
测量	水准仪、经纬仪	根据需要定规格和数量
架设模板	与路面厚度等高3m长槽钢模板、固定钢钎	数量不少于3d摊铺用量
搅拌	强制式搅拌楼,单车道25≥(m³/h)	总搅拌产生能力及搅拌楼数量
	双车道≥50(m³/h)	根据施工规模和进度由计算确定
	装载机	2～3m³
	发电机	≥120kW
	供水泵和蓄水池	单车道≥100m³,双车道≥200m³
运输	5～10t自卸车	数量由匹配计算确定
振实	手持振捣棒,功率≥1.1kW	每2m宽路面不少于1根
	平板振动器,功率≥2.2kW	每车道路面不少于1个
	振捣整平梁,刚度足够 2个振动器功率≥1.1kW	每车道路面不少于1个振动器 每车道路面不少于1根振动梁
	现场发电机功率≥30kW	不少于2台
提浆整平	提浆滚杠直径15～20mm表面光滑 无缝钢管壁厚≥3mm	长度适应铺筑宽度,一次摊铺 单车道路1根,双车道面2根
	叶片式或圆盘式抹面机	每车道路面不少于1台
	3m刮尺	每车道路面不少于2根
	手工抹刀	每米宽路面不少于1把
真空脱水	真空脱水机有效抽速≥15L/s	每车道路面不少于1台
	真空吸垫尺寸不小于1块板	每台吸水机应配3块吸垫
抗滑构造	工作桥	不少于3个
	人工拉毛齿耙、压槽器	根据需要定数量
切缝	软锯缝机	根据需要定数量
	手推锯缝机	根据进度定数量
磨平	水磨石磨机	需要处理欠平整部位时
灌缝	灌缝机具	根据需要定规格和数量
养生	洒水车4.5～8.0t	按需要定数量
	压力式喷洒机或喷雾器	根据需要定规格和数量
	工地运输车4～6t	按需要定数量

8.2.2 混凝土路面面层铺筑

1. 滑模机械铺筑作业

滑模摊铺技术在我国自 1991 年开始,经过多年研究和推广应用,已经建成高速公路 3 000 余千米,高等级公路约 5 000 余千米,成为我国在高等级公路水泥混凝土路面施工中广泛采用的工程质量最高、施工速度最快、装备最现代化的高新成熟技术。

1)滑模摊铺工艺流程

(1)基准线设置

滑模摊铺混凝土路面的拉线设置与沥青路面非常接近,可以有几种摊铺基准线设置方式:拉线、滑靴、铝方管和多轮支架等。我国规定仅可以使用拉线方式,它与沥青路面摊铺上面层和中面层不同的是上基层的平整度达不到路面的严格要求。国外采用除拉线以外的方式施工是有条件的,就是基层必须经过精整机洗刨过。我国目前的基层施工,一是未用精整机,二是基层规范规定的平整度为 8mm。在这种条件下,要保证滑模摊铺水泥混凝土路面的高平整度,原则上不得采用其他简易基准设置方式。

(2)基准线设置形式

滑模摊铺混凝土路面的施工应设置基准线。基准线设置形式有下述单向坡双线式、单向坡单线式和双向坡双线式三种:

①单向坡双线式:所摊铺的混凝土面板横向坡度为单向坡,而拉线位于摊铺机两侧(双线),这种拉线形式称为单向坡双线式。两条拉线间反映路面横坡。顺直段平面上两条拉线相等并平行。

②单向坡单线式:所摊铺的混凝土面板横向坡度为单向坡,而拉线仅位于摊铺机其中一侧(单线),已铺筑好的一侧不拉线,这种拉线形式称为单向坡单线式。这种拉线形式在路面分多幅(或两幅)摊铺的情况下,于后幅摊铺时采用。这时,修筑好的路面、边沟或缘石可作为摊铺机的不拉线一侧的平面参考系。

③双向坡双线式:所摊铺的混凝土面板横向坡为双向坡,而拉线位于摊铺机两侧(双线),这种拉线形式为双向坡双线式。顺直段上两条拉线完全平行,并对应高度相等,拉线上没有横坡。

(3)基准线宽度

基准线宽度除应保证摊铺宽度外,尚应满足两侧 650 ~ 1 000mm 横向支距的要求。

(4)基准线桩纵向间距

直线段不应大于 10m,竖、平曲线路段视曲线半径大小应加密布置,最小 2.5m。

(5)线桩固定

线桩固定时,基层顶面到夹线臂的高度宜为 450 ~ 750mm。基准线桩夹线臂夹口到桩的水平距离宜为 300mm。基准线桩应钉牢固。

(6)基准线长度

单根基准线的最大长度不宜大于 450m。

(7)基准线拉力

基准线拉力不应小于 1 000N。

(8)基准线设置精确度

准线的设置精确度应符合表 8-13 的规定。

项　目	中线平面偏位（mm）	路面宽度偏差（m）	面板厚度（mm）		纵断高程偏差（mm）	横坡偏差（%）	连接纵缝高差（mm）
			代表值	极值			
规定值	≤10	≤15	≥ −3	≥ −8	±5	±0.10	±1.5

注:在基准线上单车道一个横断面测 3 点,双车道 5 点测定板厚,其平均值为该断面平均板厚。断面平均板厚不应薄于其代表值;极小值不应薄于极值。每 200m 测 10 个断面,其均值为该路段平均板厚,路段平均板厚不应小于设计板厚。不满足上述要求,不得摊铺面板。

（9）基准线保护

基准线设置后,严禁扰动、碰撞和振动。施工应缩小基准线桩间距。一旦碰撞变位,应立即重新测量纠正。多风季节基准线是为摊铺机上的 4 个水平传感器 2 个方向传感器提供一个精确的与路面平行的水平(横坡)和直线(转弯)方向平面参考系。路面摊铺的几何精度和平整度很大程度上取决于基准线的测设精度。水平参考系的精度一般是由测桩水平面与基准线之间保持相同的距离来控制和保证,所以,基准线是滑模施工混凝土路面的"生命线"。准确安装设置基准线对于滑模摊铺极其重要。

2）摊铺现场准备

（1）设备和机具。所有施工设备和机具均应处于良好状态,试运转正常并全部就位。

（2）基层与封层表面处理。基层、封层表面及履带行走部位应清扫干净。摊铺面板位置应洒水湿润,但不得积水。热天高温条件下,有沥青封闭层或老沥青路面加铺时,可喷洒白色石灰膏降温。基层上的降温和保湿措施是为了使面板底部正常凝结硬化,提供设计所需要的弯拉强度。

（3）连接纵缝处理。横向连接摊铺时,前次摊铺路面纵缝溜肩胀宽部位应切割顺直。侧边拉杆应校正扳直,缺少的拉杆应钻孔锚固植入。纵向施工缝的上半部缝壁应满涂沥青。这些是保证纵缝顺直及防水密封措施。

（4）板厚检查。板厚控制必须在摊铺前的拉线上进行,并要求场站监理认可,否则摊铺后不合格很难弥补。板厚偏薄的处置,以往的方法是洗刨基层,但是,我们发现洗刨基层的效果并不好,一是基层表面损伤有微裂缝,而且,基层厚度不足;二是洗刨后的基层部位与平整基层对面板的摩阻力相差过大,会造成路面运行的前两年内断板大大增加。因此,必须严格控制基层高程;同时,在面板高程误差范围内,可适当调整面板(拉线)高程,但应在 30m 以上长度内调整。

3）布料

（1）布料高度。无论采用何种布料方式,滑模摊铺机前的正常料位高度应控制在螺旋布料器叶片最高点以下,亦不得缺料。卸料、布料应与摊铺速度相协调。

（2）松铺系数控制。当坍落度在 10~50mm 时,布料松铺系数宜控制在 1.08~1.0 之间,施工距离宜控制在 5~10m。

（3）钢筋结构保护。

（4）布料机与滑模摊铺。摊铺钢筋混凝土路面、桥面或搭板时,严禁任何机械开上钢筋网、胀缝支架,防止将钢筋网压变形、变位或贴底。

4）滑模摊铺机的施工参数设定及校准

摊铺开始前,应对摊铺机进行全面性能检查和正确的施工部件位置参数设定。摊铺机各工作机构施工位置的正确设定是滑模摊铺技术中的最关键的技术环节之一,也是摊铺机调试当中的最主要的内容。实际上,工作参数设置得不正确,是无论如何也摊铺不出高质量的路面来,必须透彻了解振动黏度理论和严格遵循设计师所使用的摊铺机工艺设计原理,使下述每项工作参数都设定在正确摊铺位置。

（1）振捣棒位置

振捣棒下缘位置应在挤压板最低点以上,振捣棒的横向间距不宜大于450mm,均匀排列;两侧最边缘振捣棒与摊铺边沿距离不宜大于250mm。振捣棒位置是保证面板不产生纵向收缩裂缝的关键,振捣棒随滑模摊铺机拖行时,将粗集料推开,形成其中无粗集料的砂浆暗沟,砂浆的干缩量是混凝土的20倍。所以如果振捣棒掉下来,摊铺后的路面留有发亮的砂浆条带,路面极易向开裂。在所有公路路面摊铺时的振捣棒的最低点位置必须设置在路表面以上。也有很深的厚面板,如广州新白云机场跑道420mm厚度,除了缩窄一倍加密振捣棒的横向间距外,一半振捣棒安装在表面,另一半隔条振捣棒是插入板中的。公路路面没有这么厚的面板,均必须设置在路表面以上,以防止开裂。

（2）前倾角

挤压底板前倾角宜设置为3°左右。提浆夯板位置宜在挤压底板前缘以下5～10mm。挤压底板前倾角大小和提浆夯板深度与滑模摊铺机的推进阻力与挤压力大小关系很大,也是横向拉裂与否的关键要素。必须设定在最佳位置,方可正常摊铺。

（3）超铺角及搓平梁

两边缘超铺高程根据拌和物稠度宜在3～8mm间调整。搓平梁前沿宜调整到与挤压板后沿高程相同,搓平梁的后沿比挤压底板后沿低1～2mm,并与路面高程相同。

（4）首次摊铺位置校准

滑模摊铺机首次摊铺路面,应挂线对其铺筑位置、几何参数和机架水平度进行调整和校准,正确无误后,方可开始摊铺。

（5）复核测量

在开始摊铺的5m内,应在铺筑行进中对摊铺出的路面高程、边缘厚度、中线、横坡度等参数进行复核测量。必须对所摊出的路面高程、厚度、宽度、中线、横坡度等技术参数进行仪器测量。机手应根据测量结果及时微调摊铺机上传感器、挤压板、拉杆打入深度及压力、抹平板的压力及侧模边缘位置。侧模的边缘位置是在方向传感器一侧用钢尺测量其到拉线距离来确定的,摊铺中线误差的消除是通过在行进中调整方向传感器横杆距离实现的,所有这些调整都必须是在摊铺行进中逐渐缓慢地进行调整,严禁停机调整,防止路面出现剧烈调整的棱槽,如果出现了严重影响平整度的棱槽,必定要丢弃部分路面重做。从摊铺机起步→调整→正常摊铺,应在10m内完成。摊铺效果达到要求后摊铺机的设置应固定并保护起来,不允许非操作手更改。

5）铺筑作业技术要领

摊铺过程中滑模摊铺机与其他工艺不同的是必须一遍铺成,达到振动密实、排气充分、挤压平整、外观规矩之目的,不可倒车重铺。欲实现此目标,既不能漏振、欠振,造成麻面或拉裂,也不得过振、提浆过厚,形成塌边或溜肩现象,为此振捣频率必须达到与摊铺速度拌和物稠度最优匹配。

（1）摊铺速度

操作滑模摊铺机应缓慢、匀速、连续不间断地作业。严禁料多追赶,然后随意停机等待,间歇摊铺。停机次数越多,摊铺机挤压底板静止压力造成影响平整度的横向槽越多。这些原则规定与沥青摊铺机基本相同。国外最新型的滑模摊铺机,停机时,为了防止静压横槽,挤压底板后部能够自动抬起5mm,摊铺机启动,再回归原位,问题是目前国内还没有这种不怕停机的滑模摊铺机。摊铺速度应根据拌和物稠度、供料多少和设备性能控制在0.5~3.0m/min之间,一般宜控制在1m/min左右。拌和物稠度发生变化时,应先调振捣频率,后改变摊铺速度。

(2)松方控制板

应随时调整松方高度板控制进料位置,开始时宜略设高些,以保证进料。正常摊铺时应保持振捣仓内料位高于振捣棒100mm左右,料位高低上下波动宜控制在±30mm之内。为了摊铺高平整度的路面,挤压底板的料与振动仓内的混凝土之间,始终应维持相互间压力的均衡,才不至于挤压力忽大忽小而影响平整度。我国现有的滑模摊铺机松方控制板均需要机手操纵,最新型的滑模摊铺机,松方控制板是通过振动仓设置的超声传感器反馈自动控制的,其平整度会更高。

(3)振捣频率控制

正常摊铺时,振捣频率可在6 000~11 000r/min之间调整,宜采用9 000r/min左右的频率。应防止混凝土过振、欠振或漏振。应根据混凝土的稠度大小,随时调整摊铺的振捣频率或速度。摊铺机起步时,应先开启振捣棒振捣2~3min,再缓慢平稳推进。摊铺机脱离混凝土后,应立即关闭振捣棒组。这里根据混凝土的稠度给出了振捣频率的控制范围和停机等料时间过长的处置办法。

(4)纵坡施工

滑模摊铺机满负荷时可铺筑的路面最大纵坡为:上坡5%;下坡6%。上坡时,挤压底板前仰角宜适当调小,并适当调小抹平板压力,坡度较大时,为了防止摊铺机过载,推不动,宜适当调整挤压底板前仰角。下坡时,前仰角宜适当调大,并适当调大抹平板压力。板底不小于3/4长度接触路表面时抹平板压力适宜。

(5)弯道施工

滑模摊铺机施工的最小弯道半径不应小于50m,最大超高横坡不宜大于7%。滑模摊铺弯道和渐变段路面时,如果摊铺单向横坡,应使滑模摊铺机跟线摊铺,并随时观察和调整抹平板内外侧的抹面距离,防止压垮边缘。摊铺中央路拱时,在计算机控制条件下,输入弯道、渐变段边缘及拱中几何参数,使计算机自动控制生成路拱;在手控条件下,机手应根据路拱消失和生成的几何位置,在给定路段范围内分级、逐渐消除和调成路拱。进出渐变段时,保证路拱的生成和消失、弯道和渐变段路面几何尺寸的正确性。

(6)插入拉杆

摊铺单车道路面,应视路面的设计要求配置一侧或双侧打入纵缝拉杆的机械装置。侧向打拉杆装置的正确插入位置应在挤压底板的下中间或偏后部。拉杆打入分手推、液压、气压几种方式,压力应满足一次打(推)到位的要求,不允许多次打入或人工后打。滑模摊铺是没有固定模板的快速施工方式,在毫无支撑的软混凝土路面边侧或中间打拉杆,造成塌边和破坏是显而易见的。同时摊铺2个以上车道时,除侧向打拉杆的装置外,还应在假纵缝位置中间配置1个以上中间拉杆自动插入装置,该装置有机前插和机后插2种配置。前插时,应保证拉杆的设置位置;后插时,要消除插入上部混凝土的破损缺陷,应有振动搓平梁或局部振动板来保证修复插入缺陷,保证其插入部位混凝土的密实度。带振动搓平梁和振动修复板的滑模摊铺机应选择机后插入式;其他滑模摊铺机可使用机前插入式。打入的拉杆必须处在路面板厚中间位置。中间和侧向拉杆打入的高低、误差均不得大于±20mm,前后误差不得大于±30mm。

（7）控制表面砂浆厚度

机手应随时密切观察所摊铺的路面质量，注意调整和控制摊铺速度，振捣频率，夯实杆、振动搓平梁和抹平板位置、速度和频率。软拉抗滑构造表面砂浆层厚度宜控制在4mm，硬刻槽路面的砂浆表层厚度宜控制在2mm左右。

（8）推铺机履带上已铺路面的时间

连接摊铺时，滑模摊铺机一侧履带上前次水泥混凝土路面的养护时间应控制在7d以上，最短不得少于5d。同时，钢履带底部应铺橡胶垫或使用有挂胶履带的滑模摊铺机。防止履带损伤前幅路面。纵向连接摊铺路面时，应对连接纵缝部位进行人工修整，连接纵缝的横向平整度应符合不同公路等级的要求。连接摊铺后幅路面的纵缝横向平整度要求：高速公路、一级公路平均不应大于2mm，极值不应大于3mm。二、三级公路平均不应大于3mm，极值不应大于5mm。用钢丝刷刷干净黏附在前幅路面上的砂浆，应刷出粗细抗滑构造。

6）滑模摊铺路面修整

滑模摊铺过程中应采用自动抹平板装置进行抹面。对少量局部麻面和明显缺料部位，应在挤压板后或搓平梁前补充适量拌和物，由搓平梁或抹平板机械修整。滑模摊铺的混凝土面板在下列情况下，可用人工进行局部修整，如图8-7所示，但注意以下事项：

图8-7　滑模摊铺路面修整

（1）用人工操作抹面抄平器，精整摊铺后表面小缺陷，但不得在整个表面加薄层修补路面高程。

（2）对纵缝边缘出现的倒边、塌边、溜肩现象，应顶侧模或在上部支方铝管进行边缘补料修整。

（3）对起步和纵向施工接头处，应采用水准仪抄平并采用大于3m的靠尺边测边修整。

7）注意事项

滑模摊铺结束后，必须及时做好下述工作：

（1）清洗滑模摊铺机，并进行当日保养、加油加水、打润滑油等，并宜在第二天硬切横向施工缝，也可当天软作施工横缝。

（2）应丢弃端部的混凝土和摊铺机振动仓内遗留下的纯砂浆。

（3）设置施工缝端模，并用水准仪测量面板高程和横坡。

（4）为使下次摊铺能紧接着施工缝开始，两侧模板应向内各收进20～40mm，收口长度宜比滑模摊铺机侧模板略长。

（5）施工缝部位应设置传力杆，并应满足路面平整度、高程、横坡和板长要求。

（6）在开始摊铺和施工接头时，应做好端头和结合部位的平整度，防止工作缝结合部低洼跳车。

（7）接头宁高勿低，高了可以磨低，而低了则无法补救。

2. 三辊轴机组铺筑作业

1）卸料、布料

设专人指挥车辆均匀卸料。布料应与摊铺速度相适应，不适应时应配备适当的布料机械。坍落度为10～40mm的拌和物，松铺系数为1.12～1.25，坍落度大时取低值，坍落度小时取高值；超高路段，横坡高侧取高值，横坡低侧取低值。

2）密排振实

混凝土拌和物布料长度大于10m时,可开始振捣作业。有间歇插入振实与连续拖行振实两种。密排振捣棒组间歇插入振实时,每次移动距离不宜超过振捣棒有效作用半径的1.5倍,并不得大于500mm,振捣时间宜为15~30s。排式振捣机连续拖行振实时,作业速度宜控制在4m/min以内,具体作业速度视振实效果。振实要领在于必须首先使拌和物振捣为连续介质,然后将拌和物中的气泡排除干净。振捣速度应缓慢而均匀,连续不间断行进。排式振捣机应匀速缓慢、连续不间断地振捣行进。其作业速度以拌和物表面不露粗集料,液化表面不再冒气泡,并泛出水泥浆为准,如图8-8所示。

3）拉杆安装

面板振实后,应随即安装纵缝拉杆。单车道摊铺的混凝土路面,在侧模预留孔中应按设计要求插入拉杆。一次摊铺双车道路面时,除应在侧模孔中插入拉杆外,还应在中间纵缝部位,使用拉杆插入机在1/2板厚处插入拉杆,插入机每次移动的距离应与拉杆间距相同。

4）三辊轴整平机作业

（1）三辊轴整平机按作业单元分段整平,作业单元长度宜为20~30m,振捣机振实与三辊轴整平两道工序之间的时间间隔不宜超过15min。

图8-8　三辊轴机组铺筑作业

（2）三辊轴滚压振实料位高差宜高于模板顶面5~20mm,过高时应铲除,过低应及时补料。

（3）三辊轴整平机在一个作业单元长度内,应采用前进振动、后退静滚方式作业,宜分别进行2~3遍。最佳滚压遍数应经过试铺确定。

三辊轴机组施工最关键的是料位高差和振动滚压遍数的控制。料位高差与坍落度、整平机的重量和振捣烈度有关,坍落度大,高差小;整平机重量大或振捣烈度大,高差大,反之亦是。另一方面,振动滚压遍数并非越多越好,一般需要2~3遍。

（4）在三辊轴整平机作业时,应有专人处理轴前料位的高低情况,过高时,应辅以人工铲除,轴下有间隙时,应使用混凝土找补。

（5）滚压完成后,将振动辊轴抬离模板,用整平轴前后静滚整平,直到平整度符合要求、表面砂浆厚度均匀为止。

（6）表面砂浆厚度宜控制在4±1(mm)。

5）精平饰面

辊轴整平机前方表面过厚、过稀的砂浆必须刮除丢弃,应采用3~5m刮尺,在纵、横两个方向进行精平饰面,每个方向不少于两遍,也可采用旋转抹面机密实精平饰面两遍。刮尺、刮板、抹面机、抹刀饰面的最迟时间不得迟于规定的铺筑完毕允许最长时间。

三辊轴机组摊铺时,饰面相当重要,若无饰面工具,可用刮尺和刮板人工纵横向认真反复刮平。直接使用三辊轴整平机滚过的表面,实践证明平整度是达不到3m直尺不大于3mm要求的。因此,必须配备饰面工具认真操作,精心施工。

3.轨道摊铺机铺筑作业

从国内外的水泥混凝土路面大型机械化施工技术的发展看,轨道摊铺机铺筑方式有被滑模摊铺机取代的明显趋势,凡是可使用轨道摊铺机的场合,均可使用滑模摊铺机。轨道摊铺机在发达国家已基本不使用,主要用户是亚非拉发展中国家。轨道摊铺机的优点是可以倒车反复做路面,缺点是轨模板过重,轨模板安装劳动强度大。

铺筑作业按以下步骤进行。

1)布料

(1)使用轨道摊铺机前部配备的螺旋布料器或可上下左右移动的刮板布料,料堆不得过高过大,亦不得缺料,可使用挖掘机、装载机或人工辅助布料。螺旋布料器前的拌和物应保持在面板以上100mm左右,布料器后宜配备松铺高度控制刮板,如图8-9所示。也可使用有布料箱的轨道摊铺机精确布料,箱式轨道摊铺机的料斗出料口关闭时,装进拌和物并运到布料位置后,轻轻打开料斗出料口,待拌和物堆成"堤状",左右移动料斗布料。

图8-9 轨道摊铺机铺筑

(2)轨道摊铺时的适宜坍落度按振捣密实情况宜控制在20~40mm之间。不同坍落度时的松铺系数 K 可参考表8-14,并按此计算出松铺高度。布料的关键是按坍落度不同,按要求控制松铺系数。

松铺系数 k 与坍落度 S 的关系　　　　表8-14

坍落度 S(mm)	5	10	20	30	40	50	60
松铺系数 k	1.30	1.25	1.22	1.19	1.17	1.15	1.12

(3)当施工钢筋混凝土路面时,宜选用(两台)箱型轨道摊铺机分两层两次布料,可在第一层布料完成后,将钢筋网片安装好,再进行表面第二层布料,然后一次振实;也可两次布料两次振实,中间安装钢筋网。采用双层两遍摊铺钢筋混凝土路面时,下部混凝土的布料与摊铺长度应根据钢筋网片长度和第一层混凝土凝结情况而定,且不宜超过20m。

2)振实作业

(1)轨道摊铺机振捣棒组应配备超高频振捣棒,最高11 000 次/min,工作频率6 000~10 000 次/min,如果配备的是手持式振捣棒,其振捣频率仅1 500~3 000 次/min,则优越性不大,若不能用超高频振捣来激发水泥的活性,就只具有三辊轴和小型机具施工所形成的路面结构弯拉强度。

振捣方式有斜插连续拖行及间歇垂直插入两种,当面板厚度超过150mm、坍落度小于30m 时,必须插入振捣;连续拖行振捣时,宜将作业速度控制在0.5~1.0m/min 之间,并随着摊铺厚度的大小而增减。间歇振捣时,当一处混凝土振捣密实后,将振捣棒组缓慢拔出,再移动到下一处振实,移动距离不宜大于500mm。

(2)轨道摊铺机应配备振动板或振动梁对混凝土表面进行振捣和修整,振动梁的振捣频率宜控制在3 000~6 000 次/min(50~100Hz)之间,偏心轴转速调节到2 500~3 500rpm。经振捣棒组振实的混凝土,宜使用振动板振动提浆,并密实饰面,提浆厚度宜控制在4±1mm。

3)整平饰面

(1)往复式整平滚筒前的混凝土堆积物应涌向横坡高的一侧,保证路面横坡高端有足够的料找平。

(2)及时清理因整平推挤到路面边缘的余料,以保证整平精度和整平机械在轨道上的作业行驶。

（3）轨道摊铺机上宜配备纵向或斜向抹平板。纵向抹平板随轨道摊铺机作业行进可左右贴表面滑动并完成表面修整；斜向修整抹平板作业时，抹平板沿斜向左右滑动，同时随机身行进，完成表面修整。

4）精平饰面

精平饰面操作要求与三辊轴机组要求相同。

4. 小型机具铺筑作业

小型机具施工工艺是水泥混凝土路面施工方式中最古老而传统的施工方式，大致在20世纪30年代手持振捣棒发明后即开始应用此工艺了，此前的水泥混凝土路面施工是干硬性路面夯实方式施工。实践证明，小型机具方式应用得好，振捣密实时，同样可建造出相当经久耐用的水泥混凝土路面。如美国上吉尼斯纪录的使用寿命达90年的水泥混凝土路面，我国抗战时期修建的水泥混凝土路面也有的使用了70年。这些使用寿命最长的水泥混凝土路面因当时没有其他先进的施工工艺，均采用小型机具施工完成。这些路面上的交通量与轴载均很小，在现代高等级公路上，交通量与轴载均很大，车速很高。实践证明此工艺已经很不适应，国内外均逐渐将其淘汰了，但是小型机具施工中、轻交通的低等级水泥路面仍可使用，它技术成熟，施工便捷，不需要大型设备。

目前我国有一种用三辊轴机组代替小型机具工艺的明显发展趋势，原因之一是三辊轴机组是小型机具的改进，是将平板振捣器与滚杠结合改进为三辊轴机，将手持振捣棒改为排式振捣机；二是三辊轴机组的施工设备同样相当便宜；三是使用三辊轴机组施工工人的劳动强度略小一些，人为影响质量的因素降低；四是凡架设模板，能够采用小型机具施工的公路路面均可采用三辊轴机组施工工艺。因此，这种用三辊轴机组代替小型机具是可行的。

1）摊铺

（1）混凝土拌和物摊铺前，应对模板的位置及支撑稳固情况，传力杆、拉杆的安设等进行全面检查。修复破损基层，并洒水润湿。用厚度标尺板全面检测板厚与设计值相符，方可开始摊铺。

（2）专人指挥自卸车尽量准确卸料。

（3）人工布料应用铁锹反扣，严禁抛掷和搂耙。人工摊铺混凝土拌和物的坍落度应控制在 5～20mm 之间，拌和物松铺系数宜控制在 $K = 1.10～1.25$ 之间，料偏干，取较高值；反之，取较低值。

（4）因故造成 1h 以上停工或达到 2/3 初凝时间，致使拌和物无法振实时，应在已铺筑好的面板端头设置施工缝，并废弃不能被振实的拌和物。

2）插入式振捣棒振实

（1）在待振横断面上，每车道路面应使用 2 根振捣棒，组成横向振捣棒组，沿横断面连续振捣密实，并应注意路面板底、内部和边角处不得欠振或漏振。

（2）振捣棒在每一处的持续时间，应以拌和物全面振动液化，表面不再冒气泡和泛水泥浆为准，不宜过振，也不宜少于30s。振捣棒的移动间距不宜大于500mm，至模板边缘的距离不宜大于200mm，应避免碰撞模板、钢筋、传力杆和拉杆。

（3）振捣棒插入深度：宜离基层 30～50mm，振捣棒应轻插慢提，不得猛插快拔，严禁在拌和物中推行和拖拉振捣棒振捣。

（4）振捣时，应辅以人工补料，应随时检查振实效果、模板、拉杆、传力杆和钢筋网的移位、变形、松动、漏浆等情况,并及时纠正。

3)振动板振实

(1)在振捣棒已完成振实的部位,可开始用振动板纵横交错两遍全面提浆振实,每车道路面应配备1块振动板。

(2)振动板移位时,应重叠100～200mm,振动板在一个位置的持续振捣时间不应少于15s。振动板须由两人提拉振捣和移位,不得自由放置或长时间持续振动。移位控制以振动板底部和边缘泛浆厚度3±1mm为限。

(3)缺料的部位,应辅以人工补料找平。

4)振动梁振实

(1)每车道路面宜使用1根振动梁。振动梁应具有足够刚度和质量,底部应焊接或安装深度4mm左右的粗集料压实齿,保证4±1mm的表面砂浆厚度。

(2)振动梁应垂直路面中线沿纵向拖行,往返2～3遍,使表面泛浆均匀平整。在振动梁拖振整平过程中,缺料处应使用混凝土拌和物填补,不得用纯砂浆填补;料多的部位应铲除。

5)整平饰面

包括滚杠提浆整平、抹面机压浆整平饰面、精整饰面三道工序,这里需强调的是三道整平工序缺一不可。

(1)每车道路面应配备1根滚杠。振动梁振实后,应拖动滚杠往返2～3遍提浆整平。第一遍应短距离缓慢推滚或拖滚,以后应较长距离匀速拖滚,并将水泥浆始终赶在滚杠前方。多余水泥浆应铲除。

(2)拖滚后的表面宜采用3m刮尺,纵横各1遍整平饰面,或采用叶片式或圆盘式抹面机往返2～3遍压实整平饰面。抹面机配备每车道路面不宜少于1台。

(3)在抹面机完成作业后,应进行清边整缝,清除黏浆,修补缺边、掉角。应使用抹刀将抹面机留下的痕迹抹平。当烈日暴晒或风大时,应加快表面的修整速度,或在防雨篷遮阴下进行。精平饰面后的面板表面应无抹面印痕、致密均匀、无露骨,平整度应达到规定要求。

8.2.3 工程实例

1.工程概况

深圳市××区××路东段市政工程,起点桩号 K0+040,终点桩号 K1+401.84,全长1 361.84m。道路总宽43.0m;车行道采用双向四车道,宽度为15.0m;两侧人行道各宽4.0m(含1.5m树池);两侧城市绿化带各宽10.0m。

本工程中车行道结构形式为:240mm 厚 C35 水泥混凝土面层,200mm 厚 6% 水泥稳定石粉渣基层,200mm 厚 4% 水泥稳定石粉渣基层,总厚640mm。人行道路面结构形式为:C35 机制水泥混凝土面板(250mm×250mm×50mm),20mm 厚,1:4 水泥砂浆抹平,10mm 厚 4% 水泥稳定石粉渣基层,总厚220mm。

其中道路工程中主要工程量有路基挖方 94 761m³,填方 70 092m,4% 水泥稳定石粉渣底基层 4 713.03m,6% 水泥稳定石粉渣基层 4 713.03m,C35 水泥混凝土路面 23 570m。

2.路面基层施工

1)施工准备

认真检查成型土基的高程、平整度,核对密实度、回弹模量检测结果是否符合要求,不合格处重新施工,同时清除表面杂物。

2)材料准备

(1)石粉渣。石粉渣最大粒径不应大于8mm,小于0.07mm,颗粒含量不应大于10%,具有适当级配、洁净。污土块等杂质应剔除。

(2)水泥。水泥选用强度等级符合要求而终凝时间较长(宜在6h以上)的水泥,快硬水泥和早强水泥,以及已经受潮变质的水泥严禁使用。石粉渣必须坚硬、清洁、无风化、无杂质。

(3)水泥剂量。水泥质量占石屑干质量的百分率底基层为4%,基层为6%。

3)水泥稳定石粉渣基层施工

基层设计形式有:

车行道:6%水泥稳定石粉渣基层200mm,4%水泥稳定石粉渣基层200mm;

人行道:1:4水泥砂浆卧底20mm,4%水泥稳定石粉渣基层150mm;

施工时采用分段流水作业,一个流水段控制在200m以内。

4)其主要工序施工方法及注意事项

(1)施工测量。测量出基层施工的边桩和摊铺石粉渣的高程。

(2)摊铺石粉渣、水泥。摊铺集料前,先在基层上洒水,使其表面湿润,但不过分潮湿而造成泥泞,然后用推土机和平地机将集料均匀地摊铺在基层上,摊铺宽度比设计宽0.2~0.3m,以保证整段稳定层碾压密实;摊铺厚度做到均匀一致,压实厚度为150~200mm,一般考虑1.3左右的松铺系数;同时检查集料的含水率,必要时洒水闷料,再将整段石粉渣分块,按设计计算每块的水泥用量,摊铺在每块石粉渣上。

(3)机械拌和。施工中水泥、石粉渣在最佳含水率下摊铺压实,摊铺至碾压时间不超过3h,派专人在路拌机后检查翻拌深度和翻拌是否均匀,并同时检查水泥石粉渣的含水率是否合适,必要时适当洒水。

(4)整形。用轻型压路机先静压一遍,自路边至路中每次重叠轮宽1/2,已暴露不平之处,再用人工或平地机进行整形。严禁用薄层贴补的办法进行找平。

(5)碾压。用12t以上振动压路机碾压至设计密实度,同时注意找平。压路机在碾压时,不得在已完成或正在碾压的路段上"掉头"和紧急制动,以免表面受破坏,且除施工车辆外,禁止一切机动车辆通行。

(6)养生。碾压检验合格后,立即覆盖或洒水养生,洒水次数以表面湿润为准,养生期不少于7d。水泥稳定石屑基层达到强度后即进行检测,抗弯拉强度0.6MPa,回弹模量(E)350MPa,底基层抗压强度3.0~4.0MPa,基层抗压强度≥1.5MPa。

3.车行道水泥混凝土面层施工

本工程中车行道路面是水泥混凝土路面,其混凝土强度等级为C35,厚度为240mm,施工时采用商品混凝土。路面分块长度为4.5m,宽度为3.75m,

1)施工准备

基层的检查与整修。对基层的宽度、路拱和高程、表面平整度检查是否符合要求。如有不符之处,予以整修。摊铺前,基层表面洒水润湿,以免混凝土底部水分被干燥的基层吸去,以致产生细裂缝。检测完水泥石粉渣的密实度及回弹模量等合格后再进行面层的施工。

2)安装模板

模板采用定型钢模,立模前精确定出板块分界线(即纵缝),立模时挂线保证模顶平顺,侧模两侧用铁杆打入基层以固定位置,模板顶面用水准仪检查其高程,不符合要求予以调整。模板的平面位置和高程控制都重要,施工时应经常校验,严格控制。模板内侧涂刷废机油或其他润滑剂,以便于拆模。

3)传力杆安设

模板安装好后,即在需要位置设置传力杆的胀缝或缩缝位置上安设传力杆,混凝土板连续浇筑时则在嵌缝板上预留圆孔以便传力杆穿过,胀缝传力杆采用 $\Phi25$ 钢筋。对连续浇筑的混凝土设置传力杆,则在嵌缝板上设木制或铁板压缝板条,旁边再设一块胀缝模板,按传力杆的位置和间距,在胀缝板下部挖成倒 U 形槽,使传力杆由此通过,传力杆两端固定在钢筋支架上,支架脚插入基层内。对于混凝土不连续浇筑时设置的胀缝,宜用顶头模固定传力杆的安装方法。同时安设纵缝拉杆,利用预制混凝土块支撑,采用 $\Phi16$ 钢筋。水泥混凝土路面与桥头搭板或沥青路面相接处,在端部设置三条胀缝,并在板内设 $12\Phi10$ 钢筋网两层进行加强,搭接长度大于 $30d$,保护层为 50mm。

4)摊铺和振捣

将混合物运达摊铺地点后,充分利用混凝土运输车的活动槽,使混凝土均匀地卸落到规定范围内,利用人工挖高补低,找平均匀。严禁抛洒使混合料产生离析,摊铺时还应注意考虑混凝土振捣后的沉降量,虚高可高于设计厚度约 10% 左右。摊铺时还应注意角边及模板处应补实,防止蜂窝麻面。在人工初平后,放置横向缩缝传力杆 $\Phi25$ 钢筋,在需要放置防裂筋及角隅钢筋的地方按设计要求放置钢筋。振捣应采用平板振捣器、插入振捣器和振动梁配套作业。振捣应根据混凝土的厚度分两次进行,先用插入振动棒振捣,然后用平板振捣器从模板上沿纵边振动压平。压振过程中,多余的混合物将随着振动梁的滑移而刮去,低陷处应随时补足。随后用直径 75mm 的无缝钢管,两端设在侧模上,沿纵向滚压一遍。摊铺工作一定要在分缝处结束,不能在一块内有接茬。因故停工,在半小时内可用湿麻布盖上,恢复工作时把此处混凝土耙松,再继续摊铺。对停工半小时以上而又达到初凝时间的则作施工缝处理。在摊铺或振捣混合料时,不要碰撞麻布和传力杆及角隅钢筋,更严禁有脚踩,以避免移位变形。

5)真空吸水

在初步振捣并整平的混合料的表面铺设气垫薄膜,光面朝上,半球面凸头部分朝下,以构成真空腔及水流通道。气垫薄膜通过滤布压于混凝土表面上。作业面处于负压状态,安装吸头,衔接吸垫与机组,起动真空泵,使真空度控制在 60~75kPa 即满足真空作业要求。真空时间(以 min 计)约为面板厚(以 mm 计)的 0.1~0.15 倍。当吸水完毕,停机前先将吸垫掀开一角,然后再关机,以免波纹管内的存储水倒流入混凝土表面。在完成吸水作业的混凝土面层上,为增加其密实度,提高混凝土强度,再用振动梁作二次振捣找平。

6)表面整修及拉毛

振捣完成后混凝土面层过多的泥浆必须刮掉,要求用原浆抹面。采用机械抹面,用小型电动抹面机进行粗光,再结合人工抹面,要求凹凸不超过 3mm,不合格即返工。抹面结束后,可用拖光带横向轻轻拖拉几次,撸边是在板体初凝后,用小角抹子站在混凝土板四周仔细压撸切割,然后用 L 型抹子仔细撸实,使板边呈现光滑、密实、有清晰美观的棱角边缘。拉毛是用金属丝梳子顺横向在抹平后的表面上轻轻梳成 1~2mm 的横槽,要求纹迹均匀,且与路中线垂直。

7)养护与切缝

混凝土抹面 2h 后,当表面已有相当的硬度,用手指轻压不出现痕迹时即可开始养护。采用氯橡胶养护剂进行养护,养护剂喷洒必须均匀,纵横方向不小于两遍。切缝工作宜在混凝土初步结硬后及时进行,采用切割机切割。填缝前,首先将缝隙内泥沙杂物清除干净,然后浇灌填缝料。填料不宜填满缝隙全深,最好在浇灌填料前先用柔性材料填塞缝底,然后再加填料。

拆模时间可在混凝土达到设计强度的75%~85%时进行,拆模时必须注意避免碰伤混凝土的边角。混凝土强度必须达到设计强度的90%以上时,方能开放交通。路面施工时要做好雨季施工准备,预备好防护雨棚等用具,保证施工质量。

8.3 沥青混凝土路面施工技术

沥青路面是采用沥青材料作结合料,黏结矿料或混合料修筑面层的路面结构。沥青路面由于使用了黏结力较强的沥青材料作结合料,不仅增强了矿料颗粒间的黏结力,而且提高了路面系列的技术品质,使路面具有平整、耐磨、不扬尘、不透水、耐久等优点。沥青材料具有弹性、黏性、塑性,在汽车通过时,振动小、噪声低、略有弹性、平稳舒适,是高等级公路的主要面层。沥青路面的缺点是易被履带车辆和尖硬物体所破坏;表面易被磨光而影响安全,温度稳定性差,夏天易软、冬天易脆并产生裂缝。此外,铺筑沥青面层受气候和施工季节的限制。雨天不宜铺筑各种沥青面层,冰冻地区在气温较低时铺筑沥青面层也难以保证质量。

沥青路面属于柔性路面,其力学强度和稳定性主要依赖于基层与土基的特性。为了保证路面的各项技术要求,最好铺筑在用结合料处治过的整体性基层上。由于沥青路面的抗弯拉能力较低,要求基础有足够的强度和稳定性,因此翻浆路段的土基必须事先处理,强度不足的路段要预先补强。在有冻胀现象的地区通常需设置防冻层,以防止路面冻胀产生裂缝。修筑沥青路面后,由于隔绝了土基与大气间气态水的流通,路基路面内部的水分可能积聚在沥青结构层下,使土基和基层变软,导致路面破坏,因此必须强调基层的水稳定性。对交通量较大的路段,为使沥青路面具有一定的抗弯拉和抗疲劳开裂的能力,宜在沥青面层下设置沥青混合料封层。采用较薄的沥青面层时,特别是在旧路面上加铺面层时,要采取措施(如设置黏层)加强面层与基层之间的黏结,以防止水平力作用而引起沥青面层的剥落、推挤、拥包等破坏。

修筑沥青路面一般要求等级高的矿料,等级稍差的矿料借助于沥青的黏结作用也可用来修路面。当沥青与矿料之间黏附不好,在水分作用下会逐步剥落,因此在潮湿地区修筑沥青路面时,应采用碱性矿料,或采取一定的技术措施,以提高矿料与沥青间的黏结力。

沥青路面施工时要求温暖的气候条件,各工序要紧密配合。沥青路面完工后通常要求有一定的成型期,例如对于沥青贯入式路面与沥青表面处治路面,要在交通滚压的情况下逐步成型。在成型期内必须加强初期养护。在整个使用期间,沥青路面均需及时维修和保养。同时,由于新的路面材料一般均能很好结合,使得沥青路面在使用初期容易修补,因此沥青路面适宜分期修建。

沥青路面的主要形式有表面处治、贯入式、沥青碎石、沥青混凝土等。这几种沥青路面按施工工艺的不同可分为层铺法和拌和法两种形式。所需的施工机械主要有沥青洒布机、沥青混凝土拌和机、沥青混凝土摊铺机和压实机械等。

8.3.1 沥青路面施工机械简介

1. 沥青加热设备

沥青加热设备的作用是将沥青储仓(罐)中的固体沥青加热,使其熔化、脱水并达到要求的工作温度。

储仓(罐)内沥青的加热方式可分为蒸气加热式、火力加热式、电加热式、导热油加热式、太阳能加热式和远红外线加热式等几种,目前国内外广泛使用导热油加热式。导热油加热式是利用经加热至较高温度的高闪火点矿物油作为热介质,使其在导管和蛇形管中循环流动来加热管外的沥青。这种方法,优点是所使用的导热油加热器结构紧凑,使用方便,加热柔和,热效率高,易于自动控温,对沥青加热升温均匀、速度快。

2. 沥青洒布机

沥青洒布机是一种黑色路面机械,它是公路、城市道路、机场和港口码头建设的主要设备。当用贯入法和表面处治法修筑、修补沥青(渣油)路面时,沥青洒布机可以用来完成高温液态沥青(渣油)的储存、转运和洒布工作。

沥青洒布机主要是由储料箱和洒布设备两大部分组成。储料箱的作用是储存高温液态的沥青,并且具有一定的保温作用;洒布设备的作用是洒布沥青。沥青的加温是由专门的熔化锅进行的。高温液态沥青向储料箱的注入或由储料箱向洒布设备的输出均靠沥青泵来完成。

沥青洒布机大致可分三类:即手动式、机动式和自行式。

手动式沥青洒布机是将储料箱和洒布设备都装在一辆人力挂车上,利用人工手摇沥青泵或手压活塞泵泵送高温液态沥青,通过洒布软管和喷油嘴来进行沥青洒布作业。洒布管是手提的,储料箱较小(容积为200~400L)。这种洒布机的结构较简单,但劳动强度较大,工作效率低,一般只宜用于养路修补工作。

机动式沥青洒布机是利用发动机的动力来驱动沥青泵,即以发动机动力取代人力,从而提高了洒布能力,它们的洒布方法与手动相同。

自行式沥青洒布机是将储料箱和洒布设备等都装在汽车底盘上,由于行动灵活、工作效率高、洒布质量好,故使用很广泛。目前这种沥青洒布机多用于新建路面工程或高等级公路路面的养护工程中,特别适用于沥青熔化基地距施工工地较远的工程中,如图8-10所示。

3. 沥青混凝土搅拌设备

沥青混凝土搅拌设备按生产能力分为大型、中型和小型三种。大型的生产率为400t/h以上,都属于固定式,适用于集中工程及城市道路工程,如图8-11所示。中型的生产率为30~350t/h,可以是固定式或半固定式。半固定式是将设备设置在几个拖车上,在施工地点拼装,适用于工程量大且集中的公路施工。小型的生产率为30t/h以下,多为移动式,即设备全部组成部分都设置在一辆半挂车或大型特制式汽车底盘上,可随施工地点转移,适用于工程量小的公路施工工程或一般养路作业。

图8-10 自行式沥青洒布机

图8-11 大型沥青混凝土搅拌设备

4. 沥青混合料摊铺机

沥青混合料摊铺机是用来将拌和好的沥青混合料（沥青混凝土或黑色粒料）按一定的技术要求（厚度和横截面形状）均匀地摊铺在已整好的路基或基层上，并给以初步捣实和整平的专用设备，如图 8-12 所示。使用摊铺机施工，既可大大地加快施工速度、节省成本，又可提高所铺路面的质量。

另外，现代沥青混合料摊铺机还适用于摊铺各种材料的基层和面层、防护墙、铁路路基、PCC（Portland Cement Concrete）基础层材料和稳定土等，是修筑一般公路与高速公路不可缺少的关键设备。

图 8-12　沥青混合料摊铺机

现代沥青混合料摊铺机采用全液压驱动和电子控制、中央自动集中润滑、液压振动和液压无级调节摊铺宽度等新技术，自动化程度高，操作简单方便，视野好，并设有总开关、自动找平装置、卸载装置及闭锁装置，保证了摊铺路基、路面的平整度和摊铺质量。

此外，由于机械化摊铺的速度快，且摊铺机上有可以加热的熨平装置，因此它在进行摊铺时，对气温的要求比人工摊铺时要低，所以可在较冷的气候条件下施工。

沥青混合料摊铺机的类型较多。按行走方式分为拖式和自行式；按行走装置分为轮胎式、履带式和轮胎履带组合式；按传动方式分为机械式和液压式等。

沥青混合料摊铺机主要是由基础车（发动机与底盘）、供料设备（料斗、输送装置和闸门）、工作装置（螺旋摊铺器、振捣器和熨平装置）及控制系统等部分组成。混合料从自卸汽车上卸入摊铺机的料斗中，经由刮板输送后转送到摊铺室，在那里再由螺旋摊铺器横向摊开。随着机械的行驶，这些被摊开的混合料又被振捣器初步捣实，接着再由后面的熨平板（或振动熨平板）根据规定的摊铺层厚度，修整成适当的横断面，并加以熨平（或振实熨平）。

自卸汽车在卸料给摊铺机时，应倒退到使其后轮碰及摊铺机的前推滚，然后将变速器放置空挡，升起车厢，由摊铺机推着汽车一边前进一边卸料。卸料完毕，汽车驶开，更换另一辆汽车按同样方法卸料。

混合料进入摊铺器的数量可由装在刮板输送器上方的闸门来控制，或由刮板输送器的速度来控制。摊铺层的厚度由两侧臂牵引点的油缸和上下调整螺旋来调整。

轮胎式摊铺机的前轮为一对或两对大型实心小胶轮，这样既可增强其承载能力，又可避免因受载变化而发生变形。后轮多为大尺寸的充气轮胎。履带式摊铺机的履带大多装有橡胶垫块，以免对地面造成履刺的压痕，同时降低了对地面的单位压力。

轮胎式摊铺机的优点是行驶速度高（可达 20km/h），可自动转移工地，费用低，机动性和操纵性能好，对单独的小面积不平整适应性好，不致过分影响铺层的平整度，弯道摊铺质量好，结构简单，造价低。其缺点是接地面积较小，牵引力较小，料斗内的材料多少会改变后驱动轮胎的变形量，从而影响铺层的质量。为了避免这种现象，自卸汽车应分次卸料，但这又会影响汽车的周转。

履带式摊铺机的优点是接地面积大，对地面的单位压力小，牵引力大，能充分发挥其动力性，对路基的不平度不太敏感，尤其对有凹坑的路基不影响其摊铺质量。其缺点是行驶速度低，不能很快地自行转移工地，对地面较高的凸起点适应能力差，机械传动式的摊铺机在弯道上作业时会使铺层边缘不整齐。此外,其制造成本较高。

由于履带式摊铺机有上述优点,所以目前世界各国使用得较多,尤其它是大型机械,由于大型工程不需频繁转移工地,其行驶速度低的缺点也就不明显了。

8.3.2 沥青路面面层施工

1. 施工前的准备工作

施工前的准备工作主要有确定料源及进场材料的质量检验、施工机具检查、修筑试验路段、确定料源及进场材料的质量检验

1)沥青材料

目前,我国高等级公路路面所用的沥青大部分从国外进口,如京津塘高速公路、广佛高速公路、西三一级公路、济青一级公路等主要采用新加坡的壳牌、埃索及 DP 等公司的沥青或阿尔巴尼亚沥青。有一些工程,如沪嘉高速公路、沈大高速公路则采用国产的基本满足重交通道路沥青技术要求的稠油沥青。近几年来,对国产稠油沥青在高等级公路工程中的应用研究及工程实践表明,用满足重交通道路石油沥青技术要求的单家寺、欢喜岭、克拉玛依稠油沥青铺筑的高级沥青路面平整、坚实、无明显车辙,早期的裂缝基本消除或大大减少,路用性能达到或超过进口沥青,因而可以取代进口沥青。

国产沥青目前也还有不少问题需要解决,如包装及运输等,有的品种质量也不稳定。在全面了解各种沥青料源、质量及价格的基础上,无论是进口沥青还是国产沥青,均应从质量和经济两方面综合考虑选用。对进场沥青,每批到货均应检验生产厂家所附的试验报告,检查装运数量、装运日期、订货数量、试验结果等。对每批沥青进行抽样检测,试验中如有一项达不到规定要求时,应加倍抽样做试验,如仍不合格,则退货并索赔。

沥青材料的试验项目有针入度、延度、软化点、薄膜加热、蜡含量和密度等。有时根据合同要求,可增加其他非常规测试项目。

2)矿料

矿料的准备应符合下列要求:

(1)不同规格的矿料应分别堆放,不得混杂,在有条件时宜加盖防雨顶棚。

(2)各种规格的矿料到达工地后,对其强度、形状、尺寸、级配、清洁度、潮湿度等进行检查。如尺寸不符合规定要求时,应重新过筛。若有污染时,应用水冲洗干净,待干燥后方可使用。

选择集料料场是十分重要的,对粗集料料场,重要是检查石料的技术标准能否满足要求,如石料等级、饱水抗压强度、磨耗率、压碎值、磨光值及石料与沥青的黏结力,以确定石料料场。

实际中,有些石料虽然达到了技术标准要求,但不具备开采条件,在确定料场时也应慎重考虑。

对各个料场采取样品,制备试件、进行试验,并考虑经济性后确定。碎石受石料本身结构与加工设备的影响较大,应先试轧,检验其有关指标,以防止不合格材料入场。

细集料的质量是确定料场的重要条件。进场的砂、石屑及矿粉应满足规定的质量要求。

3)施工机械检查

沥青路面施工前对各种施工机械应作全面检查,并应符合下列要求:

(1)沥青洒布机应检查油泵系统、洒油管道、量油表、保温设备等有无故障,并将一定数量沥青装入油罐,在路上先试洒,校核其洒油量。

(2)沥青混合料拌和与运输设备的检查。拌和设备在开始运转前要进行一次全面检查,

注意连接的紧固情况,检查搅拌器内有无积存余料,冷料运输机是否运转正常,仔细检查沥青管道各个接头,严禁吸沥青管有漏气现象,注意检查电气系统。对于机械传动部分,还要检查传动链的张紧度。检查运输车辆是否符合要求,保温设施是否齐全。

(3)摊铺机应检查其规格和主要机械性能,如振捣板、振动器、熨平板、螺旋摊铺器、离合器、刮板送料器、料斗闸门、振捣熨平系统、自动找平装置等是否正常。

(4)压路机应检查其规格和主要机械性能(如转向、启动、振动、倒退、停驶等方面的能力)及振动轮表面的磨损情况,振动轮表面如有凹陷或坑槽不得使用。

4)铺筑试验路段

高等级公路在施工前应铺筑试验段,铺筑试验段是不可缺少的步骤。

其他等级公路在缺乏施工经验或初次使用重大设备时,也应铺筑试验段。当同一施工单位在材料、机械设备及施工方法与其他工程完全相同时,经主管部门批准,也可利用其他工程的结果,不再铺筑新的试验路段。试验段的长度应根据试验目的确定,宜为 100~200m,太短了不便施工,得不出稳定的数据。试验段宜在直线段上铺筑。如在其他道路上铺筑时,路面结构等条件应相同。路面各层的试验可安排在不同的试验段。

热拌热铺沥青混合料路面试验段铺筑分试拌及试铺两个阶段,应包括下列试验内容。

(1)根据沥青路面各种施工机械相匹配的原则,确定合理的施工机械、机械数量及组合方式。

(2)通过试拌确定拌和机的上料速度、拌和数量与时间、拌和温度等操作工艺。

(3)通过试铺确定以下各项:

①透层沥青的标号与用量、喷洒方式、喷洒温度;

②摊铺机的摊铺温度、摊铺速度、摊铺宽度、自动找平方式等操作工艺;

③压路机的压实顺序、碾压温度、碾压速度及碾压遍数等压实工艺;

④确定松铺系数、接缝方法等。

(4)验证沥青混合料配合比设计结果,提出生产用的矿料配合比和沥青用量。

(5)建立用钻孔法及核子密度仪法测定密实度的对比关系。确定粗粒式沥青混凝土或沥青碎石面层的压实标准密度。

(6)确定施工产量及作业段的长度,制订施工进度计划。

(7)全面检查材料及施工质量。

(8)确定施工组织及管理体系、人员、通信联络及指挥方式。

在试验段的铺筑过程中,施工单位应认真做好记录,监理工程师或工程质量监督部门应监督、检查试验段的施工质量,及时与施工单位商定有关结果。铺筑结束后,施工单位应就各项试验内容提出试验总结报告,并取得主管部门的批复,作为施工依据。

2. 层铺法沥青路面施工

1)沥青路面表面处治

沥青表面处治是用沥青和细粒料按层铺或拌和方法施工厚度不超过 30mm 的薄层路面面层。由于处治层很薄,一般不起提高强度作用,其主要作用是抵抗行车的磨耗和大气作用,增强防水性,提高平整度,改善路面的行车条件。

沥青表面处治通常采用层铺法施工。按照洒布沥青及铺洒矿料的层次多少,沥青表面处治可分为单层式、双层式和三层式三种。单层式为洒布一次沥青,铺撒一次矿料,厚度为 10~15mm,一般用作交通量为 300~500 辆/昼夜的道路面层和原沥青路面的防滑层。双层式为洒布二次沥青,铺撒二次矿料,厚度为 20～25mm,一般用作交通量为 500～1 000 辆/昼夜的道路面层和损坏较轻的沥青面层加固(或改善和恢复已老化的沥青面层)。三层式为洒布三次沥青,铺撒三次矿料,厚度为 25～30mm,一般用作交通量为 1 000～2 000 辆/昼夜的道路面层。

(1)施工工序及要求

层铺法沥青表面处治施工,有先油后料和先料后油两种方法,其中以前者使用较多,现以三层式为例说明其工艺程序。

三层式沥青表面处治路面施工程序为:备料→清扫基层、放样和安装路缘石→浇洒透层沥青→洒布第一次沥青→撒铺第一次矿料→碾压→洒布第二层沥青→铺撒第二层矿料→碾压→洒布第三层沥青→铺撒第三层矿料→碾压→初期养护。

单层式和双层式沥青表面处治的施工程序与三层式相同,仅需相应地减少两次或一次布沥青、铺撒矿料与碾压工序。

①清扫基层

在表面处治层施工前,应将路面基层清扫干净,使基层矿料大部分外露,并保持干燥。对有坑槽、不平整的路段应先修补和整平,若基层整体强度不足,则应先予补强。

②浇洒透层沥青

透层是为使沥青面层与非沥青材料基层结合良好,在基层上浇洒乳化沥青、煤沥青或液体沥青而形成透入基层表面的薄层。沥青路面的级配砂砾、级配碎石基层及水泥、石灰、粉煤灰等无机结合料稳定土或粒料的半刚性基层上必须浇洒透层沥青。

透层应紧接在基层施工结束表面稍干后浇洒。当基层完工后时间较长,表面过分干燥时应在基层表面少量洒水,并待表面稍干后浇洒透层沥青。

透层沥青应采用沥青洒布车喷洒。

在无机结合料稳定半刚性基层上浇洒透层沥青后,应立即撒铺用量为 2～3m³/km² 的石屑或粗砂。在无结合料粒料基层上浇洒透层沥青后,当不能及时铺筑面层,并需开放施工车辆通行时,也应撒铺适量的石屑或粗砂,此种情况下,透层沥青用量宜增加 10%。撒布石屑或粗砂后,应用 6～8t 钢筒式压路机稳压一遍。

透层洒布后应尽早铺筑沥青面层。

③洒布第一次沥青

在透层沥青充分渗透后,或在已做透层并已开放交通的基层清扫后,即可洒布第一次沥青。沥青的洒布温度根据施工气温及沥青标号选择。沥青洒布的长度应与矿料铺撒相配合,应避免沥青洒布后等待较长时间才铺撒矿料。

如需分两幅洒布时,应保证接茬搭接良好,纵向搭接宽度宜为 100～150mm。洒布第二次、第三次沥青,搭接缝应错开。

④铺撒第一次矿料

洒布第一次沥青后(不必等全段洒完),应立即铺撒第一次矿料,其数量按规定一次撒足。局部缺料或过多处,用人工适当找补,或将多余矿料扫出。两幅搭接处,第一幅洒布沥青后应暂留 100～150mm 宽度不撒矿料,待第二幅洒布沥青后一起铺撒矿料。

无论机械或人工铺撒矿料,撒料后应及时扫匀,普遍覆盖一层,厚度一致,不应有沥青露出。

⑤碾压

铺撒一段矿料后(不必等全段铺完),应立即用 6～8t 钢筒双轮压路机或轮胎压路机碾压,如图 8-13 所示。

碾压时应从路边逐渐移至路中心,然后再从另一边开始压向路中心。每次轮迹重叠宽度宜为 300mm,碾压 3~4 遍。压路机行驶速度开始不宜超过 2km/h,以后可适当增加。

⑥第二层、第三层施工

第二层、第三层的施工方法和要求与第一层相同,但可采用 8~10t 压路机压实。

⑦初期养护

除乳化沥青表面处治应待破乳后水分蒸发并基本成形后方可通车外,其他处治碾压结束后即可开放交通。通车初期应设专人指挥交通或设置障碍物控制行车,使路面全部宽度获得均匀压实。成形前应限制行车速度不超过 20km/h。

图 8-13 钢筒双轮压路机碾压

在通车初期,如有泛油现象,应在泛油地点补撒与最后一层矿料规格相同的养护料并仔细扫匀。过多的浮动矿料应扫出路面外,以免搓动其他已经黏着在位的矿料。

(2)施工要求

沥青表面处治施工时,应符合下列要求:沥青表面处治宜选择在一年中干燥和较炎热的季节施工,并宜在日最高温度低于 15℃ 到来以前半个月结束;各工序必须紧密衔接,不得脱节,每个作业段长度应根据压路机数量、洒油设备等来确定,当天施工的路段应当天完成,以免产生因沥青冷却而不能裹覆矿料和尘土污染矿料等不良后果;除阳离子乳化沥青外不得在潮湿的矿料或基层上洒油。当施工中遇雨时,应待矿料晾干后才能继续施工。

2)沥青贯入式路面

沥青贯入式路面是在初步碾压的矿料(碎石或碎砾石)上,分层洒布沥青,撒布嵌缝料,或再在上部铺筑热拌沥青混合料层,经压实而成的沥青路面,其厚度一般为 40~80mm(乳化沥青贯入式路面厚度应小于 50mm),适用于二级及二级以下道路的面层,也可作为沥青混凝土路面的联结层。

沥青贯入式路面具有较高的强度和稳定性,其强度的构成主要依靠矿料的嵌挤作用和沥青材料的黏结力。由于沥青贯入式路面是一种多孔隙结构,为了防止路表水的浸入和增强路段的水稳定性,其面层的最上层必须加铺拌和层或封层(沥青贯入式作为基层或联结层时,可不作此封层),同时,做好路肩排水,使雨水能及时排除出路面结构。

(1)施工程序及要求

沥青贯入式面层的施工程序为:

备料→放样和安装路缘石→清扫基层→浇洒透层或黏层沥青→铺撒主层集料→第一次碾压→洒布第一次沥青→铺撒第一次嵌缝料→第二次碾压→洒布第二次沥青→铺撒第二次嵌缝料→第三次碾压→洒布第三次沥青→铺撒封面集料→最后碾压→初期养护→封层。

其中:备料、放样和安装路缘石、清扫基层、初期养护等工序与沥青表面处治路面相同,这里就其余工序分述如下:

①浇洒透层或黏层沥青

浇洒透层沥青前面已经介绍,这里介绍黏层沥青。黏层是使新铺沥青面层与下层表面黏结良好而浇洒的一种沥青薄层,黏层沥青宜用沥青洒布车喷洒,喷洒黏层沥青应注意:

a.要均匀洒布；

b.路面有杂物、尘土时应清除干净。当有沾黏的土块时,应用水刷净,待表面干燥后浇洒；

c.当气温低于10℃或路面潮湿时,不得浇洒黏层沥青；

d.浇洒黏层沥青后,严禁除沥青混合料运输车外的其他车辆和行人通过。

②铺撒主层集料

摊铺集料应避免大、小颗粒集中,并应检查其松铺厚度。应严禁车辆在铺好的矿料层上通行。

③第一次碾压

主层矿料摊铺后应先用6~8t的压路机进行初压,速度宜为2km/h。碾压应自路边线逐渐移向路中心,每次轮迹重叠值为300mm,接着应从另一侧以同样方法压至路中心。碾压一遍后应检验路拱和纵向坡高,当有不符合要求时应找平再压,应使石料基本稳定,无显著推移为止。然后应用10~12t压路机(厚度大的贯入式路面可用12~15t压路机)进行碾压,每次轮迹应重叠1/2以上,碾压4~6遍,直至主层矿料嵌挤紧密,无显著轮迹为止。

④洒布第一次沥青

主层矿料碾压完毕后,即应洒布第一次沥青。其作业要求与沥青表面处治相同。

⑤铺撒第一次嵌缝料

主层沥青洒布后,应立即趁热铺撒第一次嵌缝料,铺撒应均匀,铺撒后应立即扫匀,个别不足处应找补。当使用乳化沥青时,石料撒布必须在乳液破乳前完成。

⑥第二次碾压

嵌缝料扫匀后应立即用8~12t压路机进行碾压,轮迹重叠1/2左右,随压随扫,使嵌缝料均匀嵌入,宜碾压4~6遍。如因气温高在碾压过程中发生蠕动现象时,应立即停止碾压,待气温稍低时再继续碾压。

碾压密实后,可洒布第二次沥青,铺撒第二次嵌缝料,第三次碾压。洒布第三次沥青,铺撒封层料,最后碾压,施工要求同上。最后碾压采用6~8t压路机,碾压2~4遍即可开放交通。

如果沥青贯入式路面表面不撒布封层料,加铺沥青混合料拌和层时,应紧跟贯入层施工,使上下成为一整体。贯入部分采用乳化沥青时,应待其破乳、水分蒸发且成形稳定后方可铺筑拌和层。当拌和层与贯入部分不能连续施工,又要在短期内通行施工车辆时,贯入层与贯入部分的第二遍嵌缝料应增加用量2~3m³/km²。在摊铺拌和层沥青混合料前,应清除贯入层表面的杂物、尘土以及浮动石料,再补充碾压一遍,并应浇洒黏层沥青。

(2)施工要求

对沥青贯入式路面施工要求与沥青表面处治基本相同。适度的碾压对贯入式路面施工极为重要。碾压不足会影响矿料嵌挤稳定,且易使沥青流失,形成层次,上、下部沥青分布不均。但过度的碾压,则矿料易于压碎,破坏嵌挤原则,造成空隙减少,沥青难以下渗,形成泛油。因此,应根据矿料的等级、沥青材料的强度等级、施工气温等因素来确定每次碾压所使用的压路机重量和碾压遍数。

(3)封层施工

封层是指在路面上或基层上修筑的一个沥青表面处治薄层,其作用是封闭表面空隙、防止水分浸入面层(或基层)、延缓面层老化、改善路面外观等。封层分为上封层和下封层两种。沥青贯入式作面层时,应铺上封层(在沥青面层以上修筑的一个薄层)；沥青贯入式做沥青混凝土路面的联结层或基层时,应铺下封层(在基层上修筑的一个薄层)。

上封层适用于在空隙较大的沥青面层上,有裂缝或已进行填缝及修补后的旧沥青路面。下封层适用于在多雨地区采用空隙较大的沥青面层的基层上,在铺筑基层后,因推迟修筑沥青面层,且须维持一段时间(2~3个月)交通时。

层铺法沥青表面处治铺筑上封层的集料质量应与沥青表面处治的要求相同,下封层矿料质量可酌情降低。

拌和法沥青表面处治铺筑上封层及下封层,应按热拌沥青混合料的方法及要求进行。

采用乳化沥青稀浆封层作为上封层(不宜作新建的高速、一级公路的上封层)及下封层时,稀浆封层的厚度值为3~6mm。稀浆封层混合料的类型及矿料级配可根据处治目的、道路等级选择;铺筑厚度、集料尺寸及摊铺用量按规范选用。

稀浆封层施工时应注意以下事项:

①应在干燥情况下进行施工,且施工时气温不应低于10℃;

②应用稀浆封层铺筑机施工时,铺筑机应具有储料、送料、拌和、摊铺和计量控制等功能。摊铺时应控制好集料、填料、水、乳液的配合比例。当铺筑过程中发现有一种材料用完时,必须立即停止铺筑,重新装料后再继续进行。搅拌形成的稀混合料应符合质量要求,并有良好的施工和易性;

③稀浆封层铺筑机工作时应匀速前进,以达到厚度均匀、表面平整的要求;

④稀浆封层铺筑后,必须待乳液破乳、水分蒸发、干燥成形后方可开放交通。

3. 热拌沥青混合料路面施工

热拌沥青混合料是由矿料与沥青在热态下拌和而成的混合料的总称。热拌沥青混合料在热态下铺筑施工成形的路面,即称热拌沥青混合料路面。

1)施工准备及要求

施工前的准备工作主要有下承层准备与施工放样、机械选型与配套、拌和厂选址等项工序。

(1)拌和设备的选型及场地布置

①拌和设备选型

通常根据工程量、工期来对拌和设备的生产能力、移动方式进行选型,同时要求其生产能力和摊铺能力相匹配,不应低于摊铺能力,最好高于摊铺能力5%左右。高等级公路沥青路面施工,应选用拌和能力较大的设备。

一般来说,生产能力增大一倍,设备的价格增加不会超过其原价的1/3。如果一台生产能力大的设备使用寿命按10年计算(10年折旧完),在这10年使用期中,仅节约燃料一项就可补偿购买大型设备所增加的投资及因此所付的利息。但是如果生产能力超过原材料的供应能力和摊铺机的摊铺能力,搅拌设备不能满负荷工作,也会造成浪费。

②拌和厂的选址与布置

沥青混合料拌和设备是一种由若干个能独立工作的装置所组成的综合性设备,因此,不论哪一类型拌和设备,其各个组成部分的总体布置都应满足紧凑、相互密切配合又互不干扰各自工作的原则。

(2)施工机械组合

高等级公路路面的施工机械应优先选择自动化程度较高和生产能力较强的机械,以摊铺、拌和为主导机械并与自卸汽车、碾压设备配套作业,进行优化组合,使沥青路面施工全部实现机械化。目前常见的问题是摊铺与拌和生产能力不配套,不能保证摊铺机连续作业,从而影响施工进度和质量。特别是摊铺能力远大于拌和能力,使摊铺机频繁停机,影响了摊铺质量。运输车辆的数量确定可根据装料、运料、卸料、返回等工作环节所用时间确定。压实机械的配套,先根据碾压温度及摊铺进度确定合理的碾压长度,然后配备压实机具。表8-15为汕汾高速公路汕头海湾大桥北引道沥青混合料路面工程施工时,沥青混合料路面施工机械配套情况。

沥青混合料路面施工机械配套示例 表8-15

机 械 名 称	能 力	用 途
沥青混合料拌和设备(1台)	间歇式120t/h	拌和沥青混合料
沥青混合料摊铺机(2台)	最大摊铺宽8.5m	摊铺沥青混合料
自卸汽车(若干)	载重量15t	运输沥青混合料
6~8t压路机(1台)	自重6t加载8t	初压沥青混合料
双钢轮振动压路机(2台)	工作质量10t,激振力60kN/120kN	复压沥青混合料
轮胎压路机	10t	终压沥青混合料
沥青洒布机	3.5t	洒黏层

(3)下承层准备与施工放样

①下承层准备

沥青路面的下承层是指基层、联结层或面层下层。下承层完成之后,虽已进行过检查验收,但在两层施工的间隔,很可能因下雨、施工车辆通行等而使其发生程度不同的损坏。如基层可能出现软弹和松散或表面浮尘等,需对其进行维修。沥青类联结层下层表面可能泥泞,需对其进行清洗干净。下承层表面出现的任何质量问题,都会影响到路面结构的层间结合以至路面整体强度。对下承层缺陷处理后,即可洒透层、黏层或封层。

②施工放样

施工放样包括高程测定与平面控制两项内容。高程测定的目的是确定下承层表面高程与原设计高程相差的准确数值,以便在挂线时纠正到设计值或保证施工层厚度。根据高程值设置挂线标准桩,用以控制摊铺厚度和高程。

高程放样应考虑下承层高程差值(设计值与实际高程值之差)、厚度和本层应铺厚度,综合考虑后定出挂线桩顶的高程,再打桩挂线。

2)拌和与运输

(1)拌和与运输一般要求

①试拌

沥青混合料宜在拌和厂(场)制备。在拌制一种新配合比的混合料之前,或生产中断了一段时间后,应根据室内配合比进行试拌。通过试拌及抽样试验确定施工质量控制指标。

②沥青混合料的拌制

根据混合料配合比进行,严格控制各种材料用量及其加热温度。拌和后的沥青混合料应均匀一致,无花白、离析和结团成块等现象。每班抽样做沥青混合料性能、矿料级配组成和沥青用量检验。每班拌和结束时,清洁拌和设备,放空管道中的沥青。作好各项检查记录,不符合技术要求的沥青混合料禁止出厂。

③沥青混合料的运输

沥青混合料用自卸汽车运至工地,车厢底板及周壁应涂一薄层油水(柴油:水=1:3)混合液。运输车辆应覆盖,运至摊铺地点的沥青混合料温度不宜低于规定值,运输中尽量避免紧急制动,以减少混合料离析。

（2）生产组织管理

沥青混合料的生产组织包括矿料、沥青供应和混合料运输两方面,任何方面组织不好都会引起停工。

①拌和

a. 材料供给:所用矿料符合质量要求,储存量应为平均日用量的 5 倍,堆料场应加遮盖,以防雨水。研究表明:矿料含水率的多少对设备生产能力的影响很大,矿料的含水率大则意味着烘干与加热时,拌和设备生产能力降低,燃料消耗率增加。例如干燥滚筒生产能力为 50 ~ 80t/h 时,含水率为 5% ~ 8% 的矿料,含水率每增加 1% ,干燥能力下降约 10% ,每吨产品的燃油消耗率将增加 10% 。矿粉和沥青储存量应为平均日用量的 2 倍。

b. 拌和设备运行:用装载机将不同规格的矿料投入相应的冷料仓,在拌和设备运行中要经常检查料仓储料情况。如果发现各斗内的储料不平衡时,应及时停机,以防满仓或储料串仓。

②运输

沥青混合料成品应及时运往工地。开工前应查明施工位置、施工条件、摊铺能力、运输路线、运距和运输时间以及所需混合料的种类和数量等。拌和设备时时停会造成燃料的浪费,并影响混合料的质量。车辆数量必须满足拌和设备连续生产的要求,不因车辆少而临时停工。

要组织好车辆在拌和设备处装料和工地卸料的顺序,尤其要计划好车辆在工地卸料时的停置地点。装料时必须按其载重装足,安全检查后再启动。

为了精确控制材料,载运料汽车出厂时应进行称量,常用磅秤或使用拌和厂的自动称量系统。为了不因特殊事故或其他原因而使设备停工,拌和设备应有足够的混合料成品储仓。

（3）拌和质量检测

①拌和质量的直观检查

质检人员必须在运料汽车装料过程中和开离拌和厂前往摊铺工地途中经常进行目测,发现混合料中是否存在某些严重问题。

沥青混合料生产的每个环节都应特别强调温度控制,这是质量控制的首要因素。目测可以发现沥青混合料的温度是否符合规定,运料汽车装载的混合料中冒黄烟往往表明混合料过热。若混合料温度过低,沥青裹覆不匀,装车将比较困难。此外,如运料汽车上的沥青混合料能够堆积很高,则说明混合料欠火,或混合料中沥青含量过低。反之,如果热拌混合料在运料汽车中容易坍平(不易堆积),则可能是因为沥青过量或矿料湿度过大所致。

②拌和质量测试

a. 温度测试:直观检验固然很重要,但检验人员必须进行测定。沥青混合料的温度常在运料汽车装料这一环节结束后测出。

b. 沥青混合料的取样和测试:沥青混合料的取样与测试是拌和厂进行质量控制最重要的两项工作。取样和测试所得到数据,可以证明成品是否合格。因此,必须严格遵循取样和测试程序,确保试验结果能够真实反映混合料的质量和特性。作为称职的检验人员,必须能采集有代表性的样品,进行现场试验室试验,并解释试验数据。

c.检测记录:检测人员必须保留详细的检验记录。这些记录是确定沥青混合料是否符合规范要求,能否付款的依据,因此,记录必须清楚、完整和准确。这些记录还将成为施工和工程用量的历史记录,所以,检测记录也就成为日后研究和评价该项工程的依据。

为了能够反映实际情况,这些记录和报告必须在进行所规定的试验或测量的当时抓紧时间填写。每项工程都必须记日志。应记录工程编号、拌和厂位置、拌和设备的类型和型号、原材料来源、主要工作人员姓名以及其他数据。还应记录日期和当天的气象情况及拌和厂的主要活动和日常工作。对异常情况,特别是对沥青混合料可能产生不利影响的情况必须进行说明。

d.拌和质量缺陷及原因分析。

3)摊铺作业

摊铺时应先检查摊铺机的熨平板宽度和高度是否适当,并调整好自动找平装置。有条件时,尽可能采用全路幅摊铺,如采用分路幅摊铺,接茬应紧密、拉直,并宜设置样桩控制厚度,如图8-14所示。双层式沥青混凝土面层的上下层铺筑宜在当天内完成,如间隔时间较长,下层受到污染的路段铺筑上层前应对下层进行清扫,并浇洒黏层沥青。

摊铺时,沥青混合料温度不应低于规定值。摊铺厚度应为设计厚度乘以松铺系数,沥青混合料的松铺系数通过试铺碾压确定,也可按沥青混凝土混合料的(1.15~1.35)倍和沥青碎石混合料的(1.15~1.30)倍取值,细粒式沥青混合料取上限,粗粒式混合料取下限。

自卸汽车保持正确方向倒车,卸料时,自卸汽车挂空挡,由摊铺机推动汽车移动,如图8-15所示。

图8-14 摊铺作业

图8-15 自卸汽车卸料

摊铺后应检查平整度及路拱,发现问题及时修整。如在局部边角或支线、岔道等处需采用人工摊铺时,沥青混合料宜卸在铁板上,摊铺时应采取扣锹摊铺,不得扬锹远抛,同时应边摊铺边用刮板整平。

气温在5℃以下或气温虽然在5℃以上,但有大风时,应对摊铺机熨平板进行加热。

4)碾压成型

压实是沥青路面施工的最后一道工序,良好的路面质量最终要通过碾压来体现。若采用优质的筑路材料、精良的拌和与摊铺设备及良好的施工技术,可摊铺出较理想的混合料层,但碾压中出现任何质量缺陷,仍将前功尽弃。因此,必须高度重视压实工作。

压实的目的是提高沥青混合料的强度、稳定性以及抗疲劳特性。

压实工作的主要内容包括碾压机械的选型与组合、压实温度、速度、遍数、压实方式的确定及特殊路段的压实(弯道与陡坡)等。

（1）常用沥青路面压实机械

①静力光轮压路机

静力光轮压路机可分为双轴三轮式（一般为 8 ~ 12t、12 ~ 15t）和双轴双轮式。三轮式后面有两个较大的驱动轮，前面是一个较小的从动轮，常用于沥青混合料的初压，如图 8-16 所示。

双轮式压路机的结构与三轮压路机的结构比较，具有更好的压实适应性，能在摊铺层上横向碾压，产生更均匀的密实度。

双轴三轮式压路机有三个等宽的碾压滚轮，该种压路机大多为重型，适用于压实沥青混凝土路面，且在作业时可以随被压层表面的不平度自动地重新分配各滚轮上的负荷，压平料层的凸起部分，主要用于要求平整度高的高等级公路路面的压实作业。

②轮胎压路机

轮胎压路机可用来进行接缝处的预压、弯道预压、消除裂纹及薄摊铺层的压实作业，如图 8-17 所示。

图 8-16　静力光轮压路机

③振动压路机

振动压路机分为自行式单轮振动压路机（图 8-18）、自行式双钢轮振动压路机等种类。

图 8-17　轮胎压路机

图 8-18　单轮振动压路机

自行式单轮振动压路机：自行式单轮振动压路机常用于平整度要求不高的辅道、匝道、岔道等路面作业。

自行式双钢轮振动压路机：沥青混合料的压实度要求较高时，常使用这种类型的压路机。它分为单轮振动和双轮振动，并且大型双钢轮振动压路机有较多的频率和振幅。

（2）选择与组合

结合工程实际，选择压路机种类、大小和数量应考虑摊铺机的生产率、混合料特性、摊铺厚度和施工现场的具体条件等因素。

摊铺机的生产率决定了需要压实的能力，从而影响了压路机大小和数量的选用，而混合料的特性则为选择压路机的大小、最佳频率与振幅提供了依据。如混合料矿料含量的增加或最大尺寸的增大都会使其工作能力下降，要达到要求的密实度就需要较大压实能力的压路机。沥青稠度高时，也是如此。选择压路机重量和振幅应与摊铺层厚度相适应，摊铺层厚度小于

60mm,最好使用振幅为0.35～0.60mm的中、小型振动压路机(2～6t),这样可避免材料出现堆料、波浪、压坏集料等现象。在压实较厚的摊铺层(大于100mm)时,使用高振幅(可高达1.00mm)的大型、中型振动压路机(6～10t)。压路机的选择必须考虑施工现场的具体情况。有陡坡、转弯的路段,应考虑压路机操作的机动灵活性。

压路机的需要量可根据合同范围来确定,但在工程开始时,难以得知压实遍数。因为混合料的冷却速率及其他因素难以确定。因此,只有在摊铺初期通过仔细观察、测量和试验才能得出,一般要求压路机尽可能尾随摊铺机。在混合料温度、厚度、下承层温度变化的条件下,混合料冷却速率研究表明:利用温度参数可以相当准确地估算有效压实时间。所谓有效压实时间是指混合料从摊铺后的温度冷却至最低压实温度所需的时间,这种有效时间的估计可帮助工地工程技术人员确定需要多少台压路机。

8.3.3 工程实例

1. 工程概况

深圳市某大道工程位于深圳市某区前海,是深圳港西部(蛇口、妈湾、赤湾、海星等)港区的主要对外疏港道路,也是深圳市快速干道的一部分。大道全长3 107.92m,路幅宽度为110m,近期为双向六车道,预留远期扩宽为双向八车道的用地。路面结构设计采用沥青混凝土路面结构,自上而下组合如下:

40mm厚沥青玛蹄脂碎石混合料(SMA-16);

60mm厚中粒式沥青混凝土(AC-20I);

一层玻纤网合成材料;

70mm厚粗粒式沥青混凝土(AC-30I);

250mm厚6%水泥稳定石粉渣(将由其他施工单位完成后移交);

250mm厚4%水泥稳定石粉渣(同上)。

2. 施工方案

1)材料采备和控制

主要生产材料包括:沥青(含改性沥青)、碎石、砂、矿粉、矿物(木质)纤维等。原材料采购前要求供应商提供由有资格的试验、检测机构出具的项目齐全、质量符合标准的试验资料。在此基础上,从材料场(厂)取有代表性的样品做试验,进一步验证,如果没有问题方可采购。此外在运输和储存过程中应加强管理,使材料不会变质、不被污染。

2)沥青混凝土配合比设计

(1)目标配合比

根据图纸设计及规范要求,经试验确定目标配合比。

(2)生产配合比

按目标配合比及所选用的材料进行试拌,以二次筛分后进入沥青拌和楼各热料仓的材料取样进行筛分,重新合成材料配比以达到较优曲线,以此确定各热料仓的材料比例,干拌和成料后进行筛分验证,同时反复调整冷料仓进料比例,以达到供料均衡,由此确定生产配合比。

取目标配合比设计最佳油石比及最佳油石比±0.3%三个油石比进行试拌,再以各种试拌沥青混合料作马歇尔试验,绘制密度、稳定度、流值、孔隙率、饱和度等同沥青用量的关系图,综合选定满足规范各项指标要求的生产用油石比。

按生产配合比进行试拌,铺筑试验段,并用拌和的沥青混合料进行马歇尔试验及路上钻取的芯样试验,由此确定生产用的标准配合比。

3)施工准备

对基层进行验收,复测其高程及其他各项参数,对不满足设计要求的及时向业主和监理汇报。

对各种施工机具进行全面检修,应经调试并使其处于良好的性能状态。应配备有足够的机械,施工能力需配套,重要机械宜有备用设备。

4)施工放样

各结构层的纵断面高程(厚度)采用悬挂钢丝基线来控制,横坡由摊铺机的熨平板控制。每间隔5m设一基准线立柱,按高程悬挂钢丝。为保证钢丝绷紧,在两端紧线器上安装测力器,以保证钢丝拉力不小于800N。钢丝基准线悬挂完成后,对基准线进行复测。摊铺过程中随时对基准线进行检测。在路缘石及中央侧石(或防撞墙)侧面按设计高程弹出墨线作为摊铺厚度的监测线。在水泥稳定层的表面撒出控制摊铺机行走方向的灰线,保证摊铺机始终沿灰线行走。

5)沥青混凝土的拌和及运输

(1)拌和

沥青混凝土由沥青厂拌和,采用间歇式拌和机。每盘沥青混凝土的用料(沥青、矿料等)、拌和温度,根据标准配合比人工设定,拌和机自动记录用量。

沥青及矿料的加热温度根据材料型号差别,采取不同的温度。拌和时间由试拌确定。混合料应拌和均匀,所有矿料颗粒应全部裹覆沥青结合料。每锅拌和时间宜为30~50s,其中干拌时间不得少于5s。

沥青混凝土出料后,现场检测人员立即进行取样检测,不合格的产品坚决不予出厂。

(2)运输

沥青混凝土采用15t自卸汽车运输,装料前对车厢进行清扫、喷油(柴油与水的比例为1:3),防止沥青混凝土与车厢黏结。每辆车均需配有防雨、保温篷布。沥青混凝土运到现场的温度不得低于120~150℃,对低于120℃的沥青混凝土坚决废弃。

6)沥青混凝土的摊铺及碾压

施工前对水泥稳定石粉层进行彻底清扫。清扫干净后,在稳定层表面少量洒水,待表面稍干后,用沥青洒布车喷洒透层沥青。透层沥青应洒布均匀、不流淌、无油膜,洒布机无法洒布的地方用人工进行补洒。透层沥青洒布后应立即封闭交通,并报监理进行检验认可。

(1)摊铺

采用两台摊铺机梯队作业,联合摊铺,两台摊铺机前后相距10~20m,纵向接缝重叠100mm。

在摊铺机起步的前50m,采用基准线控制摊铺,调整好铺筑厚度和横坡,并对自动找平梁进行校正;50m后采用找平梁控制摊铺。摊铺机调整好虚铺厚度、横坡,采用两次加热对熨平板进行预热。

要至少有6辆运料车在摊铺机前按序排列等候,装料后摊铺机开始摊铺,运料车始终保持在摊铺机前200m~300mm处卸料,由摊铺机接住,推向前行。专人跟踪检测高程、横坡和厚度,及时进行校核与调整。

控制摊铺机的行驶速度在 2 ~ 3m/min,使之与拌和站的拌和能力相匹配。保持摊铺过程中摊铺机匀速前进,不得中途变速,同时控制混合料摊铺温度在 110 ~ 130℃,并不超过 165℃。

为了保证碾压温度满足要求,尽可能缩短碾压时间,在施工中摊铺机熨平必须采用强压,以尽可能减少碾压遍数。这样,虚铺系数一般为 1.15。

在摊铺中粒式沥青混凝土之前铺设玻纤网合成材料,每幅搭接长度 100mm 左右。玻纤网铺设后,应尽量避免汽车和其他机械设备在上面转弯、制动等,以免将其损坏。

(2)碾压

碾压按照紧跟、慢压、高频、低幅的原则进行。压路机紧跟在摊铺机后面碾压,在终压温度前消除全部轮迹,达到要求的压实度后立即停止压路机作业,以免过振。

初压:采用轻型钢轮压路机(时速控制在 1.5 ~ 2km/h)静压一遍。从断面低的一侧向高一侧逐步碾压,温度控制在 120℃以上。

复压:初压完成后即刻复压,采用振动压路机振动碾压 4 遍,复压速度为 4 ~ 5km/h,温度最低不低于 90℃。

终压:紧跟复压进行,采用轻型钢轮压路机时速控制在 2 ~ 3km/h,静压一遍,以消除轮迹为止,在 70℃前完成。碾压完成后,用核子仪现场测试压实度。

碾压过程中严禁过压,为了使压路机不黏轮,利用压路机洒水装置向碾压轮洒少量水。采用振动压路机碾压时,压路机轮迹重叠宽度不超过 200mm;采用静压时,压路机轮迹重叠宽度不少于 200mm。

碾压时压路机不得在新铺的沥青混合料上转向、掉头、左右移动位置或突然制动停在温度高于 70℃已经压过的混合料上。不得先起振后起步,不得先停机后停振。

7)接缝处理

施工中的纵接缝全部为热接缝,碾压时应先由两边压起,再碾压缝中线部分。施工中的横接缝采用 45°角的斜接缝,各层的横接缝应错开。在下次摊铺前,先用摊铺机熨平板对横接缝端部进行预热,再进行摊铺。对横缝用人工进行修整,用钢轮压路机对横缝进行横向静压,并检查平整度,不符规范要求时进行修衬直至达到规范要求。

8)SMA 路面的施工特点

沥青玛蹄脂碎石混合料(SMA)与沥青混凝土在原料和生产工艺上有一定的差别,故施工工艺也有所不同,以下主要针对 SMA 混合料施工的不同点,相同点不再赘述。

(1)SMA 混合料的拌制与运输

拌和 SMA 混合料时,集料的烘干温度一般要提高到 200℃以上。拌和好的混合料储存时间不得超过 24h。

纤维投入采用机械投入,每拌和一锅,自动称量一斗。

混合料在运输过程中必须加盖篷布,防止表面结硬。

(2)SMA 混合料的摊铺

SMA 层采用摊铺层前后保持相同高差的雪橇式摊铺厚度控制方式。

SMA 混合料通常使用改性沥青,黏度较高,摊铺温度高,摊铺阻力要比普通混合料大。当下层沥青混凝土未硬化时,不宜接摊铺 SMA 面层,以免摊铺机轮胎刨开下面层。

混合料的可压实余地很小,松铺系数要比普通混合料小得多,一般不超过 1.05。摊铺、碾压要一气呵成,在尽可能高的温度下进行,所有的施工工序必须在温度下降至 100℃以前全部结束。

（3）SMA 路面的碾压成型

SMA 材料必须采用刚性碾碾压，不容许采用轮胎压路机。碾压 SMA 必须密切注意压实度的变化，过碾压是个大忌。一般初压用 10t 钢碾紧跟在摊铺机后面碾压 1~2 遍，复压用钢碾静压 3~4 遍，或振动压路机振动碾压 2~3 遍，最后用较宽的钢性碾终压一遍即可结束。由于 SMA 的结构组成的特点，初压的痕迹极小，压路机碾压过程中，前轮不会发生明显的推拥。如果产生推拥现象，说明粗集料没有充分嵌挤好，或者嵌挤作用没有充分发挥，对这种混合料必须废弃。

（4）SMA 路面的接缝

纵缝：两台摊铺机成梯队同时进行摊铺，相距在 10m 以内，使纵缝始终保持在热接缝状态。

横缝：为了提高平整度，一般采用切割成垂直平面的方法，由于改性沥青混合料的切割比较困难，要在每天施工结束，尚未完全冷却之前，就切割好，并用水将接缝隙部刷干净，第二天，涂刷黏层油，即可继续铺新混合料。

3.施工（生产）工艺

通过铺筑试验段选出最佳的生产配合比，拌和过程中精确控制油石比及各个环节的温度，发现问题及时调整。施工时严格按规范及施工组织设计操作，对运输、摊铺、碾压及养护等工序，均制定相应的质量检测标准，在施工过程中跟踪检测。

4.机械性能

尽量选用先进的机械设备，并做好维修与保养工作，使之能在运行中保持良好的状态，充分发挥其应有的作用。拌和厂和工地各设一个机械维修小组，并配备足够、适用的机具和易损零配件。漏油、漏渣的机械、车辆不得使用，避免给路面造成污染或损坏。

5.现场防护

在施工过程中及施工结束后，应封闭交通，以保证路面不被污染、压坏。如有意外造成路面破损，应及时用路面综合养护车修补。待摊铺层完全自然冷却后，方可开放交通。

本 章 小 结

1.从受力情况、自然因素等对路面作用程度不同以及经济的角度考虑，一般将路面分成面层、基层、底基层来铺筑。从路面力学特性出发，路面可分为柔性路面和刚性路面两类。

2.基层、底基层施工主要有级配碎（卵）石和半刚性路面基层、底基层施工。级配碎石、砾石基层是由各种粗细集料按最佳级配原理修筑而成。级配碎石、砾石基层的强度是由摩阻力和黏结力构成，具有一定的水稳性和力学强度。半刚性基层包括水泥稳定类、石灰稳定类和综合稳定类基层。半刚性基层材料的显著特点是：整体性强、承载力高、刚度大、水稳性好，而且较为经济。国外常采用水泥稳定粒料类、石灰粉煤灰稳定粒料类、碾压混凝土或贫水泥混凝土作为沥青路面的基层。在我国，半刚性材料已广泛用于修建高等级公路路面基层或底基层。

3. 水泥混凝土路面具有承载能力大、稳定性好、使用寿命长、日常养护费用少等优点，是高等级、重交通公路路面的主要类型之一。水泥混凝土路面主要包括素混凝土、钢筋混凝土、连续配筋混凝土、预应力混凝土、装配式混凝土及钢纤维混凝土等面层板和基(垫)层结构。目前采用最广泛的是就地浇筑的素混凝土路面。

4. 沥青路面是采用沥青材料作结合料，黏结矿料或混合料修筑面层的路面结构。沥青路面由于使用了黏结力较强的沥青材料作结合料，不仅增强了矿料颗粒间的黏结力，而且提高了路面结构的技术品质，使路面具有平整、耐磨、不扬尘、不透水、耐久等优点。由于沥青具有弹性、黏性、塑性，在汽车通过时，振动小、噪声低、略有弹性、平稳舒适，是高等级公路的主要面层结构材料。

复习思考题

1. 路面一般分几层进行铺筑？从路面力学特性出发，路面可分为哪几类？
2. 简述级配碎、砾石基层(底基层)材料要求。
3. 半刚性路面基层、底基层包括哪几类？半刚性基层材料有什么特点？
4. 水泥混凝土路面要包括哪几种路面？水泥混凝土路面有什么特点？
5. 试述水泥混凝土路面的施工工艺。
6. 沥青路面面层施工前要做哪些准备工作？
7. 试述沥青混凝土路面的施工工艺。

第 9 章 防 水 工 程

学习要求
- 了解屋面防水等级划分、各等级防水层合理使用年限以及设防要求;
- 掌握卷材防水屋面和刚性防水屋面的做法;
- 熟悉涂膜防水屋面的施工方法;
- 了解地下防水等级的划分及防水方案选择;
- 掌握结构自防水和附加防水层防水构造做法及施工要点;
- 了解厨房卫生间防水施工。

本章重点
- 卷材防水屋面;涂膜防水屋面;刚性防水屋面;地下工程防水。

本章难点
- 刚性防水屋面和地下工程防水。

防水技术在建筑工程施工中占有重要的地位。防水质量优劣直接影响到建筑物的使用功能和寿命。防水质量的好坏与设计、材料、施工均有着密切的关系。所以,在防水工程施工中必须严格把好质量关,以保证结构的耐久性和正常使用。

建筑工程防水按其部位可分为屋面防水、地下防水、卫生间防水等。按其构造做法又可分为结构构件自防水和防水层防水。

9.1 屋面防水工程

屋面防水工程根据建筑物的性质、重要程度、使用功能要求及防水层耐用年限等,将屋面防水分为四个等级,并按不同的等级设防(表9-1)。屋面防水工程按所用材料和构造做法分为卷材防水屋面、涂膜防水屋面、刚性防水屋面等。

9.1.1 卷材防水屋面

卷材防水屋面是指利用胶结材料黏贴卷材进行防水的屋面。这种屋面具有重量轻、防水性能好,尤其是防水层的柔韧性好,能适应一定程度的结构振动和胀缩变形。适用于防水等级为 I ~ IV 级的屋面防水。

1. 卷材防水屋面构造

卷材防水屋面构造如图9-1所示。

项　目	屋　面　防　水　等　级			
	Ⅰ	Ⅱ	Ⅲ	Ⅳ
建筑物类别	特别重要或对防水有特殊要求的建筑	重要的建筑和高层建筑	一般的建筑	非永久性的建筑
防水层合理使用年限	25 年	15 年	10 年	5 年
防水层选用材料	宜选用合成高分子防水卷材、高聚物改性沥青防水卷材、金属板材、合成高分子防水涂料、细石混凝土等材料	宜选用高聚物改性沥青防水卷材、合成高分子防水卷材、金属板材、合成高分子防水涂料、高聚物改性沥青防水涂料、细石混凝土、平瓦、油毡瓦等材料	宜选用三毡四油沥青防水卷材、高聚物改性沥青防水卷材、合成高分子防水卷材、金属板材、高聚物改性沥青防水涂料、合成高分子防水涂料、细石混凝土、瓦、油毡瓦等材料	可选用二毡三油沥青防水卷材、高聚物改性沥青防水涂料等材料
设防要求	三道或三道以上防水设防	二道防水设防	一道防水设防	一道防水设防

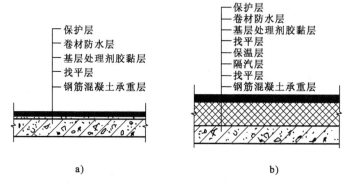

图 9-1　卷材屋面构造层次示意图

a)不保温卷材防水屋面;b)保温卷材防水屋面

2.卷材防水屋面常用材料

1)防水卷材

所用卷材有传统的沥青防水卷材、高聚物改性沥青防水卷材和合成高分子防水卷材等三大系列。

(1)沥青防水卷材。沥青防水卷材用原纸、纤维织物、纤维毡等胎体材料浸涂石油沥青,表面撒布一层粉状、粒状或片状隔离材料,制成可卷曲片状防水材料。常用的有纸胎沥青油毡、玻璃纤维胎沥青油毡和麻布胎沥青油毡等。沥青防水卷材的外观质量应符合表 9-2 的要求。

沥青防水卷材的外观质量 　　　　　表 9-2

项　目	质　量　要　求
孔洞、硌伤	不允许
露胎、涂盖不匀	不允许
折纹、皱折	距卷芯 1 000mm 以外,长度不大于 100mm

项　目	质　量　要　求
裂纹	距卷芯 1 000mm 以外,长度不大于 10mm
裂口、缺边	边缘裂口小于 20mm,缺边长度小于 50mm,深度小于 20mm
每卷卷材的接头	不超过 1 处,较短的一段不应小于 2 500mm,接头处应加长 150mm

（2）高聚物改性沥青防水卷材。高聚物改性沥青防水卷材以高聚合物改性沥青为涂盖层,聚酯毡、玻纤毡或聚酯纤维复合为胎体,细砂、矿物粉料或薄膜材料为隔离材料,制成可卷曲片状防水材料,属于中档的防水材料。高聚物改性沥青防水卷材克服了沥青防水卷材温度敏感性大,伸长率小的缺点,具有高温不流淌、低温不脆裂、抗拉强度高、伸长率大的特点,能够较好地适应基层开裂及伸缩变形的要求。工程中常用的高聚物改性沥青防水卷材有:SBS 改性沥青防水卷材、APP 改性沥青防水卷材、PVC 改性沥青防水卷材、再生胶改性沥青防水卷材等。高聚物改性沥青防水卷材的外观质量应符合表 9-3 的要求。

高聚物改性沥青防水卷材外观质量　　　　　　　　　　表 9-3

项　目	质　量　要　求	项　目	质　量　要　求
孔洞、缺边、裂口	不允许	撒布材料粒度、颜色	均匀
边缘不整齐	不超过 10mm	每卷卷材接头	不超过 1 处,较短的一段不应小于 1 000mm,接头处应加长 150mm
胎体露白、未浸透	不允许		

（3）合成高分子防水卷材。合成高分子防水卷材以合成橡胶、合成树脂或它们两者的共混体为基料,加入适量的化学助剂和填充料等,经过混炼（塑炼）压延或挤出成型、定型、硫化等工序制成的可卷曲片状防水材料,属于高档的防水材料。工程中常用的合成高分子防水卷材主要有三元乙丙橡胶防水卷材（EPDM）、聚氯乙烯防水卷材（PVC 卷材）、氯化聚乙烯防水卷材、氯化聚乙烯—橡胶共混防水卷材等。合成高分子防水卷材的外观质量应符合表 9-4 的要求。

合成高分子防水卷材外观质量　　　　　　　　　　表 9-4

项　目	质　量　要　求
折痕	每卷不超过 2 处,总长度不超过 2mm
杂质	大于 0.5mm 颗粒不允许,每 1m² 不超过 9mm²
凹痕	每卷不超过 6 处,深度不超过本身厚度的 30%,树脂深度不超过 15%
胶块	每卷不超过 6 处,每处面积不大于 4mm²
每卷卷材接头	橡胶类每 20m 不超过 1 处,较短的一段不应小于 3 000mm,接头处应加长 150mm,树脂类 20m 长度内不允许有接头

2）基层处理剂

基层处理剂是为了增强防水材料与基层之间的黏结力,在防水层施工前,预先涂刷在基层上的涂料。其选择应与所用卷材的材性相容。沥青卷材防水屋面常用的基层处理剂是冷底子油;高聚物改性沥青卷材防水屋面常用的基层处理剂是氯丁胶沥青乳胶、橡胶改性沥青溶液、沥青溶液（即冷底子油）;合成高分子卷材防水屋面常用的基层处理剂是聚氨酯煤焦油系的二甲苯溶液、氯丁胶乳溶液、氯丁胶沥青乳胶等。

3）胶黏剂

胶黏剂可分为基层与卷材黏贴的胶黏剂及卷材与卷材搭接的胶黏剂两种。胶黏剂选用应与所用卷材相适应。沥青防水卷材可选用沥青胶作为胶黏剂,沥青胶的强度等级应根据屋面坡度、当地历年室外极端最高气温选用。高聚物改性沥青防水卷材可选用橡胶或再生橡胶改性沥青的汽油溶液或水乳液作胶黏剂,黏结剥离强度应不小于8N/10mm。合成高分子防水卷材可选用以氯丁橡胶和丁基酚醛树脂为主要成分的胶黏剂或以氯丁橡胶乳液制成的胶黏剂,其黏结剥离强度应不小于15N/10mm。胶黏剂均由卷材生产厂家配套供应。

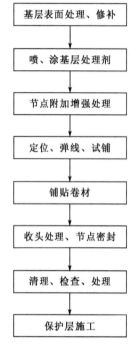

图9-2　卷材防水施工工艺流程

3. 卷材防水屋面施工

卷材防水施工工艺流程如图9-2所示。

1）基层处理

找平层是铺贴卷材防水层的基层,可采用水泥砂浆、细石混凝土或沥青砂浆。沥青砂浆找平层适合于冬季、雨季、采用水泥砂浆有困难和抢工期时采用。水泥砂浆找平层中宜掺膨胀剂,以提高找平层密实性,避免或减小因其裂缝而拉裂防水层。细石混凝土找平层尤其适用于松散保温层上,以增强找平层的刚度和强度。

找平层的厚度和技术要求应符合表9-5的规定。找平层的排水坡度应符合设计要求。平屋面采用结构找坡不应小于3%,采用材料找坡宜为2%。

找平层的厚度和技术要求　　　　　　　　　　　　　　　　表9-5

类　别	基 层 类 型	厚度(mm)	技 术 要 求
水泥砂浆找平层	整体混凝土	15~20	(1:2.5)~(1:3)(水泥砂)体积比,水泥强度等级不低于32.5级
	整体或板状材料保温层	20~25	
	装配式混凝土板,松散材料保温层	20~30	
细石混凝土找平层	松散材料保温层	30~35	混凝土强度等级不低于C20
沥青砂浆找平层	整体混凝土	15~20	1:8(沥青:砂)质量比
	装配式混凝土板,整体或板状材料保温层	20~25	

基层与突出屋面结构(女儿墙、山墙、天窗壁、变形缝、烟囱等)的交接处和基层的转角处,找平层均应做成圆弧形,圆弧半径应符合表9-6的要求。内部排水的水落口周围的找平层应做成略低的凹坑。

找平层圆弧半径(mm)　　　　　　　　　　　　　　　　表9-6

卷材类型	圆弧半径	卷材类型	圆弧半径
沥青防水卷材	100~150	合成高分子防水卷材	20
高聚物改性沥青防水卷材	50		

为了避免或减少找平层开裂,找平层宜留设分格缝,缝宽为20mm,并嵌填密封材料或空铺卷材条。分格缝应留设在板端缝处,其纵横缝的最大间距:水泥砂浆或细石混凝土找平层,不宜大于6m;沥青砂浆找平层,不宜大于4m。

铺设屋面隔气层和防水层前,基层必须干净、干燥。干燥程度的简易检验方法是将$1m^2$卷材平坦地干铺在找平层上,静置$3\sim4h$后掀开检查,找平层覆盖部位与卷材上未见水印即可铺设。

2)喷、涂基层处理剂

基层处理剂可采用喷涂法或涂刷法施工,喷、涂应均匀一致,待其干燥后应及时铺贴卷材。喷、涂基层处理剂之前,应用毛刷对屋面节点、周边、转角等处先行涂刷。

3)节点附加层

为保证防水效果,在铺贴大面积防水卷材前,应在女儿墙、檐沟墙、天窗壁、变形缝、烟囱根、管道根与屋面的交接处及檐口、天沟、雨水口、屋脊等部位,按设计要求先作卷材附加层。

4)卷材施工一般要求

(1)卷材铺贴方向。卷材铺贴方向应符合下列规定:

①屋面坡度小于3%时,卷材宜平行屋脊铺贴;

②屋面坡度在3%~15%时,卷材可平行或垂直屋脊铺贴;

③屋面坡度大于15%或屋面受震动时,沥青防水卷材应垂直屋脊铺贴,高聚物改性沥青防水卷材和合成高分子防水卷材可平行或垂直屋脊铺贴;

④上下层卷材不得相互垂直铺贴。

(2)卷材铺贴顺序。屋面防水层施工时,应先做好节点、附加层和屋面排水比较集中等部位的处理,然后由屋面最低处向上进行。铺贴天沟、檐沟卷材时宜顺天沟、檐沟方向,减少卷材的搭接。铺贴多跨或有高低跨的屋面时,应按先高后低、先远后近的顺序进行。

(3)卷材搭接要求。铺贴卷材应采用搭接法。平行于屋脊的搭接缝,应顺流水方向搭接;垂直于屋脊的搭接缝,应顺主导风向搭接。叠层铺设的各层卷材,在天沟与屋面的连接处,应采用叉接法搭接,搭接缝应错开,搭接缝宜留在屋面或天沟侧面,不宜留在沟底。上下层及相邻两幅卷材的搭接缝应错开。各种卷材搭接宽度应符合表9-7的要求。

卷材搭接宽度(mm)　　　　　　　　　　　　　　　　表9-7

铺贴方法 卷材种类		短 边 搭 接		长 边 搭 接	
		满铺法	空铺、点黏、条铺	满铺法	空铺、点黏、条铺
沥青防水卷材		100	150	70	100
高聚物改性沥青防水卷材		80	100	80	100
合成高分子防水卷材	胶黏剂	80	100	80	100
	胶黏带	50	60	50	60
	单缝焊	60,有效焊缝宽度不少于25			
	双缝焊	80,有效焊缝宽度10×2+空腔宽			

5)卷材铺贴

卷材与基层的黏贴方法可分为满黏法、点黏法、条黏法和空铺法等形式。满黏法:铺贴防水卷材时,卷材与基层采用全部黏结的施工方法。点黏法:铺贴防水卷材时,卷材与基层采用点状黏结,每平方米黏结不少于5点,每点面积为100mm×100mm。条黏法:铺贴防水卷材时,卷材与基层采用条状黏结,黏结面不少于两条,每条宽度不小于150mm。空铺法:铺贴防水卷材时,卷材与基层在周边一定宽度内黏结,其余部分不黏结的施工方法。

通常多采用满黏法,而条黏、点黏和空铺法更适合于防水层上有重物覆盖或基层变形较大的场合,是一种克服基层变形拉裂卷材防水层的有效措施。设计中应明确规定、选择适用的工艺方法。

无论采用空铺、条黏还是点黏法,施工时都必须注意:距屋面周边800mm内的防水层应满黏,保证防水层四周与基层黏结牢固;卷材与卷材之间应满黏,保证搭接严密。

(1)沥青防水卷材施工方法。沥青防水卷材的铺贴方法有浇油法、刷油法、刮油法和撒油法等四种,通常采用浇油法或刷油法。浇油法是采用有嘴油壶将沥青胶左右来回在油毡前浇油,其宽度比油毡每边少约10~20mm,速度不宜太快。浇洒量以油毡铺贴后,中间满黏沥青胶,并使两边稍有挤出为宜。涂刷法一般用长柄棕刷(或滚刷等)将沥青胶均匀涂刷,宽度比油毡稍宽,不宜在同一地方反复多次涂刷,以免沥青胶很快冷却而影响黏结质量。还可在油壶浇油后采用长柄胶皮刮板进行刮油法涂布玛蹄脂。无论采用何种方法,应控制每层沥青胶的厚度。

铺贴沥青防水卷材时两手按住卷材,均匀地用力将卷材向前推滚,使卷材与下层紧密黏结。避免铺斜、扭曲和出现未黏结沥青胶之处。如铺贴卷材经验较少,为避免铺斜等情况,可以在基层或下层卷材上预先弹出灰线,按灰线边推铺油毡。

推铺油毡时,操作的其他人员应将卷材边挤出的沥青胶及时刮去,并将卷材压紧黏住,刮平、赶出气泡。如出现黏结不良的地方,可用小刀将油毡划破,再用沥青胶贴紧、封死、赶平,最后在上面加贴一块卷材将缝盖住。

(2)高聚物改性沥青防水卷材施工方法。依据高聚物改性沥青防水卷材的特性,其施工方法有冷黏法、热黏法、热熔法和自黏法。在立面或大坡面铺贴高聚物改性沥青防水卷材时,应采用满黏法,并宜减少短边搭接。

①冷黏法施工。冷黏法施工是利用毛刷将胶黏剂涂刷在基层或卷材上,然后直接铺贴卷材,使卷材与基层、卷材与卷材黏结的方法。施工时,胶黏剂涂刷应均匀、不露底、不堆积。铺贴卷材时应平整顺直,搭接尺寸准确,接缝应满涂胶黏剂,辊压黏结牢固,不得扭曲、皱折;溢出的胶黏剂随即刮平封口;也可采用热熔法接缝。接缝口应用密封材料封严,宽度不应小于10mm。

②热黏法施工。热熔型改性沥青胶黏剂将卷材与基层或卷材之间黏结的一种方法。施工时熔化热熔型改性沥青胶时,宜采用专用的导热油炉加热,加热温度不应高于200℃,使用温度不应低于180℃;黏贴卷材的热熔改性沥青胶厚度宜为1~1.5mm;铺贴卷材时,应随刮涂热熔改性沥青胶随滚铺卷材,并展平压实。

③热熔法施工。热熔法施工是指利用火焰加热器熔化热熔型防水卷材底层的热熔胶进行黏贴的方法。施工时火焰加热器的喷嘴距卷材的距离应适中,一般为0.5m左右,幅宽内加热应均匀,以卷材表面熔融至光亮黑色为度,不得过分加热或烧穿卷材。卷材表面热熔后,应立即铺贴,滚铺时应排除卷材下面的空气,使之平展不得有皱折,并辊压黏结牢固。搭接缝处必须以溢出热熔的改性沥青胶为度,并应随即刮封接口。

采用热熔法施工可节省冷黏剂,降低防水工程造价,特别是当气温较低时或屋面基层略有潮气时尤为适合。但是厚度小于3mm的高聚物改性沥青防水卷材,严禁采用热熔法施工。

④自黏法施工。自黏法施工是指采用带有自黏胶的防水卷材进行黏结的方法。铺贴前,

基层表面应均匀涂刷基层处理剂,待干燥后及时铺贴卷材。铺贴时,应先将自黏胶底面隔离纸完全撕净,排除卷材下面的空气,并辊压黏结牢固,铺贴的卷材应平整顺直,搭接尺寸准确,不得扭曲、皱折。低温施工时,立面、大坡面及搭接部位宜采用热风机加热,加热后随即黏贴牢固。搭接缝口应采用材性相容的密封材料封严。

(3)合成高分子卷材防水施工。合成高分子卷材施工方法一般有冷黏法、自黏法、热风焊接法。

①冷黏法施工要求与高聚物改性沥青防水卷材基本相同,但冷黏法施工时搭接部位应采用与卷材配套的接缝专用胶黏剂,在搭接缝黏合面上涂刷均匀,不露底,不堆积。根据专用胶黏剂性能,应控制胶黏剂涂刷与黏合的间隔时间,并排出缝内空气,辊压黏贴牢固。搭接缝口应采用材性相容的密封材料封严。卷材搭接部位采用胶黏带黏结时,黏合面应清理干净,必要时可涂刷与卷材及胶黏带材性相容的基层胶黏剂,撕去胶黏带隔离纸后应及时黏合上层卷材,并辊压黏牢。

②自黏法施工要求与高聚物改性沥青防水卷材基本相同。

③热风焊接法是采用热空气焊枪进行防水卷材搭接黏合的施工方法。焊接前卷材铺放应平整顺直,搭接尺寸正确;施工时焊接缝的结合面应清扫干净,应无水滴,油污及附着物。先焊长边搭接缝,后焊短边搭接缝,焊接处不得有漏焊、缺焊、焊焦或焊接不牢的现象,也不得损害非焊接部位的卷材。

6)保护层施工

卷材铺设完毕,经检查合格后,应立即进行保护层的施工,及时保护防水层免受损伤,从而延长卷材防水层的使用年限。

(1)沥青防水卷材保护层施工。沥青防水卷材非上人屋面中使用较多的是绿豆砂保护层。施工时在卷材表面涂刷最后一道沥青胶,趁热撒铺一层粒径为 3~5mm 的绿豆砂(或人工砂),绿豆砂应撒铺均匀,全部嵌入沥青胶中。为了嵌入牢固,绿豆砂须经预热至 100℃ 左右,干燥后使用。边撒砂边扫铺均匀,并用软辊轻轻压实。除此还可撒铺云母或蛭石做保护层。

沥青防水卷材上人屋面可用混凝土预制板材、水泥砂浆或细石混凝土做保护层。

用混凝土预制板做保护层,混凝土板的铺砌必须平整,并满足排水要求,结合层应选用1:2水泥砂浆。

用水泥砂浆做保护层,水泥砂浆配合比一般为 1:(2.5~3)(体积比)。保护层施工前应在防水层上铺设隔离层,并应根据结构情况每隔 4~6m 用木模设置纵横分格缝。铺设水泥砂浆时应随铺随拍实,并将表面压光。排水坡度应符合设计要求。

用细石混凝土做保护层,保护层施工前应在防水层上铺设隔离层,并按设计要求支设好分格缝木模,设计无要求时,每格面积不大于 36m²,分格缝宽度为不宜小于20mm。一个分格内的混凝土应连续浇筑,不留施工缝。振捣宜采用铁辊滚压或人工拍实,以防破坏防水层。拍实后随即用刮尺按排水坡度刮平,初凝前用木抹子提浆抹平,初凝后及时取出分格缝木模,终凝前用铁抹子压光。细石混凝土保护层浇筑后应及时进行养护,养护时间不应少于 7d,养护期满即将分格缝清理干净,待干燥后嵌填密封材料。

(2)高聚物改性沥青防水卷材保护层施工。高聚物改性沥青防水卷材非上人屋面多采用涂料做保护层。保护层涂料一般在现场配制,常用的有铝基沥青悬浮液、丙烯酸浅色涂料或在涂料中掺入铝粉的反射涂料。施工前防水层表面应干净无杂物。涂刷方法与用量按各种涂料使用说明书操作,涂刷应均匀、不漏涂。

高聚物改性沥青防水卷材上人屋面可用混凝土预制板材、水泥砂浆或细石混凝土做保护层。做法及要求同沥青防水卷材屋面。

(3)合成高分子防水卷材保护层施工　合成高分子防水卷材保护层做法及要求同高聚物改性沥青防水卷材。

9.1.2　涂膜防水屋面

涂膜防水屋面是在屋面基层上涂刷防水涂料,经固化后形成一层有一定厚度和弹性的整体涂膜,从而达到防水目的的一种防水屋面形式。这种屋面具有施工操作简便,无污染,冷操作,无接缝,能适应复杂基层,防水性能好,温度适应性强,容易修补等特点。适用于防水等级为Ⅲ、Ⅳ级的屋面防水;也可作为Ⅰ、Ⅱ级屋面多道防水设防中的一道防水层。

1.涂膜防水屋面构造

涂膜防水屋面构造如图9-3所示。

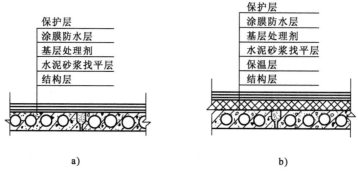

图9-3　涂膜防水屋面构造图
a)无保温层涂膜屋面;b)有保温层涂膜屋面

2.涂膜防水屋面常用材料

1)高聚物改性沥青防水涂料

高聚物改性沥青防水涂料以石油沥青为基料,用高分子聚合物进行改性,配制成的水乳型或溶剂型防水涂料。高聚物改性沥青防水涂料具有较好的柔韧性、抗裂性、强度、耐高低温性能。常用的品种有氯丁橡胶改性沥青涂料、SBS改性沥青涂料及APP改性沥青涂料等。其质量要求(表9-8)。

高聚物改性沥青防水涂料质量要求　　　　　　表9-8

项　　目		质　量　要　求	
		水乳性	溶剂型
固体含量(%)		≥43	≥48
耐热性(80℃,5h)		无流淌、起泡和滑动	
低温柔性(℃,2h)		−10,绕φ20mm圆棒无裂纹	−15,绕φ10mm圆棒无裂纹
不透水性	压力(MPa)	≥0.1	≥0.2
	保持时间(min)	≥30	≥30
延伸性(20±2℃拉伸)(mm)		≥4.5	—
抗裂性(mm)		—	基层裂缝0.3mm,涂膜无裂缝

2)合成高分子防水涂料

合成高分子防水涂料以合成橡胶或合成树脂为主要成膜物质,配制成单组分或多组分防水涂料。由于合成高分子材料本身的优异性能,以此为原料制成的合成高分子防水涂料具有高弹性、防水性、耐久性和优良的耐高低温性能;常用的品种有聚氨酯防水涂料、丙烯酸酯防水涂料、有机硅防水涂料等。其质量要求见表9-9、表9-10。

合成高分子防水涂料(反应固化型)质量要求　　　　表9-9

项　　目		质　量　要　求	
		Ⅰ类	Ⅱ类
拉伸强度(MPa)		≥1.9(单、多组分)	≥2.45(单、多组分)
断裂拉伸率(%)		≥550(单组分) ≥450(多组分)	≥450(单、多组分)
低温柔性(℃,2h)		−40(单组分),−35(多组分),弯折无裂纹	
不透水性	压力(MPa)	≥0.3(单、多组分)	
	保持时间(min)	≥30(单、多组分)	
固体含量(%)		≥80(单组分),≥92(多组分)	

注:产品按拉伸性能分为Ⅰ、Ⅱ两类。

合成高分子防水涂料(挥发固化型)质量要求　　　　表9-10

项　　目		质　量　要　求
拉伸强度(MPa)		≥1.5
断裂拉伸率(%)		≥300
低温柔性(℃,2h)		−20,绕φ10mm圆棒无裂纹
不透水性	压力(MPa)	≥0.3
	保持时间(min)	≥30
固体含量(%)		≥65

3)聚合物水泥防水涂料

聚合物水泥防水涂料以丙烯酸酯等聚合物乳液和水泥为主要原料,加入其他外加剂制得的双组分水性建筑防水涂料。该产品具有有机材料弹性高,又有无机材料耐久性好的优点,涂覆后形成高强的防水涂膜,并可根据工程需要配置彩色涂层。可在潮湿或干燥的砖石、砂浆、混凝土、金属、木材、各种保温层、防水层上直接施工,涂层坚韧高强,耐水、耐候、耐久性强,无毒,无害,施工简单,在立面、斜面和顶面施工不流淌,耐高温。是目前工程上应用较广的一种新型材料。适用于工业及民用建筑的屋面工程,厕浴间、厨房的防水防潮工程,地面、地下室、游泳池、罐槽的防水。其质量要求见表9-11。

聚合物水泥防水涂料质量要求　　　　表9-11

项　　目		质　量　要　求
固体含量(%)		≥65
拉伸强度(MPa)		≥1.2
断裂拉伸率(%)		≥200
低温柔性(℃,2h)		−10,绕φ10mm圆棒无裂纹
不透水性	压力(MPa)	≥0.3
	保持时间(min)	≥30

4）胎体增强材料

胎体增强材料是指用于涂膜防水层中的化纤无纺布、聚酯无纺布等，作为增强层的材料。其质量要求见表9-12。

5）密封材料

能承受接缝位移以达到气密、水密目的而嵌入建筑接缝中的材料。目前，我国常用的屋面密封材料包括高聚物改性沥青密封材料和合成高分子密封材料两大类。

胎体增强材料质量要求   表9-12

项 目		质 量 要 求	
		聚酯无纺布	化纤无纺布
外观		均匀，无团状，平整无折皱	
拉力（N/50mm）	纵向	≥150	≥45
	横向	≥100	≥35
延伸率（%）	纵向	≥10	≥20
	横向	≥20	≥125

高聚物改性沥青密封材料以石油沥青为基料，用聚合物进行改性，加入填充料和其他化学助剂配制而成的膏状密封材料。适用于钢筋混凝土屋面板缝嵌填。合成高分子密封材料是以合成高分子材料为主体，加入适量的化学助剂、填充料和着色剂，经过特定的生产工艺加工而成的膏状密封材料。主要有聚氯乙烯胶泥、聚氨酯弹性密封膏等。聚氯乙烯胶泥具有良好的耐热性、黏结性、弹塑性、防水性以及较好的耐寒、耐腐蚀性和抗老化的能力，可用于各种坡度屋面嵌缝。聚氨酯弹性密封膏是一种新型密封材料，其延伸率大、弹性高、黏结性好、耐低温、耐水、耐油、耐酸碱、抗疲劳及使用年限长，并且价格适中，可用于防水要求中等或偏高的工程。

3．涂膜防水屋面施工

涂膜防水施工一般的工艺流程如图9-4所示。

1）基层表面处理、修补

涂膜防水层要求基层的刚度大，找平层有一定的强度，表面平整、密实，不应有起砂、起壳、龟裂、爆皮等现象。表面平整度应用2m直尺检查，基层与直尺的最大间隙不应超过5mm，间隙仅允许平缓变化。基层与凸出屋面结构连接处及基层转角处应做成圆弧形或钝角。按设计要求做好排水坡度，不得有积水现象。施工前应将分格缝清理干净，不得有异物和浮灰，并嵌填密封材料。屋面基层的干燥程度，应视选用的涂料特性而定。当采用溶剂型改性沥青防水涂料、合成高分子防水涂料时屋面基层应干燥、干净。

2）喷、涂基层处理剂

基层处理剂常用涂膜防水材料稀释后使用，其配合比应准确，充分搅拌，喷涂均匀，覆盖完全，干燥后方可进行涂膜施工。

3）特殊部位附加增强处理

板面涂膜前，在天沟、檐口、檐沟、泛水等部位应先

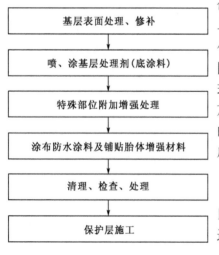

图9-4 涂膜防水施工工艺流程图

基层表面处理、修补

↓

喷、涂基层处理剂（底涂料）

↓

特殊部位附加增强处理

↓

涂布防水涂料及铺贴胎体增强材料

↓

清理、检查、处理

↓

保护层施工

铺有胎体增强材料的附加层。水落口周围与屋面交接处,应作密封处理,并加铺两层有胎体增强材料的附加层。

4)板面涂膜施工

涂料的涂布顺序为:先高跨后低跨,先远后近,先立面后平面。同一屋面上先涂布排水较集中的水落口、天沟、檐口等节点部位,再进行大面积涂布。涂层应厚薄均匀、表面平整,不得有露底、漏涂和堆积现象。

防水涂膜应多遍涂布,其总厚度应达到设计要求,每道涂膜防水层厚度选用应符合表9-13的规定。

两涂层施工间隔时间不宜过长,否则易形成分层现象。涂层中夹铺增强材料时,宜边涂边铺胎体。胎体增强材料长边搭接宽度不得小于50mm,短边搭接宽度不得小于70mm。当屋面坡度小于15%时,可平行屋脊铺设。屋面坡度大于15%时,应垂直屋脊铺设。采用二层胎体增强材料时,上下层不得互相垂直铺设,搭接缝应错开,其间距不应小于幅宽的1/3。找平层分格缝处应增设胎体增强材料的空铺附加层,其宽度以200~300mm为宜。涂膜防水层收头应用防水涂料多遍涂刷或用密封材料封严。在涂膜未干前,不得在防水层上进行其他施工作业。涂膜防水屋面上不得直接堆放物品。

涂 膜 厚 度 选 用 表9-13

屋面防水等级	设 防 道 数	高聚物改性沥青防水涂料	合成高分子防水涂料和聚合物水泥防水涂料
Ⅰ级	三道或三道以上设防	—	不应小于1.5mm
Ⅱ级	二道设防	不应小于3mm	不应小于1.5mm
Ⅲ级	一道设防	不应小于3mm	不应小于2mm
Ⅳ级	一道设防	不应小于2mm	—

5)保护层施工

高聚物改性沥青防水涂膜屋面保护层材料可采用细砂、云母、蛭石、水泥砂浆、块体材料或细石混凝土等。当选用细砂、云母、蛭石做保护层时,应在涂布最后一遍涂料时,边涂布边撒布均匀,不得露底,然后进行辊压黏牢,待干燥后将多余的撒布材料清除。当采用水泥砂浆做保护层时,表面应抹平压光,并应设分格缝,每格面积宜为1m²。当采用块体材料做保护层时,宜留设分格缝,其纵横间距不宜大于10m,分格缝宽度不宜小于20mm。当采用细石混凝土做保护层时,混凝土应捣实,表面抹平压光,并应留设分格缝,其纵横缝间距不宜大于6m。分格缝用密封材料嵌填严密。水泥砂浆、块体材料或细石混凝土保护层与涂膜层之间应设置隔离层。

合成高分子和聚合物水泥防水涂膜屋面保护层材料可采用浅色涂料、水泥砂浆、块体材料或细石混凝土等。当采用浅色涂料做保护层时,应在涂膜固化后进行喷涂。当采用水泥砂浆、块体材料或细石混凝土做保护层时,施工要求同高聚物改性沥青防水涂膜屋面。

9.1.3 刚性防水屋面

刚性防水屋面是指利用刚性防水材料做防水层的屋面。主要有普通细石混凝土防水屋面、补偿收缩混凝土防水屋面、块体刚性防水屋面、预应力混凝土防水屋面等。刚性防水屋面所用材料易得,价格便宜,耐久性好,维修方便,但刚性防水层材料的表观密度大,抗拉强度低,易受混凝土或砂浆的干湿变形、温度变形和结构变位而产生裂缝。主要适用于防水等级为Ⅲ

级的屋面防水,也可用作Ⅰ、Ⅱ级屋面多道防水设防中的一道防水层,不适用于设有松散材料保温层的屋面以及受较大震动或冲击和坡度大于15%的建筑屋面。现重点介绍细石混凝土刚性防水屋面。

1. 刚性防水屋面构造

刚性防水屋面构造如图9-5所示。

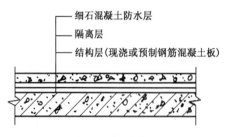

图9-5　刚性防水屋面

2. 刚性防水屋面常用材料

防水层的细石混凝土宜用普通硅酸盐水泥或硅酸盐水泥,不得使用火山灰质水泥,用矿渣硅酸盐水泥时应采取减少泌水性措施。水泥强度等级不宜低于32.5级。粗集料的最大粒径不宜超过15mm,含泥量不应大于1%;细集料应采用中砂或粗砂,含泥量不应大于2%;拌和用水应采用不含有害物质的洁净水。混凝土强度等级不得低于C20,水灰比不应大于0.55,每立方米混凝土水泥最小用量不应小于330kg,砂率宜为35%~40%,灰砂比应为(1:2)~(1:2.5),并宜掺入外加剂。防水层的细石混凝土厚度不应小于40mm,并应配置直径4~6mm、间距为100~200mm的双向钢筋网片,且钢筋网片在分格缝处应断开,其保护层厚度不小于10mm。

3. 刚性防水屋面施工

1)基层要求

刚性防水屋面的结构层宜为整体现浇的钢筋混凝土。当屋面结构层采用装配式钢筋混凝土板时,应用强度等级不小于C20的细石混凝土灌缝,灌缝的细石混凝土宜掺膨胀剂。当屋面板板缝宽度大于40mm或上窄下宽时,板缝内必须设置构造钢筋,板端缝应进行密封处理。

2)设置隔离层

为了缓解及基层变形对刚性防水层的影响,在基层与防水层之间宜设置隔离层。依据设计可采用低强度等级砂浆、卷材、塑料薄膜等材料做隔离层。采用低强度等级的砂浆做隔离层时,砂浆以干稠为宜,铺抹的厚度约10~20mm,要求厚薄一致、表面平整、压实、抹光,待砂浆基本干燥并具有一定的强度后,方可进行下道工序施工。采用卷材做隔离层时,先用1:3水泥砂浆将结构层找平,并压实抹光养护,再在干燥的找平层上铺一层3~8mm干细砂滑动层,在其上铺一层卷材,搭接缝用热沥青胶黏结。也可以在找平层上直接铺一层塑料薄膜。

做好隔离层继续施工时,要注意对隔离层加强保护。混凝土运输不能直接在隔离层表面进行,应采取垫板等措施;绑扎钢筋时不得扎破表面,浇捣混凝土时更不能振疏隔离层。

3)分格缝设置

为了防止大面积的刚性防水层由于温度变化、混凝土收缩等影响而产生裂缝,应设计要求设置分格缝。分格缝应设在变形较大和较易变形的屋面板的支承端、屋面转折处、防水层与突出屋面结构的交接处,并应与板缝对齐。其纵横间距应控制在6m以内。分格缝的宽度宜为5~30mm,分格缝内应嵌填密封材料,上部应设置保护层,如图9-6所示。

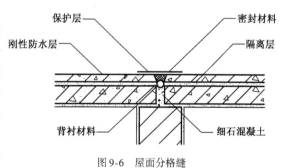

图9-6　屋面分格缝

分格缝的一般做法是在施工刚性防水层前,先在隔离层上定好分格缝位置,再安放分格条(木条、聚苯板或定型聚氯乙烯塑料条),然后按分隔板块浇筑混凝土,待混凝土初凝后,将分格条取出即可。分格缝处可采用嵌填密封材料并加贴防水卷材的办法进行处理,以增加防水的可靠性。

4)防水层施工

混凝土浇筑应按先远后近、先高后低的原则进行,一个分格缝内的混凝土必须一次浇筑完毕,不得留施工缝。混凝土的质量要严格保证,加入外加剂时,应准确计量,投料顺序得当,搅拌均匀。混凝土搅拌应采用机械搅拌,搅拌时间不少于2min,混凝土运输过程中应防止漏浆和离析。混凝土浇筑时,先用平板振动器振实,再用滚筒滚压至表面平整、泛浆,然后用铁抹子压实抹平,并确保防水层的设计厚度和排水坡度。抹压时严禁在表面洒水、加水泥浆或撒干水泥。待混凝土初凝收水后,应进行二次表面压光,或在终凝前三次压光成活,以提高其抗渗性。混凝土浇筑12~24h后应进行养护,养护时间不应少于14d。养护初期屋面不得上人。施工时的气温宜在5~35℃,以保证防水层的施工质量。

9.1.4 复合防水屋面

屋面防水多道设防时,可将卷材、涂膜、细石防水混凝土、瓦等材料复合使用,也可使用卷材叠层。屋面防水设计采用多种材料复合时,耐老化、耐穿刺的防水层应放在最上面。卷材与涂膜复合使用时,涂膜宜放在下部;卷材、涂膜与刚性材料复合使用时,刚性材料应设置在柔性材料的上部。

9.2 地下防水工程

由于地下工程常年受到地表水、潜水、上层滞水、毛细管水等的作用,所以,对地下工程防水的处理比屋面防水工程要求更高,防水技术难度更大。而如何正确选择合理有效的防水方案就成为地下防水工程中的首要问题。

根据地下工程的重要性和使用中对防水的要求,将地下工程的防水等级分为四级。各级标准见表9-14、表9-15。

地下工程防水等级标准 表9-14

防 水 等 级	标 准
一级	不允许渗水,结构表面无湿渍
二级	不允许漏水,结构表面可有少量湿渍 工业与民用建筑:湿渍总面积不大于总防水面积的1‰,单个湿渍面积不大于0.1m²,任意100m²防水面积不超过1处 其他地下工程:湿渍总面积不大于总防水面积的6‰,单个湿渍面积不大于0.2m²,任意100m²防水面积不超过4处
三级	有少量漏水点,不得有线流和漏泥沙 单个湿渍面积不大于0.3m²,单个漏水点的漏水量不大于2.5L/d,任意100m²防水面积不超过7处
四级	有漏水点,不得有线流和漏泥沙 整个工程平均漏水量不大于2L/(m²·d),任意100m²防水面积的平均漏水量不大于4L/(m²·d)

各类地下工程的防水等级 表 9-15

防水等级工程	名　　　称
一级	医院、餐厅、旅馆、影剧院、商场、冷库、粮库、金库、档案库、通信工程、计算机房、电站控制室、配电间、防水要求较高的车间、指挥工程、武器弹药库、防水要求较高的人员掩蔽部、铁路旅客站台、行李房、地铁车站、城市人行地道
二级	一般生产车间、空调机房、发电机房、燃料室、一般人员掩蔽工程电气化铁道隧道、地铁运行区间隧道、城市公路隧道、水泵房
三级	电缆隧道、水下隧道、非电气化铁路隧道、一般公路隧道
四级	取水隧道、污水排放隧道、人防疏散干道、涵洞

目前,地下工程的防水方案有下列几种:

(1)结构自防水:依靠防水混凝土本身的抗渗性和密实性来进行防水。它既是防水层,又是承重围护结构。因此,该方案具有施工简便、工期较短、改善劳动条件、造价低等优点,是解决地下防水的有效途径,从而被广泛采用。

(2)附加防水层:即在地下结构物的表面附加防水层,以达到防水的目的。常用的防水层有水泥砂浆、卷材、沥青胶结料和金属防水层等,可根据不同的工程对象、防水要求及施工条件选用。

(3)渗排水措施:利用盲沟、渗排水层等措施来排除附近的水源以达到防水目的。适用于形状复杂、受高温影响、地下水为上层滞水且防水要求较高的地下建筑。

在进行地下工程防水设计时,应遵循"防排结合,刚柔并用,多道防水,综合治理"原则,并根据建筑物的使用功能及使用要求,结合地下工程的防水等级,选择合理的防水方案。

9.2.1 防水混凝土

防水混凝土是以调整混凝土配合比或掺外加剂等方法,来提高混凝土本身的密实性和抗渗性,使其具有一定防水能力的特殊混凝土。防水混凝土具有取材容易、施工简便、工期较短、耐久性好、工程造价低等优点,因此,在地下工程中得到了广泛的应用。目前常用的防水混凝土,主要有普通防水混凝土、外加剂防水混凝土等。

1.防水混凝土的性能与配制

普通防水混凝土除满足设计强度要求外,还须根据设计抗渗等级来配制。在普通防水混凝土中,水泥砂浆除满足填充、黏结作用外,还要求在石子周围形成一定数量和质量良好的砂浆包裹层,减少混凝土内部毛细管、缝隙的形成,切断石子间相互连通的渗水通路,满足结构抗渗防水的要求。

普通防水混凝土宜采用普通硅酸盐水泥、火山灰硅酸盐水泥、粉煤灰硅酸盐水泥,水泥强度等级应不低于 42.5 级。如掺外加剂,亦可用矿渣硅酸盐水泥。石子粒径不宜大于 40mm,吸水率不大于 1.5%,含泥量不大于 1%。

普通防水混凝土的配合比应通过试验选定。选定配合比时,应按设计要求的抗渗等级提高 0.2MPa,其他各项技术指标应符合下列规定:混凝土的水泥用量不少于 320kg/m³;砂率以 35% ~40% 为宜;灰砂比应为(1:2) ~(1:2.5);水灰比不大于 0.6;坍落度不大于 60mm,如掺用外加剂或用泵送混凝土时,不受此限制。

外加剂防水混凝土是在混凝土中加入一定量的外加剂,如减水剂、加气剂、防水剂及膨胀剂等,以改善混凝土性能和结构的组成,提高其密实性和抗渗性,达到防水要求。

2.防水混凝土施工

防水混凝土工程要注意控制施工中的各主要环节。如混凝土的搅拌、运输、浇筑振捣、养护等,均应严格遵循施工及验收规范和操作规程的规定进行施工,以保证防水混凝土工程的质量。

1)施工要点

(1)防水混凝土所用模板,除满足一般要求外,应特别注意模板拼缝严密,支撑牢固。如两侧模板需用对拉螺栓固定时,应在螺栓或套管中间加焊止水环,螺栓加堵头(图9-7)。

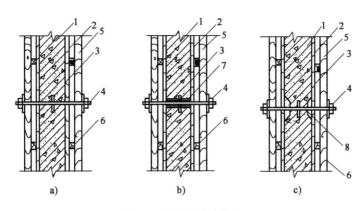

图9-7 螺栓穿墙止水措施

a)螺栓加焊止水环;b)套管加焊止水环;c)螺栓加堵头

1-防水结构;2-模板;3-止水环;4-螺栓;5-水平加劲肋;6-垂直加劲肋;7-预理套管(拆模后将螺栓拔出,套管内用膨胀水泥砂浆封堵);8-堵头(拆模后将螺栓沿平凹坑底割去,再用膨胀水泥砂浆封堵)

(2)为了阻止钢筋的引水作用,迎水面防水混凝土其钢筋保护层厚度不得小于50mm,底板钢筋均不能接触混凝土垫层。墙体的钢筋不能用铁钉或铁丝固定在模板上。严禁用钢筋充当保护层垫块,以防止水沿钢筋浸入。

(3)防水混凝土应用机械搅拌,先将砂、石、水泥一次倒入搅拌筒内搅拌0.5~1.0min,再加水搅拌1.5~2.5min。如掺外加剂应最后加入。外加剂必须先用水稀释均匀,掺外加剂防水混凝土的搅拌时间应根据外加剂的技术要求确定。拌好的混凝土应在半小时内运至现场,于初凝前浇筑完毕,如运距较远或气温较高时,宜掺缓凝减水剂。防水混凝土拌和物在运输后,如出现离析,必须进行二次搅拌,当坍落度损失后,不能满足施工要求时,应加入原水灰比的水泥浆或二次掺减水剂进行搅拌,严禁直接加水。混凝土浇筑时应分层连续进行,每层厚度不宜超过300~400mm,其自由倾落高度不得大于1.5m。混凝土应用机械振捣密实,振捣时间为10~30s,以混凝土开始泛浆和不冒气泡为止,并避免漏振、欠振和超振。混凝土振捣后,须用铁锹拍实,等混凝土初凝后用铁抹子压光,以增加表面致密性。

(4)防水混凝土终凝后(一般浇筑后4~6h),即应开始覆盖浇水养护,养护时间应在14d以上。防水混凝土结构须在混凝土强度达到设计强度40%以上时方可在其上面继续施工,达到设计强度70%以上时方可拆模。拆模时,混凝土表面温度与环境温差,不得超过15℃,以防混凝土表面出现裂缝。

(5)防水混凝土浇筑后严禁打洞,因此,所有的预留孔和预埋件在混凝土浇筑前必须埋设准确。对防水混凝土结构内的预埋铁件、穿墙管道等防水薄弱之处,应采取措施,仔细施工。

2）施工缝

防水混凝土应连续浇筑，尽量不留或少留施工缝。必须留设施工缝时，宜留在下列部位：

（1）墙体水平施工缝不应留在剪力与弯矩最大处或底板与侧墙的交接处，应留在高出底板表面不小于300mm的墙体上；

（2）墙体有预留孔洞时，施工缝距孔洞边缘不应小于300mm；

（3）垂直施工缝应避开地下水和裂隙水较多的地段，并宜与变形缝相结合。

施工缝断面可做成不同的形状，如凹缝、凸缝、阶梯缝、平直缝等，如图9-8所示。

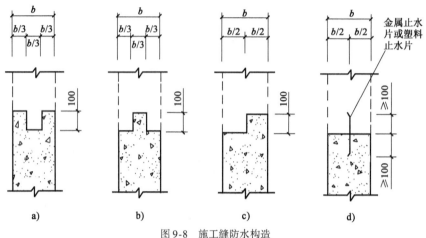

图9-8　施工缝防水构造

a）凹缝；b）凸缝；c）阶梯缝；d）平直缝

施工缝浇灌混凝土前，应将其表面浮浆和杂物清除干净，先铺净浆，再铺30～50mm厚的1:1水泥砂浆或涂刷混凝土界面处理剂，并及时浇筑混凝土，垂直施工缝可不铺水泥砂浆，选用的遇水膨胀止水条，应牢固地安装在缝表面或预留槽内，且该止水条应具有缓胀性能，其7d的膨胀率不应大于最终膨胀率的60%，如采用中埋式止水带时，应位置准确，固定牢靠。

3）预埋件与预留孔防水处理

所有预埋件和预留孔均应在混凝土浇筑前埋设，并进行检查校准，严禁浇后打洞。埋件的防水做法如图9-9所示，穿墙管道防水处理如图9-10所示。止水环应与套管满焊严密，管道安装、穿过套管后应临时固定，然后，一端与封口钢板焊牢，另一端用防水嵌缝材料填实，再用封口钢板封堵并焊牢。预埋件的端部或设备安装所需预留孔的底部，混凝土厚度均不得小于200mm，否则应采取局部加厚或其他防水措施，以防渗漏。

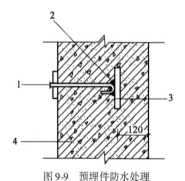

图9-9　预埋件防水处理

1-预埋螺栓；2-焊缝；3-止水钢板；4-防水结构

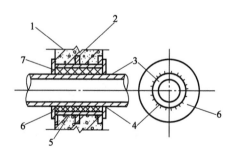

图9-10　穿墙管道防水处理

1-防水结构；2-止水环；3-管道；4-焊缝；5-预埋套管；6-封口钢板；7-沥青玛蹄脂

4)结构变形缝的防水处理

地下工程变形缝的设置应满足密封防水、适应变形、施工方便、容易检查的要求。常用的构造做法是在防水结构中埋入橡胶或塑料止水带的形式,如图9-11所示。

安装止水带时,圆环中心必须对准变形缝中央,转弯处应做成直径不小于150mm的圆角,接头应放在水压最小且非转弯处。塑料止水带常采用热黏法,橡胶止水带可采用热黏法或冷黏法。埋入式止水带安装必须固定好位置,不得偏移。浇筑与止水带接触的混凝土时,应严格控制水灰比和水泥用量,并不得出现粗集料集中或漏振现象,对底板或顶板设置的止水带底部,应特别注意振捣密实,排出气泡。振捣棒不得碰撞止水带。

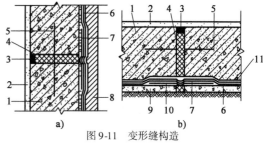

图9-11 变形缝构造
a)墙体变形缝;b)底板变形缝
1-需防水结构;2-水泥砂浆面层;3-填缝油膏;4-浸过沥青的木丝板;5-止水带;6-卷材防水层;7-卷材附加层;8-保护墙;9-混凝土垫层;10-水泥砂浆找平层;11-水泥砂浆保护层;

9.2.2 附加防水层施工

1.卷材防水施工

卷材防水层是用胶结材料将卷材黏贴在地下结构基层表面上而形成防水层。其特点是具有良好的韧性和延伸性,能适应一定的结构振动和微小变形,对酸、碱、盐溶液具有良好的耐腐蚀性,是地下防水工程常用的施工方法。适用于地下防水工程的卷材主要有:SBS改性沥青柔性油毡、化纤胎改性沥青油毡、APP改性沥青油毡、塑性沥青聚酯油毡、三元乙丙橡胶防水卷材等品种。

地下防水工程一般把卷材防水层设置在建筑结构的外侧迎水面上称为外防水,这种防水层的铺贴法可以借助土压力压紧,并与结构一起抵抗有压地下水的渗透和侵蚀作用,防水效果良好,采用比较广泛。

外防水的卷材防水层铺贴方法,按其与地下防水结构施工的先后顺序分为外防外贴法和外防内贴法两种。

1)外防外贴法

外防外贴法是在混凝土垫层上先铺贴好底板卷材防水层,再进行地下防水结构的混凝土底板与墙体施工,待墙体侧模拆除后,再将卷材防水层直接铺贴在墙面上,然后砌筑保护墙或黏贴软保护层(图9-12)。

外防外贴法的施工顺序是先在混凝土垫层上做1:3的水泥砂浆找平层,待其干燥后,再铺贴底板卷材防水层,并在四周伸出,目的在于与墙身卷材防水层搭接。保护墙分为两部分,下部为永久性保护墙,高度不小于$B+200$mm(B为底板厚度);上部为临时保护墙,高度一般为$450\sim600$mm,用石灰砂浆砌筑,以便拆除。保护墙砌筑完毕后,再将伸出的卷材搭接接头临时贴在保护墙上;然后进行混凝土底板与墙身施工;墙体拆模后,在墙面上抹水泥砂浆找平层并刷冷底子油,再将临时保护墙拆除,找出各层卷材搭接接头,并将其表面清理干净。防水层外侧可采用软保护层保护,即用胶黏剂花黏固定$50\sim60$mm厚聚苯乙烯泡沫塑料板,也可砌筑砖墙作永久性保护墙。

2)外防内贴法

外防内贴法是在混凝土垫层四周先砌筑保护墙,然后将卷材防水层铺贴在垫层与保护墙上,最后进行地下需防水结构的混凝土底板与墙体施工。

外防内贴法的施工顺序是先在混凝土垫层上砌筑永久保护墙,然后在垫层及保护墙上抹1:3水泥砂浆找平层,待其基本干燥后满涂基层处理剂,沿保护墙与垫层铺贴防水层。卷材防水层铺贴完成后,在立面防水层上涂刷一层沥青胶,趁热黏上干净的热砂或散麻丝,待冷却后,随即抹一层 10～20mm 厚1:3水泥砂浆保护层。在平面上可铺设一层 30～50mm 厚1:3水泥砂浆或细石混凝土保护层。最后进行地下结构的施工(图9-13)。

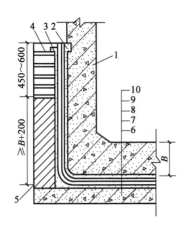

图9-12 外防外贴法施工示意图
1-防水结构墙体;2-永久性木条;3-临时性木条;
4-临时性保护墙;5-永久性保护墙;6-垫层;7-找
平层;8-卷材防水层;9-保护层;10-底板

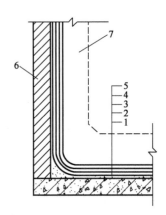

图9-13 外防内贴法施工示意图
1-垫层;2-找平层;3-卷材防水层;4-保护层;
5-底板;6-保护墙;7-防水结构墙体

内贴法与外贴法相比,其优点是:卷材防水层施工较简便,底板与墙体防水层可一次铺贴完,不必留接槎,施工占地面积较小。但也存在着结构不均匀沉降,对防水层影响大,易出现渗漏水现象;竣工后出现渗漏水,修补较难等缺点。工程上只有当施工条件受限时,才采用内贴法施工。

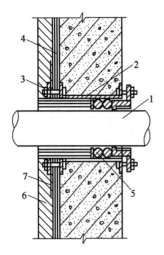

图9-14 卷材防水层与管道
1-管道;2-套管;3-夹板;4-卷材防水;5-填缝材料;6-保护墙;7-附加防水层衬垫

3)特殊部位的防水处理

管道埋设件与卷材防水层连接处的防水处理,应在结构部位按设计要求埋设穿墙套管,套管上附法兰盘。卷材防水层应黏贴在套管的法兰盘上,黏贴宽度至少100mm,并用夹板将卷材压紧,夹板下面应设衬垫,如图9-14 所示。

在变形缝处应增加沥青玻璃丝布油毡或无胎油毡做的附加层。在结构层的中部应埋设止水带,止水带的中心圆环应正对变形缝中间。变形缝中用浸过沥青的木丝板填缝,并用油膏嵌缝。

2.涂膜防水层施工

地下工程防水涂层的设置,根据涂层所处的位置一般分为内防水、外防水和内外结合防水等形式,应视工程具体条件及要求选定。

防水涂层的施工同屋面防水涂层施工,各种防水层的构造如图 9-15 ~ 图 9-17 所示。

3. 水泥砂浆防水层施工

水泥砂浆防水层根据所用材料及构造不同可分为两种:掺外加剂的水泥砂浆防水层与刚性多层抹面防水层,适用于结构主体的迎水面或背水面。

1)掺外加剂的水泥砂浆抹面

防水层掺外加剂的水泥砂浆防水层,近年来已从掺用一般无机盐类防水剂发展至用聚合物外加剂改性水泥砂浆,从而提高水泥砂浆防水层的抗拉强度及韧性,有效地增强了防水层的抗渗性,可单独用于防水工程,获得较好的防水效果。

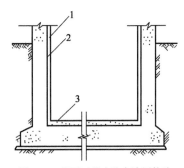

图 9-15　地下工程内防水涂层构造
1-防水涂层;2-砂浆或饰面砖保护层;3-细石混凝土保护层

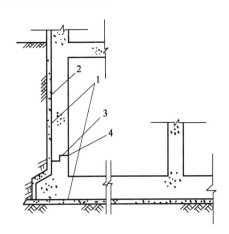

图 9-16　地下工程外防水涂层构造
1-防水涂层;2-砂浆或砖保护层;3-施工缝;4-嵌缝材料

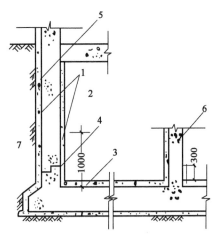

图 9-17　地下工程内、外防水涂层构造
1-防水涂层;2-砂浆保护层;3-细石混凝土保护层;4-嵌缝材料;5-砂浆或砖墙保护层;6-内隔墙、柱;7-施工缝

防水层的施工,应先在清理好的基层上刷水泥浆一道,接着分两遍抹垫层防水砂浆,每层5 ~ 10mm,总厚度共 12 ~ 20mm,每层应抹实压密,待下一层养护凝固后再抹上一层。在抹完垫层砂浆后约 12h,再刷水泥浆一道,再随刷随抹第一遍面层防水砂浆;待阴干后再抹第二遍面层防水砂浆,面层砂浆厚共 13mm。面层防水砂浆抹完后,在终凝前应反复多次抹压密实。抹面完成后,应覆盖湿草袋进行养护,定期浇水,至少 14d,养护温度不低于 5℃。

2)刚性多层水泥砂浆抹面施工

刚性多层抹面防水层通常采用四层或五层抹面做法。一般在防水工程的迎水面采用五层抹面做法(图9-18),在背水面采用四层抹面做法(少一道水泥浆)。施工前基层表面要保持湿润、清洁、平整、坚实、粗糙,可增强防水层与结构层表面的黏结力。施工时应注意素灰层与砂浆层应在同一天完成。施工应连续进行,尽可能不留施工缝。一般顺序为先平面后立面。分层做法

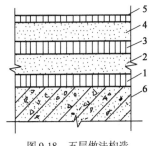

图 9-18　五层做法构造
1、3-素灰层 2mm;2、4-砂浆层 4 ~ 5mm;5-水泥浆 1mm;6-结构层

如下:第一层,在浇水湿润的基层上先抹1mm厚素灰(用铁板用力刮抹5~6遍),再抹1mm找平。第二层,在素灰层初凝后终凝前进行,使砂浆压入素灰层0.5mm并扫出横纹。第三层,在第二层凝固后进行,做法同第一层。第四层,同第二层做法,抹后在表面用铁板抹压5~6遍,最后压光。第五层,在第四层抹压二遍后刷水泥浆一遍,随第四层压光。水泥砂浆铺抹时,采用砂浆收水后二次抹光,使表面坚固密实。

防水层的厚度应满足设计要求,一般为18~20mm厚,聚合物水泥砂浆防水层厚度要视施工层数而定。

普通水泥砂浆防水层终凝后,应及时进行养护,温度不宜低于5℃,养护时间不得少于14d,养护期间应保持湿润。聚合物水泥砂浆防水层未达到硬化状态时,不得浇水养护或直接受雨水冲刷,硬化后应采用干湿交替的养护方法。在潮湿环境中,可在自然条件下养护。

9.3 厨卫防水工程

卫生间是防水的薄弱部位,因受用水频繁、积水多、面积小、管道预留孔洞多、施工操作死角多等因素影响,所以卫生间防水工程是一个关键项目,在施工中,应特别予以重视。

9.3.1 厨卫管道安装工程施工

在结构工程施工时,应按设计要求准确地预留孔洞,孔洞口的尺寸应比管道的直径大100mm;对现浇混凝土楼板应预埋套管。安装管道后应清除洞周疏松部分,用水冲净,支底模,再填筑细石混凝土,并分两层填筑。先润湿管壁和洞壁,并在黏结面刷素水泥浆一道;第一层细石混凝土为1/2楼板高,插捣密实24h后,可填筑第二层细石混凝土,剪断吊模钢丝,保留底模,及时进行养护。细石混凝土常采用干硬性细石膨胀混凝土。

9.3.2 厨卫地面防水层施工

卫生间地面的结构层施工后,即可进行找平层施工,其做法基本同屋面。管道根部、阴角、阳角部位应做成半径为30~50mm的圆弧过渡,用专用抹子抹光压实。此外,地面应做出排水坡度,蹲式大便器、地漏应比地面低5~10mm,卫生间地面防水层有刚性防水层、柔性防水层、涂膜防水层三种形式。

卫生间地面防水层的施工方法与屋面防水层的施工方法基本相同。地面的面层做完后,再做墙面面层。现浇楼板施工时,为防止墙根渗水,可采用混凝土反边做法。卫生间地面防水层施工完毕,应做闭水试验。蓄水24h,观察无渗漏后,再做卫生间的面层装修。

本 章 小 结

1. 建筑防水技术在建筑工程施工中占有重要的地位。防水质量优劣直接影响到建筑物的使用功能和寿命。建筑工程防水质量的好坏与设计、材料、施工均有着密切的关系。所以,在防水工程施工中必须严格把好质量关,以保证结构的耐久性和正常使用。

2. 屋面防水工程根据建筑物的性质、重要程度、使用功能要求及防水层耐用年限等,将屋面防水分为四个等级,并按不同的等级设防。屋面防水工程按所用材料和构造做法分为卷材防水屋面、涂膜防水屋面、刚性防水屋面等。

3. 根据地下工程的重要性和使用中对防水的要求,地下工程的防水等级分为四级。地下工程防水的处理比屋面防水工程要求更高,防水技术难度更大。目前,地下工程的防水方案有结构自防水、附加防水层、渗排水措施三种。

4. 卫生间是防水的薄弱部位,因受用水频繁、积水多、面积小、管道预留孔洞多、施工操作死角多等因素影响,所以卫生间防水工程是一个关键项目,在施工中,应特别予以重视。

复习思考题

1. 防水卷材的种类有哪些?

2. 试述卷材防水屋面的构造组成及工艺流程。

3. 简述高聚物改性沥青防水卷材铺贴方法。

4. 简述合成高分子防水卷材铺贴方法。

5. 卷材防水屋面保护层有哪些做法?

6. 刚性防水屋面的隔离层如何施工? 设置隔离层的目的是什么?

7. 试述涂膜防水屋面施工工艺流程。

8. 地下防水工程有哪几种防水方案?

9. 简述地下防水工程卷材防水层铺贴方法。

10. 简述防水混凝土施工要点。

11. 简述厨房卫生间防水的做法。

第10章 装饰工程

学习要求

- 了解抹灰的组成、作用、基体处理;
- 掌握一般抹灰施工方法、质量标准及检验方法,熟悉装饰抹灰做法;
- 掌握饰面砖和饰面板的施工方法;
- 熟悉整体类地面、装饰类地面、木地板地面的施工方法;
- 掌握镶铺类地面的施工方法;
- 了解油漆和涂料的种类及性能,掌握涂料和油漆的施工要点;
- 熟悉幕墙、吊顶、隔墙及裱糊的施工方法。

本章重点

一般抹灰施工方法;装饰抹灰做法;饰面砖和饰面板的施工方法;镶铺类地面的施工方法;涂料和油漆的施工要点。

本章难点

饰面板的施工方法。

建筑装饰工程的作用是:保护建筑物的主体结构,减小外界有害物质对建筑物的腐蚀,完善建筑物的使用功能和美化建筑物,改善清洁卫生条件,美化城市和居住环境,还有隔热、隔声、防腐、防潮的功能。

建筑装饰工程根据建筑部位不同,可分为楼地面装饰工程、墙柱体装饰工程、天棚装饰工程、门窗工程等;根据使用的材料可分为抹灰工程、饰面工程、镶铺工程、油漆工程、裱糊工程等。

装饰装修工程项目繁多,涉及面广,需要的工种多,施工工期长,机械化程度低。装饰工程的工业化可以降低工程成本,加快工程进度,缩短工程工期,增强装修效果。

10.1 抹灰工程

墙、柱体表面装饰根据所用的材料可分为抹灰工程、饰面工程等。所谓抹灰工程就是用砂浆涂抹在建筑物或构筑物的墙柱面的一种装修工程;饰面工程即用天然石材饰面板、人造石材饰面板或各种饰面板镶贴在墙柱面上的高级装饰。

10.1.1 抹灰工程的分类与组成

1. 抹灰工程的分类

抹灰按照使用的材料和装修的效果,分为一般抹灰和装饰抹灰。一般抹灰有石灰砂浆、水泥砂浆、纸筋灰、麻刀灰、石膏灰等;装饰抹灰有水刷石、斩假石、干黏石、拉毛灰、洒毛灰、喷砂、喷涂、滚涂等。按使用要求、质量标准、施工工序不同,一般抹灰可分为三级,见表10-1。

2. 抹灰工程的组成

通常抹灰工程由底层、中层和面层组成,如图10-1所示。各层厚度和使用砂浆品种应视基层材料、部位、质量标准以及各地气候情况决定,见表10-2。

(1)抹灰工程一般应分遍进行,以使黏结牢固,并能起到找平和保证质量的作用,如果一次抹得太厚,由于内外收水快慢不同,易产生开裂,甚至起鼓脱落,每遍抹灰厚度一般控制如下:

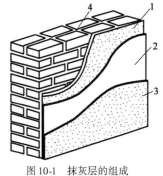

图10-1 抹灰层的组成
1-底层;2-中层;3-面层;4-基层

一般抹灰的分类 表10-1

级 别	适 用 范 围	做 法 要 求
高级抹灰	适用于大型的公共建筑物,(剧院、礼堂、宾馆、展览馆等和高级住宅)以及有特殊要求的高级建筑物等	一层底灰、数层中层和一层面层。阴阳角找方,设置标筋,分层赶平,修整,表面压光。要求表面光滑、洁净、颜色均匀、线角平直、清晰美观无抹纹
中级抹灰	适用于一般居住、公用和工业建筑(如住宅、宿舍、教学楼、办公楼)以及高标准建筑物中的附属用房	一层底灰、一层中层和一层面层(一层底灰、一层面层)。阳角找方,设置标筋,分层赶平,修整,表面压光。要求表面洁净、线角顺直清晰、接茬平整
普通抹灰	适用于简单的住宅、大型设施和非居住性的房屋(如汽车库、仓库、锅炉房)以及建筑中的地下室、储藏室等	一层底层和一层面层(或不分层一遍成活)。赶平、修整、压光。表面接茬平整

抹 灰 的 组 成 表10-2

层 次	作 用	基 层 材 料	一 般 做 法
底层	主要起到与基层黏结作用,兼起初步找平作用。砂浆稠度10～20cm	砖墙基层	①室内墙面一般采用石灰砂浆、石灰炉渣浆打底 ②室外墙面、门窗洞口外侧壁、屋檐、勒脚、压檐墙等及湿度较大的房间和车间宜采用水泥砂浆或水泥混合砂浆
		混凝土基层	①宜先刷素水泥浆一道,采用水泥砂浆或水泥混合砂浆打底 ②高级装修顶棚宜采用乳胶水泥砂浆打底
		加气混凝土基层	宜采用水泥砂浆或聚合物水泥砂浆打底,打底前先刷一遍聚氯乙烯醇缩甲醛胶水溶液
		硅酸盐砌块基层	宜用水泥混合砂浆打底
		木板条、苇箔、金属网基层	宜用麻刀灰、纸筋灰或玻璃丝灰打底,并将灰浆挤入基层缝隙内,以加强拉结
		平整光滑的混凝土基层	可以不抹灰。采用刮腻子处理

层 次	作 用	基层材料	一 般 做 法
中层	主要起找平作用。 砂浆稠度7~8cm。		①基本与底层相同。砖墙则采用麻刀灰或纸筋灰 ②根据施工质量要求可以一遍抹成,亦可分遍进行
面层	主要起装饰作用。 砂浆稠度10cm。		①要求平整、无裂纹、颜色均匀 ②室内一般采用麻刀灰、纸筋灰、玻璃丝灰、高级墙面用石膏灰。装饰抹灰可用拉毛、拉灰条、扫毛灰等。保温、隔热墙面用膨胀珍珠岩灰 ③室外常用水泥砂浆、水刷石、干黏石等

①水泥砂浆每遍厚度5~7mm;

②石灰砂浆和混合砂浆每遍厚度为7~9mm;

③面层麻刀灰、纸筋灰、石膏灰等罩面时,经赶光、压实后,其厚度麻刀灰不大于3mm;纸筋灰、石膏灰不大于2mm;

④混凝土大板、大模板建筑内墙面和楼板底面,采用腻子刮平时,宜分遍刮平,总厚度为2~3mm;

⑤聚合物水泥砂浆,水泥混合砂浆喷毛打底,纸筋灰罩面,以及用膨胀珍珠岩水泥砂浆抹面,总厚度为3~5mm;

⑥板条或金属网用麻刀灰、纸筋灰抹灰的每遍厚度为3~6mm。

⑦水泥砂浆和水泥混合砂浆的抹灰层,应待前一层抹灰层凝结后,方可抹后一层灰;石灰砂浆抹灰层,应待前一层7~8成干后,方可涂抹后一层。

(2)抹灰层的平均总厚度,按规范要求应小于下列数值:

①顶棚。板条和现浇混凝土为15mm;预制混凝土为18mm;金属网为20mm。

②内墙。普通抹灰为18mm;中级抹灰为20mm,高级抹灰为25mm。

③外墙。外墙为20mm;勒脚及突出屋面的部分为25mm。

④石墙。石墙为35mm。

10.1.2 基体处理

抹灰前,应清除基层表面的尘土、污垢、油渍及碱膜,用质量比为1:3的水泥砂浆填平基层表面沟槽,并将光滑表面剔毛或刷一道水泥浆(水灰质量比为0.37~0.40)。干燥基层表面应洒水润湿,加气混凝土表面和粉煤灰砌块表面应提前半天充分浇水润湿,并刷质量比为1:4的聚乙烯醇缩甲醛(107胶)的水溶液一层,形成表面隔离层,以提高黏结强度。板条隔断和顶棚板条缝隙应控制在8~10mm,以使灰浆咬入缝隙不致脱落。门窗口与墙交接处应用水泥砂浆嵌缝密实,外墙窗台、阳台、压顶和突出腰线上面应做成流水坡度。下面应做成滴水槽,其深度和宽度不应小于10mm,并整齐一致。墙面脚手孔洞及管道缝隙必须用质量比为1:3水泥砂浆封堵严实;不同材料基体相接处应铺设金属网,搭缝宽度不得小于100mm,如图10-2所示。室内基体阳角处,无论设计有无规定都必须做护角。宜用1:2水泥砂浆在阳角处做护角,砂浆收水稍干后,用抨角器抹成小圆角,高度一般不低于2m,每侧宽度不小于50mm,如图10-3所示。

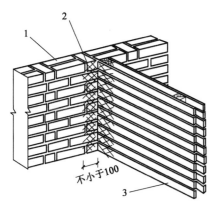

图 10-2 不同基层接缝处的处理(尺寸单位:mm)

1-砖墙;2-钢丝网;3-板条墙

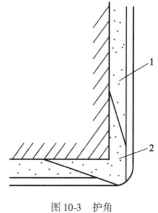

图 10-3 护角

1-底层灰;2-护角

10.1.3 材料要求

石灰膏应采用块状生石灰淋制,并用孔径不大于 3mm×3mm 的筛过滤至沉淀池中储存,常温下熟化时间不少于 15d,用于罩面时不少于 30d。抹灰用的石灰膏也可用磨细生石灰粉代替,其细度应通过 4 900 孔/cm² 筛,用于罩面时,熟化时间不应少于 3d。砂子必须过筛,不得含杂物。黏土应用亚黏土,并加水浸透。炉渣应过筛,其粒径不应大于 3mm,并加水焖透。纸筋应预先浸透捣烂、洁净,罩面用纸筋宜机碾磨细。稻草、麦秸、麻刀应坚韧、干燥、不含杂质,长度不大于 30mm,稻草、麦秸应经石灰浆浸泡处理。建筑石膏应研磨成细粉后使用,并严格掌握凝结时间。麻刀灰的质量配合比为 1:100;纸筋灰的质量配合比为 2.75:100。石灰膏应防止干燥、冻结和污染,使用时不得含有未熟化的颗粒和其他杂质,以免抹灰后造成麻点、隆起或爆裂。

10.1.4 一般抹灰施工

1.墙面一般抹灰施工

墙面一般抹灰按表 10-3 的操作工序进行。

一般抹灰的操作工序 表 10-3

项 次	工 序 名 称	一般抹灰的操作工序	
		普通抹灰	高级抹灰
1	基体清理	+	+
2	润湿墙面	+	+
3	阴角找方		+
4	阳角找方		+
5	涂刷 TG 胶水泥浆	+	+
6	抹踢脚板、墙裙及护脚底面	+	+
7	抹墙面底层灰	+	+
8	设置标筋		+
9	抹踢脚板、墙裙及护脚中层灰	+	+

项　次	工 序 名 称	一般抹灰的操作工序	
		普通抹灰	高级抹灰
10	抹墙面中层灰(高级抹灰墙面中层灰应分遍找平)		+
11	检查修整		+
12	抹踢脚板、墙裙面面灰	+	+
13	抹墙面面层灰并修整	+	+
14	表面压光	+	+

注:表中"+"号表示应进行的工序。

1)弹基准线

小房间可用一面墙壁做基准线,大房间或有柱网时应在地面上弹出十字线。先用线锤吊直,在距墙阴角100mm处弹出竖线;再从地线按抹面层厚度向里反弹出墙角抹灰基准线,并在基准线两端钉铁钉,挂白线,作为抹灰饼、冲筋的标准。

2)设置标筋

所谓标筋是指为了控制灰浆层的厚度和垂直度所设置的一种抹灰操作的临时依据。设置标筋的操作过程是:首先,在距顶棚200mm处做两个上灰饼;其次,用吊线在距踢脚线上方200~250mm处做两个下灰饼;然后,在灰饼之间相距1.2~1.5m做中间灰饼。灰饼大小为40mm×40mm。灰饼砂浆收水后,在竖向灰饼之间填充灰浆做成冲筋。灰饼和冲筋的砂浆均应与抹灰层相同。冲筋面宽为50mm,底宽约80mm。冲筋的垂直平整度的误差在0.5mm以上者,必须修整,如图10-4所示。

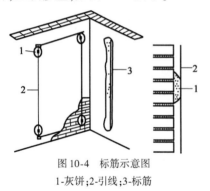

图10-4　标筋示意图
1-灰饼;2-引线;3-标筋

3)抹底层灰

首先清除基层表面,填实各种网眼,提前一天润湿后,即可抹底层灰;然后,用铁抹子将砂浆抹上墙面并压实,再用木抹刀修补、压实、搓平、搓粗。底层灰厚度为冲筋厚度的2/3。

4)抹中层灰

底层灰凝结后(7~8成干),即可抹中层灰,厚度达冲筋厚时,用大刮尺将其刮平,再用木抹子搓平,并用2m长靠尺检查并修整至符合标准为止。

5)抹罩面灰

普通抹灰可用麻刀灰罩面,中、高级抹灰应用纸筋灰罩面。当中层灰凝结或达七八成干时,若中层灰干透发白应先润湿后,用铁抹子抹平,并分两遍连续适时压实收光,表面达到不显接槎,光滑、色泽均匀。

室内墙裙、踢脚板一般要比墙面罩面灰突出3~5mm。因此,应根据高度尺寸弹线,将八字靠尺靠在线上用铁抹子切齐,修边清理。然后再抹墙裙和踢脚板。

室外抹灰常用水泥砂浆面层。由于面积较大,为了不显接槎,防止抹灰层收缩开裂,一般应设有分格缝,留槎位置应留在分格缝处。大面积抹灰时,面层抹纹不易压光,水泥砂浆面层宜用木抹子抹成毛面。为防止色泽不匀,应用同一品种与规格的原材料,底层浇水要匀,干燥程度要一致。

2. 顶棚一般抹灰施工

对顶棚抹灰的施工工艺与墙面基本相同。顶棚抹灰可不做灰饼和冲筋，只需在顶棚四周墙面上弹出一道水平线用以控制抹灰层厚度。抹底层灰当天尚应洒水湿润，并满刷107胶水泥浆，随刷随抹底层灰，要用力将水泥砂浆挤入缝隙，厚度3～5mm，应使表面毛糙。水泥混合砂浆中层灰中可掺入重量为石灰膏1.5%的纸筋，纸筋灰罩面厚度不得大于2mm。

10.1.5 装饰抹灰

装饰抹灰与一般抹灰的区别在于两者具有不同的装饰面层，其底层和中层的做法基本相同。按装饰面层的不同，装饰抹灰的类型有水刷石、干黏石、斩假石、拉毛灰和洒毛灰，喷涂、滚涂等。

1. 水刷石

水刷石多用于外墙面。其做法为：先将已硬化的水灰比为1:3、厚为12mm的水泥砂浆底面浇水湿润，再刮水灰比为0.37～0.40、厚为1mm的水泥浆一层，随即用配合比为1:2.5、厚为8～12mm、稠度为50～70mm的水泥石渣抹平压实。当水泥石子砂浆开始凝固时，便可进行刷洗，用刷子自上而下蘸水刷掉石子间表层水泥浆，使石子表面完全外露为止。为使表面洁净，可用喷雾器自上而下喷水冲洗。水刷石的质量要求是石粒清晰、分布均匀、平整密实、色泽一致，不得有掉粒和接槎的痕迹。

2. 干黏石

干黏石即在水泥砂浆上面直接干黏石子。其做法为：先将已经硬化、厚为12mm、水灰比为1:3的水泥砂浆底面浇水湿润，再抹一层厚为6mm、配合比为1:2.5的水泥砂浆中层，随即紧跟再抹一层配合比为1:0.5、厚为2mm的水泥石膏浆黏结层，同时将配有不同颜色或同色粒径为4～6mm的石子甩黏拍平压实。拍时不得把砂浆拍出，以免影响美观，待有一定强度后洒水养护。亦可用喷枪将石子均匀有力地喷射于黏结层，用铁抹子轻轻压一遍，使表面搓平。如在黏结砂浆层中掺107胶，可使黏结层砂浆抹得更薄更均匀，石子黏得更牢。

3. 斩假石

用配合比为1:2水泥砂浆打底，2h后浇水养护，硬化后在表面浇水湿润，刮素水泥浆一道，随即用配合比为1:2.5、厚为10mm的水泥石渣浆（内掺30%石膏）罩面，抹完后要注意防止日晒和冰冻，并养护2～3d，强度达到60%以上，用剁斧将面层斩毛，剁的方向要一致，剁纹深浅要均匀，一般两遍成活，分格缝周边、墙角、柱子的棱角周边留15～20mm不剁，即可作出似用石料砌成的装饰面。

4. 喷涂饰面

喷涂饰面具有机械化程度高，进度快，装饰效果好，广泛地应用于外墙面装饰工艺。先用1:3的10mm厚水泥砂浆打底；再1:3的107胶水溶液喷刷一道，作为黏结层；然后用砂浆泵和喷枪将聚合物砂浆均匀地喷涂在黏结层上，通过调整砂浆的稠度和喷枪的喷射时的压力，可喷成砂浆饱满、波纹起伏的"波面"，也可喷涂成细碎颗粒的"粒状"。面层干燥后，喷罩甲基硅酸钠憎水剂，提高涂层的耐久性和减少墙面的污染。

5. 滚涂饰面

滚涂饰面是将带颜色的聚合物砂浆涂抹在底层上，随即用平面或带有拉毛的橡胶泡沫塑料滚子,滚出所需要的花纹和图案。其分层做法为:10mm 厚水泥砂浆打底,3mm 厚色浆罩面,随抹随用辊子滚出花纹,面层干燥后,喷涂有机硅水溶液。

10.2　饰面工程

把饰面材料镶贴或安装到基体表面上以形成装饰层的过程称为饰面工程。饰面材料基本分为饰面砖和饰面板两大类。饰面板常用的有大理石、花岗岩等天然石材板;预制水磨石、人造大理石等人造饰面板和金属饰面板,采用构造连接的安装工艺为主。饰面砖常用的有瓷砖、外墙面砖等,采用直接镶贴工艺为主。

10.2.1　饰面板工程

1. 饰面板(砖)材料的质量要求

(1)石材饰面板。常用的石材面板有大理石和花岗岩,要求棱角方正、表面平整、石质细密、光泽度好,不得有裂纹、色斑、风化等隐伤。使用前应检验大理石、花岗岩的放射性指标。人造石饰面板主要有预制水磨石、人造大理石饰面板,要求表面平整光滑,石粒均匀,色彩协调,无气孔、裂纹、露筋等现象。

(2)饰面砖。要求表面光洁、质地坚硬、色彩一致,不得有暗痕和裂纹,吸水率不得大于 10%。

(3)金属构件。安装饰面板(砖)用的铁制锚固件,连接件应经防锈处理,镜面和光面大理石,花岗石饰面,应用铜连接件。

(4)金属面板。常用的金属面板有铝合金板,不锈钢板,镀锌板。金属面板应表面平整、光滑、无裂缝,颜色一致,边角整齐,镀层厚度均匀,无污染和伤痕。

2. 石材面板安装工艺

石材面板根据规格大小不同,安装方法主要有黏贴法、挂贴法和干挂法。

1)黏贴法安装施工工艺

(1)基层处理:清除墙、柱基体上的灰尘、污垢,保证基体的平整、粗糙和湿润。

(2)抹底灰:用1:3的水泥砂浆在基体上抹 12mm 厚的底灰,刮平、划毛。

(3)弹线定位:按照设计图样和实际黏贴的部位,以及饰面板的规格及接缝宽度,在底灰上弹出水平线和垂直线。

(4)黏贴饰面板:饰面板黏贴前用水浸泡,取出晾干。饰面板黏贴之前,底灰上刷一道素水泥砂浆。饰面板黏贴时必须按弹线和标志进行,墙面的阴阳角、转角处均需拉垂直线,并进行兜方。黏贴第一层面板时,应以房间内最低的地漏处或水平线为准,并在板的下口用直尺托底。黏贴时在饰面板背面抹上 3mm 厚的素水泥砂浆(可加入适量的107胶),贴上后用木锤或橡胶锤敲击,使之黏牢。

(5)嵌缝:待整个墙面黏贴完毕,接缝处应用与饰面板颜色相同的石膏浆或水泥浆进行嵌缝。勾缝材料硬化后,用盐酸溶液刷洗后,再用清水冲洗干净。

2)挂贴法安装施工工艺

安装前墙面应先抄平,进行预排。按设计要求在饰面板的四周侧面钻好绑扎铜丝的圆孔,以便将板材与基体表面的钢筋骨架绑扎固定。饰面板的安装自下而上进行,每层板由中间或一端开始。饰面板用铜丝或不锈钢丝绑扎在钢筋网片上,板材的平整度、垂直度和接缝宽度用木楔调整。板材就位后,上下角的四角用石膏临时固定,确保板面平整。然后用 1:2 的水泥砂浆分层灌缝,每层厚度为 200mm。下层终凝后再灌上层,到离板材水平接缝以下 10mm 为止,安装好上一行板材后再继续灌缝,依次逐行往上操作。安装好的板材接缝处用与板材接近的水泥色浆嵌缝,使缝隙密实干净,颜色一致。挂贴法工艺构造示意图如图 10-5 所示。

3) 干挂法安装施工工艺

剔除突出基体表面影响构件安装的部分,在饰面板上打孔,然后用不锈钢连接器与埋在混凝土墙体内的膨胀螺栓连接。干挂板材应保证板材的水平度与垂直度满足有关规定,水平方向的相邻板材之间用 $\phi5mm$ 的不锈钢销钉固定,将板材固定在上下连接件上,并用环氧树脂胶密封。安装无误后,清扫拼接缝,填入橡胶条,然后用硅胶涂封。干挂法工艺构造如图 10-6 所示。

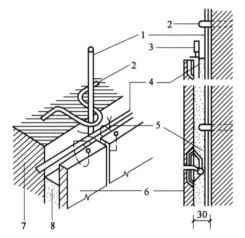

图 10-5　挂贴法工艺构造示意图

1-立筋;2-铁环;3-定位木楔;4-横筋;5-铜丝;6-石材板;7-墙体;8-水泥砂浆

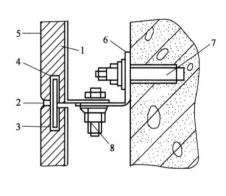

图 10-6　干挂工艺构造示意图

1-玻璃布增强层;2-嵌缝剂;3-钢针;4-长孔(充填环氧树脂胶);5-石材板;6-安装角钢;7-膨胀螺栓;8-紧固螺栓

3. 铝合金饰面板安装工艺

铝合金饰面板常用的固定方法有两大类型:一种是将板条用螺栓拧到型钢或木骨架上;另一种是将饰面板卡在特制的龙骨上。施工工艺为:放线→安装连接件→安装骨架→安装铝合金饰面板→收口构造处理。

(1) 放线:将骨架的位置弹到基层上,保证骨架施工的正确性。放线最好一次完成,如有差错,可随时进行调整。

(2) 安装连接件:骨架的横竖杆通过连接件与基层固定,连接件与结构之间可以与结构的预埋件焊接,也可以打设膨胀螺栓。连接件应固定牢靠,位置准确,不易锈蚀。

(3) 安装骨架:骨架应先进行防腐处理,横杆标高一致,骨架表面平整,安装位置准确,结合牢靠。

(4) 安装铝合金饰面板:板的安装要牢固、平整、无翘起、卷边,板缝用橡胶条嵌缝。

(5) 收口构造处理:饰面板安装后对水平部位的压顶,端部的收口,伸缩缝、沉降缝以及两种不同材料的交接处必须用特制的铝合金成型板进行处理。

10.2.2　饰面砖工程

饰面砖一般包括彩面砖(瓷砖)、外墙面砖等。面砖镶贴前应挑选、预排,使规格、颜色一致。基层表面残留的砂浆、灰尘等用钢丝刷洗干净,基层表面凸凹明显的部分,应事先剔平,门窗口与墙交接处用水泥嵌填密实。基层表面用质量比为 1:3 的水泥砂浆分层抹灰,抹灰时,注意找好檐口、腰线、窗台、雨篷等饰面的流水坡度和滴水线。

镶贴前按砖实际尺寸弹出控制线,定出水平标高和皮数,用水浸砖 3~5h。镶贴时先浇水湿润,根据弹线稳好平尺板。内墙面黏贴一般用质量比为 1:2 的水泥砂浆做结合层,黏贴的顺序为:由下往上,由左往右,逐层黏贴。如有水池、镜框,应以水池、镜框为中心往两边分贴。如墙面有突出的管线、灯具、卫生器具支撑物,应用整砖套割吻合,不得用非整砖拼凑镶贴。外墙面砖的黏贴顺序、黏贴要求等和内墙面砖基本相同。外墙面砖的黏贴排列方式较多,常用的有密缝黏贴和离缝黏贴,齐缝黏贴和错缝黏贴。阳角部位应用整砖,正立面的整砖应盖住侧立面整砖;对大面积墙面的黏贴除不规则部分外,其他都不裁砖。对突出的窗台、腰线等部位,黏贴时要做出一定的排水坡度,台面砖盖住立面砖。在完成一个层段的墙并检查合格后,用 1:1 的水泥砂浆勾缝,勾缝做成凹缝。面砖密缝处可用相同颜色的水泥擦缝,硬化后将表面清洗干净。

10.3　楼地面装饰工程

地面是人们日常生活、工作、生产时必须接触到的部分,也是建筑中直接承受荷载、承受摩擦、清扫和冲洗的部分。因此,地面要求:

(1)具有足够的坚固性,要求地面在外力作用下不易被磨损、破坏,且表面平整、光洁和不起灰。

(2)保温性能要好,地面材料的导热系数要小,以便冬季在上面接触时不至感觉到寒冷。

(3)具有一定的弹性,有弹性的地面可以减少噪声,另外行走时不会感到过硬。

(4)对于有水作用的房间要求地面能防潮湿、不透水。

(5)对于有火源的房间要求地面防火、耐燃;对有酸、碱腐蚀的房间,地面应具有防腐蚀的能力。

地面的设计应根据房间使用的功能,选择有针对性的材料,提出适宜的构造措施。根据面层所用的材料和施工工艺不同,地面的类型可分为以下几类。

(1)整体类地面:包括水泥砂浆、水磨石地面等。

(2)镶铺类地面:包括地板砖、人造石板、天然石板及木地板等。

(3)黏贴类地面:包括油地毡、橡胶地毡、塑料地毡、无纺织地毯等地面。

(4)涂料类地面:包括各种高分子合成涂料所形成的地面。

10.3.1　整体类地面

1. 水泥砂浆地面

水泥砂浆地面构造简单,坚固耐磨,防潮防水,造价低廉,是目前使用最普遍的一种低档地面。但是水泥砂浆地面导热系数大,吸水性差,容易返潮,易起灰,不易清洁。

水泥砂浆地面有双层和单层。双层作法分为面层和底层,构造上常以 15~20mm 厚 1:3 水泥砂浆打底,找平,再以 5~10mm 厚 1:1.5 或 1:2 的水泥砂浆抹面。单层构造是在结构层上抹水泥砂浆结合层一道后,直接抹 15 ~ 20mm 厚 1:2 或 1:2.5 水泥砂浆,抹平后待其终凝前,再用铁板压光。

2. 水磨石地面

水磨石地面表面光洁,不易起灰,易返潮。常用作公共建筑的大厅、走廊、楼梯的地面。

水磨石地面系分层构造。在结构层上常用 10 ~ 15mm 厚 1:3 的水泥砂浆打底,10mm 厚的 (1:1.5) ~ (1:2) 水泥、石子粉面。石子要求颜色美观,硬度中等,易磨光,多用白云石和彩色大理石,其粒径为 3 ~ 20mm。水磨石有水泥本色和彩色两种,后者采用彩色水泥或白水泥加入颜料构成。颜料以水泥重的 4% 为好,不易太多,否则影响地面的强度。面层一般是先在底层上按图案嵌固玻璃条或铜条进行分格。分格可以把大面分格成小块,以防面层开裂,另外如果局部损坏,方便维修;可按设计图案分区,定出不同颜色,增添美观。

分格的形状有正方形、矩形及多边形。尺寸有 400 ~ 800mm,分格条高 10mm,用 1:1 水泥砂浆嵌固。然后将拌和好的石渣浆浇入,石渣浆比分格条高出 2mm,浇水养护 7d 后用磨石机磨光,最后打蜡保护。

10.3.2 镶铺类地面

1. 预制水磨石、大瓷砖、花岗岩、大理石地面的铺设

清扫基层并用水刷净,然后在房间地面取中点,拉十字线,铺 30mm 厚干硬性水泥砂浆;根据标准线确定铺贴顺序和标准块位置并编号。根据试铺结果,在房间主要部位弹上互相垂直的控制线,并引至墙上,用以检查和控制板块位置。试铺后在砂浆层上平整、密实并浇上一层水灰比为 0.4 ~ 0.5 的水泥浆,将石块四角同时平稳下落,对准纵横缝后,用橡皮锤轻敲振实,并用水平尺找平。铺完养护 1 ~ 2d 后,可开始灌缝,待缝内的水泥凝结后,再将面层清洗干净,3d 内禁止上人走动。交工时,先用草酸洗干净,后上蜡保护。

2. 陶瓷锦砖地面的铺设

对于厕所、浴室地面,常铺设陶瓷锦砖。先清理好楼地面,作好泛水;用 20mm 厚 1:3 水泥砂浆抹平,再撒上一层水泥,弹出横竖"十"字线,洒水;铺上锦砖,养护 4d 即可,交工时用草酸洗干净,后上蜡保护。铺设陶瓷锦砖,宜一天铺设一整间,如果铺不完,须将接槎切齐,余灰清理干净。

10.3.3 木地板地面的铺设

1. 空铺木地板

空铺木地板由木格栅、剪刀撑、垫木和企口板等组成,如图 10-7 所示。

木格栅架置在垫木上,格栅上面铺设企口板,企口板与木格栅相互垂直。如果地垄墙或基础墙间距大于 2 000mm,则应在木格栅之间加剪刀撑,剪刀撑的截面一般为 38mm × 50mm 或 50mm × 50mm。空铺木地面应通风良好,通风口设在地垄墙及外墙上,使空气保持对流。可以有效地防止木地板因受潮湿而腐朽。另外,木格栅、垫木和沿缘

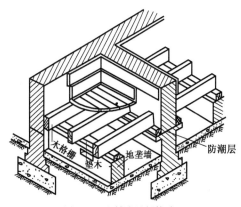

图 10-7 空铺木地板构造

木等也都做防腐处理。空铺木地板一般采用松木或杉木,其宽度不大于120mm,厚度为20～30mm,拼缝可加工成企口或错口,直接铺钉在木龙骨上,并保证接头相互错开。木地板铺完后,经过一段时间木板变形稳定后,再进行刨光、清扫和刷地板漆。

空铺木地板的施工流程:弹线→找出地面设计标高→地垄墙砌筑→固定垫木→安装木格栅→固定剪刀撑→钉固毛地板→钉固面板。

2. 实铺木地板

实铺木地板的木格栅直接卧在垫层或楼面板上,如图10-8所示。木格栅的截面一般为梯形,宽面在下面,截面尺寸及间距(一般为400mm)应符合设计要求。企口板与木格栅相互垂直,并钉固在木格栅上。为了防潮、防腐,木地板面层底面和木格栅都应均匀涂刷两道焦油沥青。

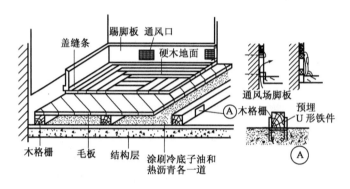

图10-8 实铺木地板构造

实铺木地板的施工流程:设埋件→做防潮层→弹线→设木垫块和木格栅→填保温、隔声材料→钉毛板→做地面→刨平、刨光→油漆、打蜡。

3. 悬浮法铺设木地板

复合强化木地板俗称"金刚板"。合格的强化木地板是以一层或多层专用浸渍热固氨基树脂覆盖在高密度板等基材表面,背面加防潮层、正面加装饰层和耐磨层经热压而成。即耐磨层(三氧化二铝耐磨纸)、装饰层、高密度基材层、防潮层。

复合强化木地板一般采用悬浮法铺设,如图10-9所示。衬垫材料常用如聚乙烯泡沫薄膜等。起防潮、减振、隔声作用,并改善脚感。木地板不与地面基层及泡沫底垫黏贴。

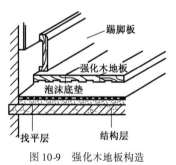

图10-9 强化木地板构造

4. 木地板的质量要求和检验方法

木地板施工所选用木材的含水率应不大于18%;木格栅、毛板和垫木必须做防腐处理;木格栅(地龙骨)安装必须牢固、平直。在混凝土基层上铺设木格栅时,其间距和稳固方法必须符合设计要求。各种木质板面层必须铺钉牢固、无移动,黏结牢固、无空鼓。

木板面层接缝应严密,接头位置应错开;接缝应对齐,黏、钉严密,缝隙应宽窄均匀一致,表面清洁,无溢出胶迹。面层刨光或磨光后应不显刨痕、无毛刺;图案要清晰;油漆面层颜色应均匀一致。

10.4 幕墙、吊顶及隔墙工程

10.4.1 幕墙工程

我国的建筑幕墙产品经历了一个从无到有飞速发展的过程,幕墙类型包括了玻璃幕墙、金属幕墙、石材幕墙等产品,结构形式也由原来单一的框支撑式发展成点支撑式幕墙、双层幕墙等多种形式。

按幕墙的结构形式分类:框支撑幕墙、全玻璃幕墙、点支撑幕墙。框支撑幕墙中玻璃由金属框支撑。全玻璃幕墙的支撑结构和面板都是玻璃,面板是由玻璃肋支撑。点支撑幕墙的玻璃面板靠金属连接件在四角支撑,金属连接件是具有艺术性的不锈钢制品。

按面板材料分类:玻璃幕墙、金属幕墙、石材幕墙、混凝土幕墙、其他面板幕墙等。

1. 玻璃幕墙的组成

通用的玻璃幕墙基本由三种材料组成:骨架、玻璃、封缝材料。

骨架材料:组成玻璃幕墙的骨架材料主要有各种型材,以及各种连接件、紧固件。型材如果采用钢材,多采用角钢、方钢管、槽钢等。如果采用铝合金,多是经特殊挤压成型的幕墙型材。紧固件主要有膨胀螺栓、铝拉钉(铝铆钉)、射钉等。连接件多采用角钢、槽钢、钢板加工而成。之所以用这些金属材料,主要是易于焊接,加工方便,较之其他金属材料强度高、价格便宜等。因而在玻璃幕墙骨架中应用较多。连接件的形状,可因不同部位、不同的幕墙结构而有所不同。

玻璃材料:用于玻璃幕墙的单块玻璃一般为 5~6mm 厚。玻璃材料的品种,主要采用热反射玻璃,其他如吸热玻璃、浮法透明玻璃、夹层玻璃、夹丝玻璃、中空玻璃、钢化玻璃等亦用的比较多。

封缝材料:用于玻璃幕墙的玻璃装配及块与块之间缝隙处理。一般常由填充材料、密封材料、防水材料三种材料组成。

2. 玻璃幕墙的安装

对于有框架的玻璃幕墙,其安装工艺为:放线→框架立柱安装→框架横梁安装→玻璃安装。

放线:放线的目的是确定玻璃幕墙框架的安装准确位置。在放线之前,应检查主体结构的施工质量。若主体结构的垂直度与外表面的平整度以及结构尺寸偏差过大,满足不了幕墙安装的基本条件时,应采取措施及时处理。

框架立柱安装:立柱安装的准确与否和质量好坏,影响到整个幕墙的安装质量,它是幕墙安装的关键工序之一。

框架立柱在主体结构上的固定方法有两种:一种是利用连接件与主体结构上的预埋件相焊接;另一种是在主体结构上钻孔,然后用膨胀螺栓将连接件与主体结构相连。为保证幕墙与主体结构连接的牢固可靠性,应尽量采用埋设预埋件的固定方法。安装立柱时,应先将立柱与连接件连接,然后连接件再与主体结构的预埋件连接、固定。

框架横梁安装:框架横梁是固定在立柱上,与主体结构并不直接相关联,故应在立柱通长安装完毕后,再将横梁安装位置线弹在立柱上。

横梁为水平构件,是分段在立柱中嵌入连接的。横梁两端与立柱之间的连接处,应加设弹性橡胶垫。橡胶垫应有20%～35%的压缩性,以适应和消除横向温度变形要求。同一层的横梁安装应由下向上进行。当安装完一层高度时,应进行检查、调整、校正、固定,使其符合安装质量要求。

3. 玻璃安装

不同类型的玻璃幕墙,玻璃的固定方法各异。

对于型钢框架幕墙,由于型钢没有镶嵌玻璃的凹槽,故是先将玻璃安装在铝合金框上,然后再将框格锚固在型钢框架上。

对于铝合金型材框架明框幕墙,玻璃可以直接安装在框格的凹槽内,安装时应注意下列事项:

(1)玻璃安装时一般都用吸盘将玻璃吸住,然后提起送入金属框内。故应在玻璃安装前,将玻璃表面尘土和污物擦拭干净,以避免吸盘发生漏气现象,保证施工安全。

(2)热反射玻璃安装时应将镀膜面朝向室内,非镀膜面朝向室外,否则,不仅会影响装饰效果,且会影响热反射玻璃的耐久性和物理耐用年限。

(3)玻璃与构件不得直接接触。玻璃四周与构件凹槽底应保持一定空隙,每块玻璃下部应设不少于两块弹性定位垫块;垫块的宽度与槽口宽度应相同,长度不应小于100mm;玻璃两边嵌入量及空隙应符合设计要求,左右空隙宜一致,能使玻璃在经历建筑变形及温度变形时,在橡胶条的夹持下能作竖向和水平向滑动,消除变形对玻璃的影响。

(4)玻璃四周橡胶条应按规定型号使用,镶嵌应平整,橡胶条长度宜比边框内槽口长1.5%～2%,其断口应留在四角;斜面断开后应拼成预定的设计角度,并应用胶黏剂黏结牢固嵌入槽内。

(5)玻璃幕墙应采用耐候硅酮密封胶进行嵌缝。耐候硅酮密封胶应采用低模数中性胶。其性能应符合规定要求,过期的不得使用。

10.4.2 吊顶工程

天棚又称为吊顶、顶棚、天花板、平顶,是室内装修工程的重要组成部分。是安装照明、暖卫、通风、防火、报警等设备的隐蔽层,同时具有保温、隔热、隔声和吸声的作用。其形式有直接式和悬吊式。

悬吊式吊顶分为活动式装配吊顶(铝合金吊顶)、隐蔽式装配吊顶、金属装饰板式吊顶、开敞式吊顶和整体吊顶。

铝合金吊顶由吊杆、龙骨、T形骨、铝角条、饰面板等组成。

吊杆又称吊筋,是连接楼板与龙骨的承重结构,它的形式与选用和楼板的形式、龙骨的形式与材料、吊顶的质量有关。龙骨是吊顶中承上启下的构件,与吊杆连接,并为面层罩面板提供安装节点。普通不上人的吊顶一般用木龙骨、型钢或轻钢龙骨。上人顶棚的龙骨,因承载要求高,要用型钢或大断面木龙骨,然后在龙骨上做人行通道。在吊顶上安装管道以及大型设备的龙骨要加强。饰面层分为湿抹灰面层和饰面板面层两大类,由于吊顶龙骨较高,湿抹灰施工不便,而且施工速度慢,实际工程中各种饰面板面层利用较多,既便于施工又便于管道安装和检修。

施工时,在结构基层上,按设计要求弹线,确定龙骨及吊点的位置。一般上人的大龙骨的中距不大于1 200mm,吊点距离为900～1 200mm,不上人大龙骨中距为1 200mm,吊点距离为

1 000～1 500mm。在墙面和柱面上,按吊顶高度要求弹出标高线,然后在吊点位置将龙骨与结构连接固定。在吊点位置处用射枪固定一枚带孔的钢钉,用铅丝将钢钉与龙骨固定;在吊点位置处预埋膨胀螺栓,用吊杆连接固定;在吊点位置预留吊钩或埋件,将吊杆一端直接与预留吊钩固定或预埋件连接,另一端连接固定龙骨。将大龙骨与吊杆固定后,按照标高线调整大龙骨的标高,使其在同一水平面上,用钢钉把铝角条钉在四周的墙面上。跨度较小的平顶,饰面板采用搁置式,在龙骨上逐块铺设;当跨度较大时,将铝合金条板按设计要求用射钉固定于龙骨上。铝合金吊顶龙骨必须牢固,并应互相交错拉牵。吊顶的水平面拱度要均匀、平整,T形骨纵横要平直,四周铝角应水平。

10.4.3 隔墙工程

隔墙是室内装修工程的重要组成部分,随着新材料的不断涌现,各种具有不同功能隔墙出现在装饰工程中,常见的新材料隔墙有石膏空心条板隔墙、轻钢龙骨隔墙、GRC隔墙等。隔墙虽然因材料不同而具有多样性,但其施工工艺接近,本文仅重点介绍石膏空心条板隔墙及轻钢龙骨隔墙的施工工艺。

1. 石膏空心条板隔墙

本工艺标准适用于住宅工程及与之相类似的一般民用建筑中的石膏空心条板隔墙工程。不适用于厨房、卫生间等湿度较高的房间。

材料准备:增强石膏空心条板、门框板、窗框板、门上板、窗上板、窗下板及异形板。标准板用于一般隔墙。其他的板按工程设计确定的规格进行加工。增强石膏空心条板的规格按普通住宅用的板和公用建筑用的板区分。普通住宅用的板规格为:长2 400～3 000mm,宽590～595mm,厚60、90mm;公用建筑用的板规格为:长2 400～3 900mm,宽590mm,厚90mm。胶黏剂:SG791建筑胶黏剂,以醋酸乙烯为单位的高聚物作主胶料,与其他原材料配制而成,系无色透明胶液。本胶液与建筑石膏粉调制成胶黏剂,适用于石膏条板黏结以及石膏条板与砖墙、混凝土墙黏结。石膏与石膏黏结压剪强度不低于2.5MPa。也可用类似的专用石膏胶黏剂,但应经试验确认可靠性后,才能使用。建筑石膏粉:应符合三级以上标准。玻纤布条:条宽50mm,用于板缝处理;条宽200mm,用于墙面转角附加层。石膏腻子:抗压强度＞2.0MPa;抗折强度＞1.0MPa;黏结强度＞0.2MPa。

工具准备:笤帚、木工手锯、钢丝刷、小灰槽、2m靠尺、开刀、2m托线板、专用撬棍、钢尺、橡皮锤、木楔、钻、扁铲、射钉枪等。

工艺流程:结构墙面、顶面、地面清理和找平→放线、分档→安U形卡(有抗震要求时)→配板、修补→铺设电线管、稳接线盒、安装管卡,埋件→配制胶黏剂→安装隔墙板→安门窗框→板缝处理→板面装修。

清理隔墙板与顶面、地面、墙面的结合部,凡凸出墙面的砂浆、混凝土块等必须剔除并扫净,结合部尽力找平。

放线、分档:在地面、墙面及顶面根据设计位置,弹好隔墙边线及门窗洞边线,并按板宽分档。

配板、修补:板的长度应按楼面结构层净高尺寸减20～30mm。计算并测量门窗洞口上部及窗口下部的隔板尺寸,并按此尺寸配板。当板的宽度与隔墙的长度不相适应时,应将部分隔墙板预先拼接加宽(或锯窄)成合适的宽度,并放置在阴角处。有缺陷的板应修补。有抗震要求时,应按设计要求用U形钢板卡固定条板的顶端。在两块条板顶端拼缝之间用射钉将U形钢板卡固定在梁或板上,随安板随固定 U 形钢板卡。

配制胶黏剂:将 SG791 胶与建筑石膏粉配制成胶泥,石膏粉:SG791 = 1:(0.6~0.7)(重量比)。胶黏剂的配制量以一次不超过 20min 使用时间为宜。配制的胶黏剂超过 30min 凝固了的,不得再加水加胶重新调制使用,以避免板缝因黏结不牢而出现裂缝。

安装隔墙板:隔墙板安装顺序应从与墙的结合处或门洞边开始,依次顺序安装。板侧清刷浮灰,在墙面、板的顶面及侧面(相拼合面)先刷 SG791 胶液一道,再满刮 SG791 胶泥,按弹线位置安装就位,用木楔顶在板底,再用手平推隔板,使之板缝冒浆,一个人用特制的撬棍在板底部向上顶,另一人打木楔,使隔墙板挤紧顶实,然后用开刀(腻子刀)将挤出的胶黏剂刮平。按以上操作办法依次安装隔墙板。隔墙板上可安装碗柜、设备和装饰物,每一块板可设两个吊点,每个吊点吊重不大于 80kg。在安装隔墙板时,一定要注意使条板对准预先在顶板和地板上弹好的定位线,并在安装过程中随时用 2m 靠尺及塞尺测量墙面的平整度,用 2m 托线板检查板的垂直度。黏结完毕的墙体,应在 24h 以后用 C20 干硬性细石混凝土将板下口堵严,当混凝土强度达到 10MPa 以上,撤去板下木楔,并用同等强度的干硬性砂浆灌实。

铺设电线管、稳接线管:按电气安装图找准位置划出定位线,铺设电线管、稳接线盒。所有电线管必须顺石膏板板孔铺设,严禁横铺和斜铺。稳接线盒,先在板面钻孔扩孔(防止猛击),再用扁铲扩孔,孔要大小适度,要方正。孔内清理干净,先刷 SG791 胶液一道,再用 SG791 胶泥稳住接线盒。

安水暖、煤气管道卡:按水暖、煤气管道安装图找准标高和竖向位置,划出管卡定位线,在隔墙板上钻孔扩孔(禁止剔凿),将孔内清理干净,先刷 SG791 胶液一道,再用 SG791 胶泥固定管卡。

安装吊挂埋件:先在隔墙板上钻孔扩孔(防止猛击),孔内应清理干净,先刷 SG791 胶液一道,再用 SG791 胶泥固定埋件,待干后再吊挂设备。

安门窗框:一般采用先留门窗洞口,后安门窗框的方法。钢门窗框必须与门窗口板中的预埋件焊接。木门窗框用 L 型连接件连接,一边用木螺钉与木框连接,另一端与门窗口板中预埋件焊接。门窗框与门窗口板之间缝隙不宜超过 3mm,超过 3mm 时应加木垫片过渡。将缝隙浮灰清理干净,先刷 SG791 胶液一道,再用 SG791 胶泥嵌缝。嵌缝要严密,以防止门窗开关时碰撞门框造成裂缝。

板缝处理:隔墙板安装后,检查所有缝隙是否黏结良好,有无裂缝,如出现裂缝,应查明原因后进行修补。已黏结良好的所有板缝、阴角缝,先清理浮灰,再刷 SG791 胶液黏贴 50mm 宽玻纤网格带,转角隔墙在阳角处黏贴 200mm 宽(每边各 100mm 宽)玻纤布一层。干后刮 SG791 胶泥,略低于板面。

板面装修:一般居室墙面,直接用石膏腻子刮平,打磨后再刮第二道腻子(要根据饰面要求选择不同强度的腻子),再打磨平整,最后做饰面层。隔墙踢脚,一般板应先在根部刷一道胶液,再做水泥、水磨石踢脚;如做塑料、木踢脚,可不刷胶液,先钻孔打入木楔,再用钉钉在隔墙板上。墙面贴瓷砖前须将板面打磨平整,为加强黏结,先刷 SG791 胶水(SG791 胶:水 = 1:1)一道,再用 SG8407 胶调水泥(或类似的瓷砖胶)黏贴瓷砖。如遇板面局部有裂缝,在做喷浆前应先处理,才能作下一工序。

2. 轻钢龙骨隔墙施工

材料准备:轻钢龙骨主件、支撑卡、卡托、角托、连接件、固定件、附墙龙骨、压条、射钉、膨胀螺栓、镀锌自攻螺钉、木螺钉等。

机具准备:直流电焊机、电动无齿锯、手电钻、螺丝刀、射钉枪、线坠、靠尺等。

工艺流程:轻隔墙放线→安装门洞口框→安装沿顶龙骨和沿地龙骨→竖向龙骨分档→安装竖向龙骨→安装横向龙骨卡挡→安装石膏罩面板→施工接缝做法→面层施工。

放线:据设计施工图,在已做好的地面或地枕带上,放出隔墙位置线、门窗洞口边框线,并放好顶龙骨位置边线。

安装门洞口框:放线后按设计,先将隔墙的门洞口框安装完毕。

安装沿顶龙骨和沿地龙骨:按已放好的隔墙位置线,按线安装顶龙骨和地龙骨,用射钉固定于主体上,其射钉钉距为600mm。

竖向龙骨分档:根据隔墙放线门洞口位置,在安装顶地龙骨后,按罩面板的规格900mm或1 200mm板宽,分档规格尺寸为450mm,不足模数的分档应避开门洞框边第一块罩面板位置,使破边石膏罩面板不在靠洞框处。

安装竖向龙骨:按分档位置安装竖龙骨,竖龙骨上下两端插入沿顶龙骨及沿地龙骨,调整垂直及定位准确后,用抽心铆钉固定;靠墙、柱边龙骨用射钉或木螺钉与墙、柱固定,钉距为1 000mm。

安装横向龙骨卡挡:根据设计要求,隔墙高度大于3m时应加横向龙骨卡挡,采用抽心铆钉或螺栓固定。

安装石膏罩面板:检查龙骨安装质量、门洞口框是否符合设计及构造要求,龙骨间距是否符合石膏板宽度的模数→安装一侧的纸面石膏板,从门口处开始,无门洞口的墙体由墙的一端开始,石膏板一般用自攻螺钉固定,板边钉距为200mm,板中间距为300mm,螺钉距石膏板边缘的距离不得小于10mm,也不得大于16mm,自攻螺钉固定时,纸面石膏板必须与龙骨紧靠→安装墙体内电管、电盒和电箱设备→安装墙体内防火、隔声、防潮填充材料,与另一侧纸面石膏板同时进行安装填入→安装墙体另一侧纸面石膏板:安装方法同第一侧纸面石膏板,其接缝应与第一侧面板错开→安装双层纸面石膏板,第二层板的固定方法与第一层相同,但第三层板的接缝应与第一层错开,不能与第一层的接缝落在同一龙骨上。

接缝做法:纸面石膏板接缝做法有三种形式,即平缝、凹缝和压条缝。可按以下程序处理。

(1)刮嵌缝腻子:刮嵌缝腻子前先将接缝内浮土清除干净,用小刮刀把腻子嵌入板缝,与板面填实刮平。

(2)黏贴拉结带:待嵌缝腻子凝固原形即行黏贴拉接材料,先在接缝上薄刮一层稠度较稀的胶状腻子,厚度为1mm,宽度为拉结带宽,随即黏贴拉结带,用中刮刀从上而下一个方向刮平压实,赶出胶腻子与拉结带之间的气泡。

(3)刮中层腻子:拉结带黏贴后,立即在上面再刮一层比拉结带宽80mm左右厚约1mm的中层腻子,使拉结带埋入这层腻子中。

(4)找平腻子:用大刮刀将腻子填满楔形槽与板抹平。

轻钢龙骨隔墙施工应注意以下质量问题:

(1)墙体收缩变形及板面裂缝:原因是竖向龙骨紧顶上下龙骨,没留伸缩量,超过2m长的墙体未做控制变形缝,造成墙面变形。隔墙周边应留3mm的空隙,这样可以减少因温度和湿度影响产生的变形和裂缝。

(2)轻钢骨架连接不牢固,原因是局部结点不符合构造要求,安装时局部节点应严格按图规定处理。钉固间距、位置、连接方法应符合设计要求。

(3)墙体罩面板不平,多数由两个原因造成:一是龙骨安装横向错位,二是石膏板厚度不一致。明凹缝不均;纸面石膏板拉缝不很好掌握尺寸;施工时注意板块分档尺寸,保证板间拉缝一致。

10.5 涂料、油漆工程

涂料工程包括涂料涂饰和油漆涂饰。涂料涂饰是将胶体的溶液涂在物体表面,油漆工程是将油质液体涂刷在木材、金属构件的表面上,使之与基层黏结,形成一层完整坚韧的薄膜,达到装饰、美观、免受外界侵蚀的目的。

10.5.1 涂料涂饰

建筑涂料按成膜物质的组成可分为油性涂料、有机高分子涂料、无机高分子涂料、有机无机复合涂料;按使用部位分为外墙涂料、内墙涂料、顶棚涂料、地面涂料、门窗涂料、屋面涂料等;按涂料的稀释剂可分为水溶型涂料、水乳型涂料、溶剂型涂料;按使用功能可分为防火涂料、防水涂料、防霉涂料等。

1. 新型内墙涂料

(1)乳胶漆。乳胶漆属乳液型涂料,以合成树脂乳液为主要成膜物质。常用的乳胶漆有聚氨酯乙烯乳胶漆、丙烯酸酯乳胶漆等。乳胶漆漆膜坚硬平整、表面无光、色彩明快柔和,附着力强,易清洗,安全无毒,操作方便,涂膜透气性和耐碱性好。适用于高级室内抹灰面、混凝土、水泥砂浆、石棉水泥板等各种基层。是一种性能良好的新型水性涂料。

(2)JHN84-1 无机涂料。JHN84-1 无机涂料是一种黏结度较高又耐擦洗的内墙无机涂料,以硅酸钾为主要成膜物质,加入适量固化剂、填料、稀释剂搅拌而成的水溶性无机高分子涂料。这种涂料遮盖力强、耐酸碱、耐污染、耐水、耐擦洗,可用于各种基层外墙的建筑饰面。涂料使用前应搅拌均匀,使用中不得随意加水,施工时以喷涂效果最好,也可以刷涂和滚涂。

(3)喷塑涂料。喷塑涂层分为底油、骨架、面油。底油是涂布乙烯—丙烯酸酯共聚乳液,抗酸碱、耐水;骨架是主要构成部分,是喷塑涂料特有的成型层;面油是喷塑涂料的表面层,面油内可以加入色浆,使喷涂层色彩柔和。

2. 新型外墙涂料

(1)丙烯酸乳胶漆。这种涂料以有机高分子材料苯乙烯、丙烯酸酯乳液为主要胶黏剂,加上颜色、填料和集料而制成的薄质型和厚质型涂料。这种涂料具有良好的耐水性和耐酸碱性,遮盖力强,耐污染,耐老化。

(2)JH80-1 无机高分子建筑涂料。该涂料主要用于外墙的涂刷,以金属硅酸钾为主要成膜物质,掺入适量的固化剂、填料、分散剂、着色剂等制成的无机水溶性涂料。遮盖力强、耐水、耐污染、附着力强、耐酸碱,适用于各种基层。涂料使用前应搅拌均匀,使用中不得随意加水稀释。

(3)JH80-2 无机高分子建筑涂料。该涂料以胶态氧化硅为主要胶结剂,掺入适量的填充剂、着色剂、表面活性剂等混合搅拌均匀,再经研磨而成,是单相组分水溶性高分子无机外墙涂料。耐酸碱、耐沸水、耐冻融、耐污染,涂刷性好。宜于涂刷,也可用喷涂。

10.5.2 油漆涂饰

1. 油漆的分类

建筑工程中常用的油漆有:

（1）清油又称鱼油、熟油，漆膜柔软，易发黏。多用于稀释厚漆和防锈漆调配的油料。

（2）厚漆又称铅油，有红、白、绿、黑等色，漆膜柔软，黏结性好，光亮度、坚韧性较差。使用时加清油稀释，广泛用作各种面漆前的涂层打底，调配腻子。

（3）清漆，不含颜料，分油质清漆和挥发性清漆。油质清漆又称凡立水，漆膜干燥快，光泽好，常用于物体表面的罩光。挥发性清漆是将漆片溶于酒精内制成，漆膜坚硬光亮，不耐水、耐热、易失光，多用于室内木材面层打底。

（4）调和漆，有大红、奶黄、白、绿、灰等色，质地均匀，稀稠适度，耐腐蚀、耐晒、遮盖力强。使用时，用松节油稀释，适用于一般建筑物的门窗涂刷。

（5）防锈漆，分为油性防锈漆和树脂防锈漆两种。常用的油性防锈漆有红丹油性防锈漆和红油性防锈漆，树脂防锈漆有红丹酚醛防锈漆和锌黄醇酸防锈漆，主要用与金属结构表面的涂刷，起防锈作用。

2. 油漆涂饰施工

油漆工程施工包括基层处理、打底子、抹腻子和涂刷油漆等工序。

1）基层处理

为了使油漆与基层表面黏结牢固，必须对涂刷在木料、金属、抹灰层和混凝土基层的表面进行处理。

木材基层表面油漆前清除灰尘污垢，表面上的缝隙、节疤休整后用腻子填补抹平。待腻子干燥后，用砂纸打磨光滑，打磨时不能磨穿油底，磨损棱角。

金属基层表面油漆前应除去锈斑、尘土、油渍、焊渣等。混凝土基层和抹灰层表面油漆前，基层表面应干净、坚实，不得有脱皮、起壳、粉化等现象。表面的麻面、缝隙及凹陷处应用腻子填平。

（1）打底子：用清油刷底油一道，厚薄均匀，使基层表面具有均匀的吸色能力。

（2）满刮腻子：清油干透后，在基层上抹一层腻子或油灰，待其干燥后用砂纸打磨，然后抹腻子，之后打磨，直到表面平整光滑。腻子磨光后，表面清理干净，再涂刷一道清漆，以便节约油漆。

（3）涂刷油漆：涂刷的方法有刷涂、喷涂、揩涂、滚涂。按施工的质量要求分为普通油漆、中级油漆和高级油漆。

2）油漆施工

根据刷漆的方法，刷漆可分为涂刷、喷涂、揩涂、滚涂等种类。

（1）刷涂：是用棕刷蘸油漆涂刷在物体表面，涂刷时设备简单，用油节省，但功效低。

（2）喷涂：是用喷雾器将油漆喷射在物体表面，喷射时需每层往复进行，单次不能喷得过厚，需分次喷涂，以达到厚而不流。喷涂功效高，漆膜分散均匀，平整光滑，但是油漆消耗量大，设备复杂。

（3）揩涂：是用布或丝团浸油漆在物体表面上来回滚动，以达到漆膜均匀，主要适用于生漆的施工。

（4）滚涂：是用羊毛滚子或橡皮滚子浸油漆在物体表面滚动，滚涂形成的漆膜均匀，可使用较稠的油料，适于墙面滚花涂饰。

10.6 裱糊工程

裱糊工程，是将普通壁纸、塑料壁纸、玻璃纤维布用胶黏剂裱糊在内墙面上的一种装饰工程。壁纸和墙布图案花纹丰富、耐用、美观、施工方便，裱糊饰面得到广泛应用。

10.6.1　裱糊材料及要求

用于裱糊饰面的材料按其基材的不同分为壁纸和墙布两大类。壁纸按所用材料的特点分为纸面壁纸、纺织物壁纸、金属壁纸、塑料壁纸等。墙布按所用的基材不同分为玻璃纤维墙布、无纺墙布、装饰墙布,等等。塑料壁纸、玻璃纤维墙布是应用广泛的内墙装饰材料,具有耐擦洗、耐老化、颜色稳定、无毒、施工方便的特点。

胶黏剂应具有防腐、防霉,并具有耐久性。使用时根据不同的墙纸和墙布选择不同的胶黏剂。

10.6.2　裱糊施工

1. 基层处理

裱糊前应将基层表面的污垢、尘土、灰砂清除干净;泛碱部位用醋酸清洗;麻面、蜂窝满刮腻子抹平、磨光;石膏板基层的接缝处和不同材料基层相接处应糊条盖缝。待表面干燥后,涂刷 107 胶,目的是克服基层吸水快,引起胶黏剂脱水,影响黏结效果。

2. 弹垂直线

为了使壁纸黏贴的花纹、图案、线条纵横相连贯,在底胶干后,根据房间的大小、门窗的位置、壁纸的宽度和花纹图案的完整性进行弹线,从墙的阳角开始,以壁纸宽度弹垂直线,作为裱糊时的操作准线。

3. 裁纸

根据墙面尺寸及壁纸类型、图案、规格尺寸,规划分割裁纸。裁纸应纸幅垂直,花纹,图案纵横连贯一致,裁边平直整齐,无纸毛、飞刺。

4. 浸水和刷胶

塑料壁纸遇水膨胀,干后自行收缩,裁好的壁纸应放入水槽中浸泡 3～5min,取出后抖掉明水,静置 10min,使纸充分吸湿伸胀,然后在墙面和纸背面同时刷胶进行裱糊。胶黏剂要求涂刷均匀,不漏刷。在基层表面涂刷胶黏剂应比壁纸宽 20～30mm,涂刷一段裱糊一张,不应涂刷过厚。

5. 裱糊壁纸

以阴角处事先弹好的垂直线作为裱糊第一幅壁纸的基准,裱糊第二幅壁纸时,先上后下对称裱糊,对缝要严密,不显接槎,花纹图案的对缝必须端正吻合。拼缝对齐后,再用刮板由上往下抹平,挤出的多余胶黏剂,用湿棉丝及时擦干净,不得有气泡和斑污,上下边多出的壁纸用刀切削整齐。每次裱糊 2～3 幅后,吊线检查垂直度。裁纸的一边可在阴角处搭接,搭缝宽 5～10mm,要压实,无张嘴现象。阳角处只能包角压实,不能对接和搭接。

本　章　小　结

1. 建筑装饰工程的作用是保护建筑物的主体结构,减小外界有害物质对建筑物的腐蚀,完善建筑物的使用功能和美化建筑物,改善清洁卫生条件,美化城市和居住环境,还有隔热、隔声、防腐、防潮的功能。

2. 抹灰工程就是用砂浆涂抹在建筑物或构筑物的墙柱面的一种装修工程。抹灰按照使用的材料和装修的效果,分为一般抹灰和装饰抹灰。通常抹灰工程由底层、中层和面层组成。

3. 把饰面材料镶贴或安装到基体表面上以形成装饰层的过程称为饰面工程。饰面材料基本分为饰面砖和饰面板两大类。饰面砖常采用直接镶贴工艺为主。饰面板安装方法主要有黏贴法、挂贴法和干挂法。

4. 地面是人们日常生活、工作、生产时必须接触到的部分,也是建筑中直接承受荷载、承受摩擦、清扫和冲洗的部分。地面的类型可分为以下四类:整体类地面、镶铺类地面、黏贴类地面、涂料类地面。

5. 我国的建筑幕墙产品经历了一个从无到有飞速发展的过程,幕墙类型包括了玻璃幕墙、金属幕墙、石材幕墙等产品。

6. 天棚又称为吊顶,是室内装修工程的重要组成部分。是安装照明、暖卫、通风、防火、报警等设备的隐蔽层,同时具有保温、隔热、隔声和吸音的作用。其形式有直接式和悬吊式。悬吊式吊顶分为活动式装配吊顶、隐蔽式装配吊顶、金属装饰板式吊顶、开敞式吊顶和整体吊顶。

7. 隔墙是室内装修工程的重要组成部分,随着新材料的不断涌现,各种具有不同功能隔墙出现在装饰工程中,常见的新材料隔墙有石膏空心条板隔墙、轻钢龙骨隔墙、GRC 隔墙等。

8. 涂料工程包括涂料涂饰和油漆涂饰。涂料涂饰是将胶体的溶液涂在物体表面,油漆工程是将油质液体涂刷在木材、金属构件的表面上,使之与基层黏结,形成一层完整坚韧的薄膜,达到装饰、美观、免受外界侵蚀的目的。

9. 裱糊工程是将普通壁纸、塑料壁纸、玻璃纤维布用胶黏剂裱糊在内墙面上的一种装饰工程。壁纸和墙布图案花纹丰富、耐用、美观、施工方便,裱糊饰面得到广泛应用。

复习思考题

1. 试述装饰工程的作用、特点及发展方向。

2. 简述抹灰施工的分类和组成。

3. 抹灰工程在施工前应该做哪些准备工作?

4. 试述抹灰工程中设置标筋的操作程序。

5. 简述石材面板的安装方法。

6. 试述油漆工程施工的主要工序及要求。

7. 试述幕墙的安装顺序和要求。

8. 简述铝合金吊顶的组成及施工工艺流程。

9. 简述裱糊工程常用的材料及施工要点。

第 11 章　工程施工组织概论

学习要求

- ·了解建筑产品及其生产特点；
- ·掌握基本建设程序,熟悉基本建设项目组成；
- ·了解施工准备工作的主要内容；
- ·掌握施工组织设计的内容、施工组织分类；
- ·了解施工组织的基本原则。

本章重点

　　基本建设程序；基本建设项目组成；施工组织设计内容、分类。

本章难点

　　基本建设程序。

11.1　建筑产品与建筑产品生产的特点

11.1.1　建筑产品及特点

　　建筑产品是通过建筑规划、设计和施工等一系列相互关联、紧密配合的过程所创造的具有满足人们生产、生活、居住与交流等功能的活动空间的统称,包括建筑物与构筑物两类。与其他的工业产品相比较,建筑产品具有一些其独有的特点。

1. 空间上的固定性

　　建筑产品生产出来后通常是不可移动的,建筑产品与其所依附的土地形成一个不可分离的整体,是一种不动产。

2. 形式上的多样性

　　建筑产品的生产离不开建筑材料和设计者的设计思想,建筑材料多种多样和不同设计者设计思想的多样性也决定了建筑产品形式上的多样性；建筑产品都是以一定的建筑结构形式存在的,建筑结构形式伴随着人类建筑技术的不断进步而不断丰富,这也决定了建筑产品形式上的多样性。

3. 存蓄时间的长久性

　　建筑产品往往坚固耐用并可维护、可修复,具有存蓄时间长的特点。

4. 体量上的庞大性

　　建筑产品满足人类活动需求的功能,客观上要求其具有较大的体量。

5.功能上的集成性

建筑产品要正常发挥其服务人类的功能,就要满足安全、耐久、实用、美观、经济等多方面的要求,需要通过多种要素的集成实现其功能。

11.1.2 建筑产品生产的特点

建筑产品所独有的上述特点决定了建筑产品的生产也具有其自身的特点。

1.土木工程产品在空间上的固定性及其生产的流动性

土木工程产品根据建设单位(土木工程产品的需要者)的要求,在满足城市规划的前提下,在指定地点进行建造。土木工程产品基本上是单个"定做"而非"批量"生产。这就要求其土木工程产品及其生产活动需要在该产品固定的地点进行生产,形成了土木工程产品在空间上的固定性。

由于土木工程产品的固定性,造成施工人员、材料和机械设备等随产品所在地点的不同而进行流动。每变更一次施工地点,就需要筹建一次必要的生产条件,即施工的准备工作。随着土木工程产品施工部位的变化,由于施工空间的有限性,也需要施工人员随工种的不同进行流动作业。

由于产品的固定性,其生产需要适应当地的自然条件、环境条件,需要安排相应的施工队伍,需要选择相应的施工方法,需要安排合理的施工方案,要考虑到技术问题,冬季、雨季施工问题,人工、材料、机械的调配问题,地质、气象条件问题,等等,总之,其施工组织工作比一般工业产品的生产要复杂得多。

2.土木工程产品的多样性及其生产的单件性

由于使用功能的不同,产品所处地点、环境条件的不同,形成了产品的多样性。产品的不同,对施工单位来讲,其施工准备工作、施工工艺、施工方法、施工设备的选用也不尽相同,因而,导致其组织标准化生产难度大,形成了生产的单件性。

3.土木工程产品体形大,生产周期长

土木工程产品同一般工业产品比较,其体形庞大,建造时耗用的人工、材料、机械设备等资源众多,也由于其体形庞大,施工阶段允许在不同的空间施工,形成了多专业化工种,多道工序,同时生产的综合性活动,这样就需要有组织地进行协调施工。

土木工程产品的露天作业,受季节、气候以及劳动条件影响,形成了施工周期长的特点。

综上所述,土木工程产品的固定性、流动性、多样性、单件性、体形庞大、周期长的特点,形成了施工组织的复杂性。针对这些特点,充分发挥人的主观能动性,随着工业化的发展,期望土木工程产品工厂化,批量生产,从而简化施工现场。但每个建筑产品的基础工程、土方工程、安装工程等仍需要现场生产。

11.2 基本建设与基本建设程序

11.2.1 定义

1.基本建设

基本建设是指国民经济各部门实现新的固定资产生产的一种经济活动,也是进行设备购置、安装和建筑的生产活动以及与其联系的其他有关工作。

包括：固定资产的建筑和安装、固定资产的购置、其他基本建设工作。具体形式体现为：新建、扩建、改建、恢复和迁建等项目。

2. 基本建设程序

基本建设程序就是建设项目在整个建设过程中各项工作必须遵循的先后顺序，也是建设项目在整个建设过程中必须遵循的客观规律。包括建设项目可行性研究、计划任务书、设计文件、建设准备、建设计划安排、建筑安装施工、生产准备、竣工验收和交付生产八个步骤。

11.2.2 基本建设项目及其组成

基本建设项目简称建设项目，凡是按一个总体设计组织施工，建成后具有完整的系统，可以独立地形成生产能力或使用价值的建设工程，称为一个建设项目。例如：一个学校的建设是一个独立的建设项目。

1. 基本建设项目分类

基本建设项目分类方法有以下几种：

（1）按项目规模的大小，可分为大型建设项目、中型建设项目、小型建设项目。

（2）按建设项目的性质，可分为新建建设项目、扩建建设项目、改建建设项目、恢复建设项目、迁建建设项目等。

（3）按建设项目的投资主体，可分为国家投资建设项目、地方政府投资建设项目、企业投资建设项目、合资企业以及各类投资主体联合投资建设项目。

（4）按建设项目的用途，可分为生产性建设项目和非生产性建设项目。

2. 基本建设项目组成

按其复杂程度建设项目由以下工程内容组成：单项工程、单位工程、分部工程和分项工程。

（1）单项工程。单项工程是指具有独立的设计文件，并能独立组织施工，建成后可以独立发挥生产能力或使用效益的工程。是建设项目的组成部分。例如：一所学校教学楼的建设是一个单项工程。

（2）单位工程。单位工程是指具有单独设计的施工图纸和单独编制的施工图预算，可以独立组织施工及单独作为成本核算对象，但建成后一般不能单独发挥生产能力或使用效益的工程，是单项工程的组成部分。例如：一所学校教学楼土建工程建设是一个单位工程，消防系统的建设是一个单位工程。

（3）分部工程。分部工程是指把单位工程中性质相近且所用工具、工种、材料大体相同的部分组合在一起的工程，是单位工程的组成部分。例如：混凝土工程、楼地面工程、门窗工程、墙面工程，等等。也可以按照工程的部位分为土方工程、基础工程、主体工程、屋面工程、装饰工程等。

（4）分项工程。分项工程（施工过程）是按选用的施工方法、材料和结构构件规模、构造不同等因素而划分。例如：楼地面工程由抛光砖工程、水磨石工程，等等。

11.2.3 基本建设程序

所谓建设程序是指一项建设工程从设想、提出、决策，经过设计、施工，直至投产或交付使用的整个过程中应遵循的内在规律。

按我国现行规定，一般大中型及限额以上项目的建设程序中，将建设活动分成以下四个主要阶段。

（1）项目决策阶段：包括提出项目建议书；编制可行性研究报告；根据咨询评估情况对建设项目进行决策。

（2）项目实施阶段：包括编制初步设计文件、进行施工图设计、做好施工前准备、组织施工安装并根据施工进度做好生产或动用前准备工作。

（3）项目竣工验收与保修阶段。

（4）项目生产运营与后评价阶段。

建设程序各阶段主要内容如下。

1. 项目建议书阶段

项目建议书是向国家提出建设某一项目的建议性文件，是对拟建项目的初步设想。项目建议书应根据国民经济发展规划、区域综合规划、专业规划、市场条件，结合矿藏、水利等资源条件和现有生产力布局状况，按照国家产业政策和国家有关投资建设方针进行编制，主要论述建设的必要性、建设条件的可行性和获益的可能性。

项目建议书批准后，项目即可列入项目建设前期工作计划，可以进行下一步可行性研究工作。

2. 可行性研究阶段

可行性研究是指在项目决策之前，通过调查、研究、分析与项目有关的工程、技术、经济等方面的条件和情况，对可能的多种方案进行比较论证，同时对项目建成后的经济效益进行预测的一种投资决策分析研究方法和科学分析活动。

3. 设计阶段

可行性研究报告批准后，进入工程设计阶段。我国大中型建设项目的设计阶段，一般是采用两阶段设计，即初步设计、施工图设计。重大项目和特殊项目，实行初步设计、技术设计、施工图设计三阶段设计。

1）初步设计

（1）作用。初步设计根据批准的可行性研究报告和必要的设计基础资料，对设计对象进行通盘研究和总体安排，规定项目的各项基本技术参数，编制项目总概算。

经批准的初步设计和总概算，是编制施工图设计文件或技术设计文件，确定建设项目总投资，编制基本建设投资计划，签订工程总承包合同和贷款合同，控制工程贷款，组织主要设备订货，进行施工准备和推行经济责任制的依据。

（2）内容。不同性质建设项目的初步设计，内容不尽相同，就工业建设项目而言，其主要内容一般包括：

①设计依据和设计指导思想；

②建设规模、产品方案、原材料、燃料和动力的用量和来源；

③工艺流程、主要设备选型和配置；

④主要建筑物、构筑物、公用辅助设施和生活区的建设；

⑤占地面积和土地使用情况；

⑥总图运输；

⑦外部协作、配合条件；

⑧综合利用、环境保护和抗震及人防措施；

⑨生产组织、劳动定员和各项技术经济指标；

⑩设备清单及总概算。

（3）审批。对于列入审批范围的建设项目，大型项目，由主管部委或省、自治区、直辖市组织审查提出意见，报国家发改委审批。其中重大项目的初步设计，由国家发改委组织聘请有关部门的工程技术和经济专家参加审查，报国务院审批；中小型项目，按隶属关系由主管部委或省、自治区、直辖市发改委审批。

初步设计经审查批准后，若涉及总平面布置、主要工艺流程、建筑面积、建筑标准、总概算等方面的修改，需报经原审批机关批准。

2）技术设计

技术设计是为了进一步解决初步设计中所采用的工艺流程和建筑、结构上尚存在的技术问题，对一些技术复杂或有特殊要求的建设项目所增加的一个设计阶段。技术设计应根据批准的初步设计文件编制，我国不同行业（如水利水电）对技术设计的范围与内容、深度有专门规定。

3）施工图设计

（1）作用。施工图设计是把初步设计（或技术设计）中确定的设计原则和设计方案根据建筑安装工程或非标准设备制作的需要，进一步具体化、明确化，把工程和设备各构成部分的尺寸、布置和主要施工方法，以图样及文字的形式加以确定的设计文件，是进行设备加工制作和现场施工安装的直接依据。

（2）内容。施工图设计根据批准的初步设计或技术设计文件编制，主要内容包括：

①建筑总平面；

②建筑、结构及各设备专业设计说明书；

③各层建筑平面、各个立面及必要的剖面、建筑构造节点详图等；

④结构与各设备专业施工图；

⑤结构及各设备专业计算书；

⑥工程预算书。

（3）审查。根据《建设工程质量管理条例》规定，建设单位应将施工图设计文件报县级以上人民政府建设行政主管部门或其他有关部门审查，未经审查批准的施工图设计文件不得使用。

4. 施工准备阶段

施工准备工作主要内容有：

（1）施工现场的拆迁，办理报建手续；

（2）编制具体的建设实施方案，制订年度工作计划；

（3）组织设备和物资采购等服务；

（4）组织建设监理和工程施工招标，办理施工许可证或开工报告；

（5）完成施工用水、电、通信、路和场地平整、临时设施等；

（6）组织建筑材料、施工机械进场等。

5. 施工安装阶段

在施工准备就绪，具备了开工条件后，建设单位必须向建设行政主管部门申请施工许可证（或开工报告），取得施工许可证（或开工报告）后才能开工。

在施工安装阶段，施工承包单位应认真做好图纸会审工作，参加设计交底，了解设计意图，明确质量要求;选择合适的材料供应商;合理组织土建施工、设备安装和装饰装修;建立并落实技术管理、质量管理体系和质量保证体系;严格把好各分项、分部工程的中间验收环节。

6. 生产准备阶段

生产准备阶段是由建设阶段转入生产经营阶段的重要衔接阶段,是项目投产前所要进行的一项重要工作。生产准备的主要内容有:

(1)生产组织准备组建管理机构,制定有关制度和规定;招聘并培训生产管理人员,组织有关人员参加设备安装、调试,为顺利衔接基本建设和生产经营阶段做好准备。

(2)生产技术准备主要包括技术资料的汇总、运行技术方案的制定、岗位操作规程的制定和新技术准备,掌握好生产技术和工艺流程。

(3)生产物资准备主要是签订供货及运输协议、落实投产运营所需要的原材料、协作产品、燃料、水、电、气和工器具、备品备件和其他协作配合条件。

(4)其他需要做好的有关工作。

7. 竣工验收交付使用阶段

建设项目完成设计文件和合同约定的各项内容并做好工程内外必要的清理工作,符合验收标准后由建设单位或根据项目隶属关系由项目主管部门组织竣工验收。工程验收合格后,方可交付使用。

根据《建筑法》及国务院《建设工程质量管理条例》等相关法规规定,交付竣工验收的工程,必须具备下列条件:

(1)完成建设工程设计和合同约定的各项内容;

(2)有完整的技术档案和施工管理资料;

(3)有工程使用的主要建筑材料、建筑构配件和设备的进场试验报告;

(4)有勘察、设计、施工、工程监理等单位分别签署的质量合格文件;

(5)有施工单位签署的工程保证书。

竣工验收的依据包括经批准的可行性研究报告,初步设计或技术设计、施工图和设备技术说明书以及现行施工验收规范和主管部门(公司)有关审批、修改、调整的文件等。

建设工程竣工验收后,因勘察、设计、施工、材料等原因造成的质量缺陷,由责任方承担修复费用。保修期限、保修责任和损害赔偿应遵照《建设工程质量管理条例》的规定。

8. 项目后评价阶段

建设项目的后评价是我国基本建设程序中的一项重要内容,建设项目竣工投产生产运营一段时间,要进行一次系统的项目后评价。通过建设项目的后评价以达到肯定成绩、总结经验、研究问题、吸取教训、提出建议、改进工作、不断提高项目决策水平和投资效果的目的。

项目后评价一般分为项目法人的自我评价、项目行业的评价、计划部门(或主要投资方)的评价三个层次。主要内容包括:项目目标实现程度的评价、项目建设过程的评价、项目效益评价、项目可持续评价等。

为规范工程建设活动,国家通过审批、审查、监督、备案等措施加强项目建设程序的贯彻和执行力度。除对上述建设程序的项目建议书、可行性研究报告、初步设计等文件的审批外,对项目建设用地、工程规划等实行审批制度;对建筑抗震、环境保护、消防、绿化等实行专项审查;对工程质量与安全实行监督制度;对竣工验收实行备案制度。

11.2.4　建筑施工程序

建筑施工程序是指工程建设项目在整个施工过程中各项工作必须遵循的先后顺序。是过去施工实际经验的总结,是施工过程中客观规律的必然反映。一般程序如下:

(1)承接施工任务;

(2)全面统筹安排,编制施工组织设计;

(3)落实施工准备,提出开工报告;

(4)精心组织施工,加强各项科学管理;

(5)进行工程验收、交付生产使用。

11.3　工程的施工准备

工程的施工准备工作是指施工前从组织、技术、资金、劳动力、物资、生活等方面做好各项工作。

11.3.1　施工准备工作的任务

施工准备工作就是要掌握工程的特点和有关进度要求,摸清施工的客观条件,合理部署施工力量。从技术、物资、人力和组织等方面为装饰施工创造一切必要的条件。

11.3.2　施工准备工作的主要内容

施工准备工作的内容很多,归纳起来主要有以下三个方面。

1. 施工技术准备

施工技术准备主要工作,包括熟悉和审查图纸、收集资料、编制施工组织设计、编制施工预算等工作。

(1)熟悉和审查图纸。施工的依据是施工图纸,要"按图施工",就必须在施工前熟悉施工图纸中各项设计要求和构造做法。在熟悉施工图纸的基础上,由建设、施工、设计三家共同对施工图纸进行会审,一般由建设单位组织,先由设计人员对设计图纸中有关技术问题和做法作介绍和交底。在此基础上,对施工图纸中不合理的地方以及施工单位就目前条件还达不到某些技术或工艺要求,提出来进行商讨,最后形成一致意见,作出必要的修改或补充说明。

(2)调查研究、收集资料。施工准备不仅要从已有的施工图纸、说明书等文件资料中了解施工要求,还要对现场情况进行实地调查,特别是对构造、主体结构、施工现场位置条件、材料的供应状况、协作单位、工人的操作技能等进行了解,以便制定出切实可行的施工组织设计,合理地进行施工。

(3)编制施工组织设计。施工组织设计是指导即将开工工程进行施工准备和具体组织施工的技术经济文件,是施工准备和组织施工的重要依据。编制时必须根据国家有关施工技术法规、业主要求、设计图纸和组织施工的基本原则,从工程全局出发,结合工程特点,合理组织施工,在劳动组织、材料供应、专业协调、空间布置和时间安排方面进行科学地、合理有效地组织,安排好人力、物力。在时间和空间安排上达到速度快、工期短;在质量上达到规范标准要求、效果好;在经济上达到耗材少、造价低、利润高。应根据工程实际情况和实际需要,编制相应的施工组织设计。其内容主要有以下几个方面:

①工程概况及其施工特点分析；

②施工方案的选择；

③施工准备工作计划；

④施工进度计划表；

⑤各种资源需要量计划；

⑥施工平面图等。

（4）编制施工预算。工程施工预算是指在施工阶段，在施工图预算的控制下，根据施工图计算的分项工程量、施工定额、施工组织设计等资料，通过工料分析，计算和确定工程所需的人工、材料、机具消耗量及其相应费用的经济文件。其作用有以下几个方面：

①它是施工企业实行计划管理，编制施工进度、材料、劳动力等计划的依据。

②它是控制工料消耗和施工中成本支出和用工及限额领料的依据。

③它是项目经理向班组下达施工任务和在施工过程中检查与督促的依据。

④它是开展造价分析和经济对比的依据。

施工企业为了搞好经济核算，经常采用对施工预算与施工图预算进行对比、互审，从中发现矛盾并及时分析原因予以纠正，防止多算或漏算。这不仅有利于对经济效益的预测与控制，又可使人工、材料、机具等资源需要量计划的编制工作更准确。

⑤它是保证降低成本技术措施计划完成的重要因素。因为在计算和确定工程预算的工程量、人工、材料数量时，已将降低成本技术措施对施工预算所产生的影响考虑了进去，所以在施工管理中按照施工任务书规定的内容，加强检查和督促，就能保证降低成本技术措施计划的实现。

2. 施工现场及物资准备

施工现场及物资准备工作主要是根据设计文件及已编制的施工组织设计中的有关各项要求进行，为施工创造良好条件和物资保证。一般包括以下工作：

（1）进行施工项目工程测量，定位放线，必要时应设置临时或永久性坐标等。

（2）做好施工现场清理工作，水、电、运输道路等"三通一平"工作。

（3）临时设施的准备。如生产、生活需要的临时设施，为施工而必备的临时仓库、办公室，以及必要的建筑材料与预制构件的加工制作场地等。

（4）施工机具和物资准备。根据施工方案中所确定的施工机具需要量，认真进行准备，按计划、按时进场安装、检验和调试。还要根据施工组织设计，详细计算所需的材料、半成品，预制构件的数量、质量、品种与规格按物资供应计划落实货源，按时进场。

3. 施工队伍的集结与后勤准备

根据编制的劳动力需用量计划，建立施工项目指挥机构，组织好施工力量，对地方劳动力和特殊工种要签订好劳动合同，必要时应做好技术培训，并对工人进行技术和施工安全教育。在大批施工人员进入现场之前，必须做好后勤保障工作，如工人的住、食、行等问题都要在施工准备工作中全面考虑，具体落实。

由于工程量、施工规模、复杂程度以及地区条件的不同，施工准备工作也有所不同。在具体实施时，可以从实际出发进行妥善安排，不必千篇一律。但必须强调，力求周密地搞好施工准备工作，是保证施工进行的一个重要前提。

上述各项工作并不是孤立的，必须加强施工单位与建设单位、设计单位的配合协作。施工准备工作,必须实行统一领导,分工负责的制度。凡属全场性的准备工作,由现场施工总包单位负责全面规划和日常管理。单位工程的准备工作,应由单位工程分包单位负责组织。队组作业准备由施工队组织进行。

必须坚持没有做好施工准备不准开工的原则。建立开工报告审批制度。

单位工程开工必须具备下列条件:

(1)施工图纸经过会审;图纸中存在的问题和错误已经得到纠正;

(2)施工组织设计或施工方案已经批准并进行交底;

(3)施工图纸预算已经编制和审定,并已签订工程合同;

(4)场地已经"三通一平";

(5)暂设工程已能满足连续施工要求;

(6)施工机械已进场,经过试车;

(7)材料、构配件均能满足连续施工;

(8)劳动力已调集,并经过安全、消防教育培训;

(9)已办理开工许可证。

11.4 施工组织设计

11.4.1 施工组织设计的概念

施工组织设计是规划和指导拟建工程从工程投标、签订承包合同、施工准备到竣工验收全过程的一个综合性的技术经济文件,是对拟建工程在人力和物力、时间和空间、技术和组织等方面所作的全面合理的安排,是沟通工程设计和施工之间的桥梁。作为指导拟建工程项目的全局性文件,施工组织既要体现拟建工程的设计和使用要求,又要符合建筑施工的客观规律。它应尽量适应施工过程的复杂性和具体施工项目的特殊性,通过科学、经济、合理的规划安排,使工程项目能够连续、均衡、协调地进行施工,满足工程项目对工期、质量、投资方面的各项要求。

11.4.2 施工组织设计内容

施工组织设计的内容,要结合工程对象的实际,一般包括以下基本内容。

(1)工程概况:包括本建设工程的性质、内容、建设地点、建设总期限、建设面积、分批交付生产或使用的期限、施工条件、地质气象条件、资源条件、建设单位的要求等。

(2)施工方案选择:根据工程情况,结合人力、材料、机械设备、资金、施工方法等条件,全面安排施工顺序,对拟建工程可能采用的几个施工方案,选择最佳方案。

(3)施工进度计划:施工进度计划反映了最佳施工方案在时间上的安排,采用先进的计划理论和计算方法,综合平衡进度计划,使工期、成本、资源等通过优化调整达到既定目标。在此基础上,编制相应的人力和时间安排计划,资源需要计划,施工准备计划。

(4)施工平面图:施工平面图是施工方案和进度在空间上的全面安排,它把投入的各项资源、材料、构件、机械、运输、工人的生产、生活活动场地及各种临时工程设施合理地布置在施工现场,使整个现场能有组织地进行文明施工。

(5)主要技术经济指标:技术经济指标用以衡量组织施工的水平,它是对施工组织设计文件的技术经济效益进行全面的评价。

11.4.3　施工组织设计分类

施工组织设计是一个总的概念,根据工程项目的类别、工程规模、编制阶段、编制对象和范围的不同,在编制的深度和广度上也有所不同。

1. 按施工组织设计阶段不同分类

根据工程施工组织设计阶段和作用的不同,工程施工组织设计可以划分为两类:一类是投标前编制的施工组织设计(简称标前设计),另一类是签订工程承包合同后编制的施工组织设计(简称标后设计)。两类施工组织设计的特点和区别,见表11-1。

标前和标后施工组织设计的特点和区别　　　　　　　　表11-1

种　　类	服务范围	编制时间	编制者	主要特征	追求主要目标
标前设计	投标与签约	投标书编制前	经营管理层	规划性	中标和经济效益
标后设计	施工准备至验收	签约后开工前	项目管理层	作业性	施工效率和效益

2. 按施工组织设计的工程对象分类

按施工组织设计的工程对象范围分类,可分为施工组织总设计、单位工程施工组织设计及分部分项工程施工组织设计(施工方案)。

1)施工组织总设计

施工组织总设计是以建设项目,如群体工程、一个工厂、建筑群、一条完整的道路(包括桥梁)、生产系统等为对象编制的,在有了批准的初步设计或扩大初步设计之后方可进行编制,目的是对整个工程施工进行通盘考虑,全面规划。一般应以主持该项目的总承建单位为主,有建设、设计和分包单位参加,共同编制。它是建设项目总的战略部署,用以指导全现场性的施工准备和有计划地运用施工力量,开展施工活动。

2)单位工程施工组织设计

单位工程施工组织设计是以一个单位工程(一个建筑物或构筑物,一个交工系统)为编制对象,用以指导其施工全过程的各项施工活动的局部性、指导性文件。它是施工单位年度施工计划和施工组织总设计的具体化,用以直接指导单位工程的施工活动,是施工单位编制作业计划和制订定季、月、旬施工计划的依据。单位工程施工组织设计一般在施工图设计完成后,在拟建工程开工之前,由工程项目的技术负责人负责编制。单位工程施工组织设计,根据工程规模、技术复杂程度不同,其编制内容的深度和广度亦有所不同。对于简单单位工程,施工组织设计一般只编制施工方案并附以施工进度和施工平面图,即"一案一表一图"。

3)分部分项工程施工组织设计

对于工程规模大、技术复杂、施工难度大的或者缺乏施工经验的分部(分项)工程,在编制单位工程施工组织设计之后,需要编制作业设计(如:复杂的基础工程、大型构件吊装工程、有特殊要求的装修工程等),用以指导施工。

施工组织设计的编制,对施工的指导是卓有成效的,必须坚决执行,但是,在编制上必须符合客观实际,在施工过程中,由于某些因素的改变,必须及时调整,以求施工组织的科学性、合理性,减少不必要的浪费。

施工组织总设计、单位工程施工组织设计和分部(分项)工程施工组织设计,是同一工程项目,不同广度、深度和作用的三个层次。

11.4.4　工程施工组织基本原则

施工组织设计是建筑企业和施工项目经理部施工管理活动的重要技术经济文件,也是完成国家和地区工程建设计划的重要手段。而组织项目施工则是为了更好地落实、控制和协调其施工组织设计的实施过程。根据新中国成立以来的实践经验,结合施工项目产品及其生产特点,在组织项目施工过程中应遵守以下几项基本原则。

1. 搞好项目排队、保证重点、统筹安排

土木工程施工的根本目的在于把建设项目迅速建成,使之尽早地交付生产或使用,因此,应根据拟建项目的轻重缓急和施工条件落实情况,对工程项目进行排队,把有效的资源投入到国家重点工程上,使其早日投产,发挥效益。同时,也应照顾一般工程,资金的投入不应过分集中,以免造成人力物力的损失。总之,应保证重点,统筹安排,集中力量打歼灭战;且又要注意主要项目和辅助项目的有机结合,注意主体工程和配套工程的相互关系,重视准备项目、施工项目、收尾项目和竣工投产项目的关系,做到协调一致,保证工期,充分发挥其最大效益。

2. 科学合理安排施工顺序,优化施工

土木工程施工活动由其特点所决定,在同一场地上不同工种交叉作业,其施工的先后顺序反映了客观要求,而平行交叉作业则反映了人们争取时间的主观努力。

施工顺序的科学、合理,能够使施工过程在时间、空间上得到最优统筹安排,尽管施工顺序随工程性质、施工条件不同而变化,但经过优化施工过程,合理安排施工顺序还是可以找到其规律性:

(1)先准备后施工,即准备工作满足一定的施工条件方可开工,以防造成现场混乱。

(2)先全面后单项,即施工首先进行全场性工程,而后进行各个单项工程,如:路通、水通、电通、场地平整应先进行,有利于现场平面管理,又如:地下工程先深后浅,场地工程先场外,后场内,先主干后分支,等等。

(3)先后勤后施工,即施工前应先建设施工期间使用的永久性建筑(如:住宅、办公、食堂、仓库等)。具有完善的后勤保障,才能有不可战胜的施工队伍。

(4)先土建后设备,即土建工程要为设备安装和试运行创造条件,并要考虑配套投料试车要求。

(5)平行、流水、立体交叉同时考虑,即考虑各工种的施工顺序的同时,要考虑空间顺序,既解决工种时间上搭接的问题,又解决施工流向问题,以保证各专业机构、各工种工人和施工机构能够不间断地、有次序地进行施工,尽快从一个项目转移到另一个项目上去。这就必须做到保证质量,工种之间相互创造条件,充分利用工作面,争取时间。

应当指出,施工顺序不是固定不变的,随着不同的技术措施,可以采用不同的施工顺序。总之,在保证质量的前提下,尽量做到施工的连续性、均衡性、紧凑性,充分利用时间、空间上的优势发挥其最大效益是我们追求的目标。

3. 确保工程质量和安全施工

质量第一、安全第一是基本建设的百年大计,质量直接影响建筑产品的寿命和使用效果。因此,必须以对人民负责,对国家负责,对建设事业负责的态度,严格按设计要求组织施工,确保工程质量。安全是顺利开展建设工程的保障,也体现党对人民生命财产的关怀。安全事故的发生,不仅耽误工期,也会造成难以弥补的损失,因此,提高效益,优化施工过程等必须建立在保证质量,安全生产的基础之上,二者不可分割。

施工过程中的质量,安全教育必不可少,规章、制度必须健全,质量、安全检查和管理要经常性,做到以预防为主。

4. 加快施工进度,缩短工期

土木工程产品只有在该项目建成投产后才能有效益,因此,缩短建设周期是提高效益的重要措施。在施工过程中,合理使用人工、机械设备、节约材料,在最短工期(合理工期)内完成任务,提高工效是关键。

5. 采用先进科学技术,发展产品工业化生产,简化现场施工工艺

先进的科学技术是提高劳动生产率,加快施工速度,降低工程成本,提高工程质量的基础。产品工业化生产是先进科学技术在土木工程施工中的一种体现,是工程工业现代化的发展方向。

由于产品的固定性和生产的流动性,多种作业在有限空间内流动作业,造成工效降低,工期延长,要改变这种传统的落后施工工艺,就必须简化现场施工工艺,例如:采用定型设计,标准构件,实行全装配化或部分装配化施工,等等。这样不仅可以扩大作业空间,争取平行作业时间,而且可以改善劳动条件,提高工效,加速施工。这就需要发展机械化施工和工厂化生产。

6. 采用先进的施工技术和科学组织方法

结合具体施工条件,广泛采用国内外先进的施工技术,吸收先进的施工经验,是提高效益的重要因素,在拟定施工方案时,应选择技术上先进,经济上合理,又能确保工程质量和安全生产的施工技术,并采用科学、合理的组织方法,对缩短工期,节约投资,是有效的。

本 章 小 结

1. 建筑施工组织是研究和制订组织建安工程施工全过程既合理又经济的方法和途径。

2. 坚持基本建设程序和施工顺序,做好施工准备工作具有重要意义。

3. 建筑施工组织设计按阶段不同可分为标前和标后施工组织设计。针对不同的工程对象可分为施工组织总设计、单位工程施工组织设计、分部分项施工组织设计。

复习思考题

1. 工程施工组织的研究对象是什么?

2. 工程施工组织的主要任务是什么?

3. 建筑产品具有什么特点? 建筑产品生产的主要特点是什么?

4. 什么是工程建设程序? 我国的工程建设程序应包括哪几个阶段?

5. 什么是施工组织设计? 施工组织设计有何作用?

6. 施工组织设计是怎样分类的?

7. 施工组织设计编制内容有哪些?

8. 工程施工组织基本原则是什么?

第12章　工程流水施工原理

12.1　流水施工的基本概念

　　工程建设中的流水作业是组织施工运用的科学的、有效的方法。它能使工程连续和均衡施工，使工地的整个施工过程安排较合理，可以降低工程成本和提高经济效益，是施工组织设计中编制施工进度计划、劳动力调配、提高建筑施工组织与管理水平的理论基础。

　　建筑工程的施工是由许多个过程组成的，流水施工是所有的施工过程按一定的时间间隔依次投入施工，各个施工过程陆续开工、陆续竣工，使同一施工过程的专业队保持连续、均衡施工，相邻两专业队能最大限度地搭接施工。

12.1.1　流水施工与其他施工组织方式的比较

　　考虑工程项目的施工特点、工艺流程、资源利用等要求，组织施工一般有依次施工、平行施工和流水施工三种方式。

1. 依次施工

　　为说明三种施工方式，现设拟建某四幢相同的混合结构房屋的基础工程，划分为基槽挖土、混凝土垫层、砌砖基础、回填土四个施工过程，每个施工过程安排一个施工队组，一班制施工，其中每幢楼挖土方工作由16人组成，2d完成；垫层工作队由30人组成，1d完成，砌基础工作队由20人组成，3d完成；回填土工作队由10人组成，1d完成，按依次施工组织的进度计划安排，如图12-1所示。

　　很明显由图12-1可以看出依次施工的特点：

　　（1）由于没有充分地利用工作面去争取时间，所以工期长；

　　（2）各队组施工及材料供应无法保持连续和均衡，工人有窝工的情况；

　　（3）由于不连续，所以不利于改进工人的操作方法和施工机具，不利于提高工程质量和劳动生产率；

(4)按施工过程依次施工时,各施工队组虽能连续施工,但不能充分利用工作面,工期长,且不能及时为上部结构提供工作面。当工程规模比较小,施工工作面又有限时,依次施工是适用的,也是常见的。

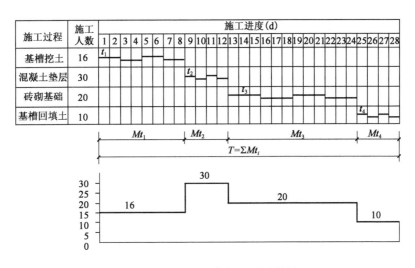

图 12-1　按施工过程依次施工进度计划

(5)依次施工的优点:是每天投入的劳动力较少,机具使用不很集中,材料供应较单一。

2. 平行施工

平行施工是所有施工对象同时开工、同时完工的施工方法,各专业队同时在各施工对象上工作。这种方式的施工进度计划,如图 12-2 所示。

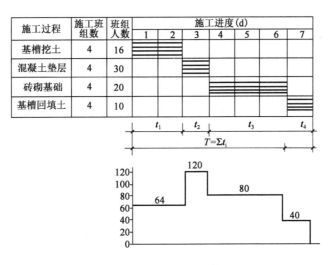

图 12-2　平行施工进度计划

由图 12-2 可以看出平行施工的特点:

(1)平行施工的优点:是充分利用了工作面,完成工程任务的时间最短。

(2)平行施工的缺点:施工队组数成倍增加,机具设备也相应增加,材料供应集中。临时设施仓库和堆场面积也要增加,从而造成组织安排和施工管理困难,增加施工管理费用。

(3)平行施工适用范围:工期要求紧,大规模的建筑群及分批分期组织施工的工程任务。

3. 流水施工

流水施工是各专业队按顺序依次连续、均衡、有节奏地在各施工对象上工作,就像流水一样从一个施工对象转移到另一个施工对象,这种方式的施工进度计划,如图12-3所示。流水施工综合了依次施工和平行施工的优点,消除了它们的缺点。

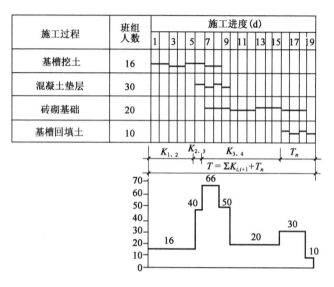

图12-3 流水施工进度计划

12.1.2 流水施工的条件

(1)划分施工过程:把拟建工程的整个建造过程分解为若干个施工过程。划分施工过程的目的是为了对施工对象的建造过程进行分解,以便于逐一实现局部对象的施工,从而使施工对象整体得以实现。只有这种合理的分解才能组织专业化施工和有效协作。

(2)划分施工段:根据组织流水施工的需要,将拟建工程在平面上或空间上,尽可能地划分为劳动量大致相同的若干个施工段。

(3)每个施工过程组织独立的施工班组:在一个流水组中,每个施工过程尽可能组织独立的施工班组,其形式可以是专业班组,也可以混合班组。这样可使每个施工班组按施工顺序,依次、连续均衡地从一个施工段转移到另一个施工进行相同的操作。

(4)主要施工过程必须连续、均衡地施工:主要施工过程是指工程量较大,作业时间较长的施工过程,对于主要施工过程,必须连续、均衡地施工;对于其他次要施工过程,可考虑与相邻的施工过程合并。如不能合并,为缩短工期,可安排间断施工。

(5)不同施工过程尽可能组织平行搭接施工:根据施工顺序,不同的施工过程,在有工作面的条件下,除必要的技术和组织间歇时间外,应尽可能组织平行搭接施工。

12.1.3 流水施工的表达方式

流水施工的表达方式除网络图外,主要还有横道图和垂直图两种。

某分部工程有 A、B、C 三个施工过程,分为 5 个施工区段。组织流水施工的横道图表示方法,如图12-4所示。图中的横坐标表示流水施工的持续时间;纵坐标表示施工过程的名称或编号。组织流水施工的垂直图表示方法,如图 12-5 所示。图中的横坐标表示流水施工的持续时间;纵坐标表示流水施工所处的空间位置,即施工段的标号。

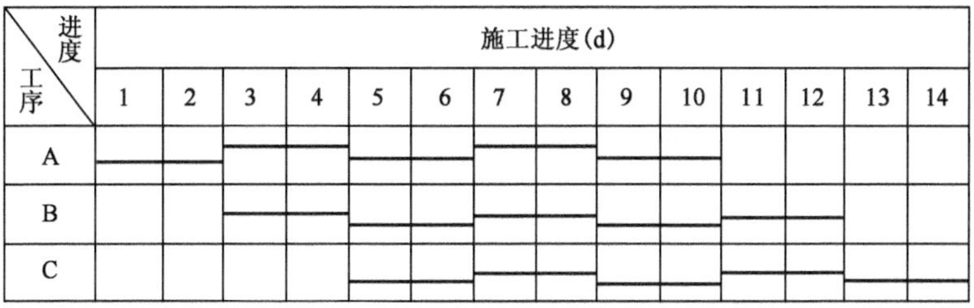

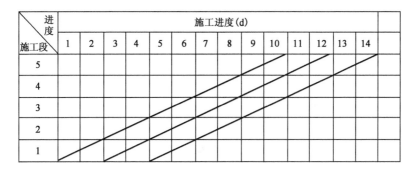

图 12-4　流水施工横道图表示法

图 12-5　流水施工垂直图表示法

12.2　流水施工参数

在组织流水施工时,用以表达流水施工在工艺流程、空间布置和时间排列方面开展状态的参数,称为流水参数。流水施工的参数包括:工艺参数、空间参数、时间参数。

12.2.1　工艺参数

工艺参数主要是指在组织流水施工时,用以表达流水施工在施工工艺方面进展状态的参数,通常包括施工过程和流水强度。

1. 施工过程

组织建设工程流水施工时,根据施工组织及计划安排需要而将计划任务划分成的子项称为施工过程。施工过程的数目通常用"n"表示。

施工过程划分的数目多少、粗细程度一般与下列因素有关:

(1)施工进度计划的作用。当编制控制性施工进度计划时,其施工过程可以划分得粗一些,施工过程可以是单位工程,也可以是分部工程。当编制实施性施工进度计划时,施工过程可以划分得细一些,施工过程可以是分项工程。对月度作业性计划,有些施工过程还可分解为工序,如安装模板、绑扎钢筋等。

(2)施工方案及工程结构。厂房的柱基础与设备基础挖土,如同时施工,可合并为一个施工过程;如先后施工,可分为两个施工过程。承重墙与非承重墙的砌筑也是如此,砖混结构、装配式框架结构与现浇混凝土框架等不同的结构体系,其施工过程划分及其内容也各不相同。

（3）劳动组织及劳动量大小。施工过程的划分与施工班组及施工习惯有关。如安装玻璃和油漆的施工，可合也可分。因此，有的是混合班组，有的是单一工种的班组。施工过程的划分还与劳动量大小有关。劳动量小的施工过程，当组织流水施工有困难时，可与其他施工过程合并。如垫层劳动量较小时可与挖土合并为一个施工过程。这样，可以使各个施工过程的劳动量大致相等，便于组织流水施工。

（4）劳动内容和范围。施工过程的划分与其劳动内容和范围有关。如直接在施工现场与工程对象上进行的劳动过程，可以划入流水施工过程，而场外劳动内容（如预制加工、运输等）可以不划入流水施工过程。

2. 流水强度

流水强度是指流水施工的某施工过程（专业工作队）在单位时间内完成的工程量，也称为流水能力或生产能力。例如，浇筑混凝土施工过程的流水强度是指每工作班浇筑的混凝土的立方米数。

流水强度用下公式计算求得：

$$V = \sum_{i=1}^{X} R_i \cdot S_i \tag{12-1}$$

式中：V——某施工过程（队）的流水强度；

R_i——投入该施工过程中的第 i 种资源量（施工机械的台数或工人数）；

S_i——投入该施工过程中第 i 种资源的产量定额；

X——投入该施工过程中的资源种类数。

12.2.2　空间参数

空间参数主要是指在组织流水施工时，用以表达流水施工在空间布置上开展状态的参数，通常包括施工段和工作面。

1. 施工段

施工段是指将施工对象在平面或空间上划分成若干个劳动量大致相等的施工段或流水段。施工段的数目通常用"m"表示，它是流水施工的基本参数之一。

1）划分施工段的目的

划分施工段的目的就是为了组织流水施工。由于建筑产品体形庞大，可以将其划分成具有若干个施工段、施工层的"批量产品"使其满足流水施工的基本要求。在保证工程质量的前提下，为专业工作队确定合理的空间活动范围，使其按流水施工的原理，集中人力和物力，迅速地、依次连续地完成各段任务，为相邻专业工作队尽早地提供工作面，达到缩短工期的要求。

2）划分施工段的原则

（1）同一专业工作队在各个施工段上的劳动量应大致相等，其相差幅度不宜超过 10%～15%。

（2）每个施工段内要有足够的工作面，以保证相应数量的工人、主导施工机械的生产效率，满足合理的劳动组织要求。

（3）施工段的界限应尽可能与结构界限（如沉降缝、伸缩缝等）相吻合，或设在对建筑结构整体性影响小的部位，以保证建筑结构的整体性。

（4）施工段的数目要满足合理组织流水施工的要求。施工段过多，会降低施工速度，延长工期;施工段过少,不利于充分利用工作面,可能造成窝工。

(5)当组织流水施工的施工对象有层间关系时,为使各专业工作队能够连续工作,每层施工段数目应满足:$m \geqslant n$。

2. 工作面

工作面是指供某专业工种的工人或某施工机械进行施工的活动空间,工作面的大小表明能安排施工人数或机械台数多少。每个作业的工人或每台施工机械所需工作面的大小,取决于单位时间内完成的工程量和安全施工的要求。工作面确定的合理与否,直接影响专业工作队的生产效率,因此必须合理确定工作面。

12.2.3　时间参数

时间参数主要是指在组织流水施工时,用以表达流水施工在时间安排上所处状态的参数,通常包括流水节拍、流水步距、技术组织间歇时间、平行搭接时间、工期等。

1. 流水节拍

流水节拍是指某个专业工作队在一个施工段上的施工时间。流水节拍通常以"t"表示。

流水节拍的大小,可以反映流水速度快慢、资源供应量大小,同时,流水节拍也是区别流水施工组织方式的特征参数。

影响流水节拍的主要因素有:采用的施工方式、投入的劳动力或施工机械的多少以及所采用的工作班次。

流水节拍可按下列公式确定:

$$t_i = \frac{Q_i}{S_i \cdot R_i \cdot N_i} = \frac{P_i}{R_i \cdot N_i} \qquad (12\text{-}2)$$

式中:t_i——第 i 施工过程的流水节拍;

Q_i——第 i 施工过程在某施工段的工程量;

P_i——第 i 施工过程在某施工段劳动量;

S_i——第 i 施工过程专业施工队的计划产量定额;

R_i——第 i 施工过程专业施工队的人数或机械台数;

N_i——第 i 施工过程专业施工队的工作班次。

2. 流水步距

流水步距是指组织流水施工时,相邻两个施工过程(或专业工作队)先后开始同一施工段的合理时间间隔。流水步距通常以"K"表示。

流水步距的数目取决于参加流水的施工过程数。如果施工过程数 n 个,则流水步距的个数为 $n-1$ 个。在施工段不变的情况下,流水步距越大,工期越长;流水步距越小,则工期越短。

确定流水步距的基本要求是:

(1)各专业工作队尽可能保持连续施工。

(2)各施工过程按各自流水速度施工,始终保持工艺先后顺序。

(3)相邻两个施工过程(或专业工作队)在满足连续施工的条件下,能最大限度地实现合理搭接。

3. 技术组织间歇时间

(1)技术间歇时间。在工程施工中某些施工过程之间由于技术上的原因不能连续施工,便出现了时间间隔,将其称为技术间歇。它是由建筑材料或现浇构件性质决定的间歇时间,如现浇混凝土构件养护时间以及砂浆抹面和油漆的干燥时间均属于技术间歇时间。技术间歇通常以"Z"表示。

(2)组织间歇时间。它是施工组织原因而造成的间歇时间,如砌砖墙前墙身位置弹线,回填前地下管道检查验收,以及其他作业前的准备工作。组织间歇通常以"G"表示。

4. 平行搭接时间

为了缩短工期,在工作面允许条件下,有时在同一施工段中,当前一个专业工作队完成部分施工任务后,后一个专业工作队可以提前进入,两者形成平行搭接施工,这个搭接的时间称为平行搭接时间,平行搭接通常以"C"表示。

5. 流水施工的工期

流水施工的工期是指从第一个专业工作队投入流水施工开始,到最后一个专业工作队完成流水施工为止的整个持续时间。由于一项建设工程往往包含有许多流水组,故流水施工工期一般均不是整个工程的总工期。工期通常以"T"表示。

12.3　流水施工的基本组织方式

建筑工程的流水施工要求有一定的节拍,才能步调和谐,配合得当。流水施工的节拍是由流水节拍所决定的。由于建筑工程的多样性,各分部分项工程量差异大,要使所有的流水施工都组织成统一的流水节拍是很困难的。在大多数情况下,各施工过程流水节拍不一定相等,甚至一个施工过程本身在各施工段上的流水节拍也不相等。因此,就形成了不同节拍特征的流水施工,它可分为有节奏流水和无节奏流水两大类。

流水施工的基本组织方式根据流水节拍特征的不同,可分为有节奏流水施工和无节奏流水施工两种。

1. 有节奏流水施工

有节奏流水施工又可分为全等节拍流水施工、成倍节拍流水施工和异节拍流水施工。

(1)全等节拍流水施工:是指同一施工过程在各施工段上的流水节拍都相等,并且不同施工过程之间的流水节拍也相等的一种流水施工方式。即各施工过程的流水节拍均为常数,故也称为全等节拍流水或固定节拍流水。

(2)成倍节拍流水施工:同一施工过程在各个施工段的流水节拍相等,不同施工过程的流水节拍为整数倍关系,流水步距彼此相等,且等于流水节拍的最大公约数的一种流水施工方式。

(3)异节拍流水施工:同一施工过程的流水节拍相等,不同施工过程的流水节拍不一定相等,各流水步距也不一定相等的一种流水施工方式。

2. 无节奏流水施工

有些工程由于结构比较复杂,平面轮廓不规则,不易划分劳动量大致相等的施工段,无法组织全等节拍、成倍节拍流水施工方式。在这种情况下,只能组织无节奏流水施工。无节奏流水施工本身没有规律性,只是在保持工作均匀和连续的基础上进行施工安排。无节奏流水施工方式是建筑工程流水施工的普遍方式。

12.4 有节奏流水施工

12.4.1 全等节拍流水施工

1. 全等节拍流水施工的特点

(1)所有的施工过程在各段上的流水节拍均相等。

(2)相邻施工过程的流水步距相等,而且等于流水节拍。

(3)专业工作队数(n')等于施工过程数(n)。

(4)每个专业工作队都能够连续施工,施工段没有空闲。

2. 全等节拍流水施工工期计算

1)不分施工层

$$T = (m + n - 1) \cdot K + \sum Z + \sum G - \sum C \tag{12-3}$$

式中:T——流水施工总工期;

m——施工段数;

n——施工过程数;

K——流水步距;

$\sum Z$——技术间歇时间总和;

$\sum G$——组织间歇时间之和;

$\sum C$——平行搭接时间之和。

2)分施工层

$$T = (m \cdot r + n - 1) \cdot K + \sum Z_1 - \sum C_1 \tag{12-4}$$

式中:r——施工层数;

$\sum Z_1$——同一个施工层中各施工过程之间的技术与组织间歇时间之和;

$\sum C_1$——同一个施工层中平行搭接时间之和。

其他符号含义同前。

12.4.2 成倍节拍流水施工

它是指同一施工过程在各个施工段的流水节拍相等,不同施工过程之间的流水节拍不完全相等,但各施工过程的流水节拍间有最大的公约数的流水施工方式。为了充分利用工作面,加快施工进度,在流水节拍大的施工过程中相应增加施工班组数,这样可缩短流水施工的工期。当工期要求比较紧时,一般均采用加快的成倍节拍流水施工,横道图如图12-6所示。

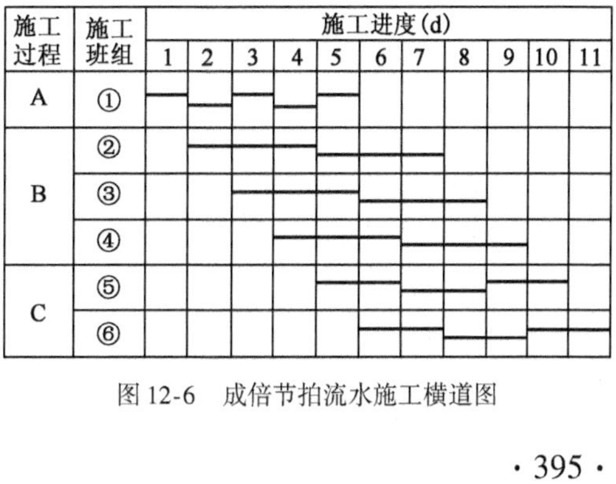

1. 成倍节拍流水施工的特点

(1)同一个施工过程在其各段上流水节拍相等;不同的施工过程的流水节拍不尽相等,但是彼此间存在最大公约数。

施工过程	施工班组	施工进度(d)										
		1	2	3	4	5	6	7	8	9	10	11
A	①											
B	②											
	③											
	④											
C	⑤											
	⑥											

图 12-6　成倍节拍流水施工横道图

（2）相邻施工过程的流水步距（K_b）相等，而且等于流水节拍最大公约数。

（3）专业工作队数（n'）大于施工过程数（n）。

（4）每个专业工作队都能够连续施工，施工段没有空闲。

2. 成倍节拍流水施工的参数确定

1）专业工作队数确定

$$n' = \sum b_i$$

$$b_i = \frac{t_i}{K_b} \qquad (12\text{-}5)$$

式中：b_i——第 i 个施工过程所需的施工班组数；

$\quad\ t_i$——第 i 个施工过程的流水节拍；

$\quad\ K_b$——成倍节拍流水施工的流水步距。

2）工期计算

$$T = (m + n' - 1) \cdot K + \sum Z + \sum G - \sum C \qquad (12\text{-}6)$$

式中各符号含义同前。

12.5 无节奏流水施工

在项目实际施工中，通常每个施工过程在各个施工段上的工程量彼此不等，各专业工作队的生产效率相差较大，导致大多数的流水节拍也彼此不相等。这种情况下可以利用流水施工的基本概念，在保证施工工艺、满足施工顺序要求的前提下，按照一定的计算方法，确定相邻专业工作队之间的流水步距，使其在开工时间上最大限度地、合理地搭接起来。这种无节奏的流水施工方式是流水施工的普遍形式。

12.5.1 无节奏流水施工的特点

（1）每个施工过程在各个施工段上的流水节拍，不尽相等；

（2）在多数情况下，流水步距彼此不相等，而且流水步距与流水节拍二者之间存在着某种函数关系；

（3）专业工作队数 n' 等于施工过程数，即 $n' = n$；

（4）各专业工作队都能连续施工，个别施工段可能有空闲。

12.5.2 无节奏流水施工参数确定

1. 流水步距的计算

无节奏流水施工的流水步距通常采用"累加数列法"确定，步骤如下：

（1）根据各施工过程在各施工段上的流水节拍，求累加数列；

（2）将相邻两个施工过程的累加数列错位相减；

（3）取差数较大者为这两个施工过程的流水步距。

2. 工期计算

$$T = \sum K + \sum t_n + \sum Z + \sum G - \sum C \qquad (12\text{-}7)$$

式中各符号含义同前。

【例12-1】 某项工程流水节拍如表 12-1 所示,试确定流水步距。

某工程流水节拍(d)　　　　　　　　　　表 12-1

施工过程	施 工 段			
	①	②	③	④
Ⅰ	3	2	4	2
Ⅱ	2	3	3	2
Ⅲ	4	2	3	2

【解】 1)求各施工过程流水节拍的累加数列(表 12-2 ~ 表 12-4)

某工程流水节拍的累加数(d)　　　　　　　表 12-2

施工过程	流水节拍的累加数			
Ⅰ	3	5	9	11
Ⅱ	2	5	8	10
Ⅲ	4	6	9	11

2)相邻施工过程流水节拍累加数错位相减

施工过程Ⅰ和施工过程Ⅱ在各段的流水节拍累加数错位相减　　　表 12-3

Ⅰ	3	5	9	11	
Ⅱ	—	2	5	8	10
错位相减	3	3	4	3	—

施工过程Ⅱ和施工过程Ⅲ在各段的流水节拍累加数错位相减　　　表 12-4

Ⅱ	2	5	8	10	—
Ⅲ	—	4	6	9	11
错位相减	2	1	2	1	—

3)流水步距

$$K_{Ⅰ,Ⅱ} = \max\{3,3,4,3\} = 4d$$

$$K_{Ⅱ,Ⅲ} = \max\{2,1,2,1\} = 2d$$

【例12-2】 某工程有三个施工过程,划分四个施工段,流水节拍值列于表 12-5。试计算流水步距和工期,并绘制流水施工进度表。

某工程流水节拍　　　　　　　　　　　　表 12-5

施 工 过 程	施 工 段			
	①	②	③	④
A	3	4	3	2
B	3	4	4	3
C	4	3	4	3

【解】 依流水节拍特征,试组织无节奏流水施工。

1)计算流水步距

采用"累加数列错位相减取大差"法计算。第一步是将每个施工过程的流水节拍逐段累加;第二步是按数列错位相减;第三步取差值之大者作为流水步距。现计算如下(表12-6 ~ 表12-9)。

施工过程 A 和施工过程 B 在各段的流水节拍累加数　　　　　表 12-6

施工过程	施 工 段			
	①	②	③	④
A	3	7	10	12
B	3	7	11	14

施工过程 A 和施工过程 B 的流水节拍累加数错位相减　　　　　表 12-7

A	3	7	10	12	—
B	—	3	7	11	14
错位相减	3	4	3	1	—

$$K_{A,B} = \max\{3,4,3,1\} = 4d$$

施工过程 B 和施工过程 C 在各段的流水节拍累加数　　　　　表 12-8

施工过程	施 工 段			
	①	②	③	④
B	3	7	11	14
C	4	7	11	14

施工过程 B 和施工过程 C 的流水节拍累加数错位相减　　　　　表 12-9

B	3	7	11	14	—
C	—	4	7	11	14
错位相减	3	3	4	3	—

$$K_{B,C} = \max\{3,3,4,3\} = 4d$$

2)计算工期

$$T = \sum K + \sum t_n + \sum Z + \sum G - \sum C = (4 + 4) + (4 + 3 + 4 + 3) + 0 + 0 - 0 = 22d$$

3)绘制进度计划表

绘制出该工程施工进度安排,如图12-7 所示。

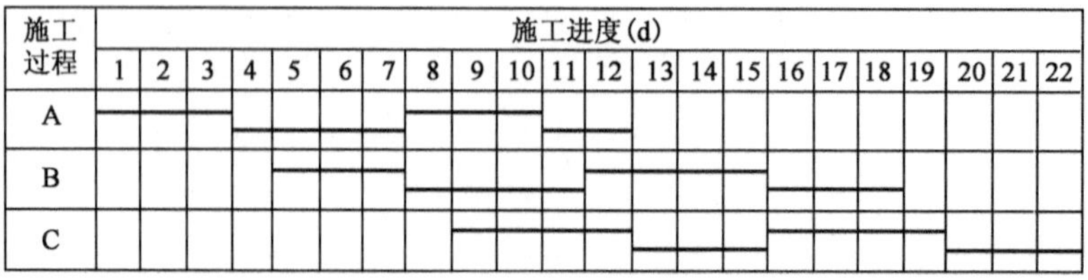

施工过程	施工进度(d)																					
	1	2	3	4	5	6	7	8	9	10	11	12	13	14	15	16	17	18	19	20	21	22
A																						
B																						
C																						

图 12-7　无节奏流水施工进度表

复习思考题

1.组织施工有哪几种方式? 试述各自的特点。

2.流水施工有哪些主要参数?

3.施工过程的确定与哪些因素有关?

4.流水强度的确定与哪些因素有关?

5.何谓流水节拍? 流水节拍的大小与哪些因素有关系?

6.何谓流水步距? 流水步距的确定要考虑哪些要求?

7.何谓施工段? 施工段划分的原则是什么?

8.流水施工组织方式有哪几种方式? 试述各自的特点。

9.某工程有 A,B,C 三个施工过程,每个施工过程均划分为四个施工段,设流水节拍 $t_a=2d,t_b=4d,t_c=3d$。请分别绘制出依次施工、平行施工、流水施工的施工进度计划表。

10.已知某工程有三个施工过程,即 $n=3$,各施工过程的流水节拍分别为:$t_1=2d、t_2=1d、t_3=2d$,试组织成倍节拍流水施工,并计算总工期和绘制出进度计划表。

11.某分部工程由Ⅰ、Ⅱ、Ⅲ三个施工过程组成,分三段施工,已知 $t_1=2d、t_2=4d、t_3=3d$,试组织流水施工,并计算总工期和绘制出进度计划表。

12.据表 12-10 所示数据,试计算:(1)各流水步距和工期;(2)绘制出流水施工进度计划表。

各施工过程的流水节拍值(d) 　　　　　　表 12-10

施工过程	施 工 段			
	①	②	③	④
A	2	3	4	5
B	2	4	3	4
C	3	4	3	4
D	4	3	4	3

第 13 章　网络计划技术

学习要求

- 了解网络计划基本概念、特点、网络计划原理和类型；
- 了解双代号网络图组成、绘制规则、绘制方法、时间参数计算；
- 了解双代号时标网络计划概念、绘制；
- 了解单代号网络图组成、绘制；
- 了解网络计划优化和调整方法。

本章重点

双代号网络计划；双代号时标网络计划；单代号网络计划。

本章难点

网络计划的优化和调整。

13.1　网络计划技术

13.1.1　网络计划基本概念

网络计划技术是 20 世纪 50 年代后期为了适应工业生产发展和复杂科学研究工作开展需要而发展起来的一种科学管理方法，它是目前最先进的计划管理方法。由于这种方法逻辑严密，主要矛盾突出，主要用于进度计划编制和实施控制，有利于计划的优化调整和计算机的应用。因此，它在缩短建设工期、提高功效、降低造价及提高管理水平等方面取得了显著的效果。我国于 20 世纪 60 年代开始引进和应用这种方法，目前网络计划技术已经广泛应用于投标、签订合同及进度和造价控制。

（1）网络图。网络图是指由箭线和节点组成的，用来表示工作流程的有向、有序的网状图形。

（2）网络计划。网络计划是指用网络图表达任务构成、工作顺序并加注工作时间参数的进度计划。因此，提出一项具体工程任务的网络计划安排方案，就必须首先要求绘制网络图。

（3）网络计划技术。利用网络图的形式表达各项工作之间的相互制约和相互依赖关系，并分析其内在规律，从而寻求最优方案的方法称为网络计划技术。

13.1.2　横道计划与网络计划的表达形式及特点

横道计划的表达形式是将整个工程任务的每个分部分项施工过程结合时间坐标线，用一系列横向条形线段分别表达各施工过程起止时间和先后或平行搭接的施工顺序。

网络计划是在网络图上加注各项工作的时间参数而成的工作进度计划。

例如:某工程项目有 A、B、C 三个施工过程,每个施工过程划分三个施工段,其流水节拍分别为 $t_A = 3d$、$t_B = 2d$、$t_C = 1d$。该工程项目用横道图表示的进度计划,即横道计划,如图 13-1 所示;用网络图表示的网络计划,如图 13-2 所示。

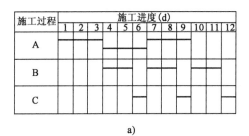 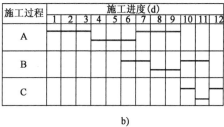

图 13-1　横道计划图

a)部分施工过程间断施工;b)各施工过程连续施工

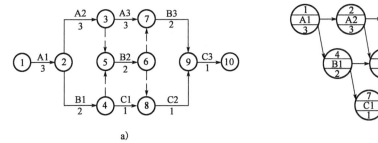

图 13-2　网络计划图

a)双代号网络图;b)单代号网络图

从图 13-1、图 13-2 可以看出,其工程计划内容完全相同,但表达形式则完全不一样,使它们所发挥的作用各有不同的特点。

1.横道计划的优缺点

由图 13-1 可知,横道计划具有编制比较容易,绘图简便,形象直观。它用时间坐标对施工起讫时间,作业持续时间、工作进度、搭接方式、总工期都表示得清楚明确,便于统计劳动力、材料、机具的需用量等优点。但它的缺点是不能全面地反映整个施工活动中各工序之间的联系和相互依赖与制约的逻辑关系,不便于各种时间计算;不能明确反映影响工期的关键工序,使人抓不住工作重点;看不到计划中的潜力所在,不便于电算对计划进行科学地调整和优化。

2.网络计划的优缺点

由图 13-2 可知,网络计划与横道计划相比,具有以下优点:

(1)网络图把施工过程中的各有关工作组成了一个有机的整体,能全面而明确地表达出各项工作开展的先后顺序和反映出各项工作之间的相互制约和相互依赖的关系;

(2)能进行各种时间参数的计算;

(3)在名目繁多、错综复杂的计划中找出决定工程进度的关键工作,便于计划管理者集中力量抓主要矛盾,确保工期,避免盲目施工;

(4)通过优化,能够从许多可行方案中,选出最优方案;

(5)在计划的执行过程中,某一工作由于某种原因推迟或者提前完成时,可以预见到它对整个计划的影响程度,而且能根据变化的情况迅速进行调整,保证自始至终对计划进行有效的控制与监督;

（6）利用网络计划中反映出的各项工作的时间储备，可以更好地调配人力、物力，以达到降低成本的目的；

（7）可以利用电子计算机进行时间参数计算和优化、调整。它的出现与发展使现代化的计算工作——计算机在建筑施工计划管理中得以更广泛的应用。

网络计划技术可以为施工管理提供许多信息，有利于加强施工管理，既是一种编制计划的方法，又是一种科学的管理方法。它有助于管理人员全面了解、重点掌握、灵活安排、合理组织、多快好省地完成计划任务，不断提高管理水平。

但是，网络计划如果不利用计算机进行计划的时间参数计算、优化和调整，可能因实际计算量大，调整复杂，对于无时标网络图，在计算劳动力、资源消耗量时，与横道图相比较为困难。此外，也不像横道图易学易懂，它对计划人员的素质要求较高。因此，网络计划的推广应用，在计算机未普及利用、管理人员素质较低的施工企业，受到一定的制约。

13.1.3　网络计划基本原理和种类

1. 网络计划基本原理

（1）把一项工程的全部建造过程分解成若干项工作，按照各项工作开展的先后顺序和相互之间的逻辑关系用网络图的形式表达出来。

（2）通过网络图各项时间参数的计算，找出计划中关键工作、关键线路和计算工期。

（3）通过网络计划优化，不断改进网络计划的初始安排，找到最优的方案。

（4）在计划的实施过程中，通过检查、调整，对其进行有效的控制和监督，以最小的资源消耗，获得最大的经济效益。

2. 网络计划种类

我国《工程网络计划技术规程》（JGJ/T 121—99）推荐的常用的工程网络计划类型包括：双代号网络计划、单代号网络计划、双代号时标网络计划、单代号搭接网络计划。

（1）双代号网络图。双代号网络图是以箭线及其两端节点的编号表示工作的网络图，如图 13-2a）所示。

（2）单代号网络图。单代号网络图是以节点及其编号表示工作，以箭线表示工作之间逻辑关系的网络图，如图 13-2b）所示。

（3）双代号时标网络计划。双代号时标网络计划是以时间坐标为尺度编制的网络计划，如图 13-3 所示。时标网络计划中应以实箭线表示实工作，以虚箭线表示虚工作，以波形线表

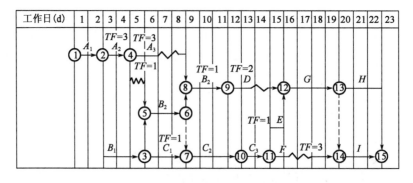

图 13-3　双代号时标网络计划

示工作的自由时差。双代号时标网络计划是在双代号网络计划基础上发展的有时间坐标的网络计划。它的优点是容易识别各项目工作何时开始和何时结束。但当一个工程较大且较复杂时，双代号时标网络计划并不是太适用。何况，当前一般都用网络计划的软件进行网络计划时间参数的计算，计算机可打印网络图和相应的横道图。

(4)单代号搭接网络计划。单代号搭接网络计划是前后工作之间有多种逻辑关系的肯定型网络计划，如图 13-4 所示。前后工作之间的多种逻辑关系包括：

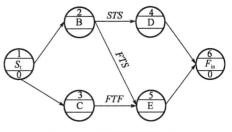

图 13-4　单代号搭接网络计划

STS_{i-j}——i-j 两项工作开始到开始的时距；

FTF_{i-j}——i-j 两项工作完成到完成的时距；

STF_{i-j}——i-j 两项工作开始到完成的时距；

FTS_{i-j}——i-j 两项工作完成到开始的时距。

(5)国际上，工程网络计划有许多名称，如 CPM、PERT、CPA、MPM 等。工程网络计划的类型有不同的划分方法。

①工程网络计划按工作持续时间的特点划分为：肯定型问题的网络计划；非肯定问题的网络计划；随机网络计划等。

②工程网络计划按工作和事件在网络图中的表示方法划分为：事件网络——以节点表示事件的网络计划；工作网络——以箭线表示工作的网络计划（我国 JGJ/T 121—99 称为双代号网络计划）和以节点表示工作的网络计划（我国 JGJ/T 121—99 称为单代号网络计划）。

③工程网络计划按计划平面的个数划分为：单平面网络计划；多平面网络计划（多阶网络计划，分级网络计划）。

13.2　双代号网络计划

双代号网络计划是用双代号网络图表达任务构成、工作顺序，并加注工作时间参数的进度计划。双代号网络图是由若干个表示工作项目的箭线和表示事件的节点所构成的网状图形，是我国建筑业应用较为广泛的一种网络计划表达形式。

13.2.1　双代号网络图的组成

双代号网络图由箭线、节点、节点编号、虚箭线、线路等五个基本要素组成。对于每一项工作而言，其基本形式如图 13-5 所示。

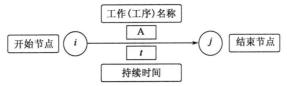

图 13-5　双代号网络图中表示一项工作的基本形式

注：i,j 分别表示节点编号。

1. 箭线

1)作用

在双代号网络图中，一条箭线表示一项工作，又称工序、作业或活动，如砌墙、抹灰等。而工作所包括的范围可大可小,既可以是一道工序,也可以是一个分项工程或一个分部工程,甚至是一个单位工程。

2)特点

每项工作的进行必然要占用一定的时间,往往也要消耗一定的资源(如劳动力、材料、机械设备)。对于不消耗资源,仅占用一定时间的施工工程,也应视为一项工作。例如,墙面刷涂料前抹灰层的"干燥",这是由于技术上的需要而引起的间歇等待时间,虽然不消耗资源,但在网络图中也可作为一项工作,以一条箭线来表示。

3)表达形式与要求

(1)在无时标的网络图中,箭线的长短并不反映该工作占用时间的长短。箭线的形状可以是水平直线,也可以是折线或斜线,但最好画成水平直线或带水平直线的折线。在同一张网络图上,箭线的画法要统一。

(2)箭线所指的方向表示工作进行的方向,箭线的尾端表示该项工作的开始,箭头端则表示该项工作的结束。工作名称应标注在水平箭线的上方或垂直箭线的左侧,工作的持续时间(又称作业时间)则标注在水平箭线的下方或垂直箭线的右侧,如图13-6所示。

2. 节点

1)作用

在双代号网络图中,节点代表一项工作的开始或结束,用圆圈表示。箭线尾部的节点称为该箭线所示工作的开始节点,箭头处的节点称为该箭线所示工作的结束节点。在一个完整的网络图中,除了最前的起点节点和最后的终点节点外,其余任何一个节点都具有双重含义:既是前面工作的结束点,又是后面工作的开始点,节点示意图(图13-7)。

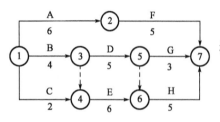

图13-6 双代号网络图

2)特点

节点仅为前后两项工作的交接点,只是一个"瞬间"概念,因此它既不消耗时间,也不消耗资源。

3. 节点编号

1)作用

在双代号网络图中,一项工作可以用其箭线两端节点内的号码来表示,以方便网络图的检查与计算。

2)编号要求

对一个网络图中的所有节点应进行统一编号,不得有缺编和重号现象。对于每一项工作而言,其箭头节点的号码应大于箭尾节点的号码,即顺箭线方向由小到大,图13-5中,j 应大于 i。

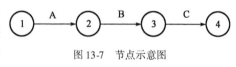

图13-7 节点示意图

3)编号方法

编号宜在绘图完成、检查无误后,顺着箭头方向依次进行。当网络图中的箭线均为由左向右和由上至下时,可采取每行由左向右,由上至下逐行编号的水平编号法;也可采取每列由上至下,由左向右逐列编号的垂直编号法。为了便于修改和调整,可隔号编号。

4. 虚箭线

虚箭线又称虚工作,它表示一项虚拟的工作,用带箭头的虚线表示。由于是虚拟的工作,故没有工作名称和工作延续时间。箭线过短时可用实箭线表示,但其工作延续时间必须用"0"标出。

1）特点

由于是虚拟的工作，所以它既不消耗时间，也不消耗资源。

2）作用

虚箭线可起到联系、区分和断路作用，是双代号网络图中表达一些工作之间的相互联系、相互制约关系，保证逻辑关系正确的必要手段。这在后面的绘图中，很容易理解和体会。

5. 线路

在网络图中，从起点节点开始，沿箭线方向连续通过一系列箭线与节点，最后到达终点节点所经过的通路叫线路。线路可依次用该通路上的节点代号来记述，也可依次用该通路上的工作名称来记述，如图13-8所示。

网络图的线路有以下五条路线：

①→②→④→⑥（8d）；

①→②→③→④→⑥（10d）；

①→②→③→⑤→⑥（9d）；

①→③→④→⑥（14d）；

①→③→⑤→⑥（13d）。

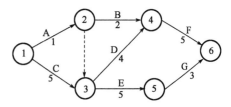

图13-8 双代号网络图

每条路线都有自己确定的完成时间，它等于该线路上各项工作持续时间的总和，也是完成这条路线上所有工作的计划工期。其中，第4条路线耗时（14d）最长，对整个工程的完工起着决定性的作用，称为关键线路；第5条线路（13d）称为次关键线路；其余的线路均称为非关键线路。处于关键线路上的各项工作称为关键工作，关键工作完成的快慢将直接影响整个计划工期的实现。关键线路上的箭线常采用粗箭线、双箭线或其他颜色箭线表示。

关键线路并不是一成不变的，在一定条件下，关键线路和非关键线路可以互相转化。当采取了一定的技术与组织措施，缩短了关键线路上各项工作的持续时间时，就有可能使关键线路发生转移，从而使原来的关键线路变成非关键线路，而原来的非关键线路却变成关键线路。位于非关键线路上的工作除关键工作外，都称为非关键工作，它们都有机动时间（即时差）；非关键工作也不是一成不变的，它可以转化成关键工作；利用非关键工作的机动时间可以科学地、合理地调配资源和对网络计划进行优化。

13.2.2 工艺关系和组织关系

工艺关系和组织关系是工作之间先后顺序关系——逻辑关系的组成部分。

1. 工艺关系

生产性工作之间由工艺过程决定的、非生产性工作之间由工作程序决定的先后顺序关系称为工艺关系。如图13-9所示，支模1→扎筋1→混凝土1为工艺关系。

2. 组织关系

工作之间由于组织安排需要或资源（劳动力、原材料、施工机具等）调配需要而规定的先后顺序关系称为组织关系。如图13-9所示，支模1→支模2；扎筋1→扎筋2等为组织关系。

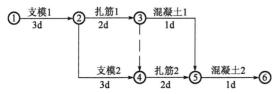

图13-9 某混凝土工程双代号网络计划

13.2.3 紧前工作、紧后工作和平行工作

1. 紧前工作

在网络图中,相对于某工作而言,紧排在该工作之前的工作称为该工作的紧前工作。在双代号网络图中,工作与其紧前工作之间可能有虚工作存在。如图 13-9 所示,支模 1 是支模 2 在组织关系上的紧前工作;扎筋 1 和扎筋 2 之间虽然存在虚工作,但扎筋 1 仍然是扎筋 2 在组织关系上的紧前工作。支模 1 则是扎筋 1 在工艺关系上的紧前工作。

2. 紧后工作

在网络图中,相对于某工作而言,紧排在该工作之后的工作称为该工作的紧后工作。在双代号网络图中,工作与其紧后工作之间也可能有虚工作存在。如图 13-9 所示,扎筋 2 是扎筋 1 在组织关系上的紧后工作;混凝土 1 是扎筋 1 在工艺关系上的紧后工作。

3. 平行工作

在网络图中,相对于某工作而言,可以与该工作同时进行的工作即为该工作的平行工作。如图 13-9 所示,扎筋 1 和支模 2 互为平行工作。

紧前工作、紧后工作及平行工作是工作之间逻辑关系的具体表现,只要能根据工作之间的工艺关系和组织关系明确其紧前或紧后关系,即可据此绘出网络图。它是正确绘制网络图的前提条件。

13.2.4 先行工作和后续工作

1. 先行工作

相对于某工作而言,从网络图的第一个节点(起点节点)开始,顺箭头方向经过一系列箭线到达该工作为止的各条通路上的所有工作,都称为该工作的先行工作。如图 13-9 所示,支模 1、扎筋 1、混凝土 1、支模 2、扎筋 2 均为混凝土 2 的先行工作。

2. 后续工作

相对于某工作而言,从该工作之后开始,顺箭头方向经过一系列箭线与节点到网络图最后一个节点(终点节点)的各条通路上的所有工作,都称为该工作的后续工作。如图 13-9 所示,扎筋 1 的后续工作有混凝土 1、扎筋 2 和混凝土 2。

在建设工程进度控制中,后续工作是一个非常重要的概念。因为在工程网络计划的实施过程中,如果发现某项工作进度出现拖延,则受到影响的工作必然是该工作的后续工作。

13.2.5 双代号网络图的绘制

网络计划技术是土木工程施工中编制施工进度计划和控制施工进度的主要手段。因此,在绘制网络图时必须遵循一定的基本规则和要求,使网络图能正确地表达整个工程的施工工艺流程和各工作开展的先后顺序以及它们之间相互制约、相互依赖的逻辑关系。

1. 双代号网络图绘制的规则

(1)必须正确地表达各项工作之间的先后顺序和逻辑关系。在绘制网络图时,要根据施工顺序和施工组织的要求,正确地反映各项工作之间的先后顺序和相互制约、相互依赖的关系。这些关系是多种多样的,常见的几种表示方法见表 13-1。

双代号网络图中各项工作之间逻辑关系的表示方法　　表 13-1

序　　号	工作之间的逻辑关系	网络图中的表示方法	说　　明
1	A 工作完成后进行 B 工作	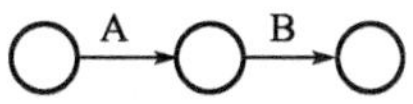	A 工作制约着 B 工作的开始,B 工作依赖着 A 工作
2	A、B、C 三项工作同时开始	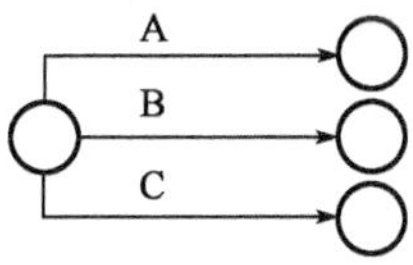	A、B、C 三项工作称为平行工作
3	A、B、C 三项工作同时结束	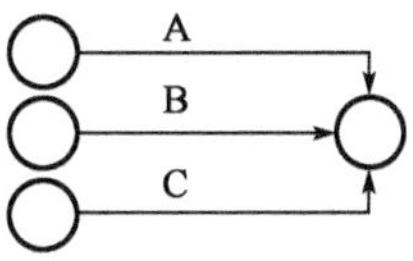	A、B、C 三项工作称为平行工作
4	有 A、B、C 三项工作。只有 A 完成后,B、C 才能开始	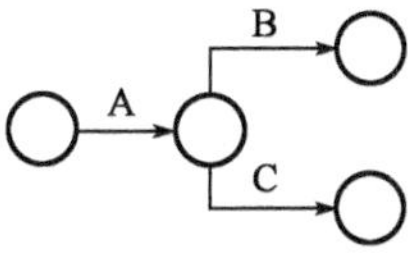	A 工作制约着 B、C 工作的开始,B、C 为平行工作
5	有 A、B、C 三项工作。C 工作只有在 A、B 完成后才能开始	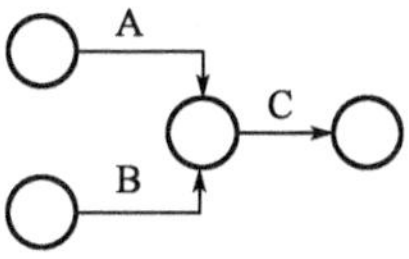	C 工作依赖着 A、B 工作,A、B 为平行工作
6	有 A、B、C、D 四项工作。只有当 A、B 完成后,C、D 才能开始	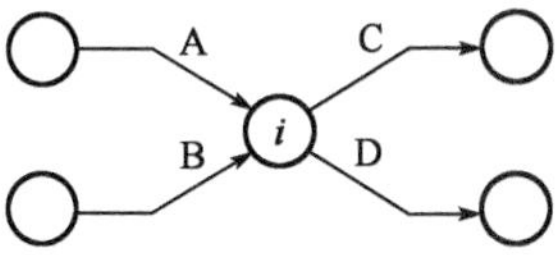	通过中间节点 i 正确地表达了 A、B、C、D 工作之间的关系
7	有 A、B、C、D 四项工作。A 完成后 C 才能开始,A、B 完成后 D 才能开始	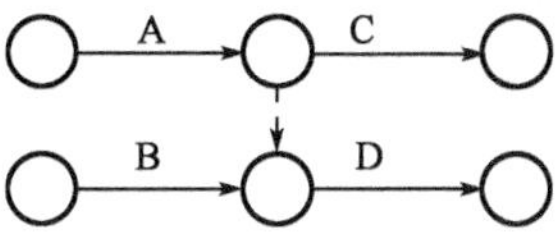	D 与 A 之间引入了逻辑连接(虚工作),从而正确地表达了它们之间的制约关系
8	有 A、B、C、D、E 五项工作。A、B 完成后 C 才能开始,B、D 完成后 E 才能开始	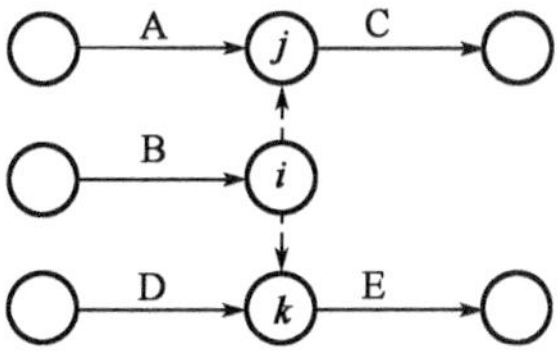	虚工作 i-j 反映出 C 工作受到 B 工作的制约;虚工作 i-k 反映出 E 工作受到 B 工作的制约
9	有 A、B、C、D、E 五项工作,A、B、C 完成后 D 才能开始,B、C 完成后 E 才能开始	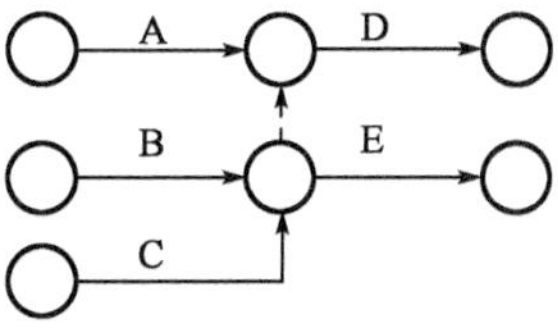	虚工作反映出 D 工作受到 B、C 工作的制约
10	A、B 两项工作分三个施工段,平行施工	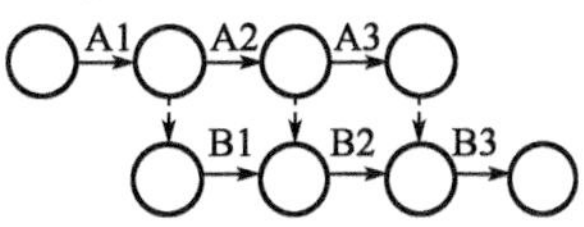	每个工种工程建立专业工作队,在每个施工段上进行流水作业,虚工作表达了工种间的工作面关系

(2)在一个网络图中,只能有一个起点节点和一个终点节点。否则,不是完整的网络图。所谓起点节点是指只有外向箭线而无内向箭线的节点,如图13-10a)所示;终点节点则是只有内向箭线而无外向箭线的节点,如图13-10b)所示。

(3)网络图中不允许出现循环回路。在网络图中,如果从一个节点出发沿着某一条线路移动,又可回到原出发节点,则图中存在着循环回路或称闭合回路,如图13-11所示。其中的②→③→④→②即为循环回路,它使得工程永远不能完成。如果工作B和D是多次反复进行时,则每次部位不同,不可能在原地重复。应使用新的箭线表示。

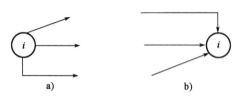 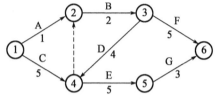

图13-10　起点节点和终点节点　　　　　　图13-11　有循环回路错误的网络图

(4)网络图中不允许出现相同编号的工作。在网络图中,两个节点之间只能有一条箭线并表示一项工作,以两个节点的编号既可代表这项工作。例如,砌隔墙与埋隔墙内的电线管同时开始、同时结束,在如图13-12a)所示。这两项工作的编号均为③→④,出现了重名现象,容易造成混乱。遇到这种情况,应增加一个节点和一条虚箭线,从而既表达了这两项工作的平行关系,又区分了它们的代号,如图13-12b)、c)所示。

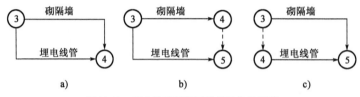

图13-12　不允许出现相同编号工作示意图

(5)严禁在箭线上引出或引入箭线,如图13-13a)所示即为错误的画法。图13-13a)中,"抹灰"为无开始节点的工作,其意图是表示"砌墙"进行到一定程度时,开始抹灰。但反映不出"抹灰"的准确开始时刻,也无法用代号代表抹灰工作,这在网络图中是不允许的。正确的画法是:将"砌墙"工作划分为两个施工段,引入了一个节点,使抹灰工作就有了开始节点,如图13-13b)所示。同理,在无结束节点时,也可采取同样方法进行处理。

但是网络图的起点节点有多条箭线引出或者终点节点有多条箭线引入时,为使图简洁,可用母线法绘图,如图13-14所示。对中间节点处有多条外向箭线或多条内向箭线者,在不至于造成混乱的前提下也可采用母线法绘制。

(6)网路图中严禁出现双向箭头或无箭头连线。如图13-15所示均为错误的画法。

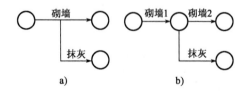 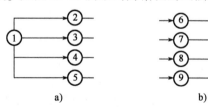

图13-13　不允许出现无开始节点工作示意图　　　图13-14　母线法示意图

　　　　　　　　　　　　　　　　　　　　　　a)起点节点母线法;b)终点节点的母线法

（7）应尽量避免网络图中工作箭线的交叉。当交叉不可避免时，可以采用过桥法或者指向法处理，如图13-16、图13-17所示。其中"指向法"还可以用于网络图的换行、换页。

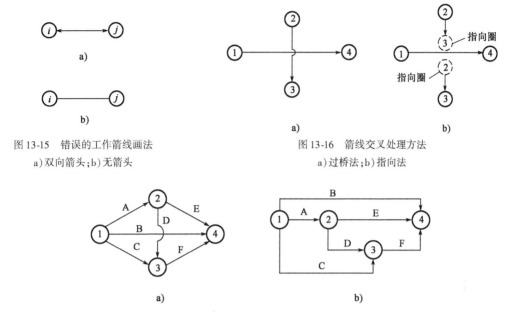

图13-15　错误的工作箭线画法
a)双向箭头；b)无箭头

图13-16　箭线交叉处理方法
a)过桥法；b)指向法

图13-17　箭线交叉及其整理
a)有交叉和斜向箭线的网络图；b)调整后的网络图

（8）网络图中的箭线（包括虚箭线，下同）应保持自左向右的方向，不应该出现箭头指向左方的水平箭线和箭头偏向左方的斜向箭线。若遵循该规则绘图，就不会出现循环回路。

以上是绘制网络图的基本规则，在绘图时必须严格遵守。

2. 双代号网络图绘制方法

已知某项工作的紧前工作，可按下述步骤绘制双代号网络图。

（1）绘制没有紧前工作的工作箭线，使它们具有相同的开始节点，以保证网络图只有一个起点节点。

（2）依次绘制其他工作箭线。这些工作箭线的绘制条件是其所有紧前工作箭线都已经绘制出来。在绘制这些工作箭线时，应按下列原则进行：

①当所要绘制的工作只有一项紧前工作时，则将该工作箭线直接画在其紧前工作箭线之后即可。

②当所要绘制的工作有多项紧前工作时，应按以下四种情况分别予以考虑：

a. 对于所要绘制的工作（本工作）而言，如果在其紧前工作之中存在一项只作为本工作紧前工作的工作（即在紧前工作栏目中，该紧前工作只出现一次），则应将本工作箭线直接画在该紧前工作箭线之后，然后用虚箭线将其他紧前工作箭线的箭头节点与本工作箭线的箭尾节点分别相连，以表达它们之间的逻辑关系。

b. 对于所要绘制的工作（本工作）而言，如果在其紧前工作之中存在多项只作为本工作紧前工作的工作，应先将这些紧前工作箭线的箭头节点合并，再从合并后的节点开始，画出本工作箭线，最后用虚箭线将其他紧前工作箭线的箭头节点与本工作箭线的箭尾节点分别相连，以表达它们之间的逻辑关系。

c. 对于所要绘制的工作（本工作）而言，如果不存在情况 A 和情况 B 时，应判断本工作的所有紧前工作是否都同时作为其他工作的紧前工作(即在紧前工作栏目中,这几项紧前工作是否均同时出现若干次)。如果上述条件成立,应先将这些紧前工作箭线的箭头节点合并后,再从合并后的节点开始画出本工作箭线。

d. 对于所要绘制的工作(本工作)而言,如果既不存在情况 A 和情况 B,也不存在情况 C 时,则应将本工作箭线单独画在其紧前工作箭线之后的中部,然后用虚箭线将其各紧前工作箭线的箭头节点与本工作箭线的箭尾节点分别相连,以表达它们之间的逻辑关系。

(3)当各项工作箭线都绘制出来之后,应合并那些没有紧后工作之工作箭线的箭头节点,以保证网络图只有一个终点节点(多目标网络计划除外)。

(4)当确认所绘制的网络图正确后,即可进行节点编号。网络图的节点编号在满足前述要求的前提下,既可采用连续的编号方法,也可采用不连续的编号方法,如 1、3、5、或 5、10、15……,以避免以后增加工作时而改动整个网络图的节点编号。

3. 双代号网络图布图要求

(1)在保证逻辑关系正确的前提下,力求做到图面布局合理、层次清晰、重点突出。

(2)应尽量把关键工作和关键线路布置在中心位置,并以粗线或者双箭线或彩色箭线画出。

(3)密切相关的工作尽可能相邻布置,尽量减少箭线的交叉。

(4)尽量采用水平箭线和以水平段为主的折线箭线,避免采用倾斜箭线。

(5)为使图面清晰和减少工作量,尽可能减少不必要的虚工作。

如图 13-18a)所示,此图在施工顺序、流水关系及网络逻辑关系上都是合理的。但这个网络图过于烦琐。对于只有进出两条箭线、且其中一条为虚箭线的节点(如③、⑥节点),在取消该节点及虚箭线不会出现相同编号的工作时,即可大胆地将这些不必要的虚箭线和节点去掉,如图 13-18b)所示。这既使网络图简单明了,同时又不会改变其逻辑关系。

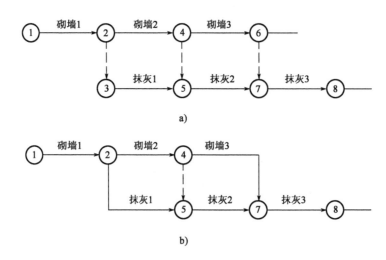

图 13-18 网络图简化示意图

a)有多余节点和虚箭线的网络图;b)简化后的网络图

4. 双代号网络图绘制实例

【例 13-1】 已知各工作之间的逻辑关系如表 13-2 所示,则可按下述步骤绘制其双代号网络图。

工 作	A	B	C	D
紧前工作	—	—	A、B	B

（1）绘制工作箭线 A 和工作箭线 B,如图 13-19a)所示。

（2）按前述原则②中的情况 a 绘制工作箭线 C,如图 13-19b)所示。

（3）按前述原则①绘制工作箭线 D 后,将工作箭线 C 和 D 的箭头节点合并,以保证网络图只有一个终点节点。当确认给定的逻辑关系表达正确后,再进行节点编号。表 13-2 给定逻辑关系所对应的双代号网络图如图 13-19c)所示。

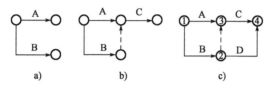

图 13-19 例 13-1 绘图过程

【例 13-2】 已知各工作之间的逻辑关系如表 13-3 所示,则可按下述步骤绘制其双代号网络图。

工作逻辑关系表   表 13-3

工 作	A	B	C	D	E	G
紧前工作	—	—	—	A、B	A、B、C	D、E

（1）绘制工作箭线 A、工作箭线 B 和工作箭线 C,如图 13-20a)所示。

（2）按前述原则②中的情况 c 绘制工作箭线 D,如图 13-20b)所示。

（3）按前述原则②中的情况 a 绘制工作箭线 E,如图 13-20c)所示。

（4）按前述原则②中的情况 b 绘制工作箭线 G。当确认给定的逻辑关系表达正确后,再进行节点编号。表 13-3 给定逻辑关系所对应的双代号网络图,如图 13-20d)所示。

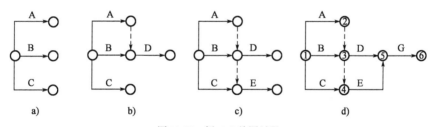

图 13-20 例 13-2 绘图过程

【例 13-3】 已知各工作之间的逻辑关系,如表 13-4 所示,则可按下述步骤绘制其双代号网络图。

工 作 逻 辑 关 系   表 13-4

工 作	A	B	C	D	E
紧前工作	—	—	A	A、B	B

（1）绘制工作箭线 A 和工作箭线 B,如图 13-21a)所示。

（2）按前述原则①分别绘制工作箭线 C 和工作箭线 E,如图 3-21b)所示。

（3）按前述原则②中的情况 d 绘制工作箭线 D,并将工作箭线 C、工作箭线 D 和工作箭线

E 的箭头节点合并,以保证网络图的终点节点只有一个。当确认给定的逻辑关系表达正确后,再进行节点编号。表 13-4 给定逻辑关系所对应的双代号网络图,如图 13-21c)所示。

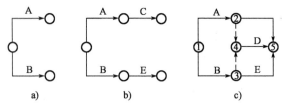

图 13-21　例 13-3 绘图过程

【例 13-4】　已知各工作之间的逻辑关系如表 13-5 所示,则可按下述步骤绘制其双代号网络图。

工 作 逻 辑 关 系　　　　　　　　　　　　　　　　表 13-5

工　　作	A	B	C	D	E	G	H
紧前工作	—	—	—	—	A、B	B、C、D	C、D

（1）绘制工作箭线 A、工作箭线 B、工作箭线 C 和工作箭线 D,如图 13-22a)所示。

（2）按前述原则②中的情况 a 绘制工作箭线 E,如图 13-22b)所示。

（3）按前述原则②中的情况 b 绘制工作箭线 H,如图 13-22c)所示。

（4）按前述原则②中的情况 d 绘制工作箭线 G,并将工作箭线 E、工作箭线 G 和工作箭线 H 的箭头节点合并,以保证网络图的终点节点只有一个。当确认给定的逻辑关系表达正确后,再进行节点编号。表 13-5 给定逻辑关系所对应的双代号网络图,如图 13-22d)所示。

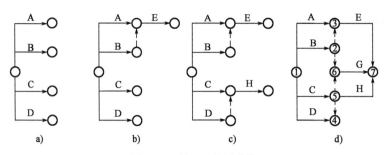

图 13-22　例 13-4 绘图过程

5. 双代号网络图的排列方法

为了使网络计划更形象、更清楚地反映出工程施工的特点,绘制网络图时可根据不同的工程情况、不同的施工组织方法和使用要求灵活排列,以简化层次,使各项工作之间在逻辑关系上准确而清晰,便于施工管理人员掌握,便于对计划进行计算和调整。

1）工艺顺序排列法

工艺顺序排列法是指把各项工作按工艺顺序在水平方向排列,施工段按竖直方向排列。例如:某基础工程由挖土、垫层和砌基础等三个施工过程组成,分三个施工段组织流水施工,其排列形式,如图 13-23 所示。

2）施工段排列法

施工段排列法是指把施工段按水平方向排列,各项工作按工艺顺序在竖直方向排列。其形式,如图 3-24 所示。

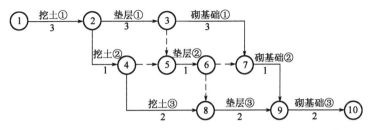

图 13-23　工艺顺序排列法

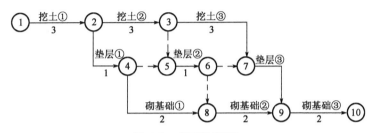

图 13-24　施工段排列法

6. 网络图的分解方法

当网络计划中的工作数目很多时,可以把它分成几个小块来编制;对于比较复杂的计划任务,把整个工程项目分为几个分部工程,把整个网络计划分为若干个子计划来编制尤为方便;当一个网络计划比较大时,需要用两张以上图样表示。这时需要对网络图进行分解,然后根据其相互之间的逻辑关系进行连接,形成一个总体网络图。断开部分的连接,应在连接点加以提示或说明。

1)分解的部位

(1)以分部工程或施工阶段分块;

(2)在箭线和节点比较少的部位分块。

2)连接点的表示方法

(1)连接点重复编号,即前一块的"终点节点"的编号与后一块的"起点节点"的编号相同;

(2)连接点的节点用双层圆圈表示;

(3)加以必要的说明或标注。

13.3　双代号网络计划的时间参数计算

13.3.1　概述

1. 计算目的

时间参数计算的目的在于确定各个节点和各项工作时间参数,确定关键工作及关键线路以及计算工期等,为网络计划的优化、执行、调整提供明确的时间依据。

2. 时间参数计算的内容

1)节点的时间参数

节点最早时间（ET_i）——双代号网络计划中，以该节点为开始节点的各项工作的最早开始时间；

节点最迟时间（LT_i）——双代号网络计划中，以该节点为完成节点的各项工作的最迟完成时间。

2）工作的时间参数计算

工作持续时间（D_{i-j}）——一项工作从开始到完成的时间；

最早开始时间（ES_{i-j}）——各紧前工作全部完成后，本工作有可能开始的最早时刻；

最早完成时间（EF_{i-j}）——各紧前工作全部完成后，本工作有可能完成的最早时刻；

最迟开始时间（LS_{i-j}）——在不影响整个任务按期完成的前提下，工作必须开始的最迟时刻；

最迟完成时间（LF_{i-j}）——在不影响整个任务按期完成的前提下，工作必须完成的最迟时刻。

自由时差——自由时差是指各工作在不影响后续工作最早开始时间的前提下，也就是在不影响计划子目标工期的前提下，本工作所具有的机动时间。

总时差——总时差是指各工作在不影响计划总工期的情况下所具有的机动时间，也就是在不影响其所有后续工作最迟开始时间的前提下所具有的机动时间。

从总时差和自由时差的定义可知，对于同一项工作而言，自由时差不会超过总时差。当工作的总时差为零时，其自由时差必然为零。

3）工期

计算工期——根据时间参数计算所得到的工期，用 T_c 表示；

要求工期——任务委托人所提出的指令性工期，用 T_r 表示；

计划工期——根据要求工期和计算工期所确定的作为实施目标的工期用 T_P 表示。

（1）当规定了要求工期时，计划工期不应超过要求工期。

$$T_P \leqslant T_r \tag{13-1}$$

（2）未规定要求工期时，可令计划工期等于计算工期，即：

$$T_P = T_c \tag{13-2}$$

13.3.2　时间参数的计算方法

双代号网络计划的时间参数既可以按工作计算，也可以按节点计算。各工作的时间参数计算后，应标注在水平箭线的上方或垂直箭线的左侧。标注的形式及每个参数的位置，需根据计算参数的个数不同，应分别按图 13-25 的规定标注。

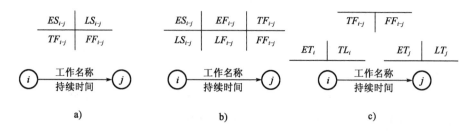

图 13-25　双代号网络时间参数标注形式

a）四参数表示法；b）六参数表示法；c）节点表示法

1. 按工作计算法

所谓按工作计算法,就是以网络计划中的工作为对象,直接计算各项工作的时间参数。这些时间参数包括:工作的最早开始时间和最早完成时间、工作的最迟开始时间和最迟完成时间、工作的总时差和自由时差。此外,还应计算网络计划的计算工期。

为了简化计算,网络计划时间参数中的开始时间和完成时间都应以时间单位的终了时刻为标准。如第3d开始即是指第3d终了(下班)时刻开始,实际上是第4d上班时刻才开始;第5d完成即是指第5d终了(下班)时刻完成。

【例13-5】 下面以图13-26所示双代号网络计划为例,说明按工作计算法计算时间参数的过程。其计算结果如图13-27所示。

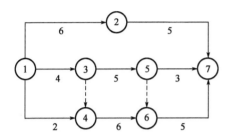

图13-26 双代号网络图

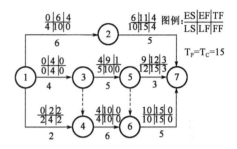

图13-27 双代号网络计划(六时标注法)

1)计算工作的最早开始时间和最早完成时间

工作最早开始时间和最早完成时间的计算应从网络计划的起点节点开始,顺着箭线方向依次进行。其计算步骤如下:

(1)以网络计划起点节点为开始节点的工作,当未规定其最早开始时间时,其最早开始时间为零。例如在本例中,工作1-2、工作1-3和工作1-4的最早开始时间都为零,即:

$$ES_{1\text{-}2} = ES_{1\text{-}3} = ES_{1\text{-}4} = 0$$

(2)工作的最早完成时间可利用公式(13-3)进行计算:

$$EF_{i\text{-}j} = ES_{i\text{-}j} + D_{i\text{-}j} \tag{13-3}$$

式中:$EF_{i\text{-}j}$——工作$i\text{-}j$的最早完成时间;

$ES_{i\text{-}j}$——工作$i\text{-}j$的最早开始时间;

$D_{i\text{-}j}$——工作$i\text{-}j$的持续时间。

例如在本例中,工作1-2、工作1-3和工作1-4的最早完成时间分别为:

工作1-2

$$EF_{1\text{-}2} = ES_{1\text{-}2} + D_{1\text{-}2} = 0 + 6 = 6$$

工作1-3

$$EF_{1\text{-}3} = ES_{1\text{-}3} + D_{1\text{-}3} = 0 + 4 = 4$$

工作1-4

$$EF_{1\text{-}4} = ES_{1\text{-}4} + D_{1\text{-}4} = 0 + 2 = 2$$

(3)其他工作的最早开始时间应等于其紧前工作最早完成时间的最大值,即

$$ES_{i\text{-}j} = \max\{EF_{h\text{-}i}\} = \max\{ES_{h\text{-}i} + D_{h\text{-}i}\} \tag{13-4}$$

式中:$ES_{i\text{-}j}$——工作$i\text{-}j$的最早开始时间;

$EF_{h\text{-}i}$——工作$i\text{-}j$的紧前工作$h\text{-}i$(非虚工作)的最早完成时间;

ES_{h-i}——工作 i-j 的紧前工作 h-i(非虚工作)的最早开始时间;

D_{h-i}——工作 i-j 的紧前工作 h-i(非虚工作)的持续时间。

例如在本例中,工作3-5和工作4-6的最早开始时间分别为:

$$ES_{3-5} = 4$$

$$ES_{4-6} = \max\{EF_{1-3}, EF_{1-4}\} = \max\{4, 2\} = 4$$

(4)网络计划的计算工期应等于以网络计划终点节点为完成节点的工作的最早完成时间的最大值,即:

$$T_c = \max\{EF_{i-n}\} = \max\{ES_{i-n} + D_{i-n}\} \tag{13-5}$$

式中:T_c——网络计划的计算工期;

EF_{i-n}——以网络计划终点节点 n 为完成节点的工作的最早完成时间;

ES_{i-n}——以网络计划终点节点 n 为完成节点的工作的最早开始时间;

D_{i-n}——以网络计划终点节点 n 为完成节点的工作的持续时间。

在本例中,网络计划的计算工期为:

$$T_c = \max\{EF_{2-7}, EF_{5-7}, EF_{6-7}\} = \max\{11, 12, 15\} = 15$$

2)确定网络计划的计划工期

网络计划的计划工期应按公式(13-1)或公式(13-2)确定。在本例中,假设未规定要求工期,则其计划工期就等于计算工期,即:

$$T_p = T_c = 15$$

计划工期应标注在网络计划终点节点的右上方,如图13-27所示。

3)计算工作的最迟完成时间和最迟开始时间

工作最迟完成时间和最迟开始时间的计算应从网络计划的终点节点开始,逆着箭线方向依次进行。其计算步骤如下:

(1)以网络计划终点节点为完成节点的工作,其最迟完成时间等于网络计划的计划工期,即:

$$LF_{i-n} = T_p \tag{13-6}$$

式中:LF_{i-n}——以网络计划终点节点 n 为完成节点的工作的最迟完成时间;

T_p——网络计划的计划工期。

例如在本例中,工作2-7、工作5-7和工作6-7的最迟完成时间为:

$$LF_{2-7} = LF_{5-7} = LF_{6-7} = T_p = 15$$

(2)工作的最迟开始时间可利用公式(13-7)进行计算:

$$LS_{i-j} = LF_{i-j} - D_{i-j} \tag{13-7}$$

式中:LS_{i-j}——工作 i-j 的最迟开始时间;

LF_{i-j}——工作 i-j 的最迟完成时间;

D_{i-j}——工作 i-j 的持续时间。

例如在本例中,工作2-7、工作5-7和工作6-7的最迟开始时间分别为:

$$LS_{2-7} = LF_{2-7} - D_{2-7} = 15 - 5 = 10$$

$$LS_{5-7} = LF_{5-7} - D_{5-7} = 15 - 3 = 12$$

$$LS_{6-7} = LF_{6-7} - D_{6-7} = 15 - 5 = 10$$

(3)其他工作的最迟完成时间应等于其紧后工作最迟开始时间的最小值,即

$$LF_{i-j} = \min\{LS_{j-k}\} = \min\{LF_{j-k} - D_{j-k}\} \tag{13-8}$$

式中:LF_{i-j}——工作 i-j 的最迟完成时间;

LS_{j-k}——工作 i-j 的紧后工作 j-k(非虚工作)的最迟开始时间;

LF_{j-k}——工作 i-j 的紧后工作 j-k(非虚工作)的最迟完成时间;

D_{j-k}——工作 i-j 的紧后工作 j-k(非虚工作)的持续时间。

例如在本例中,工作 3-5 和工作 4-6 的最迟完成时间分别为:

$$LF_{3-5} = \min\{LS_{5-7}, LS_{6-7}\} = \min\{12, 10\} = 10$$

$$LF_{4-6} = LS_{6-7} = 10$$

4)计算工作的总时差

工作的总时差等于该工作最迟完成时间与最早完成时间之差,或该工作最迟开始时间与最早开始时间之差,即:

$$TF_{i-j} = LF_{i-j} - EF_{i-j} = LS_{i-j} - ES_{i-j} \tag{13-9}$$

式中:TF_{i-j}——工作 i-j 的总时差;其余符号同前。

由上式看出,对于任何一项工作 i-j 可以利用的最大时间范围为 $TL_j - TE_i$,其总时差可能有三种情况:

(1)$TL_j - TE_i > D_{i-j}$,即 $TF_{i-j} > 0$,说明该项工作存在机动时间,为非关键工作。

(2)$TL_j - TE_i = D_{i-j}$,即 $TF_{i-j} = 0$,说明该项工作不存在机动时间,为关键工作。

(3)$TL_j - TE_i < D_{i-j}$,即 $TF_{i-j} < 0$,说明该项工作有负时差,计划工期长于规定工期,应采取技术组织措施予以缩短,确保计划总工期。

例如在本例中,工作 3-5 的总时差为:

$$TF_{3-5} = LF_{3-5} - EF_{3-5} = 10 - 9 = 1$$

或

$$TF_{3-5} = LS_{3-5} - ES_{3-5} = 5 - 4 = 1$$

5)计算工作的自由时差

工作自由时差的计算应按以下两种情况分别考虑:

(1)对于有紧后工作的工作,其自由时差等于本工作之紧后工作最早开始时间减本工作最早完成时间所得之差的最小值,即:

$$FF_{i-j} = \min\{ES_{j-k} - EF_{i-j}\} = \min\{ES_{j-k} - ES_{i-j} - D_{i-j}\} \tag{13-10}$$

式中:FF_{i-j}——工作 i-j 的自由时差;

ES_{j-k}——工作 i-j 的紧后工作 j-k(非虚工作)的最早开始时间;

EF_{i-j}——工作 i-j 的最早完成时间;

ES_{i-j}——工作 i-j 的最早开始时间;

D_{i-j}——工作 i-j 的持续时间。

例如在本例中,工作 1-4 和工作 3-5 的自由时差分别为:

$$FF_{1-4} = ES_{4-6} - EF_{1-4} = 4 - 2 = 2$$

$$FF = \min\{ES_{5-7} - EF_{3-5}, ES_{6-7} - EF_{3-5}\} = \min\{9 - 9, 10 - 9\} = 0$$

(2)对于无紧后工作的工作,也就是以网络计划终点节点为完成节点的工作,其自由时差等于计划工期与本工作最早完成时间之差,即:

$$FF_{i-n} = T_p - EF_{i-n} = T_p - ES_{i-n} - D_{i-n} \tag{13-11}$$

式中:FF_{i-n}——以网络计划终点节点 n 为完成节点的工作 i-n 的自由时差;

T_p——网络计划的计划工期;

EF_{i-n}——以网络计划终点节点 n 为完成节点的工作 i-n 的最早完成时间;

$ES_{i \cdot n}$——以网络计划终点节点 n 为完成节点的工作 $i \cdot n$ 的最早开始时间；

$D_{i \cdot n}$——以网络计划终点节点 n 为完成节点的工作 $i \cdot n$ 的持续时间。

例如在本例中，工作2-7、工作5-7和工作6-7的自由时差分别为：

$$FF_{2 \cdot 7} = T_p - EF_{2 \cdot 7} = 15 - 11 = 4$$

$$FF_{5 \cdot 7} = T_p - EF_{5 \cdot 7} = 15 - 12 = 3$$

$$FF_{6 \cdot 7} = T_p - EF_{6 \cdot 7} = 15 - 15 = 0$$

需要指出的是，对于网络计划中以终点节点为完成节点的工作，其自由时差与总时差相等。此外，由于工作的自由时差是其总时差的构成部分，所以，当工作的总时差为零时，其自由时差必然为零，可不必进行专门计算。例如在本例中，工作1-3、工作4-6和工作6-7的总时差全部为零，故其自由时差也全部为零。

由上式看出，对于任何一项工作 $i \cdot j$ 可以自由利用的最大时间范围为 $TE_j - TE_i$，其自由时差可能出现下面三种情况：

①$TE_j - TE_i > D_{i \cdot j}$，即 $FF_{i \cdot j} > 0$，说明工作有自由利用的机动时间。

②$TE_j - TE_i = D_{i \cdot j}$，即 $FF_{i \cdot j} = 0$；说明工作无自由利用的机动时间。

③$TE_j - TE_i < D_{i \cdot j}$，即 $FF_{i \cdot j} < 0$，说明计划工期长于规定工期，应采取措施予以缩短，以保证计划总工期。

6）确定关键工作和关键线路

在网络计划中，总时差最小的工作为关键工作。特别地，当网络计划的计划工期等于计算工期时，总时差为零的工作就是关键工作。例如在本例中，工作1-3、工作4-6和工作6-7的总时差均为零，故它们都是关键工作。

找出关键工作之后，将这些关键工作首尾相连，便至少构成一条从起点节点到终点节点的通路，通路上各项工作的持续时间总和最大的就是关键线路。在关键线路上可能有虚工作存在。

关键线路一般用粗箭线或双线箭线标出，也可以用彩色箭线标出。例如在本例中，线路①-③-④-⑥-⑦即为关键线路。关键线路上各项工作的持续时间总和应等于网络计划的计算工期，这一特点也是判别关键线路是否正确的准则。

2. 按节点计算法

所谓按节点计算法，就是先计算网络计划中各个节点的最早时间和最迟时间，然后再据此计算各项工作的时间参数和网络计划的计算工期。

下面仍以图13-26所示双代号网络计划为例，说明按节点计算法计算时间参数的过程。其计算结果如图13-27所示。

1）计算节点的最早时间和最迟时间

（1）计算节点的最早时间。节点最早时间的计算应从网络计划的起点节点开始，顺着箭线方向依次进行。其计算步骤如下：

①网络计划起点节点，如未规定最早时间时，其值等于零。例如在本例中，起点节点①的最早时间为零，即：

$$ET_1 = 0$$

②其他节点的最早时间应按公式（13-12）进行计算：

$$ET_j = \max\{ET_i + D_{i \cdot j}\} \tag{13-12}$$

式中：ET_j——工作 i-j 的完成节点 j 的最早时间；

ET_i——工作 i-j 的开始节点 i 的最早时间；

$D_{i\text{-}j}$——工作 i-j 的持续时间。

例如在本例中，节点③和节点④的最早时间分别为：

$$ET_3 = ET_1 + D_{1\text{-}3} = 0 + 4 = 4$$

$$ET_4 = \max\{ET_1 + D_{1\text{-}4}, ET_3 + D_{3\text{-}4}\} = \max\{0 + 2, 4 + 0\} = 4$$

网络计划的计算工期等于网络计划终点节点的最早时间，即：

$$T_c = ET_n \tag{13-13}$$

式中：T_c——网络计划的计算工期；

ET_n——网络计划终点节点 n 的最早时间。

例如在本例中，其计算工期为：

$$T_c = ET_7 = 15$$

（2）确定网络计划的计划工期。网络计划的计划工期应按公式（13-1）或公式（13-2）确定。在本例中，假设未规定要求工期，则其计划工期就等于计算工期，即：

$$T_p = T_c = 15 \tag{13-14}$$

计划工期应标注在终点节点的右上方，如图 13-27 所示。

（3）计算节点的最迟时间。节点最迟时间的计算应从网络计划的终点节点开始，逆着箭线方向依次进行步骤如下：

①网络计划终点节点的最迟时间等于网络计划的计划工期，即：

$$LT_n = T_p \tag{13-15}$$

式中：LT_n——网络计划终点节点 n 的最迟时间；

T_p——网络计划的计划工期。

例如在本例中，终点节点⑦的最迟时间为：

$$LT_7 = T_p = 15$$

②节点的最迟时间应按公式（13-16）进行计算：

$$LT_i = \min\{LT_j - D_{i\text{-}j}\} \tag{13-16}$$

式中：LT_i——工作 i-j 的开始节点 i 的最迟时间；

LT_j——工作 i-j 的完成节点 j 的最迟时间；

$D_{i\text{-}j}$——工作 i-j 的持续时间。

例如在本例中，节点⑥和节点⑤的最迟时间分别为：

$$LT_6 = LT_7 - D_{6\text{-}7} = 15 - 5 = 10$$

$$LT_5 = \min\{LT_6 - D_{5\text{-}6}, LT_7 - D_{5\text{-}7}\} = \min\{10 - 0, 15 - 3\} = 10$$

2）根据节点的最早时间和最迟时间判定工作的 6 个时间参数

（1）工作的最早开始时间等于该工作开始节点的最早时间，即

$$ES_{i\text{-}j} = ET_i \tag{13-17}$$

例如在本例中，工作 1-2 和工作 2-7 的最早开始时间分别为

$$ES_{1\text{-}2} = ET_1 = 0$$

$$ES_{2\text{-}7} = ET_2 = 6$$

（2）工作的最早完成时间等于该工作开始节点的最早时间与其持续时间之和，即：

$$EF_{i\text{-}j} = ET_i + D_{i\text{-}j} \tag{13-18}$$

例如在本例中,工作 1-2 和工作 2-7 的最早完成时间分别为:

$$EF_{1-2} = ET_1 + D_{1-2} = 0 + 6 = 6$$
$$EF_{2-7} = ET_2 + D_{2-7} = 6 + 5 = 11$$

(3)工作的最迟完成时间等于该工作完成节点的最迟时间,即:

$$LF_{i-j} = LT_j \tag{13-19}$$

例如在本例中,工作 1-2 和工作 2-7 的最迟完成时间分别为:

$$LF_{1-2} = LT_2 = 10$$
$$LF_{2-7} = LT_7 = 15$$

(4)工作的最迟开始时间等于该工作完成节点的最迟时间与其持续时间之差,即:

$$LS_{i-j} = LT_j - D_{i-j} \tag{13-20}$$

例如在本例中,工作 1-2 和工作 2-7 的最迟开始时间分别为:

$$LS_{1-2} = LT_2 - D_{1-2} = 10 - 6 = 4$$
$$LS_{2-7} = LT_7 - D_{2-7} = 15 - 5 = 10$$

(5)工作的总时差可根据公式(13-9)、公式(13-19)和公式(13-18)得到:

$$TF_{i-j} = LF_{i-j} - EF_{i-j} = LT_j - (ET_i + D_{i-j}) = LT_j - ET_i - D_{i-j} \tag{13-21}$$

由公式(13-21)可知,工作的总时差等于该工作完成节点的最迟时间减去该工作开始节点的最早时间所得差值,再减其持续时间。例如在本例中,工作 1-2 和工作 3-5 的总时差分别为:

$$TF_{1-2} = LT_2 - ET_1 - D_{1-2} = 10 - 0 - 6 = 4$$
$$TF_{3-5} = LT_5 - ET_3 - D_{3-5} = 10 - 4 - 5 = 1$$

(6)工作的自由时差可根据公式(13-10)和公式(13-17)得到:

$$FF_{i-j} = \min\{ES_{j-k} - ES_{i-j} - D_{i-j}\}$$
$$= \min\{ES_{j-k}\} - ES_{i-j} - D_{i-j}$$
$$= \min\{ET_j\} - ET_i - D_{i-j} \tag{13-22}$$

由公式(13-22)可知,工作的自由时差等于该工作完成节点的最早时间减去该工作开始节点的最早时间所得差值,再减其持续时间。例如在本例中,工作 1-2 和工作 3-5 的自由时差分别为:

$$FF_{1-2} = ET_2 - ET_1 - D_{1-2} = 6 - 0 - 6 = 0$$
$$FF_{3-5} = ET_5 - ET_3 - D_{3-5} = 9 - 4 - 5 = 0$$

特别需要注意的是,如果本工作与其各紧后工作之间存在虚工作时,其中的 ET_j 应为本工作紧后工作开始节点的最早时间,而不是本工作完成节点的最早时间。

3)确定关键线路和关键工作

在双代号网络计划中,关键线路上的节点称为关键节点。关键工作两端的节点必为关键节点,但两端为关键节点的工作不一定是关键工作。关键节点的最迟时间与最早时间的差值最小。特别地,当网络计划的计划工期等于计算工期时,关键节点的最早时间与最迟时间必然相等。例如在本例中,节点①、③、④、⑥、⑦就是关键节点。关键节点必然处在关键线路上,但由关键节点组成的线路不一定是关键线路。例如在本例中,由关键节点①、④、⑥、⑦组成的线路就不是关键线路。

当利用关键节点判别关键线路和关键工作时,还要满足下列判别式:

$$ET_i + D_{i-j} = ET_j \tag{13-23}$$

或 $$LT_i + D_{i-j} = LT_j \qquad (13-24)$$

式中：ET_i——工作 i-j 的开始节点（关键节点）i 的最早时间；

$\quad D_{i-j}$——工作 i-j 的持续时间；

$\quad ET_j$——工作 i-j 的完成节点（关键节点）j 的最早时间；

$\quad LT_i$——工作 i-j 的开始节点（关键节点）i 的最迟时间；

$\quad LT_j$——工作 i-j 的完成节点（关键节点）j 的最迟时间。

如果两个关键节点之间的工作符合上述判别式，则该工作必然为关键工作，它应该在关键线路上。否则，该工作就不是关键工作，关键线路也就不会从此处通过。例如在本例中，工作 1-3、虚工作 3-4、工作 4-6 和工作 6-7 均符合上述判别式，故线路①→③→④→⑥→⑦为关键线路。

4）关键节点的特性

在双代号网络计划中，当计划工期等于计算工期时，关键节点具有以下一些特性，掌握好这些特性，有助于确定工作的时间参数。

（1）开始节点和完成节点均为关键节点的工作，不一定是关键工作。例如在图 13-27 所示网络计划中，节点①和节点④为关键节点，但工作 1-4 为非关键工作。由于其两端为关键节点，机动时间不可能为其他工作所利用，故其总时差和自由时差均为 2。

（2）以关键节点为完成节点的工作，其总时差和自由时差必然相等。例如在图 13-27 所示网络计划中，工作 1-4 的总时差和自由时差均为 2；工作 2-7 的总时差和自由时差为 4；工作 5-7 的总时差和自由时差均为 3。

（3）当两个关键节点间有多项工作，且工作间的非关键节点无其他内向箭线和外向箭线时，则两个关键节点间各项工作的总时差均相等。在这些工作中，除以关键节点为完成的节点的工作自由时差等于总时差外，其余工作的自由时差均为零。例如在图 13-27 所示网络计划中，工作 1-2 和工作 2-7 的总时差均为 4。工作 2-7 的自由时差等于总时差，而工作 1-2 的自由时差为零。

（4）当两个关键节点间有多项工作，且工作间的非关键节点有外向箭线而无其他内向箭线时，则两个关键节点间各项工作的总时差不一定相等。在这些工作中，除以关键节点为完成的节点的工作自由时差等于总时差外，其余工作的自由时差均为零。例如在图 13-27 所示网络计划中，工作 3-5 和工作 5-7 的总时差分别为 1 和 3。工作 5-7 的自由时差等于总时差，而工作 3-5 的自由时差为零。

13.4　双代号时标网络计划

13.4.1　概念

时标网络计划是指以时间坐标为尺度编制的网络计划。它是综合应用横道图时间坐标和网络计划的原理，吸取了二者的长处，兼有横道计划的直观性和网络计划的逻辑性，故在工程中的应用较非时标网络计划更广泛。

时标网络计划绘制如表 13-6 所示，时标计划表中部的刻度线宜为细线，为了使图面清楚，此线也可以不画。时标的时间单位应根据需要在编制网络计划之前确定，可为天、周、旬、月或季等。时间坐标的刻度代表的时间可以是一个时间单位，也可以是时间单位的整数倍，但不应小于一个时间单位。时标可标注在时标计划表的顶部或底部,必要时可以在顶部时标之上或底部时标之下加注日历的对应时间。

时 标 计 划 表 　　　　　　　　　　　　　　　　表 13-6

日　　历												
（时间单位）												
网络计划												
（时间单位）												

13.4.2　双代号时标网络计划的特点与适用范围

1.时标网络计划的特点

(1)在时标网络计划中,各条工作箭线的水平投影长度即为各项工作的持续时间,能明确地表达各项工作的起、止时间和先后施工的逻辑关系,使计划表达形象直观,一目了然。

(2)能在时标计划表上直接显示各项工作的主要时间参数,并可以直接判断出关键线路。

(3)因为有时标的限制,在绘制时标网络计划时,不会出现"循环回路"之类的逻辑错误。

(4)可以利用时标网络直接统计资源的需要量,以便进行资源优化和调整,并对进度计划的实施进行控制和监督。

(5)由于箭线受时标的约束,故用手工绘图不容易,修改也较难。使用计算机编制、修改时标网络图则较方便。

2.时标网络计划的适用范围

(1)工作项目较少、工艺过程较为简单的工程,能迅速地边绘图、边计算、边调整。

(2)对于大型复杂的工程,可以先绘制局部网络计划,然后再综合起来绘制出比较简明的总网络计划。

(3)实施性(或作业性)网络计划。

(4)年、季、月等周期性网络计划。

(5)使用实际进度前锋线进行进度控制的网络计划。

3.双代号时标网络计划的绘制

时标网络计划宜按各项工作的最早开始时间编制。为此,在编制时标网络计划时应使每一个节点和每一项工作(包括虚工作)尽量向左靠,直至不出现从右向左的逆向箭线为止。

在编制时标网络计划之前,应先按已经确定的时间单位绘制时标网络计划表。编制时标网络计划应先绘制无时标的网络计划草图,然后按间接绘制法或直接绘制法进行。

时标网络计划的绘制方法有间接绘制法和直接绘制法两种,本章只介绍间接绘制法。

间接绘制法是先绘制出非时标网络计划,确定出关键线路,再绘制时标网络计划。绘制时先绘出关键线路,再绘制非关键工作,某些工作箭线长度不足以达到该工作的完成节点时,用波形线补足,箭头画在波形与节点连接处。

【例13-6】 已知网络计划的资料如表13-7所示,试用间接绘制法绘制时标网络计划。

工 作 逻 辑 关 系   表13-7

工　　作	A	B	C	D	E	G	H
持续时间	9	4	2	5	6	4	5
紧前工作	—	—	—	B	B、C	D	D、E

【解】 (1)绘出双代号网络计划,并用标号法确定关键线路,如图13-28所示。

(2)按时间坐标绘制关键线路,如图13-29所示。

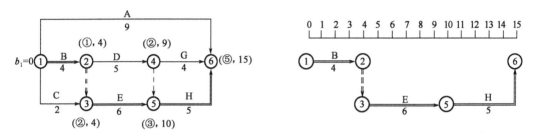

图13-28　时标网络计划

图13-29　画出时标网络计划的关键线路

(3)绘制非关键线路,如图13-30所示。

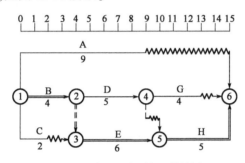

图13-30　例13-6的时标网络计划

13.5　单代号网络计划

单代号网络图是以节点及其编号表示工作,以箭线表示工作之间逻辑关系的网络图,如图13-31所示。单代号网络图是网络计划的另一种表达方式。

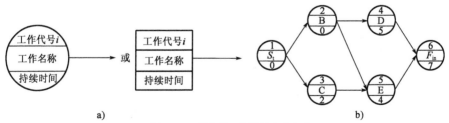

图13-31　单代号网络图的表达方式

a)工作的表示方法;b)计划(或工程)的表示方法

单代号网络图绘图方便,图面简洁,不必增加虚箭线,因此产生逻辑错误的可能性较小,弥补了双代号网络图的不足,容易被非专业人员所理解和易于修改的优点,所以近年来被广泛应用。

13.5.1 单代号网络图的组成

单代号网络图是由节点、箭线和线路三个基本要素组成。

1. 节点

单代号网络图中每一个节点表示一项工作,宜用圆圈或矩形表示。节点所表示的工作名称、持续时间和工作代号均标注在节点内,如图13-31a)所示。

2. 箭线

单代号网络图中,箭线表示工作之间的逻辑关系,箭线可以画成水平直线、折线或斜线。箭线水平投影的方向自左向右,表示工作进行的方向。在单代号网络图中没有虚箭线。

3. 线路

单代号网络图的线路同双代号网络图的线路的含义是相同的。

13.5.2 单代号网络图的绘制

1. 单代号网络图的绘图规则

(1)单代号网络图各项工作之间的逻辑关系的表示方法,如表13-8所示。

单代号网络图中各项工作之间逻辑关系的表示方法 表13-8

序　号	描　述	单代号表达方法
1	A工序完成后,B工序才能开始	
2	A工序完成后,B、C工序才能开始	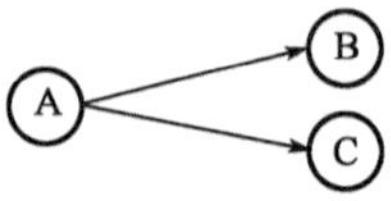
3	A、B工序完成后,C工序才能开始	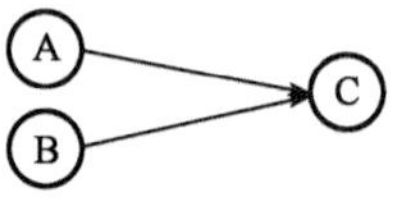
4	A、B工序完成后,C、D工序才能开始	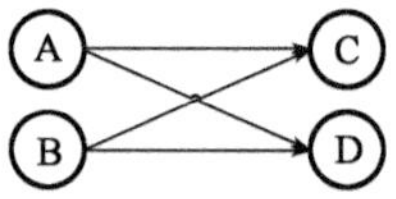
5	A、B工序完成后,C工序才能开始,且B工序完成后,D工序才能开始	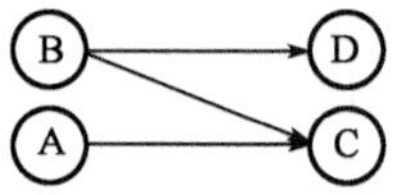

(2)单代号网络图中严禁出现循环回路。

(3)单代号网络图中不允许出现双向箭线或没有箭头的箭线。

(4)单代号网络图中不允许出现没有箭尾节点的箭线和没有箭头节点的箭线。

(5)单代号网络图中不允许出现重复编号的工作。

(6)绘制网络图时,箭线不宜交叉。当交叉不可避免时,可采用断线法、过桥法或指向法绘制。

2. 绘制规则及注意事项

单代号网络图的绘图规则及注意事项基本同双代号网络图,所不同的是:单代号网络图也只能有一个起点节点和一个终点节点,当网络图中有多项起点节点或多项终点节点时,应在网络图的两端分别设置一个虚拟的节点,作为该网络图的起点节点(S_t)和终点节点(F_{in}),如图13-31b)所示。

3. 绘图示例

【例13-7】 根据表13-9中各项工作的逻辑关系,绘制单代号网络图。

某工程各项工作的逻辑关系   表13-9

工作代号	A	B	C	D	E	F	G	H
紧前工作	—	—	A	A、B	B	C、D	D	D、E
紧后工作	C、D	D、E	F	F、G、H	H	—	—	—
持续时间	3	2	5	7	4	4	10	6

此例题的绘制结果,如图13-32所示。

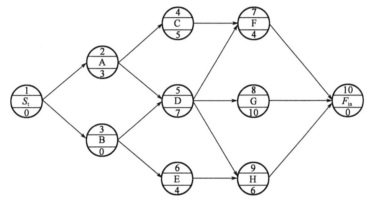

图13-32 单代号网络图的绘图

【例13-8】 已知各工作之间的逻辑关系如表13-10所示,绘制单代号网络图的过程如图13-33所示。

工 作 逻 辑 关 系   表13-10

工 作	A	B	C	D	E	G	H	I
紧前工作	—	—	—	—	A、B	B、C、D	C	E、G、H

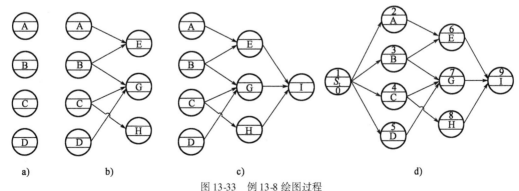

a)   b)   c)   d)

图13-33 例13-8绘图过程

13.6 网络计划的优化

网络计划编制完毕并经过时间参数计算后,得出计划的最初方案,但它只是一种可行方案,不一定是比较合理的或最优的方案。为此,还必须对网络计划的初步方案进行优化处理或调整。

网络计划的优化是在满足既定约束的条件下,按某一目标(工期、成本、资源)通过对网络计划的不断调整,寻求相对满意或最优计划方案的过程。网络计划优化的目标,应该按计划任务的需要和条件选定,主要包括工期目标、费用目标、资源目标。因此,网络计划优化的主要内容有工期优化、费用优化、资源优化。

13.6.1 工期优化

当网络计划的计算工期不能满足要求工期时,即计算工期小于、等于或大于要求工期时,应该进行工期优化,可以通过延长或缩短计算工期以达到工期目标,保证按期完成任务。

工期优化的条件是:各种资源(包括劳动力、材料、机械等)充足,只考虑时间问题。

1.计算工期小于或等于要求工期

如果计算工期小于要求工期不多或两者相等,一般不必优化。

如果计算工期小于要求工期较多,则宜优化。优化方法是:延长关键工作中资源占用量大或直接费用高的工作持续时间(通常采用减少劳动力等资源需用量的方法),重新计算各工作计算参数,反复多次进行,直至满足要求工期为止。

2.计算工期大于要求工期

当计算工期大于要求工期时,可以通过压缩关键工作的持续时间来达到优化目标。

1)优化步骤

(1)计算并找出初始网络计划的计算工期、关键线路及关键工作。

(2)按要求工期计算应该缩短的时间 ΔT:

$$\Delta T = T_c - T_r \tag{13-25}$$

(3)确定各关键工作能缩短的持续时间。

(4)在关键线路上,按下列因素选择应优先压缩其持续时间的关键工作。

①缩短持续时间后对质量和安全影响不大的关键工作。

②有充足备用资源的关键工作。

③缩短持续时间所需增加的费用最少的关键工作。

(5)将应该优先压缩的关键工作压缩至最短持续时间,并重新计算网络计划的计算工期,找出关键线路。若被压缩的工作变成了非关键工作,则应该将其持续时间延长,使之为关键工作。

(6)若计算工期仍超过要求工期时,则重复以上步骤,直到满足工期要求或工期已经不能再缩短为止。

(7)当所有关键工作的持续时间都已达到最短持续时间而工期仍不能满足要求时,应该对计划的原技术、组织方案进行调整,如果仍不能达到工期要求时,则应该对要求工期重新审定,必要时可以提出要求改变工期。

2）缩短网络计划工期的方法

（1）改变施工组织安排，往往是缩短网络计划工期的捷径。如重新划分施工段数、最大限度地安排流水施工以及改变各施工段之间先后施工的顺序或相互之间的逻辑关系等。

（2）缩短某些关键工作的持续时间来逐步缩短网络计划工期。其方法有以下两种：

①采用技术措施或改变施工方法，提高工效等。

②采取组织措施，如增加劳动力、机械设备，当工作面受到限制时可以采用两班制或三班制等。

（3）也可以综合采用上述几种方法。如果有多种可行方案均能达到缩短工期的目的时，应该对各种可行方案进行技术经济比较，从中选择最优方案。

3）缩短网络计划工期时应注意的问题

（1）在缩短网络计划工期的过程中，当出现多条关键线路时，必须将各条关键线路的持续时间同时缩短同一数值，否则不能达到缩短工期的目的。

（2）在缩短关键线路的持续时间时，应逐步缩短，不能将关键工作缩短成非关键工作。

（3）在缩短关键工作的持续时间时，必须注意由于关键线路长度的缩短，次关键线路有可能成为关键线路，因此有时需要同时缩短次关键线路上有关工作的持续时间，才能达到缩短工期的要求。

13.6.2　费用优化

费用优化又称成本优化，其优化是寻求最低成本时的最短工期安排，或者按要求工期寻求最低成本的计划安排过程。

1. 费用和时间的关系

在建设工程施工过程中，完成一项工作通常可以采用多种施工方法，而不同的施工方法和组织方法，又会有不同的持续时间和费用。由于一项建设工程往往包含许多工作，所以在安排建设工程进度时，就会出现许多方案。进度方案不同，所对应的总工期和总费用就不同。为了能从多种方案中找出总成本最低的方案，必须首先分析费用和时间的关系。

1）工程费用与工期的关系

工程施工的总费用包括直接费用和间接费用两种。

直接费用是指在工程施工过程中，直接消耗在工程项目上的活劳动和物化劳动，包括人工费、材料费、机械使用费以及冬雨季施工增加费、特殊地区施工费、夜间施工费等。一般情况下，直接费用是随着工期的缩短而增加的。然而，工作时间缩短至某一极限，则无论增加多少直接费用，也不能再缩短工期，此时的工期为最短工期，此时的费用为最短时间直接费用。反之，若延长时间，则可以减少直接费用。然而，时间延长至某一极限，则无论将工期延至多长，也不能再减少直接费用，此时的工期称为正常工期，此时的费用称为正常时间直接费用。

间接费用是与整个工程有关的、不能或不宜直接分摊给每道工序的费用，它包括与工程有关的管理费用、全工地性设施的租赁费、现场临时办公设施费、公用和福利事业费及占用资金应付的利息等。间接费用一般与工程的工期成正比关系，即工期越长，间接费用越多，工期越短，间接费用越少。

如果把直接费用和间接费用加在一起，必然有一个总费用最少的工期，即最优工期。上述关系可由如图 13-34 所示的工期费用曲线表示。

2)工作直接费和持续时间的关系

由于网络计划的工期取决于关键工作的持续时间,为了进行工期成本优化,必须分析网络计划中各项工作的直接费与持续时间之间的关系,它是网络计划工期成本优化的基础。

工作的直接费与持续时间之间的关系类似于工程直接费与工期之间的关系,工作的直接费随持续时间的缩短而增加,如图 13-35 所示。为了简化计算,工作的直接费与持续时间的关系被近似地认为是一条直线关系。当工作划分不是很粗时,其计算结果还是比较精确的。

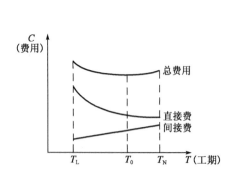

图 13-34 工期—费用曲线图
T_L-最短工期;T_N-正常工期;T_0-最优工期

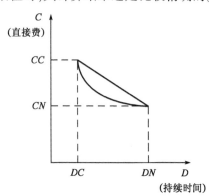

图 13-35 直接费—持续时间曲线

工作持续时间每缩短单位时间而增加的直接费称为直接费用率。直接费用率可按公式(13-26)计算:

$$\Delta C_{i,j} = \frac{CC_{i\text{-}j} - CN_{i\text{-}j}}{DN_{i\text{-}j} - DC_{i\text{-}j}} \tag{13-26}$$

式中:$\Delta C_{i\text{-}j}$——工作 $i\text{-}j$ 的直接费用率;

$CC_{i\text{-}j}$——将工作 $i\text{-}j$ 持续时间缩短为最短持续时间后,完成该工作所需的直接费用;

$CN_{i\text{-}j}$——在正常条件下完成工作 $i\text{-}j$ 所需的直接费用;

$DN_{i\text{-}j}$——工作 $i\text{-}j$ 的正常持续时间;

$DC_{i\text{-}j}$——工作 $i\text{-}j$ 的最短持续时间。

从式(13-26)可以看出,工作的直接费用率越大,说明将该工作的持续时间缩短一个时间单位,所需增加的直接费就越多;反之,将该工作的持续时间缩短一个单位,所需增加的直接费用就越少。因此,在压缩关键工作的持续时间以达到缩短工期的目的时,应将直接费用率最小的关键工作作为压缩对象。当有多条关键线路出现而需要同时压缩多个关键工作的持续时间时,应将它们的直接费用率之和(组合的直接费用率)最小者作为压缩对象。

2. 费用优化的方法

费用优化的基本方法是不断地从时间和费用的关系中,找出能使工期缩短且直接费用增加最少的工作,缩短其持续时间,同时考虑间接费用叠加,便可以求出费用最低相应的最优工期和工期规定时相应的最低费用。

3. 费用优化的步骤

(1)按工作正常持续时间找出关键工作及关键线路;

(2)计算各项工作的直接费用率;

(3)在网络计划中找出直接费用率(或组合直接费用率)最低的一项关键工作或一组关键

工作,作为缩短持续时间的对象;

(4)缩短找出的关键工作或一组关键工作的持续时间,其缩短值必须符合不能压缩成非关键工作和缩短后其持续时间不小于最短持续时间的原则;

(5)计算相应增加的直接费用;

(6)考虑工期变化带来的间接费用及其他损益,在此基础上计算总费用;

(7)重复上述步骤(3)~(6),直至计算工期满足要求工期或被压缩的对象直接费用率或组合的直接费用率大于工程间接费用率为止。

13.6.3 资源优化

资源是指完成某建设项目所需的人力、材料、机械设备和资金等的统称。完成某建设项目所需的资源量基本上是不变的,不可能通过资源优化将其减少。资源优化的目的是通过改变工作的开始时间,使资源按时间的分布符合优化目标。如在资源有限时如何使工期最短,当工期一定时如何使资源均衡。

资源优化中的常用术语:

①资源强度——一项工作在单位时间内所需的某种资源数量。工作i-j的资源强度用r_{i-j}表示。

②资源需用量——网络计划中各项工作在某一单位时间内所需某种资源数量之和。第t天资源需用量用R_t表示。

③资源限量——单位时间内可供使用的某种资源的最大数量,用R_a表示。

资源优化的前提条件是:

①在优化过程中,原网络计划的逻辑关系不改变。

②在优化过程中,网络计划的各工作持续时间不改变。

③除规定可中断的工作外,一般不允许中断工作,应保持其连续性。

④各工作每天的资源需要量是均衡、合理的,在优化过程中不予变更。

1."资源有限,工期最短"的优化

"资源有限,工期最短"的优化是通过调整计划安排,以满足资源限制条件,并使工期拖延最少的过程。

优化步骤:

(1)按照各项工作的最早开始时间安排进度计划,并计算网络计划每个时间单位的资源需用量。

(2)从计划开始日期起,逐个检查每个时段(每个时间单位资源需用量相同的时间段)资源需用量是否超过所能供应的资源限量。如果在整个工期范围内每个时段的资源需用量均能满足资源限量的要求,则可行优化方案就编制完成;否则,必须转入下一步进行计划的调整。

(3)分析超过资源限量的时段。如果在该时段内有几项工作平行作业,则采取将一项工作安排在与之平行的另一项工作之后进行的方法,以降低该时段的资源需用量。

选择其中最小的$\Delta Tm,n$(将工作n安排在工作m之后开始时网络计划的工期延长值),将相应的工作n安排在工作m之后进行,既可降低该时段的资源需用量,又使网络计划的工期延长最短。

(4)对调整后的网络计划安排重新计算每个时间单位的资源需用量。

(5)重复上述步骤(2)~(4),直至网络计划整个工期范围内每个时间单位的资源需用量均满足资源限量为止。

2. "工期固定、资源均衡"的优化

"工期固定、资源均衡"的优化就是在工期不变的情况下,使资源需要量大致均衡。

基本思路:

在满足工期不变的条件下,通过利用非关键工作的时差,调整工作的开始和结束时间,使资源需求在工期范围内尽可能均衡。

优化步骤:

(1)按照各项工作的最早开始时间安排进度计划,并计算网络计划每个时间单位的资源需用量。

(2)从网络计划的终点节点开始,按工作完成节点编号值从大到小的顺序依次进行调整。当某一节点同时作为多项工作的完成节点时,应先调整开始时间较迟的工作。

(3)在调整工作时,一项工作能够右移或左移所需满足的条件。

①工作具有机动时间。

②工作满足判别式(13-27)或式(13-28)。

$$R_{j+1} + r_k \leqslant R_i \qquad (13\text{-}27)$$

$$R_{i-1} + r_k \leqslant R_j \qquad (13\text{-}28)$$

判别式(13-27)成立,表明将工作 k 右移一个时间单位能使资源需用量更加均衡。这时,就应将工作 k 右移一个时间单位。

同理,如果判别式(13-28)成立,说明将工作 k 左移一个时间单位能使资源需用量更加均衡。

如果工作 k 不满足判别式(13-27)或判别式(13-28),说明工作 k 右移或左移一个时间单位不能使资源需用量更加均衡,这时可以考虑在其总时差允许的范围内,将工作 k 右移或左移数个时间单位。

只有同时满足以上两个条件,才能调整该工作,将其右移或左移至相应位置。

(4)按上述顺序进行其他工作的移动,反复循环,直到所有工作都不能再调整为止。

本 章 小 结

1. 网络计划是进行工程施工管理的一种科学方法。

2. 网络计划分为双代号网络计划、单代号网络计划、双代号时标网络计划、单代号搭接网络计划,本章主要介绍前三种计划。

3. 双代号网络计划、单代号网络计划、双代号时标网络计划,它们有各自的优缺点,在不同情况下,其表现的繁简程度是不同的,有些情况下,应用单代号表示法比较简单,有些情况下,使用双代号表示法则更清楚,因此,它们是互有补充,各具特色的表现方法,目前在工程中均有应用。由于时标网络综合了横道图和网络图的优点,在工程中应用更为广泛。

4. 网络计划与横道图相比较最突出的优点在于前者能进行优化和调整,可以寻求最优方案。网络计划优化的主要内容有:工期优化、费用优化和资源优化。

复习思考题

1. 什么是双代号网络图？双代号网络图的组成要素有哪些？

2. 什么是单代号网络图？单代号网络图的组成要素有哪些？

3. 什么叫虚工作？虚工作在双代号网络图中有什么作用？

4. 简述双代号网络图的绘制规则。

5. 什么叫关键线路？关键线路有什么特点？

6. 什么叫时差？时差有哪几种？各对工期有怎样的影响？

7. 双代号时标网络计划如何编制？

8. 优化有哪几种形式？如何进行工期优化？

9. 试指出如图 13-36 所示网络图中的错误，指明错误原因。

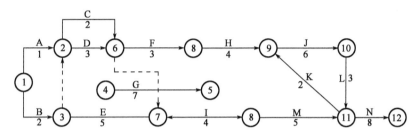

图 13-36　找出图中的错误

10. 根据表 13-11 中各工作之间的逻辑关系，绘制双代号网络图，并进行时间参数的计算，标出关键线路。

各工作之间的逻辑关系　　　　　　　　　　表 13-11

工作名称	A	B	C	D	E	F	G	H	I	J	K	L	M
紧前工作	—	A	A	A	B	C	B、C、D	F、G	E	E、G	I、J	H、I、J	K、L
持续时间	3	5	3	5	4	5	4	3	4	3	2	3	2

11. 根据表 13-12 中各工作之间的逻辑关系，绘制单代号网络图，并进行时间参数的计算，标出关键线路。

各工作之间的逻辑关系　　　　　　　　　　表 13-12

工 作 名 称	A	B	C	D	E	F	G	H	I	J	K
紧前工作	—	A	A	B	B	E	A	D、C	E	F、G、H	I、J
紧后工作	B、C、G	D、E	H	H	F、I	J	J	J	K	K	—
持续时间	2	3	5	2	4	3	2	5	2	3	1

12. 根据表 13-13 中各工作之间的逻辑关系，按最早时间绘制双代号时间坐标网络图，并进行时间参数的计算，标出关键线路。

各工作之间的逻辑关系　　　　　　　　　　表 13-13

工 作 名 称	A	B	C	D	E	F	G	H	I
紧前工作	—	—	A	B	B	A、D	E	C、E、F	G
持续时间	2	5	3	5	2	5	4	5	2

13. 已知双代号网络计划如图 13-37 所示，图中箭线下方括号外的数字为正常持续时间，

括号内的数字为最短持续时间,箭线上方括号内的数字为考虑各种因素后的优先选择系数。假定要求工期为12d,试对其进行工期优化。(工作2-3和工作4-5持续时间都是1d,不能再压缩。)

14.已知网络计划如图13-38所示,图中箭线上方为工作的正常费用和最短时间的费用(以千元为单位),箭线下方为工作的正常持续时间和最短的持续时间。试对其进行费用优化(已知间接费率为150元/d)。

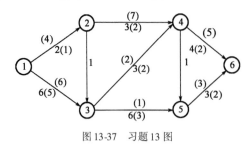

图13-37　习题13图

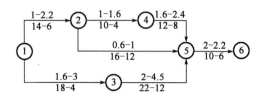

图13-38　习题14图

第14章　单位工程施工组织设计

单位工程施工组织设计是以单位工程为对象,依据工程项目施工组织总设计的要求和有关的原始资料,并结合单位工程实际的施工条件而编制的指导单位工程现场施工活动的技术经济文件。其目的是策划单位工程的施工部署,协调组织单位工程的施工活动,以达到工期短、质量好、成本低的施工目标。

14.1　单位工程施工组织设计的内容和编制程序

14.1.1　单位工程施工组织设计的内容

单位工程施工组织设计的内容,根据其工程的规模、性质、施工复杂程度和施工条件的不同,其内容的深度、广度要求也各有不同。但是,一般应包括以下主要内容。

(1)工程概况和施工特点分析:主要包括工程概况、施工条件、工程特点、施工特点和施工目标等内容。

(2)施工方案:主要包括确定施工程序、确定施工起点流向、确定施工顺序、选择施工方案与施工机械等内容。

(3)施工进度计划:主要包括划分施工段、计算工程量、确定劳动量和机械台班数及工作持续时间,确定各施工过程的施工顺序及搭接关系,绘制进度计划表等内容。

(4)施工准备工作计划:主要包括施工前的技术准备、现场准备、人力资源准备、材料及构件准备、机械设备及工器具准备等内容。

(5)劳动力、材料、构件、施工机械等需要量计划:主要包括劳动力需要量计划、材料及构件需要量计划、机械设备需要量计划等内容。

（6）施工平面图：主要包括对施工机械、临时加工场地、材料构件仓库与堆场、临时水网和电网、临时道路、临时设施用房的布置等内容。

（7）主要技术组织措施：主要包括保证施工质量的措施、保证施工安全的措施、冬雨季施工措施、文明施工措施及降低成本的措施等内容。

（8）各项技术经济指标：主要包括工期指标、质量和文明安全指标、实物量消耗指标、降低成本指标等内容。

对于一般常见的工业厂房及民用建筑等单位工程，其施工组织设计可以相对精简，内容一般以施工方案、施工进度计划、施工平面图为主，并辅以相应的文字说明。对于技术复杂、规模较大的单位工程或应用新技术、新工艺、新材料没有施工经验的单位工程，则应编制得详细一些。

14.1.2　单位工程施工组织设计的编制依据

单位工程施工组织设计的编制依据主要有以下几个方面。

（1）主管部门及建设单位的要求：主要包括上级主管部门或建设单位对工程的开、竣工日期，施工许可证等方面的要求，以及施工合同中关于质量、工期、费用等方面的规定。

（2）施工图纸及设计单位对施工的要求：主要包括单位工程的全部施工图纸、会审记录和标准图等有关设计资料，对于复杂的建筑工程还要有设备图纸和设备安装对土建施工的要求，及设计单位对新结构、新材料、新技术和新工艺的要求。

（3）施工组织总设计：当该单位工程是某建设项目或建筑群的一个组成部分时，应从总体的角度考虑，在满足施工组织总设计的既定条件和要求的前提下编制该单位工程施工组织设计。

（4）施工企业年度生产计划：应根据施工企业年度生产计划对该工程下达的施工安排和有关技术经济指标来指导单位工程施工组织设计的编制。

（5）施工现场的资源情况：主要包括施工中需要的劳动力、材料、施工设备及工器具、预制构件的供应能力和来源情况等。

（6）建设单位可能提供的条件：主要包括供水、供电、施工道路、施工场地及临时设施等条件。

（7）施工现场条件和勘察资料：主要包括施工现场的地形、地貌、水准点、地上或地下的障碍物、工程地质和水文地质、气象资料、交通运输等资料。

（8）预算或报价文件和有关规程、规范等资料：主要包括工程预算文件、国家的施工验收规范、质量标准、操作规程和有关定额等内容。

14.1.3　单位工程施工组织设计的编制程序

单位工程施工组织设计的编制程序如图 14-1 所示。

14.2　施工方案设计

施工方案设计是单位工程施工组织设计的核心问题。施工方案合理与否，不仅影响到施工进度计划的安排和施工平面图的布置，而且关系到工程施工的效率、质量、工期和技术经济效果，所以应予以充分重视。其内容一般应包括：确定施工程序、施工顺序、施工起点流向、主要分部分项工程的施工方法和施工机械等。

14.2.1 确定施工程序

施工程序是指施工中不同阶段的不同工作内容,按照其固有的先后次序及其制约关系循序渐进向前开展的客观规律。单位工程的施工程序一般为:接受任务阶段,开工前的准备阶段,全面施工阶段,竣工验收阶段。每一阶段都必须完成规定的工作内容,并为下阶段工作创造条件。

1.接受任务阶段

接受任务阶段是其他各个阶段的前提条件,施工单位在这个阶段承接施工任务,并签订施工合同,明确具体的施工任务。目前施工单位承接的工程施工任务,一般是通过投标方式承接。签订施工合同前,施工单位需重点检查该项工程是否有正式的批准文件及建设投资是否落实。在签订工程承包合同时,应明确合同双方应承担的技术经济责任及奖励、处罚条款。对于施工技术复杂、工程规模较大的工程,还需选择分包单位,签订分包合同。

2.开工前准备阶段

开工前准备阶段是继接受任务之后,为单

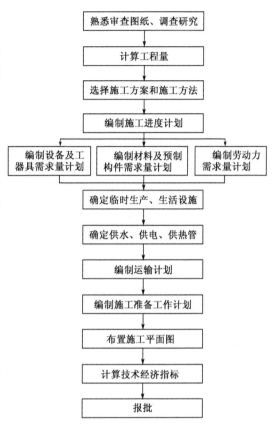

图 14-1　单位工程施工组织设计的编制程序

位工程施工创造必要条件阶段。单位工程开工前必须具备如下条件:施工图纸设计完成并通过会审;施工预算已编制;施工组织设计已经过批准并完成交底;场地平整、障碍物的清除和场内外交通道路的铺设已经基本完成;施工用水、用电、排水均可满足施工的需要;永久性或半永久性坐标和水准点已经完成设置;临时设施建设基本能满足开工后生产和生活的需要;材料、成品和半成品及施工机械设备能陆续进入现场,保证连续施工;劳动力计划已落实,随时可以进场,并已经过必要的技术安全教育。在此基础上,编写开工报告,并经上级主管部门审查批准后方可开工。

3.全面施工阶段

施工方案设计中主要应确定此阶段的施工程序。施工中通常遵循的程序主要有:

(1)先地下、后地上。施工时,通常应首先完成管道、管线等地下设施、土方工程和基础工程,然后开始地上工程施工。对于地下工程应按先深后浅的顺序进行,以免造成施工返工或对上部工程的干扰,影响工程质量,造成浪费。但采用逆作法施工时除外。

(2)先主体、后围护。施工时应先进行框架主体结构施工,然后进行围护结构施工。

(3)先结构、后装饰。施工时先进行主体结构施工,然后进行装饰工程施工。

（4）先土建、后设备。先土建、后设备是指一般的土建与水暖电卫等工程的总体施工程序，施工时某些工序可能要穿插在土建的某一工序之前进行，这是施工顺序问题，并不影响总体施工程序。

工业建筑中土建与设备安装工程之间的程序取决于工业建筑的类型，如精密仪器厂房，一般要求土建、装饰工程完成后安装工艺设备，而重型工业厂房，一般要求先安装工艺设备后建设厂房或设备安装与土建工程同时进行。

4. 竣工验收阶段

单位工程完工后，施工单位应首先进行内部预验收，并向建设单位提交竣工验收报告。然后建设单位组织各方参与正式验收，验收合格双方办理交工手续及有关事宜。

14.2.2 确定施工起点流向

确定施工起点流向，就是确定单位工程在平面上或竖向上施工开始的部位和进展的方向。对于单层建筑物，如厂房，可按其车间、工段或跨间，分区分段地确定出在平面上的施工流向。对于多层建筑物，除了确定每层平面上的流向外，还应确定沿竖向上的施工流向。对于道路工程可确定出施工的起点后，沿道路前进方向，将道路分为若干区段，如 1km 一段进行。

14.2.3 确定施工顺序

施工顺序是指分项工程或工序之间施工的先后次序。它的确定既是为了保证能够按照客观的施工规律组织施工，也是为了解决各分部分项工程之间在时间上的搭接利用问题。在保证质量与安全施工的前提下，实现缩短工期的目的。

14.3 施工方法和施工机械选择

施工方法和施工机械选择是施工方案中的关键问题。它直接影响施工进度、施工质量、施工安全以及工程成本。编制施工组织设计时，必须根据工程的建筑结构、抗震要求、工程量大小、工期长短、资源供应情况、施工现场条件和周围环境，制订出可行方案，并进行技术经济比较，确定最优方案。

14.3.1 施工方法的选择

选择施工方法时应着重考虑影响整个单位工程施工的分部分项工程的施工方法，如在单位工程中占重要地位的分部分项工程、施工技术复杂或采用新技术、新工艺对工程质量起关键作用的分部分项工程、不熟悉的特殊结构工程或由专业施工单位施工的特殊专业工程的施工方法。而对于按照常规做法和工人熟悉的分项工程，只要提出应注意的特殊问题即可，不必详细拟定施工方法。

选择施工方法的基本要求如下：

（1）要重点解决主要分部分项工程的施工方法。

（2）要符合施工组织总设计的要求。

（3）要满足施工技术的需要。

（4）要争取提高工厂化和机械化程度。

（5）要符合先进可行、经济合理的原则。

（6）要满足工期、质量和安全的要求。

14.3.2　施工机械的选择

施工机械选择应主要考虑以下几个方面：

（1）应首先根据工程特点选择适宜的主导工程施工机械。

如在选择装配式单层工业厂房结构安装用的起重机械类型时，若工程量大而集中，可以采用生产率较高的塔式起重机；若工程量较小或虽大但较分散时，则采用无轨自行式起重机械；在选择起重机型号时，应使起重机性能满足起重量、安装高度、起重半径和臂长的要求。

（2）各种辅助机械应与直接配套的主导机械的生产能力协调一致。

为了充分发挥主导机械的效率，在选择与主导机械直接配套的各种辅助机械和运输工具时，应使其互相协调一致；如土方工程中自卸汽车的选择，应考虑使挖土机的效率充分发挥出来。

（3）在同一建筑工地上的建筑机械的种类和型号应尽可能少。

在一个建筑工地上，如果拥有大量同类而不同型号的机械，会给机械管理带来困难，同时增加对于工程机械转移的工时消耗。因此，对于工程量大的工程应采用专用机械；量小而分散的情况，应尽量采用多用途的机械。

（4）尽量选用施工单位的现有机械，以减少施工的投资额，提高现有机械的利用率，降低工程成本。

若现有机械满足不了工程需要，如果此机械本工程利用时间长或将来工程经常要用，则可以考虑购置，否则可考虑租赁。

（5）确定各个分部工程垂直运输方案时应进行综合分析，统一考虑。

如高层建筑施工时，可从下述几种组合情况选一种，进行所有分部工程的垂直运输：塔式起重机和施工电梯；塔式起重机、混凝土泵和施工电梯；塔式起重机、井架和施工电梯；井架和施工电梯；井架、快速提升机和施工电梯。

14.3.3　主要技术组织措施

技术组织措施主要是指在技术、组织方面对保证质量、安全、节约和季节施工所采用的方法。根据工程特点和施工条件，主要制订以下技术组织措施。

1. 保证工程质量措施

保证质量的关键是对工程施工中经常发生的质量通病制订防治措施，以及对采用新工艺、新材料、新技术和新结构制订有针对性的技术措施，确保基础质量的措施，保证主体结构中关键部位质量的措施，以及复杂特殊工程的施工技术组织措施等。

2. 保证施工安全措施

保证安全的关键是贯彻安全操作规程，对施工中可能发生的安全问题提出预防措施并加以落实。保证安全的措施主要包括以下几个方面：

（1）新工艺、新材料、新技术和新结构的安全技术措施。

（2）预防自然灾害，如防雷击、防滑等措施。

（3）高空作业的防护和保护措施。

（4）安全用电和机具设备的保护措施。

（5）防火防爆措施。

3. 冬雨季施工措施

雨季施工措施要根据工程所在地的雨量、雨期、工程特点和部位，在防淋、防潮、防泡、防淹、防拖延工期等方面，采取改变施工顺序、排水、加固、遮盖等措施。

冬季施工措施要根据所在地的气温、降雪量、工程内容和特点、施工单位条件等因素，在保温、防冻、改善操作环境等方面，采取一定的冬期施工措施。如暖棚法，先进行门窗封闭，再进行装饰工程的方法，以及混凝土中加入抗冻剂的方法等。

4. 降低成本措施

降低成本措施包括提高劳动生产率、节约劳动力、节约材料、节约机械设备费用、节约临时设施费用等方面的措施，它是根据施工预算和技术组织措施计划进行编制的。

14.3.4　施工方案的技术经济评价

施工方案的技术经济评价是选择最优施工方案的重要途径。它是从几个可行方案中选出一个工期短、成本低、质量好、材料省、劳动力安排合理的最优方案。常用的方法有定性分析和定量分析两种。

1. 定性分析评价

定性分析评价是结合工程施工实际经验对几个方案的优缺点进行分析和比较。通常主要从以下几个指标来评价：

（1）工人在施工操作上的难易程度和安全可靠性。

（2）为后续工作能否创造有利施工条件。

（3）选择的施工机械设备是否易于取得。

（4）采用该方案是否有利于冬雨期施工。

（5）能否为现场文明创造有利条件等。

2. 定量分析评价

定量分析评价是通过对各个方案的工期指标，实物量指标和价值指标等一系列的技术经济指标，进行计算对比，从中选择技术经济指标最优方案的方法。定量分析评价通常分为两种方法。

1）多指标分析法

它是用价值指标、实物指标和工期指标等一系列单个的技术经济指标，各方案进行分析对比从中选优的方法。定量分析的指标通常有：工期指标、劳动量消耗指标、主要材料消耗指标、成本指标等。在实际应用时，可能会出现指标不一致的情况，这时，就需要根据工程具体情况确定。例如工期紧迫，就优先考虑工期短的方案。

（1）工期指标：当要求工程尽快完成以便尽早投入生产或使用时，选择施工方案就要在确保工程质量、安全和成本较低的条件下，优先考虑缩短工期。

（2）劳动量消耗指标：反映施工机械化程度和劳动生产率水平。通常，在方案中劳动消耗量越小，机械化程度和劳动生产率越高。劳动消耗指标以工日数计算。

（3）主要材料消耗指标：反映若干施工方案的主要材料节约情况。

(4)成本指标:反映施工方案的成本高低,一般需计算方案所用的直接费和间接费。

2)综合指标分析法

综合指标分析方法是以多指标为基础,将各指标的值按照一定的计算方法进行综合后得到一个综合指标进行评价。

通常的方法是:首先根据多指标中各个指标在评价中重要性的相对程度,分别定出权值 W_i,再用同一指标依据其在各方案中的优劣程度定出其相应的分值 C_{ij} 设有 m 个方案和 n 种指标,则第 j 方案的综合指标值 A_j 的计算如公式(14-1)所示:

$$A_j = \sum_{i=1}^{n} C_{ij} \times W_i \tag{14-1}$$

14.4 单位工程施工进度计划的编制

单位工程施工进度计划是在确定了施工方案的基础上,根据规定工期和各种资源供应条件,按照施工过程的合理施工顺序及组织施工的原则,用图表的形式(横道图或网络图),对一个工程从开始施工到工程全部竣工的各个项目,确定其在时间上的安排和相互间的搭接关系。在此基础上,方可编制月、季计划及各项资源需要量计划。所以,施工进度计划是单位工程施工组织设计中的一项非常重要的内容。

14.4.1 单位工程施工进度计划

1. 单位工程施工进度计划的作用

(1)安排单位工程的施工进度,保证在规定工期内完成符合质量要求的工程任务。

(2)确定单位工程中各个施工过程的施工顺序、持续时间、相互衔接和合理配合关系。

(3)为编制各种资源需要量计划和施工准备工作计划提供依据。

(4)为编制季度、月、旬生产作业计划提供依据。

2. 单位工程施工进度计划的编制依据

编制单位工程施工进度计划,主要依据下列资料:

(1)经过审批的建筑总平面图、地形图、单位工程施工图、工艺设计图、设备基础图、采用的标准图集以及技术资料。

(2)施工工期要求及开竣工日期。

(3)施工组织总设计对本单位工程的有关规定。

(4)主要分部分项工程的施工方案。

(5)施工条件,劳动力、材料、构件及机械的供应条件,分包单位的情况等。

(6)劳动定额及机械台班定额。

(7)其他有关要求和资料。

3. 单位工程施工进度计划的表示方法

施工进度计划一般用图表表示,经常采用的有两种形式:横道图和网络图。这两种形式进度计划的编制详见本书前面相关章节。

4. 单位工程施工进度计划的编制方法和步骤

1)划分施工过程

编制进度计划时,首先应按照图纸和施工顺序将拟建单位工程的各个施工过程列出,并结合施工方法、施工条件、劳动组织等因素,加以适当调整,使其成为编制施工进度计划所需的施工过程。

2)计算工程量

可以直接采用施工图预算所计算的工程量数据,但应注意有些项目的工程量应按实际情况作适当调整。如土方工程施工中挖土工程量,应根据土的类别及具体的施工方案进行调整。计算时应注意以下几个问题:

(1)各分部分项工程的内容、计算规则和计量单位应与现行定额一致,以避免计算劳动力、材料和机械数量时产生错误。

(2)结合选定的施工方法和安全技术要求,计算工程量。

(3)结合施工组织要求,分区、分项、分段、分层计算工程量。

(4)计算工程量时,尽量考虑编制其他计划时使用工程量数据的方便,做到一次计算,多次使用。

3)计算劳动量和机械台班量

根据各分部分项工程的工程量、施工方法套用企业定额,计算各分部分项工程的劳动量和机械台班量。计算公式如下:

$$P = \frac{Q}{S} \tag{14-2}$$

或

$$P = Q \cdot H \tag{14-3}$$

式中:P——某施工过程所需的劳动量(工日)或机械台班数量(台班);

　　Q——某施工过程的工程量;

　　S——某施工过程的产量定额;

　　H——某施工过程的时间定额。

4)确定各施工过程的施工天数

根据施工条件及施工工期要求不同,有定额法、工期倒推法和经验估计法等三种方法,详见本书前面章节,不再赘述。

需特别注意在应用定额法时,通常先按一班制考虑,如果每天所需机械台数或工人人数,已超过施工单位现有人力、物力或工作面限制时,则应根据具体情况和条件从技术和施工组织上采取积极的措施,如增加工作班次,最大限度地组织立体交叉平行流水施工,加早强剂提高混凝土早期强度等。

5)编制施工进度计划的初始方案

具体方法如下:

(1)确定主要分部工程并组织其流水施工。应首先确定主要分部工程,组织其中主导分项工程的流水施工,使主导分项工程连续施工。

(2)安排其他各分部工程流水施工。其他各分部工程施工应与主要分部工程相配合,并用与主要分部工程相类似的方法;组织其内部的分项工程,使其尽可能流水施工。

(3)按各分部工程的施工顺序编排初始方案。各分部工程之间按照施工工艺顺序或施工组织的要求,将相邻分部工程的相邻分项工程,按流水施工要求或配合关系搭接起来,组成单位工程进度计划的初始方案。

6)检查与调整施工进度计划的初始方案,绘制正式进度计划

检查与调整的目的在于使初始方案满足规定的计划目标,确定理想的施工进度计划。其内容如下:

(1)检查施工过程的施工顺序以及平行、搭接和技术间歇等是否合理。

(2)检查初始方案的总工期是否满足规定工期。

(3)检查主要工程工人是否连续施工,施工机械是否充分发挥作用。

(4)检查各种资源需要量是否均衡。

经过检查,对不符合要求的部分进行调整。其方法一般有:增加或缩短某些分项工程的施工时间;在施工顺序允许的情况下,将某些分项工程的施工时间前后移动;必要时还可以改变施工方法或施工组织措施。最后,绘制正式进度计划。

14.4.2 资源需要量计划

各项资源需要量计划可用来确定建筑工地的临时设施,并按计划供应材料、构件、调配劳动力和机械,以保证施工顺利进行。在编制单位工程施工进度计划后,就可以编制各项资源需要量计划。

1. 劳动力需要量计划

它主要是作为安排劳动力、调配和衡量劳动力消耗指标、安排生活福利设施的依据,其编制方法是将施工进度计划表中所列各施工过程每天(或旬、月)劳动量、人数按工程汇总填入劳动力需要量计划表。其格式如表14-1所示。

劳动力需求量计划　　　　　　　　　　　　　　　　表 14-1

序　号	工种名称	需要量	需　要　时　间						备注
		（工日）	×月			×月			
			上旬	中旬	下旬	上旬	中旬	下旬	

2. 主要材料需要量计划

它主要作为备料、供料和确定仓库、堆场面积及组织运输的依据。其编制方法是,根据施工预算中工料分析表、施工进度计划表,材料的储备和消耗定额,将施工中需要的材料,按品种、规格、数量、使用时间计算汇总,填入主要材料需要量计划表,其格式如表14-2所示。

主要材料需要量计划　　　　　　　　表 14-2

序　号	材料名称	规　格	需　要　量		供应时间	备　注
			单位	数量		

3. 构件和半成品需要量计划

它主要用于落实加工订货单位,并按照所需规格、数量、时间、组织加工、运输和确定仓库或堆场,可根据施工图和施工进度计划编制,其格式如表 14-3 所示。

构件和半成品需要量计划　　表 14-3

序　号	构件半成品名称	规格	图号型号	需　要　量		使用部位	加工单位	供应日期	备注
				单位	数量				

4. 施工机械需要量计划

它主要用于确定施工机具类型、数量、进场时间,据此落实施工机具来源,组织进场。其编制方法是,将单位工程施工进度表中的每一个施工过程,每天所需的机械类型、数量和施工日期进行汇总,即得施工机械需要量计划。其格式如表 14-4 所示。

施工机械需要量计划　　表 14-4

序　号	机 械 名 称	类型、型号	需　要　量		使用起止时间	备　注
			单位	数量		

14.5　单位工程施工平面图的设计

单位工程施工平面图设计是对一个建筑物的施工现场的平面规划和空间布置图。它是根据工程规模、特点和施工现场的条件,按照一定的设计原则,来正确地解决施工期间所需各种暂设工程和其他业务设施等同永久性建筑物和拟建工程之间的合理位置关系。它是进行现场布置的依据,也是实现施工现场有组织有计划地进行文明施工的先决条件。编制和贯彻合理的施工平面图,施工现场井然有序,施工进行顺利;反之,则导致施工现场混乱,直接影响施工进度,造成工程成本增加等不良后果。

单位工程施工平面图的绘制比例一般为(1:500 ~ 1:2 000)。

14.5.1　单位工程施工平面图的设计内容

(1)建筑总平面图上已建和拟建的地上地下的一切房屋、构筑物以及其他设施(道路和各种管线等)的位置和尺寸。

(2)测量放线标桩位置、地形等高线和土方取弃场地。

(3)自行式起重机械开行路线、轨道布置和固定式垂直运输设备位置。

(4)各种加工场、搅拌站、材料、加工半成品、构件、机具的仓库或堆场。

（5）生产和生活性福利设施的布置。

（6）场内道路的布置和引入的铁路、公路和航道位置。

（7）临时给排水管线、供电线路、蒸汽及压缩空气管道等布置。

（8）一切安全及防火设施的布置。

14.5.2　单位工程施工平面图的设计依据

在进行施工平面图设计前，应认真研究施工方案，并对施工现场做深入细致的调查研究，对原始资料进行周密分析，使设计与施工现场的实际情况相符，从而使其确实起到指导施工现场空间布置的作用。设计所依据的资料主要有：

1. 当地原始资料

建筑、结构设计和施工组织设计时所依据的有关拟建工程的当地原始资料主要包括以下两部分。

（1）自然条件调查资料：气象、地形、水文及工程地质资料。主要用于布置地表水和地下水的排水沟，确定易燃、易爆及有碍人体健康设施的布置，安排冬雨季施工期间所需设施的地点。

（2）技术经济调查资料：交通运输、水源、电源、物资资源、生产和生活基地情况。它对布置水、电管线和道路等具有重要作用。

2. 建筑设计资料

（1）建筑总平面图。包括一切地上地下拟建和已建的房屋和构筑物。它是正确确定临时房屋和其他设施位置，以及修建工地运输道路和解决排水等所需的资料。

（2）一切已有和拟建的地下、地上管道位置。在设计施工平面图时，可考虑利用这些管道或需考虑提前拆除或迁移，并需注意不得在拟建的管道位置上面建临时建筑物。

（3）建筑区域的竖向设计和土方平衡图。它们在布置水电管线和安排土方的挖填、取土或弃土地点时需要用到。

3. 施工资料

（1）单位工程施工进度计划，从中可了解各个施工阶段的情况，以便分阶段布置施工现场。

（2）施工方案。据此可确定垂直运输机械和其他施工机具的位置、数量和规划场地。

（3）各种材料、构件、半成品等需要量计划，以便确定仓库和堆场的面积、形式和位置。

14.5.3　单位工程施工平面图的设计原则

（1）在保证施工顺利进行的前提下，现场布置尽量紧凑，以节约土地。

（2）合理布置施工现场的运输道路及各种材料堆场、加工场、仓库、各种机具的位置，尽量使得运距最短，从而减少或避免二次搬运。

（3）尽量减少临时设施的数量，降低临时设施费用。

（4）临时设施的布置，尽量有利于工人的生产和生活，使工人至施工区的距离最近，往返时间最少。

（5）符合环保、安全和防火要求。

14.6　单位工程施工组织设计实例

14.6.1　工程概况

本某工程为五层三单元混合结构住宅楼,长65.04m,宽9.54m,总建筑面积为3264.4m²。

该工程采用钢筋混凝土条形基础,砖基础墙,20mm厚掺防水剂的水泥砂浆防潮层。建筑物按8度抗震设防设计,结构为砖墙承重,外墙240mm,内墙240mm,隔断墙120mm,单元四个大角、楼梯间、内外墙交接处、楼梯间两侧墙均设抗震组合柱。每层设置圈梁。楼板为预应力圆孔板,屋顶板为加气混凝土屋面板,预制混凝土挑檐板。底层地面为灰土垫层,细石混凝土面层。外墙水泥砂浆抹灰,涂刷外墙涂料。内墙石灰砂浆抹灰,纸筋灰罩面,涂刷内墙涂料。

根据地质钻探资料,土为Ⅰ级湿陷性黄土,天然地基承载力为15t/m²。现场地下水位较低,在地表下7.7~8m,故施工时基础底部不会出现地下水,可不考虑排水措施。基础持力层为Ⅰ级湿陷性黄土,为不使基础发生沉陷,应注意地坪处排水,以防水下渗入基础。

建筑场地东、北两侧为城市主要道路,西南两侧均有已建成建筑物。现场以拟建建筑物为准一定区域内场地可以利用。东15m,南15m,西20m,北18m。

工期:240d。基础确保20d、主体确保90d、装饰120d完成、机动时间10d,总工期确保在240d完成任务。

质量:主体工程确保优良工程,单位工程确保市优工程。

安全:杜绝重大伤亡与火灾事故,一般事故频率控制在0.1%以内。

现场管理:坚持"标准化"长效管理,争创"市级文明工地"。

14.6.2　施工方案

1. 基础工程

(1)基础施工顺序为:人工挖土→清槽钎探→验槽处理→基础砌砖→基础圈梁→暖气沟→回填土及室外管线。

(2)基础墙内构造柱生根在基础圈梁上,插铁按轴线固定在模板上,以防位移。

(3)纵横墙基同时砌筑,接槎处斜槎到顶,基础大放脚两侧要均匀收分,待砌到墙身时挂中线检查,以防偏轴。

(4)基槽回填要两侧均匀下土,分步夯实。房心回填时,遇暖气沟要加支撑,以防挤偏基础墙身。最后一步2:8灰土要做干密度试验。暖气沟外侧回填土要夯填密实。

(5)暖气沟盖板时,要复验标高,防止沟盖板冒出影响首层地面质量。

2. 结构工程

1)砌砖

(1)结构工程以瓦工为主,木工及混凝土工按工作量配备力量。分三段流水,每层砌砖为两步架,每层平均砌砖量为237m³,配备瓦工16人(另加普工8人)。

(2)结构工程主要施工顺序为:放线立皮数杆→绑组合柱钢筋→一步架砌砖→支组合柱模板、浇筑混凝土→二步架砌砖→支组合柱模板、浇筑混凝土→安装过梁→绑圈梁钢筋、支模板→安装楼板→板缝支模、整理钢筋→浇筑圈梁、板缝混凝土。

（3）结构砌砖采用满丁满条法。首层要做好排砖摆底，前后檐第一层排条砖，山墙第一层排丁砖，门窗旁加七分头，两边对称一致，以防止产生"阴阳膀"。外墙大角要同时砌筑，内外墙接槎每步架留斜槎到顶。砌筑时控制灰缝厚度，不得超越皮数杆灰缝高度。240mm墙单面挂线。

（4）砌砖使用平台架子（里脚手），建筑物外设桥式脚手架，随楼层升高，作挂安全网、勾缝、外檐装修用。砖用砖笼吊运，灰浆使用吊斗直接投入桶内。

（5）砖墙与构造柱交接处留三进三出直槎，进出要标准整齐，以保证构造柱断面尺寸。门窗洞口使用标准顶杆，控制墙面平整及洞口尺寸。圈梁下用硬架支模，螺栓位置留60mm×60mm孔，墙砌至圈梁底，最上一皮要砌条砖，以便圈梁模板贴墙面，减少跑浆现象。

2）模板

（1）圈梁支模除外墙外侧先砌120mm厚砖外，其他采用硬架支模，以保证楼板平整，并减少上板前抹找平层工序（图14-2）。构造柱、板带采用定型模板，模板按一层用料配制，对号入座。

（2）楼板缝均凹进15mm，构造柱外侧用脚手板贴100mm×50mm方木支护，用2ϕ16螺栓加固。

3）钢筋

（1）隔断墙接槎及施工洞处每8皮砖埋入2ϕ6钢筋，长度不小于1m，伸出0.5m。

（2）为保证8度抗震设防，组合柱钢筋生根在基础梁中，一直伸入屋顶圈梁，并保证锚固长度。

（3）圈梁钢筋如是预制，在转角处应另加角筋，遇构造柱处另加箍筋固定，以保证组合柱钢筋位置准确。如系现场绑扎，钢筋接头要错开，箍筋尺寸要准确。

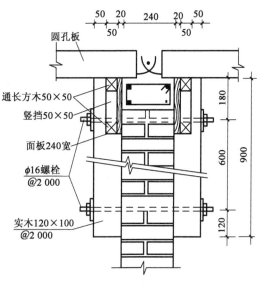

图14-2　硬架支模示意图（尺寸单位：mm）

（4）板带箍筋不得踩倒，板缝所加ϕ6锚筋应与楼板锚固筋绑扎。

4）混凝土

（1）混凝土采用机械搅拌和机械振捣，拌和料用灰斗吊运。构造柱和圈梁板缝可同时浇灌。外圈梁振捣时应防止挤动外侧砖墙。楼板接头处混凝土应振捣密实。

（2）构造柱每层高一次浇灌和振捣，以防止外墙外鼓，浇筑前应将根部杂物清理干净。

（3）4cm板缝用豆石混凝土浇筑，以保证密实。

5）构件安装

（1）楼板进场后要检查板端是否堵孔（进入板端4cm堵孔），如未堵孔须补做。楼板有横向通裂者不得使用，板端锚固筋应上弯45°。

（2）楼板安装时要保证板两端搭墙均匀，板缝宽度不少于4cm。楼板翘楞应垫平，吊装就位后，每间跨中支一道断面100mm×100mm通长方木顶住，临时加固。

（3）过梁、沟盖板、烟道等安装时必须坐浆。

（4）阳台锚筋及楼梯段的焊接，应保证焊缝高度和长度。阳台安装后两角应加支柱顶撑，上下层支柱要对正。结构施工完后,锚固处混凝土强度达到设计要求80%时,顶层阳台支柱方能拆除。

3.防水工程

(1)作屋面油毡前,应先将加气混凝土板边棱、鼓包铲平,凹处用混合砂浆找平,雨水斗处应比屋面低10~20mm,以保证油毡铺贴后不存水。

(2)沥青胶结材料到货后应及时进行试配,要求耐热度不小于70℃。铺卷材时遇风道、烟道根部和雨水口处阴阳角要抹成平缓半圆弧形,并附加玻璃布毡一层。

(3)保护油毡的小豆石必须过筛、清洗、炒干(或晒干),以利黏结牢固。

(4)雨期施工时加气板应遮盖,晴天铺油毡。

(5)厕所管道穿楼板处应用玻璃丝布油毡封裹后再铺地面油毡。墙与地面阴角应抹小圆角,油毡裹到墙上200mm,并与墙黏结牢固。

4.抄平放线

(1)建筑物四大角和楼梯间设轴线控制桩,并保护好,作为每层放线的依据。每层各条轴线均由控制轴线上引,并用钢尺实量其间距,校正后再开始该层的其他工序施工。

(2)水平线由楼梯间向上引。每层楼板或墙身完成后,将由下层引上的标高点引至室内砖墙上,在砖墙上测设一条地面以上 +0.5m 的标高线,并弹出墨线,作为地面抹灰或室内装修的依据。

(3)每层划线杆误差控制在 0 ~ -10mm 以内,不允许超高。

(4)圈梁模板上口标出板位和板号,楼板安装时对号入座。

5.装修工程

(1)外装修顺序自上而下进行,内装修顺序自下而上进行。室内先作楼地面后作抹灰,接着刷内墙涂料,然后安钢窗,油漆,安玻璃;外墙先勾缝,后抹灰,最后刷外墙涂料,两道工序连续进行,以便落下桥式架。

(2)装修阶段,垂直运输采用井字架,运输砂浆等装修材料,室内水平运输采用手推车。

(3)内装修主要施工工序为:放线→立门窗口→楼地面→养护→贴饼子→冲筋→门窗口护角→门窗口塞缝→混凝土窗台板→水管设备管线安装→水泥墙裙→炉片后抹白灰→安装炉片→墙面抹灰→刷内墙涂料→安装门窗扇→安装玻璃→油漆→灯具安装。木门窗安装前,要先刷好底漆。

(4)门窗口用水泥砂浆塞缝,楼面施工前要做好清理,并浇水湿润,以防地面空鼓。混凝土地面作好后要浇水养护,防止过早上人,以防起砂裂缝。为避免水泥踢脚板空鼓,踢脚板应在墙面抹灰前施工。

(5)外挑檐和窗台下要做好滴水线,不得遗漏。

6.水、暖、电、卫工程

(1)在基础回填土同时,作好上、下水和管沟内管线的铺设。

(2)吊装楼板后,插入下层下水立管和回水干管安装。屋顶油毡铺设前,先安装污水透气管,使屋顶油毡一次成活。

(3)室内抹灰前应将所有立管的穿楼板孔和横管的穿墙孔按设计位置剔出,并将上水、暖气的管卡及炉片钩安装好。

(4)电气管线、立管随砌墙进度设置,不得事后剔凿。水平管应采用塑料软管,在安装楼板时配合埋设。

(5)水暖立管穿过楼板时,应按准确位置剔孔,严禁随意扩大剔凿,损伤圆孔板肋。

7. 冬雨期施工措施

冬期施工时,混凝土掺早强剂,用 0.5t 小锅炉加热水,设热砂坑一个,搅拌机棚及建筑物门窗均封闭,进出料口挂麻袋草帘,桥式架沿西北侧挂风挡。雨期施工前,作好道路两侧和构件堆放场地周围排水沟,道路修整垫实,塔吊轨道两侧钉脚手板挡石渣,塔轨中心修排水沟。

14.6.3 施工进度计划

施工进度计划如图 14-3 所示。

14.6.4 施工平面图

现场除南、西两侧已有建筑物外,无其他建筑物可以利用,施工场地较为宽敞。根据设计总平面,因建筑物位于中部,故将整个现场基本分成五个区域,东、南、西面为生产区,北面为生活区(休息室、办公室、材料库等),中部为拟建建筑物。

(1)垂直运输结构阶段选用一台 QT_{1-2} 型塔吊,塔高为 25m,塔臂长 19.6m,立于拟建建筑物北部,待主体结构完成后拆除此塔。当回转半径为 19.6m 时,塔吊起重量为 10kN,本工程结构施工中最大构件质量为 0.91t,小于 2t,塔吊能满足要求。根据砂浆、混凝土、模板、钢筋、楼板、过梁等构件和平台架子吊次的计算,每台班平均为 80 吊次左右,可以满足使用要求。混凝土构件一般安排在夜班进场,用塔吊卸车。装修阶段在楼南侧立一卷扬机井架,用作运输装修材料和灰浆等。

(2)东南侧设一个出入口,按汽车吊行走要求,做 4m 宽道路,道路转弯半径要大于 10m,并形成循环路。搅拌机内的灰浆、混凝土由翻斗车运至塔吊下卸入吊斗内。

(3)砖排子和构件位于塔轨北侧,拟建建筑物东侧,南侧布置在井架附近。构件堆放于塔吊回转半径内。此范围可存放圆孔板 200 块,可供二层楼使用;现场存砖 8 万块,可使用 10d,其他构件配套于塔下和场内堆放。

(4)在现场设 3 个消火栓。

施工现场平面布置见图 14-4。

14.6.5 施工准备

(1)开工前技术员、翻样员、预算员、工长等应熟悉图纸,组织技术交底。作施工组织设计,提出加工定货单,编设计预算,并提出工料分析。

(2)放线前根据场地自然标高与建筑物室外标高的情况用推土机将场地推平,并将大块的垃圾和废土运到场外。

(3)根据设计总平面图,先作正式道路路床,在路床上用 20~30cm 厚的级配砂石或焦渣铺散,碾压后作为施工运输道路。

(4)施工用电。

①主要机械设备用电(按两条生产线计算用电量)见表 14-5。

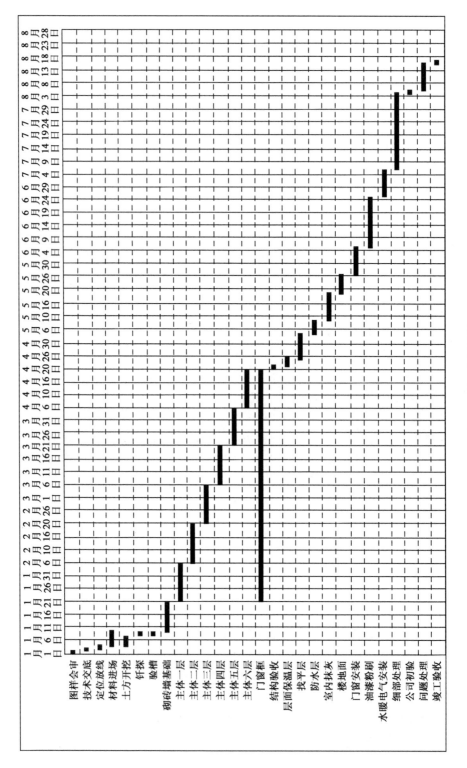

图14-3 施工进度计划表

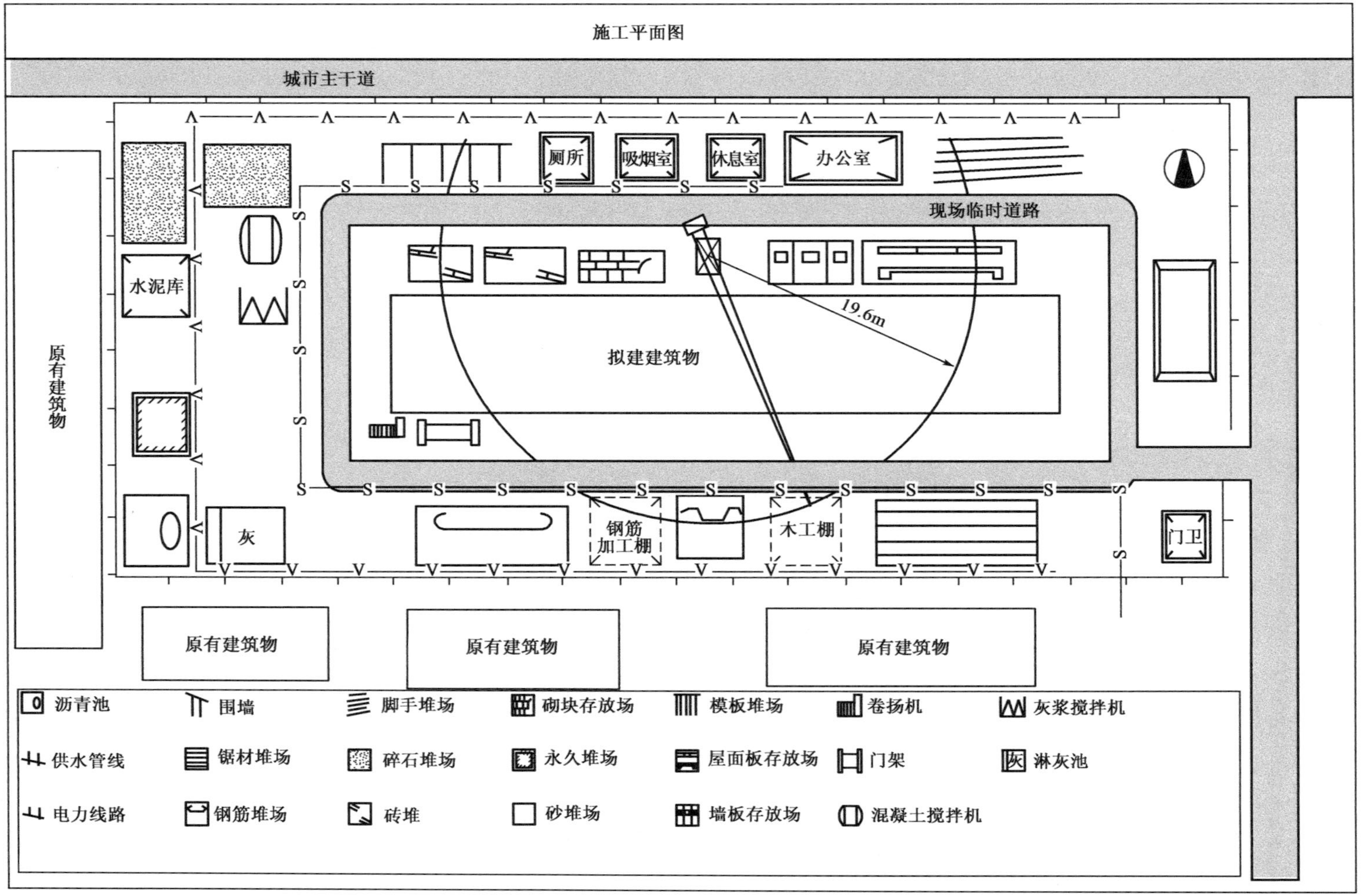

施工平面图

图14-4 施工平面布置图

设 备 名 称	数 量	用 电 量	设 备 名 称	数 量	用 电 量
QT_{1-6} 型塔式起重	1 台	55.5kW	蛙式打夯机	2 台	$3 \times 2 = 6$kW
400L 搅拌机	1 台	10kW	电锯、电刨等	若干	30kW
30t 卷扬机	1 台	7.5kW	电焊机	1 台	$20.5 \times 2 = 41$kVA
振捣器	2 台	$2 \times 2 = 4$kW			

②照明用电:25kW,经计算,选用 $SL_1166/10$ 变压器一台。

③选择导线:采用 BLX 铝芯橡皮线,$S = 70$mm²;

变压器设置在距离高压线附近的路边处,工作半径满足 300 ~ 700m。

(5)施工用水。

①施工用水 q_1:本工程按砌砖日用水量计算。

$$q_1 = K_1 \sum \frac{Q_1 \cdot N_1}{T_1 \cdot b} \times \frac{K_2}{8 \times 3\ 600}$$

式中,$K_1 = 1.15$;$K_2 = 1.5$;$Q_1 = 30$m³;$N_1 = 250$L/m³;$T_1 = 1$;$b = 1$。

②施工机械用水 q_2,无特殊机械可不考虑。

③现场生活用水 q_3,按 90 人计。

$$q_3 = \frac{P_1 N_3 K_4}{t \times 8 \times 3\ 600}$$

式中,$P_1 = 90$ 人;$N_3 = 30$L/(人·班);$K_4 = 1.5$;$t = 1$。

④消防用水:现场面积 25 公顷内 $q_4 = 10 \sim 15$L/s,本工程现场 $q_4 = 15$L/s。

⑤总用水量:因 $q_1 + q_2 + q_3 = 0.45 + 0.14 < q_4$ 故总用水量按消防用水计算,$Q = 15$L/s。

⑥供水管径 d:

$$d = \sqrt{\frac{4 \times 15}{3.14 \times 1.5 \times 1\ 000}} = 0.113(\text{m})$$

确定选用 ϕ120mm 上水铸铁管。上水由干线接至消火栓,由消火栓引至砂石料场,消火栓为 ϕ100mm 铸铁管,其他支管用 ϕ50mm 的钢管。

(6)现场临时设施。根据临时设施参考定额指标,确定本工程临时设施,见表 14-6。

临 时 设 施 表 表 14-6

序 号	暂 设 名 称	规格(m)	单 位	数 量
1	搅拌机棚	3 ×4	m²	12
2	水泥库	4 ×6	m²	24
3	木工棚	6 ×7	m²	42
4	钢筋棚	6 ×7	m²	42
5	水电操作间	6 ×3	m²	18
6	工具材料库	6 ×6	m²	36
7	办公室	6 ×11	m²	66
8	工人休息室	6 ×7	m²	42
9	水房吸烟室	6 ×5	m²	30
10	厕所	2.5 ×6	m²	15
11	合计		m²	327

(7)其他。根据工程情况垂直运输采用 QT$_{1-6}$型塔吊;砌砖采用内脚手,外部用桥式脚手架。

冬期施工用砂于热炕和 1 台 0.5t 热水锅炉供给搅拌机热水。雨期施工前作好临时道路路床和排水沟,以保证运输道路畅通。塔吊道床两侧钉脚手板挡渣石。塔道中施作排水沟排水。

14.6.6 工具、机械、设备计划

工具、机械、设备计划见表 14-7。

表 14-7

工具、机械、设备计划

机 具 名 称	规 格	数 量	用 途
QT$_{1-6}$型塔吊	$R=19.6m$,起吊高度28.3m	1 台	结构阶段垂直运输
400L 搅拌机	滚筒式	1 台	砂浆混凝土搅拌
3t 单筒卷扬机	—	1 台	装修阶段垂直运输
电焊机	BX3-300	1 台	楼梯、阳台焊接
插入式振捣器	HZ-50	2 台	浇筑混凝土
蛙式打夯机	HW-20	2 台	基础、房心回填等
电锯	MJ104	1 台	—
电刨	MB103	1 台	—

14.6.7 质量、安全、技术节约措施

1. 质量措施

(1)施工前作好技术交底,并认真检查执行情况,做好钢筋、模板和轴线等隐预检。

(2)现场推行样板制和三上墙制度,贯彻自检、互检、交接检制度。

(3)严格执行原材料检验和混凝土试配制度。混凝土、砂浆配合比要准确,并按要求留足试块。回填土、房心填土要分步作干密度试验。

(4)工具模板应先进行验收检查,合格后方能使用。

(5)做好成品保护。楼梯安装后随即钉木护套保护踏步楞角。装修时应在门口车轴高度钉 150mm 宽铁皮保护。屋顶铺油毡后小车应用胶皮包铁脚。屋面上铺用的脚手板不得钉铁钉,铺豆石后不准再走车。

2. 安全措施

(1)施工人员进入现场要戴安全帽,高空作业要戴安全带。严禁高空扔物。楼梯、阳台安装后要加护身栏。首层出入口搭设安全棚。安全网固定并张挂于首层桥架上。高车架运料口设护身栏。顶层楼梯口及瓦工砌筑所在层的楼梯口均应加临时栏杆。楼层孔洞大于 20cm 者,应加临时木盖防护。

(2)各类架木搭设后,应由安全员会同架子工及使用组长检查验收,合格后方能使用。桥式架应严格按操作规定使用,并与墙身拉接好。

(3)非机电人员不准动用机电设备,机电设备防护措施要完善。高车架应设接地防雷装置。

（4）现场道路保持畅通。消火栓要设明显标记,附近不准堆物,消防工具不得随意挪用。明火作业必须专人看火,并申请用火证。现场吸烟应到吸烟室。

（5）构件码放要垫稳,每垛不得超过 10 块。

3. 技术节约措施

（1）灰土、回填土尽量利用挖槽土,存放于现场平衡使用,节约运费和购土费。

（2）砌筑砂浆掺粉煤灰和塑化剂,节约白灰和水泥。装修用水泥砂浆采用重量配合比,控制水泥用量。

（3）圈梁构造柱采用定型模板,硬架支模,以节约木材。

（4）工地尽量使用散装水泥,以节约材料费用。

（5）砌砖使用定型平台架,外脚手使用桥式脚手架,以节约人工和木材。

（6）砌砖首层二步架不用塔吊。用 1 台塔吊为建筑物服务,减少大型机械台班费和进出场费。

本 章 小 结

1. 单位工程施工组织设计是以单位工程为对象,依据工程项目施工组织总设计的要求和有关的原始资料,并结合单位工程实际的施工条件而编制的指导单位工程现场施工活动的技术经济文件。其目的是策划单位工程的施工部署,协调组织单位工程的施工活动,以达到工期短、质量好、成本低的施工目标。

2. 编制单位工程施工组织设计时,首先应选择既合理又经济的施工方案,因为施工方案选择得当与否关系到工程施工效率和经济效益;其次,根据已定的施工方案,运用网络技术或横道图编制进度计划;第三,根据施工方案和进度计划,编制资源需要量计划、施工准备工作计划,制订各种技术组织措施,最后进行技术经济指标分析。

复习思考题

1. 单位工程施工组织设计的编制依据有哪些?

2. 简述单位工程施工组织设计编制的程序。

3. 单位工程施工组织设计有哪些内容组成?

4. 确定施工顺序时应考虑哪些因素?

5. 单位工程施工方案有哪些内容组成?

6. 单位工程施工进度计划的编制依据有哪些?

7. 简述单位工程施工进度计划的编制步骤。

8. 全面施工阶段通常应遵循的基本程序主要有哪些?

9. 单位工程施工平面图的设计内容有哪些?

10. 在单位工程施工组织设计中应编写的主要技术组织措施有哪些?

第 15 章　施工组织总设计

> **学习要求**
> - ·熟悉施工组织总设计编制依据和编制程序;
> - ·熟悉施工部署和主要项目的施工方案;
> - ·熟悉施工总进度计划编制原则、编制步骤和方法,编制施工总进度计划;
> - ·了解资源需要量计划编制;
> - ·了解暂设工程设置;
> - ·熟悉施工总平面图设计内容、依据、原则和步骤。
>
> **本章重点**
> 　施工组织总设计编制程序、内容;施工部署和施工方案设计;施工总进度计划编制;施工总平面布置。
>
> **本章难点**
> 　施工部署和施工方案设计。

15.1　施工组织总设计编制依据及程序

15.1.1　施工组织总设计编制依据

1. 计划文件

包括可行性研究报告,国家批准的固定资产投资计划,单位工程项目一览表,分期分批投产的要求,投资额,建设项目所在地区主管部门的用地批准文件等批件,施工单位主管上级下达的施工任务书等。

2. 设计文件

包括初步设计或技术设计,设计说明书,总概算或修正总概算等。

3. 合同文件

即建设单位与施工单位所签订的工程承包合同、招投标文件。

4. 建设地区基础资料

建设地区工程勘察和技术经济调查资料,如地形、地质、技术经济条件等。

5. 法规规范

有关的政策法规、技术规范、工程定额等资料。

6. 类似工程项目建设的经验资料

15.1.2 施工组织总设计的编制程序

施工组织总设计的编制程序如图 15-1 所示。

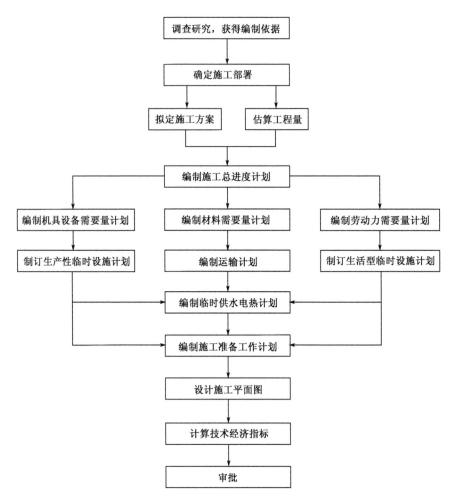

图 15-1　施工组织总设计编制程序框图

15.2　施工部署和施工方案

在施工组织总设计中,施工部署的作用是对整个项目全局作出统筹规划和全面安排,并提出工程施工中一些重大战略问题的解决方案。施工部署与施工方案是施工组织设计的中心环节。

15.2.1 施工部署

一个建设项目或建筑群是由若干幢建筑物和构筑物组成的。对不同的建设工程由于施工项目的数量、结构繁简情况不一,施工难易差别较大,在做施工部署时,应对具体工程进行具体分析,确定工程开展程序,拟定项目的施工方案,明确施工任务的划分与组织安排。按国家工期定额、总工期、实际工期要求,事先制定出一些应遵循的原则要求,给施工部署工作指出一个大的方向,以便作出切实可行的施工部署。施工部署的内容包括:

(1)施工任务划分。明确项目施工的机构、体制及参加各施工单位的主要任务;确定综合的专业化的施工组织及其任务。

(2)施工程序、施工顺序及其安排。明确各单位分期分批施工的主攻项目和穿插项目,并对这些项目的施工顺序作出安排,对不能同时施工的项目作出说明。

(3)流水线及流水段划分。将整个建设工程(或建筑群)划分成多个部分以形成"假定产品批量",即划分成若干流水段,目的是更好地适应流水施工的要求。

(4)施工准备工作安排。要及时完成有关的施工准备工作,为正式施工创造良好条件。施工准备工作内容较多,大致可分为技术规划准备、现场施工准备及施工队伍及有关组织准备。

(5)施工总进度计划。在确定了施工方案的基础上,对工程的施工顺序,各个项目的延续时间及项目之间的搭接关系,工程的开工时间,竣工时间及总工期等作出安排。编制时应概要地说明三点内容:建设单位要求的总工期、现行定额规定的允许施工天数、最终与建设单位商定的合同工期等。

15.2.2　主要项目的施工方案

主要项目施工方案的拟定,就是针对建设项目或建筑群中的施工工艺流程及施工段的划分,提出原则性的意见。这些项目或建筑群通常在建设项目中工程量大、施工难度大、工期长。对整个建设项目的完成起关键作用的建筑物(构筑物)。拟定主要项目施工方案的目的是为了进行技术和资源的准备工作,同时也为了施工进程的顺利开展和现场的合理布置。如基础工程中的各种深基础施工工艺,施工机械设备的选择,结构工程中现浇或预制混凝土的施工工艺,结构吊装工程中的各种施工工艺。具体的施工方案可在编制单位工程组织设计时确定。

15.3　施工总进度计划

15.3.1　施工总进度计划的编制原则

施工总进度计划是根据施工部署的要求,合理地确定工程项目施工的先后顺序、施工期限、开工和竣工的日期,以及它们之间的搭接关系和时间。据此,便可确定建筑工地上劳动力、材料、成品、半成品的需要量和分批供应的日期;确定附属企业、加工场站的生产能力,临时房屋和仓库、堆场的面积、供电、供水的数量等。

在编制施工总进度计划时,除应遵循施工组织基本原则外,还应考虑以下要点:

(1)贯彻配套建设的基本指导思想。对于工业建设项目,在内部要处理好生产车间和辅助车间之间、原料与成品之间、动力设施和加工部门之间、生产性建筑和非生产性建筑之间的先后顺序,在外部则需要统筹安排水源、电源、市政、交通、原料供应,三废处理等项目,有意识地做好协调配套,形成完整的生产系统,尽早形成新的生产力,发挥投资效益。而对于民用建筑,配套建设也很重要,不解决好供水、供电、供暖、通信、市政、交通等工程也不能交付使用。

(2)区分各项工程的轻重缓急,把工艺调试在前的、占用工期较长的、工程难度较大的项目排在前面,把工艺调试靠后的、占用工期较短、工程难度一般的项目排列在后面,所有单位工程,都要考虑土建、安装的交叉作业,组织流水施工,力争加快进度,合理压缩工期。这样分批开工,分批竣工,体现了施工组织中的均衡施工原则,避免劳动力过分集中,有效地削减高峰工程量,也可使调整试车分批进行、先后有序,从而保证整个建设项目能按计划、有节奏地实现配套投产。

（3）充分估计设计出图的时间和材料、设备、配件的到货情况,使每个施工项目的施工准备、土建施工、设备安装和试车运转的时间能合理衔接。

（4）确定一些调剂项目,如办公楼、宿舍、附属或辅助车间等穿插其中,以达到既能保证重点,又能实现均衡施工的目的。

（5）在施工顺序安排上,除应本着先地下后地上,先深后浅,先干线后支线,先地下管线后道路的原则外,还应使为进行主要工程所必需的准备工程及时完成;主要工程应从全工地性工程开始;各单位工程应在全工地性工程基本完成后立即开工。

此外,总进度计划的安排还应遵守技术法规、标准,符合安全、文明施工的要求,并应尽可能做到各种资源的平衡。

15.3.2 施工总进度计划的编制步骤和方法

1. 估算各主要项目的实物工程量

首先根据建设项目的特点划分项目。项目划分不宜过多,应突出主要项目,一些附属、辅助工程可以合并,然后估算各主要项目的实物工程量,这项工作可按初步（或扩大初步）设计图样并根据各种定额手册进行。按工程的开展顺序,以单位工程计算主要实物工程量。其目的是选择施工方案和主要的施工运输机械,主要施工过程的流水施工,估算各项目完成时间。

2. 确定各单位工程的施工期限

影响单位工程施工期限的因素很多,主要是:建筑类型、结构特征和工程规模,施工方法、施工技术和施工管理水平,劳动力和材料供应情况以及施工现场的地形、地质条件等。因此,各单位工程的工期应根据现场具体条件,综合考虑上述影响因素并参考有关工期定额或指标后予以确定。

3. 确定各单位工程的开竣工时间和相互搭接关系

在施工部署中已经确定了总的施工期限、施工程序和各系统的控制期限及搭接时间,但对每一个单位工程的开竣工时间尚未具体规定。通过对各主要建筑物或构筑物的工期进行分析,确定了每个建筑物或构筑物的施工期限后,就可以进一步安排各建筑物或构筑物的搭接施工时间。在解决这一问题时,一方面要根据施工部署中的控制工期及施工条件;另一方面要尽量使主要工种的工人基本上连续、均衡地施工。

4. 编制施工总进度计划

施工总进度计划可以用横道图表达,也可以用网络图表达。当用横道图表达总进度计划时,项目的排列可按施工总体方案所确定的工程展开程序排列。横道图上应表达出各施工项目的开竣工时间及其施工持续时间。

近年来,随着网络计划技术的推广和普及,采用网络图表达施工总进度计划,已经在实践中得到广泛应用。用有时间坐标网络图表达总进度计划,比横道图更加直观、明了,还可以表达出各项目之间的逻辑关系。同时,由于可以应用电子计算机计算和输出,更便于对进度计划进行调整、优化、统计资源数量、输出图表等。

15.4 施工总资源计划

15.4.1 劳动力需要量计划

劳动力需要量计划是确定暂设工程规模和组织劳动力进场的依据。它是根据工程量汇总表、施工准备工作计划、施工总进度计划、概(预)算定额和有关经验资料,分别确定出每个单项工程专业工种的劳动量工日数、工人数和进场时间,然后逐项汇总,直至确定出整个建设项目劳动力需要量计划,如表15-1所示。

劳动力需要量计划 表15-1

施工阶段	工程类别	单项工程		劳动量(工日)	专业工种		需要量计划						
		编码	名称		编码	名称	××年(月)			××年(季)			
I		…											
		…	…	…	…	…							
		…	…	…	…	…							
II	…												
…													

15.4.2 主要材料和预制品需要量计划

主要材料和预制品需要量计划是组织材料和预制品加工、订货、运输、确定堆场和仓库的依据。它是根据施工图纸、施工部署和施工总进度计划而编制的,如表15-2所示。

主要材料和预制品需要量计划 表15-2

施工阶段	工程类别	单项工程		工程材料/预制品				需要量计划						
		编码	名称	编码	名称	种类	规格	××年(月)			××年(季)			
I		…												
		…		…	…	…	…							
II	…													
…														

15.4.3 施工机具和设备需要量计划

该计划是组织机具供应、计算配电线路及选择变压器、进行场地布置的依据。主要施工机具可根据施工总进度计划及主要项目的施工方案和工程量,套定额或按经验确定,见表15-3。

施工阶段	工程类别	单项工程		施工机具和设备				需要量计划			
		编码	名称	编码	名称	型号	功率	××年(月)		××年(季)	
	…	…	…	…		…	…				
I	…										
II	…										
…											

15.5 全厂性暂设工程

在工程项目正式开工之前,要按照施工准备工作计划的要求,建造相应的暂设工程,满足施工需要,为工程项目创造良好的施工环境。暂设工程的类型及规模因工程而异,主要有:工地加工场组织、工地仓库组织、工地运输组织、办公及福利设施组织、工地供水和供电组织。

15.5.1 生产性临时设施

生产性临时设施包括:混凝土搅拌站、混凝土预制构件场、木材加工场、钢筋作业棚等。所有的这些设施的建筑面积主要取决于设备尺寸、工艺过程、安全防火等要求。通常可参考有关经验、指标等确定。

对于钢筋混凝土构件预制场、锯木车间、模板、细木工加工车间、钢筋加工棚等,其建筑面积可按下式计算:

$$F = \frac{K \cdot Q}{T \cdot S \cdot a} \tag{15-1}$$

式中:F——所需建筑面积(m^2);

K——不均衡系数,取 1.3 ~ 1.5;

Q——加工总量;

T——加工总时间(月);

S——每 $1m^2$ 场地月平均加工量定额;

a——场地或建筑面积利用系数,取 0.6 ~ 0.7。

常用临时加工场的面积参考指标,见表 15-4、表 15-5。

临时加工场所需面积参考指标 表 15-4

序　号	加工场名称	年　产　量		单位产量所需建筑面积	占地面积(m²)	备　注
		单位	数量			
1	混凝土搅拌站	m³	3 200	0.022(m²/m³)	按砂石堆场考虑	400L 搅拌机 2 台
		m³	4 800	0.021(m²/m³)		400L 搅拌机 3 台
		m³	6 400	0.020(m²/m³)		400L 搅拌机 4 台

序 号	加工场名称	年 产 量		单位产量所需建筑面积	占地面积（m²）	备 注
		单位	数量			
2	木材加工场	m³	15 000	0.024 4(m²/m³)	1 800～3 600	进行原木和木方加工
		m³	24 000	0.019 9(m²/m³)	2 200～4 800	
		m³	30 000	0.018 1(m²/m³)	3 000～5 500	
3	钢筋加工场	t	200	0.35(m²/t)	280～560	加工、成形、焊接
		t	500	0.25(m²/t)	380～750	
		t	1 000	0.20(m²/t)	400～800	
		t	2 000	0.15(m²/t)	450～900	
4	临时性混凝土预制场	m³	1 000	0.25(m²/m³)	2 000	生产屋面板和中小型梁柱板等,配有蒸养设施
		m³	2 000	0.20(m²/m³)	3 000	
		m³	3 000	0.15(m²/m³)	4 000	
		m³	5 000	0.125(m²/m³)	小于6 000	
5	石灰消化	储灰池5×3＝15m² 淋灰池4×3＝12m² 淋灰槽3×2＝6m²				每两个储灰池配一个淋灰池

现场作业棚所需面积参考指标　　　　　表15-5

序 号	名 称	单 位	面积(m²)	备 注
1	木工作业棚	m²/人	2	占地为建筑面积的2～3倍
2	电锯房	m²	80	86～92cm圆锯1台
3	电锯房	m²	40	小圆锯1台
4	钢筋作业棚	m²/人	3	占地为建筑面积的3～4倍
5	搅拌棚	m²/台	10～18	
6	卷扬机棚	m²/台	6～12	
7	焊工房	m²	20～40	
8	电工房	m²	15	
9	水泵房	m²/台	3～8	

15.5.2　物资储备临时设施

仓库有各种类型:"转运仓库"是设置在火车站、码头和专用线卸货场的仓库;"中心仓库"是指储存这个工地所需物资的仓库,通常设在现场附近或区域中心;"现场仓库"就近设置。我们这里指中心仓库及现场仓库。

1. 建筑群的材料储备量

$$q_1 = K_1 Q_1 \tag{15-2}$$

式中:q_1——总储备量;

　　　K_1——储备系数,型钢、木材、用量小的不常用的材料取0.3～0.4,用量多的材料取0.2～0.33;

　　　Q_1——该项材料的年、季最高需要量。

2. 单位工程材料储备量

$$q_2 = \frac{nQ_2}{T} \tag{15-3}$$

式中：q_2——单位工程材料储备量；

n——储备天数；

Q_2——计划期间内需用的材料数量；

T——需用该材料的施工天数。

3. 仓库面积

$$F = \frac{q}{P}(按材料储备期计算) 或 F = \phi \cdot m (按系数计算时) \tag{15-4}$$

式中：F——仓库面积（m^2）；

P——每 $1m^2$ 仓库面积上存放的材料数量，见表 15-6；

q——材料储备量（q_1 或 q_2）；

ϕ——系数，见表 15-7；

m——计算基数，见表 15-7。

仓库面积计算所需数据参考指标　　　　　　　表 15-6

序　号	材　料　名　称	单　位	储备天数 （d）	储备量 （个/m²）	堆置高度 （m）	仓库类型
1	钢材	t	40~50	1.5	1.0	
	工槽钢	t	40~50	0.8~0.9	0.5	露天
2	生铁	t	40~50	5	1.4	露天
3	铸铁管	t	20~30	06~0.8	1.2	露天
4	暖气片	t	40~50	0.5	1.5	露天或棚
5	水暖零件	t	20~30	0.7	1.4	库或棚
6	五金	t	20~30	1.0	2.2	库
7	钢丝绳	t	40~50	0.7	1.0	库
8	电线电缆	t	40~50	0.3	2.0	库或棚
9	木材	m³	40~50	0.8	2.0	露天
	原木	m³	40~50	0.9	2.0	露天
	成材	m³	30~40	0.7	3.0	露天
	枕木	m³	20~30	1.0	2.0	露天
	灰板条	千根	20~30	5	3.0	棚
10	水泥	t	30~40	1.4	1.5	库
11	生石灰（块）	t	20~30	1~1.5	1.5	棚
	生石灰（袋装）	t	10~20	1~1.3	1.5	棚
	石膏	t	10~20	1.2~1.7	2.0	棚
12	砂、石子（人工堆置）	m³	10~30	1.2	1.5	露天
	砂、石子（机械堆置）	m³	10~30	2.4	3.0	露天
13	块石	m³	10~20	1.0	1.2	露天

序　号	材料名称	单　位	储备天数 (d)	储备量 (个/m²)	堆置高度 (m)	仓库类型
14	红砖	千块	10～30	0.5	1.5	露天
15	耐火砖	t	20～30	2.5	1.8	棚
16	黏土砖、水泥瓦	千块	10～30	0.25	1.5	露天
17	石棉瓦	张	10～30	25	1.0	露天
18	水泥管、陶土管	t	20～30	0.5	1.5	露天
19	玻璃	箱	20～30	6～10	0.8	棚或库
20	卷材	卷	20～30	15～24	2.0	库
21	沥青	t	20～30	0.8	1.2	露天
22	液体燃料润滑油	t	20～30	0.3	0.9	库
23	电石	t	20～30	0.3	1.2	库

按系数计算仓库面积　　　　　　　　　表 15-7

序　号	名　　称	计算基础数(m)	单　位	系　数 φ
1	仓库(综合)	按全员(工地)	m²/人	0.7～0.8
2	水泥库	按当年水泥用量的40%～50%	m²/t	0.7
3	其他仓库	按当年工作量	m²/万元	2～3
4	五金杂品库	按年建安工作量计算	m²/万元	0.2～0.3
5	土建工具库	按高峰年(季)平均人数	m²/人	0.1～0.20
6	水暖器材库	按年在建建筑面积	m²/100m²	0.2～0.4
7	电器器材库	按年在建建筑面积	m²/100m²	0.3～0.5
8	化工油漆危险品库	按年建安工作量	m²/万元	0.1～0.15
9	三大工具库 (脚手、跳板、模板)	按年建建筑面积 按年建安工作量	m²/100m² m²/万元	1～2 0.5～1

15.5.3　行政、生活、福利临时设施

行政、生活、福利设施包括：行政管理和生产用房、居住生活用房。文化生活用房等。可先确定建筑施工工地人数,然后按实际参加人数确定各类临时用房的建筑面积。

$$S = N \cdot P \qquad (15\text{-}5)$$

式中:S——建筑面积(m²);

　　　P——建筑面积指标,见表 15-8;

　　　N——人数。

行政、生活福利临时用房建筑面积参考指标(m²/人)　　表 15-8

序　号	临时房屋名称	指标使用方法	参考指标
一	办公室	按使用人数	3～4
二	宿舍		
1	单层通铺	按高峰年(季)平均人数	2.5～3.0

序　　号	临时房屋名称	指标使用方法	参　考　指　标
2	双层床	（扣除不在工地住人数）	2.0～2.5
3	单层床	（扣除不在工地住人数）	3.5～4.0
三	家属宿舍		16～25m²/户
四	食堂	按高峰年平均人数	0.5～0.8
	食堂兼礼堂	按高峰年平均人数	0.6～0.9
五	其他合计	按高峰年平均人数	0.5～0.6
1	医务室	按高峰年平均人数	0.05～0.07
2	浴室	按高峰年平均人数	0.07～0.1
3	理发室	按高峰年平均人数	0.01～0.03
4	俱乐部	按高峰年平均人数	0.1
5	小卖部	按高峰年平均人数	0.03
6	招待所	按高峰年平均人数	0.06
7	托儿所	按高峰年平均人数	0.03～0.06
8	子弟校	按高峰年平均人数	0.06～0.08
9	其他公用	按高峰年平均人数	0.05～0.10
六	小型	按高峰年平均人数	0.05～0.10
1	开水房		10～40
2	厕所	按工地平均人数	0.02～0.07
3	工人休息室	按工地平均人数	0.15

15.5.4　工地临时供水

建筑工地的临时供水设计，一般包括计算用水量、选择水源、设置临时供水系统。

建筑工地临时用水包括施工生产用水、施工机械用水、施工现场生活用水、生活区生活用水和消防用水，由上述用水量确定总用水量。

15.5.5　工地临时供电

工地临时用电可分为动力用电和照明用电两类，而照明用电较动力用电少得多。工地临时用电设计包括计算用电量，选择电源，确定变压器和布置配电线路等内容。

15.6　施工总平面图

施工总平面图是按照施工部署、施工方案和施工总进度计划及资源需用量计划的要求，将施工现场的道路交通、材料仓库或堆场、现场加工场、临时房屋、临时水电管线等作出合理的规划与布置。其作用是正确处理全工地施工期间所需各项设施和永久建筑与拟建工程之间的空间关系，以指导现场实现有组织、有秩序和文明施工。施工总平面图的比例一般为1:2 000或1:1 000。

15.6.1　施工总平面图设计的内容

(1)整个建设项目已有的建筑物和构筑物、拟建工程以及其他已有设施的位置和尺寸。

(2)已有和拟建为全工地施工服务的临时设施的布置,包括:

①场地临时外墙,施工用的各种道路;

②加工场、制备站及主要机械的位置;

③各种装修装饰材料、半成品、构配件的仓库和主要堆场;

④行政管理用房、宿舍、食堂、文化生活福利等用房;

⑤水源、电源、动力设施、临时给排水管线、供电线路及设施;

⑥机械站、车库位置;

⑦一切安全、消防设施。

(3)永久性测量放线标桩的位置。

(4)必要的图例、方向标志、比例尺等。

15.6.2　施工总平面图设计的依据

(1)建筑总平面图、地形图、区域规划图和建设项目区域内已有的各种设施位置;

(2)建设地区的自然条件和技术经济条件;

(3)建设项目的工程概况、施工部署与施工方案、总进度计划及各种资源需要量计划;

(4)各种现场加工、材料堆放、仓库及其他临时设施的数量及面积尺寸;

(5)现场管理及安全用电等方面有关文件和规范、规程等。

15.6.3　施工总平面图设计的原则

(1)尽量减少施工占地,使整体布局紧凑、合理;

(2)合理组织运输,保证运输方便、道路畅通,减少运输费用;

(3)合理划分施工区域和存放场地,减少各工程之间和各专业工种之间的相互干扰;

(4)充分利用各种永久性建筑物、构筑物和已有设施为施工服务,降低临时设施的费用;

(5)生产区与生活区适当分开,各种生产生活设施应便于使用;

(6)应满足环境保护、劳动保护、安全防火及文明施工等要求。

15.6.4　施工总平面图的设计步骤

1.把场外交通引入现场

设计全工地性施工总平面图时,首先从研究大批材料、半成品和零件的供应情况及运输方式开始。当大批材料由铁路运入工地时,应先解决铁路由何处引入及可能引到何处的方案。假如大批材料是由水路或公路运入工地。因河流是固定的,就可以考虑在码头附近布置生产企业或转运仓库;对公路来说,因其可以灵活布置,就应该先解决仓库及生产企业的位置;使其尽可能布置在最合理最经济的地方,然后再来布置通向场外的汽车路线。如果大批材料一部分由铁路运入,一部分由汽车运入时,应分别按上述方法解决。

2.确定仓库和堆场的位置

(1)当采用铁路运输大宗材料时,仓库的位置可以沿着铁路线布置,此时要注意是否有足够的卸货站线,如果不可能取得足够的卸货站线时,必须考虑设备转运站(或转运仓库),以便临时卸下材料,然后再转运到工程对象仓库中去。当布置沿铁路线的仓库时,仓库的位置最好设在靠近工地一侧,以免将来在使用材料时,内部运输越过铁路线。同时,还应注意到在坡道与弯道处不宜卸货。需要经常进行装卸作业的材料仓库,应该布置在支线尽头或专用线上,以免妨碍其他运作。

(2)当大批材料由汽车运来时,材料仓库的布置是比较灵活的。中心仓库最好布置在工地中央或靠近使用的地方,但往往不可能,一方面工地中央不可能有较宽裕的地方,另一方面也要考虑给单个建筑物施工时留有余地,因此在多数的情况下还是布置在外围,靠近与外部交通线的连接处。一般砂、石、水泥、石灰等仓库均与搅拌场和预制构件场有关,布置时应考虑取用的方便。对于直接为施工对象所有的材料和构件(如砖、瓦和预制构件等),可以直接放在施工对象附近,以免二次搬运。

(3)对工业建筑工地,尚须考虑主要设备的仓库以及其他专业机构所需场地,一般说来笨重的主要设备应尽可能直接布置在车间附近。

3. 确定搅拌站和加工场的位置

各加工场的布置应以方便生产、安全防火、环境保护和运输费用最少为原则。通常加工场宜集中布置在工地边缘处,并将其与相应仓库或堆场布置在同一地区,这样既便于管理和简化供应工作,又能降低铺设道路、动力管网及给水管道等费用。例如,混凝土搅拌场、预制构件场、钢筋加工场等可以布置在一个地区,机械修理工场、电气工场、锻工工场、电焊工场以及金属结构加工场等可以布置在一个地区。锯木车间、粗木车间、细木车间可以同材料仓库布置在一个地区。在生产企业区域内布置各加工场位置时,要注意各加工场之间的生产流程,并根据将来的扩充计划,预留一定的空地。

4. 确定场内运输道路布置

根据各附属生产企业、仓库以及各施工对象的相对位置道路。研究货流情况,以明确各段道路上的运输负担,区别主要道路与次要道路。在规划临时道路时,还应考虑利用拟建的永久性道路系统,提前修建或先修建路基及简易路面,作为施工所需的临时道路。对于运输负担不同的道路,决定不同的宽度。临时道路的路面结构,也应根据运输情况,运输工具的不同,采用不同的结构。当结构不同时,最好也能在施工总平面图中用不同的符号表明。对有轨道路来讲,运输量大、车辆往来频繁之处应考虑设置避车线。

5. 确定生活性暂设工程的位置

全工地行政管理用的总办公室应设在工地入口处,以便于接待外来人员,而施工人员办公室则应尽可能靠近施工对象。工人用的生活福利设施,如商店,小卖部、俱乐部等应设在工人聚集较多的地方或工人出入必经之处。生活性暂设工程应尽可能利用建设单位生活基地或其他永久性建筑物,不足部分再按计划建造。

6. 确定水电管网和动力设施位置

这里可能有两种情况:

第一种情况是利用已有水源、电源,这时应从外面接入工地,沿主要干道布置干管、主线,然后与各用户接通。必须指出,接进高压线时,应在接入之处设变电站,尽可能不把变电站设在工地中心,因为这样可避免高压线路经过工地内部而遭致的危险。

第二种情况是无法利用现有水、电源,这时为了获得电源,可以在工地中心或靠近中心之处设置固定的或移动式的临时发电设备,由此把电线接出,沿干道布置主线。为了获得水源可以利用地上水或地下水,如果用深井水,则可在靠近使用中心之处凿井,设置抽水设备及简易水塔,若用地面水,则需在水源旁边设置抽水设备及简易水塔,以便储水和提高水压。然后由此把水管接出,布置管网。

此外,根据防火规定,应设消防站、消防通道和消火栓。

为了保安,可在工地四周设立若干瞭望台,在出入口处设立门岗。

必须指出,以上各设计步骤,并不是截然分割各自孤立进行的,而是应该互相结合起来,统一考虑,反复修正。例如当决定铁路线旁的仓库布局时,就应同时考虑到使用该材料的加工场如何布置,这时也可能对已引入的铁路线进行适当的修改,因为它们都有密切的联系,是相互制约的。只有这样全面地考虑问题,最后才能得出圆满的方案。

15.7 施工组织总设计实例

本实例为一高层公寓群体工程施工组织总设计。

15.7.1 工程概况

本工程为一公寓小区,由 9 套高层公寓和整套服务用房组成,建筑面积 16 万 m^2,占地 48 万 m^2,工程总造价约 9 500 万元。

该小区东临城市道路,西北面紧靠河道,南面是拟建中的另一建筑物。9 栋公寓呈环形布置,中央是一座拥有 600 车位的大型地下车库。服务用房还有热力变电站、餐厅、幼儿园、房管办公楼、传达室、花房、垃圾站等,分布在公寓群周围。

1. 水文地质情况

拟建场地地势平坦,地下静止水位标高 34.28 ~ 36.22m。历年最高水位标高 38.50m,水质无侵蚀性。本工程最低基底标高 31.00m,处于地下水位以下。采用深埋天然地基,持力层土质为中重亚黏土层,表层为厚 1.10 ~ 3.00m 的人工回填土。

2. 工程设计情况

本工程车库全部埋在地下,共 3 层,底标高 – 11.00m. 全高 7.8m,全现浇钢混结构,顶盖为无柱帽的无梁楼盖。车库迎水面的墙、板均为 C25 自防水密实混凝土。

9 栋公寓均正北布置,建筑形式及构造也大致相同,并以 3 号楼为基本形式。公寓 ±0.00 相当于 42.00m,地下 3 层,分别为人防、地下室及设备室。标准层层高 3.2m,建筑物总高 55.20m,房间开间尺寸为 5.0m 和 4.2m,进深 7.2m 和 6.6m,共 10 个开间。结构抗震烈度按 8 度设防,深埋天然地基、箱形基础。

设备情况:采暖分两个系统。第 1 ~ 8 层为低压双管,8 层以上高压双管。生活用水 1 ~ 3 层市政供应,第 4 层以上屋顶水箱供给。室处管线:污水、煤气、热力与小区东侧干线连接。

3. 施工条件

拟建场地征地工作已结束,部分场地未腾清。根据建设单位提供的情况,地下无障碍物;现场东侧西侧均有上水干管并留截门,可接施工用水;西南角有高压电源,可引入施工用电。

小区建筑面积 16 万 m^2,占地面积 4.8 万 m^2,施工用地为 1:0.3,且工程基础深,放坡大,多栋号同时施工,施工用地比较紧张,房管办公楼、幼儿园等可作暂设房的永久建筑,不能先期施工。

主要材料、设备、劳动力已初步落实;构件及一般加工制品已有安排。

15.7.2　施工部署

本工程为多栋号群体工程,工期较长,上级要求 9 栋公寓分期交付使用,每年交付 3 栋。因此,总的施工部署以每年完成 3 栋公寓为一周期,适当安排配套工程,做到年计划与长远计划相适应,搞好工程协作,分期分批配套组织施工。

1. 施工组织

根据每个土建施工队有基本劳动力 600 人,每年能完成土建面积 20 000m² 的能力,决定由一个施工队承担这一任务,适当增加外包工力量,组织大包队,以提高劳动效率。成立现场工作组,解决材料、劳动力的调配和技术及加强总分包单位的协作等问题。

2. 施工安排

本工程应根据上级要求,定额经济指标及实际力量,积极科学地组织施工。首先要安排好公寓个体工程的工期,以基础工程控制在 5 个月左右,主体工程控制在 6 个月左右为宜,装修工程、水电设备工程采取提前插入、交叉作业等综合措施,以缩短工期。装修安排 11 个月左右完成,单栋控制工期为 22 个月左右,比定额工期(32 个月)提前 10 个月。在栋号流水中,也要组织平行流水、交叉作业,充分利用时间、空间。配套工程项目应同时安排,相互衔接。

施工部署分 4 个阶段,总工期控制 4.5 年。

第一阶段:地下车库(21 000m²),第一年度 4 月至第二年度 12 月。按照先地下、后地上的原则以及公寓竣工必须使用车库的要求,先行施工地下车库。整个车库面积大、基础深。为尽量缩短基坑暴露时间,又分两期施工。

第二阶段:3 号、4 号、5 号楼(14 000m²/栋),第二年度 1 月至第 3 年度 12 月,此三栋临街,作为首批竣工对象。3 号、4 号楼地下室在车库左右侧,可在车库施工期间穿插进行。在此阶段,热力变电站(约 1 000m²)应安排施工,应注意到该栋号设备安装工期长。

第三阶段:6 号、1 号、2 号楼(14 000m²/栋),第二年度 10 月至第四年度 12 月。考虑 1 号、2 号楼所在位置拆迁工作比较困难,放开工顺序为 6 号→1 号→2 号。此阶段同时施工的还有房管办公楼,此楼作为可供施工耐使用的项目安排。由于施工用地紧张,先将部分暂设房安排在准备第四阶段才开工的 7 号、8 号、9 号楼位置上,故要求在房管楼出图后尽早安排开工,利用其作施工用房,以便为 7 号、8 号、9 号楼的施工创造条件,并使房管楼作为最后交工栋号。

第四阶段:9 号、8 号、7 号楼(14 000m²/栋),第三年度 4 月至第五年度 10 月。此三栋的开工顺序根据其地基上的暂设房拆除的条件来决定,计划先拆除混凝土搅拌站、操作棚、后拆除仓库、办公室,故开工栋号的顺序为 9 号→8 号→7 号。此外,餐厅、幼儿园、花房、垃圾站等工程可作为调剂劳动力的部分,以达到均衡施工的目的。

室外管线由于出图较晚,不可能完全做到先期施工,而且该小区管网为整体设计,布设的范围广、工程量大,普遍展开施工不能满足公寓分期交付使用的要求,所以宜配合各期竣工栋号施工,并采取临时封闭措施,以达到各阶段自成体系分期使用的目的。但每栋公寓基槽范围内的管线应在回填土前完成。

3. 主要工程量

主要工程量见表 15-9。

工程项目	单 位	地 下 车 库	公 寓		总 计
			单栋	九栋	
机械挖土	m³	180 000	11 268	101 412	281 412
素混凝土	m³	1 283	80	720	2 003
钢筋混凝土	m³	15 012	5 838	52 542	67 554
钢筋	t	3 200	649	5 841	9 041
砖墙	m³	339	145	1 305	1 644
预制板	块	2 138	204	1 836	3 974
外墙板	块		390	3 510	3 510
预应力薄板	块		922	8 298	8 298
楼梯构件	件		120	1 080	1 080
钢模板	m²	45 144	38 121	343 089	388 233
回填土	m³	90 000	2 040	18 360	108 360
抹白灰	m²		13 385	120 465	120 465
抹水泥	m²		5 629	50 661	50 661
现制磨石地	m²		487	4 383	4 383
预制磨石地	m²		7 071	63 153	63 153
缸砖地面	m²		2 076	18 684	18 684
马赛克地面	m²		515	4 635	4 635
瓷砖地面	m²		3 400	30 600	30 600
吊顶	m²		14 082	126 738	126 738
干黏石	m²		2 800	25 200	25 200
水刷石	m²		50	450	450
水刷豆石	m²		155	1 395	1 395
室内管道	m		14 153	127 377	127 377
炉片	个		399	3 591	3 591
卫生洁具	套		347	3 123	3 123
电线管、钢管	万米		2.2	19.8	19.8
各种电线	万米		9	81	81
配电箱	个		192	1 728	1 728
灯具	份		1 017	9 639	9 639

4. 施工总进度计划

施工总进度控制计划见表 15-10。

5. 流水段划分

地下车库以每一库为一大流水段,各段又按自然层分三层进行台阶式流水。公寓结构阶段分 5 段流水,常温阶段每天一段。

施工总进度控制计划 表15-10

年度、季度 项目	第1年度				第2年度				第3年度				第4年度				第5年度			
	1	2	3	4	1	2	3	4	1	2	3	4	1	2	3	4	1	2	3	4
车库一期(1~7)号		━	━	━	━	━	━													
3号公寓基础					┄	┄	┄													
3号公寓结构							━													
3号公寓装修								━	━	━	━									
4号公寓基础					┄	┄	┄													
4号公寓结构								━												
4号公寓装修								━	━											
4号公寓基础						┄	┄	┄												
5号公寓结构											━									
5号公寓装修										━	━									
公寓餐厅基础											┄	┄								
公寓餐厅结构												━								
公寓餐厅装修													━							
6号公寓基础									┄	┄	┄	┄								
6号公寓结构										━	━									
6号公寓装修											━	━	━							
1号公寓基础								┄	┄	┄	┄									
1号公寓结构										━	━									
1号公寓装修											━	━	━	━						
2号公寓基础								┄	┄	┄	┄	┄								
2号公寓结构												━	━							
2号公寓装修												━	━	━	━					
9号公寓基础											┄	┄								
9号公寓结构													━	━						
9号公寓装修													━	━	━	━				
8号公寓基础											┄	┄								
8号公寓结构													━	━						
8号公寓装修														━	━	━	━			
7号公寓基础												┄	┄	┄	┄					
7号公寓结构														━	━					
7号公寓装修															━	━	━	━		
热力变电基础					┄	┄	┄													
热力变电结构							━													
热力变电装修																				
房管办公楼基础							┄	┄	┄	┄										
房管办公楼结构										━										
房管办公楼装修														━						
二期地下车库					━	━	━	━												
幼儿园工程													━	━						
室外管线工程											━	━	━	━	━	━				
庭院道路工程											━	━	━	━	━	━	━			

15.7.3 施工总平面布置

施工总平面布置见图15-2。

根据栋号多、工期长、施工场地紧张及分期交工的特点,现场按下列原则布置:

(1)大量混凝土采用商品混凝土,现场设2台工作、1台备用的搅拌机组成搅拌站。

(2)1~6号楼施工暂设用房大部分先安排在现场北面7号、8号、9号楼位置(虚线框内）。7 号、8 号、9 号楼开工前,完成房管办公楼作暂设用房,将原暂设用房迁至办公楼。暂设用房一般采用混合结构。

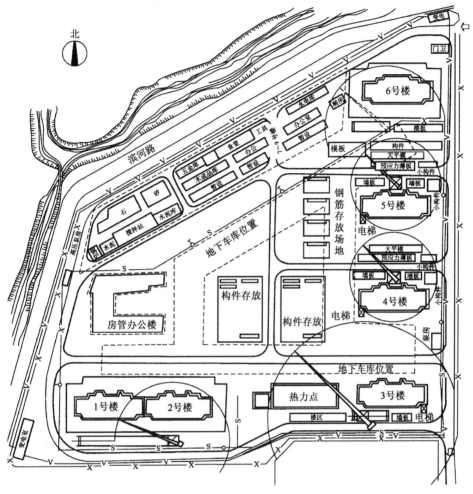

图 15-2　施工总平面布置

（3）混凝土搅拌站迁移位置另定。

材料堆放:预制构件、大模板堆放在塔吊回转半径内,预制构件按两层的用量准备。钢筋及脚手架应分规格堆放。

15.7.4　施工准备

1. 三通一平

（1）平整场地。场地自然地坪标高 39.18～40.95m,接近建筑物室外标高。尚有部分民房未拆除,施工前不能统一平整。拟先解决地下车库施工场地,以后随拆迁进展陆续平整。应有统一的竖向设计,以利雨季排水。

（2）施工用水。现场不设生活区,施工用水主要为搅拌及养护混凝土、装修工程用水。根据计算,决定用水量按 15L/s 设计。水源由现场东侧市政管道引出,干管选 ϕ125mm 钢管,埋深 60cm（埋深应参考各地区的冻结深度）。沿现场循环道一侧每 100m 设一个消火栓。

（3）施工用电。电动机总功率 $\sum P_1 = 1\,056.3\text{kW}$;电焊机总容量 $\sum P_2 = 728\text{kV}\cdot\text{A}$;室内照

明容量 $\sum P_3 = 6\mathrm{kW}$；室外照明容量 $\sum P_4 = 10\mathrm{kW}$。供电设备总需容量 $P = 994\mathrm{kV \cdot A}$。现场已有 56kV·A 变压器一台，拟增设 560kV·A 变压器一台。

2. 技术设备

（1）先了解和掌握绘图计划，摸清设计意图，如热力发电站施工图和外线图、公寓外装修作法等。

（2）编制施工组织总设计和各项施工方案。

（3）编制加工订货和大型机具计划。

（4）设计大模板及大型脚手架，公寓外墙板预贴马赛克工艺试验。

15.7.5 主要工程施工方法

本工程按以下工艺流程进行：

地下车库工艺流程为：挖土→垫层→底板→架空层结构→回填土→地下层结构→回填土→地下一层结构→回填土。

公寓结构阶段工艺流程为：挖槽→垫层→人防层保护墙→人防层结构→回填土→地下二层结构→地下一层结构→回填土→立塔→1~7层结构→7层以下设备安装、内装修（平行作业8~17层结构）→8层以上设备安装、内装修→外装修。

1. 基础挖土

实际挖深9.5m，采用挖土机、推土机和自卸车机械作业线进行挖方。分两层开挖，第一层5.5m坡度1:0.6；第二层4m左右，坡度1:0.7。采用明沟→集水井→水泵系统排出场外。地下车库护坡钉钢丝网、抹5cm厚细石混凝土。

2. 水平及垂直运输

预制构件用拖车，大宗材料用卡车，混凝土用罐车运至现场；场内混凝土运输用小翻斗车。结构阶段垂直运输主要采用塔吊。根据各阶段施工分别选定塔吊并进行布置。

施工用电梯，每一公寓楼设1台双笼外用电梯，结构施工至第7层时安装，供上人及运输装修材料用。每一公寓设一台高平架，供运输装修，水电材料及架设施工上水管道用。结构施工至第6层时搭设。

3. 架子工程

地下车库全部采用钢管架提升，随支随拆；公寓结构主要用钢管架。

4. 模板工程

主要采用钢模及钢支撑，不合钢模模数的部分用清水木模补充。不论是大平模或小钢模拼装，均应做钢模设计，必要时应有计算。

地下车库立墙用大平模配两个库的量。顶板模用小钢模及 $\phi 48\mathrm{mm}$ 钢管组成可移动的台模，台模以 3m×4m 左右为宜，具体尺寸由分项设计决定，配两个库的量。

公寓模板：地下室架空层利用保护墙作外模，内模用小钢模拼装。架空层以上内外模均用小钢模拆装。标准层模板按5段流水配置，墙模大部分用大平模，内纵墙每面一块，内横墙每面两块。标准层模板共配置两套。

5. 预制构件安装

公寓的预制构件有外墙板、预应力薄板、走廊板及阳台栏板等。

6. 钢筋工程

本工程钢筋总量约为 8 000 余吨,大宗钢筋由公司加工场统一配料成形,运至工地绑扎,现场只设小量小型加工设备,如切割机、弯钢机等。

本工程所用钢筋为Ⅰ、Ⅱ级钢。凡加工中采用焊接接头的钢筋由钢筋厂负责工艺试验并提供试验单。钢筋放样由施工队负责。钢筋规格不符合设计要求的,应与设计人员协商处理,不得任意代用。

所有钢筋均为散绑。墙体钢筋横筋在外,竖筋在内,上下错开接头 50% 。

钢筋绑扎要求:

(1)车库底板、顶板钢筋较密,上下层钢筋应分两次隐蔽检验。

(2)车库墙身的防水混凝土,钢筋顶杆加止水板。

(3)公寓外墙板组合柱钢筋一定要插入套箍内,并作 10d 搭接焊。

(4)墙体钢筋两网片间加门钩支撑,间距 1m,按梅花形布置。

7. 混凝土工程

混凝土现浇量共约 7 万 m³;防水混凝土应使用强度等级 32.5 以上的水泥,冬期用普通硅酸盐水泥;大体积混凝土采用集中搅拌站供应混凝土,外加剂在现场添加。车库迎水面为防水混凝土,其他为普通混凝土。浇筑方法及要求为:每库底板一次浇筑,不设后浇缝,与外墙交接处留凸形水平施工缝。每库外墙中部留一道 60cm 宽竖直后浇缝。公寓地下室及地上混凝土浇筑方法及要求为:底板及地下室墙身均不设后浇缝。内墙垂直施工缝根据流水段划分设置在门口处,墙体混凝土浇筑高度控制在叠合板以下 10cm。竖向结构混凝土分层浇筑的高度,第一次不太于 50cm,以上不大于 1m。湿润养护不得少于 14d。

8. 防水工程

(1)地下车库迎水面为防水混凝土,须做好以下处理:

①外墙过墙管应加法兰套管。

②变形缝止水带采用焊接,用钢丝将止水带固定在钢筋或模板上。

③补后浇缝应在混凝土龄期不少于 28d 后进行。安装附加钢筋支模后浇水湿润,一昼夜后再浇混凝土。每层厚不超过 50cm,湿养护 6 周。

(2)公寓地下室油毡防水,架空层以下先砌保护墙内贴油毡,利用保护墙作外模板。架空层以上先浇筑混凝土外贴油毡后砌保护墙。

(3)公寓屋顶预埋的 φ12mm 锚环。应尽量设在暖沟内或靠近暖沟,并在屋面保温层做完后,先铺一层油毡。

9. 回填土工程

(1)土方平衡措施

①两期车库及分期施工的公寓地下室尽可能以挖补填。

②车库东西坡道及附属用房开工时间可灵活掌握,可作为取土回填的后备来源。

③在拆迁问题没有提前解决的前提下,可利用未开工的公寓适当存土。

(2)回填土工程的几项要求

①车库三层台阶式流水施工,每一层结构完成后,尽早回填土,以便安装上层模板,免搭脚手架。有利于混凝土的养护,可防止混凝土裂缝。

②公寓架空层以下先砌保护墙并回填土,以利边坡稳定。

③在回填土的过程中,应尽可能将回填范围的外管线一并完成。

10. 室外管线、室内管线及设备

(1)自来水:一次水有东、西两个进口,高压水分 1~4 号楼及 5~9 号楼两个区域,可根据分期要求加设阀门。但消防水管道不得加设阀门。

(2)煤气进口在东侧马路,分期使用可采取封口措施。

(3)暖气及热水系统可加堵处理,但不要设在车库内。

(4)雨水分两个出口通向西北侧道路雨水干线,请设计单位根据竣工次序稍加调整。

(5)配合土建进行预埋铁件、箱及预留洞、槽、暗埋管线施工。

(6)本工程管道系统比较符合标准化要求,应尽量预制。

(7)结构施工至 6 层以上时可插入安装,试水分高压、低压两个阶段进行。

(8)管道保温、污水托吊管道用麻布油毡 3 道,采暖管道用珍珠岩瓦块外抹石棉水泥壳。

11. 装修工程

施工布置中内装修与结构交叉进行,结构完成 8 层插入第一条装修线,由第 2~8 层逐层向上进行。结构完成后插入第二条装修线,由第 8 层向上进行。外装修在第 8~15 层墙面冲筋及安钢门窗后进行。装修工程以施工队为主,组织抹灰工、木工、粉石工等工种的混合队进行承包。油漆粉刷由专业队组织力量配合土建进度完成各项任务。主要项目施工方法如下:

(1)地面工程。基层清理作为一道工序安排,并进行隐检。面层标高由楼道统一引向各房间,块材应由门口往里铺设。水泥地面及水泥砂浆作结合层的地面应适当养护。

(2)内墙装修。泡沫混凝土墙与混凝土墙交接处加贴 10cm 宽玻璃丝布。墙面抹灰均先在基层刷一道 107 胶或其他界面黏合剂。混凝土墙面用 107 胶水泥浆贴瓷砖。

(3)顶棚工程。凡石棉板吊顶处均事先在混凝土楼板内预留 $\phi 6mm$ 吊环,大龙骨用 10 号钢丝与吊环锚固。

(4)外墙装修。外装修架子用双层吊篮,自上而下进行装修。现浇外墙黏石用机喷,马赛克墙面装修应按正常工序要求,不得因面积小而减少工序,基层刷界面黏结剂。

15.7.6 主要技术管理与组织措施

1. 技术质量管理

(1)认真贯彻各项技术管理制度和岗位责任制。认真审阅图样、说明和有关施工的规程、规范和工艺标准。

(2)施工组织设计要三结合编制,报上级技术部门审批,要加强中间检查制度,对施工方案、技术措施、材料试验等,应定期检查执行情况。

(3)新材料、新工艺、新技术要经过批准、试验、鉴定后方可使用,并建立完整的资料归档。

(4)工程质量要实行目标管理,推行全面质量管理。防水工程要抓好地下防水做法的各个环节,如防水混凝土、变形缝、止水带、螺栓孔的处理,外墙回填土的质量等。结构工程要抓好轴线标高、混凝土配合比、大模板混凝土烂根及钢筋绑扎、焊接质量等问题。装修工程要抓好样板间,工序安排要合理。水暖电卫工程要做好设备预留孔洞,土建与专业队均应设专人管理。

2. 消防安全管理

健全各级消防安全组织和专职人员;各分项施工方案、工艺设计均应有详细的安全措施;

针对本工程特点应重点抓好下列几个方面：

(1)现场主要出入口应设专人指挥车辆。

(2)基坑边坡上设护身栏。

(3)东侧马路上高压线应搭设防护架。

(4)现浇处所设计的三角架应有设计计算书并进行荷载试验。

(5)高层施工时应设通信联络装置。

本 章 小 结

1.施工组织总设计是以一个建设项目或者建筑群为对象,根据初步设计或者扩大初步设计图纸以及其他有关资料和现场施工条件编制,用以指导整个施工现场各项施工准备和组织施工活动的技术经济文件。一般由建设总承包单位或工程项目经理部的总工程师编制。

2.在施工组织总设计中,施工部署的作用是对整个项目全局作出统筹规划和全面安排,并提出工程施工中一些重大战略问题的解决方案。施工部署与施工方案是施工组织设计的中心环节。

3.施工组织总设计与单位工程施工组织设计的区别在于前者是宏观的思路,无论是施工方案,还是进度计划、平面布置,均以整个项目为对象,提出原则性方案和意见。

复习思考题

1.施工组织总设计编制依据有哪些?

2.施工组织总设计由哪些内容组成?

3.简述施工组织总设计的编制程序。

4.施工部署有哪些内容?

5.施工组织总设计施工方案应包括哪些内容?

6.简述施工总进度计划编制步骤。

7.施工总平面图设计原则是什么?

8.施工总平面图设计的内容有哪些?

参 考 文 献

［1］ 建筑施工手册编写组.建筑施工手册［M］.4 版.北京:中国建筑工业出版社,2003.

［2］ 中国建筑工业出版社.现行建筑施工规范大全［M］.北京:中国建筑工业出版社,2009.

［3］ 中华人民共和国行业标准.JTG/T F50—2011　公路桥涵施工技术规范［S］.北京:人民交通出版社,2011.

［4］ 交通部第一公路工程总公司.公路施工手册　桥涵(上、下册)［M］.北京:人民交通出版社,2005.

［5］ 杨林德.公路施工手册　隧道［M］.北京:人民交通出版社,2011.

［6］ 落云杉,等.公路工程质量检验评定标准与施工规范对照手册［M］.北京:人民交通出版社,2003.

［7］ 中华人民共和国行业标准.GB/T 50502—2009　建筑施工组织设计规范［S］.北京:中国建筑工业出版社,2009.

［8］ 刘津明,孟宪海.建筑施工［M］.北京:中国建筑工业出版社,2011.

［9］ 徐占发.建筑施工［M］.2 版.北京:机械工业出版社,2009.

［10］ 重庆大学,同济大学,哈尔滨工业大学.土木工程施工［M］.北京:中国建筑工业出版社,2008.

［11］ 张国联,田凤池.土木工程施工［M］.北京:中国电力出版社,2004.

［12］ 童华炜.土木工程施工［M］.北京:中国建筑工业出版社,2013.

［13］ 丁克胜.土木工程施工［M］.武汉:华中科技大学出版社,2007.

［14］ 张长友.土木工程施工［M］.北京:中国电力出版社,2011.

［15］ 邵旭东.桥梁工程［M］.北京:人民交通出版社,2007.

［16］ 姚玲森.桥梁工程［M］.北京:人民交通出版社,2008.

［17］ 陈秋南.隧道工程［M］.北京:机械工业出版社,2007.

［18］ 李小青.隧道工程［M］.北京:中国建筑工业出版社,2011.

［19］ 王文峡,曹永先.道路工程施工［M］.北京:化学工业出版社,2010.

［20］ 丁铭绩.道路工程施工［M］.北京:化学工业出版社,2010.

［21］ 钱大行,孙成诚.建筑施工组织［M］.大连:大连理工大学出版社,2009.

［22］ 高跃春.建筑施工组织与管理［M］.北京:机械工业出版社,2011.

［23］ 于英武.建筑施工组织与管理［M］.北京:清华大学出版社,2012.

［24］ 刘俊玲.建筑施工技术［M］.北京:机械工业出版社,2011.

人民交通出版社 公路出版中心教材

（◆教育部普通高等教育"十一五"、"十二五"国家级规划教材　▲建设部土建学科专业"十一五"规划教材）

一、交通工程类

1. 专业核心课

1. ◆交通规划（第二版）（王　炜）……………… 33 元
2. ◆交通设计（杨晓光）…………………………… 35 元
3. ◆道路交通安全（裴玉龙）……………………… 36 元
4. 交通系统分析（王殿海）………………………… 31 元
5. 交通管理与控制（徐建闽）……………………… 26 元
6. 交通经济学（邵春福）…………………………… 25 元
7. ◆交通工程总论（第三版）（徐吉谦）………… 36 元
8. ◆交通工程学（第二版）（任福田）…………… 38 元
9. ◆交通工程学（李作敏）………………………… 28 元
10. ◆交通运输工程导论（第二版）（姚祖康）…… 23 元
11. ◆交通管理与控制（第四版）（吴　兵）……… 35 元
12. 交通管理与控制（罗　霞）……………………… 36 元
13. ◆道路交通管理与控制（袁振洲）……………… 40 元
14. ◆交通调查与分析（第二版）（严宝杰）……… 38 元
15. ◆交通工程设计理论与方法（第二版）（马荣国）… 36 元
16. ◆交通工程设施设计（李峻利）………………… 35 元
17. ◆智能运输系统概论（第二版）（杨兆升）…… 25 元
18. 智能运输系统（ITS）概论（第二版）（黄　卫）… 24 元
19. 交通工程专业英语（裴玉龙）…………………… 28 元
20. ◆运输经济学（第二版）（严作人）…………… 44 元
21. ◆道路交通工程系统分析方法（第二版）（王　炜）… 33 元

2. 专业选修课

1. ◆公路网规划（第二版）（裴玉龙）…………… 30 元
2. ◆道路通行能力分析（第二版）（陈宽民）…… 28 元
3. ◆城市客运交通系统（李旭宏）………………… 32 元
4. ◆交通运输设施与管理（第二版）（郭忠印）… 38 元
5. 道路交通安全管理法规概论及案例分析（裴玉龙）… 29 元
6. 交通与环境（陈　红）…………………………… 30 元
7. 道路交通环境工程（张玉芬）…………………… 19 元
8. 交通地理信息系统（符锌砂）…………………… 31 元
9. 公路建设项目可行性研究（过秀成）…………… 27 元
10. 道路运输统计（张志俊）………………………… 28 元
11. 交通项目评估与管理（谢海红）………………… 36 元
12. 交通流理论（王殿海）…………………………… 21 元
13. 停车场规划设计与管理（关宏志）……………… 30 元

二、土木工程类

1. 专业基础课

1. 材料力学（郭应征）……………………………… 25 元
2. 理论力学（周志红）……………………………… 29 元
3. 工程力学（郭应征）……………………………… 25 元
4. 结构力学（肖永刚）……………………………… 32 元
5. 水力学（王亚玲）………………………………… 19 元
6. 土质学与土力学（第四版）（袁聚云）………… 30 元
7. 土木工程制图（第三版）（林国华）…………… 39 元
8. 土木工程制图习题集（第三版）（林国华）…… 25 元
9. ◆土木工程制图（第二版）（丁建梅）………… 39 元
10. ◆土木工程制图习题集（第二版）（丁建梅）… 22 元
11. ▲土木工程计算机绘图基础（第二版）（袁　果）… 45 元
12. ▲道路工程制图（第四版）（谢步瀛）………… 36 元
13. ▲道路工程制图习题集（第四版）（袁　果）… 26 元
14. 交通土建工程制图（第二版）（和丕壮）……… 39 元
15. 交通土建工程制图习题集（第二版）（和丕壮）… 22 元
16. 现代土木工程（付宏渊）………………………… 36 元
17. 土木工程概论（项海帆）………………………… 32 元
18. 道路概论（第二版）（孙家驷）………………… 20 元
19. 桥梁工程概论（第三版）（罗　娜）…………… 32 元
20. 道路与桥梁工程概论（黄晓明）………………… 32 元
21. 道路与桥梁工程概论（苏志忠）………………… 33 元
22. 公路工程地质（第三版）（窦明健）…………… 23 元
23. 工程测量（胡伍生）……………………………… 25 元
24. 交通土木工程测量（第四版）（张坤宜）……… 48 元
25. 测量学（第三版）（许娅娅）…………………… 36 元
26. ◆道路工程材料（第五版）（李立寒）………… 35 元
27. 道路工程材料（申爱琴）………………………… 45 元
28. ◆基础工程（第四版）（王晓谋）……………… 37 元
29. ◆基础工程设计原理（第二版）（袁聚云）…… 36 元
30. ▲结构设计原理（第二版）（叶见曙）………… 51 元
31. Principle of Structural Design（结构设计原理）（第二版）
　　（张建仁）……………………………………… 60 元
32. ◆预应力混凝土结构设计原理（第二版）（李国平）… 30 元
33. 专业英语（第三版）（李　嘉）………………… 39 元

2. 专业核心课

1. ◆路基路面工程（第三版）（邓学钧）………… 52 元
2. 路基路面工程（何兆益）………………………… 45 元
3. ◆▲路基工程（第二版）（凌建明）…………… 25 元
4. ◆道路勘测设计（第三版）（杨少伟）………… 42 元
5. 道路勘测设计（第三版）（孙家驷）…………… 52 元
6. 道路勘测设计（裴玉龙）………………………… 38 元
7. ◆公路施工组织及概预算（第三版）（王首绪）… 32 元
8. 公路施工组织与管理（糜少武）………………… 35 元
9. 公路工程施工组织学（第二版）（姚玉玲）…… 38 元
9. 桥梁工程（姚玲森）……………………………… 62 元
10. 桥梁工程（土木、交通工程）（第二版）（邵旭东）… 52 元
11. ◆桥梁工程（上册）（第二版）（范立础）…… 54 元
12. ◆桥梁工程（下册）（第二版）（顾安邦）…… 49 元
13. 桥梁工程（第二版）（陈宝春）………………… 49 元
14. ◆桥涵水文（第四版）（高冬光）……………… 28 元
15. 水力学与桥涵水文（第二版）（叶镇国）……… 46 元
16. ◆公路小桥涵勘测设计（第四版）（孙家驷）… 31 元
17. ◆现代钢桥（上）（吴　冲）…………………… 34 元
18. ◆钢桥（第二版）（徐君兰）…………………… 45 元
19. ▲桥梁施工及组织管理（上）（第二版）（魏红一）… 39 元
20. ▲桥梁施工及组织管理（下）（第二版）（邬晓光）… 39 元
21. ▲隧道工程（第二版）（上）（王毅才）……… 65 元
22. 公路工程施工技术（盛可鉴）…………………… 38 元
23. 桥梁施工（第二版）（徐　伟）………………… 49 元
24. ▲隧道工程（杨林德）…………………………… 55 元
25. 道路与桥梁设计概论（程国柱）………………… 42 元
26. ◆桥梁工程控制（向中富）……………………… 38 元
27. 桥梁结构电算（周水兴）………………………… 35 元
28. 桥梁结构电算（第二版）（石志源）…………… 35 元
29. 建设工程监理概论（张　爽）…………………… 35 元
30. 建筑设备工程（刘丽娜）………………………… 39 元
31. 土木工程施工（王丽荣）………………………… 58 元

3. 专业选修课

1. 土木规划学（石　京）…………………………… 38 元
2. 道路规划与设计（符锌砂）……………………… 46 元
3. ◆道路工程（第二版）（严作人）……………… 46 元
4. 道路工程（第二版）（凌天清）………………… 35 元
5. ◆高速公路（第三版）（方守恩）……………… 34 元
6. 高速公路设计（赵一飞）………………………… 38 元
7. 城市道路设计（第二版）（吴瑞麟）…………… 26 元
8. 公路施工技术与管理（第二版）（廖正环）…… 40 元
9. 公路养护与管理（马松林）……………………… 28 元
10. 道路与桥梁工程计算机绘图（许金良）………… 31 元
11. 公路计算机辅助设计（符锌砂）………………… 30 元
12. 交通计算机辅助工程（任　刚）………………… 25 元
13. 测绘工程基础（李芹芳）………………………… 36 元
14. GPS 测量原理及其应用（胡伍生）……………… 28 元
15. 现代道路交通检测原理及应用（孙朝云）……… 38 元
16. 公路测设新技术（维　应）……………………… 36 元

17. 道路桥梁检测技术(胡昌斌) ………………………… (31元)
18. 特殊地区基础工程(冯忠居) ……………………… 29元
19. 软土环境工程地质学(唐益群) …………………… 35元
20. ◆环境经济学(第二版)(董小林) ………………… 40元
21. 桥位勘测设计(高冬光) ………………………… 20元
22. 桥梁钢—混凝土组合结构设计原理(黄　侨) ………… 26元
23. 桥梁结构理论与计算方法(贺拴海) ……………… 58元
24. ◆桥梁建筑美学(第二版)(盛洪飞) ……………… 30元
25. 桥梁美学(和丕壮) ……………………………… 40元
26. 桥梁检测与加固(王国鼎) ………………………… 27元
27. 桥梁抗震(第二版)(叶爱君) ……………………… 20元
28. 钢管混凝土(胡曙光) …………………………… 38元
29. 大跨度桥梁结构计算理论(李传习) ……………… 18元
30. 浮桥工程(王建平) ……………………………… 36元
31. 隧道结构力学计算(第二版)(夏永旭) …………… 34元
32. 公路隧道运营管理(吕康成) ……………………… 22元
33. 隧道与地下工程灾害防护(张庆贺) ……………… 45元
34. 公路隧道机电工程(赵忠杰) ……………………… 40元
35. 路基支挡工程(陈忠达) ………………………… 42元
36. 机场规划与设计(谈至明) ………………………… 35元

4. 实践环节教材及教参教辅

1. 土木工程试验(张建仁) …………………………… 38元
2. 桥梁结构试验(第二版)(章关永) ………………… 30元
3. 桥梁计算示例丛书—桥梁地基与基础(第二版)(赵明华) …… 18元
4. 桥梁计算示例丛书—混凝土简支梁(板)桥(第三版)(易建国) …… 26元
5. 桥梁计算示例丛书—连续梁桥(邹毅松) ………… 58元
6. 结构设计原理计算示例(叶见曙) ………………… 40元
7. 土力学与基础工程习题集(张　宏) ……………… 20元
8. 道路工程毕业设计指南(应荣华) ………………… 34元
9. 桥梁工程毕业设计指南(向中富) ………………… 35元

5. 研究生教材

1. 沥青与沥青混合料(郝培文) ……………………… 35元
2. 水泥与水泥混凝土(申爱琴) ……………………… 30元
3. 现代无机道路工程材料(梁乃兴) ………………… 42元
4. 现代加筋土理论与技术(雷胜友) ………………… 24元
5. 道路规划与几何设计(朱照宏) …………………… 32元
6. 高等桥梁结构理论(第二版)(项海帆) …………… 70元
7. 桥梁概念设计(项海帆) ………………………… 68元
8. 桥梁结构体系(肖汝诚) ………………………… 78元
9. 高等钢筋混凝土结构(周志祥) …………………… 27元
10. 结构分析的有限元法与MATLAB程序设计
(徐荣桥) ……………………………………… 28元
11. 工程结构数值分析方法(夏永旭) ………………… 27元
12. 箱形梁设计理论(第二版)(房贞政) ……………… 32元

6. 应用型本科教材

1. 结构力学(第二版)(万德臣) ……………………… 30元
2. 结构力学学习指导(于克萍) ……………………… 22元
3. 结构设计原理(黄平明) ………………………… 47元
4. 结构设计原理学习指导(安静波) ………………… 35元
5. 结构设计原理计算示例(赵志蒙) ………………… 40元
6. 工程力学(喻小明) ……………………………… 45元
7. 土质学与土力学(赵明阶) ………………………… 30元
8. 水力学与桥涵水文(王丽荣) ……………………… 27元
9. 道路工程制图(谭海洋) ………………………… 28元
10. 道路工程制图习题集(谭海洋) ………………… 24元
11. 土木工程材料(张爱勤) ………………………… 39元
12. 道路建筑材料(伍必庆) ………………………… 37元
13. 路桥工程专业英语(赵永平) …………………… 44元
14. 工程测量(朱爱民) …………………………… 30元
15. 道路工程(资建民) …………………………… 30元
16. 路基路面工程(陈忠达) ………………………… 46元

17. 道路勘测设计(张维全) ………………………… 32元
18. 基础工程(刘　辉) ……………………………… 26元
19. 桥梁工程(第二版)(刘龄嘉) ……………………… 49元
20. 工程招投标与合同管理(刘　燕) ………………… 33元
21. 道路工程CAD(杨宏志) ………………………… 23元
22. 工程项目管理(李佳升) ………………………… 32元
23. 公路施工技术(杨渡军) ………………………… 64元
24. 公路工程试验检测(乔志琴) ……………………… 47元
25. 工程结构检测技术(刘培文) ……………………… 52元
26. 公路工程经济(周福田) ………………………… 22元
27. 公路工程监理(朱爱民) ………………………… 33元
28. 公路工程机械化施工技术(徐永杰) ……………… 22元
29. 城市道路工程(徐　亮) ………………………… 29元
30. 公路养护技术与管理(武　鹤) …………………… 58元
31. 公路工程预算与工程量清单计价(第二版)(雷书华) …… 40元

三、轨道交通类

1. ◆地铁与轻轨(第二版)(张庆贺) ………………… 40元
2. 城市轨道交通概论(孙　章) ……………………… 40元
3. 城市轨道交通系统(彭　辉) ……………………… 32元
4. 城市轨道交通结构设计与施工(周顺华) ………… 36元
5. 城市轨道交通设备系统(周顺华) ………………… 32元
6. 轨道工程(练松良) ……………………………… 36元
7. 城市轨道交通工程案例集(顾保南) ……………… 25元
8. 轨道工程(杨荣山) ……………………………… 49元

四、工程管理类

1. 工程经济学(李雪淋) …………………………… 22元
2. 木工程造价控制(石勇民) ……………………… 30元
3. 公路工程造价(第二版)(周世生) ………………… 48元
4. 公路工程定额原理与估价(第二版)(石勇民) ……… 39.5元
5. ◆工程质量控制与管理(第二版)(邬晓光) ………… 30元
6. 公路工程造价编制与管理(第二版)(沈其明) ……… 43元
7. 管理信息系统(李友根) ………………………… 31元
8. 道路管理与系统分析方法(黄晓明) ……………… 28元
9. 工程风险管理(邓铁军) ………………………… 21元
10. 工程项目招标与投标(周　直) ………………… 30元
11. 高速公路管理(第二版)(王选仓) ……………… 38元
12. 公路经济学教程(袁剑波) ……………………… 23元
13. ◆工程项目融资(第二版)(赵　华) …………… 29元
14. 工程财务管理(杨成炎) ………………………… 37元
15. 工程项目投融资决策案例分析(王　治) ………… 35元
16. 工程项目成本管理学(贺云龙) ………………… 42元
17. 工程项目审计学(张鼎祖) ……………………… 32元

五、机械工程类

1. ◆工程机械概论(第二版)(王　进) …………… 36元
2. ◆公路施工机械(第二版)(李自光) …………… 43元
3. 现代工程机械发动机与底盘构造(陈新轩) ……… 38元
4. 工程机械维修(许　安) ………………………… 38元
5. 工程机械状态检测与故障诊断(陈新轩) ………… 29元
6. 工程机械底盘设计(郁录平) …………………… 36元
7. 公路工程机械化施工与管理(第二版)(郭小宏) … 37元
8. 工程机械设计(吴永平) ………………………… 38元
9. 工程机械技术经济学(吴永平) ………………… 23元
10. 工程机械专业英语(宋永刚) …………………… 36元
11. 工程机械发动机原理与底盘理论(曹源文) ……… 29元
12. 工程机械可靠性(吴永平) ……………………… 20元
13. 工程机械运用技术(许　安) …………………… 40元
14. 工程机械机电液系统动态仿真(吴永平) ………… 18元
15. 现代工程机械液压与液力系统(颜荣庆) ………… 39元
16. 水泥混凝土路面施工与施工机械(何挺继) ……… 30元
17. 工程机械地面力学与作业理论(杨士敏) ………… 35元
18. 车辆—沥青路面系统力学分析(吕彭民) ………… 27元
19. 工程机械液压系统分析及故障诊断(张　奕) …… 26元

教材详细信息,请查阅"中国交通书城"(www.jtbook.com.cn)
咨询电话:(010)85285983